Horst Steffen, Hansjürgen Bausch

Elektrotechnik

Horst Steffen, Hansjürgen Bausch

Elektrotechnik

Grundlagen

6., überarbeitete und aktualisierte Auflage 2007

Teubner

Bibliografische Information der Deutschen Bibliothek
Die Deutsche Bibliothek verzeichnet diese Publikation in der Deutschen Nationalbibliografie;
detaillierte bibliografische Daten sind im Internet über <http://dnb.d-nb.de> abrufbar.

Dr. Horst Steffen unterrichtet in Osterode an der BBS II.

Prof. (em.) Dr.-Ing. Hansjürgen-Bausch, Universität Hannover

1. Auflage 1982
2. Auflage 1988
3. Auflage 1991
4. Auflage 1998
5. Auflage 2004
6. überarb. u. akt. Auflage Februar 2007

Alle Rechte vorbehalten
© B.G. Teubner Verlag / GWV Fachverlage GmbH, Wiesbaden 2007

Lektorat: Dipl.-Ing. Ralf Harms / Sabine Koch

Der B.G. Teubner Verlag ist ein Unternehmen von Springer Science+Business Media.
www.teubner.de

Das Werk einschließlich aller seiner Teile ist urheberrechtlich geschützt. Jede Verwertung außerhalb der engen Grenzen des Urheberrechtsgesetzes ist ohne Zustimmung des Verlags unzulässig und strafbar. Das gilt insbesondere für Vervielfältigungen, Übersetzungen, Mikroverfilmungen und die Einspeicherung und Verarbeitung in elektronischen Systemen.

Die Wiedergabe von Gebrauchsnamen, Handelsnamen, Warenbezeichnungen usw. in diesem Werk berechtigt auch ohne besondere Kennzeichnung nicht zu der Annahme, dass solche Namen im Sinne der Warenzeichen- und Markenschutz-Gesetzgebung als frei zu betrachten wären und daher von jedermann benutzt werden dürften.

Umschlaggestaltung: Ulrike Weigel, www.CorporateDesignGroup.de
Druck und buchbinderische Verarbeitung: Strauss Offsetdruck, Mörlenbach
Gedruckt auf säurefreiem und chlorfrei gebleichtem Papier.

ISBN 978-3-8351-0014-5

Vorwort

Dieses Buch schließt die Lücke zwischen der Fachkunde für Elektroberufe an den Berufsschulen und den mathematisch-physikalischen Grundlagen der Elektrotechnik in der Hochschulliteratur. Es wendet sich damit vor allem an Schüler der Fachschulen Technik und Berufsaufbauschulen wie auch der Fachoberschulen und Fachgymnasien. Aber auch den Studenten der Anfangssemester an Fachhochschulen und Technischen Universitäten wird es als Einstieg in die theoretische Behandlung der Elektrotechnik hilfreich sein.

Ohne mathematisches Rüstzeug ist eine vertiefte Beschreibung der physikalischen Zusammenhänge in der Elektrotechnik nicht möglich. Vorausgesetzt werden jedoch nur Kenntnisse des Gleichungsrechnens, wie sie auch in der Berufsschule vermittelt werden. Weitergehende mathematische und physikalische Kenntnisse (wie z.B. der Umgang mit Produkten von Vektoren oder Beschreibung physikalischer Felder) werden im ersten Abschnitt vorgestellt bzw. aufgefrischt. Von der zentralen Größe Energie bzw. ihren Umwandlungen nach dem Energieerhaltungssatz aus werden alle erforderlichen Gleichungen ausführlich abgeleitet. Auch dabei werden nur mathematische Verfahren angewendet, wie sie etwa im Mathematikunterricht der Fachschule Technik vermittelt werden. Die Berechnung von Sinusstromvorgängen in Wechselstromkreisen wird in zwei von einander unabhängigen Abschnitten behandelt: In den Kapiteln 7 und 8 werden nur die trigonometrischen Funktionen zur Beschreibung der Vorgänge eingesetzt, um so die physikalischen Abläufe unmittelbar darzustellen. Im Kapitel 9 werden die gleichen Grundschaltungen nocheinmal besprochen. So soll dem Leser auch der Zugang zu dem eleganten, aber abstrakten Kalkül der komplexen Berechnung von Sinusvorgängen eröffnet werden.

In einigen Abschnitten werden Grenzwertbetrachtungen durchgeführt, die vor allem für Schüler mit Kenntnissen in der höheren Mathematik (Differential- und Integralrechnung) von Interesse sein werden. Diese Abschnitte können jedoch ohne Schaden für das Verständnis des Zusammenhangs überschlagen werden.

Zahlreiche Aufgaben und durchgerechnete Beispiele sollen dem Leser beim Erarbeiten des dargestellten Stoffgebiets helfen. Für Anregungen zur Verbesserung des Buches sind Verlag und Verfasser dankbar.

Osnabrück, Juli 1982 Ff. Schremser

Für die 6. Auflage

gehen Autoren und Verlag davon aus, dass die Grundabsicht des Buchs, ein vertieftes Verständnis der physikalischen Zusammenhänge zu vermitteln, inzwischen als ein durch Erfahrung bewährtes Konzept gelten kann. Diese Intention wurde daher ohne Einschränkung beibehalten. Dem gemäß wurden Lehrtext und Aufgaben gegenüber der 5. Auflage wenig geändert. Die Kapitel, die sich mit Wechselgrößen befassen, wurden überarbeitet und die Berechnung mit komplexen Zahlen in den Mittelpunkt gestellt. In einem weiteren Kapitel werden die Lösungen und Ergebnisse zu den Übungsaufgaben angegeben.

Das Buch folgt der reformierten Rechtschreibung. Eine Ausnahme bildet der Fachwörterschatz, der durch die einschlägigen Normen festgelegt ist.

Autoren und Verlag hoffen, dass die neue Auflage wie die vorangehenden Anerkennung und Verbreitung in den Schulen findet. Sie bedanken sich für zahlreiche Stellungnahmen, die zur Verbesserung des Buchs beigetragen haben und bitten weiterhin um Anregungen und Kritik.

Hattorf, Juli 2006 H. Steffen

Inhaltsverzeichnis

1 PHYSIKALISCHE UND MATHEMATISCHE HILFSMITTEL — 10

1.1 Physikalische Größen — 10

1.2 Gleichungen zwischen Größen — 11

1.3 Das Internationale Einheitensystem — 12

1.4 Rechnen mit Größen — 15

1.5 Skalare und Vektoren — 16

1.6 Rechnen mit Vektoren — 18
- 1.6.1 Bezugssysteme — 18
- 1.6.2 Addition und Subtraktion — 19
- 1.6.3 Multiplikation und Division — 21

1.7 Komplexe Zahlen — 24
- 1.7.1 Definition — 24
- 1.7.2 Rechenregeln — 26
  - 1.7.2.1 Addition — 27
  - 1.7.2.2 Multiplikation — 27
  - 1.7.2.3 Division — 28

1.8 Physikalische Grundbegriffe — 29
- 1.8.1 Felder physikalischer Größen — 29
- 1.8.2 Gravitationsfeld — 29
- 1.8.3 Energie im Gravitationsfeld — 31
- 1.8.4 Energieumwandlung im Gravitationsfeld — 34
- 1.8.5 Stabilität des Energiezustands — 36

1.9 Grundbegriffe des elektrischen Felds — 37
- 1.9.1 Elektrische Ladung und elektrisches Feld — 37
- 1.9.2 Elektrische Feldstärke und elektrisches Potential — 39

1.10 Aufbau der Materie — 41
- 1.10.1 Bohrsches Atommodell — 41
- 1.10.2 Periodensystem der Elemente — 44
- 1.10.3 Bindungen zwischen Atomen — 44
  - 1.10.3.1 Metallbindung — 45
  - 1.10.3.2 Ionenbindung — 45
  - 1.10.3.3 Elektronenpaarbindung — 47
  - 1.10.3.4 Halbleiter — 49

2 GLEICHSTROMKREIS 51

2.1 Grundstromkreis 51
2.1.1 Grundgrößen des elektrischen Stromkreises 51
2.1.1 Energiesatz im Grundstromkreis 52

2.2 Verbraucherteil 56
2.2.1 Elektrischer Widerstand (Ohmsches Gesetz) 56
    Aufgaben zu Abschnitt 2.2.1 61
2.2.2 Technische Ausführung von Widerständen 62
2.2.3 Temperaturabhängigkeit des Widerstands 63
    Aufgaben zu Abschnitt 2.2.3 70
2.2.4 Aufteilung der Leistung im Verbraucher 71
    2.2.4.1 Reihenschaltung von Verbrauchern 72
    Aufgaben zu Abschnitt 2.2.4.1 76
    2.2.4.2 Parallelschaltung von Verbrauchern 77
    Aufgaben zu Abschnitt 2.2.4.2 80
    2.2.4.3 Gemischte Schaltungen 81
    Aufgaben zu Abschnitt 2.2.4.3 85
    2.2.4.4 Dreieck-Stern- und Stern-Dreieck-Umwandlung 86
    Aufgaben zu Abschnitt 2.2.4.4 91

2.3 Energiesatz in Netzwerken 92
2.3.1 Kirchhoffsche Regeln 92
2.3.2 Berechnung einzelner Netzmaschen 94
    Aufgaben zu Abschnitt 2.3 96
2.3.3 Berechnung geschlossener Netze 96
    2.3.3.1 Anwendung der Kirchhoffschen Regeln 96
    2.3.3.2 Maschenstromverfahren 99
    Aufgaben zu Abschnitt 2.3.3 101

2.4 Erzeugerteil 101
2.4.1 Ersatzspannungsquelle 102
    Aufgaben zu Abschnitt 2.4.1 104
2.4.2 Ersatzstromquelle 105
    Aufgaben zu Abschnitt 2.4.2 106
2.4.3 Leistung und Wirkungsgrad 106
    Aufgaben zu Abschnitt 2.4.3 107
2.4.4 Leistungsanpassung 109
    Aufgaben zu Abschnitt 2.4.4 110

2.5 Berechnung von Netzwerken mit der Ersatzspannungsquelle 111
2.5.1 Aufteilung eines geschlossenen Netzwerks 111
2.5.2 Belastete Brückenschaltung 113
2.5.3 Spannungsquellen in Parallelschaltung 114
    Aufgaben zu Abschnitt 2.5 115

2.6 Berechnung von Netzwerken nach der Überlagerungsmethode 115
    Aufgaben zu Abschnitt 2.6 117

3 ELEKTRISCHES STRÖMUNGSFELD 118

3.1 Driftbewegung der Ladungsträger 118

3.2 Feldgleichung des elektrischen Strömungsfelds 119

3.3 Inhomogenes Strömungsfeld 121

3.4 Grundbegriffe der Feldtheorie 122
Aufgaben zu Abschnitt 3 123

4 ELEKTRISCHES FELD 124

4.1 Elektrostatisches Quellenfeld 124

4.2 Kondensator 130
4.2.1 Kapazität und Permittivität 130
4.2.2 Bauformen von Kondensatoren 131
4.2.3 Auf- und Entladen eines Kondensators 133
4.2.4 Schaltungen von Kondensatoren 137

4.3 Energie des elektrischen Felds 138
Aufgaben zu Abschnitt 4.2 und 4.3 140

5 MAGNETISCHES FELD 142

5.1 Magnetostatisches Feld magnetischer Dipole 142

5.2 Stationäres magnetisches Feld 144
5.2.1 Magnetisches Feld des geraden Leiters 144
5.2.2 Magnetisches Feld einer Leiterwindung 145
5.2.3 Magnetisches Feld einer gestreckten Spule 145
5.2.4 Magnetisches Feld der Kreisringspule 146
5.2.5 Feldgrößen des magnetischen Felds 147
5.2.6 Materie im magnetischen Feld 149
5.2.7 Magnetisches Feld in Eisen 150
Aufgaben zu Abschnitt 5.2 151

5.3 Berechnung magnetischer Kreise 152
5.3.1 Ohmsches Gesetz des magnetischen Kreises 152
5.3.1 Reihenschaltung magnetischer Widerstände 154
5.3.2 Parallelschaltung magnetischer Widerstände 157
Aufgaben zu Abschnitt 5.3 162

5.4 Kräfte im magnetischen Feld 163
5.4.1 Gestreckter, stromdurchflossener Leiter im magnetischen Feld 164
5.4.2 Bewegte Ladungen im magnetischen Feld 165
5.4.3 Kraft zwischen zwei parallelen Leitern 166
Aufgaben zu Abschnitt 5.4 169

5.5 Energie des magnetischen Felds — 171
- 5.5.1 Energie des magnetischen Felds einer Spule — 171
- 5.5.2 Energiedichte des magnetischen Felds — 173
- 5.5.3 Ummagnetisierungsenergie im Eisen — 174
- Aufgaben zu Abschnitt 5.5 — 175

6 ELEKTROMAGNETISCHE WECHSELWIRKUNGEN — 177

6.1 Grundgesetze elektromagnetischer Wechselwirkungen — 177
- 6.1.1 Induktionsgesetz hei mechanischer Bewegung — 177
- 6.1.2 Induktionsgesetz ohne mechanische Bewegung — 180
- 6.1.3 Allgemeines Induktionsgesetz — 182
- 6.1.4 Durchflutungsgesetz und Induktionsgesetz — 183
- Aufgaben zu Abschnitt 6.1 — 184

6.2 Induktion in elektrischen Maschinen — 186
- 6.2.1 Spannungserzeugung in umlaufenden Maschinen — 186
- 6.2.2 Energieumwandlung im Transformator — 188
  - 6.2.2.1 Energieumwandlungen auf der Primärseite (Selbstinduktion) — 188
  - 6.2.2.2 Energieumwandlungen auf der Sekundärseite (Geneninduktion) — 191
- Aufgaben zu Abschnitt 6.2 — 193

7 WECHSELSTROMKREIS — 195

7.1 Stromarten — 195

7.2 Eigenschaften von Sinusgrößen — 196
- 7.2.1 Kennwerte einer Sinusspannung — 196
- 7.2.2 Darstellung von Sinusvorgängen — 197
  - 7.2.2.1 Liniendiagramm — 197
  - 7.2.2.2 Drehzeigerdarstellung — 197
  - 7.2.2.3 Darstellung in der komplexen Zahlenebene — 198
- 7.2.3 Addition von Sinusgrößen — 199
- 7.2.4 Bezugspfeilsystem — 200
- Aufgaben zu Abschnitt 7.2 — 201

7.3 Mittelwerte — 203
- 7.3.1 Effektivwert — 203
- 7.3.2 Gleichrichtwert und Formfaktor — 205

7.4 Leistung und Arbeit — 205
- 7.4.1 Zeigerdarstellung — 207
- 7.4.2 Berechnung in der komplexen Zahlenebene — 207

7.5 Ideale Wechselstromwiderstände — 208
- 7.5.1 Ohmscher Widerstand, Wirkwiderstand — 208
- 7.5.2 Ideale Spule, induktiver Blindwiderstand — 209
- 7.5.3 Idealer Kondensator, kapazitiver Blindwiderstand — 210
- Aufgaben zu Abschnitt 7.4 und 7.5 — 211

7.6 Grundschaltungen idealer Wechselstromwiderstände — 213
- 7.6.1 Reihenschaltung — 213
  - 7.6.1.1 Spule und Wirkwiderstand — 213
  - 7.6.1.2 Kondensator und Wirkwiderstand — 214
  - 7.6.1.3 Spule, Kondensator und Wirkwiderstand — 216
  - Aufgaben zu Abschnitt 7.6.1 — 216
- 7.6.2 Parallelschaltung idealer Wechselstromwiderstände — 217
  - 7.6.2.1 Spule und Wirkwiderstand — 217
  - 7.6.2.2 Kondensator und Wirkwiderstand — 219
  - Aufgaben zu Abschnitt 7.6.2 — 221

7.7 Reale Wechselstromwiderstände — 221
- 7.7.1 Umwandlung von Reihen- und Parallelschaltung — 221
- 7.7.2 Ersatzschaltung der Spule — 223
  - 7.7.2.1 Reihen und Parallelschaltungen von Spulen — 223
- 7.7.3 Ersatzschaltungen des Kondensator — 225
  - 7.7.3.1 Reihen und Parallelschaltungen von Kondensatoren — 226
  - Aufgaben zu Abschnitt 7.7 — 227

7.8 Gemischte Schaltungen — 229
- 7.8.1 Berechnungen in Netzwerken — 229
- 7.8.2 Blindstromkompensation — 230
- 7.8.3 Schwingkreise — 231
  - 7.8.3.1 Reihenschwingkreis — 231
  - 7.8.3.2 Parallelschwingkreis — 237
  - Aufgaben zu Abschnitt 7.8 — 241

7.9 Transformator mit Eisenkern — 245
- 7.9.1 idealer Transformator — 246
- 7.9.2 Verluste beim realen Transformator — 247
- 7.9.3 Transformator im Leerlauf — 247
- 7.9.4 Transformator im Kurzschluss — 250
- 7.9.5 Transformator bei Belastung — 253
- Aufgaben zu Abschnitt 7.9 — 255

7.10 Ortskurven — 256

8 MEHRPHASIGER WECHSELSTROM — 258

8.1 Formen magnetischer Felder — 258
- 8.1.1 Zweiphasensystem — 260
- 8.1.2 Dreiphasensystem — 262

8.2 Generatorschaltungen — 263
- 8.2.1 Dreieckschaltung — 263
- 8.2.2 Sternschaltung — 263

8.3 Verbraucherschaltungen — 264
- 8.3.1 Sternschaltungen — 264

       8.3.1.1 mit angeschlossenem Mittelleiter   264
       8.3.1.2 ohne angeschlossenen Mittelleiter   266
    8.3.2 Dreieckschaltungen   267

8.4 Leistung im Drehstromnetz   **268**
    8.4.1 Komplexe Berechnung in Stern und Dreieck Schaltung   268
    8.4.2 Kompensation der Blindleistung   269
       Aufgaben zu Kapitel 8   271

9 LÖSUNGEN   273

TABELLENANHANG   300

SACHWORTVERZEICHNIS   307

1 Physikalische und mathematische Hilfsmittel

1.1 Physikalische Größen

Größen. In vielen Bereichen des täglichen Lebens, vor allem aber in der Technik und den Naturwissenschaften brauchen wir Begriffe, die die Eigenschaften von Dingen, von Vorgängen oder von Zuständen beschreiben. Solche Begriffe heißen in Naturwissenschaft und Technik *physikalische Größen*, kurz: Größen. Beispiele dafür sind Länge, Zeit, Geschwindigkeit, Masse, Kraft, Energie, Temperatur. Diese verschiedenen *Größenarten* werden durch *Formelzeichen* (Symbole) gekennzeichnet, z.B. s für die Länge, t für die Zeit, F für die Kraft. Gemeinsam ist allen Größen, dass man über sie jeweils auch eine quantitative Angabe machen kann. Solche Angaben sind z.B.

$$s = 6\,\text{m},\, t = 30\,\text{min},\, F = 400\,\text{N}. \tag{1.1}$$

Durch diese Gleichungen erhalten die Größen konkrete Werte. 6 m, 30 min oder 400 N sind solche Größenwerte. Sie bestehen aus den Zahlenwerten 6, 30 oder 400 und den Einheiten m, min oder N (Newton). Für alle quantitativen Angaben gilt:

> Der Wert einer Größe ist das Produkt aus dem Zahlenwert und der Einheit der Größe. (1.2a)

Zahlenwert. Am einfachsten wird dies sichtbar, wenn man das Verhältnis zweier Größen bildet. So erhält man mit $s_1 = 6\,\text{m}$ und $s_2 = 3\,\text{m}$ für das Verhältnis

$$\frac{s_1}{s_2} = \frac{6\,\text{m}}{3\,\text{m}} = 2 \tag{1.3}$$

eine Zahl, weil man in dem Bruch das Meter kürzen kann. Wählt man die Einheit der Länge $s_3 = 1\,\text{m}$ als Bezugsgröße, liefert das Verhältnis

$$\frac{s_1}{s_3} = \frac{6\,\text{m}}{1\,\text{m}} = 6 \tag{1.4}$$

den Zahlenwert der Größe. Gelegentlich möchte man sich nicht auf einen bestimmten Zahlenwert festlegen, aber zum Ausdruck bringen, dass man von einem Größenwert nur den Zahlenwert meint. Dazu setzt man das Formelzeichen in geschweifte Klammern, z.B. $\{s\}$ und könnte damit statt Gl. (1.4) $\{s\} = 6$ schreiben.

Einheit. Die in Gl. (1.1) auftauchenden Einheiten m, min oder N sind durch Übereinkunft festgelegte besondere Werte von Größen (s. Abschn. 1.3). Sind in einem bestimmten Zusammenhang nur diese Einheiten gemeint, wird das Formelzeichen in eckigen Klammern gesetzt, z.B.

$$[s] = 1\,\text{m},\, [t] = 1\,\text{min},\, [F] = 1\,\text{N}. \tag{1.5}$$

Nach Einführung dieser Symbole kann man den Merksatz (1.2a) auch durch Formelzeichen darstellen. Für den Wert einer beliebigen Größe M gilt demnach

$$M = \{M\}\,[M]. \tag{1.2b}$$

Damit ergibt sich die Einsicht:

1.2 Gleichungen zwischen Größen

> Der Wert einer Größe ist unveränderlich (invariant) gegenüber dem Wechsel der Einheit.

Ist z.B. der Größenwert $s = 6$ m, lässt sich für $[s] = 1$ m auch 100 cm, 1000 mm oder 1 km/1000 einsetzen, ohne dass sich an der Länge s etwas ändert:

$$s = 6\,\text{m} = 6 \cdot 100\,\text{cm} = 600\,\text{cm} = 6 \cdot 1000\,\text{mm} = 6000\,\text{mm} = 6\,\text{km}/1000 = 0{,}006\,\text{km}$$

Ein weiteres Beispiel für die Anwendung der Gl. (1.2b) ist die Bezeichnung der Diagrammachsen in Bild **1.1**. Es ist üblich, auf den Skalen nur die Zahlenwerte der Strecke und der Zeit einzutragen. Die Achsenbezeichnungen lauten daher

$$\frac{s}{\text{m}} = \{s\} \quad \text{und} \quad \frac{t}{\text{s}} = \{t\}.$$

Kennzeichnung von Größen und Einheiten. Als Größensymbole werden Groß- bzw. Kleinbuchstaben des lateinischen und griechischen Alphabets verwendet. Im Druck erscheinen Größensymbole in *kursiver* Schrift. Empfehlungen für die einheitliche Verwendung von Buchstaben als Größensymbole finden sich z.B. in DIN 1304. In der Regel verwenden wir in diesem Buch in Übereinstimmung damit für eine Größenart nur ein bestimmtes Größensymbol. Wenn Missverständnisse möglich sind, soll umgekehrt ein bestimmter Buchstabe auch nur für eine Größenart benutzt werden. Dabei lassen sich Abweichungen von den genormten Formelzeichen nicht immer vermeiden. Eine Liste der in diesem Buch verwendeten Größensymbole finden Sie im Anhang.

Manche Einheiten von Größen haben besondere Namen. Solche *Einheitennamen* und die zugehörigen *Einheitenzeichen* sind ebenfalls in einer Liste im Anhang aufgeführt. Im Druck erscheinen Einheitenzeichen in *senkrechter* Schrift.

1.2 Gleichungen zwischen Größen

Größengleichungen Abhängigkeiten zwischen physikalischen Größen, die wir z.B. messtechnisch durch geeignete Versuche ermitteln, können wir in vielen Fällen gewissermaßen als „Modell" durch Gleichungen zwischen Größen darstellen.

Verhältnisse zwischen verschiedenartigen Größen bleiben dabei oft konstant und führen zu Definitionsgleichungen neuer Größen. Wir wollen das an einem Beispiel aus der Bewegungslehre (Kinematik) erläutern.

Beispiel 1.1 Bei der geradlinigen Bewegung eines Körpers messen wir die von ihm in einer bestimmten Zeit zurückgelegte Strecke. Dabei müssen wir zunächst für Strecke und Zeit geeignete Einheiten wählen, z.B. $[s] = \text{m}$, $[t] = \text{s}$. Tragen wir in einem rechtwinkligen Koordinatensystem mit einem geeigneten Maßstab die Wertepaare von Strecke und Zeit auf, erhalten wir z.B. ein Diagramm entsprechend Bild 1.1, wenn wir die einzelnen Messpunkte miteinander verbinden.

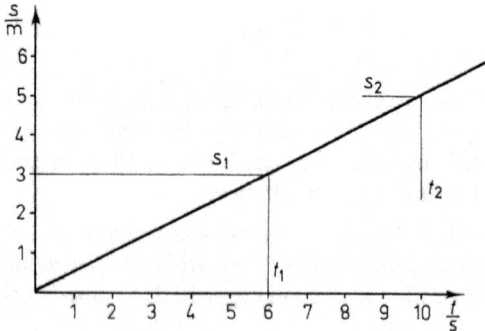

Bild 1.1 Gleichförmige Bewegung im s(t)-Diagramm

Der lineare Zusammenhang zwischen den Größen s und t bedeutet, dass das Verhältnis ihrer Werte konstant
Fortsetzung ist. Wenn z.B. der Körper in $t_1 = 6$ s die Strecke $s_1 = 3$ m und in $t_2 = 10$ s die Strecke $s_2 = 5$ m

zurücklegt, ergibt sich für das Verhältnis der gleiche Wert, nämlich die konstante Geschwindigkeit des Körpers.

$$\frac{s_1}{t_1} = \frac{3\,\text{m}}{6\,\text{s}} = \frac{s_1}{t_1} = \frac{5\,\text{m}}{10\,\text{s}} = 0{,}5\,\frac{\text{m}}{\text{s}} = v. \tag{1.6}$$

Dividieren wir also – im Gegensatz zu Gl. (1.3) – Werte von Größen verschiedener Art, erhalten wir als Ergebnis den Wert einer neuen Größe. In diesem Beispiel ist

$$\frac{s}{t} = v \quad \text{oder} \quad s = v \cdot t. \tag{1.7}$$

Solche Gleichungen, in denen die vorkommenden Symbole Größen darstellen, heißen Größengleichungen. Sie drücken Zusammenhänge zwischen physikalischen Größen aus. Ihre Gültigkeit ist von der Wahl der Einheiten unabhängig. Deshalb werden wir sie in diesem Buch ausschließlich verwenden.

Einheitengleichungen sind eine besondere Form von Größengleichungen. Man erhält sie, indem man eine Größengleichung durch den Zahlenwert dividiert – die Zahlenwerte der linken und der rechten Seite der Gleichung stimmen überein. Ausführlich geschrieben lautet Gl. (1.7)

$$\frac{\{s\}[s]}{\{t\}[t]} = \{v\}[v]. \tag{1.8}$$

Durch Division durch den Zahlenwert ergibt sich die Einheitengleichung

$$\frac{[s]}{[t]} = [v]. \tag{1.9}$$

Sie besagt, dass man die Einheit der Geschwindigkeit erhält, wenn man die Einheit der zurückgelegten Wegstrecke (z.B. Meter) durch die Einheit der Zeit (z.B. Sekunde) teilt.

1.3 Das Internationale Einheitensystem

Basisgrößen und Basiseinheiten. Zur Beschreibung der physikalischen Sachverhalte in einem abgegrenzten Gebiet der Naturwissenschaft und der Technik sind als Ausgangspunkt bestimmte Basisgrößen erforderlich. Die Wahl dieser Basisgrößen ist grundsätzlich willkürlich; es hat sich aber als zweckmäßig erwiesen, dafür Größen zu wählen, die möglichst anschaulich, gut messbar und aus der täglichen Erfahrung bekannt sind. Basisgrößen des heute üblichen Größensystems sind zunächst Länge s und Zeit t. Diese Begriffe werden auch ohne Erläuterung verstanden. Dritte Basisgröße der Mechanik ist die Masse m, eine Eigenschaft des Stoffs, die sich z.B. im Zusammenhang mit der Gewichtskraft bemerkbar macht. Als weitere Grundgröße kommt in der Elektrotechnik die Stromstärke I hinzu, die bewegte elektrische Ladung bedeutet. Dabei kann die Ladung ebenfalls als Eigenschaft des Stoffs angesehen werden (s. Abschn. 1.8). Diese und die übrigen Basisgrößen sind in Tabelle **1.2** zusammengestellt, zusammen mit Namen und Einheitenzeichen der zu den Basisgrößen gehörenden Basiseinheiten.

1.3 Das Internationale Einheitensystem

Tabelle 1.1 Basisgrößen und -einheiten des SI

Basisgröße	Größensymbol	Basiseinheit	Einheitenzeichen
Länge	s	Meter	m
Zeit	t	Sekunde	s
Masse	m	Kilogramm	kg
elektrische Stromstärke	I	Ampere	A
thermodynamische Temperatur	T	Kelvin	K
Lichtstärke	I_L	Candela	cd
Stoffmenge	n	Mol	mol

Die aufgeführten Basiseinheiten sind die des Internationalen Einheitensystems oder SI (Systeme International d'Unites), das in zahlreichen Ländern benutzt wird. Mit dem Gesetz über Einheiten im Messwesen vom 2. Juli 1969 und den zugehörigen Ausführungsverordnungen bildet das SI seit Inkrafttreten des Gesetzes am 5. Juli 1970 auch in der Bundesrepublik die Grundlage der gesetzlichen Einheiten.

Definition der Basiseinheiten. Mit der Festlegung der Basiseinheiten nach Tabelle 1.2 ist noch nichts darüber gesagt, was unter einem Meter oder einer Sekunde verstanden werden soll. Die Definition der Basiseinheiten ist zwar an sich willkürlich, muss jedoch aus Gründen der Zweckmäßigkeit einige Anforderungen erfüllen: Da sich aus den Basiseinheiten die Einheiten aller anderen Größen ableiten lassen, müssen sie international verbindlich sein. Die Erleichterung beim Austausch technischer oder naturwissenschaftlicher Erkenntnisse ist offensichtlich. Entsprechend den messtechnischen Erfordernissen und Möglichkeiten müssen die Basiseinheiten überall darstellbar und reproduzierbar sein. Deshalb sind dafür Staatsinstitute verantwortlich, z.B. in der Bundesrepublik Deutschland die Physikalisch-Technische Bundesanstalt (PTB) in Braunschweig.

Die z. Z. gültigen Definitionen der Basiseinheiten sind in DIN 1301 angegeben. Im Rahmen dieses Buches interessieren davon nur die ersten fünf der Tabelle **1.1**. Der amtliche Text lautet:

1 Meter ist die Länge der Strecke, die Licht im Vakuum während der Dauer von 1/299 792 458 Sekunden durchläuft.

1 Sekunde ist das 9 192 631 770 fache der Periodendauer der beim Übergang zwischen den beiden Hyperfeinstrukturniveaus des Grundzustandes von Atomen des Nuklids ^{133}Cs entsprechenden Strahlung.

1 Kilogramm ist die Masse des Internationalen Kilogrammprototyps.

1 Ampere ist die Stärke eines zeitlich unveränderlichen elektrischen Stromes, der, durch zwei im Vakuum Zeitparallel im Abstand 1 m voneinander angeordnete, gradlinige, unendlich lange Leiter von vernachlässigbar kleinem, kreisförmigem Querschnitt fließend, zwischen diesen Leitern je 1 m Leiterlänge elektrodynamisch die Kraft $2 \cdot 10^{-7}$ N hervorrufen würde.

1 Kelvin ist der 273,16te Teil der thermodynamischen Temperatur des Tripelpunktes des Wassers.

Kohärente Einheiten. Dividieren wir Größengleichungen durch ihre Zahlenwerte, erhalten wir stets Einheitengleichungen wie Gl. (1.9), in denen nur der Zahlenfaktor 1 vorkommt. Die Basiseinheiten und die auf diese Weise daraus abgeleiteten Einheiten bilden ein System kohärenter Einheiten und heißen SI-Einheiten. Abgeleitete SI-Einheiten können als Produkte oder Quotienten anderer SI-Einheiten dargestellt werden. Sie haben oft besondere Einheitennamen.

Beispiel 1. 2 Wird die Einheit der Kraft aus der Größengleichung $F = m \cdot a$ abgeleitet (m = Masse, a = Beschleunigung), erhalten wir die Einheitengleichung.

$$[F] = [m] \cdot [a] \quad \text{mit} \quad [m] = 1 \text{ kg und } [a] = \frac{[v]}{[t]} = 1\frac{m}{s^2} : [F] = 1\frac{\text{kg m}}{s^2} = 1 \text{ N}. \quad (1.10)$$

Die Einheit der Kraft hat den Einheitennamen Newton.

Zweckmäßig sind Einheitennamen abgeleiteter Einheiten für die Angabe der Werte abgeleiteter Größen. In Berechnungen mit Größen (s. Abschn. 1.4) werden jedoch zur Einheitenkontrolle abgeleitete Einheiten in der Regel als Produkte bzw. Quotienten der Basiseinheiten gebraucht.

Vielfache und Teile von SI-Einheiten. In der Regel beschränken wir uns bei Berechnungen auf die Anwendung der kohärenten SI-Einheiten. Für die Angabe von Größenwerten sind sie jedoch oft unbequem groß bzw. klein. Will man sich bei den Zahlenwerten auf den Bereich zwischen 0,1 und 100 beschränken, müssen wegen der Invarianz der Größenwerte die entsprechenden Einheiten größer bzw. kleiner gemacht werden.

Durch Vorsätze vor das Einheitenzeichen: nach Tabelle 1.3 bildet man dezimale Teile oder Vielfache der SI-Einheiten. Es muss jedoch beachtet werden, dass die so erhaltenen Einheiten nicht mehr zum kohärenten Einheitensystem gehören, also selbst keine SI-Einheiten sind. Einige dezimale Vielfache und Teile von SI-Einheiten haben besondere Namen und Einheitenzeichen, z.B. Liter, Tonne, Bar (l, t, bar). Wir werden in diesem Buch solche Einheiten nicht benutzen und verweisen wegen solcher Besonderheiten auf DIN 1301.

Tabelle 1.2 Vorsätze für dezimale Teile und Vielfache von Einheiten

Vorsatz	Zeichen	Bedeutung	Vorsatz	Zeichen	Bedeutung
Exa	E	10^{18}	Dezi	d	10^{-1}
Peta	P	10^{15}	Zenti	c	10^{-2}
Tera	T	10^{12}	Milli	m	10^{-3}
Giga	G	10^{9}	Mikro		10^{-6}
Mega	M	10^{6}	Nano	n	10^{-9}
Kilo	k	10^{3}	Piko	p	10^{-12}
Hekto	h	10^{2}	Femto	f	10^{-15}
Deka	da	10^{1}	Atto	a	10^{-18}

Ein Vorsatz ist keine selbstständige Abkürzung für eine Zehnerpotenz, sondern bildet mit der unmittelbar dahinter stehenden Einheit ein Ganzes. Deshalb dürfen Vorsätze auch nicht mehrfach angewendet werden. Z.B. ist 1 cm = 10^{-2} m, doch darf dafür nicht 1 ddm (10^{-1} 10^{-1} m) geschrieben werden. Entsprechend darf die Basiseinheit kg nicht mit Vorsätzen zusammen gebraucht werden. In diesem Fall muss sich der Vorsatz auf die Einheit Gramm (g) beziehen.

Zu den gesetzlich zugelassenen Einheiten gehören auch einige, die durch nichtdezimale Faktoren aus den SI-Einheiten gebildet werden. So sind die Zeiteinheiten Minute (min), Stunde (h), Tag (d) usw. durch die Einheitengleichungen 1 min = 60 s, 1 h = 60 min = 3600 s, 1 d = 24 h = 1440 min = 86 400 s aus der SI-Einheit Sekunde abgeleitet.

Auch Einheiten aus anderen Einheitensystemen können in vielen Fällen als nichtdezimale Vielfache der SI-Einheiten betrachtet werden. So gilt für die in den USA gebräuchliche Längeneinheit Zoll

$$1 \text{ inch} = 0{,}0254 \text{ m}. \tag{1.11}$$

Die früher üblichen Einheiten des Technischen Maßsystems (kp, cal, PS usw.) sind für den Gebrauch im amtlichen und geschäftlichen Verkehr nicht mehr zugelassen und müssen in SI-Einheiten umgerechnet werden (DIN 1301).

Zähleinheiten. Nicht alle Eigenschaften physikalischer oder technischer Objekte werden durch Größen beschrieben. Manchmal braucht man nur das Verhältnis zweier Größen gleicher Art zu

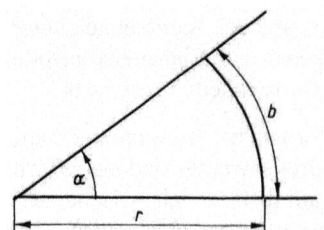

Bild 1.2 Definition der Zähleinheit rad des ebenen Winkels

kennen. Nach Gl. (1.3) ist das eine Zahl, die aber gelegentlich auch eine dimensionslose Größe oder auch Größe mit der Einheit 1 genannt wird.

Ein Beispiel für ein solches Größen Verhältnis ist der Winkel. Nach DIN 1315 kennzeichnet der ebene Winkel den Richtungsunterschied zweier von einem gemeinsamen Punkt (dem Scheitel) ausgehenden Geraden.

Der Winkel α kann als das Verhältnis der von den Schenkeln in Bild **1.2** begrenzten Bogenlänge b zum Radius r dieses Kreises definiert werden. Dies wird als Bogenmaß bezeichnet:

$$\alpha = \frac{b}{r} \Rightarrow [\alpha] = \frac{[b]}{[r]} = \frac{\mathrm{m}}{\mathrm{m}} = 1 = 1\,\mathrm{rad} \tag{1.12}$$

Da man aber solche Verhältnisse auf mehrere Arten bilden kann, ist es notwendig, durch eine Zähleinheit anzuzeigen, auf welche Weise man sie gebildet hat. So wurde in Gl. (1.12) der Radiant, Einheiten- Zeichen rad, als Zähleinheit verwendet. Er gilt als kohärente Einheit des SI.

Andererseits ist es möglich, bei der Angabe eines Winkels als Bezugsgröße den Vollwinkel zu wählen. Das ist ein Winkel, dessen zweiter Schenkel durch eine volle Umdrehung mit den ersten zur Deckung gebracht ist. So wird die Zähleinheit Grad eines Winkels als der 360ste Teil eines Vollwinkels definiert.

Wir werden im Rahmen dieses Buches beide Zähleinheiten verwenden. Die Umrechnung von Radiant in Grad oder umgekehrt folgt aus der Beziehung

$$\frac{\alpha°}{360°} = \frac{\alpha\,\mathrm{rad}}{2\pi\,\mathrm{rad}} \rightarrow \alpha° = 360° \frac{\alpha\,\mathrm{rad}}{2\pi\,\mathrm{rad}} \quad \text{bzw.} \quad \alpha\,\mathrm{rad} = 2\pi\,\mathrm{rad}\frac{\alpha°}{360°} \tag{1.13}$$

1.4 Rechnen mit Größen

Größengleichungen. Der Zusammenhang physikalischer Größen wird durch Größengleichungen beschrieben. Der Ansatz zur Lösung z.B. einer Aufgabe aus dem Bereich der gleichmäßig beschleunigten Bewegungen folgt aus dem Gesetz

$$F = m \cdot a \tag{1.14}$$

(Kraft = Masse × Beschleunigung). Wählt man zur Lösung einer bestimmten Aufgabe konkrete Werte für diese Größen, ist nach Gl. (1.2b) stets das Produkt aus Zahlenwert und Einheit für jeden Größen wert einzusetzen. Die Größengleichung liefert dann den zu berechnenden Wert ebenfalls als Produkt aus Zahlenwert und Einheit.

Beispiel 1.3 Es ist die Kraft zu berechnen, die notwendig ist, um einer Masse von 850 kg eine Beschleunigung von 3 m/s² zu erteilen (Beschleunigen eines Kraftwagens).

Lösung $F = 850\,\mathrm{kg} \cdot 3\,\dfrac{\mathrm{m}}{\mathrm{s}^2} = 2550\,\dfrac{\mathrm{kgm}}{\mathrm{s}^2} = 2550\,\mathrm{N} = \mathbf{2{,}55\,kN}$,

wobei wir nach Gl. (1.10) den Einheitennamen Newton verwendet haben.

Es kann auch die Aufgabe bestehen, die Beschleunigung zu berechnen, wenn für Kraft und Masse bestimmte Werte gegeben sind. Dann muss Gl. (1.14) nach der Größe a „umgestellt" werden.

Beim Auflösen oder Umstellen nach der gesuchten Größe gelten die Regeln für das Rechnen mit Gleichungen. Wir wollen uns hier auf die grundsätzliche Bemerkung beschränken, dass sich Gleichungen z.B. mit Hilfe der Addition, Subtraktion, Multiplikation oder Division so umformen lassen, dass die gesuchte Größe auf einer Seite des Gleichheitszeichens isoliert ist. Im Beispiel wird Gl. (1.14) durch m dividiert:

$$\frac{F}{m} = a. \qquad (1.15)$$

Wir erhalten also den Wert der Beschleunigung, indem wir in Gl. (1.15) für Kraft und Masse die gegebenen Größenwerte einsetzen.

Mehrfachbedeutung der Symbole. Wie wir gesehen haben, ist der Betrag einer Größe invariant gegenüber der Wahl einer artgleichen Einheit, sodass in Gl. (1.16) die Beträge der Größen grundsätzlich in beliebigen Einheiten eingesetzt werden können. Für Größensymbole, Einheitenzeichen und Vorsätze werden z.T. jedoch die gleichen Buchstaben verwendet. So bedeutet z.B. m als Größensymbol die Masse, als Einheitenzeichen m das Meter und als Vorsatz vor einem Einheitenzeichen die Zehnerpotenz 10^{-3}. Im Druck wird dies durch die Schriftart berücksichtigt, indem Größensymbole kursiv gesetzt werden, die Einheitenzeichen und die unmittelbar davor stehenden Vorsatzzeichen dagegen steil. Handschriftlich lässt sich diese Unterscheidung nicht eindeutig durchfuhren. Um Missverständnisse und Fehler auszuschließen, wollen wir uns an die folgenden Regeln halten:

> Größensymbole und Einheiten sollen in Größengleichungen auf derselben Seite des Gleichheitszeichens nicht gemischt verwendet werden.
>
> Vorsatzzeichen sollen innerhalb einer Gleichung stets durch die entsprechenden Zehnerpotenzen ersetzt werden.

Beispiel 1.4 Wir betrachten noch einmal die Aufgabe des Beispieles 1.3. Ersetzen wir auf der rechten Seite von Gl. (1.14) nur a durch den gegebenen Wert, erhalten wir $F = m \cdot 3 \text{ m/s}^2$. Darin kommt der Buchstabe m zweimal mit verschiedenen Bedeutungen vor. Diese Schreibweise ist deshalb zu vermeiden. Unmissverständlich ist dagegen, auch für m den gegebenen Wert einzusetzen, wie in Beispiel 1.3 geschehen.

Einheitenkontrolle. Verwendet man nach den angegebenen Regeln in den Berechnungsgleichungen grundsätzlich nur die SI-Einheiten, lässt sich vor allem das Umstellen komplizierter Gleichungen durch die Einheitenkontrolle überprüfen. Dazu werden die SI-Einheiten als Produkte bzw. Quotienten der Basiseinheiten geschrieben. Dann muss auf beiden Seiten der Gleichung die gleiche Einheit erscheinen. Ist das nicht der Fall, ist die Umstellung der Gleichung oder das Einsetzen der Größenwerte fehlerhaft durchgeführt worden. Wir werden darauf bei den Übungen zurückkommen.

1.5 Skalare und Vektoren

Skalare. Größen, die allein durch Angabe ihres Größenwertes vollständig beschrieben sind, heißen skalare Größen oder Skalare. Solche Größen sind z.B. Masse, Temperatur, Zeit, elektrische Ladung, Stromstärke, Spannung. Skalare Größen gleicher Größenart bzw. ihre Werte lassen sich entsprechend Abschn. 1.4 arithmetisch addieren und subtrahieren. Durch Multiplikation und Division skalarer Größen ergeben sich wieder skalare Größen. Eine Gleichung zwischen skalaren Größen besagt, dass die auf beiden Seiten des Gleichheitszeichens stehenden Werte gleich sind.

Vektoren. Viele physikalische Größen haben wie die in Gl. (1.14) auftretende Kraft F und die Beschleunigung *a* außer einem bestimmten Wert noch eine geometrische Orientierung im Raum. Diese vektoriellen Größen oder Vektoren werden in Übereinstimmung mit DIN 1303 zweckmäßig mit einem Pfeil über dem Größensymbol gekennzeichnet. Diese Schreibweise wie z.B. $\vec{F}$ bzw. $\vec{a}$ ist sowohl handschriftlich als auch im Druck durchführbar. Die Vektorgleichung

$$\vec{F} = m\,\vec{a} \tag{1.16}$$

wiederholt die Aussage der Gl. (1.14), die eine Beziehung zwischen skalaren Größen darstellt. Sie besagt aber zusätzlich, dass die Wirkungsrichtung der Kraft mit der Richtung der Beschleunigung übereinstimmt. Das ist zwar für die Gültigkeit der Gl. (1.14) auch Voraussetzung, kommt aber in ihrer Formulierung erst zum Ausdruck, wenn man die Größen $\vec{F}$ und $\vec{a}$ als Vektoren kennzeichnet. Die skalaren Größen F und a, die in Gl. (1.14) auftreten, heißen (aus gleich ersichtlichen Gründen) die Beträge der Vektoren und werden häufig mit $|\vec{F}| = F$ und $|\vec{a}| = a$ bezeichnet.

Darstellung vektorieller Größen. Zur vollständigen Kennzeichnung vektorieller Größen ist außer der Angabe ihres Wertes auch die ihrer Richtung erforderlich. Dafür geeignet ist die Darstellung durch Pfeile. Dabei entspricht die Pfeillänge mit einem geeigneten Maßstab dem Wert der vektoriellen Größe, der wie bei skalaren Größen durch das Produkt aus Zahlenwert und Einheit gegeben ist. Zur Angabe der Pfeilrichtung ist jedoch ein Bezugssystem erforderlich.

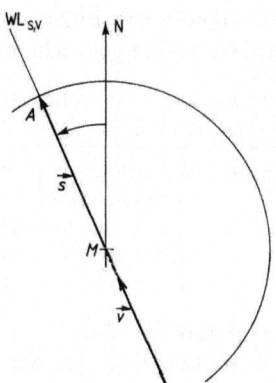

Bild 1.3 Angabe der Wirkungsrichtung von Vektoren auf der Erdoberfläche (Polarkoordinaten)

Beispiel 1.5 Eine Versuchsperson soll sich von dem Ort M eines ebenen Platzes mit konstanter Geschwindigkeit $v = 1{,}4$ m/s bewegen und nach einer Zeit $t = 10$ s angeben, an welchem Ort sie sich befindet. Sie kann nur aussagen, dass sie entsprechend der Gleichung genau diese 14 m vom Startpunkt M entfernt ist, kann aber, da keine Aussage über die Richtung der Bewegung gemacht wurde, nicht den genauen Ort angeben, an dem sie sich nach 10 s befindet, insbesondere nicht, ob sie tatsächlich an einem Zielpunkt A angekommen ist. Um sicher zum Ziel zu kommen, sind also zusätzliche Angaben über die Richtung der Bewegung notwendig. Die Gerade, auf der die beiden Vektoren $\vec{s}$ und $\vec{v}$ liegen, wird die Wirkungslinie (WL) der Vektoren genannt. Um ihre Richtung in der Ebene festzulegen, ist eine Bezugsrichtung notwendig, hier z.B. die Richtung des Längengrades durch M. Dabei wird die Nordrichtung positiv gezählt.

> Vektoren sind *gerichtete* Größen, die sowohl eine Richtung und einen Betrag haben.
>
> Skalare haben keine Richtung. Sie sind durch die Angabe ihres Größenwertes vollständig beschrieben.

1.6 Rechnen mit Vektoren

1.6.1 Bezugssysteme

Für den allgemeinen Fall beliebiger Lage der WL von Vektoren im dreidimensionalen Raum ist auch ein dreidimensionales Bezugssystem mit drei Bezugsrichtungen notwendig, also ein dreidimensionales Koordinatensystem, bei dem die Koordinatenachsen die Bezugsrichtungen sind.
Eindimensionales Bezugssystem. Dieser einfachste Fall liegt vor, wenn nur eine Richtung möglich ist. Die WL der Vektoren hat dann nur zwei mögliche Richtungen, in Richtung der positiven oder in Richtung der negativen Koordinatenachse.
Zweidimensionales Bezugssystem. Fällt wie im Beispiel 1.5 die gemeinsame WL der Vektoren nicht mit der Koordinatenachse zusammen, bestimmen die beiden WL eine Ebene, zu der ein zweidimensionales Bezugssystem gehört. Im Beispiel wird die Lage der WL beider Vektoren s und $\vec{v}$ durch den Winkel α gegenüber der Koordinatenachse gegeben, dessen Scheitelpunkt deren Schnittpunkt ist. Erhält man den Winkel $\alpha < 180°$ zwischen den positiven Richtungen der beiden WL durch eine Drehung gegenüber der Koordinatenachse gegen den Uhrzeigersinn (mathematisch positiv), wird der Winkel α positiv gerechnet. Bei einer Drehung im Uhrzeigersinn ist α negativ zu rechnen (**1.4a**). Die Angabe von Betrag und Winkel eines Vektors bilden seine *Polarkoordinaten*. Für manche Darstellungen (wie im Beispiel 1.5) sind diese Koordinaten gut geeignet. Allgemein anwendbar ist jedoch das kartesische Koordinatensystem. Dabei stehen zwei Koordinatenachsen, die meist x und y genannt werden, rechtwinkelig zueinander wie in Bild **1.4b**. Ihr Schnittpunkt ist der Ursprung des Koordinatensystems.

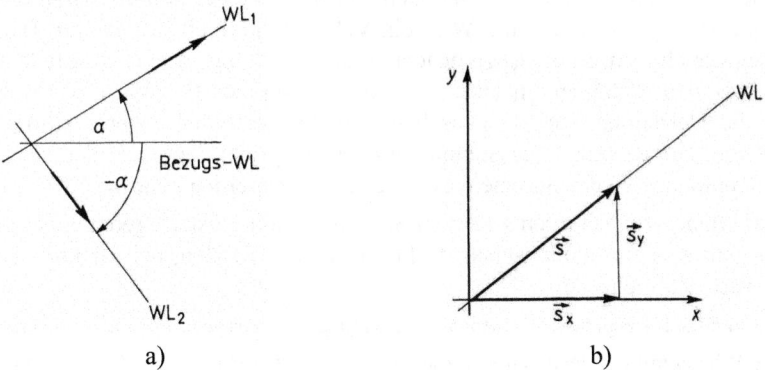

Bild 1.4 Bezugssysteme für Vektoren in der Ebene
    a) Polarkoordinaten
    b) kartesische (rechtwinkelige) Koordinaten

Das dreidimensionale Bezugssystem ist erforderlich, wenn die Vektoren nicht in einer Ebene liegen. Die als dritte Bezugs-WL hinzukommende z-Achse steht senkrecht auf der durch die x-

und y-Achse gebildeten Ebene. Für die Festlegung der positiven Richtung der z-Achse gibt es zwei Möglichkeiten. Dreht man die positive x-Achse auf dem kürzesten Weg in die Richtung der positiven y-Achse, kann man dies mit der Drehrichtung einer Schraube im Uhrzeigersinn vergleichen. Die dabei auftretende Fortschreitrichtung entspricht der positiven Richtung auf der z-Achse. Handelt es sich um eine rechts-

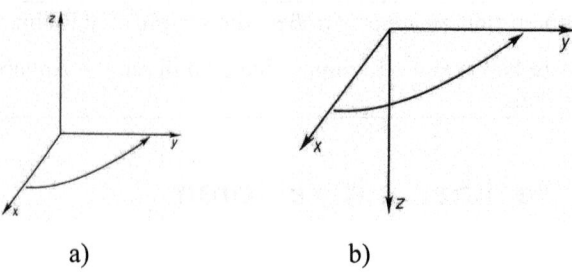

Bild 1.5 Dreidimensionale Bezugssysteme
a) Rechtssystem,
b) Linkssystem

gängige Schraube (Korkenzieher), erhalten wir ein „Rechtssystem", bei einer linksgängigen Schraube ein „Linkssystem" (Bild 1.7). Beide Systeme sind spiegelbildlich zueinander. Im Allgemeinen wird als dreidimensionales Bezugssystem ein Rechtssystem verwendet. Der Schraubsinn ändert sich nicht, wenn die Reihenfolge der positiven WL x, y, z zyklisch verändert wird in z, x, y oder y, z, x. Auf die Rechtsschraubenregel, mit der wir hier das kartesische Rechtssystem festgelegt haben, werden wir noch häufig zurückkommen.

1.6.2 Addition und Subtraktion

Bei gleichartigen Vektorgrößen in einer gemeinsamen Wirkungslinie werden die Beträge unter Berücksichtigung der Vorzeichen addiert. Der Summenvektor liegt in der gleichen WL.

Geometrische Addition und Subtraktion. Liegen die Vektoren nicht in einer gemeinsamen WL, jedoch in einer Ebene, braucht man ein zweidimensionales Bezugssystem. Wir verwenden ein rechtwinkliges x/y-System und nehmen an, dass sich die WL der zu addierenden Vektoren in einem Punkt schneiden, der auch der Ursprung des rechtwinkeligen Bezugssystems ist. Die nach Lage und Richtung bekannten Vektoren werden in beliebiger Reihenfolge aneinander gefügt, indem sie bei einer Addition so parallel verschoben werden, dass der Anfangspunkt des 2. Vektors auf den Endpunkt des 1. Vektors fällt. Wird ein Vektor subtrahiert, wird er um 180° gedreht und dann wie oben verschoben. Dabei ist zu beachten, dass die Länge der Vektorpfeile mit einem geeigneten Maßstab den Beträgen entsprechen muss. Dann ist die WL des resultierenden Summenvektors die Verbindungsgerade zwischen Anfangspunkt des ersten Vektorpfeils und Endpunkt des letzten. Die Richtung des Summenvektors entspricht dem Durchlaufsinn der Teilvektoren, die als Komponenten des Summenvektors angesehen werden können.

Diese Zusammenfassung von Vektoren zu einem Summenvektor wird als geometrische Addition bezeichnet im Gegensatz zur arithmetischen Addition skalarer Größen, bei der nur Beträge und Vorzeichen zu berücksichtigen sind.

Beispiel 1.6 Die in Bild 1.6 gegebenen Vektoren. $\vec{s}_1$, $\vec{s}_2$ und $\vec{s}_3$ betragen $s_1 = 5$ m, $s_2 = 3$ m, $s_3 = 4$ m, ihre Winkel mit der positiven x-Achse $\alpha_1 = 75°$, $\alpha_2 = 20°$ und $\alpha_3 = 50°$. Sie sollen entsprechend der Vektorgleichung $\vec{s}_A = \vec{s}_1 + \vec{s}_3 + \vec{s}_2$ addiert werden. Bei der *grafischen Lösung* nach Bild 1.6a werden die Vektoren unter Beachtung des angegebenen Maßstabs 1 Skt. ≙ 1 m (Skt. = Skalenteil) in das Koordinatensystem eingetragen. Die WL von $\vec{s}_3$ wird parallel durch die Pfeilspitze von $\vec{s}_1$ verschoben und $\vec{s}_3$ darauf in der gegebenen Pfeilrichtung abgetragen. Das kann z.B. dadurch geschehen, dass die WL von $\vec{s}_1$ parallel durch die Pfeilspitze von $\vec{s}_3$ gezeichnet wird. Der Schnittpunkt beider Geraden liefert den Endpunkt des Summenvektors von $\vec{s}_1$ und $\vec{s}_3$. Entsprechend wird nun $\vec{s}_2$ grafisch addiert, sodass sich schließlich der gesuchte Summenvektor $\vec{s}_A$ ergibt. Bild 1.6b zeigt die grafische Vektoraddition entsprechend der Vektorgleichung $\vec{s}_B = \vec{s}_1 - \vec{s}_3 + \vec{s}_2$. Hier wird der Vektor $\vec{s}_3$ entgegengesetzt zur gegebenen Pfeilrichtung auf der Parallelen zu seiner WL abgetragen.

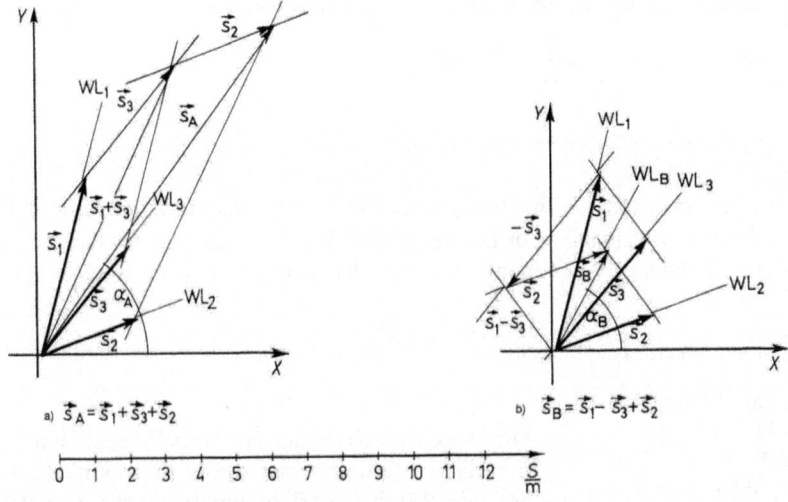

Bild 1.6 Grafische Addition und Subtraktion von Vektoren

Wir erhalten aus Bild **1.6** unter Beachtung des gewählten Maßstabs $s_A = 11{,}1$ m; $s_B = 3{,}1$ m und die Lage ihrer WL in positiver Durchlaufrichtung als Winkel zur positiven x-Achse $\alpha_A = 53{,}15°$; $\alpha_B = 61°$.

Algebraische Lösung. Entsprechend der Addition von Einzelvektoren zu einem Summenvektor können wir umgekehrt ebenso gut jeden Einzelvektor in Komponenten (Teilvektoren) zerlegen, deren WL die x- bzw. y-Achse sind bzw. Parallelen dazu. Da die x- und y-Komponenten eines Einzelvektors mit ihm ein rechtwinkliges Dreieck bilden, können wir die Beträge der Komponenten mit Hilfe der Winkelfunktionen bzw. nach dem Satz des Pythagoras berechnen. Die x- bzw. y-Komponenten der Vektoren kann man jeweils für sich arithmetisch addieren, da sie ja in einer WL liegen. Schließlich erhalten wir aus den beiden Komponentensummen den Betrag des Summenvektors nach dem Satz des Pythagoras.

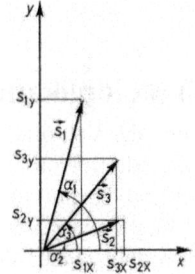

Bild 1.7 Zerlegung von Vektoren in rechtwinklige Komponenten

Beispiel 1.7 In Bild **1.7** werden die gegebenen Vektoren $\vec{s}_1$, $\vec{s}_2$ und $\vec{s}_3$ in ihre Komponenten zerlegt. Wir erhalten:
$s_{1x} = s_1 \cdot \cos\alpha_1 = 1{,}2941$ m; $s_{1y} = s_1 \cdot \cos\alpha_1 = 4{,}8296$ m
$s_{2x} = s_2 \cdot \cos\alpha_2 = 1{,}2941$ m; $s_{2y} = s_2 \cdot \cos\alpha_2 = 1{,}0261$ m
$s_{3x} = s_3 \cdot \cos\alpha_3 = 1{,}2941$ m; $s_{3y} = s_3 \cdot \cos\alpha_3 = 4{,}8296$ m.

Durch arithmetische Addition bekommen wir daraus
$s_{Ax} = s_{1x} + s_{2x} + s_{3x} = 6{,}684$ m; $s_{AY} = s_{1y} + s_{2y} + s_{3y} = 8{,}92$ m
$s_{Bx} = s1x + s2x - s3x = 1{,}542$ m; $s_{BY} = s1y + s2y - s3y = 2{,}7915$ m
Die Beträge der Summenvektoren erhalten wir zu

$$s_A = \sqrt{s_{Ax}^2 + s_{Ay}^2} = 11{,}1466 \text{ m}; \quad s_B = \sqrt{s_{Bx}^2 + s_{By}^2} = 3{,}1891 \text{ m}.$$

Die Lage der WL der Summenvektoren wird berechnet aus

$$\tan\alpha_A \frac{s_{Ay}}{s_{Ax}} \Rightarrow \arctan\frac{s_{Ay}}{s_{Ax}} = 53{,}1528°$$

$$\tan\alpha_B \frac{s_{By}}{s_{Bx}} \Rightarrow \arctan\frac{s_{By}}{s_{Bx}} = 61{,}0841°.$$

Bekanntlich versteht man unter Winkelfunktionen die Seitenverhältnisse im rechtwinkligen Dreieck. Dabei ist ihr Zahlenwert nur vom Betrag des Winkels α abhängig (1.10). Es ergeben sich 6 mögliche Seitenverhältnisse, von denen jedoch nur drei zum praktischen Rechnen gebracht werden:

$$a/c = \sin\alpha; \quad b/c = \cos\alpha \tag{1.17}$$

$$a/b = \tan\alpha \tag{1.18}$$

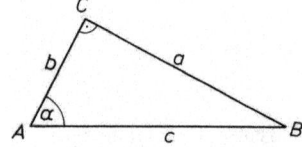

Bild 1.8 Rechtwinkliges Dreieck zur Definition der Winkelfunktionen

Die Taschenrechner haben deshalb auch nur diese Funktionstasten. Den zu einer dieser drei Winkelfunktionen gehörenden Winkel (Arkus-Funktion, arc von lat. *arcus = Bogen*) liefert der Taschenrechner je nach Konstruktion z.B. direkt mit Hilfe besonderer Tasten (die oft etwas irreführend mit $\sin^{-1}$, $\cos^{-1}$ oder $\tan^{-1}$ bezeichnet sind) oder durch Betätigen von Doppelfunktionstasten. In jedem Fall sollte der Leser die Rechnungen dieses und anderer Beispiele mit seinem Rechner durchführen.

1.6.3 Multiplikation und Division

Während die Vektoraddition bzw. -Subtraktion nur bei gleichartigen Vektorgrößen möglich sind, führt die Multiplikation von Vektoren auf neue Größenarten, von denen jedoch nur bestimmte in Physik und Technik auch wirklich gebraucht werden. In diesem Buch können wir uns bei der Multiplikation von Vektorgrößen auf zwei Fälle beschränken: das skalare Produkt und das vektorielle Produkt zweier Vektoren.

Skalares Produkt. Dafür gilt:

> Das skalare Produkt zweier Vektoren ergibt eine skalare Größe. Ihr Wert ist das Produkt der Beträge beider Vektoren, multipliziert mit dem Kosinus des eingeschlossenen Winkels.

Für die Schreibweise des skalaren Produkts gibt es nach DIN 1303 mehrere Möglichkeiten. Wir wählen diese:

$$\left(\vec{s} \cdot \vec{F}\right) = s \cdot F \cdot \cos\alpha \tag{1.19}$$

Darin sind $\vec{s}$ und $\vec{F}$ die beiden Vektoren, s und F die Beträge, $s = |\vec{s}|$, $F = |\vec{F}|$, α ist der von ihnen eingeschlossene Winkel.

Beispiel 1.8 Welche Arbeit W leistet eine Kraft $\vec{F}$ mit den beiden Komponenten $F_x = 4$ kN und $F_y = 3$ kN, die einen Körper über eine Strecke $\vec{s}$ mit $s_x = 6$ m, $s_y = 0$ m bewegt (**1.11**)? Die Arbeit ist definiert als das skalare Produkt $W = (\vec{s} \cdot \vec{F})$.

Lösung $|\vec{F}| = F = \sqrt{F_x^2 + F_y^2} = 5$ kN, $|\vec{s}| = s = 6$ m   (1.20)

$W = s \cdot F \cdot \cos\alpha = 24\text{kNm} = \mathbf{24kJ}$ (1.21)

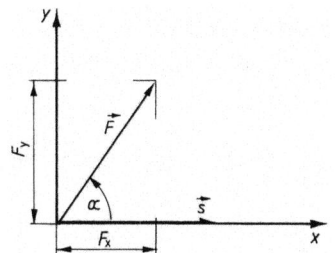
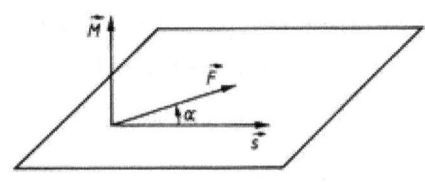

Bild 1.9 Lage der Vektoren $\vec{F}$ und $\vec{s}$

Bild 1.10 Vektorielles Produkt

Vektorielles Produkt. Im Unterschied zum skalaren liefert das vektorielle Produkt zweier Vektoren einen neuen Vektor.

> Den Betrag des vektoriellen Produkts erhält man als das Produkt der Beträge beider Vektoren, multipliziert mit dem Sinus des eingeschlossenen Winkels. Die räumliche Richtung des Produktvektors wird durch folgende Vorschriften festgelegt:
> – Der Produktvektor steht senkrecht auf der Ebene, die von den beiden zu multiplizierenden Vektoren gebildet wird.
> – Er bildet mit dem ersten und dem zweiten Vektor in dieser Reihenfolge ein Rechtssystem. D.h. dreht man den ersten Vektor auf dem kürzesten Weg in Richtung des zweiten, ergibt die Fortschreitungsrichtung einer so gedrehten Rechtsschraube den Richtungssinn des Produktvektors.

Symbolisch stellen wir das vektorielle Produkt so dar:

$$(\vec{s} \times \vec{F}) = \vec{M} \qquad (1.22)$$

Dabei ist der Betrag

$$M = s \cdot F \cdot \sin\alpha \qquad (1.23)$$

Aus dieser Formel liest man ab, dass das vektorielle Produkt zweier paralleler Vektoren null ist, weil $\alpha = 0$. Andererseits ist sein Wert am größten, wenn beide Vektoren senkrecht aufeinander stehen ($\alpha = 90°$). Seine physikalische Bedeutung wird anschaulich, wenn man dieses vektorielle Produkt als Drehmoment interpretiert (s. Beispiel 1.10).

Aus der Rechtsschraubenregel des vektoriellen Produkts folgt, dass eine Vertauschung der Reihenfolge der Faktoren $\vec{s}$ und $\vec{F}$ auf den Produktvektor $-\vec{M}$ führt. Hier ist also die Reihenfolge der Faktoren nicht beliebig.

Beispiel 1.9 Das vektorielle Produkt $\left(\vec{s} \times \vec{F}\right)$ der beiden Vektoren aus Beispiel 1.8 ist zu berechnen und zu zeichnen.

Lösung $F = 5$ kN, $s = 6$ m, $\sin \alpha = \dfrac{F_y}{F} = 0,6$

$$\left|\left(\vec{s} \times \vec{F}\right)\right| = s \cdot F \cdot \sin \alpha = 18 \, \text{kNm} \tag{1.24}$$

Man entnimmt **1.11a**, dass der Produktvektor in Richtung der positiven z-Achse des Koordinatensystems zeigt. Das Produkt $\left(\vec{F} \times \vec{s}\right)$ hätte den gleichen Betrag, aber die entgegengesetzte Richtung (nach unten in **1.11a**).

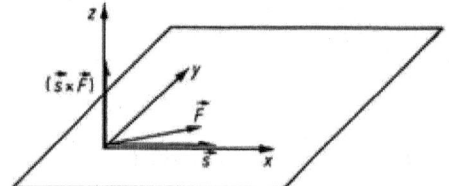

Bild 1.11a Vektorprodukt   **Bild 1.11b** Balkenwaage

Beispiel 1.10 Bei der Balkenwaage in Bild **1.11b**, deren Waagenbalken durch die Vektoren $\vec{s}_1$ und $\vec{s}_2$ dargestellt werden, bewirken die in der Waagschale liegenden Massen Kräfte $\vec{F}_1$ und $\vec{F}_2$. Als Wirkungen treten nach Gl. (1.22) Drehmomente $\vec{M}_1$ und $\vec{M}_2$ auf, die die Waage links bzw. rechts herum zu drehen suchen. Man spricht deshalb auch von rechts- bzw. linksdrehenden Momenten. Wir legen in den Drehpunkt des Waagebalkens den Ursprung eines dreidimensionalen x/y/z-Rechtssystems. Die Richtung der positiven z-Achse wird bei Eintritt in die Papierebene üblicherweise durch ein Kreuz in einem Kreis gekennzeichnet (wenn sie aus der Papierebene heraustritt, durch einen Punkt in einem Kreis). Die Darstellung erinnert an das Gefieder bzw. die Spitze eines Pfeils. Das Vektorprodukt $\left(\vec{s}_2 \times \vec{F}_2\right) = \vec{M}_2$ liefert einen Momentenvektor in Richtung der positiven z-Achse, das Vektorprodukt $\left(\vec{s}_1 \times \vec{F}_1\right) = \vec{M}_1$ dagegen einen Momentenvektor in Richtung der negativen z-Achse. Die Waage befindet sich im Gleichgewicht, wenn die Summe der Momente gleich Null ist. In diesem Fall gilt

$$\left(\vec{s}_1 \times \vec{F}_1\right) = \left(\vec{s}_2 \times \vec{F}_2\right) \Rightarrow$$
$$s_1 \cdot F_1 \cdot \sin \alpha_1 = s_2 \cdot F_2 \cdot \sin \alpha_2 \tag{1.25}$$

Die Vektorgleichung enthält die Aussage, dass bei gleich langen Waagebalken $s_1 = s_2$ die Kräfte F_1 und F_2 nur dann gleich sind, wenn auch $\alpha_1 = \alpha_2$ gilt. Wegen $\sin \alpha_1 = \sin(180° - \alpha_1) = \sin \alpha_2$ ist das Momentengleichgewicht für $F_1 = F_2$ bei jedem Winkel α möglich. Balkenwaagen sind jedoch so gebaut, dass nur bei $F_1 = F_2$ und $\alpha_1 = \alpha_2 = 90°$ der Schwerpunkt des Waagebalkens unter dem Drehpunkt liegt, also seine niedrigste Lage hat (s. Abschn. 1.7.5).

Beispiel 1.11 Ein weiteres Beispiel für die Anwendung des Vektorprodukts ist die Darstellung einer ebenen Fläche, die nach Bild 1.11c durch die Vektoren $\vec{s}_1$ und $\vec{s}_2$ bestimmt wird. Das Vektorprodukt $(\vec{s}_1 \times \vec{s}_2) = \vec{A}$ liefert einen Flächenvektor mit dem Betrag $A = s_1 \cdot s_2 \cdot \sin\alpha$, der senkrecht auf der durch s_1 und s_2 gebildeten Ebene

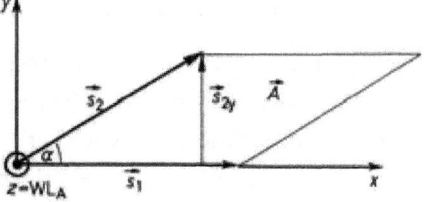

Bild 1.11c Flächenvektor

steht. Bei $\alpha = 90°$ ist A die Fläche eines Rechtecks; sonst handelt es sich um die Fläche eines Parallelogramms.

Einen Vektor, der senkrecht auf einer Fläche oder normal zu einer Fläche steht, bezeichnet man auch als Flächennormale. Bemerkenswert ist, dass die Fläche $\vec{A}$ keineswegs eine skalare Größe ist, sondern eine vektorielle. Es ist offensichtlich, dass die Lage einer ebenen Fläche im Raum eindeutig nur durch die Richtung der Normalen angegeben werden kann.

Division von Vektoren. Soll die Vektorgleichung $\vec{F} = m \cdot \vec{a}$ nach m umgestellt werden, $m = \vec{F}/\vec{a}$, so ist dies in dieser Form nicht möglich, da durch einen Vektor nicht dividiert werden darf. Um die Masse m zu bestimmen, kann man nur den Quotienten aus den Beträgen der Vektoren, also $m = F/a$ bilden.

1.7 Komplexe Zahlen

1.7.1 Definition

Die reellen Zahlen, die im täglichen mathematischen Gebrauch die entscheidende Rolle spielen, können grafisch auf der so genannten Zahlengerade dargestellt werden. Hier ist jede reelle Zahl durch einen Punkt darstellbar. Durch diese reellen Zahlen ist die Zahlengerade vollständig besetzt. Nun gibt es Gleichungen, wie z. B. $x^2 + 4 = 0$, deren Lösung $x = \sqrt{-4}$ im Bereich der reellen Zahlen nicht existiert. Hier ist also eine Erweiterung des Zahlensystems erforderlich. In der grafischen Darstellung ist es erforderlich, da ja die Zahlengerade keine Erweiterung zulässt, in die Ebene auszuweichen. Wie jede Größe haben auch Zahlen den prinzipiellen Aufbau wie in Gleichung (1.2b), nämlich das Produkt aus Maßzahl und Einheit. Die Einheit der reellen Zahlen ist die 1. Diese wird nur nie mitgeschrieben. Bei der jetzt notwendigen Erweiterung ist eine neue Einheit notwendig. Diese wird in der Mathematik mit dem Buchstaben i bezeichnet, in der Elektrotechnik, um Verwechslungen mit der Stromstärke zu vermeiden, mit dem Buchstaben j .Sie wird als *imaginäre Einheit* bezeichnet. Die Definitionsgleichung ist:

$$j^2 = -1 \qquad (1.26)$$

Oft auch, aber mathematisch wegen der Vorzeichenunsicherheit nicht exakt, als

$$j = \sqrt{-1} \qquad (1.27)$$

Damit kann die Lösung der obigen Gleichung geschrieben werden:

$$x_{1,2} = \pm\sqrt{4} \cdot \sqrt{-1} = \pm 2j \qquad (1.28)$$

Diese Zahlen werden als *imaginäre Zahlen* bezeichnet.

Aber auch mit dieser Erweiterung des Zahlensystems um die imaginären Zahlen lassen sich noch nicht alle Gleichungen lösen. Die Gleichung $x^2 - 2x + 5 = 0$, deren Lösung nach der üblichen Formel zu $x_{1,2} = 1 \pm \sqrt{1-5} = 1 \pm \sqrt{-4}$ berechnet wird, ist wegen des reellen Summanden bisher nicht definiert. Diese Summe aus reeller Zahl und imaginärer Zahl wird *komplexe Zahl* genannt.

Für die Bezeichnung komplexer Zahlen gelten folgende Regeln:

Nach DIN 5483 wird eine komplexe Zahl z durch Unterstreichung als komplex gekennzeichnet. Dabei wird x der *Realteil* von z und y ihr *Imaginärteil* genannt.

Die komplexe Zahl $\underline{z}$ ist dabei ein Punkt in der Zahlenebene. Zur besseren Darstellung wird in den folgenden Zeichnungen immer ein Pfeil vom Koordinatenursprung gezeichnet, auch um in späteren Kapiteln den Übergang zur in der Elektrotechnik gebräuchlichen Zeigerdarstellung zu erleichtern.

In Zeichen:

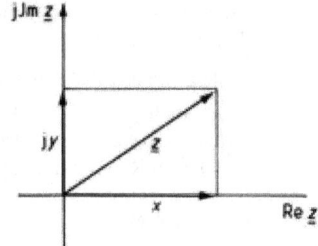

Bild 1.12 Gaußsche Zahlenebene benannt nach dem Göttinger Mathematiker C. F. Gauß (1777-1855)

$$\underline{z} = x + j\,y. \qquad (1.29)$$

x ist der Realteil von $\underline{z}$, und y der Imaginärteil von $\underline{z}$

$$x = \text{Re } \underline{z} \quad \text{und} \quad y = \text{Im } \underline{z} \qquad (1.30)$$

Diese Darstellung in einem rechtwinkligen Achsensystem ist in Bild (1.12) angegeben und wird *kartesisches Koordinatensystem* genannt. Die Achsen werden als reelle und imaginäre Achsen benannt. Es gibt noch eine weitere Möglichkeit, die Lage eines Punktes in einer Ebene durch Koordinaten anzugeben, den *Polarkoordinaten* genannt. Wie man aus Bild 1.13 erkennt, lässt sich der Abstand des Punktes vom Koordinatenursprung Betrag nach dem Satz des Pythagoras berechnen.

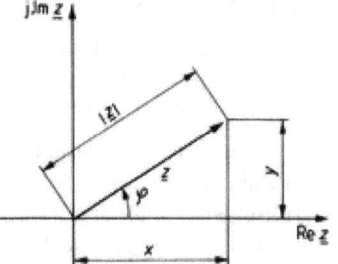

$$|\underline{z}| = \sqrt{x^2 + y^2}$$

Bild 1.13 Polare Darstellung (1.31)

Für den Winkel zwischen reeller Achse und der Richtung zum Punkt $\underline{z}$ gelten die Beziehungen

$$\sin\varphi = \frac{y}{|\underline{z}|}, \quad \cos\varphi = \frac{x}{|\underline{z}|}, \quad \tan\varphi = \frac{y}{x}. \qquad (1.32)$$

Demnach kann man für $\underline{z}$ auch schreiben

$$\underline{z} = x + j\,y = |\underline{z}|\cos\varphi + j|\underline{z}|\sin\varphi = |\underline{z}|(\cos\varphi + j\sin\varphi). \qquad (1.33)$$

Wir verwenden nun die Eulersche Beziehung

$$e^{j\varphi} = \cos\varphi + j\sin\varphi \;, \tag{1.34}$$

die im Rahmen dieser Darstellung nicht ableitbar ist und als ein Ergebnis der höheren Mathematik übernommen wird. Mit ihr erhält man die polare Darstellungsform einer komplexen Zahl:

$$\underline{z} = |\underline{z}|\, e^{j\varphi} = |\underline{z}|\,(\cos\varphi + j\sin\varphi). \tag{1.35}$$

Die Größe $|\underline{z}|$ heißt *Betrag* der komplexen Zahl, der Winkel φ wird als *Argument* bezeichnet.

$$\varphi = \arg(\underline{z})$$

Der Ausdruck $e^{j\varphi}$ hat stets den Betrag

$$\sqrt{\cos^2\varphi + \sin^2\varphi} = 1 \tag{1.36}$$

und daher keinen Einfluss auf den Betrag der komplexen Zahl. Er bewirkt allein ihre Drehung gegenüber der reellen Achse.

Der Eulerschen Beziehung entnimmt man für $\varphi = \pi/2$

$$e^{j\pi/2} = 0 + j1 = j. \tag{1.37}$$

Das ist die polare Darstellung der imaginären Einheit. In der Gaußschen Zahlenebene gedeutet heißt dies, dass die reelle Zahl 1 durch Drehung um $\pi/2$ in j überführt wird.

Konjugiert komplexe Zahl. Es sei $\underline{z} = |\underline{z}|\, e^{j\varphi}$ eine beliebige komplexe Zahl. Dann heißt

$$\underline{z}^* = |\underline{z}|\, e^{-j\varphi} = |\underline{z}|\,(\cos\varphi - j\sin\varphi) = x - jy \tag{1.38}$$

die konjugiert komplexe Zahl. Beide Zahlen haben also den gleichen Betrag, aber entgegengesetzte Winkel bzw. – in algebraischer Darstellungsform – entgegengesetzte Vorzeichen des Imaginärteils (Bild 1.14).

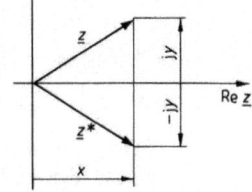

Bild 1.14 $\underline{z}$ und $\underline{z}^*$

Drehzeiger. Von der polaren Darstellungsform findet man leicht den Übergang zum Drehzeiger. Diese Drehzeiger werden in der Elektrotechnik bei zeitlich veränderlichen elektrotechnischen Größen verwendet (s. Kapitel Wechselstrom). Man lässt φ zeitproportional wachsen: $\varphi = \omega t$ und erhält so $e^{j\omega t}$, eine komplexe Zahl mit dem Betrag 1, die in der Gaußschen Ebene mit der konstanten Winkelgeschwindigkeit ω rotiert. Durch Multiplikation dieser Zahl mit der Amplitude $\hat{u}$ oder $\hat{i}$ einer Spannung oder eines Stromes entsteht

$$\underline{u} = \hat{u}\, e^{j\omega t} \quad \text{bzw.} \quad \underline{i} = \hat{i}\, e^{j\omega t}. \tag{1.39}$$

Dies sind Funktionsgleichungen von Drehzeigern.

1.7.2 Rechenregeln

Um möglichst optimal mit komplexen Zahlen zu rechnen, sollte man sich angewöhnen, immer dann, wenn eine Addition oder Subtraktion durchgeführt werden soll, mit kartesischen Koordinaten zu arbeiten, in allen anderen Fällen(Multiplikation, Division, Potenzrechnung) mit Polarkoordinaten. Für manche Berechnungen in der Elektrotechnik sind allerdings für die Ergebnisse beide Darstellungsarten notwendig. Es gibt Taschenrechner, mit denen komplexe Berechnungen und die Umwandlung von einer Darstellung in die andere leicht zu bewerkstelligen sind.

1.7.2.1 Addition

Was es bedeutet, komplexe Zahlen zu addieren oder zu subtrahieren, wird einsichtig, wenn man ihre algebraische Darstellungsform betrachtet.

$$\underline{z}_1 + \underline{z}_2 = (x_1 + j\,y_1) + (x_2 + j\,y_2) = x_1 + x_2 + j\,(y_1 + y_2) \tag{1.40}$$

$$\underline{z}_1 - \underline{z}_2 = (x_1 + j\,y_1) - (x_2 + j\,y_2) = x_1 - x_2 + j\,(y_1 - y_2) \tag{1.41}$$

Bild 1.15 zeigt: Komplexe Zahlen werden genauso wie zweidimensionale Vektoren geometrisch addiert bzw. subtrahiert.

Beispiel 1. 12 Gegeben sind die komplexen Zahlen $\underline{z}_1 = 5$ und $\underline{z}_2 = 2 \cdot e^{j\pi/3}$. Gesucht ist ihre Summe, die in polarer Darstellungsform angegeben werden soll.

Lösung:

Rechnerisch $\underline{z}_1 = 5 + 0j$,

$\underline{z}_1 = 2 \cdot (\cos \pi/3 + j \cdot \sin \pi/3) = 1 + 1{,}73\,j$,

$\tan \varphi = \dfrac{1{,}73}{6} = 0{,}28$, im Gradmaß ist

$\varphi = 16{,}08°$

$\underline{z}_1 + \underline{z}_2 = (6 + j\,1{,}73) = \sqrt{6^2 + 1{,}73^2} \cdot e^{j0{,}28}$

$\underline{z}_1 + \underline{z}_2 = 6{,}24 \cdot e^{j0{,}28}$

Wir geben hier und im folgenden Winkel in rad an; der Radiant (rad) ist die SI-Einheit des Winkels.

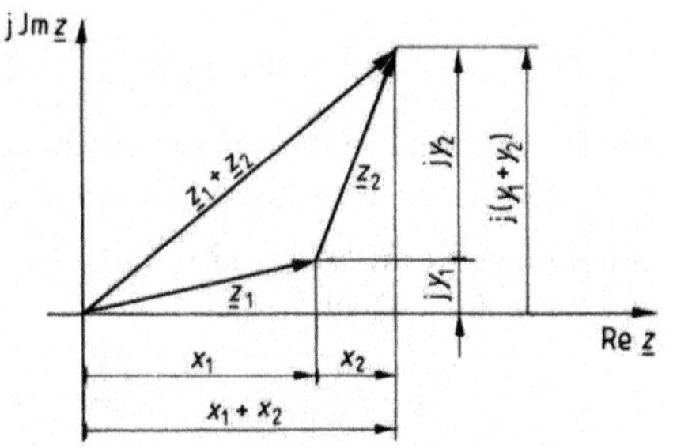

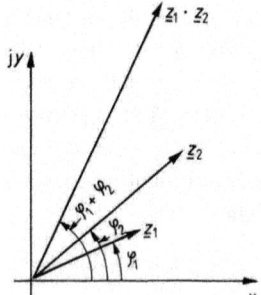

Bild 1.15 Addition komplexer Zahlen

Zeichnerisch Die zeichnerische Lösung ist in Bild 1.16 wiedergegeben.

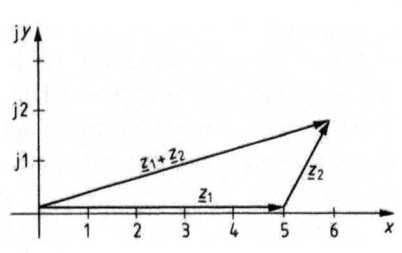

Bild 1.16 $\underline{z}_1 + \underline{z}_2$

Bild 1.17 $\underline{z}_1 \cdot \underline{z}_2$

1.7.2.2 Multiplikation

Zur Berechnung des Produkts geht man zweckmäßig von der polaren Darstellung aus und wendet das Multiplikationsgesetz der Exponentialfunktionen ($e^a \cdot e^b = e^{a+b}$) an:

$$\underline{z}_1 \cdot \underline{z}_2 = |\underline{z}_1|\,e^{j\varphi_1} \cdot |\underline{z}_2|\,e^{j\varphi_2} = |\underline{z}_1| \cdot |\underline{z}_2|\,e^{j(\varphi_1 + \varphi_2)} \tag{1.42}$$

Man erkennt: Bei der Produktbildung werden die Beträge der Faktoren $\underline{z}_1$ und $\underline{z}_2$ multipliziert und ihre Winkel addiert.

Offenbar steckt die Multiplikation mit einer reellen Zahl als Sonderfall in dieser Rechenvorschrift. In diesem Fall ist $\varphi_2 = 0$.

Ein anderer Sonderfall ist die Multiplikation mit $j = e^{j\pi/2}$. Da $|j| = 1$, handelt es sich dabei um eine reine Drehung um $\pi/2 = 90°$ im mathematisch positiven Sinn. Ein besonders wichtiger Fall der Multiplikation mit j ist das Produkt

$$j \cdot j = j^2 = e^{j\pi/2} \cdot e^{j\pi/2} = e^{j\pi} = -1 \tag{1.43}$$

dessen überraschendes Ergebnis nur auf der Basis der Drehung in der Gaußschen Ebene verstanden werden kann (Bild 1.18).

Mit 1.43 lässt sich das Produkt auch in algebraischer Form ausrechnen:

$$\underline{z}_1 \cdot \underline{z}_2 = (x_1 + j\,y_1) \cdot (x_2 + j\,y_2) =$$
$$x_1 x_2 - y_1 y_2 + j \cdot (x_1 y_2 + y_1 x_2) \tag{1.44}$$

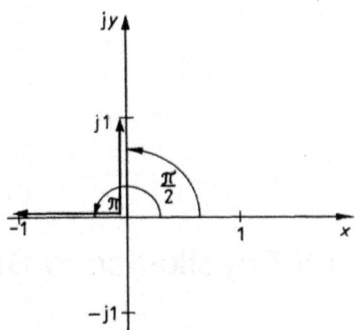

Bild 1.18 $j^2 = -1$

Beispiel 1. 13 Berechnen Sie das Produkt der beiden komplexen Zahlen:
$\underline{z}_1 = (2 + j\,1)$ und $\underline{z}_2 = (3 + j\,3)$.
a) Multiplizieren Sie die beiden Zahlen in der angegebenen Form.
b) Wandeln Sie beide in die polare Darstellungsform um und bilden Sie das Produkt
c) Zeigen Sie, dass beide Ergebnisse identisch sind.

Lösung

a) $\underline{z}_1 \cdot \underline{z}_2 = (2 + j\,1) \cdot (3 + j\,3) = (6 + j\,6 + j\,3 - 3) = (3 + j\,9)$
b) $\underline{z}_1 \cdot \underline{z}_2 = = 2{,}24 \text{ V } e^{j\,0{,}46} \cdot 4{,}24 \text{ A } e^{j\,0{,}79} = \mathbf{9{,}49 \text{ VA } e^{j\,1{,}25}}$
c) $(3 + j\,9) = \mathbf{9{,}49\, e^{j\,1{,}25}}$

1.7.2.3 Division

Die Division ist die Umkehr der Multiplikation. Hier greifen wir auf das Rechengesetz der Exponentialfunktionen $1/e^x = e^{-x}$ zurück und bekommen für komplexe Zahlen in polarer Darstellung

$$\frac{\underline{z}_1}{\underline{z}_2} = \frac{|\underline{z}_1| e^{j\varphi_1}}{|\underline{z}_2| e^{j\varphi_2}} = \frac{|\underline{z}_1|}{|\underline{z}_2|} e^{j\varphi_1} e^{-j\varphi_2} = \frac{|\underline{z}_1|}{|\underline{z}_2|} e^{j(\varphi_1 - \varphi_2)} \tag{1.45}$$

Man erhält also den Quotienten, indem man den Betrag des Zählers durch den des Nenners $|\underline{z}_2| \neq 0$ dividiert und den Winkel des Nenners von dem des Zählers subtrahiert. Sind Zähler und Nenner in algebraischer Form gegeben und will man sie nicht in die polare Form umwandeln, dividiert man mit einem kleinen „Trick": Man erweitert den Bruch mit dem konjugiert komplexen Wert des Nenners und erhält so als Nenner eine reelle Zahl, nämlich das Quadrat des Betrages des Nenners. Anschließend braucht man nur noch Real- und Imaginärteil des Zählers durch diesen Wert zu dividieren

$$\frac{\underline{z}_1}{\underline{z}_2} = \frac{(x_1 + j\,y_1)(x_2 + j\,y_2)}{(x_2 + j\,y_2)(x_2 - j\,y_2)} = \frac{x_1 x_2 + y_1 y_2 + j(-x_1 y_2 + y_1 x_2)}{x_2^2 + y_2^2}$$

$$\frac{\underline{z}_1}{\underline{z}_2} = \frac{x_1 x_2 + y_1 y_2}{x_2^2 + y_2^2} + j\frac{-x_1 y_2 + y_1 x_2}{x_2^2 + y_2^2} \tag{1.46}$$

Beispiel 9.3   Der Quotient der beiden komplexen Zahlen $\underline{z}_1 = (2 + j\,1)$ und $\underline{z}_2 = (3 + j\,3)$ soll auf zwei Arten berechnet werden:
a) Beide ruhende Zeiger sind zunächst in der polaren Form darzustellen, damit der Quotient nach Gl. (1.45) berechnet werden kann.
b) Der Quotient ist direkt in algebraischer Form zu berechnen.
c) Stimmen beide Ergebnisse überein?

Lösung

a) $\dfrac{\underline{z}_1}{\underline{z}_2} = \dfrac{2{,}24\ e^{j\,0{,}46}}{4{,}24\ e^{j\,0{,}79}} = \mathbf{0{,}53\ e^{-j\,0{,}33}}$

b) $\dfrac{\underline{z}_1}{\underline{z}_2} = \dfrac{(2 + j\,1)(3 - j\,3)}{(3 + j\,3)(3 - j\,3)} = \dfrac{9 - j\,3}{18} = \mathbf{(0{,}5 - j\,0{,}17)}$

c) $(0{,}5 - j\,0{,}17) = 0{,}53\ e^{-j\,0{,}33}$

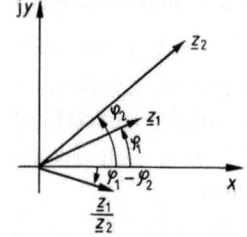

Bild 1.19 Division komplexer Zahlen

1.8 Physikalische Grundbegriffe

1.8.1 Felder physikalischer Größen

Wenn man jedem Punkt eines geometrischen Raums eine bestimmte physikalische Größe zuordnen kann, nennt man diesen Raum das Feld der betrachteten Größe. Je nachdem, ob es sich dabei um eine skalare Größe (z.B. Temperatur oder Luftdruck) handelt, oder um eine vektorielle (z.B. Kraft oder Geschwindigkeit), spricht man von einem *Skalarfeld* bzw. einem *Vektorfeld*.

Felder spielen für die Beschreibung physikalischer Grundlagen der Elektrotechnik eine große Rolle. Die auftretenden Feldgrößen beschreiben physikalische Eigenschaften des Raums selbst, die nicht unbedingt an das Vorhandensein irgendeiner Materie gebunden sind. Es ist zunächst schwer vorstellbar, dass auch der materiefreie Raum Wirkungen übertragen kann. Denkt man jedoch daran, dass z.B. die Sonne ununterbrochen Energie in Form elektromagnetischer Energie in den Raum strahlt, von der ein kleiner Teil auf die Erde gelangt, erscheint die Existenz eines elektromagnetischen Feldes im Raum als Energie-Übermittler nicht mehr so abstrakt.

Bevor wir uns jedoch mit den für die Elektrotechnik wichtigen Feldern näher beschäftigen, wollen wir einige wichtige physikalische Begriffe an einem einfachen Sonderfall des Gravitationsfeldes erläutern. Die am Beispiel des Schwerefelds der Erde gewonnenen Erkenntnisse über die Wechselwirkung von Masse und Gravitationsfeld können wir dann auf die Wechselwirkung von elektrischer Ladung und elektrischem Feld übertragen. Die erwähnte Größe Q (elektrische Ladungsmenge) werden wir in Abschn. 1.8 kennen lernen.

1.8.2 Gravitationsfeld

Hierunter versteht man das Feld, das die Massenanziehung bewirkt. Zwischen Erde und Mond sind anziehende Kräfte wirksam – wesentliche Ursache nicht nur für Ebbe und Flut in den Ozeanen, sondern auch für das Heben und Senken der Gebirge. Den Grund dafür, dass dennoch Erde und Mond nicht aufeinander stürzen, kann man modellhaft darin sehen, dass die beiden Himmelskörper um ein gemeinsames Zentrum kreisen und die dabei auftretende Fliehkraft der Gravitationskraft das Gleichgewicht hält. Die Ursache des Gravitationsfelds können wir in der Existenz der Masse sehen. Struktur und Eigenschaften des Gravitationsfelds, das den gesamten Raum des Universums erfüllt, hängen von der Verteilung der Massen ab. In der Nähe der Erdoberfläche wird das Gravitationsfeld im wesentlichen durch Masse und Gestalt der Erde bestimmt. Selbst für unser Empfinden große Massen wie Häuser, Brücken usw. sind darauf praktisch ohne Einfluss. Eine Masse, die die Struktur des Gravitationsfelds nicht verändert, nennen wir eine *Probemasse*. Sie gehört zu einem *Probekörper*, mit dem wir die Eigenschaften des Gravitationsfelds untersuchen wollen.

Gravitationsfeld auf der Erde. Wir stellen uns die Erde als Kugel vor, in der ihre Masse m_E gleichmäßig und symmetrisch zum Mittelpunkt verteilt ist. So erhalten wir ein Gravitationsfeld, in dem die auf eine Probemasse m_P wirkende Gravitationskraft $\vec{G}$ auf den Erdmittelpunkt M gerichtet ist und bei gleichem Abstand von der Erdoberfläche auch überall den gleichen Betrag hat. Eine solche Feldstruktur heißt radialsymmetrisch (Bild 1.20). Wir beschränken uns bei den folgenden Betrachtungen auf einen kleinen Teil der Erdoberfläche, den wir als eben ansehen können. Bei diesen idealisierenden Annahmen sind die Wirkungslinien der auftretenden Gravitationskräfte parallel.

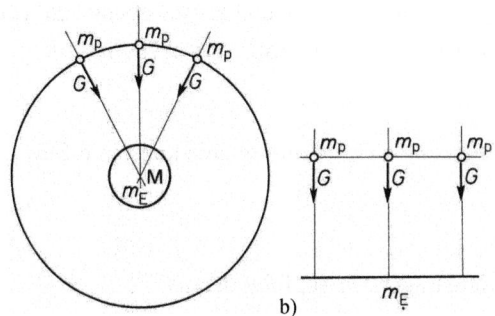

Bild 1.20 Gravitationsfeld der Erde
a) radialsymmetrisch
b) homogen

Gravitationsfeldstärke $\vec{g}$. Ermitteln wir den Betrag der Gravitationskraft $\vec{G}$, finden wir, dass diese der Masse des Probekörpers verhältnisgleich ist:

$$\vec{G} = \vec{g} \cdot m_s \tag{1.47}$$

Außer von der „schweren Masse" m_S, die wir als Eigenschaft des Probekörpers ansehen, hängt die Gewichtskraft von der Größe g ab. Sie ist eine Eigenschaft des Gravitationsfelds am Ort der Masse m_S und heißt Gravitationsfeldstärke

$$\vec{g} = \frac{\vec{G}}{m_s} \tag{1.48}$$

g ist eine für jeden Raumpunkt des Gravitationsfelds charakteristische Größe und geeignet, die räumliche Struktur des Feldes zu beschreiben. Das Feld $\vec{g}$ ist ein Vektorfeld. Die Wirkungslinien von $\vec{g}$ entsprechen denen der Gravitationskraft und sind hier parallel. Bei im Feldraum überall gleichem Betrag handelt es sich um eine besonders einfache Feldstruktur, die als homogenes Feld bezeichnet wird:

> In einem homogenen Feld hat die vektorielle Feldgröße überall den gleichen Betrag und die gleiche Richtung.

In Wirklichkeit ist die Erde keine Kugel, und auch die Massenverteilung ist nicht gleichmäßig. Es überrascht deshalb nicht, dass die auf eine bestimmte Masse wirkende Gravitationskraft vom Ort abhängt. Außerdem nimmt sie mit zunehmender Höhe ab. Das Gravitationsfeld der Erde bzw. das Feld der Gravitationsfeldstärke $\vec{g}$ ist daher nur bei idealisierenden Annahmen homogen. Solche „Modelle" haben in Physik und Technik eine große Bedeutung. Sie brauchen nur so weit der physikalischen Realität zu entsprechen, wie es zur Erklärung der als wesentlich erachteten Zusammenhänge physikalischer Größen erforderlich ist. Wir werden uns deshalb bei den Eigenschaften der Felder der Masse (Gravitationsfeld) und später auch der elektrischen Ladung (elektrisches Feld) im wesentlichen auf homogene Felder beschränken, die im Allgemeinen eine Idealisierung der real auftretenden Felder darstellen.

Erdbeschleunigung $\vec{a}$. Wirkt auf eine Masse m_{tr}, die wir zunächst als „träge Masse" bezeichnen, eine konstante Kraft $\vec{F}$ ein, führt sie eine gleichmäßig beschleunigte Bewegung aus. Damit ist gemeint, dass die Geschwindigkeit $\vec{v} = \vec{a} \cdot t$ linear mit der Zeit ansteigt. Dabei gilt ferner

$$\vec{F} = m_{tr} \cdot \vec{a} \quad \text{(dynamisches Grundgesetz nach Newton).} \tag{1.49}$$

Eine solche Bewegung ist bekanntlich der freie Fall einer Masse, auf die die konstante Gewichtskraft G einwirkt:

$$\vec{G} = m_s \cdot \vec{g} = \vec{F} = m_{tr} \cdot \vec{a} \tag{1.50}$$

Für $m_s = m_{tr}$, d.h. für die Identität von schwerer und träger Masse, folgt daraus

$$\boxed{\vec{a} = \vec{g} \tag{1.51}}$$

Im Gravitationsfeld ist die Beschleunigung $\vec{a}$ einer Probemasse nach Betrag und Richtung gleich der dort herrschenden Gravitationsfeldstärke $\vec{g}$.

Wegen dieses Zusammenhangs bezeichnet man die Gravitationsfeldstärke auf der Erde meist als Erdbeschleunigung. Wegen ihrer Abhängigkeit vom Ort (am Äquator beträgt sie in Meereshöhe etwa 9,78 m/s², an den Polen 9,83 m/s²) hat man für die geografische Breite 45° und Meeresniveau den Normwert $g_N = 9{,}80665$ m/s² $\approx 9{,}81$ m/s² festgelegt.

1.8.3 Energie im Gravitationsfeld

Potentielle Energie. Der in Bild **1.21**a dargestellte Körper K mit der Masse m liegt auf einer ebenen Fläche, auf der die Wirkungslinie WL der Gravitationskraft durch den Schwerpunkt von K senkrecht steht. Der Schwerpunkt von K, in dem wir uns die gesamte Masse vereinigt denken können, liegt in einer zur Auflagefläche parallelen Ebene, die wir mit W_1 bezeichnen. Die Lage von K soll nun so verändert werden, dass der Schwerpunkt in der zu W_1 parallelen Ebene W_2 liegt. Wir erreichen dies z.B., indem wir über ein Seil und eine Rolle die Kraft

$$\vec{F} = -\vec{G} \tag{1.52}$$

auf den Schwerpunkt übertragen. Bis zum Erreichen der Ebene W_2 muss der Schwerpunkt die Strecke s zurücklegen, die parallel zur WL von F und G liegt. Multiplizieren wir die Vektorgleichung (1.30) skalar mit s, erhalten wir

$$\left(\vec{F} \cdot \vec{s}\right) = -\left(\vec{G} \cdot \vec{s}\right) \tag{1.53}$$

Entsprechend Abschn. 1.6.3 bekommen wir das skalare Produkt von Kraft und Weg, das einer Arbeit entspricht. Die *Hubarbeit* $(\vec{F} \cdot \vec{s})$ hat den gleichen Betrag wie das skalare Produkt $(\vec{G} \cdot \vec{s})$, die *Arbeit der Gewichtskraft*. Wegen entgegengesetzter Richtungen von $\vec{G}$ und $\vec{s}$ ist diese Arbeit jedoch negativ. Hängen wir nach Bild **1.21**b einen zweiten Körper K' mit der gleichen Masse an das Seil, wobei sein Schwerpunkt in der Ebene W_2 liegt, erhalten wir beim Senken von K' um die Strecke $\vec{s}'$ mit der Gravitationskraft $\vec{G}'$

$$\left(\vec{G}' \cdot \vec{s}'\right) = -\left(\vec{G} \cdot \vec{s}\right) = \left(\vec{F} \cdot \vec{s}\right) \tag{1.54}$$

Befindet sich K' in der Lage W_2, kann er offenbar nur durch deren Veränderung nach W_1 die für K erforderliche Hubarbeit aufbringen. Diese Fähigkeit, eine Arbeit zu verrichten, nennt man Energie.

Da ihr Betrag hier von der Lage des Körpers K' im Gravitationsfeld abhängt, spricht man von Lageenergie oder *potentieller Energie*. Sie ist gespeicherte Arbeit.

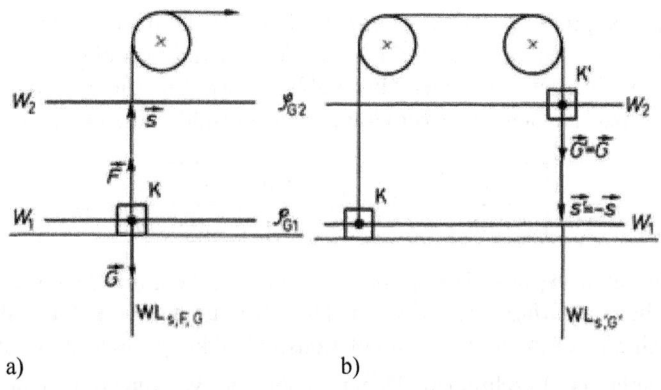

Bild 1.21 Energie und Arbeit im Gravitationsfeld

Die beiden skalaren Größen Energie und Arbeit sind physikalisch gleichwertig und können deshalb mit der gleichen Einheit gemessen werden. Wir erhalten dafür mit dem Größensymbol W für die Energie

$$[W] = [F] \cdot [s] = 1\,\text{Nm} = 1\,\text{J (Joule)}. \tag{1.55}$$

Damit können wir den Körpern K' bzw. K in Bild **1.21** je nach ihrer Lage die Energie W_1 bzw. W_2 zuschreiben und Gl. (1.54) die Form geben

$$\left(\vec{F} \cdot \vec{s}\right) = -\left(\vec{G} \cdot \vec{s}\right) = W_2 - W_1 = \Delta W. \tag{1.56}$$

Der in der Gleichung vorkommende Großbuchstabe Δ (Delta) kennzeichnet die Differenz von zwei Werten der Größe, vor der er steht – also die Änderung einer Größe.

> Die von der Gravitationskraft geleistete Arbeit ist gleich der Abnahme an potentieller Energie, die Arbeit gegen die Gravitationskraft ist gleich ihrer Zunahme.

Energieerhaltungssatz. Die skalaren Produkte der beiden an einem Körper angreifenden Kräfte mit dem jeweils zurückgelegten Weg $\vec{s}$ bzw. $\vec{s}'$ haben nach (1.53) stets entgegengesetzte Vorzeichen. Das gleiche gilt für die in Bild **1.21** auftretenden Energieänderungen der beiden Körper K und K'. Ihre Summe ist also in jedem Fall gleich Null. Dies ist ein Sonderfall eines der wichtigsten Naturgesetze, dem Erhaltungsgesetz der Energie.

> Die Gesamtenergie eines abgeschlossenen Systems, dem also weder Energie zugeführt noch entnommen wird, ist konstant. Die Summe der auftretenden Energieänderungen ist Null.

Eine Folgerung aus dem Energieerhaltungssatz ist z.B. das Prinzip, dass die bei Energieänderungen einer Masse im Schwerpunkt angreifenden *Kräfte stets paarweise* in einer Wirkungslinie mit entgegengesetzten Vorzeichen auftreten. Beispiele dafür sind die in Bild **1.21** an K bzw. K' angreifenden Kräfte.

Gravitationspotential und Äquipotentialfläche. In Bild **1.21**a haben wir den Körper K um die Strecke $\vec{s}$ angehoben und mussten dazu die Hubarbeit $(\vec{F} \cdot \vec{s}) = -(\vec{G} \cdot \vec{s}) = m\,(\vec{g} \cdot \vec{s}) = W_1 - W_2 = \Delta W$ leisten, mit anderen Worten: Wir mussten dem Körper die Energie $\Delta W = W_1 - W_2$ zuführen. Diese ist proportional zur Masse des Körpers. D. h. wenn wir ΔW durch die Masse des Körpers teilen, erhalten wir ein Merkmal φ_G des Gravitationsfelds, das allein von der Position des Körpers, nicht aber von seiner Masse abhängt. Da Energie und Masse skalare Größen sind, ist auch φ_G skalar, im Gegensatz zur Gravitationsfeldstärke, die in Gl. (1.48) definiert wurde.

$$-\frac{(\vec{G} \cdot \vec{s})}{m} = -(\vec{g} \cdot \vec{s}) = \frac{\Delta W}{m} = \frac{W_2}{m} - \frac{W_1}{m} = \varphi_G. \tag{1.57}$$

Man nennt φ_G das *Gravitationspotential*. Flächen, auf denen das Gravitationspotential konstant ist, heißen *Äquipotentialflächen*. Die Struktur des Gravitationsfelds lässt sich ebenso gut wie durch das Vektorfeld der Gravitationsfeldstärke $\vec{g}$ auch durch das Skalarfeld des Gravitationspotential φ_G beschreiben. Dabei stehen die Wirkungslinien der Gravitationfeldstärke auf den Äquipotentialflächen senkrecht.

Die Bewegung einer Masse mit gleich bleibender Geschwindigkeit auf einer Äquipotentialfläche erfordert offenbar keinen Aufwand an Arbeit. Dem entspricht der Sachverhalt, dass das skalare Produkt von Vektorgrößen mit senkrecht aufeinander stehenden WL Null ist (hier $\vec{G}$ und $\vec{s}$). Da für den Übergang einer Masse von der Äquipotentialfläche W_1 auf einem beliebigen Weg in die Äquipotentialfläche W_2 stets die gleiche Hubarbeit aufzubringen ist, und der gleiche Betrag beim Rückgang der Probemasse W_2 nach W_1 auch wieder frei wird, gilt:

> Im Gravitationsfeld ist die für die Bewegung einer Probemasse auf einem in sich geschlossenen Weg aufzubringende Arbeit gleich Null.

Ein Beispiel für diesen Sachverhalt lernen wir in Abschn. 1.8.4 (Energieumwandlung im Gravitationsfeld) kennen.

Aus Gl. (1.57) erhalten wir die Einheit des Gravitationspotentials

$$[\varphi_{G2} - \varphi_{G1}] = [\varphi_G] = \frac{[\Delta W]}{[m]} = [\vec{g}] \cdot [\vec{s}] = \frac{\text{N} \cdot \text{m}}{\text{kg}} = \frac{\text{kgm}^2}{\text{s}^2\text{kg}} = 1\left(\frac{\text{m}}{\text{s}}\right)^2.$$

Wir können das Gravitationspotential auch als das *spezifische Arbeitsvermögen* einer Masse bezeichnen, d.h. die auf die Masse bezogene potentielle Energie. Gl. (1.57) besagt dann:

> Abnahme und Zunahme des spezifischen Arbeitsvermögens einer Probemasse sind gleich der Abnahme bzw. Zunahme des Gravitationspotentials. Dies entspricht dem Skalarprodukt aus Gravitationsfeldstärke und dem von der Probemasse zurückgelegtem Weg.

Arbeit bzw. Energieänderungen sind grundsätzlich messbar bzw. berechenbar. Das gilt jedoch nicht für den Wert der Energie bzw. des Gravitationspotentials selbst. Diese Größen sind nur bestimmbar, wenn wir einer willkürlich wählbaren Äquipotentialfläche als Bezugsgröße $W_1 = 0$ oder $W_1/m = \varphi_{G1} = 0$ zuordnen. Mit Bezugswert der Arbeit sind dann

$$W_2 - W_1 + \Delta W = 0 + \Delta W = \Delta W \text{ bzw. } \varphi_{G2} = \varphi_{G1} + \Delta\varphi = 0 + \Delta\varphi = \Delta\varphi$$

zu bestimmen.

> Energie und Gravitationspotential sind nicht direkt messbare Größen. Messbar sind nur ihre Änderungen.

1.8.4 Energieumwandlung im Gravitationsfeld

Kinetische Energie. Verwenden wir nicht wie in Bild **1.21** die Abnahme der potentiellen Energie des Körpers K' zum Heben des Körpers K mit der gleichen Masse, sondern lassen K' frei fallen, muss nach dem Energieerhaltungssatz der abnehmenden potentiellen Energie eine zunehmende andere Energieform entsprechen. Dies ist die Bewegungsenergie (kinetische Energie) der Masse. Ihr Wert lässt sich aus der beim freien Fall der Masse m auftretenden gleichmäßig beschleunigten Bewegung berechnen. Wir benutzen dazu die grafische Darstellung der Funktion $v = f(t)$ in einem rechtwinkligen Koordinatensystem. In diesem Fall gilt $v = a \cdot t$.

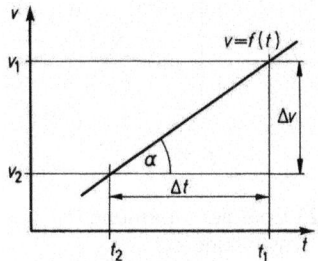

Bild 1.22 v-t Diagramm der gleichmäßig beschleunigten Bewegung

In Bild 1.22 wird auf der waagerechten Achse (Abszisse) die Fallzeit t abgetragen, auf der senkrechten Achse (Ordinate) die dazugehörige Fallgeschwindigkeit v. Die Verbindung der den Wertepaaren von v und t entsprechenden Punkte ist der *Graph* der Funktion $v = f(t)$, in diesem Fall eine Gerade. Die Masse m durchfällt z.B. im Zeitpunkt t_2 die Äquipotentialfläche W_2 und um die Zeit Δt später im Zeitpunkt t_1 die Ebene W_1. Parallelen zu den Koordinatenachsen durch die Punkte t_2 und t_1 bzw. durch die den zugehörigen Geschwindigkeiten entsprechenden Punkte v_2 und v_1 liefern zusammen mit dem Graphen das rechtwinklige Dreieck mit den Katheten $\Delta v = v_1 - v_2$ und $\Delta t = t_1 - t_2$. Das Verhältnis der beiden Katheten entspricht der hier konstanten Steigung des Graphen und damit auch dem Verhältnis der abgebildeten Größen, hier also der Beschleunigung

$$\frac{\Delta v}{\Delta t} = a = g = \tan\alpha \tag{1.58}$$

Die Hypotenuse hat dagegen keinerlei physikalische Bedeutung. Das Produkt der beiden an den Koordinatenachsen aufgetragenen Größen entspricht einer Fläche, die nicht immer eine physikalisch sinnvolle Größe abbildet. Hier entspricht jedoch die Fläche des Dreiecks unter dem Graphen dem während der Zeit Δt durch gefallenen Abstand Δs zwischen den Äquipotentialflächen W_2 und W_1. Wir erhalten daher

$$\Delta s = \frac{1}{2}\Delta v \cdot \Delta t \tag{1.59}$$

Mit den Gleichungen (1.58) und (1.59) sowie dem Energieerhaltungssatz bekommen wir schließlich

$$\Delta W_{\text{pot}} = m(\vec{g} \cdot \Delta \vec{s}) = \Delta W_{\text{kim}} = \left(\frac{\Delta \vec{v}}{\Delta t} \cdot \frac{\Delta \vec{v} \cdot \Delta t}{2}\right) m \Rightarrow$$

$$\boxed{\Delta W_{\text{kim}} = \frac{1}{2} m (\Delta v)^2} \qquad (1.60)$$

Beispiel 1.14 Ein Turmspringer springt von einem 10 m hohen Sprungturm ins Wasser. Wie hoch ist seine Auftreffgeschwindigkeit in m/s und in km/h?

Lösung Wir können in diesem Fall $\Delta v = v$ und $\Delta s = s = 10$ m setzen, bekommen $g \cdot s = v^2/2$ und daraus $v = \sqrt{2gs}$. Mit $g = 9{,}81$ m/s² ergibt sich $v = 14$ m/s. Mit den Einheitengleichungen 1 m = 10^{-3} km und 1 s = 1 h/3600 erhalten wir

$$v = \frac{14 \cdot 10^{-3} \text{km} \cdot 3{,}6 \cdot 10^3}{1 \text{ h}} = 50{,}4 \text{ km/h}$$

Schwingung. Betrachten wir die Bewegung eines Pendels nach Bild **1.23**. Die Probemasse m einer Kugel befindet sich mit ihrem Schwerpunkt zunächst in der Äquipotentialfläche W_1. Unter Aufbringung der Hubarbeit ΔW_{pot} bringen wir diesen bei straff gespanntem Faden in die Äquipotentialfläche W_2. Nach dem Loslassen erreicht die Kugel im tiefsten Punkt ihrer Bahn eine Geschwindigkeit, die wir nach Gl. (1.60) berechnen können. Wegen $v_2 = 0$ erhalten wir

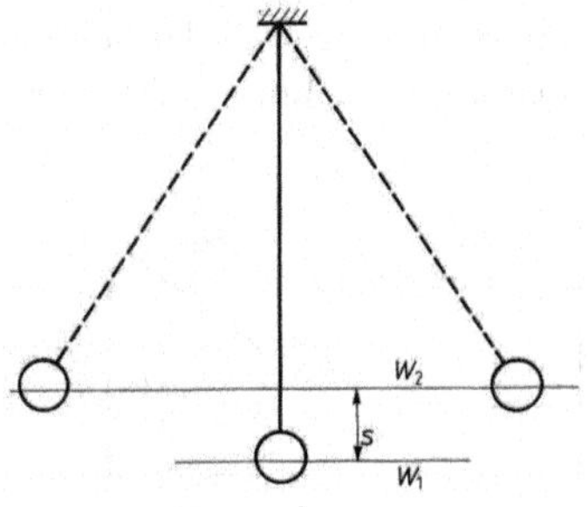

$$\frac{1}{2} m v_1^2 = m(\vec{g} \cdot \vec{s}) \Rightarrow v_1 = \sqrt{2(\vec{g} \cdot \vec{s})} = \sqrt{2\Delta\varphi_G}$$

Bild 1.23 Energieumformung im Gravitationsfeld

In diesem Punkt ist die Hubarbeit ΔW_{pot}, die wir zunächst in das System gesteckt haben, in kinetische Energie umgesetzt. Offensichtlich wird diese Energie im weiteren Verlauf der Bewegung wieder in potentielle Energie umgeformt, bis die Kugel mit ihrem Schwerpunkt erneut die Äquipotentialfläche W_2 erreicht usw. Eine solche periodische Umwandlung potentieller Energie in kinetische und umgekehrt bezeichnet man als *Schwingung*. Periodisch heißt dabei, dass charakteristische Größen des Bewegungsablaufs wie z.B. die Geschwindigkeit gleiche Beträge wie $v = 0$ oder $v = v_{\text{max}}$ in gleich bleibenden Zeitabständen (*Periodendauer T*) erreichen.

Ungedämpfte Schwingung. Wird dem schwingenden System keine Energie entzogen (z.B. durch Reibung im Faden und in der Luft), liegen die Umkehrpunkte der Bewegung bei $v = 0$ stets in der Äquipotentialfläche W_2. Eine solche Schwingung heißt ungedämpft. Weil jedoch die umkehrbare Energieumwandlung potentieller und kinetischer Energie praktisch immer mit nicht umkehrbaren Energieumwandlungen z.B. in thermische Energie (Wärmeenergie) verbunden ist, sind ungedämpfte Schwingungen nun dadurch zu erreichen, dass dem schwingenden System die durch Reibung verlorene Energie wieder zugeführt wird. Das geschieht z.B. in einem mechanischen Uhrwerk aus dem Vorrat an potentieller Energie in der aufgezogenen Uhrfeder oder bei einer Pendeluhr in den hochgezogenen Gewichten.

Wir werden später sehen, dass im elektromagnetischen Feld und im elektrischen Stromkreis entsprechende Umwandlungen potentieller und kinetischer Energie auftreten.

1.8.5 Stabilität des Energiezustands

Eine Kugel befindet sich in den drei Fällen von Bild **1.24** im statischen Gleichgewicht. Dies bedeutet, dass die durch ihren Schwerpunkt gehende Wirkungslinie der Gravitationskraft auch durch den Auflagerpunkt geht. Dadurch kann die Lagerkraft $\vec{F}_z$, die wir als Zwangskraft bezeichnen wollen, der Gravitationskraft $\vec{G}$ das Gleichgewicht halten und die Aufrechterhaltung der potentiellen Energie der Kugel erzwingen. Dabei bringt sie definitionsgemäß keine Arbeit auf, weil keine Bewegung stattfindet.

Die Schwerpunkte der Kugeln liegen in der Äquipotentialfläche W. Im Fall a befindet sich die Kugel in einer kugelschalenförmigen Mulde, bei b auf einer ebenen Fläche und im Fall c auf dem höchsten Punkt einer kugelförmigen Erhebung. Wirkt nun kurzzeitig auf den Schwerpunkt der drei Kugeln eine Kraft $\vec{F}$, deren WL z.B. in der Ebene W liegt, verhalten sie sich unterschiedlich.

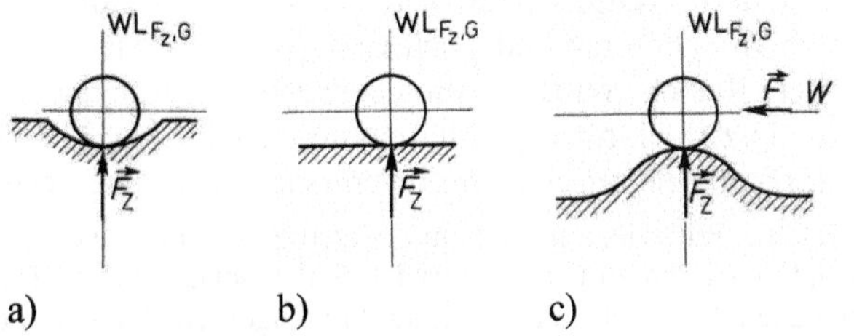

Bild 1.24 Stabilität des Energiezustands
a) stabil (bei Bewegung $\Delta W_{pot} > 0$)
b) indifferent (bei Bewegung $\Delta W_{pot} = 0$)
c) labil (bei Bewegung $\Delta W_{pot} < 0$)

Im Fall a vergrößert sich zunächst die potentielle Energie. Wirkt die Kraft $\vec{F}$ nicht mehr auf die Kugel ein, rollt sie nach mehr oder weniger lang andauernden Schwingungen wie bei einem Pendel in ihre alte Ruhelage zurück. Die statische Gleichgewichtslage im Fall a heißt *stabil*.

Im Fall b verändert sich durch die Wirkung der Kraft $\vec{F}$ die potentielle Energie der Kugel nicht, ihr Schwerpunkt bleibt in der Äquipotentialfläche W. Seine Lage innerhalb von W ist jedoch auch nach Aufhören der Kraftwirkung von $\vec{F}$ unbestimmt. Man nennt diese Gleichgewichtslage *indifferent*.

Im Fall c nimmt infolge der kurzzeitigen Wirkung von $\vec{F}$ die potentielle Energie der Kugel ab. Diese Gleichgewichtslage heißt labil oder auch *instabil*.

Dieses Verhalten der Kugel entspricht dem naturwissenschaftlichen Gesetz:

> Ein abgeschlossenes physikalisches System ist bestrebt, den Zustand niedrigster potentieller Energie einzunehmen, soweit dies nicht durch Zwangskräfte verhindert wird. Dieser Energiezustand ist der stabilste von allen möglichen.

Wie schon erwähnt, verstehen wir dabei unter Zwangskräften solche Kräfte, die einen bestimmten Zustand potentieller Energie aufrecht erhalten. Dieses Prinzip gilt nicht nur für Massen im Gravitationsfeld, sondern auch für elektrische Ladungen im elektrischen Feld.

1.9 Grundbegriffe des elektrischen Felds

1.9.1 Elektrische Ladung und elektrisches Feld

Versuch 1.1 Wir setzen einen Hartgummistab mit einem Lagerstein auf einen Nadelfuß, sodass er sich in waagerechter Lage in eine beliebige Richtung einstellen kann. Ohne ihn zu berühren, nähern wir ihm einen anderen Stab aus Hartgummi, Metall oder anderem Material. Wir stellen keine Reaktion des Drehstabs fest. Die Massenanziehungskraft zwischen den Stäben ist offenbar zu gering.

Nun nehmen wir den Hartgummistab vom Lager, reiben ihn mit einem Seidentuch und setzen ihn wieder auf den Nadelfuß. Nähern wir ihm das Tuch, mit dem wir ihn gerieben haben, stellen wir zwischen Drehstab und Tuch anziehende Kräfte fest.

Elektrische Ladung. Für diese Kraftwirkung sind offenbar durch das Reiben veränderte Eigenschaften von Drehstab und Tuch verantwortlich. Man hat diese Kraftwirkung schon im Altertum nach dem Reiben von Bernstein beobachtet. In Anlehnung an den griechischen Namen für dieses fossile Harz (Elektron) sprach man von „elektrischen" Kräften. Wir bezeichnen die Eigenschaft des Stoffs, die elektrische Kräfte verursacht, als elektrische Ladung mit dem Größensymbol Q.

Versuch 1.2 Wir reiben mit einem anderen Seidentuch einen zweiten Hartgummistab und nähern ihn dem Drehstab, ohne ihn zu berühren. Beide Stäbe stoßen sich ab. Da wir wegen des gleichen Materials beiden Stäben auch die gleiche Veränderung ihrer Eigenschaften durch das Reiben zuschreiben müssen, sind diese abstoßenden Kräfte offenbar auf gleichartige elektrische Ladung zurückzuführen. Demnach sind die vorher festgestellten anziehenden Kräfte die Wirkung verschiedenartiger Ladung.

Positive und negative Ladung. Wir unterscheiden danach zwei Arten elektrischer Ladung und nennen sie positiv und negativ. Nach dem Versuchsergebnis können wir jedoch nicht entscheiden, welche Ladung positiv und welche negativ ist. Deshalb schreibt man willkürlich nach internationaler Übereinkunft dem geriebenen Hartgummistab die negative elektrische Ladung zu. Zwischen einem geriebenen Plexiglasstab und dem Hartgummi-Drehstab treten beim Annähern anziehende Kräfte auf. Nach unserer Festlegung trägt der Plexiglasstab positive Ladung(Bild **1.25**).

Elektrisches Feld. Kräfte zwischen Stäben, die sich nicht berühren, sind die Folge eines dort vorhandenen Felds. Nach unserem Kontrollversuch handelt es sich jedoch nicht um das Gravitationsfeld und seine Wechselwirkung mit der Masse der Stäbe. Dagegen muss das Feld in Wechselwirkung mit der elektrischen Ladung Q stehen, die sich beim Reiben der Stäbe bemerkbar macht. Es heißt „elektrisches Feld".

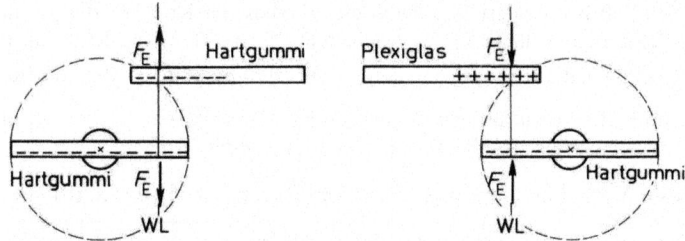

Bild 1.25 Vorzeichen der elektrischen Ladung

Gleichnamige elektrische Ladungen stoßen sich ab, ungleichnamige ziehen sich an.

Elektrische Ladungen können positiv oder negativ sein. Dem geriebenen Hartgummistab wird willkürlich eine negative Ladung zugeschrieben.

Der Raumbereich, in dem Kraftwirkungen auf elektrische Ladungen auftreten, heißt elektrisches Feld.

Elektrische Energie. Die Bewegung des Drehstabs beim Annähern elektrisch geladener Stäbe zeigt unabhängig von der Richtung der auftretenden Kräfte, dass er Bewegungsenergie gewonnen hat. Nach dem Energieerhaltungssatz kann diese nur durch Abnahme einer anderen Energieform entstanden sein. Da die potentielle Energie des Stabs im Gravitationsfeld unverändert bleibt, muss es eine Form potentieller Energie sein, die durch das Reiben der Stäbe entstanden ist. Elektrische Ladungen können nicht erst durch Reiben entstehen. Also muss es die beim Trennen der elektrischen Ladungen in den Stäben aufgewendete Arbeit sein, die als potentielle elektrische Energie in den getrennten Ladungen gespeichert ist. Vergleichen wir die im Gravitationsfeld auftretenden Kräfte zwischen Massen mit den im elektrischen Feld wirkenden Kräften zwischen elektrischen Ladungen, können wir feststellen:

Potentielle Energie im Gravitationsfeld bzw. elektrischen Feld entsteht durch Aufwand von Arbeit bei der Trennung von Massen bzw. von elektrischen Ladungen. Als Folge davon treten Kräfte auf, die darauf gerichtet sind, den Zustand minimaler potentieller Energie wiederherzustellen, d.h. die vorangegangene Trennung der Massen bzw. der elektrischen Ladungen rückgängig zu machen.

Versuch 1.3 Ein Stab aus Plexiglas wird nach Bild **1.26** an einer Stativklemme befestigt. An seinem freien Ende befindet sich ein Drahthaken, an dem drei schmale Aluminiumfolien aufgehängt sind, die wir z.B. aus Verpackungsmaterial (Schokolade) schneiden. Wird ihnen ein geriebener Stab aus Hartgummi (negative Ladung) oder Plexiglas (positive Ladung) genähert, spreizen sie auseinander. Bei Entfernung des Stabs fallen die Streifen wieder zusammen.

Das Versuchsergebnis lässt sich leicht deuten, wenn wir auch in den metallischen Folien elektrische Ladungen beiderlei Vorzeichens annehmen. Offenbar werden sie durch die Wirkung des elektrischen Felds, das mit den negativen Ladungen des Hartgummistabs bzw. den positiven eines Plexiglasstabs verknüpft ist, voneinander getrennt. In den freien Enden der Aluminiumfolien überwiegt eine elektrische Ladung mit einem der Stabladung entgegengesetzten Vorzeichen. Da sich gleichnamige Ladungen abstoßen, spreizen sich die Folien an ihrem freien Ende. Durch die Aufhängung sind die elektrischen Kräfte am oberen Ende unwirksam. Sobald wir den geladenen Stab und damit das elektrische Feld entfernen, verteilen sich die vorher getrennten Ladungen wieder gleichmäßig.

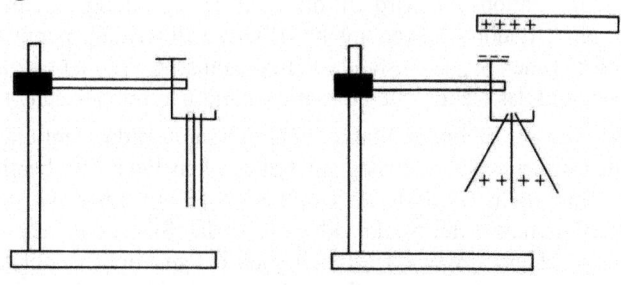

Bild 1.26 Beweglichkeit elektrischer Ladungen

Influenz. Ladungstrennung in einem Metall durch die Einwirkung eines äußeren elektrischen Felds nennt man Influenz. Wir werden in Abschn. 4 ausführlicher darauf zurückkommen. Hier können wir zunächst feststellen:

> Elektrische Ladungen in einem Metall sind beweglich. Werden sie unter Aufbringung von Arbeit voneinander getrennt, bleibt dieser Zustand, der mit einer Zunahme an potentieller Energie verbunden ist, nur durch die Wirkung von Zwangskräften aufrechterhalten. Ohne diese Zwangskräfte verteilen sich die elektrischen Ladungen so, dass das Metall nach außen ungeladen (elektrisch neutral) erscheint. Diese Ladungsverteilung entspricht dem Zustand niedrigster potentieller Energie.

Wir wollen noch einmal darauf hinweisen, dass wir unter Zwangskräften Kräfte verstehen, die einen bestimmten Zustand der potentiellen Energie von Massen im Gravitationsfeld oder (wie hier) von elektrischen Ladungen im elektrischen Feld aufrechterhalten und demnach keine Trennarbeit mehr leisten.

Versuch 1.4 Wir wiederholen den letzten Versuch, berühren jedoch den Draht oberhalb der Aluminiumfolien und streifen so die Stabladung an ihm ab. Die Aluminiumfolien spreizen sich stark und bleiben auch nach Entfernung des Stabs in diesem Zustand.

Allein schon die Tatsache, dass die Stäbe auch nach dem Reiben geladen bleiben, zeigt, dass ihre elektrischen Ladungen nur wenig beweglich sind. Besonders deutlich wird dies dadurch, dass die elektrischen Ladungen erst beim Abstreifen auf den Draht übergehen. Weil hierdurch aber das Ladungsgleichgewicht in den Metallfolien gestört ist, bleiben sie auch nach Entfernen des Stabs geladen. Erst wenn wir einen Stab mit entgegengesetzter Ladung auf dem Draht abstreifen, findet erneut ein Übergang von Ladungen und damit in den Folien ein Ladungsausgleich statt. Die Spreizung der Folien geht zurück, bis sie bei weiterem Abstreifen von Ladungen wieder zunimmt. Einen Ausgleich der Ladungen ohne erneute Aufladung können wir durch Berühren des Drahtbügels mit dem Finger herbeiführen. Die Streifen fallen zusammen.

Die leichte Beweglichkeit elektrischer Ladungen in einem Metall und die nur sehr geringe in Stoffen wie Hartgummi oder Plexiglas sind offenbar Materialeigenschaften, die nur durch unterschiedlichen inneren Aufbau dieser Stoffe erklärt werden können. Wir werden uns damit in Abschn. 1.9 befassen.

Die Ursache der Bewegung von Ladungen ist das elektrische Feld. Ähnlich wie auf die Masse im Gravitationsfeld wird auf die elektrische Ladung im elektrischen Feld eine Kraft ausgeübt, die zu einer Ladungsbewegung führt. Diese Bewegung nennt man „elektrischen Strom". Damit ein andauernder Strom zustande kommt, müssen die elektrischen Ladungen im Material beweglich sein, und das elektrische Feld muss ständig aufrecht erhalten werden.

Wie wir der ruhenden Masse im Gravitationsfeld potentielle Energie zuordnen können, entspricht auch der ruhenden Ladung im elektrischen Feld eine bestimmte potentielle elektrische Energie. Die räumliche Struktur des Gravitationsfelds können wir nach Abschn. 1.7 durch das Vektorfeld der Gravitationsfeldstärke oder durch das Skalarfeld des Gravitationspotentials beschreiben. In entsprechender Weise lässt sich auch jedem Punkt des elektrischen Feldes eine vektorielle elektrische Feldstärke bzw. ein skalares elektrisches Potential zuordnen. Wir werden uns in den Abschn. 3 und 4 ausführlicher mit dem elektrischen Feld beschäftigen. Dennoch sollen die erwähnten Feldgrößen elektrische Feldstärke $\vec{E}$ und elektrisches Potential φ schon an dieser Stelle erläutert werden.

1.9.2 Elektrische Feldstärke und elektrisches Potential

Wir betrachten einen Raumbereich, der entsprechend Bild **1.27** unten und oben durch ebene Metallplatten mit dem Abstand s begrenzt ist. Die in den Metallplatten vorhandenen elektrischen Ladungen sind gleichmäßig verteilt, und zwar befindet sich in der oberen Platte ein Überschuss an positiver, in der unteren an negativer Ladung. Das elektrische Feld zwischen den Platten ist homogen. Wir stellen uns vor, dass wir der unteren Platte eine Probeladung Q_+ entnehmen. Sie ist so klein, dass sie die Feldstruktur zwischen den Platten nicht beeinflusst. Unter Zurücklassung der gleichen negativen Ladungsmenge bewegen wir nun die Probeladung Q_+ gegen die im Feldraum wirkende Feldkraft $\vec{F}_E$ zur positiv geladenen Platte. Diesen Vorgang können wir mit dem Heben einer Masse m gegen die Gravitationskraft $\vec{G}$ im homogenen Gravitationsfeld vergleichen (s. Abschn. 1.7.3). Mit der Ladung trennenden Kraft $\vec{F}$, die der Feldkraft $\vec{F}_E$ entgegengesetzt gleich ist, und dem Abstand $\vec{s}$ der beiden Metallplatten erhalten wir die aufgebrachte Trennarbeit als skalares Produkt

$$\left(\vec{F}\cdot\vec{s}\right) = -\left(\vec{F}_E\cdot\vec{s}\right) = W_A - W_B = \Delta W \tag{1.61}$$

Entsprechend den durch Gl. (1.56) beschriebenen Verhältnissen im Gravitationsfeld wird die nach Gl. (1.61) aufgebrachte Trennarbeit als Zunahme potentieller Energie der Ladungsmenge Q_+ gespeichert. Dabei schreiben wir der potentiellen elektrischen Energie der Ladungsmenge in den beiden Metallplatten die Beträge W_A bzw. W_B zu.

> Die Trennarbeit elektrischer Ladungen gegen die Feldkraft ist gleich der Zunahme der Ladungen an potentieller Energie. Leistet dagegen die Feldkraft Arbeit, nimmt die potentielle Energie im gleichen Maß ab.

Elektrische Feldstärke $\vec{E}$. Ähnlich wie im Gravitationsfeld bezeichnen wir hier im elektrischen Feld das Verhältnis der auftretenden Feldkraft $\vec{F}_E$ zur Ladungsmenge Q_+ als elektrische Feldstärke $\vec{E}$.

$$\boxed{\frac{\vec{F}_E}{Q_+} = \vec{E}} \tag{1.62}$$

Das Feld dieser Vektorgröße beschreibt die Struktur des elektrischen Feldes. Im einfachen Fall des homogenen Feldes nach Bild **1.27** hat sie im gesamten Feldraum den gleichen Betrag und die gleiche Richtung. Nach Gl.

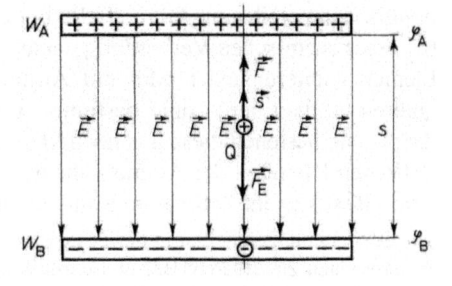

Bild 1.27 Energie und Arbeit im elektrischen Feld

(1.62) ist diese gleich der Richtung der Feldkraft auf eine *positive* Probeladung. Die Feldkraft auf eine negative Probeladung hat die zur Feldstärke $\vec{E}$ entgegengesetzte Richtung.

Elektrisches Potential φ. Da auch hier die Trennarbeit und die potentielle Energie wie im Gravitationsfeld nicht nur von den Eigenschaften des Feldraums, sondern auch von der Masse bzw. von den getrennten Ladungsmengen Q_+ und Q_- abhängt, beziehen wir Gl. (1.61) auf die Ladungsmenge Q_+ und führen die elektrische Feldstärke nach Gl. (1.62) ein:

$$\boxed{\frac{(\vec{F}\cdot\vec{s})}{Q_+} = -\frac{(\vec{F}_E\cdot\vec{s})}{Q_+} = -(\vec{E}\cdot\vec{s}) = \frac{W_A}{Q_+} - \frac{W_B}{Q_+} = \frac{\Delta W}{Q_+} = \varphi_A - \varphi_B = \Delta\varphi} \tag{1.63}$$

Die skalare Größe φ heißt elektrisches Potential. Sie ist wie die Vektorgröße $\vec{E}$ geeignet, die Struktur des elektrischen Feldes zu beschreiben. Das elektrische Potential ist wie auch die elektrische potentielle Energie eine nicht direkt messbare Größe. Entsprechend den Verhältnissen im Gravitationsfeld lassen sich ihre Werte nur bei Festlegung eines Bezugspersonals bzw. einer Bezugsenergie angeben. In Worten bedeutet Gl. (1.63) also:

> Die auf die Ladungsmenge bezogene Trennarbeit ist gleich der Zunahme des elektrischen Potentials, die auf die Ladungsmenge bezogene Arbeit der Feldkraft gleich seiner Abnahme.

Elektrische Spannung. Das in Gl. (1.63) auftretende skalare Produkt

$$\boxed{-(\vec{E} \cdot \vec{s}) = \varphi_A - \varphi_B = \Delta\varphi = \frac{\Delta W}{Q_+} = U_{AB}} \tag{1.64}$$

heißt elektrische Spannung U. Im Gegensatz zum elektrischen Potential ist diese Größe leicht messbar. Ihr Betrag entspricht der Potentialdifferenz zwischen zwei Punkten des elektrischen Feldes. Sie ist eine der beiden Grundgrößen des elektrischen Stromkreises, mit dem wir uns in Abschn. 2 befassen werden.

1.10 Aufbau der Materie

Die bei den im vorhergehenden Abschnitt durchgeführten Versuchen auftretenden Erscheinungen zeigen, dass das elektrische Verhalten der Stoffe recht unterschiedlich ist. Um eine Erklärung dafür zu finden, müssen wir uns mit ihrem inneren Aufbau beschäftigen.

Bekanntlich bezeichnet man die kleinsten, gleichartigen Teilchen eines Stoffs als Moleküle. Diese bestehen ihrerseits aus Atomen, die bei einem chemischen Element (Grundstoff) gleichartig und bei einer chemischen Verbindung verschiedenartig sind. Das Bindungsverhalten der Atome eines Elements untereinander oder mit Atomen anderer Grundstoffe zu Molekülen wird durch den inneren Aufbau der Atome bestimmt. Entgegen der früheren Auffassung von der Unteilbarkeit der Atome bestehen diese aus noch kleineren Teilchen, den Elementarteilchen. Wegen der unvorstellbaren Kleinheit der Atome – ihr wirksamer Durchmesser liegt in der Größenordnung von 10^{-10} m – lässt sich ihr Aufbau im Rahmen dieses Buches nur modellhaft beschreiben.

Modellvorstellungen helfen in der Physik und Technik, das Zustandekommen von experimentell ermittelten Sachverhalten zu erklären. Beispiel dafür haben wir kennen gelernt. Größengleichungen, Vektorfelder und Skalarfelder von Feldgrößen, die die im Gravitationsfeld oder im elektrischen Feld auftretenden Erscheinungen beschreiben, sind Modelle der physikalischen Realität. Solche im wesentlichen mathematische Strukturen sind auch im Fall des Atombaus am besten geeignet, das vorliegende Erfahrungsmaterial zu ordnen und zu begründen. Ein rein mathematisch aufgebautes Atommodell, das in allen Einzelheiten z.B. im Bereich der Chemie mit den vorliegenden Versuchsergebnissen in Einklang zu bringen ist, ist unanschaulich und für unsere Zwecke viel zu kompliziert. Einfachere und dafür anschaulichere Modelle können nur einen Teil der beobachteten Erscheinungen zutreffend beschreiben bzw. begründen, was jedoch durchaus genügen kann. Man kann hier nicht von „richtigen" oder „falschen" Modellen sprechen, sondern nur von „geeigneten" oder „ungeeigneten". Nichtbeachtung dieses Sachverhalts kann zu Fehlschlüssen führen, Modellvorstellungen dürfen nicht mit der physikalischen Realität gleichgesetzt werden.

1.10.1 Bohrsches Atommodell

Das von dem dänischen Physiker Niels Bohr 1913 aufgestellte Atommodell reicht aus, die uns im Rahmen dieses Buches interessierenden Erscheinungen zu erklären. Danach besteht jedes Atom aus dem Atomkern und der Atomhülle. Beide stellen ihrerseits ein System aus Elementarteilchen dar. Die Kernbausteine (Nukleonen) *Protonen* und *Neutronen* bilden den Atomkern, die Elektronen die Atomhülle. Während Protonen und Elektronen elektrische Ladungen tragen, sind Neutronen elektrisch neutral. Die Ladungen von Protonen und Elektronen haben den gleichen Betrag, jedoch entgegengesetzte Vorzeichen.

Da niemals eine kleinere Ladungsmenge beobachtet wurde, bezeichnet man sie als *Elementarladung*. Den Elektronen schreibt man die negative, den Protonen die positive Elementarladung zu. Die Masse von Protonen und Neutronen ist nahezu gleich, die Masse des Elektrons dagegen außerordentlich gering. Dies bedeutet, dass die Masse eines Atoms fast ausschließlich in seinem Kern konzentriert ist. Zur Veranschaulichung dienen die folgenden Zahlenwerte:

Masse des Protons $\quad m_p = 1{,}673 \cdot 10^{-27}$ kg

Masse des Neutrons $\quad m_n = 1{,}675 \cdot 10^{-27}$ kg

Masse des Elektrons $\quad m_e = 9{,}108 \cdot 10^{-31}$ kg

Elementarladung $\quad e_0 = 1{,}602 \cdot 10^{-19}$ As

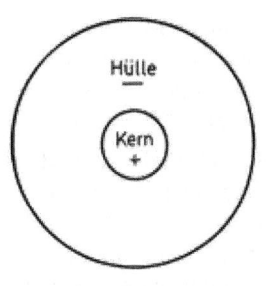

Bild 1.28 Modell eines Atoms

Atomkern. Die Atomkerne der derzeit 118 bekannten natürlichen und künstlichen Grundstoffe unterscheiden sich im wesentlichen durch ihre *Kernladungszahl*, also durch die Anzahl der Protonen im Kern. Die Gesamtzahl der Protonen und der außerdem im Kern vorhandenen Neutronen bestimmt die Masse des Atomkerns. Diese wird nicht in der sonst üblichen Masseneinheit kg oder einem Bruchteil davon angegeben, sondern als Vielfaches vom zwölften Teil der Masse eines Kohlenstoffatoms, das sechs Protonen und sechs Neutronen im Kern enthält. Diese atomare Masseneinheit wird mit dem Kleinbuchstaben u bezeichnet. Das Vielfache von u ist die *Massenzahl* des Atomkerns. Sie bestimmt zusammen mit der Kernladungszahl eindeutig seine Zusammensetzung aus Protonen und Neutronen. Beide Zahlen werden üblicherweise als Index links neben das Symbol eines chemischen Elements geschrieben, und zwar die Massenzahl oben und die Kernladungszahl unten.

Beispiel 1.14 $\quad$ Natrium $^{23}_{11}\text{Na}$, Wasserstoff $^{1}_{1}\text{H}$, $^{2}_{1}\text{H}$ (Deuterium), $^{3}_{1}\text{H}$ (Tritium).

Die Massenzahlen der Elemente sind fast nie ganze Zahlen. Dies liegt daran, dass verschiedene Atome eines Elementes trotz gleicher Kernladungszahl eine unterschiedliche Anzahl von Neutronen und somit eine unterschiedliche Massenzahl haben. Solche Atome heißen *Isotope*. Fast alle Elemente bestehen aus einem Isotopengemisch, die Massenzahl ist also ein mit der Verteilung der Isotope gewichteter Mittelwert.

Im Sinne des Atommodells von Bohr können wir uns den Atomkern als Kugel mit einem Durchmesser von etwa 10^{-14} bis 10^{-15} m vorstellen, die eine durch die Kernladungszahl gegebene, positive elektrische Ladung als ganzzahliges Vielfaches der Elementarladung trägt. Das elektrische Feld des Atomkerns ist radialsymmetrisch. Diese Feldstruktur ist vergleichbar mit dem idealisiert gedachten Gravitationsfeld einer kugelförmigen Masse, wie z.B. dem der Erde.

Atomhülle. Im elektrisch neutralen Atom wird die positive Ladung des Atomkerns durch die negative Ladung der Elektronen ausgeglichen. In der gleichen Anzahl wie die Protonen im Kern bilden sie die Atomhülle. Da der Durchmesser des Atoms in der Größenordnung von 10^{-10} m liegt, besteht es im Wesentlichen aus „leerem" Raum, wenn wir die Elektronen als kleine Teilchen verstehen. Der Raum der Atomhülle ist natürlich nicht wirklich leer, sondern z.B. vom radialsymmetrischen Feld des Kerns erfüllt. Die hier herrschende elektrische Feldstärke übt auf die Elektronen eine Kraft aus, die auf den Kern gerichtet ist. Da die Elektronen jedoch offenbar nicht in den Kern hineinstürzen, muss die Anziehungskraft durch eine andere Kraft aufgehoben werden. Diese können wir uns als Fliehkraft vorstellen, die auf die mit hoher Geschwindigkeit um den Kern kreisenden Elektronen wirkt. Beim Wasserstoffatom, bei dem sich ein Elektron um den Atomkern mit einem Proton bewegt, müsste wegen der geringen Masse des Elektrons seine

Bahngeschwindigkeit etwa 2190 km/s betragen. Wegen seines Abstands vom Kern und seiner Geschwindigkeit muss man dem Elektron einen bestimmten Betrag an potentieller und kinetischer Energie zuschreiben. Entsprechendes gilt auch für die Elektronen der anderen Elemente mit höheren Kernladungszahlen.

Kugelschalenmodell der Atomhülle. Da die Atome der chemischen Elemente offenbar stabil sind, muss die aus potentieller und kinetischer Energie bestehende Gesamtenergie eines Elektrons konstant sein. Wird einem Atom (z.B. durch Erwärmung) Energie zugeführt oder (z.B. als Lichtstrahlung) entnommen, zeigt sich, dass Elektronen ihre Energie nicht stetig ändern können, sondern nur sprunghaft mit bestimmten Beträgen. Dieser Sachverhalt kann im einfachsten Fall dadurch erklärt werden, dass sich die Elektronen mit gleich bleibender Geschwindigkeit auf Flächen gleich bleibender potentieller Energie bewegen, also auf Äquipotentialflächen. Denken wir uns diese als die Oberfläche von Hohlkugeln, die den Atomkern als gemeinsames Zentrum enthalten, bleiben kinetische und potentielle Energie eines Elektrons jeweils für sich konstant. (Bild **1.**29).

Mit zunehmender Energie der Elektronen wird ihr Abstand vom Kern größer. Die Elektronen bewegen sich bei diesem Kugelschalenmodell stets in der Schale, die ihrem Energiezustand entspricht. Der Abstand zwischen den Schalen kennzeichnet dann Energiestufen und damit den Energiebetrag, den ein Elektron aufnehmen oder abgeben kann.

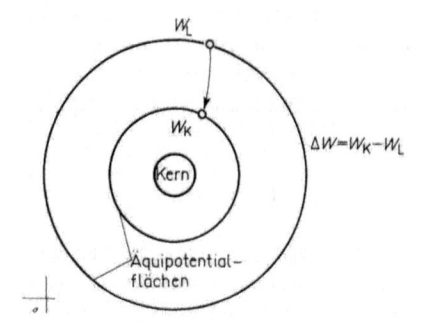

Bild **1.**29 Kugelschalenmodell

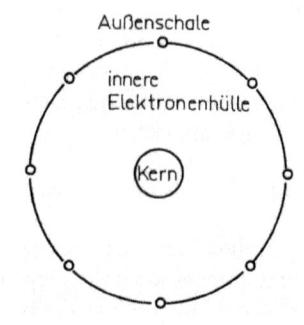

Bild **1.**30 Elektronenoktett der Außenschale eines Edelgases

Nach diesem Schalenmodell können in der Atomhülle der natürlich vorkommenden Atome höchstens sieben Kugelschalen Elektronen enthalten. Vom Kern aus bezeichnet man sie mit K-, L-, M-, N-, O-, P- und Q-Schale. Nach dem Prinzip, dass der Zustand niedrigster potentieller Energie besonders stabil ist, befinden sich die Elektronen in diesem *Grundzustand* auf möglichst kernnahen Bahnen. Dabei hat sich jedoch gezeigt, dass die Kugelschalen höchstens eine bestimmte Anzahl z von Elektronen aufnehmen können. Diese Zahl lässt sich für die ersten vier Schalen nach $z = 2\,n^2$ bestimmen, wobei n die Ordnungszahl der Schale vom Kern aus ist. Die K-Schale kann demnach als erste Schale 2, die L-Schale 8, die M-Schale 18 und die N-Schale 32 Elektronen enthalten. Die drei letzten Kugelschalen kommen nicht vollbesetzt vor. Die Elektronen in der äußersten Schale eines neutralen Atoms sind *Valenzelektronen*. Sie haben die geringste Bindungsenergie an den Atomkern und bestimmen im wesentlichen das Bindungsverhalten der Atome untereinander. Dabei hat sich gezeigt, dass die jeweils äußerste Schale eines neutralen Atoms niemals mehr als acht Elektronen enthalten kann. Dieser Zustand eines *Elektronenoktetts* in der Außenschale ist bei neutralen Atomen bei den Edelgasen zu finden. Er kennzeichnet einen besonders stabilen Aufbau des Atoms und ist für die Bindungen der Atome untereinander von besonderer Bedeutung.

1.10.2 Periodensystem der Elemente

Man ordnet die chemischen Elemente nach steigender Kernladungszahl in einem Schema, bei dem die senkrechten Spalten der Anzahl der Außen- bzw. Valenzelektronen entsprechen und die waagerechten Zeilen den Kugelschalen, in denen sich die Außenelektronen befinden. Danach stehen in der Spalte I die Elemente mit einem Außenelektron und in der Spalte VIII die Edelgase mit einem Elektronenoktett in der Außenschale (1.29). Das Edelgas Helium mit dem chemischen Zeichen He wird dabei der Spalte VIII zugeordnet, obwohl es nur zwei Elektronen in der ersten Schale hat, die jedoch damit voll besetzt ist. Es zeigt sich, dass die in den Spalten untereinander stehenden Elemente mehr oder weniger stark ausgeprägt Ähnlichkeit in ihrem chemischen Verhalten zeigen oder -anders ausgedrückt – dass die in den waagerechten Zeilen stehenden Elemente in ihren Eigenschaften eine gewisse Periodizität zeigen. Das Ordnungsschema Tabelle 1.3 ist eine Form des Periodensystems der Elemente.

Tabelle 1.3 Valenzelektronen der Außenschalen

Außenschale	Außenelektronen (Anzahl)							
	I	II	III	IV	V	VI	VII	VIII
1	$_1$H							$_2$He
2	$_3$Li	$_4$Be	$_5$B	$_6$C	$_7$N	$_8$O	$_9$F	$_{10}$Ne
3	$_{11}$Na	$_{12}$Mg	$_{13}$Al	$_{14}$Si	$_{15}$P	$_{16}$S	$_{17}$Cl	$_{18}$Ar
4	$_{19}$K	$_{20}$Ca Ü	$_{31}$Ga	$_{32}$Ge	$_{33}$As	$_{34}$Se	$_{35}$Br	$_{36}$Kr
5	$_{37}$Rb	$_{38}$Sr Ü	$_{49}$In	$_{50}$Sn	$_{51}$Sb	$_{52}$Te	$_{53}$J	$_{54}$Xe
6	$_{55}$Cs	$_{56}$Ba Ü	$_{81}$Tl	$_{82}$Pb	$_{83}$Bi	$_{84}$Po	$_{85}$At	$_{86}$Rn
7	$_{87}$Fr	$_{88}$Ra Ü						

Übergangselemente. Unregelmäßigkeiten im Aufbau finden sich in den Schalen 4, 5, 6 und 7. Die Elemente mit den Ordnungszahlen 21 bis 30, 39 bis 48, 57 bis 80 und ab 89 haben zwei Außenelektronen entsprechend ihrer Stellung in Spalte II. Der Einbau der entsprechend der Ordnungszahl zunehmenden Anzahl von Elektronen erfolgt jedoch in der zweitäußersten, noch nicht voll besetzten Schale bei den Elementen der Zeilen 4 und 5 in Tabelle **1.3**. Das gleiche gilt für die Elemente 57 und 89. Bei den Elementen 58 bis 71 (Lanthaniden) und 90 bis 103 (Actiniden) bleiben die beiden äußeren Schalen unverändert. Dagegen wird bei diesen Elementen die drittäußerste Elektronenschale aufgefüllt. Es ist einleuchtend, dass diese Elemente in ihrem chemischen Verhalten stark ausgeprägte Ähnlichkeiten zeigen. Tabelle **1.4** zeigt schematisch den Aufbau der Elektronenschalen dieser Übergangselemente.

Metalle, Nichtmetalle, Halbmetalle. Wenn wir die in Tabelle **1.3** aufgeführten Elemente außer den Edelgasen in drei Gruppen einteilen, finden sich in den Spalten I und II (einschl. Übergangselemente) vorwiegend typische Metalle (Gruppe M), in den Spalten VI und VII vorwiegend ausgeprägte Nichtmetalle (Gruppe N) sowie in den Spalten III, IV und V vorwiegend sog. Halbmetalle (Gruppe H). Uns interessiert vor allem das *elektrische* Verhalten von Stoffen, die aus Elementen der Gruppen M, N und H bzw. deren Verbindungen bestehen.

1.10.3 Bindungen zwischen Atomen

Treten mehrere Atome zu einem Atomverband zusammen, unterscheidet man je nach Zugehörigkeit der beteiligten Atome zu den Gruppen M (Metalle), N (Nichtmetalle) oder H (Halbmetalle) drei typische Bindungsarten: die Metallbindung, die Ionenbindung und die Elektronenpaarbindung.

1.10.3.1 Metallbindung

Wegen ihrer Bedeutung in der Elektrotechnik für uns interessante, typische Vertreter der Metalle sind z.B. die Elemente 29 (Kupfer Cu), 47 (Silber Ag) und 79 (Gold Au), die die Kupfergruppe bilden. Im festen Zustand sind die Atome der Metalle in einer bestimmten räumlichen Struktur angeordnet, dem Metallgitter. Die genannten Metalle kristallisieren aus der erkaltenden Schmelze reiner Metalle in der kubisch dichtesten Kugelpackung, die auch kubisch - flächenzentriertes Gitter heißt. Bild **1.31** vermittelt eine Vorstellung vom Aufbau eines Kristalliten, eines regelmäßigen Metallgitters in der Größenordnung von etwa 10^{-3} bis 10^{-5} m. Von den beiden Außenelektronen der genannten Metalle wechselt nun eins in die jeweils darunter liegende Schale und füllt sie auf die stabile Anzahl von 18 Elektronen auf. Unter anderem durch die dadurch frei werdende Energie wird das restliche Außenelektron befähigt, sich von dem Restatom zu lösen und frei im Metallgitter zu bewegen.

Elektronengas. Dieser Sachverhalt ähnelt der Beweglichkeit von Gasmolekülen. Deshalb bezeichnet man die Gesamtheit der beweglichen Elektronen im Metallgitter als Elektronengas. Die im Gitter praktisch festsitzenden Atomreste sind nun jedoch nicht mehr elektrisch neutral, denn ihre Kernladungszahl überwiegt die Anzahl der in der Atomhülle gebundenen Elektronen – die Metallatome sind zu positiv geladenen Ionen geworden. Insgesamt wird ihre Ladung allerdings durch die gleichmäßig verteilte negative Ladung des Elektronengases kompensiert, sodass das Metall elektrisch neutral bleibt. Wird nun den innerkristallinen elektrischen Feldern ein äußeres elektrisches Feld überlagert, zeigen die Versuche im vorigen Abschnitt, dass sich wegen des beweglichen Elektronengases im Metall die Ladungsverteilung ändert. Die Elektronen bewegen sich entgegen der Richtung des Feldstärkevektors, bis das äußere elektrische Feld durch das als Folge der Ladungstrennung entstehende innere Feld gerade aufgehoben wird. Bei Entfernung des äußeren Felds wird durch die Wirkung des noch bestehenden inneren Feldes die gleichmäßige Ladungsverteilung wieder hergestellt

Wir fassen zusammen:

Durch das bei der Metallbindung auftretende Elektronengas sind Metalle auch im festen Zustand gute elektrische Leiter. Dabei werden Anzahl und Beweglichkeit der freien Ladungsträger durch die Struktur der Atomhülle und des Metallgitters bestimmt.

Besonders ausgeprägt ist die elektrische Leitfähigkeit bei den Metallen der Kupfergruppe Silber, Kupfer und Gold.

1.10.3.2 Ionenbindung

Die Ionenbindung bestimmt das elektrische Verhalten von Verbindungen aus Elementen der Gruppe M (Metalle), wie z.B. Natrium $_{11}$Na, und Elementen der Gruppe N (Nichtmetalle), wie z.B. Chlor $_{17}$Cl. Wie Tabelle **1.3** zeigt, hat das Natriumatom ein Außenelektron in der dritten Schale und das Chloratom sieben. Gibt das Na-Atom sein Außenelektron an das Cl-Atom ab, erreichen beide das Elektronenoktett der Edelgase Neon $_{10}$Ne bzw. Argon $_{18}$Ar. Aus den elektrisch neutralen Atomen sind jedoch elektrisch geladene Ionen Na$^+$ bzw. Cl$^-$ entstanden, die durch die elektrostatisch bedingte Anziehung das Molekül NaCl (Kochsalz) bilden.

Tabelle 1.4 Aufbau der Elektronenschalen der Übergangsmetall

Außenschale	Element			Anzahl der Elektronen in der Schale					
				1+2	3	4	5	6	7
4	21	Sc	Scandium	2 + 8	1	2			
	22	Ti	Titan		2				
	23	V	Vanadium		3				
	24	Cr	Chrom		4				
	25	Mn	Mangan		8+ 5				
	26	Fe	Eisen		6				
	27	Co	Kobalt		7				
	28	Ni	Nickel		8				
	29	Cu	Kupfer		9				
	30	Zn	Zink		10				
5	39	Y	Yttrium	2 + 8	18	1	2		
	40	Zr	Zirkonium			2			
	41	Nb	Niob			3			
	42	Mo	Molybdän			4			
	43	Tc	Technetium			8+ 5			
	44	Ru	Ruthenium			6			
	45	Rh	Rhodium			7			
	46	Pd	Palladium			8			
	47	Ag	Silber			9			
	48	Cd	Cadmium			10			
6	57	La	Lanthan	2 + 8	18	18			
	58					1			
	...	}	Lanthaniden			18+ : 14	8+ 1		
	71								
	72	Hf	Hafnium				2	2	
	73	Ta	Tantal				3		
	74	W	Wolfram				4		
	75	Re	Rhenium				5		
	76	Os	Osmium			32	8+ 6		
	77	Ir	Iridium				7		
	78	Pt	Platin				8		
	79	Au	Gold				9		
	80	Hg	Quecksilber				10		
7	89	Ac	Actinium				18		
	90						1		
	...	}	Actiniden				18+ : 14	8 + 1	2
	103								
	104			2 + 8	18	32	32	8 + 2	
	105							8 + 3	

Wegen der verschiedenen Polarität der beiden Ionen bezeichnet man die Ionenbindung auch als „heteropolare" Bindung. Auch das Kochsalz kristallisiert wie viele andere Salze in einem kubischen Gitter, wobei jedoch die Na^+ - bzw. Cl^- -Ionen nur die Eckpunkte des würfelförmigen Gitters besetzen. Der wesentliche Unterschied zum Metallgitter besteht darin, dass keine beweglichen Ladungsträger vorhanden sind. Im festen Zustand ist Kochsalz deshalb ein Nichtleiter.

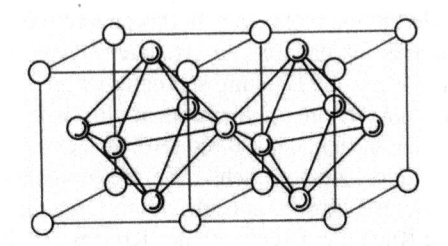

Bild 1.31 Kubisch - flächenzentriertes Metallgitter

Anion und Kation. Wird durch Schmelzen oder Auflösen des Salzes in Wasser die Gitterstruktur zerstört, werden die Ionen beweglich. Befindet sich in der Schmelze bzw. Lösung zwischen zwei

Elektroden entgegengesetzter Polarität ein elektrisches Feld, werden durch die auftretende Feldkraft beide Ionenarten in entgegengesetzter Richtung getrieben. Die positiv geladenen Metallionen wandern zur negativen Elektrode (Kathode), die negativen Chlorionen zur positiven Elektrode (Anode). Man spricht deshalb auch von Kationen und Anionen. Der Ladungstransport durch die Ionen ist jedoch im Gegensatz zur Elektronenleitung mit einem Massetransport verbunden. Beim Ladungsausgleich an den Elektroden entstehen aus den Ionen wieder elektrisch neutrale Atome. Diese mit einer Stoffumwandlung verbundene Elektrolyse wird technisch z.B. zur Herstellung von Aluminium aus geschmolzenen Salzen dieses Metalls und zur elektrolytischen Reinigung des in der Elektrotechnik verwendeten Kupfers in einer Kupfersalzlösung benutzt. Die elektrische Leitfähigkeit der Elektrolyte ist erheblich geringer als die der Metalle. Während man die Metalle als elektrische Leiter erster Klasse bezeichnet, sind Elektrolyte elektrische Leiter zweiter Klasse.

Außer bei der Elektrolyse tritt Ionenleitung bei ionisierten Gasen auf. Das können Edelgase (z.B. Neon) oder Metalldämpfe (z.B. Natriumdampf oder bei den Leuchtstofflampen Quecksilberdampf) sein. Die Ionisierung der Gasmoleküle wird dabei durch Energiezufuhr über das elektrische Feld z.B. in einem Lampenkolben erreicht. Wir können jedoch hier nicht weiter darauf eingehen.

> Die Ionenleitung bewirkt im Gegensatz zur Elektronenleitung stoffliche Veränderungen, weil Ionen außer elektrischer Ladung Masse transportieren. Die elektrische Leitfähigkeit von Elektrolyten ist geringer als die der Metalle und durch Anzahl und Beweglichkeit der freien Ionen bestimmt.

1.10.3.3 Elektronenpaarbindung

Die Elektronenpaarbindung ist typisch für die Bildung der Moleküle von Nichtmetallen wie H_2 (Wasserstoffgas) oder Cl_2 (Chlorgas) oder auch von organischen Verbindungen, zu denen auch die bei den Versuchen in Abschn. 1.9.1 verwendeten Stoffe Hartgummi und Plexiglas gehören. Sie tritt jedoch auch bei den in der Elektronik so wichtigen Halbleitern auf, die nach ihrem atomaren Aufbau vor allem Elemente der Spalte IV in Tabelle **1.3** sind.

Untersuchen wir das Wesen der Elektronenpaarbindung zunächst an der Bildung des Moleküls Cl_2 des Chlorgases aus zwei Atomen $_{17}Cl$. Entsprechend seiner Stellung in Tabelle **1.3** hat das Chloratom sieben Außenelektronen in der dritten Elektronenschale. Ein Elektronenübergang vom einen Atom auf das andere (Ionenbindung) würde zwar für ein Chloratom zu einer stabilen Edelgasschale führen, nicht aber für das andere. Hier ist der Zustand eines Elektronenoktetts für beide Chloratome nur dadurch zu erreichen, dass sie sich in ein Elektronenpaar teilen. Anschaulich können wir uns die Bindung so vorstellen, dass sich das Elektronenpaar auf jeweils gegenüberliegenden Punkten einer gemeinsamen elliptischen Bahnkurve um die beiden Restatome des Chlors bewegt. Diese stehen mit ihren jeweils sechs Außenelektronen in den Brennpunkten eines Rotations-Ellipsoids, dessen Achse die Verbindungsgerade durch die beiden Brennpunkte ist (Bild 1.32). Dieser Ellipsoid entsteht durch Drehung (Rotation) der Ellipse um die gezeichnete Achse wie eine Kugel bei Drehung eines Kreises um ihren Durchmesser. Das Besondere an einer elliptischen Bahnkurve ist, dass bekanntlich die Summe der Abstände eines beliebigen Punktes der Bahn von den beiden Brennpunkten konstant ist. Damit bleibt für das gemeinsame Elektronenpaar aber auch die Summe der Abstände beider Elektronen von jeweils einem Brennpunkt stets gleich.

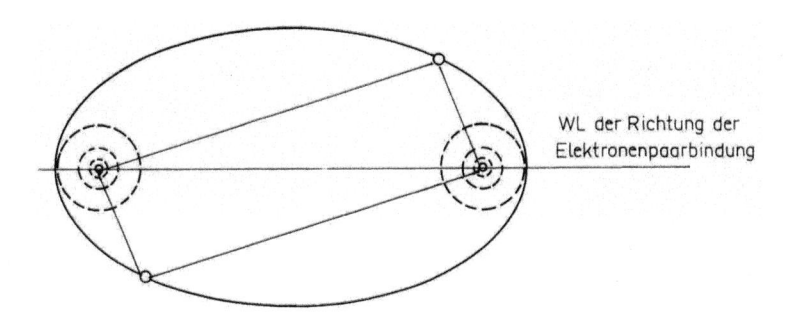

Bild 1.32 Elektronenpaarbindung (schematisch)

Wie man im Bohrschen Kugelschalenmodell des Atoms jedem Elektron bei gleich bleibendem Abstand vom Atomkern eine entsprechend konstante potentielle Energie zuordnen kann, ist bei diesem Bindungsmodell die potentielle Energie des Elektronenpaars auf der Oberfläche des Rotations- Ellipsoids konstant, wenn man sie auf jeweils einen der beiden in den Brennpunkten der Bahnellipse stehenden Atomkerne bezieht. Entsprechendes gilt auch für die kinetische Energie des Elektronenpaars, obwohl sich auch die Bahngeschwindigkeit beider Elektronen ständig ändert. Damit bleibt auch die Gesamtenergie des Elektronenpaars entsprechend der Stabilität des Bindungszustands konstant. Bei Zufuhr bzw. Entnahme von Energie kann man sich entsprechend den Elektronensprüngen beim Atommodell vorstellen, dass das Elektronenpaar auf elliptische Bahnen mit anderer Gesamtenergie springt.

Wegen der gleichen Polarität der in den Brennpunkten der Bahnellipse stehenden Atomreste nennt man diese Bindung auch „homöopolar". Im Gegensatz zur Ionenbindung hat die Elektronenpaarbindung entsprechend der Verbindungsgerade beider Brennpunkte der gemeinsamen Bahnkurve einen ausgeprägten Richtungscharakter. Dieser Sachverhalt ist vor allem von Bedeutung, wenn von einem Atom mehrere Elektronenpaarbindungen ausgehen. Weil sich die negativen Elektronen elektrostatisch abstoßen, stehen die Verbindungsgeraden der Brennpunkte in ganz bestimmten Winkeln zueinander.

Als Beispiel dieses für die Halbleiter-Elektronik wichtigen Sachverhalts betrachten wir die Elektronenpaarbindungen, die in den reinen Grundstoffen $_6C$, $_{14}Si$ und $_{32}Ge$ auftreten. Diese Elemente mit ihren vier Außenelektronen kristallisieren in einer charakteristischen Gitterstruktur, bei der jedes Atom entsprechend den vier Elektronenpaarbindungen vier Nachbaratome hat. Die räumliche Grundstruktur einer solchen Bindung ergibt sich, wenn man sich ein Atom im Schwerpunkt eines regelmäßigen Tetraeders denkt und seine vier Nachbaratome an dessen Ecken. Ein Tetraeder (Vierflächner) ist ein Körper, der von vier gleichseitigen Dreiecken begrenzt wird. Die gesamte Gitterstruktur besteht dann aus Tetraedern, die sich nur in ihren Eckpunkten berühren und deren Kanten entsprechend den sechs möglichen Richtungen im Raum parallel zueinander verlaufen. Einen Ausschnitt aus einem solchen Kristallgitter zeigt Bild 1.33. Darin ist ein Elementarwürfel angedeutet, dessen Aufbau Bild 1.34 zeigt. Denkt man sich zunächst eine kubischraumzentrierte Grundstruktur des Gitters, enthält jeder Elementarwürfel acht kleinere Teilwürfel, von denen jedoch nur vier ein Zentralatom enthalten, und deren acht Eckpunkte auch nur zur Hälfte von Atomen besetzt sind. Mit anderen Worten enthält der Elementarwürfel vier Tetraeder mit jeweils einem Zentralatom. An den Berührungspunkten der Tetraeder befindet sich ebenfalls ein Atom. Die Elementarwürfel folgen in den drei Raumachsen regelmäßig aufeinander und bilden nach der Bezeichnung des entsprechenden Kohlenstoffkristalls das *Diamantgitter*. Im Grundzustand des Gitters niedrigster Bindungsenergie bei sehr tiefer Temperatur haben alle Atome voneinander den gleichen Abstand. Dabei beträgt die Kantenlänge des Elementarwürfels (s. Bild 1.35) bei Germanium etwa $1{,}12 \cdot 10^{-9}$ m und bei Silizium etwa $1{,}08 \cdot 10^{-9}$ m.

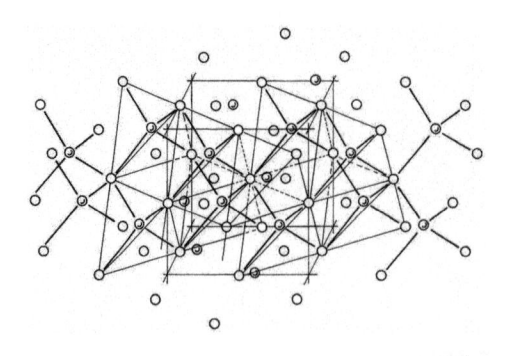

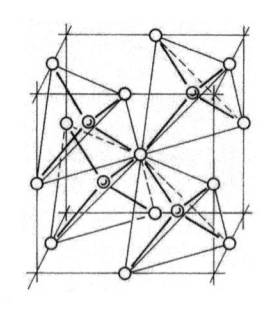

Bild 1.33 Tetraederstruktur des Diamantgitters   **Bild 1.34** Elementarwürfel des Diamantgitter

Die Diamant-Gitterstruktur tritt nicht nur bei den genannten reinen Elementen auf, sondern auch bei Verbindungen zwischen dreiwertigen Elementen der Spalte III in Tabelle 1.3 mit fünfwertigen der Spalte V. Wegen des elektrischen Verhaltens dieser Kristalle haben diese Halbleiter in der Elektronik besondere Bedeutung.

Das Gitter wird im Allgemeinen nicht räumlich dargestellt wie in Bild 1.33 bzw. 1.34, wobei auch nur die Lage der Atome bzw. der Atomkerne angedeutet werden kann. In Wirklichkeit berühren bzw. durchdringen sich die Atomhüllen der Einzelatome. Wenn man die Atome gewissermaßen in eine Ebene projiziert, erhält man eine schematische Gitterdarstellung wie in Bild 1.35, die oft verwendet wird.

Die Elektronenpaarbindung ist die typische Bindungsart bei Nichtleitern und Halbleitern. Bei tiefen Temperaturen sind auch halbleitende Stoffe Nichtleiter, weil keine freien Ladungsträger vorhanden sind.

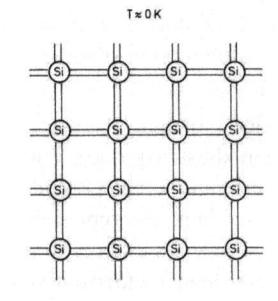

Bild 1.35 Gitterstruktur reinen Siliziums bei tiefer Temperatur

1.10.3.4 Halbleiter

Eigenleitfähigkeit. Da beim Gitteraufbau z.B. des reinen Elements Si alle Valenzelektronen gebraucht werden und keine freien Ladungsträger vorhanden sind, ist bei tiefen Temperaturen der Si-Kristall ein Nichtleiter. Durch Zufuhr von Energie (z.B. durch Erwärmung) kann jedoch gelegentlich ein Elektron eines Valenzelektronenpaars die gemeinsame Bahn verlassen und zu einem freien, beweglichen Ladungsträger innerhalb des Kristallgitters werden. Dabei bleibt eine Gitterstelle mit positiver Ladung zurück. Diesen Vorgang bezeichnet man als Paarbildung von Ladungsträgern, den entgegen gesetzten (bei dem ein Leitungselektron mit einem Bindungselektron wieder ein Elektronenpaar bildet) als Rekombination. Beide Vorgänge stehen bei einer bestimmten Temperatur im dynamischen Gleichgewicht und bewirken eine temperaturabhängige „Eigenleitfähigkeit" des Kristalls. Diese wird also nicht nur durch Leitungselektronen, sondern auch

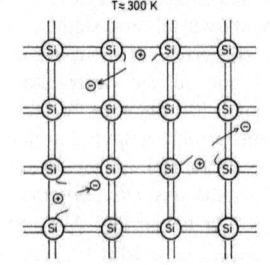

Bild 1.36 Eigenleitfähigkeit von Halbleitern

durch Fehlstellen oder Löcher erzeugt, die man sich ebenfalls als bewegliche, jedoch positive Ladungsträger vorstellen kann (Bild 1.36).

Störstellenleitfähigkeit. Durch Einbau geringer Beimengungen von Elementen der Nachbarspalten III oder V in das reguläre Kristallgitter des Grundmaterials lassen sich Störstellen im Gitter erzeugen, bei denen schon bei normaler Zimmertemperatur freie Ladungsträger entweder als negative Leitungselektronen oder positive Löcher entstehen. Bei Zusatz (Dotieren) von fünfwertigen Elementen (Donatoren – Elektronen abgebende Elemente) entsteht n-leitendes Halbleitermaterial, bei Zusatz von dreiwertigen Elementen (Akzeptoren – Elektronen aufnehmende Elemente) p-leitendes Material. Im Gegensatz zur Paarbildung (die außerdem auftritt) bleibt beim Abspalten des nicht zum Gitteraufbau nötigen und nur schwach gebundenen Valenzelektrons bei fünfwertigen Atomen ein im Gitter fest eingebautes, positives Ion zurück. Entsprechend vervollständigt ein dreiwertiges Fremdatom die Gitterstruktur durch Aufnahme eines Leitungselektrons und wird so zum negativen Ion. Diese „Störstellenleitfähigkeit" des dotierten Halbleitermaterials hängt im wesentlichen vom Maß der Dotierung mit Donatoren bzw. Akzeptoren ab und ist meist stärker ausgeprägt als die Eigenleitfähigkeit, wenn die Kristalltemperatur genügend niedrig bleibt. Im Allgemeinen wählt man bei der Dotierung ein Mengenverhältnis von einem Fremdatom auf etwa 106 bis 104 Halbleiteratome. Die Entstehung der Störstellenleitfähigkeit zeigt schematisch Bild **1.37**.

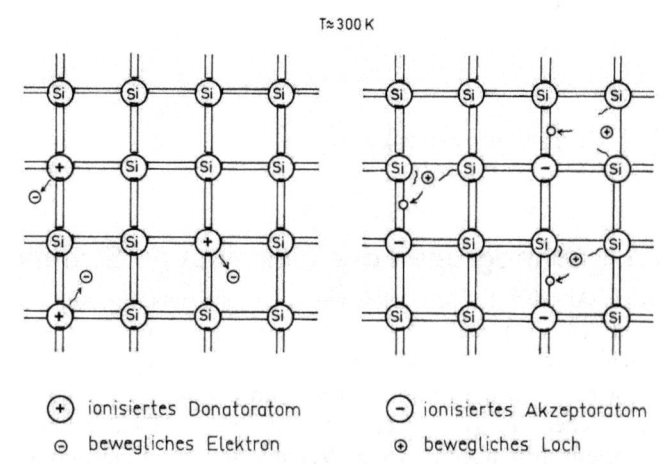

Bild 1.37 Störstellenleitfähigkeit von Halbleitern

Die elektrische Leitfähigkeit der Halbleiter ist erheblich geringer als die der Metalle, weil bewegliche Ladungsträger erst durch Energiezufuhr entstehen. Bei den Nichtleitern oder Isolatoren wird der chemische Aufbau wie bei Halbleitern im wesentlichen durch die Elektronenpaarbindung bestimmt. Bei diesen Stoffen sind jedoch auch bei höherer Temperatur praktisch nur so wenig freie Ladungsträger vorhanden, dass ihre elektrische Leitfähigkeit meist vernachlässigbar gering ist.

Bei hoher elektrischer Feldstärke kann es jedoch auch hier dazu kommen, dass Elektronen durch die auftretenden Feldkräfte aus ihren Bindungen gewissermaßen herausgerissen werden und das Isoliermaterial „durchschlägt".

Die elektrische Leitfähigkeit der Halbleiter ist durch die temperaturabhängige Eigenleitfähigkeit und die dotierungsabhängige Störstellenleitfähigkeit bedingt. Sie ist geringer als die der Metalle, jedoch größer als die von Nichtleitern. Bewegliche Ladungsträger sind negative Elektronen und positive Löcher. Bei praktisch brauchbaren Halbleitern wird durch die Elektronen- bzw. Löcherleitung keine stoffliche Veränderung verursacht.

2 Gleichstromkreis

2.1 Grundstromkreis

2.1.1 Grundgrößen des elektrischen Stromkreises

Die in Abschn. 1.9 beschriebenen Versuche haben gezeigt, dass zur Trennung von positiven und negativen elektrischen Ladungsträgern ein Aufwand von Arbeit bzw. Zufuhr von Energie erforderlich ist. Entsprechend dem Energieerhaltungssatz wird ein Teil der aufgewendeten Trennarbeit bzw. der zugeführten Energie in den nur getrennten Ladungsträgern in Form potentieller elektrischer Energie gespeichert. Der Rest geht jedoch bei der Energieumwandlung an andere Energieformen über (bei den Versuchen in Wärmeenergie) und somit für den beabsichtigten Zweck verloren. Weiterhin hat sich gezeigt, dass zur Aufrechterhaltung des Zustands einer bestimmten Ladungstrennung Zwangskräfte erforderlich sind.

Geräte, in denen unter Energiezufuhr Ladungen getrennt und damit Spannung erzeugt werden, nennt man Generatoren. Die notwendigen Energien können in verschiedenen Formen zugeführt werden. Die größte Bedeutung hat die Dynamomaschine, die in Kraftwerken verwendet wird. Hierbei wird Primärenergie (Kohle, Öl, Gas, Kernkraft,) meistens über thermische Energie in mechanische Energie und zuletzt in elektrische Energie umgewandelt. Daneben können aber auch Wärmeenergie (Thermoelement), chemische Energie (galvanisches Element, Brennstoffzelle), Strahlungsenergie (Solarzelle) und andere Energieformen direkt in potentielle elektrische Energie umgewandelt werden.

Elektrische Spannung. Wie in Kapitel 1 gezeigt, entspricht die bei der Ladungstrennung im Generator aufgebrachte Trennarbeit der Änderung der potentiellen Energie ΔW der Ladungsträger. Beziehen wir diese auf die dabei getrennte Ladungsmenge Q, erhalten wir die elektrische Spannung U, die also ein Maß für die in einer bestimmten Ladungsmenge gespeicherte Energie ist:

$$\boxed{\frac{\Delta W}{Q} = U} \qquad (2.1)$$

Die Spannung ist eine Grundgröße des elektrischen Stromkreises.

Elektrische Stromstärke. Wie die Versuche im vorigen Kapitel zeigen, sind elektrische Ladungen z.B. in Metallen beweglich. Wir können uns vorstellen, dass sie durch einen drahtförmigen Leiter hindurchfließen. Unter der zweiten Grundgröße des elektrischen Stromkreises, der elektrischen Stromstärke I, verstehen wir das Verhältnis einer bestimmten Ladungsmenge, die durch den Querschnitt eines elektrischen Leiters strömt, zu der dafür erforderlichen Zeit.

$$\boxed{\frac{\Delta Q}{\Delta t} = I} \qquad (2.2)$$

Einheiten der elektrischen Grundgrößen U und I. Entsprechend Abschn. 1.3 ist die Einheit der elektrischen Stromstärke eine Basiseinheit des Internationalen Einheitensystems (s. Tab. **1.1**). Nach DIN 1313 bzw. Abschn. 1.2 erhalten wir aus Gl. (2.2) die Einheitengleichung

$$\frac{[Q]}{[t]} = [I] \text{ bzw. } [Q] = [I][t] \Rightarrow [Q] = \text{As} = \text{C}.$$

Der Einheitenname Coulomb für die Ladungseinheit wird seltener benutzt. Es ist zweckmäßiger, elektrische Einheiten in Basiseinheiten auszudrücken, hier also Amperesekunde an Stelle von Coulomb. Die Ladungseinheit entspricht der Ladungsmenge von $6,242 \cdot 10^{18}$ Elektronen, von denen jedes die Elementarladung $e_0 = 1,602 \cdot 10^{-19}$ As trägt. Die abgeleitete SI-Einheit für die elektrische Spannung erhalten wir zu

$$[U] = \frac{[\Delta W]}{[Q]} = \frac{[F][s]}{[Q]} = 1\frac{\text{N} \cdot \text{m}}{\text{As}} = 1\frac{\text{kg} \cdot \text{m}^2}{\text{A} \cdot \text{s}^3} = 1\text{V}.$$

Die Einheit Volt der elektrischen Spannung tritt naturgemäß in der Elektrotechnik sehr oft auf, seltener dagegen die Masseneinheit kg. Es ist daher in der Elektrotechnik üblich, der Spannungseinheit den Charakter einer Basiseinheit zuzuschreiben, der Masseneinheit dagegen den einer abgeleiteten Einheit. Durch Umstellen der Einheitengleichung bekommen wir

$$[m] = \text{kg} = \frac{\text{VAs}^3}{\text{m}^2} \text{ bzw. } [F] = 1\text{N} = 1\frac{\text{VAs}}{\text{m}}.$$

Dieses MVSA- System (Meter-Volt-Sekunde-Ampere-System) stimmt mit dem SI überein. Der Vorteil bei V statt kg als Basiseinheit liegt darin, dass die Einheitengleichungen zum Ableiten der Einheiten elektrischer Größen einfacher werden und entsprechend auch ihre Angabe in Basiseinheiten.

2.1.1 Energiesatz im Grundstromkreis

Entnehmen wir dem Generator bei der konstanten Spannung U einen elektrischen Strom mit der Stromstärke I, muss zur Aufrechterhaltung der Spannung an seinen Klemmen im Generator eine ständige Ladungstrennung erfolgen. Wir können den Generator in dem geschlossenen Stromkreis aus Generator (Erzeuger) und Verbraucher als eine „Ladungspumpe" ansehen.

Vergleichbar ist dieser Kreislauf elektrischer Ladungen z.B. mit dem Kühlwasserkreislauf im Verbrennungsmotor eines Autos. Um die hier bei der Umwandlung chemischer Energie (Kraftstoff) in mechanische Energie anfallenden Umwandlungsverluste (Wärmeenergie) aus dem Motor abzuführen, wird die Wärmeenergie zu nächst vom Kühlwasser aufgenommen. Das erwärmte Wasser wird durch eine Wasserpumpe durch den Kühler gepumpt, der ihm die gespeicherte Wärmeenergie zum Teil wieder entzieht, und dem Motorblock wieder zugeführt. Die vom Kühlwasser transportierte thermische Energiemenge ΔW_{th} hängt sowohl vom Temperaturunterschied $\Delta \vartheta$ zwischen dem beim Motorblock ein- und austretenden Wasser ab als auch von der durchströmenden Wassermenge. Vergleichsweise haben die elektrischen Ladungsträger im Stromkreis auch nur die Aufgabe, Energie zu transportieren. Diese Energiemenge ΔW_{el} hängt sowohl von der Potentialdifferenz (Spannung) $\Delta \varphi = U$ zwischen der Ein- und Austrittsstelle der Ladungsträger beim Generator als auch von der durchströmenden Ladungsmenge Q ab.

Elektrische Leistung. Entsprechend Gl. (2.1) bekommen wir die dem Generator entnommene Energiemenge zu $\Delta W = U \cdot \Delta Q$, und mit $\Delta Q = I \cdot \Delta t$ erhalten wir

2.1 Grundstromkreis

$$\Delta W = UI \cdot \Delta t \qquad (2.3)$$

Beziehen wir die transportierte Energiemenge auf die dazu erforderliche Zeit, erhalten wir für die elektrische Leistung P

$$\frac{\Delta W}{\Delta t} = P = UI. \qquad (2.4)$$

Die Einheit der Leistung bekommen wir aus der entsprechenden Einheitengleichung

$$[P] = [U][I] = 1\,\text{VA} = 1\,\text{W}$$

mit dem Einheitennamen Watt. Diese dem Generator an seinen Klemmen entnommene elektrische Leistung zuzüglich der unvermeidlichen Umwandlungsverluste (auf die wir später noch zu sprechen kommen) muss ihm natürlich zur Aufrechterhaltung der Spannung an seinen Klemmen ständig zugeführt werden.

Energiebilanz im Grundstromkreis. Bild 2.1 stellt schematisch verschiedene Energieumwandlungen im Grundstromkreis dar. Dem Generator (Erzeuger) wird z.B. mechanische Energie zugeführt, die er in elektrische Energie umwandelt, wobei jedoch Umwandlungsverluste auftreten. Zwischen den Klemmen A und B des Generators herrscht die Spannung U. Bei einer Stromstärke I entnehmen wir ihm in der Zeit t die elektrische Energie $W = UQ = UIt = Pt$. Diese wird dem Verbraucher an seinen Klemmen A' und B' zur Verfügung gestellt, jedoch verringert um die Übertragungsverluste auf der Zuleitung. Dem Verbraucher entnehmen wir schließlich die Energie in irgendeiner gewünschten Form (Nutzenergie), z.B. als mechanische Energie (Motor), wobei ebenfalls Umwandlungsverluste auftreten.

Man kann diesen Stromkreis als ein abgeschlossenes physikalisches System betrachten, denn die in die gedachte Hülle (äußere gestrichelte Linie in Bild 2.1) eintretende Energie ist im stationären Beharrungszustand gleich der aus ihr austretenden Energie. Das bedeutet, dass die Energie in der gestrichelten Hülle konstant bleibt.

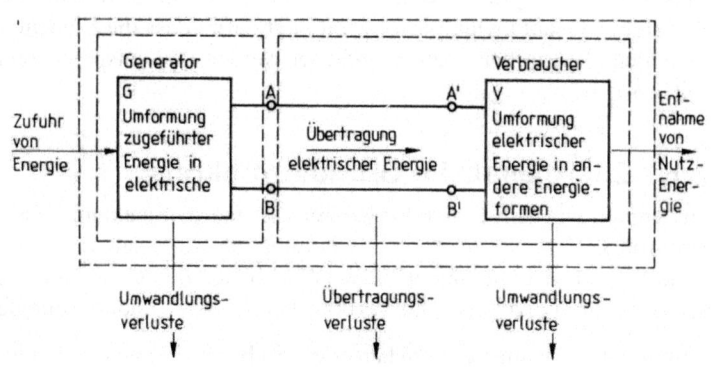

Bild 2.1 Energieumformungen im Grundstromkreis

Wir können darüber hinaus den Stromkreis in zwei Teilsysteme zerlegen, wobei wir die Trennungslinien durch die Punkte A und B gehen lassen. Das linke Teilsystem nennen wir den Generator; zum rechten, dem Verbraucher, rechnen wir auch die Übertragungsleitungen.

Da die Energie in dem umrandeten System konstant ist, ergänzen sich Energieänderungen ΔW_G des Generators und Änderungen der Energie ΔW_V im Verbraucher zu Null:

$$\Delta W_G + \Delta W_V = 0$$

Indem wir die Energieänderungen auf die kurze Zeitspanne Δt beziehen, erhalten wir die Aussage, dass Generatorleistung und Verbraucherleistung zusammen Null ergeben.

Diese aus physikalischen Gründen stets gültig Gleichung lässt sich mathematisch nur erfüllen, wenn man eine der beiden Leistungen positiv und die andere negativ rechnet. Da wir sowohl die dem Erzeuger entnommene Leistung als auch die vom Verbraucher aufgenommene Leistung als $P = UI$ berechnen, erhalten wir eine positive Leistung bei gleichen Vorzeichen für Spannung und Stromstärke und eine negative Leistung bei verschiedenen Vorzeichen. Zur Festlegung der Vorzeichen für Spannung und Stromstärke im Grundstromkreis werden Pfeile verwendet.

Richtungspfeile für Stromstärke und Spannung. Nach der Definitionsgleichung der elektrischen Feldstärke sind Kraftrichtung auf positive Ladungsträger und Richtung der Feldstärke gleich. Positive Ladungsträger bewegen sich infolge dieser Kraftwirkung von einem Ort höheren elektrischen Potentials φ_A in Richtung der elektrischen Feldstärke zu einem Ort niedrigeren Potentials φ_B. Die Bewegung von Ladungsträgern erfolgt demnach im Verbraucher und auch im Leitungssystem stets so, dass sie dem Zustand niedrigster potentieller Energie zustreben. Historisch, bevor der tatsächliche Leitungsmechanismus bekannt war, wurde die positive Stromrichtung so definiert, dass sie außerhalb der Spannungsquelle vom positiven Pol zum negativen Pol gerichtet ist. Diese Richtung wird technische Stromrichtung genannt. Sie ist in Metallen der Bewegungsrichtung der Elektronen entgegengesetzt. Sie wird im Stromkreis durch einen *Richtungspfeil* gekennzeichnet, den man wie in Bild **2.2** in oder neben den Leitungszug zeichnet. Negative Ladungsträger bewegen sich entgegengesetzt zur elektrischen Feldstärke in negativer Stromrichtung.

Eine Ladungsverschiebung bzw. der elektrische Strom lässt sich modellmäßig sowohl als Bewegung positiver Ladung in positiver Stromrichtung als auch negativer Ladung in negativer Stromrichtung oder aber als Bewegung beider Ladungsträgerarten nebeneinander deuten. Welche Modellvorstellung man wählt, ist ausschließlich eine Frage der Zweckmäßigkeit. Im Allgemeinen ist es anschaulicher, den elektrischen Strom als Bewegung positiver Ladungsträger zu betrachten, weil dabei die modellmäßige Bewegungsrichtung und die Stromrichtung übereinstimmen.

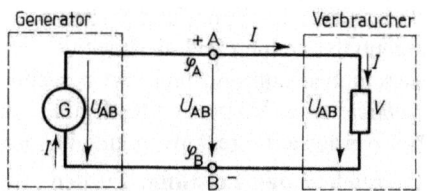

Bild 2.2 Konventionelle Richtungspfeile im Gleichstromkreis

Der Bewegungsrichtung positiver Ladungsträger entsprechend müssen wir in Bild 2.2 der Klemme A ein höheres Potential φ_A als der Klemme B mit φ_B zuordnen. Das entspricht einem Überschuss positiver Ladung (bzw. Mangel an negativer) an Klemme A und einem Mangel an positiver Ladung (bzw. Überschuss an negativer) an Klemme B. Wir können daher feststellen:

> Die positive elektrische Stromrichtung (technische Stromrichtung) entspricht der Bewegungsrichtung positiver Ladungsträger und ist der Bewegungsrichtung der Elektronen im Metall entgegengesetzt. Ein positiver technischer Strom fließt von der positiven Klemme des Generators durch den Verbraucher zur negativen Klemme.

Die positive elektrische Stromrichtung (technische Stromrichtung) entspricht der Bewegungsrichtung positiver Ladungsträger und ist der Bewegungsrichtung der Elektronen im Metall entgegengesetzt. Ein positiver technischer Strom fließt von der positiven Klemme des Generators durch den Verbraucher zur negativen Klemme.

Die Potentialdifferenz $\varphi_A - \varphi_B = U_{AB}$ ist die elektrische Spannung zwischen den Klemmen A und B. Der Pfeil, der von der positiven Klemme A mit dem höheren Potential φ_A zur negativen Klemme B mit dem niedrigeren Potential φ_B weist, ist der *Richtungspfeil der Spannung*. Er wird wie in Bild **2.2** stets zwischen zwei Punkte unterschiedlichen Potentials gezeichnet. Dabei entspricht die Pfeilrichtung der Reihenfolge der beim Größensymbol der Spannung U stehenden

2.1 Grundstromkreis

Indizes.

Den Spannungspfeil kann man, wie aus Bild 2.2 ersichtlich, beim Verbraucher, zwischen den Klemmen A, B oder auch am Generator einzeichnen; denn zwischen der oberen und der unteren Zuleitung herrscht überall die gleiche Spannung. Wir hatten im Zusammenhang mit der Energiebilanz 2.1 die Übertragungsverluste der Zuleitungen dem Verbraucher zugerechnet und betrachten nun die Verbindungsleitungen im Schaltplan 2.2 als ideal, d.h. verlustlos.

Diese Vereinbarung soll nicht nur für den Schaltplan 2.2 gelten, sondern für alle Schaltpläne in diesem Buch.

> Der Richtungspfeil der elektrischen Spannung U_{AB} weist von der positiven Klemme A mit dem höheren Potential zur negativen Klemme B mit dem niedrigeren Potential.

Wir erinnern daran, dass die elektrische Stromstärke und Spannung skalare Größen sind. Ihre Richtungspfeile haben nichts mit einer geometrischen Richtung im Raum zu tun, sondern entsprechen der Angabe der Bewegungsrichtung (z.B. gedachter) positiver Ladungsträger bzw. der Richtung abnehmenden elektrischen Potentials.

Der konventionelle Richtungssinn für Stromstärke und Spannung wird auch als technischer Richtungssinn bezeichnet. Davon bzw. von den Richtungspfeilen begrifflich zu unterscheiden sind *Bezugspfeile* für Strom und Spannung (vgl. auch DIN 5489). Diese werden gebraucht, wenn die Potentialverteilung und die Lage der entsprechenden Richtungspfeile in einem elektrischen Netzwerk unbekannt sind und erst berechnet werden müssen. Mit anderen Worten: Sie dienen zur *rechnerischen* Vorzeichenfestlegung für zunächst unbekannte Stromstärken bzw. Spannungen. Wir werden auf ihre Anwendung bei der Berechnung von Netzwerken später zurückkommen.

Vorzeichen der Leistung. Zu den Richtungspfeilen in Bild 2.2 gehören immer auch positive Werte von Stromstärke und Spannung. Die vom Verbraucher *aufgenommene* bzw. von den Ladungsträgern abgegebene Leistung wird entsprechend der gleichen Lage der Richtungspfeile *positiv* gerechnet. Im Generator treten die Richtungspfeile gegensinnig auf. Die positiven Ladungsträger bewegen sich unter Energieaufnahme vom niedrigeren zum höheren Potential. Die vom Generator an die Ladungsträger *abgegebene* Leistung wird entsprechend den entgegengesetzten Richtungspfeilen für Stromstärke und Spannung *negativ* gerechnet.

Pfeilsysteme. Im Unterschied zu den Richtungspfeilen kann man Bezugspfeile beliebig annehmen. Beim Grundstromkreis in Bild 2.2 bieten sich zwei Möglichkeiten. Gibt man den Bezugspfeilen den gleichen Sinn wie den in 2.2 eingetragenen Richtungspfeilen, erscheinen, wie oben geschildert, die vom Verbraucher aufgenommene Leistung positiv und die vom Generator

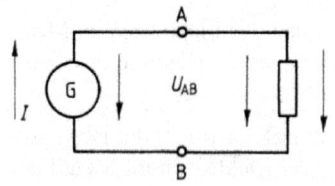

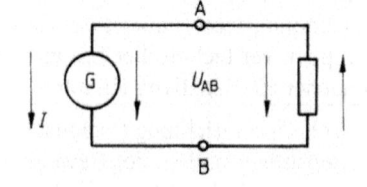

Bild 2.3 Pfeilsystem

a) Verbraucherpfeilsystem   b) Erzeugerpfeilsystem

abgegebene negativ. Diese Zuordnung heißt nach DIN 5489 *Verbraucherpfeilsystem*. Man kann auch umgekehrt die Zuordnung so wählen, dass am Verbraucher die Bezugspfeile von Strom und Spannung gegensinnig sind. Dann erhält die aufgenommene Leistung das negative Vorzeichen, und am Generator ergibt sich bei gleichsinnigen Bezugspfeilen ein positiver Wert für die abgegebene Leistung. Diese Zuordnung heißt das *Erzeugerpfeilsystem*. Man verwendet es in der Regel, wenn vorwiegend Generatoren betrachtet werden (z.B. in Kraftwerken). In diesem Buch entscheiden wir uns jedoch für das Verbraucherpfeilsystem.

2.2 Verbraucherteil

2.2.1 Elektrischer Widerstand (Ohmsches Gesetz)

Versuch 2.1 Wir verwenden in dem Stromkreis nach Bild **2.4** als Spannungsquelle (Erzeuger, Generator) ein Netzanschlussgerät mit einstellbarer Gleichspannung. Als Verbraucher dient ein Konstantandraht, der auf ein Keramikrohr gewickelt ist und mehrere Anzapfungen hat. Für jede Anzapfung wird die Spannung gemessen, die sich zwischen den angeschlossenen Klemmen des Drahtwiderstands in Abhängigkeit von der eingestellten Stromstärke einstellt. Die den Wertepaaren von Stromstärke und Spannung entsprechenden Punkte werden in ein rechtwinkeliges Koordinatensystem eingetragen, auf der waagerechten Achse (Abszisse) die Stromstärke, auf der senkrechten Achse (Ordinate) die Spannung.
Der Versuch zeigt, dass bei steigender Stromstärke an den

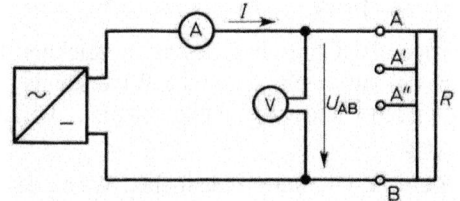

Bild 2.4 Drahtwiderstand mit Anzapfungen als Verbraucher

Klemmen des Drahtwiderstands ein zunehmender Potentialunterschied auftritt. Legen wir in dem Diagramm durch die erhaltenen Messpunkte jeweils eine glatte Kurve so, dass die Messpunkte auf beiden Seiten der Kurve etwas in gleichem Maße streuen, erhalten wir die in Bild

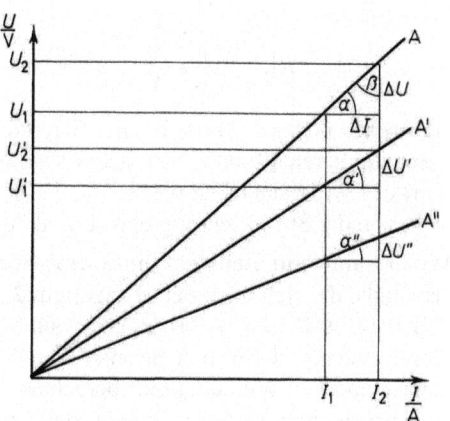

Bild 2.5 Kennlinien $U = f(I)$ der Schaltung

2.5 dargestellten Kennlinien $U = f(I)$. Der Versuch zeigt, dass bei steigender Stromstärke an den Klemmen des Drahtwiderstands ein zunehmender Potentialunterschied auftritt. Legen wir in dem Diagramm durch die erhaltenen Messpunkte jeweils eine glatte Kurve so, dass die Messpunkte auf beiden Seiten der Kurve etwa in gleichem Maße streuen, erhalten wir die dargestellten Kennlinien. $U = f(I)$. Es zeigt sich bei dem Versuch ferner, dass die Temperatur des Drahts zunimmt. Das bedeutet, dass er Energie bzw. (wenn wir die Energie auf die Zeit beziehen) Leistung aufnimmt. Dabei erhöht sich die Temperatur des Drahts bei einem bestimmten Strom so lange, bis die aufgenommene elektrische Leistung gleich der an die Umgebung wieder abgegebenen Wärmeleistung ist.
Vorausgesetzt, dass sich die Spannung am Drahtwiderstand bei einem bestimmten Strom mit der Temperatur praktisch nicht verändert (bei Konstantandraht ist diese Voraussetzung erfüllt,), bekommen wir als Kennlinien Geraden, die durch den Nullpunkt des Koordinatensystems gehen. Für die bei einer bestimmten Anzapfung des Drahtwiderstands konstante Steigung der Kennlinien bekommen wir

$$\tan \alpha = \frac{\Delta U}{\Delta I} \quad \text{bzw.} \quad \tan \beta = \frac{\Delta I}{\Delta U}. \tag{2.5}$$

Sie lässt sich an beliebigen Stellen aus jeweils zwei Punkten auf einer Graden mit $\Delta U = U_2 - U_1$ und $\Delta I = I_2 - I_1$ ermitteln. Setzen wir z.B. für einen der beiden Messpunkte die Koordinaten des

Nullpunkts ein, erhalten wir

$$\tan\alpha = \frac{U}{I} \quad \text{bzw.} \quad \tan\beta = \frac{I}{U}.$$

Wegen des konstanten Verhältnisses der beiden Grundgrößen Spannung und Stromstärke liegt es nahe, dieses als neue elektrische Größe einzuführen. Es sind

$$\boxed{\frac{U}{I} = R \text{ (elektrischer Widerstand)}} \tag{2.6}$$

$$\boxed{\frac{I}{U} = R \text{ (elektrischer Leitwert).}} \tag{2.7}$$

Die Einheiten bekommen wir aus den entsprechenden Einheitengleichungen zu

$$[R] = \frac{[U]}{[I]} = \frac{V}{A} = \Omega \text{ (Ohm)} \quad \text{und} \quad [G] = \frac{[I]}{[U]} = \frac{A}{V} = S \text{ (Siemens).}$$

Ohmsches Gesetz. Diese beiden Gleichungen werden als „Ohmsches Gesetz" bezeichnet. Bauelemente, deren Kennlinien linear verlaufen, heißen deshalb auch „Ohmsche Widerstände". Der Wert des Widerstands ist weder von der Stromstärke noch von der Spannung abhängig, vor allem nicht von der Stromrichtung bzw. Polung der Spannung.

Widerstand und Leitwert eines drahtförmigen Leiters. Die unterschiedlichen Werte des Widerstands, die sich nach dem Diagramm **2.5** bei Anschluss der Spannungsquelle an die Klemmen A/B bzw. A'/B bzw. A''/B ergeben, sind offensichtlich auf die wirksame Drahtlänge zurückzuführen, die jeweils in den Stromkreis eingeschaltet ist. Sie lässt sich aus dem Windungsdurchmesser und der Windungszahl berechnen. Der Einfluss des Drahtquerschnitts lässt sich prüfen, indem man einen Konstantandraht gleicher Länge, aber mit anderem, z.B. doppeltem Querschnitt verwendet.

Wir finden, dass der Widerstand R der Länge direkt und dem wirksamen Leiterquerschnitt umgekehrt verhältnisgleich (proportional) ist. Mit den Proportionalitätskonstanten ρ und γ ergibt sich

$$\boxed{\frac{U}{I} = R = \rho \cdot \frac{l}{A} \quad \text{bzw.} \quad \frac{I}{U} = G = \gamma \cdot \frac{A}{l}.} \tag{2.8}$$

Darin bedeuten l die Leiterlänge und A die Querschnittsfläche.

Materialgrößen ρ und γ. Die physikalische Bedeutung der Größen ρ und γ ergibt sich auf Grund der folgenden Überlegung. Für den Ladungstransport in einem Stoff müssen bewegliche Ladungsträger vorhanden sein; in dem hier verwendeten Metall sind das also quasifreie Elektronen. Die thermisch bedingte, ungeordnete Bewegung der Elektronen im Metallgitter wird überlagert durch ihre Driftbewegung in einer bestimmten Richtung, die für den Ladungstransport allein interessiert. Sie wird je nach Aufbau und Zustand des Metallgitters mehr oder weniger stark behindert. Dieser Einfluss auf den Wert des elektrischen Widerstands bzw. Leitwerts wird durch die temperaturabhängigen Materialgrößen ρ bzw. γ berücksichtigt. Sie heißen spezifischer elektrischer Widerstand ρ mit der SI-Einheit

$$[\rho]_{SI} = \frac{[R] \cdot [A]}{[l]} = \frac{\Omega m^2}{m} = \Omega m = \frac{V \cdot m}{A}$$

spezifische elektrische Leitfähigkeit γ mit der SI-Einheit

$$[\gamma]_{SI} = \frac{[G] \cdot [l]}{[A]} = \frac{S \cdot m}{m^2} = \frac{S}{m} = \frac{A}{V \cdot m}.$$

Bei Berechnungen von metallischen, drahtförmigen Leitern (d.h. von Leitern, deren Durchmesser klein gegenüber ihrer Länge ist) verwendet man oft für den Leiterquerschnitt die Einheit mm², sodass sich die Einheiten

$$[\rho]_{ges.} = \frac{\Omega\, mm^2}{m} \quad \text{und} \quad [\gamma]_{ges.} = \frac{S \cdot m}{mm^2} = \frac{m}{\Omega\, mm^2}$$

ergeben. Für den Zusammenhang dieser gesetzlich zulässigen Einheiten (Index ges. an der eckigen Klammer mit dem betreffenden Größensymbol) mit den SI-Einheiten (der Index SI an der eckigen Klammer wird im Allgemeinen fortgelassen) gelten die Gleichungen

$$1\frac{\Omega\, m^2}{m} = 10^6 \frac{\Omega\, mm^2}{m} \quad \text{bzw.} \quad 1\frac{\Omega\, mm^2}{m} = 10^{-6} \frac{\Omega\, m^2}{m} = 10^{-6}\, \Omega\, m \qquad (2.9)$$

Und

$$1\frac{S\, m^2}{m} = 1\frac{S\, m}{10^6\, mm^2} = 10^{-6} \frac{m}{\Omega\, mm^2} \quad \text{bzw.} \quad 1\frac{m}{\Omega\, mm^2} = 10^6 \frac{S}{m}. \qquad (2.10)$$

Es ist also zu beachten, dass man bei Verwendung anderer als SI-Einheiten das kohärente System verlässt und andere Zahlenwerte als eins in den Einheitengleichungen auftreten. R und G wie auch ρ und γ sind reziproke Größen, deren Produkt also stets gleich eins ist. Es gelten daher die Gleichungen

$$R \cdot G = 1 \quad \text{bzw.} \quad \rho \cdot \gamma = 1 \qquad (2.11)$$

Bei praktischen Berechnungen verwendet man meist den Materialkennwert, der den leichter merkbaren Zahlenwert hat. Das ist im Allgemeinen die spezifische elektrische Leitfähigkeit γ. Die Zahlenwerte für ρ und γ in Tab. 2.1 beziehen sich auf die Einheiten $\Omega\, mm^2/m$ für ρ und $m/(\Omega\, mm^2)$ für γ.

Die temperaturabhängigen Zahlenwerte gelten für eine Temperatur $\vartheta = 20\,°C$. Die für die SI-Einheiten gültigen Zahlenwerte werden mit Hilfe der angegebenen Einheitengleichungen berechnet. Um eine Vorstellung von der Bedeutung der Zahlenwerte für ρ und γ zu bekommen, sind zwei Merksätze nützlich.

Der Zahlenwert von ρ entspricht dem Widerstand eines Drahts in Ohm, der bei einem konstanten Querschnitt von 1 mm² die Länge 1 m hat.

Der Zahlenwert von γ entspricht der Länge eines Drahts in Meter, der einen Widerstand 1 Ω bei dem konstanten Querschnitt 1 mm² hat.

Die Beifügung „spezifisch" für ρ bzw. γ bedeutet wie hier stets, dass es sich um Größen handelt, die die Art des Materials kennzeichnen.

Tabelle 2.1 Werkstoffe für drahtförmige Leiter

Werkstoff	$\rho \cdot 10^6$ in Ωm ρ in $\frac{\Omega\text{mm}^2}{\text{m}}$	$\gamma \cdot 10^{-6}$ in S/m γ in $\frac{\Omega\text{mm}^2}{\text{m}}$	$\alpha_{20} \cdot 10^3$ in 1/°C	τ_{20} in °C	$\beta_{20} \cdot 10^6$ in (1/°C)^2	Bemerkungen
Silber	0,016	62,5	3,8	243	0,7	
Kupfer	0,01786	56	3,93	235	0,6	
Aluminium	0,02857	35	3,77	245	1,3	
Magnesium	0,045	22	3,9	237	1	
Eisen	0,10 bis 0,15	10 bis 7	4,5 bis 6	202 bis 145	6	Unterschiedliche Reinheitsgrade
Blei	0,21	4,8	4,2	218	2	
Zinn	0,11	9	4,2	218	6	
Zink	0,063	16	3,7	250	2	
Wolfram	0,055	18	4,1	225	1	
Wismut	1,2	0,83	4,2	218		
Konstantan	0,50	2,00	± 0,04			Widerstandslegierungen Bestandteile in % 55 Cu 44 Ni 1 Mn
Manganin	0,43	2,3	± 0,01		0,4	86 Cu 2 Ni 12 Mn
Nickelin	0,43	2,3	0,23			67 Cu 30 Ni 3 Mn
Chromnickel	1,1	0,91	0,1			Heizleiterlegierungen Bestandteile in % 78 Ni 20 Cr 2 Mn
Megapyr	1,4	0,71				65 Fe 30 Cr 5 Al
Kanthal	1,45	0,69				72 Fe 20 Cr 5 Al 3 Co

Übungen zu Abschnitt 2.2.1

Größengleichungen beschreiben Zusammenhänge zwischen Größen. Sind alle Größen außer einer direkt oder indirekt bekannt (z.B. durch Messwerte oder Materialkennwerte), kann die unbekannte Größe bzw. ihr Wert berechnet werden. Die Größengleichung ist zunächst danach umzustellen. In dieser Hauptgleichung stehen nun auf der einen Seite des Gleichheitszeichens Größen, deren Werte als Produkt aus Zahlenwert und Einheit direkt bekannt sind oder mit Hilfe einer Nebengleichung berechnet werden können.

Beispiel 2.1 Ein Drahtwiderstand besteht aus $N = 200$ Windungen Konstantandraht. Der mittlere Windungsdurchmesser beträgt $d_w = 50$ mm, der Drahtdurchmesser $d_D = 0{,}8$ mm. Mit welcher Größengleichung wird der Widerstand berechnet?

Lösung Zur Berechnung des Widerstands nehmen wir die Gleichung

$$R = \frac{l}{\gamma A}$$

In der auf der rechten Seite des Gleichheitszeichens nur der Materialkennwert γ direkt bekannt ist. Die Größen l und A können jedoch durch Nebengleichungen berechnet werden:

$$l = N \cdot d_w \cdot \pi \quad \text{und} \quad A = \frac{d_D^2 \cdot \pi}{4}$$

Die beiden Nebengleichungen werden nun in die Hauptgleichung eingesetzt.

$$R = \frac{N \cdot d_w \cdot 4 \cdot \pi}{\gamma \cdot d_D^2 \cdot \pi}$$

Diese Gleichung ist die gesuchte Größengleichung. Sie enthält auf der rechten Seite des Gleichheitszeichens nur noch direkt bekannte Größen.

Die bekannten Größen werden nun jeweils durch ihre Werte, d.h. durch ein Produkt aus Zahlenwert und Einheit ersetzt. Wegen der Invarianz des Wertes einer Größe gegenüber der Wahl einer Einheit können wir dabei grundsätzlich beliebige Einheiten verwenden. Es ist jedoch zweckmäßig, in der eigentlichen Rechnung ausschließlich SI-Einheiten zu benutzen, und zwar in der Darstellung in Basiseinheiten des SI. Einheiten werden in der Rechnung wie andere Faktoren behandelt und lassen sich daher auch kürzen, bis die SI-Einheit der gesuchten Größe übrig bleibt. Man hat damit gleichzeitig eine Kontrolle, ob die Größengleichung richtig ist. Vorsätze nach Tab. **1.1** sind dabei stets durch die entsprechenden Zehnerpotenzen zu ersetzen, um die Mehrdeutigkeit von Buchstaben zu vermeiden. Sind in der Aufgabenstellung andere als SI-Einheiten gegeben, sind sie vor Beginn der eigentlichen Rechnung in SI-Einheiten umzurechnen. Entsprechend verfährt man, wenn andere als SI-Einheiten im Ergebnis gefragt sind.

Beispiel 2.2 Mit den in Beispiel 2.1 gegebenen Beträgen soll mit der erhaltenen Größengleichung der Drahtwiderstand berechnet werden.

Lösung $d_W = 5 \cdot 10^2$ m $\quad d_D = 0{,}8 \cdot 10^{-3}$ m $\quad \gamma = 2 \cdot 10^6$ S/m

$$R = \frac{2 \cdot 10^2 \cdot 5 \cdot 10^{-2} \text{ m} \cdot 4 \text{ m V}}{2 \cdot 10^6 \text{A} \cdot 0{,}8^2 \cdot 10^{-6} \text{ m}^2} = \frac{20}{0{,}64} \Omega = \mathbf{31{,}25\ \Omega}$$

Bei umfangreicheren Größengleichungen zieht man es oft vor, zunächst die Nebengleichungen zu berechnen und die Werte der Zwischenergebnisse in die Hauptgleichung einzusetzen. Dieser Lösungsweg kann übersichtlicher sein als die allgemeine Lösung, führt jedoch leicht zu Rundungsfehlern. Wir wollen uns grundsätzlich damit begnügen, als Ergebnis einer Rechnung vier gültige Ziffernstellen anzugeben. Mehr Stellen wären bei technischen Rechnungen wenig sinnvoll. Berechnet man Zwischenergebnisse mit fünf Ziffernstellen, werden Rundungsfehler praktisch vermieden. Damit werden die Ergebnisse der Rechnung auch bei verschiedenen Lösungswegen genügend genau übereinstimmen.

Umrechnen von Einheiten. Für die in Tab. **2.1** als Materialkenngrößen γ und ρ verwendeten Einheiten gelten die Beziehungen

$$1\frac{\text{S}}{\text{m}} = 10^{-6}\frac{\text{m}}{\Omega\text{mm}^2} \quad \text{bzw.} \quad 1\,\Omega\text{m} = 10^6\frac{\Omega\text{mm}^2}{\text{m}}.$$

Wir entnehmen z.B. Tab.**2.1** für Kupfer

$$56\frac{\text{S}}{\text{m}} = \gamma_{\text{Cu}} \cdot 10^{-6} \Rightarrow \gamma_{\text{Cu}} = 56 \cdot 10^6 \frac{\text{S}}{\text{m}}$$

Ersetzen wir die SI-Einheit S/m, erhalten wir

$$\gamma_{\text{Cu}} \cdot 10^{-6} = 56 \cdot 10^{-6} \frac{\text{m}}{\Omega\text{mm}^2}, \quad \text{also} \quad \gamma_{\text{Cu}} = 56 \frac{\text{m}}{\Omega\text{mm}^2}.$$

Entsprechend ist nach Tab. **2.1**

$$0{,}01786\,\Omega\text{m} = \rho_{\text{Cu}} \cdot 10^6 \Rightarrow \rho_{\text{Cu}} = 0{,}01786 \cdot 10^{-6}\,\Omega\text{m}$$

Daraus erhalten wir

$$\rho_{\text{Cu}} = 0{,}01786 \cdot 10^{-6} \cdot 10^6 \frac{\Omega\text{mm}^2}{\text{m}}, \quad \text{also} \quad \rho_{\text{Cu}} = 0{,}01786 \frac{\Omega\text{mm}^2}{\text{m}}.$$

Aus den in Tab. **2.1** angegebenen Zahlenwerten können also unmittelbar die Materialkennwerte γ und ϱ in den beiden angegebenen Einheiten bestimmt werden.

Aufgaben zu Abschnitt 2.2.1

1. Eine Autobatterie liefert bei einer Spannung $U = 12$ V während einer Zeit $t = 30$ min einen Strom $I = 5,5$ A.
   a) Welche Ladungsmenge Q ist der Batterie entnommen worden?
   b) Welche Energiemenge hat die Batterie geliefert?
   c) Welche Leistung hat der angeschlossene Verbraucher?

2. Eine Glühlampe hat die Bemessungsdaten (Aufschrift) 235 V/100 W.
   a) Welche Stromstärke stellt sich bei der Bemessungsspannung $U_B = 235$ V ein?
   b) Welche Energiemenge wird dem Netz entnommen, wenn die Glühlampe 8 h (Stunden) mit ihrer Bemessungsleistung $P_B = 100$ W betrieben wird?

3. Die Beleuchtungsanlage eines Aquariums besteht aus 4 Leuchtstofflampen, von denen jede eine Leistung $P = 40$ W hat. Während eines Tages wird dem Netz die Energie $W = 1,2$ kWh entnommen.
   a) Wie lange ist die Beleuchtungsanlage täglich in Betrieb?
   b) Welche Kosten entstehen im Monat (30 Tage), wenn für 1 kWh ein Preis von 0,30 € berechnet wird?

4. Ein Elektrowärmegerät hat bei $U = 230$ V eine Bemessungsleistung von 2 kW.
   a) Wie groß ist die Stromstärke bei Bemessungsbetrieb?
   b) Welchen Wert hat der elektrische Widerstand?
   c) Wie groß sind bei einer Betriebsspannung $U = 240$ V Stromstärke und Betriebsleistung, wenn der gleiche Widerstand wie bei Bemessungsbetrieb angenommen wird?

5. Zu einer elektrisch betriebenen Gartenpumpe führt eine zweiadrige, 38 m lange Doppelleitung aus Kupferdraht mit dem Querschnitt $A = 1,5$ mm².
   a) Wie groß ist der Widerstand der Doppelleitung?
   b) Welche Spannung fällt an der Leitung ab, wenn der Motor $I = 0,5$ A aufnimmt?

6. Welcher Querschnitt ist mindestens erforderlich, wenn ein Leiter aus Aluminium von 350 m Länge höchstens einen Widerstand von 4 Ω haben soll?

7. Welchen Durchmesser hat eine 2km lange Freileitung aus Kupfer, wenn sie einen Widerstand von 3,6 Ω hat?

8. Bei einem Draht von 0,75 m Länge und einem konstanten Durchmesser von 0,5 mm wird bei einer Stromstärke von 450 mA eine Spannung von 27,5 mV gemessen. Um welches Material handelt es sich?

9. Eine Spule aus Kupferdraht hat einen mittleren Windungsdurchmesser von 60 mm. Der Drahtdurchmesser beträgt 0,85 mm. Bei einer Spannung von 2 V wird ein Strom von 0,843 A gemessen. Wie viele Windungen hat die Spule?

10. Eine Aluminiumschiene hat eine Länge von 10m und einen rechteckigen Querschnitt 25 m × 4 mm. Wie groß sind Widerstand und Leitwert?

11. Ein Drahtwiderstand ist aus 250 Windungen Konstantandraht mit dem Durchmesser 0,6 mm hergestellt worden. Bei einer Spannung $U = 24$ V nimmt er einen Strom $I = 0,43$ A auf
    a) Wie groß sind Widerstand und Leitwert?
    b) Welche Länge hat der Konstantandraht?
    c) Welchen Durchmesser hat der keramische Wickelkörper?
    d) Welche Leistung nimmt der Drahtwiderstand auf?

12. Der Heizkörper einer Kochplatte mit einer Leistung von 1 kW bei Anschluss an 230 V besteht aus Chromnickeldraht mit einem Durchmesser von 0,8 mm.
    a) Welchen Widerstand hat der Heizkörper?
    b) Welche Länge hat der Heizdraht?

13. Ein Kupferdraht von 1,8 mm Durchmesser wird bei Erhaltung der Gesamtmasse in der Drahtzieherei auf einen Durchmesser von 0,6 mm gebracht. In welchem Verhältnis stehen die Beträge des elektrischen Widerstands der beiden Drähte zueinander?

14. Zwei gleich lange Leitungen aus Kupfer und Aluminium haben den gleichen Widerstand. In welchem Verhältnis stehen die Querschnitte zueinander?

15. Ein Drahtwiderstand von 1,2 kΩ hat die Bemessungsleistung 6 W. An welche Spannung darf er höchstens angeschlossen werden?

16. In einem Heizgerät mit einem Widerstand $R = 40\,\Omega$ fließt ein Strom von 5,5 A. Welche Leistung wird in dem Gerät umgesetzt?

2.2.2 Technische Ausführung von Widerständen

Bemessungsleistung. Widerstände haben die Aufgabe, elektrische Leistung in Wärmeleistung umzuwandeln. Sie werden daher in Form von Heizwiderständen z.B. für Kochplatten im Elektroherd, für Warmwasserbereiter, aber auch für Industrieöfen verwendet. Da im Allgemeinen eine hohe Temperatur im Widerstandsmaterial erreicht wird, sind für diesen Zweck besondere Werkstoffe erforderlich. Dementsprechend ist bei solchen Bauelementen nicht nur ihr Widerstandswert von Interesse, sondern auch die höchstzulässige elektrische Leistung, die dauernd von ihnen umgesetzt werden kann. Diese wird als Bemessungsleistung bezeichnet im Gegensatz zur Betriebsleistung, unter der die im Betrieb tatsächlich umgesetzte Leistung zu verstehen ist. Für kurzzeitig während des Betriebs auftretende höhere Leistungen als die Bemessungsleistung gelten je nach Bauform des Widerstands besondere Grenzwerte (Impulsbelastung). Um die Beständigkeit des Widerstands bei hohen Temperaturen zu verbessern, werden die Drahtwicklungen oft in keramisches Material eingebettet.

Widerstände für kleinere Leistungen, wie sie in großen Stückzahlen und in vielen Ausführungsformen in der Elektronik verwendet werden, haben für die Bemessungsleistung bestimmte Werte, die oft nur aus der Bauform zu erkennen sind. Die Bemessungswerte der Widerstände entsprechen dabei bestimmten Normzahlen, die zusammen mit den zugehörigen Toleranzen jeden beliebigen Widerstandswert in meistens 12 oder 24 Gruppen je Dekade einordnen lassen.

Tabelle 2.2 Normreihen für Nennwerte von Widerständen

	Widerstände										IEC-Reihen E 6, E12 und E 24												
E 6	1,0				1,5				2,2				3,3				4,7				6,8		
E 12	1,0		1,2		1,5		1,8		2,2		2,7		3,3		3,9		4,7		5,6		6,8		8,2	
E 24	1,0	1,1	1,2	1,3	1,5	1,6	1,8	2,0	2,2	2,4	2,7	3,0	3,3	3,6	3,9	4,3	4,7	5,1	5,6	6,2	6,8	7,5	8,2	9,1

Werte für Widerstände in Ω, kΩ, MΩ

Nennwert und Toleranz gibt man dabei meist durch Farbringe an, die von einem Ende des meist zylindrischen Widerstandskörpers aus gezählt werden.

In der Messtechnik werden Widerstände mit besonderen Eigenschaften gebraucht. Hier ist in der Regel die umgesetzte Leistung gering, dagegen werden an die Konstanz des Widerstandswertes hohe Anforderungen gestellt. Für diesen Zweck sind Metall-Legierungen entwickelt worden, die den Aufgaben eines Messwiderstands als Widerstandsnormal, Festwiderstand oder veränderlichem Widerstand entsprechen (z.B. Manganin oder Konstantan).

Einstellbare Widerstände größerer Leistung sind z.B. als Anlasser für Elektromotoren erforderlich. Diese werden wegen der oft großen Ströme als Kurbelwiderstände ausgeführt. Zwischen den einzelnen Kontaktstücken liegen jeweils Festwiderstände. Auf diese Weise lassen sich die Kontaktschwierigkeiten bei einem veränderbaren Abgriff leichter beherrschen.

Wir wollen uns hier auf diese Bemerkungen zu einigen Ausführungen von Widerständen beschränken. Für Einzelheiten über Bauform und Eigenschaften von Widerständen für bestimmte Anwendungen (z.B. in der Messtechnik oder bei elektrischen Maschinen) wird auf die entsprechenden Fachbücher verwiesen.

Tabelle 2.3 Farbcode für Widerstände

Kenn-farbe	Widerstandswert in Ω			Toleranz des Widerstandswertes	Kenn-farbe	Widerstandswert in Ω			Toleranz des Widerstandswertes
	1. Ziffer	2 Ziffer	Multiplikator			1. Ziffer	2. Ziffer	Multiplikator	
Keine	–	–	–	± 20 %	Gelb	4	4	10^4	–
Silber	–	–	10^{-2}	± 10%	Grün	5	5	10^5	± 0,5 %
Gold	–	–	10^{-1}	± 5 %	Blau	6	6	10^6	–
Schwarz	–	0	10^0	–	Violett	7	7	10^7	–
Braun	1	1	10^1	± 1 %	Grau	8	8	10^8	–
Rot	2	2	10^2	± 2 %					
Orange	3	3	10^3	–	Weiß	9	9	10^9	–

Als Träger für den eigentlichen Widerstand aus Draht, aufgedampfter Kohle oder aufgedampftem Metall dienen im Allgemeinen Keramikröhrchen. Dabei werden zur Erhöhung des wirksamen Widerstands oft Wendeln in die Widerstandsschicht eingeschliffen. Zum Schutz gegen Umgebungseinflüsse sind solche Widerstände kleiner Leistung meist mit einer mehrfachen Lackschicht versehen.

2.2.3 Temperaturabhängigkeit des Widerstands

Metallische Leiter. In den Gleichungen für den Leiterwiderstand treten die Materialkennwerte ρ bzw. γ auf. Ihre Werte hängen vom Zustand des Metallgitters ab und ändern sich deshalb mit der Temperatur. Die Angaben für diese Werte gelten im Allgemeinen für eine Temperatur von 20 °C (Tab. 2.1). Die damit berechneten Widerstandswerte gelten daher nur für diese Temperatur. Wir wollen mit R_W bzw. R_k den Widerstandswert eines Drahtwiderstands bei höherer bzw. niedrigerer Temperatur als 20 °C bezeichnen. Für die Abweichung vom Widerstandswert R_{20}, der also für 20 °C gilt, erhält man

$$\Delta R = R_W - R_{20} \text{ bzw. } \Delta R = R_k - R_{20}$$

bei einer Temperaturänderung von

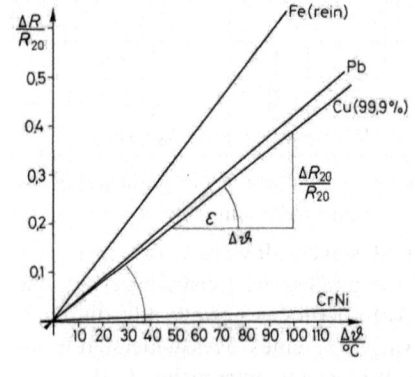

$$\Delta \vartheta = \vartheta_W - 20\,°C$$
$$\text{bzw. } \Delta \vartheta = \vartheta_k - 20\,°C.$$

Bild 2.6 Temperaturabhängigkeit der relativen Widerstandsänderung metallischer Leiter

Für die Differenzen $\Delta \vartheta$ ergeben sich mit ϑ_W positive Werte und mit ϑ_k negative. Bei den meisten Metallen werden auch die Widerstandsänderungen ΔR für höhere Temperaturen positiv und für niedrigere Temperaturen negativ.

Temperaturbeiwert. Bezieht man die absoluten Widerstandsänderungen ΔR auf den Bezugswiderstand R_{20}, so erhält man relative Widerstandsänderungen. Trägt man diese in Abhängigkeit von der Temperaturänderung $\Delta\vartheta$ in ein Diagramm ein, ergeben sich bei Metallen in guter Näherung im Allgemeinen ansteigende Geraden wie in Bild **2.6**, wenn man sich auf einen Temperaturbereich von etwa -20 C bis $+200$ C beschränkt. Die Steigung der Geraden hängt vom Material ab und wird als Temperaturbeiwert α bezeichnet:

$$\boxed{\tan\varepsilon = \alpha_{20} = \frac{\Delta R}{R_{20}} \cdot \frac{1}{\Delta\vartheta}} \tag{2.12}$$

Bei einer ansteigenden Geraden erhält man für α positive Zahlenwerte, fallende Geraden wie z.B. bei Konstantan entsprechen einem negativen Zahlenwert für α. Wie ersichtlich, hängt α von der gewählten Bezugstemperatur ab, die deshalb oft als Index für den Temperaturbeiwert bzw. den Bezugswiderstand verwendet wird.

Widerstandsberechnung. Setzen wir für ΔR und $\Delta\vartheta$ die Differenzen $R_w - R_{20}$ bzw. $R_k - R_{20}$ und $\vartheta_w - 20\,°C$ bzw. $\vartheta_k - 20\,°C$ ein, ergeben sich die Gleichungen

$$\frac{R_w - R_{20}}{R_{20}} = \alpha_{20}\left(\vartheta_w - 20°C\right) \text{ bzw. } \frac{R_k - R_{20}}{R_{20}} = \alpha_{20}\left(\vartheta_k - 20°C\right)$$

Daraus erhalten wir für die gesuchten Widerstände R_w bzw. R_k

$$R_w = R_{20}\,\alpha_{20}\,(\vartheta_w - 20\,°C) + R_{20} \text{ bzw. } R_k = R_{20}\,\alpha_{20}\,(\vartheta_k - 20\,°C) + R_{20}$$

Oder

$$\boxed{\begin{aligned} R_w &= R_{20}\left[1 + \alpha_{20}\left(\vartheta_w - 20°C\right)\right] \\ R_k &= R_{20}\left[1 + \alpha_{20}\left(\vartheta_k - 20°C\right)\right] \end{aligned}} \tag{2.13}$$

Die Gleichungen sind in dieser Form nur zu verwenden, wenn der Widerstand R_{20} bekannt ist. Bei vielen praktischen Anwendungen ist das jedoch nicht der Fall. Eine ohne diese Einschränkung anwendbare Gleichung bekommen wir, wenn wir diese Gleichungen so zusammenfassen, dass R_{20} heraus fällt:

$$\frac{R_w}{R_k} = \frac{1 + \alpha_{20}\left(\vartheta_w - 20°C\right)}{1 + \alpha_{20}\left(\vartheta_k - 20°C\right)} = \frac{\dfrac{1}{\alpha_{20}} + \vartheta_w - 20°C}{\dfrac{1}{\alpha_{20}} + \vartheta_k - 20°C}$$

Wir haben Zähler und Nenner durch α_{20} dividiert und fassen die nicht veränderlichen Werte zu einem neuen Materialkennwert τ zusammen

$$\tau = \frac{1}{\alpha_{20}} - 20°C$$

Damit erhalten wir

$$\boxed{\frac{R_w}{R_k} = \frac{\vartheta_w + \tau}{\vartheta_k + \tau}} \tag{2.14}$$

2.2 Verbraucherteil

Wie α_{20} gilt natürlich auch τ für die Bezugstemperatur 20 °C. Bei der messtechnischen Bestimmung dieser Kennwerte ist deshalb stets darauf zu achten, dass sie auf diese Temperatur umgerechnet werden müssen. Für höhere Temperaturen ist die Näherung der Kennlinie durch eine Gerade nicht mehr zutreffend, es wird eine quadratische Näherung entsprechend der Formel:

$$R_w = R_{20}\left(1 + \alpha_{20}\Delta\vartheta + \beta_{20}\Delta\vartheta^2\right)$$ (2.15)

verwendet.

In der Messtechnik werden bei Widerstandthermometern oft Widerstände verwendet, die bei 0 °C einen definierten Wert haben. Ein oft benutzter Metallwiderstand zur Temperaturmessung ist der Platinwiderstand Pt 100, der 100 Ω bei $\vartheta_0 = 0$ °C hat. Die verwendete Gleichung lautet:

$$R_\vartheta = R_0\left(1 + A(\vartheta - \vartheta_0) + B(\vartheta - \vartheta_0)^2\right)$$ (2.16)

Hierbei sind die Konstanten A und B bei 0 °C bestimmt. Für Pt sind die Konstanten $A = 3.90802 \cdot 10^{-3}$ K^{-1}, $B = -0.5802 \cdot 10^{-6}$ K^{-2}.

Versuch 2.2 Um den Verlauf der Kennlinie eines metallischen Leiters für höhere Temperaturen zu ermitteln, verwenden wir in der Messschaltung Bild **2.7** als Verbraucher eine Glühlampe mit den Bemessungsdaten 6 V/18 W. Die Spannung U an der Lampe wird als willkürlich veränderliche Größe bis etwa 1 V eingestellt und die sich einstellende Stromstärke gemessen. Wir bekommen z.B. die Wertepaare in Bild **2.8** und tragen diese in ein rechtwinkeliges Koordinatensystem ein.

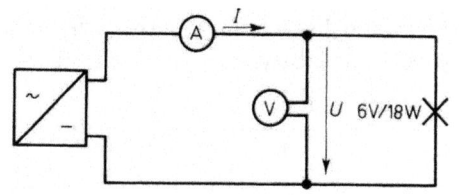

Bild 2.7 Messschaltung mit Glühlampe

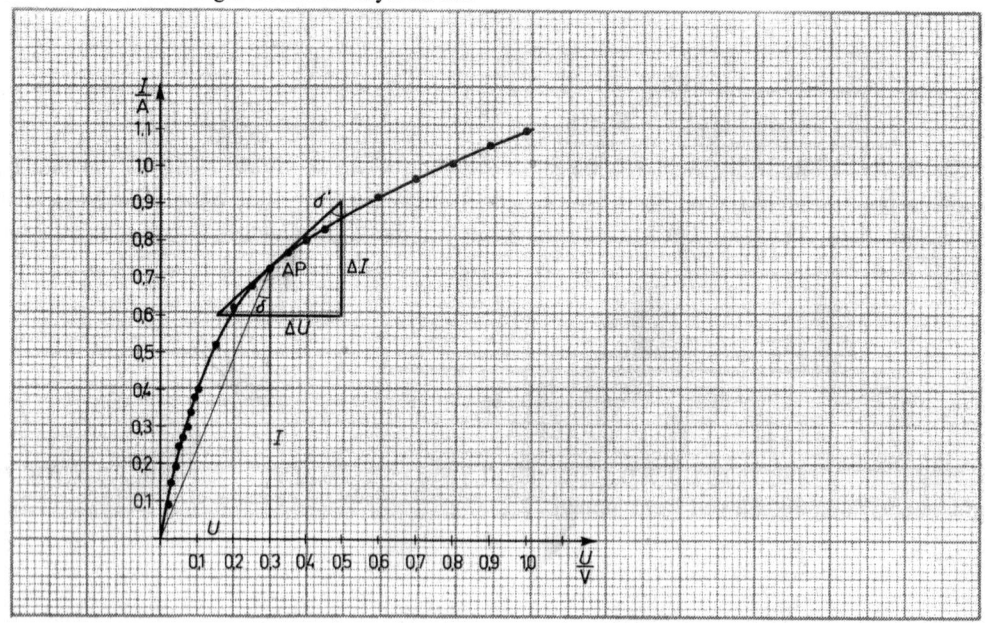

$\frac{U}{mV}$	20	30	40	50	60	70	80	90	100	150	200
$\frac{I}{A}$	0,09	0,15	0,19	0,24	0,27	0,30	0,34	0,38	0,40	0,52	0,62
$\frac{U}{V}$	0,25	0,30	0,35	0,40	0,45	0,50	0,60	0,70	0,80	0,90	1,0
$\frac{I}{A}$	0,68	0,73	0,77	0,80	0,83	0,86	0,92	0,97	1,01	1,06	1,10

Bild 2.8 Messwerte und Kennlinie zu Schaltung Bild **2.7**

Stationärer Widerstand. Die Steigung der Kennlinie eines solchen nichtlinearen Widerstands ist abhängig von der Wahl des Arbeitspunkts auf der Kennlinie, den wir mit AP bezeichnen wollen. Hier fließt bei einer bestimmten Spannung U ein aus der ausgeglichenen Kennlinie zu ermittelnder Strom I. Daraus lässt sich der *stationäre* Widerstand im AP berechnen, der der Steigung der Verbindungsgeraden von AP mit dem Nullpunkt entspricht:

$$\boxed{\tan \delta = \frac{U}{I} = R_-}$$

Wechselwiderstand. Legen wir im AP an die Kennlinie eine Tangente, entspricht deren Steigung dem Wechselwiderstand.

$$\tan \delta' = \frac{\Delta U}{\Delta I} = R_\sim$$

Er wird auch als *differentieller* Widerstand oder Wechselstromwiderstand bezeichnet, im Gegensatz zum stationären Widerstand, der auch Gleichstromwiderstand heißt. Der Wechselstromwiderstand ist vor allem von Interesse, wenn der Gleichspannung U (die die Lage des AP auf der Kennlinie bestimmt) eine kleine Wechselspannung $U_\sim$ bzw. eine kleine Spannungsänderung $\pm \Delta U$ überlagert ist. Die als Folge auftretende Stromänderung $\pm \Delta I$ lässt sich dann mit Hilfe von $R_\sim$ rechnerisch bestimmen. Es ist offensichtlich, dass bei nichtlinearen Widerständen die Werte des stationären und des Wechselwiderstands von der Lage des AP auf der Kennlinie abhängen. Bei einem Ohmschen Widerstand, dessen lineare Kennlinie durch den Nullpunkt geht, fallen beide Widerstandswerte zusammen. Bei den vor allem in der Elektronik vorkommenden nichtlinearen Bauelementen werden die Steigungen der Kennlinien in wichtigen AP ermittelt und als dynamische Kennwerten angegeben.

Die hier beschriebene Temperaturabhängigkeit des spezifischen Widerstands bzw. der spezifischen Leitfähigkeit metallischer Leiter ist auf die mit zunehmender Temperatur abnehmende Beweglichkeit der freien Ladungsträger zurückzuführen. Die Anzahl der am Ladungstransport beteiligten quasifreien Elektronen bleibt dabei unverändert. Besonders die Abmessungen des Widerstands haben keinen Einfluss auf den Wert von ρ bzw. γ, die hier also reine Materialkennwerte darstellen. Wegen der besseren Leitfähigkeit bei niedrigeren Temperaturen gehörten Metalle zu den *Kaltleitern*. Sie haben im Allgemeinen einen positiven Temperaturkoeffizienten des spezifischen Widerstands.

Widerstände aus halbleitendem Material. Die Materialkennwerte ρ bzw. γ dieser Werkstoffe sind in erheblich stärkerem Maße von der Temperatur abhängig, als es bei metallischen Leitern der Fall ist. Nicht nur die Beweglichkeit der freien Ladungsträger ändert sich hier mit der Temperatur, sondern auch ihre Dichte (das ist ihre Anzahl in einem bestimmten Volumen). Dabei spielen Kristallaufbau und Zusammensetzung des Materials eine große Rolle. Bauelemente aus halbleitenden Stoffen werden in zahlreichen Ausführungen vor allem in der Elektronik verwendet. Wir wollen hier als Beispiele für Bauelemente mit stark nichtlinearer Kennlinie nur NTC- und PTC - Widerstände besprechen, ohne auf Einzelheiten der Anwendung einzugehen.

NTC -Widerstände haben, wie die Bezeichnung erkennen lässt, einen negativen Temperaturkoeffizienten des elektrischen Widerstands. Da ihre Leitfähigkeit bei höheren Temperaturen besser ist, gehören sie zu den

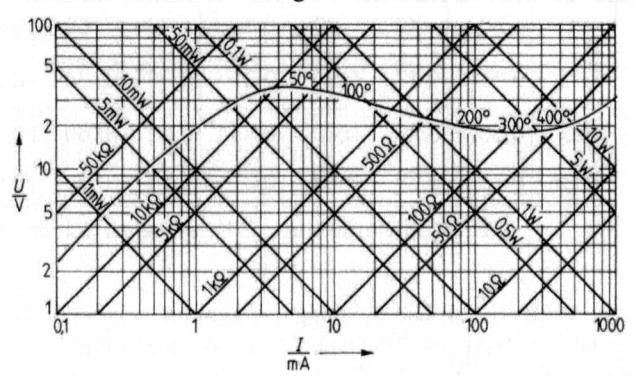

Bild 2.9 Stationäre Strom-Spannungs-Kennlinie eines NTC - Widerstands

Heißleitern. Sie werden aus Oxiden des Eisens und einiger anderer Metalle hergestellt, die eine bestimmte Kristallstruktur (Spinell) haben. Unter Zugabe plastischer Bindemittel wird die Mischung bei hoher Temperatur gesintert. Nicht nur Zusammensetzung und Herstellungsverfahren des Materials sind für die Eigenschaften des NTC -Widerstands entscheidend, sondern in gewissem Grad auch seine Abmessungen. Wegen dieser vielen Einflüsse können wir zum Berechnen des Widerstands nicht die bei metallischen Leitern verwendete Formel $R = \rho \cdot l/A$ benutzen. Auch die Temperaturabhängigkeit des spezifischen Widerstands ist hier erheblich komplizierter als bei Metallen. Man verwendet im Allgemeinen die Näherungsformel

$$R_T = R_{25}\left(e^{\frac{B}{T}-\frac{B}{T_0}}\right). \tag{2.17}$$

Dabei bedeuten
R_T: Widerstand bei der absoluten Temperatur T in K
R_{25}: Kaltwiderstand des Heißleiters bei 25 °C (international übliche Bezugstemperatur)
T_0: Bezugstemperatur in K
B: Kennwert des NTC -Widerstands in K, abhängig von seinen Abmessungen und der Zusammensetzung.
Der für einen bestimmten NTC -Widerstand gültige B-Wert kann aus Widerstandsmessungen bestimmt werden.

Eine stationäre Strom-Spannungskennlinie eines NTC -Widerstands im doppelt logarithmischen Maßstab zeigt Bild **2.9**. Sie gilt jeweils nur für bestimmte Messbedingungen. Die Messwerte beziehen sich stets auf den thermisch ausgeglichenen Zustand, wenn also die zugeführte elektrische Leistung gleich der an die Umgebung abgegebenen Wärmeleistung ist. In Bild **2.9** sind elektrische Leistung und die jeweiligen Widerstandswerte mit abzulesen. Beide Größen erscheinen im Diagramm als Geraden. Wegen des großen Wertebereichs für U bzw. I von zwei bzw. vier Dekaden ist hier die doppelt logarithmische Teilung der Koordinatenachsen günstig. Bei einer Darstellung der stationären Kennlinie $I = f(U)$ im linearen Maßstab wie z.B. in Bild **2.8** würde sich eine Kurve mit ständig zunehmender Steigung ergeben.

PTC -Widerstände haben einen hohen positiven Temperaturkoeffizienten des elektrischen Widerstands. Sie bestehen aus einer gesinterten Mischung verschiedener Metalloxide mit Bariumtitanat. Bei PTC -Widerständen lässt sich jedoch keine mathematische Beziehung angeben, die das Verhalten des Bauelements genügend genau beschreibt.

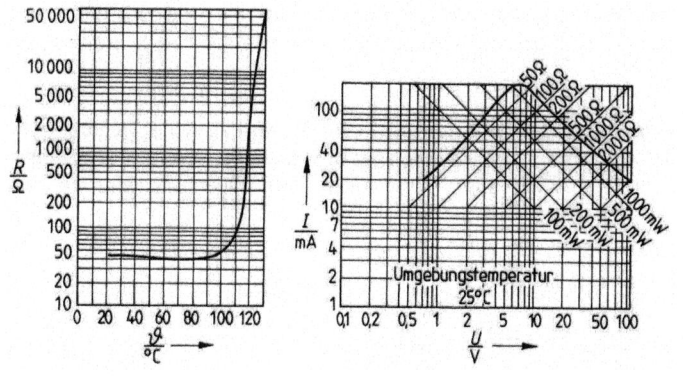

Bild 2.10 Kennlinien eines PTC-Widerstands bei stationärem Betrieb

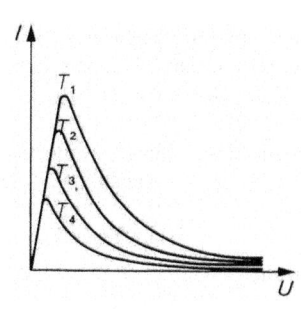

Bild 2.11 Strom–Spannungs-Kennlinie bei verschiedenen Umgebungstemperaturen

Wir sind deshalb bei der Darstellung der Eigenschaften ausschließlich auf die messtechnisch gewonnene Kennlinie angewiesen. Als Beispiel zeigt Bild **2.10** eine statische Strom-Spannungskennlinie im doppelt logarithmischen Maßstab für eine Umgebungstemperatur von 25 °C und für das gleiche Bauelement die Kennlinie $R = f(\vartheta)$. Bild **2.11** zeigt im doppelt linearen Maßstab Strom-Spannungskennlinien mit der Temperatur als Parameter. Dies bedeutet, dass für jeweils eine Kennlinie die Temperatur konstant ist. Solche Parameterdarstellungen benutzt man immer, wenn eine Größe wie z.B. die Stromstärke I von mehr als einer veränderlichen Größe abhängt. Mathematisch ausgedrückt ist hier also $I = f(U, \vartheta)$. Parameterdarstellungen entsprechen Kennlinienfeldern, wie sie in der Elektronik von großer Bedeutung sind.

Übungen zu Abschnitt 2.2.3
Absolute und relative Größenänderungen

> Die absolute Änderung des Wertes einer Größe ist die Differenz zwischen dem geänderten Wert und ihrem Ausgangswert vor der Änderung.

Ändert sich z.B. eine Spannung vom Ausgangsbetrag U_1 bis zum Betrag U_2, ist die absolute Änderung der Spannung $\Delta U = U_2 - U_1$. Der Ausgangsbetrag wird stets vom Betrag nach der Änderung abgezogen. Dadurch erhält man bei einer Zunahme des Betrags der Spannung ein positives Vorzeichen für ΔU, bei einer Abnahme ein negatives.

> Die relative Änderung des Wertes einer Größe ist der Quotient aus der absoluten Änderung ihres Wertes und dem Ausgangswert vor der Änderung und wird oft als prozentuale Größe angegeben.

Die relative Spannungsänderung ist z.B.

$$\boxed{\frac{\Delta U}{U_1} = \frac{U_2 - U_1}{U_1}.}$$

Das Ergebnis ist eine Zahl, da die Einheiten im Zähler und Nenner des Quotienten gleich sind.

Beispiel 2.3 Eine Spannung ändert sich von $U_1 = 230$ V auf $U_2 = 219$ V. Wie groß sind absolute und relative Spannungsänderung?

Lösung $\Delta U = U_2 - U_1 = 219\text{ V} - 230\text{ V} = \mathbf{-11\text{ V}}$

$$\frac{\Delta U}{U_1} = -\frac{11\text{ V}}{230\text{ V}} = \mathbf{-0{,}05 = -5\,\%}$$

2.2 Verbraucherteil

Die relative Größenänderung kann man wie im Beispiel als Dezimalbruch angeben, als Bruch wie z.B. 5/100 oder als prozentuale Änderung 5 %. Es handelt sich bei diesen Angaben nur um verschiedene Schreibweisen des Zahlenwerts von $\Delta U/U_1$.

Beispiel 2.4 Ein Heizwiderstand mit einer Bemessungsleistung $P_B = 500$ W wird an seiner Bemessungsspannung $U_B = 230$ V betrieben. Wie groß sind die absoluten und relativen Änderungen des Stroms, wenn sich die Betriebsspannung um ± 10 % ändert? Der Widerstand wird als konstant angesehen.

Lösung $I_B = P_B/U_B = 500$ W/230 V $= 2{,}17$ A $= U_B/R$

Bei Spannungsänderung $U = U_B \pm U_B \cdot 10\% = U_B (1 \pm 0{,}10)$ ergibt sich die Stromänderung

$$\Delta I = I - I_B = \frac{U}{R} - \frac{U_B}{R} = \frac{\Delta U}{R} = \frac{U_B(1 \pm 0{,}10) - U_B}{R} = \pm 0{,}217 \text{ A}$$

$$\frac{\Delta I}{I_B} = \frac{\Delta U}{R} \cdot \frac{R}{U_B} = \frac{\Delta U}{U_B} = \pm 10\%$$

Die relativen Änderungen von Spannung und Stromstärke sind gleich.

Berechnen des Widerstands metallischer Leiter. Im Temperaturbereich von etwa − 20 °C bis + 200 °C verwendet man je nach Aufgabenstellung die lineare oder quadratische Näherung.. Dabei ist zu beachten, dass die Materialkennwerte α bzw. τ für eine bestimmte Bezugstemperatur gelten. Diese wird deshalb als Index benutzt.

Beispiel 2.5 Für die Messung der Wassertemperatur in einem Schwimmbecken werden z.B. Messfühler verwendet, in die ein Widerstand aus Platin oder Nickel mit einem Bemessungswiderstand von 100 Ω bei 0 °C eingebaut ist ($R_0 = 100$ Ω). Für einen Messwiderstand Pt 100 gilt im Temperaturbereich von 0 °C bis 100 °C ein mittlerer Temperaturbeiwert $\alpha_0 = (3{,}85 \pm 0{,}012) \cdot 10^{-3}$ 1/°C. Die genauen Widerstandswerte eines solchen Widerstandsthermometers sind in Grundwertreihen festgelegt (s. DIN 43760). Als Beispiel zeigt Tab. **2.4** die Grundwertreihe für einen Pt 100. Mit den angegebenen Werten ist der Temperaturbeiwert α_0 zu berechnen.

Lösung Mit $R_{100} = 138{,}50$ Ω wird

$$\alpha_0 = \frac{R_{100} - R_0}{R_0} \cdot \frac{1}{\Delta \vartheta} = \frac{138{,}50 \text{ Ω} - 100 \text{ Ω}}{100 \text{ Ω}} \cdot \frac{1}{100 \text{ °C}} = 0{,}385 \frac{1}{100 \text{ °C}} = \mathbf{3{,}85 \cdot 10^{-3} \frac{1}{°C}}.$$

Beispiel 2.6 Für die Bestimmung der mittleren Wicklungstemperatur von elektrischen Maschinen verwendet man oft die Widerstandsbeträge der Wicklung selbst. Stellt man Gl. (2.14) nach der Temperatur um, ergibt sich

$$\vartheta_w = \frac{R_w}{R_k}(\vartheta_k + \tau) - \tau \quad \text{bzw.} \quad \vartheta_k = \frac{R_k}{R_w}(\vartheta_w + \tau) - \tau.$$

Lösung Wird z.B. bei 18 °C der Gleichstromwiderstand einer Transformatorwicklung aus Kupfer zu 153 Ω gemessen und im betriebswarmen Zustand mit 185 Ω, erhält man die Betriebstemperatur zu

$$\vartheta_w = \frac{185 \text{ Ω}}{153 \text{ Ω}} (18°C + 235°C) - 235°C = \mathbf{70{,}9°C}.$$

Beispiel 2.7 Die Temperaturbeiwerte α_{20} und τ_{20} des Materials eines Drahtwiderstands sollen durch Messungen in einem Ölbad ermittelt werden. Bei einer Temperatur $\vartheta_k = 15$ °C wird ein Widerstand $R_k = 1020{,}8$ Ω gemessen, bei $\vartheta_w = 35$ °C ein Widerstand $R_w = 1025{,}5$ Ω.

Lösung Stellt man Gl. (2.14) nach τ um, erhält man

$$\tau = \frac{R_k \vartheta_w - R_w \vartheta_k}{R_w - R_k} \quad \text{und mit} \quad \tau_{20} = \frac{1}{\alpha_{20}} - 20\,°C \Rightarrow \alpha_{20} = \frac{1}{\tau_{20} + 20\,°C}.$$

Mit den angegebenen Beträgen ergeben sich τ_{20} = **4329 °C** sowie α_{20} = **0,23 · 10⁻3 1 /°C**.

Tabelle 2.4 Grundwertreihe von Platin-Widerstandsthermometern 100 Ohm bei 0 °C

Temp. in °C	−200	−100	0	Temp. in °C	0	100	200	300	400	500
0	18,53	60,20	100	0	100	138,50	175,86	212,08	247,07	280,94
− 5	16,43	58,17	98,04	5	101,95	140,40	177,70	213,85	248,79	282,59
− 10	14,36	56,13	96,07	10	103,90	142,29	179,54	215,62	250,51	284.23
− 15	12,35	54,09	94,10	15	105,85	144,18	181,37	217,39	252,23	285,87
− 20	10,41	52,04	92,13	20	107,80	146,07	183,20	219,16	253,95	287,51
− 25	−	49,99	90,15	25	109,74	147,95	185,03	220,92	255,66	289,15
− 30	−	47.93	88,17	30	111,68	149,83	186,85	222,68	257,37	290,79
− 35	−	45,87	86,19	35	113,61	151,71	188,67	224,44	259,08	292,43
− 40	−	43.80	84,21	40	115,54	153,59	190,49	226,20	260,79	294,06
− 45	−	41,73	82,23	45	117,47	155,46	192,31	227,95	262,49	295,68
− 50	−	39,65	80,25	50	119,40	157,33	194,13	229,70	264,19	297,30
− 55	−	37,57	78,27	55	121,32	159,20	195,94	231,45	265,88	−
− 60	−	35,48	76,28	60	123,24	161,06	197,75	233,19	267,57	−
− 65	−	33,38	74,29	65	125,16	162,92	199,55	234,93	269,26	−
− 70	−	31,28	72,29	70	127,08	164,78	201,35	236,67	270,95	−
− 75	−	29,17	70,29	75	129,00	166,63	203,15	238,41	272,63	−
− 80	−	27,05	68,28	80	130,91	168,48	204,94	240,15	274,31	−
− 85	−	24,92	66,27	85	132,81	170,33	206,73	241,88	275,98	−
− 90	−	22,78	64,25	90	134,70	172,18	208,72	243,61	277,64	−
− 95	−	20,65	62,23	95	136,60	174,02	210,31	245,34	279,29	−
− 100	−	18,53	60,20	100	138,50	175,86	212,08	247,07	280,94	−
	−	0,42	0,40	Ω/°C	0,38	0,37	0,36	0,35	0,34	0,33

Aufgaben zu Abschnitt 2.2.3

17. Bei konstantem Widerstand steigt die Spannung an einem Heizgerät um 10 % ihres Bemessungswerts.
    a) Wie groß ist die relative Änderung der Leistung?
    b) Welche relative Leistungsänderung ergibt sich, wenn die Spannung gegenüber dem Bemessungswert um 10 % sinkt?

18. Die Wicklung eines Elektromotors hat bei 20 °C den Widerstand 580 Ω. Im Betrieb nimmt die Temperatur auf 62 °C zu. Welchen Widerstand hat die Wicklung?

19. Der Widerstand einer Kupferfreileitung beträgt bei 20 °C 33,3 Ω. Bei welcher Temperatur erreicht er 30 Ω?

20. Eine Kupferfreileitung von 3 mm Durchmesser hat eine Länge von 7,069 km.
    a) Wie groß ist ihr Widerstand bei 20 °C?
    b) Zwischen welchen Werten schwankt der Widerstand der Leitung, wenn die Tages-Höchsttemperatur 25 °C beträgt und die tiefste Temperatur in der Nacht − 4 °C?

2.2 Verbraucherteil

21. Gegenüber der Temperatur 20 °C hat sich der Widerstand einer Kupferleitung verdoppelt. Welche Temperatur hat sie angenommen?

22. Zur Feststellung des Temperaturbeiwerts wird ein Draht in einem Ölbad von 20 °C auf 85,8 °C erwärmt. Dabei nimmt sein Widerstand um 25 % zu. Welchen Wert hat der Temperaturbeiwert?

23. Auf welche Temperatur muss ein Aluminiumleiter abgekühlt werden, damit er noch 90 % seines Widerstands bei 20 °C hat?

24. Die beiden Orte A und B sind 31,4 km voneinander entfernt. Sie werden durch eine oberirdische Fernsprechdoppelleitung aus 2 mm starkem Kupferdraht miteinander verbunden.
    a) Wie groß ist der Schleifenwiderstand der Leitung im Sommer bei 28 °C und im Winter bei −20 °C?
    b) Wie groß ist die relative Widerstandsänderung gegenüber 20 °C?

25. Der Widerstand der Kupferwicklung eines Elektromotors beträgt bei 10 °C im Stillstand 850 Ω. Wie groß ist sein Widerstand im betriebswarmen Zustand bei 62 °C?

26. Ein Vorschaltwiderstand aus Nickeldraht (τ = 230 °C) hat bei 15 °C einen Widerstand von 345 Ω. Während des Betriebs steigt er auf 450 Ω. Welche Temperatur hat er angenommen?

27. Bei 28 °C wird der Gleichstromwiderstand einer Transformatorwicklung gemessen. Wie hoch ist die Betriebstemperatur, wenn der Widerstand um 16 % gestiegen ist?

28. Der Gleichstromwiderstand einer Netzdrossel beträgt bei 65 °C 105 Ω. Nach dem Abschalten hat sich ihr Widerstand nach einiger Zeit auf 90 Ω verringert. Wie groß ist die Wicklungstemperatur?

29. Die spezifische elektrische Leitfähigkeit einer erwärmten Kupferwicklung wird mit γ_w = 48 m/(Ω mm²) angegeben. Welche Temperatur hat die Wicklung?

30. Eine Freileitung hat bei 25 °C den Widerstand 3,824 Ω und bei 10 °C einen Widerstand von 3,603 Ω. Wie groß sind die Materialkennwerte τ_{20} und α_{20}?

31. Die Temperaturbeiwerte α_{20} und τ_{20} für einen Messwiderstand Pt 100 sind zu berechnen.

32. Wie groß ist der Widerstand einer Glühlampe mit einer Wendel aus Wolframdraht von 0,024 mm Durchmesser und 30 cm Länge bei 20 °C und im glühenden Zustand bei 2300 °C?

33. Welchen Widerstand hat eine Glühlampe aus Wolframdraht bei 20 °C, wenn sie im Betrieb bei einer Fadentemperatur von 2500 °C bei 220 V einen Strom von 0,34 A aufnimmt?

34. Bild **2.7** werden die Werte U = 0,3 V und I = 0,725 A für den Arbeitspunkt AP entnommen. Die Tangente im AP an die Kennlinie wird durch Parallelen zu den Koordinatenachsen zu einem rechtwinkeligen Dreieck ergänzt. Dieses liefert ΔU = 0,35 V und ΔI = 0,3 A. Wie groß sind statischer und dynamischer Widerstand im Arbeitspunkt?

2.2.4 Aufteilung der Leistung im Verbraucher

Wir haben in Abschn. 2.1.2 gesehen, dass im Grundstromkreis die vom Verbraucher aufgenommene elektrische Leistung mit $P = U \cdot I$ angegeben werden kann. Führen wir in diese Gleichung die Definition des elektrischen Widerstands nach Gl. (2.6) ein, bekommen wir mit $U = I \cdot R$ bzw. $I = U/R$ für die Leistung im Verbraucher

$$P = U_{AB} \cdot I = I^2 \cdot R = \frac{U_{AB}^2}{R}. \tag{2.18}$$

Verwenden wir im Verbraucherteil ausschließlich lineare Widerstände (die also weder von der Spannung noch vom Strom abhängen und deren Wert damit konstant ist), kann man die in ihnen umgesetzte Leistung mit ihrem Widerstandswert und entweder mit dem Strom allein oder mit der Spannung allein berechnen. Das bedeutet, dass wir durch den Wert des Widerstands die Leistung in mehreren Verbrauchern festlegen können, wenn sie entweder vom gleichen Strom durchflossen werden oder an der gleichen Spannung liegen.

Für eine solche Leistungsaufteilung können wir bei n Verbrauchern schreiben

$$P = P_1 + P_2 + P_3 + \ldots + P_n$$

oder bei gleichem Strom in den Verbrauchern

$$\boxed{P = I^2 \cdot R_E = I^2 \cdot R_1 + I^2 \cdot R_2 + I^2 \cdot R_3 + \ldots + I^2 \cdot R_n} \tag{2.19}$$

bzw. bei gleicher Spannung an den Verbrauchern

$$\boxed{P = \frac{U^2}{R_E} = \frac{U^2}{R_1} + \frac{U^2}{R_2} + \frac{U^2}{R_3} + \ldots + \frac{U^2}{R_n}.} \tag{2.20}$$

Die Gl. (2.19) führt uns auf die Reihenschaltung, die Gl. (2.20) auf die Parallelschaltung von Verbrauchern. Dabei ist jeder Verbraucher durch seinen Widerstand dargestellt, also

$$R_1 = \frac{U_1}{I_1}, \quad R_2 = \frac{U_2}{I_2}, \quad R_3 = \frac{U_3}{I_3}, \ldots R_n = \frac{U_n}{I_n}.$$

Der Widerstand $R_E = U_{AB}/I$ an den Eingangsklemmen der Verbraucherschaltung stellt dabei den Ersatzwiderstand dar, der die gleiche Leistung umsetzt wie die Verbraucher insgesamt.

Die Besonderheiten dieser beiden Grundschaltungen des Verbraucherteils sollen im folgenden näher betrachtet werden.

2.2.4.1 Reihenschaltung von Verbrauchern

Man versteht darunter eine Schaltung, bei der mehrere Verbraucher von demselben Strom durchflossen werden. Bei z.B. drei Verbrauchern bekommen wir für diese Schaltung Schaltbild und Ersatzschaltbild nach Bild **2.**12.

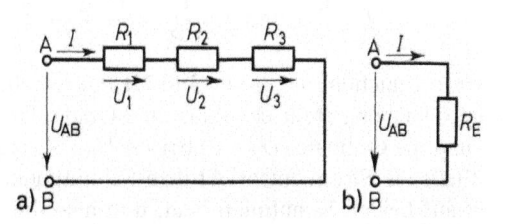

Bild 2.12 Reihenschaltung von drei Verbrauchern
a) Schaltbild, b) Ersatzschaltbild

Die rechnerische Behandlung der Reihenschaltung setzt voraus, dass es sich um „Ohmsche Widerstände" handelt. Aus Gl. (2.19) erhalten wir durch Ausklammern von I^2

$$P = I^2 \cdot R_e = I^2(R_1 + R_2 + R_3)$$

und weiter durch Division durch den gemeinsamen Strom I

$$\boxed{\frac{P}{I} = I \cdot R_E = U_{AB} = I(R_1 + R_2 + R_3) = U_1 + U_2 + U_3.} \tag{2.21}$$

Die Gesamtspannung an einer Reihenschaltung ist gleich der Summe aus den an den Einzelwiderständen liegenden Teilspannungen.

Physikalisch bedeutet diese Gleichung, dass wegen der gleichen Stromstärke durch alle Widerstände in einer bestimmten Zeit die gleiche Ladungsmenge hindurchfließt. Die unterschiedlichen Leistungen $P = \Delta W/\Delta t$ in den einzelnen Widerständen ergeben sich durch die jeweilige Abnahme

2.2 Verbraucherteil

der potentiellen Energie der Ladungsträger $\Delta W = Q \cdot \Delta U$.
Teilen wir Gl. (2.21) noch einmal durch I, erhalten wir

$$R_E = R_1 + R_2 + R_3. \qquad (2.22)$$
Der Ersatzwiderstand der Reihenschaltung ist gleich der Summe der Teilwiderstände.

Für den gemeinsamen Strom I kann man nach dem Ohmschen Gesetz schreiben

$$I = \frac{U_1}{R_1} = \frac{U_2}{R_2} = \frac{U_3}{R_3} = \frac{U_{AB}}{R_E} = \frac{U_1 + U_2}{R_1 + R_2} \quad \text{usw.}$$

Das letzte Glied dieser Gleichung bekommt man dabei aus $U_1 + U_2 = I(R_1 + R_2)$. Für jeweils zwei beliebige Glieder aus der Gleichung ergibt sich daraus z.B.

$$\frac{U_1 + U_2}{R_1 + R_2} = \frac{U_{AB}}{R_E} \quad \text{bzw.}$$

$$\frac{U_1 + U_2}{U_{AB}} = \frac{R_1 + R_2}{R_E} \qquad (2.23)$$
In der Reihenschaltung verhalten sich die Spannungen zueinander wie die zugehörigen Widerstände.

Graphische Darstellung. Der Strom in einer Reihenschaltung aus zwei Widerständen lässt sich auch graphisch ermitteln. Dazu stellt man den Strom als Funktion von U_2 auf zwei Arten dar:

$$I = \frac{U_2}{R_2} \quad \text{und} \quad I = \frac{U_1}{R_1} = \frac{U_{AB} - U_2}{R_1}.$$

Die erste Gleichung ist die in Bild **2.13** gezeichnete (lineare) Kennlinie des Widerstands R_2. Die zweite Gleichung stellt ebenfalls eine Grade dar. Diese schneidet die Abszisse ($I = 0$) bei $U_2 = U_{AB}$ und die Ordinate ($U_2 = 0$) bei $I = U_{AB}/R_1$ (vgl. Bild **2.17**). Der in der Reihenschaltung wirklich fließende Strom entspricht dem Schnittpunkt AB der beiden Widerstandsgraden, weil dieser Punkt auf beiden Kennlinien liegt, dort also die beiden Gleichungen oben zugleich erfüllt sind. Verändert sich die Spannung U_{AB} um den Betrag $\pm \Delta U$, wird die Kennlinie von R_1 entsprechend nach rechts bzw. links parallel verschoben, und wir erhalten die Schnittpunkte AP' bzw. AP". Auf der Ordinate lassen sich die Stromänderungen $\pm \Delta I$ ablesen.

In einer anderen Darstellung nach Bild **2.14**, die auch für die Reihenschaltung mehrerer Widerstände verwendet werden kann, werden zunächst die Widerstandsgeraden für R_1 und R_2 durch den Nullpunkt des Diagramms gezeichnet. Die einer bestimmten Stromstärke I entsprechende Parallele zur Abszisse schneidet die Widerstandsgeraden in den Punkten A_1 bzw. A_2, die auf der Abszisse die zugehörigen Spannungen U_1 bzw. U_2 liefern. Da an der Reihenschaltung von R_1 und R_2 die Summe dieser beiden Spannungen liegt, erhalten wir den Schnittpunkt A_E der Widerstandsgeraden für $R_E = R_1 + R_2$, wenn wir die beiden Abszissenabschnitte auf der I entsprechenden Waagerechten aneinander fügen. Die Gerade durch A_E und den Nullpunkt ist die Widerstandsgerade des Ersatzwiderstands R_E. Für eine beliebige Spannung U_{AB} lassen sich damit die zugehörige Stromstärke I und auf der entsprechenden Parallelen zur Abszisse auch die Spannungen U_1 und U_2 ermitteln.

Bild 2.13 Reihenschaltung von zwei linearen Widerständen

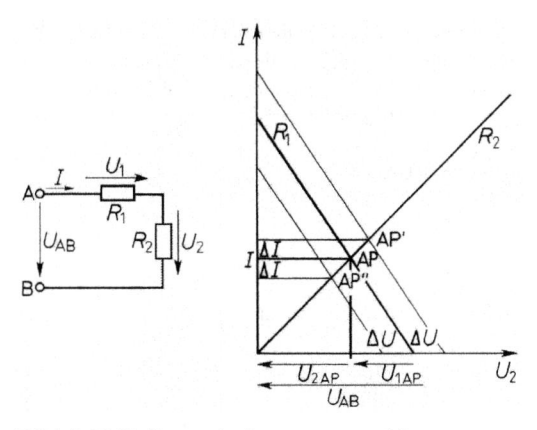

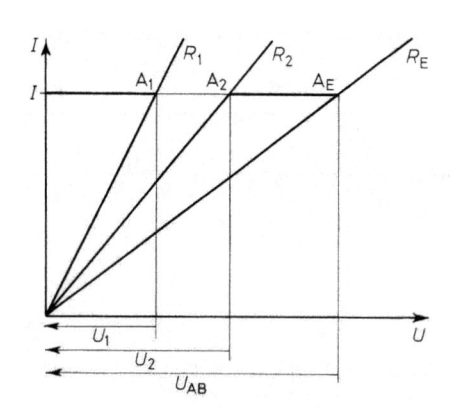

Bild 2.14 Ersatzwiderstand der Reihenschaltung von zwei linearen Widerständen

Beide grafischen Verfahren nach sind vor allem bei der Reihenschaltung nichtlinearer Widerstände von Bedeutung, weil hier eine rechnerische Behandlung nicht ohne weiteres möglich ist. Bild **2.15** zeigt die Reihenschaltung eines Widerstands R_V mit einer Halbleiterdiode V sowie die nichtlineare Kennlinie dieses Bauelements mit der Widerstandsgeraden für R_V in einem $I = f(U)$-Diagramm entsprechend der Darstellung nach Bild **2.13**. Im Arbeitspunkt AP der vom Gleichstrom I durchflossenen Schaltung lässt sich z.B. der differentielle Widerstand der Diode ermitteln und zusammen mit R_V auch der differentielle Widerstand der Reihenschaltung.

Eine Halbleiterdiode besteht z.B. aus einem Kristall des Grundmaterials Silizium. Durch geeignetes Dotieren wird sowohl eine n-Schicht als auch eine p-Schicht erzeugt, zwischen denen sich ein pn-Übergang befindet. Er bewirkt, dass der Widerstand der Diode nicht nur nichtlinear ist, sondern auch stromrichtungsabhängig. Auf die physikalische Wirkungsweise dieses wichtigen Bauelements der Elektronik können wir hier jedoch nicht weiter eingehen.

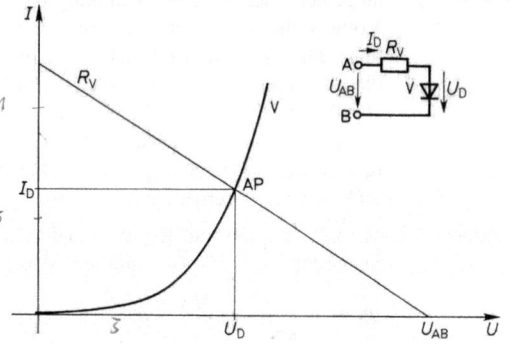

Bild 2.15 Reihenschaltung eines nichtlinearen mit einem linearen Widerstand

Die Bestimmung der Kennlinie der Reihenschaltung von R_V und V entsprechend Bild **2.14** bezeichnet man als *Scherung*. Die Kennlinie der Reihenschaltung ist weniger nichtlinear als die der Diode allein. Diese Darstellung ist besonders zweckmäßig, wenn an der Reihenschaltung veränderliche Spannungen auftreten. Sie ermöglicht unmittelbar die Bestimmung der Stromstärke, der Teilspannungen und der statischen bzw. differentiellen Widerstände.

Übungen zu Abschnitt 2.2.4.1

Kommen in einer Aufgabe mehrere gleichartige Größen vor, wie es in der Regel der Fall ist, müssen sie durch zweckmäßige Wahl von Indizes (Anzeiger) eindeutig unterschieden werden. Indizes erläutert man am einfachsten durch ein Schaltbild, in dem die gegebenen und gesuchten Größen erscheinen. Aus Gründen der Übersichtlichkeit werden sie jedoch nicht bei Größenwerten eingetragen, sondern nur bei Größensymbolen.

2.2 Verbraucherteil

Beispiel 2.8 Vier Widerstände sind nach Bild **2.16** in Reihe geschaltet. Dabei betragen $R_1 = 68\,\Omega$, $R_2 = 270\,\Omega$, $R_4 = 330\,\Omega$. Die Spannung an R_3 beträgt $U_3 = 8,2$ V, die Gesamtspannung $U_{AB} = 75$ V. Wie groß sind I, R_3, Gesamtwiderstand R_E und die Teilspannungen? Wie groß sind die Gesamtleistung PAB und die Teilleistungen in den Widerständen?

Lösung
$$\frac{U_1 + U_2 + U_4}{R_1 + R_2 + R_4} = \frac{U_{AB} - U_3}{R_1 + R_2 + R_4} = I = \frac{66,8\text{ V}}{668\,\Omega} = \mathbf{0{,}1\text{ A}}$$

$$R_3 = \frac{U_3}{I} = \frac{8,2\text{ V}}{0,1\text{ A}} = \mathbf{82\,\Omega}$$

$$R_E = R_1 + R_2 + R_3 + R_4 = \frac{U_{AB}}{I} = \frac{75\text{ V}}{0,1\text{ A}} = \mathbf{750\,\Omega}$$

$U_1 = I \cdot R_1 = \mathbf{6{,}8\text{V}}$
$U_4 = I \cdot R_4 = \mathbf{33\text{V}}$
$P_1 = U_1 \cdot I = \mathbf{0{,}68\text{W}}$
$P_3 = U_3 \cdot I = \mathbf{0{,}82\text{W}}$
$U_2 = I \cdot R_2 = \mathbf{27\text{V}}$
$P_A = U_{AB} \cdot I = 75\text{ V} \cdot 0,1\text{ A} = \mathbf{7{,}5\text{W}}$
$P_2 = U_2 \cdot I = \mathbf{2{,}7\text{W}}$
$P_4 = U_4 \cdot I = \mathbf{3{,}3\text{W}}$

Bild 2.16 Reihenschaltung von vier Verbrauchern

Beispiel 2.9 Der Messbereich eines Spannungsmessers wird durch eine Reihenschaltung mit einem Vorwiderstand erweitert. Im Allgemeinen ist dabei der Ausschlag des Zeigers dem durchfließenden Strom proportional. Das Messgerät hat einen bestimmten Eigenwiderstand R_M, sodass an seinen Klemmen die Spannung $U_M = I_M \cdot R_M$ bei Vollausschlag messbar ist. Soll eine größere Spannung als U_M dem Endausschlag entsprechen, muss die Spannung $U_V = U - U_M$ an einem Vorwiderstand abfallen. In Bild **2.17** soll z.B. der Strom bei Vollausschlag $I_M = 1$mA betragen bei $R_M = 100\,\Omega$. Der Messbereich beträgt dann $U_M = 0,1$ V Dieser soll auf $U = 10$ V erweitert werden. Wie groß ist R_V zu wählen?

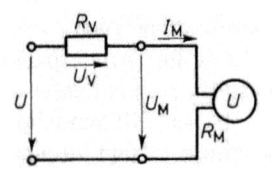

Bild 2.17 Messbereichserweiterung eines Drehspulspannungsmessers

Lösung a) Am Vorwiderstand R_V muss bei dem Strom I_M die Spannung $U_V = U - U_M$ abfallen, also

$$R_V = U_V / I_M = \frac{10\text{ V} - 0,1\text{ V}}{1 \cdot 10^{-3}\text{A}} = 9,9 \cdot 10^3\,\Omega = \mathbf{9{,}9\text{ k}\Omega}$$

b) Es ist vorteilhaft, mit den Messbereichserweiterungsfaktor $n = U/U_M$ zu rechnen. Führt man $U = n \cdot U_M$ ein, erhält man

$$R_V = \frac{U - U_M}{I_M} = \frac{n \cdot U_M - U_M}{I_M} = \frac{U_M(n-1)}{I_M} \Rightarrow R_V = R_M(n-1).$$

In diesem Fall ist $n = 10\text{V}/0,1\text{V} = 100$. Damit ergibt sich $R_V = 100\Omega \cdot 99 = 9,9\text{k}\Omega$.

Beispiel 2.10 Verbraucher, die eine niedrigere Bemessungsspannung haben als die Anschlussspannung, kann man mit einem geeigneten Vorwiderstand so betreiben, dass am Verbraucher seine Bemessungsspannung liegt.

Eine Lampe mit den Bemessungsdaten 6 V/18 W soll an einer 24 V-Batterie mit ihrem Bemessungsstrom betrieben werden. Welcher Vorwiderstand ist erforderlich? Welche Leistung nimmt R_V dabei auf?

Lösung
$$I = \frac{P}{U_L} = \frac{18\text{ W}}{6\text{ V}} = 3\text{ A} \qquad R_V = \frac{U - U_L}{I} = \frac{18\text{ V}}{3\text{ A}} = \mathbf{6\,\Omega}$$

$P_V = U_V I = 18\,\text{V} \cdot 3\,\text{A} = \mathbf{54\,W}$

Das Ergebnis macht den Nachteil einer solchen Schaltung offensichtlich. Es geht im Vorwiderstand ein erheblicher Teil der insgesamt aufgenommenen Leistung im Allgemeinen nutzlos verloren. Die Reihenschaltung wird deshalb nur verwendet, wenn die umgesetzten Leistungen gering sind, wie z.B. bei der Messbereichserweiterung von Spannungsmessern. In der Elektronik werden Reihenschaltungen sehr häufig angewendet.

Aufgaben zu Abschnitt 2.2.4.1

35. Ein Drahtwiderstand hat 400 Windungen und liegt an einer Spannung von 8 V Welche Spannungen lassen sich bei 10, 50, 180, 250, 300 Windungen abgreifen?

36. Drei Widerstände sind in Reihe geschaltet. Es betragen $R_1 = 220\,\Omega$, $R_3 = 180\,\Omega$. An R_2 liegt die Spannung $U_2 = 5\,\text{V}$ an der Reihenschaltung $U_{AB} = 50\,\text{V}$.
    a) Wie groß sind I, R_2, R_E?
    b) Wie groß sind P_{AB} und die Teilleistungen?

37. Eine Christbaumkette für eine Anschlussspannung 230V besteht aus gleichen Lampen mit den Bemessungsdaten 14 V/3 W.
    a) Wie viel Lampen sind erforderlich?
    b) Welche Spannung und welche Betriebsleistung hat jede Lampe? (Widerstandsänderungen durch Temperatureinfluss bleiben unberücksichtigt.)
    c) Eine Lampe ist zerstört und wird durch einen Widerstand ersetzt. Wie groß muss er sein, damit die übrigen Lampen bei einer Netzspannung von 235 V mit ihren Bemessungsdaten betrieben werden?
    d) Wie groß ist nun die Gesamtleistung von Lampen und Widerstand?
    e) Welche Leistung nimmt der Widerstand auf?

38. Ein Drehspulmessgerät mit $R_M = 50\,\Omega$ und $I_M = 0{,}8\,\text{mA}$ hat einen Vorwiderstand $R_V = 2450\,\Omega$. Wie groß sind Messbereichserweiterungsfaktor n und Messbereich U?

39. Ein Drehspulmessgerät mit $U_M = 0{,}1\,\text{V}$ und $RM = 80\,\Omega$ soll die Messbereiche 5 V, 10 V, 25 V erhalten.
    a) Wie groß sind die Messbereichserweiterungsfaktoren?
    b) Welche Vorwiderstände sind erforderlich, wenn diese nach Bild **2.18** geschaltet werden sollen?
    c) Welcher Strom fließt bei Vollausschlag?
    d) Welche Leistung muss die Spannungsquelle bei Vollausschlag in den drei Messbereichen abgeben?

40. Ein Spannungsmesser ist nach Bild **2.18**

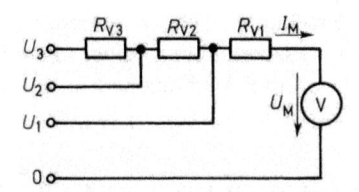

Bild 2.18 Spannungsmesser mit drei Messbereichen

geschaltet. Die Messbereiche betragen $U_3 = 120\,\text{V}$, $U_2 = 60\,\text{V}$ und $U_1 = 30\,\text{V}$ Die Vorwiderstände sind $R_{V3} = 40\,\text{k}\Omega$ und $R_{V1} = 19{,}96\,\text{k}\Omega$. Wie groß sind I_M, R_M, U_M, R_{V2}?

41. Eine Lampe mit den Bemessungsdaten 14 V/3 W soll an einer 24 V-Batterie mit ihren Bemessungsdaten betrieben werden. Welchen Wert hat die Stromstärke in der Schaltung? Wie groß ist der erforderliche Vorwiderstand?

42. Ein Lötkolben mit der Bemessungsleistung 50 W bei einer Anschlussspannung 230 V soll mit einem Vorwiderstand versehen werden, damit der Lötkolben in den Lötpausen nur eine Betriebsleistung von 20 W hat. Wie groß muss der Vorwiderstand sein, und welche Leistung nimmt er auf?

43. Eine Doppelleitung aus Kupfer mit einem Aderquerschnitt von $1{,}5\,\text{mm}^2$ führt zu einem 50m entfernten Verbraucher, der bei der Spannung 230 V einen Strom mit der Stärke 6 A aufnimmt. Wie groß ist der Spannungsfall auf der Leitung, und wie groß muss die Anschlussspannung sein, wenn der Verbraucher mit seiner Bemessungsspannung 230 V betrieben werden soll.

44. Die nichtlineare Kennlinie einer Glühlampe 6 V/18 W ist mit den in Bild **2.7** angegebenen

Messwerten zu zeichnen (Millimeterpapier). In Reihe mit der Lampe liegt ein Widerstand $R_V = 1{,}0\,\Omega$. Die Gesamtspannung an der Reihenschaltung beträgt $U_{AB} = 1{,}0\,\text{V}$ Wie groß sind Stromstärke und Spannung an der Lampe? Wie groß sind statischer und differentieller Widerstand der Lampe? Wie groß ist die Stromänderung $\pm\,\Delta I$, wenn sich die Spannung U_{AB} um $\pm\,0{,}1\,\text{V}$ ändert? Wie groß ist damit der differentielle Widerstand der Reihenschaltung?

2.2.4.2 Parallelschaltung von Verbrauchern

Von einer Parallelschaltung spricht man, wenn alle Verbraucher an derselben Spannung liegen. Die Teilleistungen können entsprechend Gl. (2.20) mit der gemeinsamen Spannung und den Werten der Einzelwiderstände berechnet werden. Schaltung und Ersatzschaltung einer Parallelschaltung von drei Verbrauchern zeigt Bild 2.19.

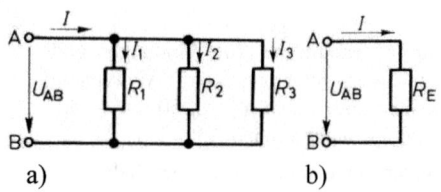

Bild 2.19 Parallelschaltung von drei Verbrauchern
a) Schaltbild, b) Ersatzschaltbild

Die rechnerische Behandlung der Parallelschaltung erfolgt unter der Voraussetzung, dass es sich um lineare Widerstände handelt. Dividieren wir durch die gemeinsame Spannung U_{AB}, erhalten wir

$$\frac{P}{U_{AB}} = I = \frac{U_{AB}}{R_E} = \frac{U_{AB}}{R_1} + \frac{U_{AB}}{R_2} + \frac{U_{AB}}{R_3}$$

oder

$$I = I_1 + I_2 + I_3. \tag{2.24}$$

Die Gesamtstromstärke in einer Parallelschaltung ist gleich der Summe der in den einzelnen Widerständen auftretenden Teilstromstärken.

Physikalisch bedeutet dies, dass die in einer bestimmten Zeit durch die verschiedenen Verbraucher fließenden Ladungsmengen in der gleichen Zeitspanne in die Gesamtschaltung hinein- und wieder heraus fließen. Die Menge der Ladungsträger in der Zuleitung oder in den einzelnen Verbrauchern bleibt also unverändert. Die potentielle Energie der in die Parallelschaltung hinein fließenden Ladungsträger ist jedoch entsprechend der gemeinsamen Spannung größer als die der heraus fließenden.

Dividiert man durch die gemeinsame Spannung U_{AB}, ergibt sich

$$\frac{1}{R_E} = \frac{1}{R_1} + \frac{1}{R_2} + \frac{1}{R_3}. \tag{2.25}$$

Der Kehrwert des Ersatzwiderstands der Parallelschaltung ist gleich der Summe der Kehrwerte der Einzelwiderstände.

Schreibt man die erhaltene Gleichung mit den Leitwerten an Stelle der Kehrwerte der Widerstände, ergibt sich:

$$G_E = G_1 + G_2 + G_3 \qquad (2.26)$$
Der Ersatzleitwert der Parallelschaltung ist gleich der Summe der Einzelleitwerte.

Für die gemeinsame Spannung schreiben wir

$$U_{AB} = \frac{I}{G_E} = \frac{I_1}{G_1} = \frac{I_2}{G_2} = \frac{I_3}{G_3} = \frac{I_1 + I}{G_1 + G_E} \text{ usw.}$$

Das letzte Glied der Gleichung ergibt sich z.B. aus $U_{AB}(G_1 + G_E) = I_1 + I$.
Für jeweils zwei Glieder der Gleichung erhalten wir z.B.

$$\frac{I_2}{G_2} = \frac{I_1 + I}{G_1 + G_E} \Rightarrow$$

$$\frac{I_1 + I}{I_2} = \frac{G_1 + G_E}{G_2}. \qquad (2.27)$$

In der Parallelschaltung verhalten sich die Stromstärken zueinander wie die zugehörigen Leitwerte.

Graphische Darstellung. Bei der Parallelschaltung ist in der Regel die Spannung U_{AB} gegeben. Um auf graphischem Wege den Gesamtstrom zu ermitteln, liest man aus den Kennlinien der Bau-

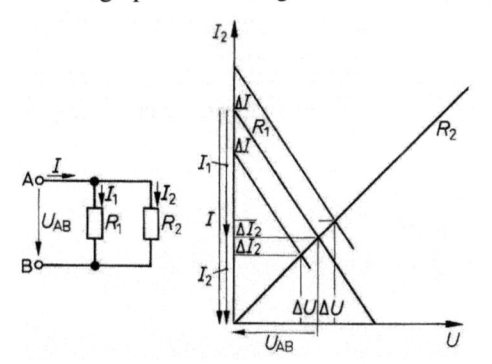

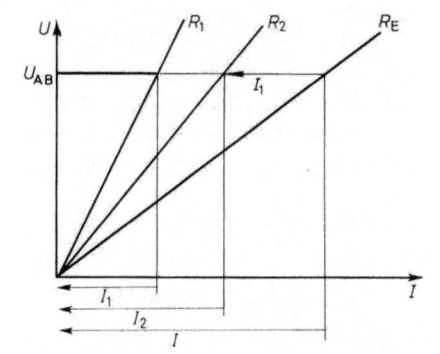

Bild 2.20 Parallelschaltung von zwei linearen Widerständen

Bild 2.21 Ersatzwiderstand der Parallelschaltung 2.20

elemente die zu U_{AB} gehörigen Teilströme ab und addiert sie. Für zwei lineare Widerstände ist diese Addition zu Bild **2.21** graphisch durchgeführt.

Dieses Verfahren kann offensichtlich auf mehrere, auch nichtlineare Widerstände ausgedehnt werden.

Durch die gleiche Konstruktion kann auch die Parallelschaltung eines nichtlinearen Widerstands R_2 mit einem linearen Widerstand R_1 untersucht werden. Dabei sind wir jedoch auf die zeichnerische Behandlung angewiesen, während wir bei linearen Widerständen auf die rechnerische zurückgreifen können.

Eine auch für mehr als zwei Widerstände in Parallelschaltung geeignete Darstellung zeigt Bild **2.21**. Sie entspricht der Konstruktion in Bild **2.14** für die Reihenschaltung, wenn wir die Zuordnung der Spannung U und der Stromstärke I zu den Koordinatenachsen vertauschen. Ist einer der beiden Widerstände nichtlinear, lässt sich so die linearisierte (gescherte) Gesamtkennlinie der

2.2 Verbraucherteil

Parallelschaltung gewinnen.

Übungen zu Abschnitt 2.2.4.2

Beispiel 2.11 Vier Verbraucher sind nach Bild **2.22** parallel geschaltet und liegen an einer Spannung von 24 V. Dabei betragen $R_1 = 68\,\Omega$, $R_2 = 270\,\Omega$, $R_4 = 330\,\Omega$. Die Schaltung nimmt insgesamt den Strom $I = 674{,}5$ mA auf. Wie groß sind die Teilströme und der Widerstand R_3?

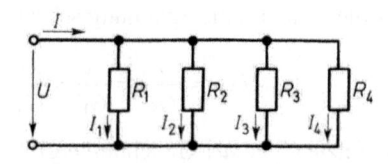

Bild 2.22 Parallelschaltung von vier Verbrauchern

Lösung Die Teilströme ergeben sich nach dem Ohmschen Gesetz zu

$$I_1 = \frac{U}{R_1} = \frac{24\,\text{V}}{68\,\Omega} = 352{,}9\,\text{mA};$$

$$I_2 = \frac{U}{R_2} = \frac{24\,\text{V}}{270\,\Omega} = 88{,}9\,\text{mA};$$

$$I_4 = \frac{U}{R_4} = \frac{24\,\text{V}}{330\,\Omega} = 72{,}7\,\text{mA}.$$

Man bekommt für
$I_3 = I - I_1 - I_2 - I_4 = I - (I_1 + I_2 + I_4)$
$I_3 = 674{,}5\,\text{mA} - 514{,}5\,\text{mA} = 160\,\text{mA}$.

Der gesuchte Widerstand R_3 ergibt sich damit zu

$$R_3 = \frac{U}{I_3} = \frac{24\,\text{V}}{0{,}16\,\text{A}} = 150\,\Omega.$$

Beispiel 2.12 Drei Widerstände $R_1 = 180\,\Omega$, $R_2 = 150\,\Omega$ und $R_3 = 220\,\Omega$ sind parallel geschaltet. Wie groß ist der Ersatzwiderstand der Schaltung?

Lösung Für die Leitwerte der drei Widerstände bekommt man

$$G_1 = \frac{1}{180\,\Omega} = 5{,}5556\,\text{mS};\quad G_2 = \frac{1}{150\,\Omega} = 6{,}6667\,\text{mS};$$

$$G_3 = \frac{1}{220\,\Omega} = 4{,}5455\,\text{mS}.$$

Es ergibt sich daraus

$$G_E = 16{,}768\,\text{mS}\quad \text{und}\quad R_E = \frac{1}{G_E} = 59{,}64\,\Omega.$$

Beispiel 2.13 Zwei Widerstände $R_1 = 270\,\Omega$ und $R_2 = 330\,\Omega$ werden parallel geschaltet. Wie groß ist ihr Ersatzwiderstand?

Lösung Aus $\dfrac{1}{R_E} = \dfrac{1}{R_1} + \dfrac{1}{R_2}$ erhält man $R_E = \dfrac{R_1 R_2}{R_1 + R_2}$

und mit den gegebenen Werten daraus $R_E = 148{,}5\,\Omega$.

Beispiel 2.14 Der Messbereich eines Strommessers wird durch eine Parallelschaltung mit einem Nebenwiderstand R_p nach Bild **2.23** erweitert. Dieser muss so bemessen sein, dass er bei der gemeinsamen Spannung U_M den Strom mit $I_p = I - I_M$ aufnimmt. Darin bedeutet I_M den Strom für Vollausschlag des Messinstruments. Es sollen z.B. $I_M = 1$ mA und der Eigenwiderstand des Messinstruments $R_M = 100\,\Omega$ betragen. Der Messbereich soll auf $I = 100$ mA erweitert werden.

Lösung

a) Durch den Widerstand R_p muss der Strom mit $I_p = 100\,\text{mA} - 1\,\text{mA} = 99\,\text{mA}$ fließen. Dabei beträgt $U_M = I_M \cdot R_M = 1\,\text{mA} \cdot 100\,\Omega = 100\,\text{mV}$. Daraus ergibt sich

$$R_p = \frac{U_M}{I_p} = \frac{100\,\text{mV}}{99\,\text{mA}} = \mathbf{1{,}0101\,\Omega}.$$

b) Mit dem Messbereichserweiterungsfaktor $n = I/I_M$ erhält man $I_p = n\,I_M - I_M = I_M(n-1)$ und mit $U_M = I_M R_M$

$$R_p = \frac{U_M}{I_p} = \frac{I_M R_M}{I_M(n-1)} = \frac{R_M}{n-1}.$$

In diesem Fall sind $n = 100$ und $R_p = 100\,\Omega/99 = \mathbf{1{,}0101\,\Omega}$.

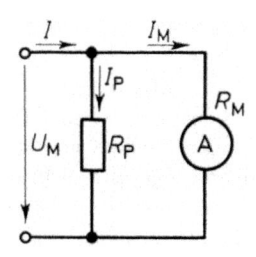

Bild 2.23 Messbereichserweiterung eines Drehspulstrommessers

Beispiel 2.15 Die Widerstände in Bild 2.24 sollen so bemessen werden, dass gilt $I_1, I_2, I_3, I_4 = 1:2:4:8$. Dabei soll der kleinste Widerstand $100\,\Omega$ betragen. Welche Werte müssen die Widerstände haben?

Lösung Der kleinste Widerstand entspricht der größten Stromstärke, also $R_4 = 100\,\Omega$. Nach Gl. (2.27) gilt $G_1 : G_2 : G_3 : G_4 = 1 : 2 : 4 : 8$.

Daraus bekommt man

$$\frac{G_3}{G_4} = \frac{4}{8} = \frac{R_4}{R_3} \Rightarrow R_3 = \mathbf{200\,\Omega};$$

$$\frac{G_2}{G_3} = \frac{2}{4} = \frac{R_3}{R_2} \Rightarrow R_2 = \mathbf{400\,\Omega}$$

und entsprechend $R_1 = 2R_2 = \mathbf{800\,\Omega}$.

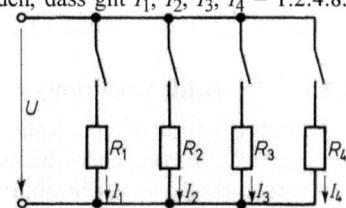

Bild 2.24 Zu Beispiel 2.15

Aufgaben zu Abschnitt 2.2.4.2

45. Einem Widerstand von $47\,\Omega$ soll ein zweiter parallel geschaltet werden, sodass der Ersatzwiderstand $22\,\Omega$ beträgt. Welchen Wert muss der zugeschaltete Widerstand haben?

46. Zwei Widerstände von $150\,\Omega$ und $120\,\Omega$ sind parallel geschaltet. Ein dritter Widerstand soll dazugeschaltet werden, damit der Gesamtwiderstand $40\,\Omega$ beträgt. Wie groß muss der dritte Widerstand sein?

47. Drei Widerstände $R_1 = 180\,\Omega$, $R_2 = 220\,\Omega$, $R_3 = 150\,\Omega$ liegen parallel an einer Spannung $U = 60\,\text{V}$. Wie groß sind die Teilstromstärken, die Gesamtstromstärke, der Ersatzwiderstand, die Leistungen in den Widerständen und die Gesamtleistung?

48. Drei Widerstände $R_1 = 560\,\Omega$, $R_2 = 330\,\Omega$ und $R_3 = 410\,\Omega$ liegen parallel an einer Spannung. Jeder hat die Bemessungsleistung $0{,}5\,\text{W}$.
    a) Wie hoch darf die Spannung höchstens sein, damit in keinem Widerstand die Bemessungsleistung überschritten wird?
    b) In welchem Verhältnis stehen die Teilleistungen zueinander?
    c) Wie groß ist die aufgenommene Gesamtleistung?

49. Drei parallel geschaltete Widerstände nehmen an einer Spannung von $24\,\text{V}$ zusammen einen Strom der Stärke $2\,\text{A}$ auf. Einer der drei Widerstände beträgt $48\,\Omega$. Wie groß sind die beiden anderen, wenn sich ihre Beträge wie $2:3$ verhalten?

50. Ein Drehspul-Strommesser hat bei einem Eigenwiderstand von $50\,\Omega$ einen Messbereich von $3\,\text{mA}$. Dieser soll durch Nebenwiderstände auf $10\,\text{mA}$, $30\,\text{mA}$ und $100\,\text{mA}$ er-

weitert werden. Welche Werte müssen diese haben?

51. Der Messbereich eines Drehspul-Strommessers ist auf 0,45 A erweitert worden. Der Eigenwiderstand des Messwerks beträgt dabei 10 Ω, der Nebenwiderstand 0,125 Ω. Wie groß war der ursprüngliche Messbereich?

52. Ein Elektrowärmegerät enthält zwei Widerstände, die einzeln eingeschaltet werden können und dann an der Netzspannung 230 V liegen. Die Leistungen sollen sich in den drei möglichen Fällen wie 1 : 2 : 3 verhalten.
    a) In welchem Verhältnis müssen die beiden Widerstände zueinander stehen?
    b) Welche Leistungen ergeben sich, wenn ein Widerstand 96,8 Ω beträgt?

53. Zwei Lampen von 6 V/1 W und 18 V/2 W sollen so an eine Spannungsquelle mit 24 V geschaltet werden, dass sie mit ihren Bemessungsdaten betrieben werden. Welcher Widerstand ist dazu erforderlich, und welche Leistung nimmt er auf?

54. Zu einer Lampe 24 V/10 W wird eine zweite Lampe parallel geschaltet, wodurch der Ersatzwiderstand um 43,2 Ω abnimmt. Welche Leistung hat die zweite Lampe?

2.2.4.3 Gemischte Schaltungen

Wir haben in den vorhergehenden Abschnitten Gruppen von Verbrauchern betrachtet, die entweder von einem gemeinsamen Strom durchflossen werden (Reihenschaltung) oder an einer gemeinsamen Spannung liegen (Parallelschaltung). Im allgemeinen Fall kommen diese Schaltungen nicht getrennt, sondern in vielfältigen Kombinationen vor. Solche Schaltungen, in denen die Grundschaltungen gemischt auftreten, nennt man gemischte oder auch zusammengesetzte Schaltungen.

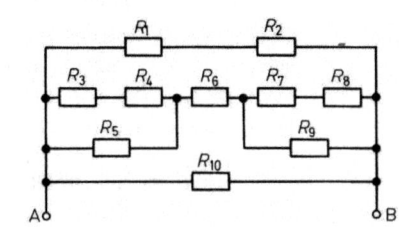

Bild 2.25 a) gemischte Schaltung

Soll bei der Berechnung solcher Netzwerke zunächst deren Ersatzwiderstand bestimmt werden, ermittelt man schrittweise Ersatzwiderstände für Gruppen von in Reihe geschalteten oder parallel an einer Spannung liegenden Verbrauchern. Die Darstellung der einzelnen Schritte bei dieser Schaltungsvereinfachung erfolgt zweckmäßig sowohl mit Ersatzschaltbildern als auch mit den zugehörigen Größengleichungen. Wir erläutern dieses Verfahren an einigen Beispielen.

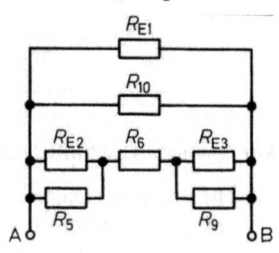

Bild 2.25 b)

Beispiel 2.16 Es soll der Ersatzwiderstand der Schaltung Bild **2.25**a bestimmt werden.

Lösung Die durch Indizes beim Größensymbol R unterscheidbaren Widerstände werden schrittweise zu Ersatzwiderständen R_E zusammengefasst, die ihrerseits mit fortlaufenden Indizes versehen werden.

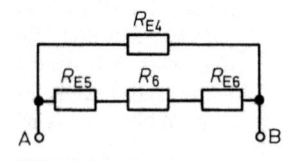

Schritt 1 $R_{E1} = R_1 + R_2$, $R_{E2} = R_3 + R_4$, $R_{E3} = R_7 + R_8$,
(Bild 2.25b)

Schritt 2 $R_{E4} = \dfrac{R_{E1} R_{10}}{R_{E1} + R_{10}}$, $R_{E5} = \dfrac{R_{E2} R_5}{R_{E2} + R_5}$, $R_{E6} = \dfrac{R_{E3} R_9}{R_{E3} + R_9}$,
(Bild 2.25c)

Schritt 3 $R_{E7} = R_{E5} + R_6 + R_{E9}$, (Bild 2.25d)

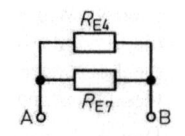

Bild 2.25 c)

Bild 2.25 d) Zu Beispiel 2.16

Schritt 4 $R_E = \dfrac{R_{E4} R_{E7}}{R_{E4} + R_{E7}}$

Um die Werte der Ersatzwiderstände zu berechnen, setzt man in der gleichen Reihenfolge wie bei der Schaltungsvereinfachung die gegebenen Werte für R_1 bis R_{10} ein. Sind z.B. alle Widerstände gleich groß, also $R_1 = R_2 = \ldots R_9 = R$, bekommt man nach Schritt 1 $R_{E1} = R_{E2} = R_{E3} = 2R$, nach Schritt 2 $R_{E4} = R_{E5} = R_{E6} = 2R_{E3}$, nach Schritt 3 $R_{E7} = 7R/3$ und schließlich nach Schritt 4 $R_E = 14\,\boldsymbol{R/27}$.

Beispiel 2.17 Der Ersatzwiderstand der Schaltung Bild 2.26a ist zu bestimmen.

Lösung

Schritt 1 $R_{E1} = R_7 + R_8 + R_9$ (Bild **2.26**b)

Schritt 2 $R_{E2} = \dfrac{R_{E1} R_6}{R_{E1} + R_6}$ (Bild **2.26**c)

Schritt 3 $R_{E3} = R_4 + R_{E2} + R_5$ (Bild **2.26**d)

Schritt 4 $R_{E4} = \dfrac{R_3 R_{E3}}{R_3 + R_{E3}}$ (Bild **2.26**e)

Schritt 5 $R_E = R_1 + R_{E4} + R_2$

Für gleiche Widerstände bekommt man z.B. $R_E = 41\,\boldsymbol{R/15}$.

Beispiel 2.18 In Fortführung des Beispiels 2.17 sollen bei gegebener Spannung U_{AB} die Spannungs- und Stromverteilung und besonders die Ausgangsspannung U_{CD} der Schaltung Bild 2.26a berechnet werden.

Lösung Zunächst werden in Ersatzschaltbilder und Schaltbild Bezugspfeile eingetragen. Dabei beginnt man zweckmäßig mit Bild 2.26e.

Die Stromstärke I wird mit R_E bestimmt:

$I = \dfrac{U_{AB}}{R_E}$.

Damit wird U_{E4} berechnet:

$U_{E4} = U_{AB} - I(R_1 + R_2)$

In Bild 2.26d ergeben sich I_3 und I_4 zu

$I_3 = \dfrac{U_{E4}}{R_3}$ bzw. $I_4 = \dfrac{U_{E4}}{R_{E3}}$

sowie für Bild **2.26**c

$U_{E2} = U_{E4} - I_4(R_4 + R_5)$

Danach erhält man für Bild **2.26**b

$I_6 = \dfrac{U_{E2}}{R_6}$ und $I_7 = \dfrac{U_{E2}}{R_{E1}}$ und schließlich in Bild 2.26a

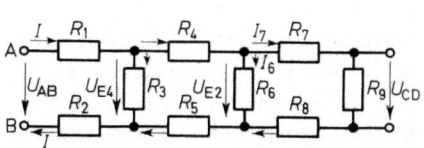

$U_{CD} = \boldsymbol{I_7 R_9}$.

Bild 2.26 a) Beispiel 2.17

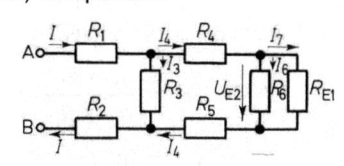

Bild 2.26 b)

Bild 2.26 c)

Bild 2.26 d)

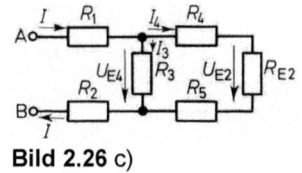

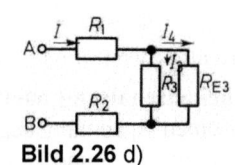

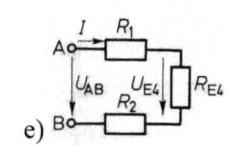

Bild 2.26 Zu Beispiel 2.17 und 2.18

2.2 Verbraucherteil

Wie Beispiel 2.18 zeigt, geht man bei der Bestimmung der Spannungs- und Stromverteilung wieder schrittweise vor wie bei der Schaltungsvereinfachung, jedoch vom Ersatzwiderstand R_E (bzw. Ersatzschaltbild) aus in umgekehrter Weise bis zur vorgegebenen Schaltung. Diese allgemeine Lösung gilt natürlich für beliebige Widerstandswerte. Für bestimmte Werte der Anschlussspannung U_{AB} und der Widerstände ist die Verteilung von Spannungen und Strömen danach leicht zu berechnen.

Spannungsteiler. Während die Schaltung Bild **2.26**a einen mehrfachen Spannungsteiler darstellt, ist die Schaltung Bild **2.27**a die einfachste gemischte Schaltung, ein belasteter Spannungsteiler.

Diese Schaltung wird vor allem in der Elektronik häufig benutzt, um bei einem bestimmten Strom I_L eine vorgegebene Spannung U_L einzustellen. Ohne Belastung durch R_L ist der Spannungsteiler eine einfache Reihenschaltung von zwei Widerständen. Die Spannung U_L, die sich bei Belastung mit R_L einstellt, ist niedriger als U_{Lo} ohne Last, weil der Ersatzwiderstand der Parallelschaltung aus R_2 und R_L stets niedriger ist als R_2. Man bekommt

$$R_{E1} = \frac{R_2 \cdot R_L}{R_2 + R_L} \quad R_E = R_1 + R_{E1}$$

$$I = \frac{U_{AB}}{R_E} \quad U_L = U_{AB} - I R_1 = I R_{E1}$$

$$I_L = \frac{U_L}{R_L} \quad I_2 = \frac{U_L}{R_2}.$$

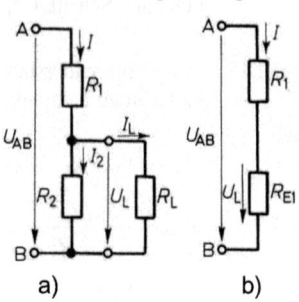

Bild 2.27 Belasteter Spannungsteiler als gemischte Schaltung
a) Schaltbild
b) Ersatzschaltbild

Das Stromverhältnis

$$q = \frac{I_2}{I_L} = \frac{R_L}{R_2}$$

wird als Querstromverhältnis bezeichnet. Wir werden später auf diese Schaltung zurückkommen.

Brückenschaltung nach Wheatstone. Eine Schaltung aus zwei Spannungsteilern, die beide an derselben Spannung liegen, zeigt Bild **2.28**. Die Ausgangsspannungen der beiden Spannungsteiler sind U_{AB} und U_{CD}. Ist eine Spannung einstellbar, indem man etwa einen Drahtwiderstand mit veränderlichem Abgriff verwendet (Potentiometer), lässt sich z.B. U_{AB} zwischen den Grenzen 0 und U einstellen. Es lässt sich also auch erreichen, dass $U_{AB} = U_{CD}$ ist, sodass zwischen den Klemmen A und C keine Spannung herrscht. Im Widerstand R_M, der z.B. den Eigenwiderstand eines empfindlichen Strommessers darstellt, fließt kein Strom. In diesem Fall gelten

$$I_1 = I_2 \text{ und } I_3 = I_4$$

sowie für die Spannungen

$$U - U_{AB} = I_1 \cdot R_1 = U - U_{CD} = I_3 \cdot R_3$$

$$U_{AB} = I_1 \cdot R_2 = U_{CD} = I_4 \cdot R_4.$$

Dividiert man beide Gleichungen durcheinander, ergibt sich

$$\frac{I_1 \cdot R_1}{I_2 \cdot R_2} = \frac{I_3 \cdot R_3}{I_4 \cdot R_4} \Rightarrow \boxed{\frac{R_1}{R_2} = \frac{R_3}{R_4}},$$

Diese Brückengleichung zeigt, dass der Zustand der Stromlosigkeit im Diagonal- oder Messzweig A/C der Brücke nur vom Verhältnis der Widerstände abhängt und nicht etwa vom Wert der Brückenspeisespannung U. Diese abgeglichene (im Messzweig stromlose) Brücke hat in der Messtechnik eine große Bedeutung. Sind z.B. R_4 ein mit geringer Unsicherheit bekannter Normalwiderstand R_N und R_3 ein unbekannter Widerstand R_x, lässt sich dieser berechnen nach

$$\boxed{R_x = R_N \cdot \frac{R_1}{R_2}.}$$

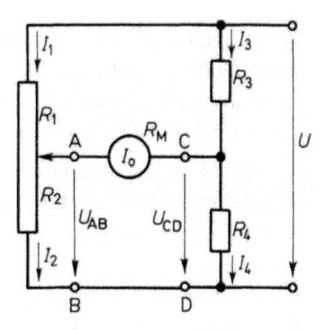

Bild 2.28 Abgeglichene Brückenschaltung nach Wheatstone

Im einfachsten Fall nimmt man als R_1 und R_2 ein einstellbares Potentiometer einen kalibrierten Schleifdraht, dessen Querschnitt auf der gesamten Länge konstant ist. Man kann dann schreiben

$$R_1 = \frac{l_1}{\gamma A} \quad \text{und} \quad R_2 = \frac{l_2}{\gamma A} \Rightarrow \frac{R_1}{R_2} = \frac{l_1}{l_2}.$$

Wir bekommen die Brückengleichung dann in der Form

$$\boxed{R_x = R_N \cdot \frac{l_1}{l_2}} \quad \text{für die}$$

Schleifdrahtmessbrücke. Dieses Messgerät enthält z.B. in einer einfachen Ausführung nach Bild **2.29** einen kalibrierten Schleifdraht aus Konstantan oder Manganin, der zwischen den Klemmen A und B auf dem Umfang einer Kreisscheibe aus Isoliermaterial befestigt ist. Ein mit dem Einstellknopf Ek einstellbarer Schleifkontakt Sk teilt den Schleifdraht in die Abschnitte l_1 und l_2. Ein zweiter Schleifkontakt Sk stellt über eine Schleifbahn Cu (z.B. versilbert)

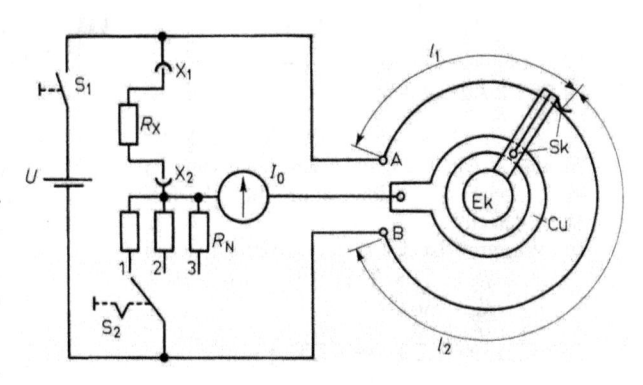

Bild 2.29 Schleifdrahtmessbrücke

die Verbindung mit dem Nullinstrument I_0 her. Der zu messende Widerstand R_x wird über die beiden Steckbuchsen X_1 und X_2 an das Messgerät angeschlossen, in dem z.B. eine Trockenbatterie die Spannung U liefert, die über einen Taster S_1 eingeschaltet wird. Der Vergleichswiderstand R_N ist in dekadischen Stufen einstellbar (z.B. 0,1 Ω, 1 Ω, 10 Ω). Auf der Einstellskala sind die Längen l_1 und l_2 aufgetragen, sodass nach Abgleich der Brücke der gesuchte Widerstandswert leicht abgelesen werden kann.

In anderen Ausführungen der Schleifdrahtmessbrücke kann die Brückenspeisespannung U auch von außen zugeführt werden. Wegen des verhältnismäßig niedrigen Widerstands des Schleifdrahts und der entsprechend starken Belastung des Trockenelements verwendet man als Abgleichpotentiometer häufig eine drahtgewickelte Ausführung mit z.B. 100 Ω Gesamtwiderstand und geringem Linearitätsfehler. Die Messunsicherheit solcher Messbrücken liegt bei etwa 1 % des gemessenen Widerstandswerts.

2.2 Verbraucherteil

Für Messungen mit Präzisionsmessbrücken werden die Abgleichwiderstände als umschaltbare Festwiderstände ausgeführt. Diese in dekadisch gestuften Beträgen hergestellten Widerstände aus Manganindraht ermöglichen in Brückenschaltungen so geringe Messunsicherheiten, wie sie sonst kaum zu erreichen sind. Wir können darauf jedoch hier nicht weiter eingehen.

Auch die nicht abgeglichene Brücke, in der also auch im Messzweig ein mehr oder weniger großer Strom fließt, spielt in der Messtechnik eine große Rolle. Eine solche Schaltung werden wir später berechnen (s. Abschn. 2.5.2.)

Aufgaben zu Abschnitt 2.2.4.3

55. a) Wie groß ist der Ersatzwiderstand der Schaltung Bild **2.30**, wenn alle Widerstände gleich sind?
    b) Wie groß ist der Ersatzwiderstand, wenn $R_1 = R_3 = R_5 = R_7 = 150\,\Omega$ und $R_2 = R_4 = R_6 = 270\,\Omega$ betragen?

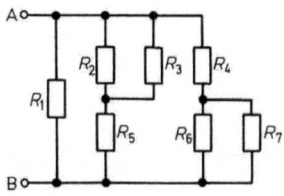

Bild 2.30 Zu Aufgabe 55

56. a) Wie groß ist der Ersatzwiderstand der Schaltung Bild **2.31** zwischen den Klemmen A/B, wenn die Widerstände die gleichen Werte haben?
    b) Wie groß ist der Ersatzwiderstand, wenn $R_1 = R_3 = R_5 = 30\,\Omega$ betragen und $R_2 = R_4 = R_6 = 150\,\Omega$?

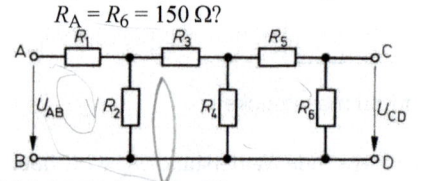

Bild 2.31 Zu Aufgabe 56
    c) Wie groß ist die Spannung an R_6, wenn $U_{AB} = 24\,V$ ist?

57. a) Wie groß ist der Ersatzwiderstand R_E der Schaltung **2.32** zwischen den Klemmen A/B bei gleichen Widerständen?
    b) Wie groß ist der Ersatzwiderstand bei $R_1 = R_3 = R_5 = R_7 = R_9 = 220\,\Omega$ und $R_2 = R_4 = 330\,\Omega$?

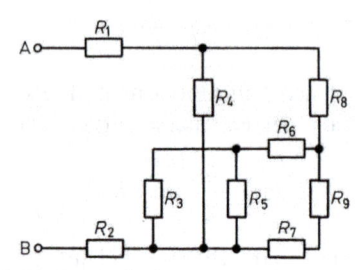

Bild 2.32 Zu Aufgabe 57

58. Das Instrument in der Schaltung Bild **2.33** hat bei $I_M = 1\,mA$ Vollausschlag, sein Eigenwiderstand beträgt $R_M = 60\,\Omega$. Welche Nebenwiderstände sind vorzusehen, wenn sich bei Anschluss an die Klemmen A/B ein Strommessbereich $I_1 = 0{,}5\,A$, an A/C $I_2 = 0{,}1\,A$ und bei Anschluss an A/D ein Messbereich von $I_3 = 20\,mA$ ergeben soll?

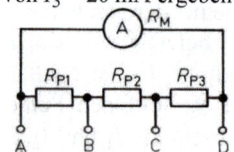

Bild 2.33 Zu Aufgabe 58

59. Das Instrument in der Schaltung Bild **2.34** hat bei $I_M = 0{,}5\,mA$ Vollausschlag und einen Eigenwiderstand von $R_M = 50\,\Omega$. Bei Anschluss an die Klemmen A/B soll sich ein Strommessbereich $I_1 = 0{,}05\,A$, bei Anschluss an A/C $I_2 = 0{,}01\,A$ ergeben. Wird an die Klemmen A/D eine Spannung von $U_1 = 3\,V$ bzw. an A/E eine Spannung von $U_2 = 1\,V$ gelegt, soll das Instrument Vollausschlag zeigen.
    a) Wie groß sind die erforderlichen Werte für die Widerstände R_{p1}, R_{p2}, R_{v1} und R_{v2}?
    b) Welche Spannung kann bei Anschluss an die Klemmen A/C gemessen werden?

60. Ein Spannungsteiler nach Bild **2.35** hat unbelastet den Gesamtwiderstand $R_{E1} = 400\,\Omega$ und belastet mit dem Widerstand $R_L = 180\,\Omega$ an den Klemmen A/O den Ersatzwiderstand $R_{E2} = 310\,\Omega$. Wie groß sind die Teilwiderstände R_1 und R_2? (Quadratische Gleichung)

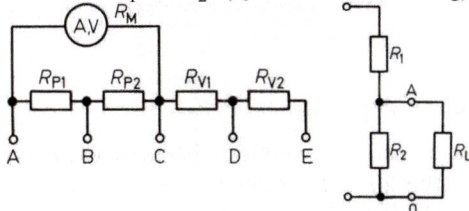

Bild 2.34 Zu Aufgabe 60

Bild 2.35 Zu Aufgabe 61

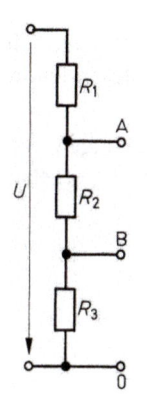

Bild 2.36 Zu Aufgabe 62

61. Der Spannungsteiler **2.36** besteht aus den Widerständen $R_1 = 120\,\Omega$, $R_2 = 330\,\Omega$ und $R_3 = 270\,\Omega$. Die konstante Spannung U beträgt 48 V.
    a) Welche Spannungen stellen sich an den Klemmen A/O und B/O bei unbelastetem Spannungsteiler ein?
    b) Ein Belastungswiderstand $R_L = 470\,\Omega$ wird abwechselnd an die Klemmen A/O, B/O, A/B angeschlossen. Welche Ersatzwiderstände ergeben sich in den drei Fällen für die Schaltung?
    c) Welche Stärke hat der Gesamtstrom und welche Leistung werden ohne Belastung und in den drei Belastungsfällen von der Schaltung aufgenommen?
    d) Welche Spannungen treten in den drei Belastungsfällen zwischen den Klemmen auf?
    e) Welche Stromstärke I_L tritt jeweils im Widerstand R_L auf, und wie groß ist I_q in dem parallel liegenden Teil des Spannungsteilers?

62. In einer abgeglichenen Brückenschaltung nach Bild **2.28** betragen die Teilwiderstände $R_1 = 560\,\Omega$ und $R_2 = 440\,\Omega$. Der Widerstand R_4 ist ein Normalwiderstand mit $R_4 = 1000\,\Omega$.
    a) Wie groß ist der Widerstand R_3?
    b) Welchen Ersatzwiderstand hat die Schaltung?

63. In einer Brückenschaltung nach Bild **2.28** betragen $R_3 = 470\,\Omega$ und $R_4 = 560\,\Omega$. Wie groß sind die Teilwiderstände R_1 und R_2 des Abgleichpotentiometers mit dem Gesamtwiderstand $1000\,\Omega$ bei abgeglichener Brücke?

64. In einer abgeglichenen Brücke nach Bild **2.28** verhalten sich die Teilwiderstände des Potentiometers $R_1 : R_2 = 2 : 3$.
    a) Wie groß ist der Widerstand R_3, wenn $R_4 = 150\,\Omega$ beträgt und das Abgleichpotentiometer insgesamt $1000\,\Omega$ hat?
    b) Welche Stärke haben die Ströme in den beiden Brückenzweigen, wenn die Speisespannung $U = 12$ V beträgt?

2.2.4.4 Dreieck-Stern- und Stern-Dreieck-Umwandlung

Die bisher beschriebenen Schaltungsvereinfachungen stoßen auf Schwierigkeiten, wenn Dreieck- oder Sternschaltungen von Widerständen oder Ersatzwiderständen auftreten. Diese beiden Grundschaltungen lassen sich nicht in eine Reihenschaltung oder Parallelschaltung oder einen Ersatzwiderstand überfuhren. Es ist jedoch möglich, eine Dreieckschaltung in eine gleichwertige Sternschaltung umzuwandeln und umgekehrt eine Sternschaltung in eine gleichwertige Dreieckschaltung. Damit lässt sich die Schaltungsvereinfachung zum Ziel fuhren. Voraussetzung ist, dass die beiden Grundschaltungen Dreieck und Stern elektrisch völlig austauschbar sind.

2.2 Verbraucherteil

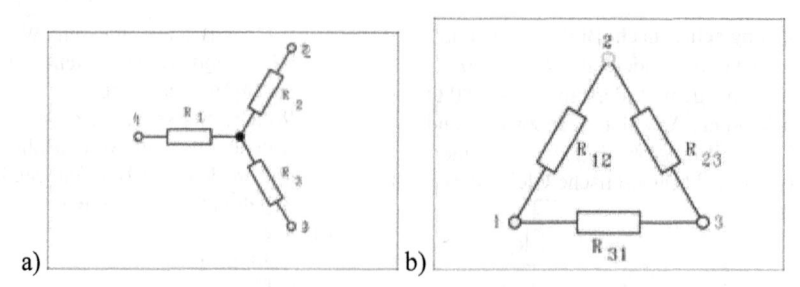

Bild 2.37 Schaltungen a) Stern, b) Dreieck

Wir gehen davon aus, dass bei einem beliebigen Widerstandsnetzwerk drei Klemmen 1, 2 und 3 zugänglich sind. Zwischen jeweils zwei Klemmen (bei offener dritter Klemme) lassen sich dann Ersatzwiderstände messen, die weder Null noch unendlich sind (sonst läge nur eine Parallelschaltung bzw. eine Reihenschaltung von Ersatzwiderständen vor). Für das Widerstandsnetzwerk lässt sich sowohl ein Dreieck (doppelte Indizes) als auch ein Stern (einfacher Index) von Ersatzwiderständen angeben. Zwischen ihren Anschlussklemmen ergeben diese Ersatzschaltungen die gleichen Widerstände wie die Messung an Originalnetzwerke. Die Schaltungen sind elektrisch gleichwertig, wenn zwischen je 2 Punkten im Dreieck oder im Stern gleiche Widerstände gemessen werden.

Aus diesem Ansatz werden die Umwandlungsformeln für die beiden Ersatzschaltungen entwickelt. Wir betrachten jeweils eine Schaltung als gegeben, die andere als gesucht. Es ergeben sich die folgenden Gleichungen

$$\text{(I)} \quad R_1 + R_2 = \frac{R_{12}(R_{23} + R_{31})}{R_{12} + R_{23} + R_{31}}$$

$$\text{(II)} \quad R_2 + R_3 = \frac{R_{23}(R_{31} + R_{12})}{R_{12} + R_{23} + R_{31}}$$

$$\text{(III)} \quad R_3 + R_1 = \frac{R_{31}(R_{12} + R_{23})}{R_{12} + R_{23} + R_{31}}$$

Aus diese drei Gleichungen lassen sich Bestimmungsgleichungen für die Umwandlungen ableiten.

Es gelten die folgenden Umwandlungsformeln für die

Umwandlung Dreieck-Stern

$$R_1 = \frac{R_{12} \cdot R_{31}}{R_{12} + R_{23} + R_{31}}, \quad R_2 = \frac{R_{23} \cdot R_{12}}{R_{12} + R_{23} + R_{31}}, \quad R_3 = \frac{R_{31} \cdot R_{23}}{R_{12} + R_{23} + R_{31}} \qquad (2.28)$$

Der von einer Klemme ausgehende Sternwiderstand ist gleich dem Produkt der von derselben Klemme ausgehenden Dreieckwiderstände, dividiert durch die Summe der drei Dreieckwiderstände.

> **Umwandlung Stern-Dreieck**
>
> $$R_{12} = R_1 + R_2 + \frac{R_1 \cdot R_2}{R_3}, \quad R_{23} = R_2 + R_3 + \frac{R_2 \cdot R_3}{R_1}, \quad R_{31} = R_3 + R_1 + \frac{R_3 \cdot R_1}{R_2}. \quad (2.29)$$
>
> Ein zwischen zwei Klemmen liegender Dreieckswiderstand ist gleich der Summe der von denselben Klemmen ausgehenden Sternwiderständen und dem Quotienten aus deren Produkt und dem dritten Sternwiderstand.

Widerstandsnetzwerk mit mehr als drei Klemmen. Die beschriebenen Umwandlungen führen bei einem Widerstandsnetzwerk mit drei zugänglichen Klemmen auf unterschiedlichem Potential zu einer Dreieck- bzw. Stern-Ersatzschaltung als einfachster Schaltung. Bei vier oder mehr Klemmen ist das jedoch nicht möglich, es lassen sich mehr als zwei Ersatzschaltungen finden. Soll die Spannungs- und Stromverteilung in einem solchen Netzwerk untersucht werden (wie in den folgenden Abschnitten erläutert), kann die Stern- bzw. Dreieck-Stern-Umwandlung zu Ersatzschaltungen führen, die einfacher zu berechnen sind als das ursprüngliche Netzwerk.

Beispiel 2.19 Das Netzwerk in Bild **2.38**a enthält nur scheinbar vier zugängliche Klemmen A, B, C, D. Da B und D auf gleichem Potential liegen, handelt es sich tatsächlich nur um drei Klemmen, und die Schaltung muss sich in eine Dreieck- bzw. Stern-Ersatzschaltung überführen lassen. Bei der Umwandlung bleiben die Klemmen, zwischen denen sich die Dreieck- bzw. Sternwiderstände befinden, erhalten. Nur die Sternpunkte entstehen bzw. verschwinden. Soll z.B. der Stern aus R_1, R_2 und R_3 in ein Dreieck überführt werden, liegen die entsprechenden Dreieckwider stände R_{E1}, R_{E2} und R_{E3} zwischen den gleichen Klemmen A, B und E_1 (**2.38**b). Bei Sternwiderständen unterschiedlichen Betrags erhält man

$$R_{E1} = R_1 + R_2 + \frac{R_1 \cdot R_2}{R_3}$$

$$R_{E2} = R_1 + R_3 + \frac{R_1 \cdot R_3}{R_2}$$

$$R_{E3} = R_2 + R_3 + \frac{R_2 \cdot R_3}{R_1}.$$

Die beiden Widerstände R_{E3} und R_4 werden zu einem Ersatzwiderstand zusammengefasst:

$$R_{E4} = \frac{R_{E3} \cdot R_4}{R_{E3} + R_4}$$

Der entstandene Stern aus R_{E2}, R_5 und R_{E4} in Bild **2.38**c zwischen den Klemmen A, C, und B/D wird in ein Dreieck umgewandelt, wobei der Sternpunkt E_1 verschwindet. Man bekommt die Schaltung Bild **2.38**d mit den Ersatzwiderständen

2.2 Verbraucherteil

$$R_{E6} = R_{E2} + R_5 + \frac{R_{E2} \cdot R_5}{R_{E4}}$$

$$R_{E7} = R_{E4} + R_5 + \frac{R_{E4} \cdot R_5}{R_{E2}}$$

Schließlich erhält man

$$R_{E8} = \frac{R_{E1} \cdot R_{E5}}{R_{E1} + R_{E5}} \quad \text{und} \quad R_{E9} = \frac{R_{E7} \cdot R_{E6}}{R_{E7} + R_{E6}}$$

und die Ersatzschaltung Bild **2.38**e.

Sind z.B. die Widerstände und die Spannung U_{AB} gegeben, lässt sich U_{CD} wie bei einem unbelasteten Spannungsteiler berechnen:

$$U_{CD} = \frac{U_{AB} \cdot R_{E9}}{R_{E6} + R_{E9}}.$$

Der Ersatzwiderstand zwischen den Klemmen A/B bei offenen Klemmen C/D beträgt

$$R_{AB} = \frac{R_{E8}(R_{E6} + R_{E9})}{R_{E6} + R_{E8} + R_{E9}}.$$

Als Zahlenbeispiel seien gegeben:

$R_1 = R_3 = R_5 = 300\,\Omega$, $U_{AB} = 24$ V

$R_2 = R_4 = R_6 = 150\,\Omega$

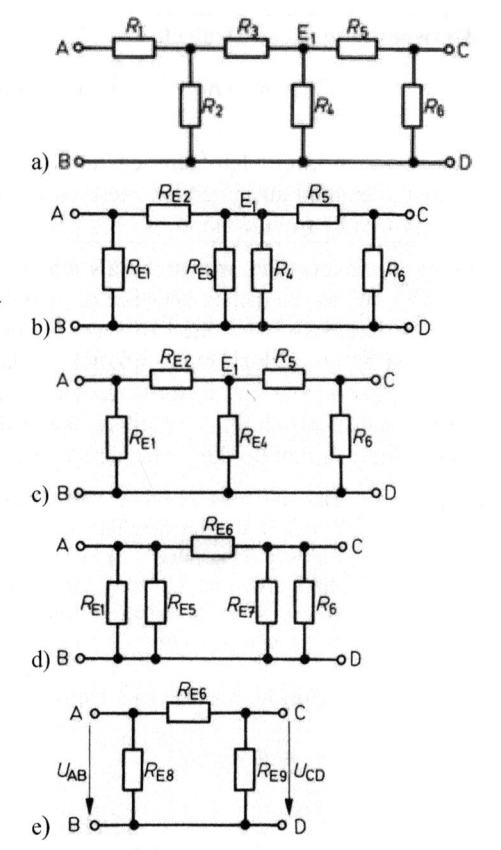

Bild 2.38 Zu Beispiel 2.19

Man erhält damit $R_{E1} = 600\,\Omega$, $R_{E2} = 1200\,\Omega$, $R_{E3} = 600\,\Omega$, $R_{E4} = 120\,\Omega$, $R_{E5} = 1800\,\Omega$, $R_{E6} = 4500\,\Omega$, $R_{E7} = 450\,\Omega$, $R_{E8} = 450\,\Omega$, $R_{E9} = 112{,}5\,\Omega$. Für die gesuchten Größen ergibt sich damit

RAB = 410 Ω und UCD = 0,5854 V.

Vergleichen wir dieses Beispiel mit Aufgabe 2b zu Abschn. 2.2.4.3, erkennen wir, dass es oft mehrere Möglichkeiten gibt, eine Schaltung zu berechnen. Während beim Rechengang nach Abschn. 2.2.4.3 jedoch die Klemmen C und D in den Ersatzschaltungen verloren gehen, bleiben sie bei den Umwandlungen des Beispiels 2.19 erhalten. Das hat zur Folge, dass z.B. Aufgabe 2c nach Abschn. 2.2.4.3 eine umfangreichere Berechnung erfordert als die Beantwortung der gleichen Frage im Beispiel.

Wir erkennen daraus, dass es von der Fragestellung abhängt, welches Verfahren zur Berechnung von Schaltungen am zweckmäßigsten angewendet wird.

Beispiel 2.20 In der Schaltung Bild **2.39**a liegen die vier zugänglichen Klemmen auf verschiedenem Potential. Eine einfache Dreieck- bzw. Stern-Ersatzschaltung wie im vorigen Beispiel lässt sich hier also nicht finden. Man kann die Schaltung jedoch so umwandeln, dass sie sich leicht berechnen lässt, wenn für verschiedene Widerstandskombinationen z.B. das Verhältnis von U_{AB} zu U_{CD} bestimmt werden soll.

Zunächst werden die beiden Sterne aus R_1, R_2, R_3 bzw. R_4, R_5, R_6 in Dreiecke umgerechnet. Dabei verschwinden die beiden Sternpunkte E_1 und E_2 und man erhält die Schaltung Bild **2.39**b mit

$$R_{E1} = R_1 + R_3 + \frac{R_1 \cdot R_3}{R_2},$$

$$R_{E2} = R_1 + R_2 + \frac{R_1 \cdot R_2}{R_3},$$

$$R_{E3} = R_2 + R_3 + \frac{R_2 \cdot R_3}{R_1},$$

$$R_{E4} = R_4 + R_5 + \frac{R_4 \cdot R_5}{R_6},$$

$$R_{E5} = R_5 + R_6 + \frac{R_5 \cdot R_6}{R_4},$$

$$R_{E6} = R_4 + R_6 + \frac{R_4 \cdot R_6}{R_5}.$$

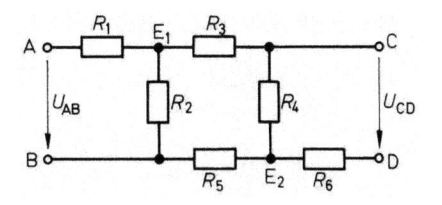

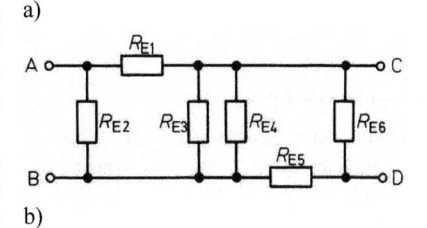

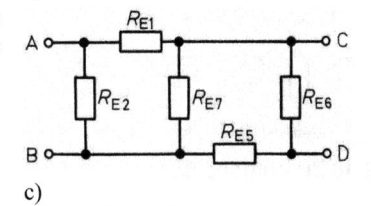

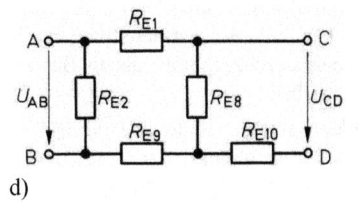

Bild 2.39 Zu Beispiel 2.20

Die Ersatzwiderstände R_{E3} und R_{E4} werden zusammengefasst zu

$$R_{E7} = \frac{R_{E3} \cdot R_{E4}}{R_{E3} + R_{E4}}.$$

In der Schaltung Bild **2.39**c wird das Dreieck aus R_{E5}, R_{E6} und R_{E7} in einen Stern umgerechnet:

$$R_{E8} = \frac{R_{E6} \cdot R_{E7}}{R_{E5} + R_{E6} + R_{E6}},$$

$$R_{E9} = \frac{R_{E5} \cdot R_{E7}}{R_{E5} + R_{E6} + R_{E7}},$$

$$R_{E10} = \frac{R_{E5} \cdot R_{E6}}{R_{E5} + R_{E6} + R_{E7}}.$$

Man erhält die Schaltung Bild **2.39d** und für das gesuchte Spannungsverhältnis

$$U_{CD} = \frac{U_{AB} \cdot R_{E8}}{R_{E1} + R_{E8} + R_{E9}} \Rightarrow$$

$$\frac{U_{AB}}{U_{CD}} = \frac{R_{E1} + R_{E8} + R_{E9}}{R_{E8}} = 1 + \frac{R_{E1} + R_{E9}}{R_{E8}}.$$

Aufgaben zu Abschnitt 2.2.4.4

65. Der Ersatzwiderstand der Schaltung Bild 2.40 zwischen den Klemmen A und B ist zu bestimmen, wenn alle Widerstände die gleichen Werte haben.

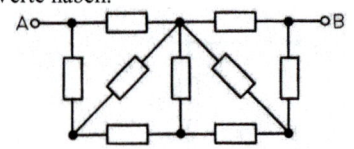

Bild 2.40 Zu Aufgabe 65

66. Die Umwandlung der Schaltung Bild 2.38a in eine Dreieck- bzw. Stern-Ersatzschaltung ist auf andere Weise durchzuführen, als in Beispiel 2.19 beschrieben.

67. Der Ersatzwiderstand der Schaltung Bild 2.41 ist zu bestimmen. Dabei sind $R_1 = 120\,\Omega$, $R_2 = 150\,\Omega$, $R_3 = 180\,\Omega$, $R_4 = 220\,\Omega$, $R_5 = 270\,\Omega$, $R_6 = 330\,\Omega$.

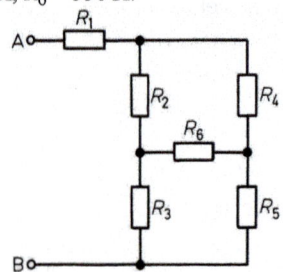

Bild 2.41 Zu Aufgabe 67

68. a) Wie groß sind die Ersatzwiderstände der Schaltung Bild 2.42 zwischen den Klemmen A/B, B/C und C/A?
    b) Welcher Ersatzwiderstand ergibt sich zwischen den Klemmen A/D, B/D und C/D?

Die Widerstände betragen $R_1 = R_3 = R_5 = 270\,\Omega$ und $R_2 = R_4 = R_6 = 560\,\Omega$.

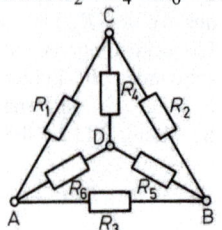

Bild 2.42 Zu Aufgabe 68

69. Der Ersatzwiderstand der Schaltung Bild 2.43 zwischen den Klemmen A und B ist zu bestimmen. Dabei sind $R_1 = R_3 = R_5 = R_7 = 270\,\Omega$ und $R_2 = R_4 = R_6 = R_8 = 470\,\Omega$.

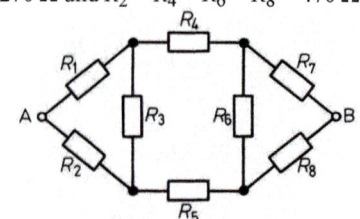

Bild 2.43 Zu Aufgabe 69

70. Von einem Widerstandsnetzwerk sind drei Klemmen zugänglich. Wird eine Spannungsquelle von 24 V abwechselnd mit den Klemmen A/B, B/C und C/A verbunden, werden die Ströme $I_{AB} = 0{,}6\,\text{A}$, $I_{BC} = 1{,}2\,\text{A}$ und $I_{CA} = 0{,}8\,\text{A}$ gemessen. Welche Ersatzschaltungen lassen sich für das Widerstandsnetzwerk angeben?

2.3 Energiesatz in Netzwerken

2.3.1 Kirchhoffsche Regeln

Eine gemischte Schaltung wie in Bild **2.44**, die ausschließlich aus Verbrauchern besteht, nennt man auch passives Netzwerk. Entsprechend der konventionellen Stromrichtung bewegen sich die Ladungsträger vom höheren zum niedrigeren Potential durch das Netzwerk und geben dabei ausschließlich potentielle Energie ab. Nach den in Abschn. 2.1.2 angestellten Überlegungen können wir jedem Punkt des Netzwerks ein bestimmtes Potential φ zuordnen. Herrschen an der Klemme A das Potential φ_A und an der Klemme B das Potential φ_B, verlieren die Ladungsträger auf ihrem Weg durch das Netzwerk die Energiemenge

$$\Delta W_{AB} = Q_+ \Delta\varphi = Q_+ (\varphi_A - \varphi_B) = Q_+ U_{AB}.$$

Dabei ist es gleichgültig, auf welchem Weg die Ladungsmenge Q_+ von A nach B gelangt. Um diese zeitlich nicht veränderliche Strömung der Ladungsträger und daher auch ein zeitlich nicht veränderliches Potential jedes Netzwerkpunkts aufrechtzuerhalten, müssen jedoch zwei Voraussetzungen erfüllt sein.

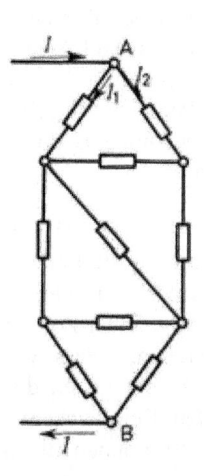

Bild 2.44 Widerstandsnetzwerk

Knotenpunktregel. Die Ladungsmenge ΔQ, die während der Zeit Δt von der Klemme A aus in das Netzwerk strömt, muss der Klemme A auch wieder zufließen. Andernfalls würde sich die Ladung in A verändern und damit auch das Potential φ_A. Bringen wir in A für die zu- und abfließenden Ladungsmengen im konventionellen Sinn Richtungspfeile an, können wir schreiben

$$\Delta Q_{zu} = I \cdot \Delta t = \Delta Q_{ab} = I_1 \cdot \Delta t + I_2 \cdot \Delta t$$

und weiter $I = I_1 + I_2$ oder allgemein $\sum I_{zu} = \sum I_{ab}$ oder

$$\boxed{\sum I = 0} \qquad (2.30)$$

Dieses ist die erste Kirchhoffsche Regel oder Knotenpunktregel:

> In jedem Stromverzweigungspunkt ist die Summe aus zufließenden und abfließenden Strömen stets Null. Dabei werden üblicherweise die zufließenden Ströme positiv, die abfließenden Ströme negativ gerechnet.

Beispiel 2.21 In Bild **2.45** betragen die Ströme im Knoten K $I_1 = 1$ A, $I_2 = 2$ A, $I_3 = 1,5$ A, $I_4 = 0,5$ A und $I_5 = 0,8$ A. Wie groß ist I_6?

Lösung Nach der Knotenpunktregel ist

$$I_A = I_1 + I_2 - I_3 + I_4 - I_5 = 0 \Rightarrow$$
$$I_6 = I_1 + I_2 + I_4 - (I_3 + I_5) = 3,5\text{A} - 2,3\text{A} = 1,2\text{A}$$

Der eingetragene Pfeil für I_6 ist hier ein Bezugspfeil, da der konventionelle Richtungssinn für I_6 zunächst nicht bekannt ist. Als „abfließender Strom" wird er mit negativem Vorzeichen in die Knotenpunktgleichung eingesetzt.

2.3 Energiesatz in Netzwerken

Die Rechnung ergibt für I_6 einen positiven Zahlenwert. Das bedeutet, dass konventioneller Richtungssinn und Bezugspfeil übereinstimmen. Wäre I_6 als zufließender Strom (also positiv) angesetzt worden, hätte die Rechnung einen negativen Zahlenwert geliefert: Bezugssinn und konventioneller Richtungssinn stimmen nicht überein.

Maschenregel. Wie wir für den Grundstromkreis schon erörtert haben, können wir die Voraussetzung gleich bleibender Ladung bzw. konstanten Potentials in A nur erfüllen, wenn wir die Ladungsmenge Q_+ von der Klemme B unter Energiezufuhr wieder zur Klemme A bringen, also

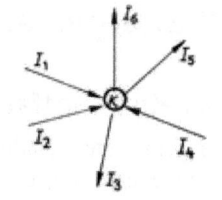

Bild 2.45 Knotenpunktregel

$$-\Delta W_{AB} = -Q_+(\varphi_A - \varphi_B) = -Q_+ U_{AB} = Q_+ U_{BA}.$$

Damit hat die Ladungsmenge Q_+ in A die gleiche potentielle Energie wie vorher. Es gilt darum stets $\Delta W = 0$, wenn wir einen in sich geschlossenen Weg durch das Netzwerk betrachten. Die durchlaufenen Potentialdifferenzen können wir in konventionellem Sinn durch Spannungspfeile darstellen, sodass wir diese entweder in Pfeilrichtung (von den Ladungsträgern abgegebene Leistung) oder gegen die Pfeilrichtung (von den Ladungsträgern aufgenommene Leistung) durchlaufen. Bei gleichem Sinn wird die betreffende Spannung positiv gerechnet, bei ungleichem negativ. Wir können allgemein schreiben

$$\boxed{\sum U = 0} \tag{2.31}$$

Dies ist die zweite Kirchhoffsche Regel oder Maschenregel:

> Die auf einem beliebigen, geschlossenen Weg in einem Netzwerk gebildeten Summe der Teilspannungen ist Null. Dabei werden Teilspannungen, deren Bezugspfeile mit der gewählten Umlaufrichtung übereinstimmen, positiv gezählt, die anderen negativ.

Beispiel 2.22 Nach dem Schaltbild 2.46 gilt
$U_1 + U_2 + U_3 - U_4 - U_5 = 0$.

Sind U_1, U_2, U_3 und U_4 bekannt und mit ihrem konventionellen Richtungssinn in das Schaltbild eingetragen, gilt der Spannungspfeil U_5 als Bezugspfeil. Das Vorzeichen für U_5 entscheidet wieder darüber, ob der gewählte Bezugspfeil mit dem konventionellen Richtungssinn übereinstimmt oder nicht.

Lösung Für $U_1 = 2$ V, $U_2 = 3$ V, $U_3 = 1$ V, $U_4 = 7$ V ist $U_5 = U_1 + U_2 + U_3 - U_4 = -1$ **V**. Das Potential in Klemme E ist also um 1 V höher als in Klemme A.

Beide Kirchhoffschen Regeln ergeben sich aus dem Energieerhaltungssatz. Entsprechend der Energiebilanz im Grundstromkreis (s. Abschn. 2.1.2) gilt auch für jeden geschlossenen Weg durch ein Netzwerk, dass die Summe der Energieänderungen der Ladungsträger Null ist. Da der Erhaltungssatz der Energie für jeden Augenblick und damit auch für eine kleine Zeitspanne Δt gilt, erhalten wir mit
$\Delta W/\Delta t = P$

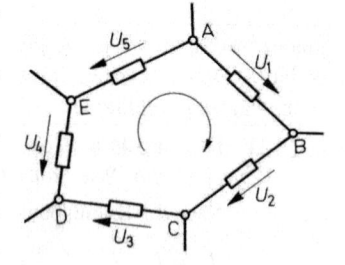

Bild 2.46 Maschenregel

$\Delta W_{\text{abgegeben}} + \Delta W_{\text{zugeführt}} = 0 \Rightarrow P_{\text{abgegeben}} + P_{\text{zugeführt}} = 0$.

Wir können die beiden Kirchhoffschen Regeln deshalb auch formal aus den Leistungsbilanzen der Reihenschaltung bzw. Parallelschaltung ableiten. Für die Reihenschaltung ergibt sich die Maschenregel, wenn wir die Gleichung

$$I(U_1 + U_2 + U_3 + \dots + U_n) - I \cdot U = 0$$

durch den gemeinsamen Strom dividieren. Entsprechend bekommen wir für die Parallelschaltung

$$U(I_1 + I_2 + I_3 + \dots + I_n) - U \cdot I = 0$$

und durch Division durch die gemeinsame Spannung die Knotenpunktregel.

Aktive und passive Netzwerke. Netzwerke, in denen den Ladungsträgern nur Energie entnommen wird, heißen passiv. Leistung und Teilleistungen in den Verbrauchern sind stets positiv zu rechnen, da die konventionellen Richtungen von Spannung und Stromstärke gleich sind. Von aktiven Netzwerken spricht man, wenn den Ladungsträgern auch Energie zugeführt wird, Leistungen also auch mit negativem Vorzeichen auftreten (konventionelle Richtungen von Spannung und Strom sind verschieden). Die Kirchhoff sehen Regeln gelten allgemein für passive und aktive Netzwerke aus Verbrauchern und Erzeugern.

Die Berechnung solcher Netzwerke mit Hilfe der Kirchhoffschen Regeln soll im Folgenden erläutert werden.

2.3.2 Berechnung einzelner Netzmaschen

Wir befassen uns zunächst mit der Berechnung von Schaltungen, in denen passive Ersatzwiderstände und aktive Spannungsquellen so zusammengeschaltet sind, dass sich im Sinne der Kirchhoffschen Maschenregel nur ein geschlossener Umlauf bilden lässt. Abgesehen vom einfachen Grundstromkreis sind das Schaltungen mit drei oder mehr Klemmen, zwischen denen jeweils Reihenschaltungen von Spannungsquellen (aktiven Zweipolen) und Widerständen bzw. Ersatzwiderständen (passive Zweipole) liegen. Bei drei Klemmen liegt z.B. eine Schaltung nach Bild **2.47** vor, die wir uns als Ausschnitt aus einem größeren geschlossenen Netzwerk vorstellen.

Die Stromverteilung in einer solchen Netzmasche lässt sich nur dann angeben, wenn Spannung und Polarität der Quellen bekannt sind. Bei jeder Spannungsquelle ist deshalb zunächst im konventionellen Sinn ein Spannungspfeil von ihrer positiven Klemme zu ihrer negativen Klemme einzuzeichnen. Als nächstes legen wir in der Masche einen Umlaufsinn fest, in dem gewissermaßen die gedachte Ladungsmenge Q_+ bewegt werden soll, also entweder im oder entgegen dem Uhrzeigersinn. Dann wird zwischen je zwei Stromverzweigungspunkten der Masche ein Strom-Bezugspfeil eingezeichnet, der zweckmäßig dem eben festgelegten Umlaufsinn entspricht. Es sei nochmals betont, dass die Bezugspfeile noch keine Auskunft über die tatsächlichen (konventionellen)

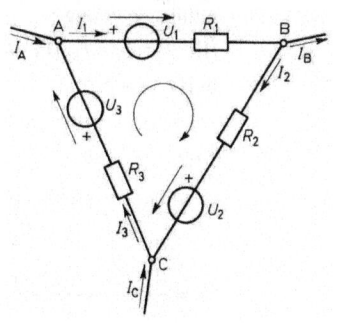

Bild 2.47 Netzmasche mit Spannungsquellen

Pfeilrichtungen geben. Sie sind jedoch für den Ansatz der den Kirchhoffschen Regeln entsprechenden Gleichungen erforderlich.

Nach den Regeln der Mathematik können wir in der Netzmasche ebenso viele unbekannte Größen berechnen, wie voneinander unabhängige Gleichungen zur Verfügung stehen. Für das Beispiel der Masche **2.47** können wir nur eine Maschengleichung durch Anwendung der zweiten Kirchhoffschen Regel aufstellen (für Einzelheiten s. Beispiel 2.24). Außerdem liefert die erste Kirchhoffsche Regel für die drei Knoten A, B und C je eine Knotengleichung und – indem wir die ganze Masche als einen Knoten betrachten – eine Bedingung für die äußeren Ströme: $I_A - I_B + I_C = 0$. Von diesen vier Knotengleichungen sind jedoch nur drei voneinander unabhängig, da sich eine stets aus den drei anderen ableiten lässt. Für die Masche erhalten wir also im ganzen vier unabhängige Gleichungen, sodass wir vier unbekannte Größen berechnen können.

2.3 Energiesatz in Netzwerken

Beispiel 2.23 In der Masche Bild **2.47** sind die Spannungen der Spannungsquellen und die Widerstände gegeben, außerdem die äußeren Ströme I_A und I_B. Gesucht sind die Ströme I_1, I_2 und I_3 sowie I_C.

Lösung Wir stellen zunächst die Maschengleichung auf. Dazu beginnen wir den Umlauf im festgelegten Sinn z.B. an der Klemme A. Stimmen Umlaufsinn und Pfeilsinn der Spannungen der Quellen bzw. der Ströme in den Widerständen überein, bekommt die entsprechende Spannung ein positives Vorzeichen, sonst ein negatives. Es ergibt sich danach

(I) $U_1 + I_1 R_1 + I_2 R_2 + U_2 + I_3 R_3 + U_3 = 0$.

Dazu kommen die Knotenpunktgleichungen

(II) $\sum I_M = 0 = I_A - I_B + I_C$ (für die gesamte Masche)

(III) $\sum I_A = 0 = I_A - I_1 + I_3$ (für Klemme A)

(IV) $\sum I_B = 0 = I_1 - I_B - I_2$ (für Klemme B).

Es seien gegeben

$U_1 = 24$ V, $U_2 = 12$ V, $U_3 = 6$ V, $R_1 = 220\,\Omega$, $R_2 = 150\,\Omega$, $R_3 = 330\,\Omega$, $I_A = 0{,}25$ A, $I_B = 0{,}4$ A.

Nach Gl. (II) ergibt sich $I_C = I_B - I_A = 0{,}4$ A $- 0{,}25$ A $= \mathbf{0{,}15\ A}$.

Die Gl. (I), (III) und (IV) bilden ein Gleichungssystem mit drei Unbekannten, die alle in der Maschengleichung auftreten. Die Knotenpunktgleichungen (III) und (IV) werden in die Maschengleichung (I) eingesetzt. Diese wird jetzt mit der einzigen Unbekannten I_1 zur Bestimmungsgleichung:

(III) $I_3 = I_1 - I_A$ (IV) $I_2 = I_1 - I_B$

in (I) $U_1 + I_1 R_1 + (I_1 - I_B) R_2 + U_2 + (I_1 - I_A) R_3 + U_3 = 0$

$U_1 + I_1 R_1 + I_1 R_2 - I_B R_2 + U_2 + I_1 R_3 - I_A R_3 + U_3 = 0$

$I_1 (R_1 + R_2 + R_3) = I_B R_2 + I_A R_3 - (U_1 + U_2 + U_3)$

$$I_1 = \frac{I_B R_2 + I_A R_3 - (U_1 + U_2 + U_3)}{R_1 + R_2 + R_3}$$

$$I_1 = \frac{0{,}4\ \text{A} \cdot 150\,\Omega + 0{,}25\ \text{A} \cdot 330\,\Omega - 42\ \text{V}}{700}$$

$I_1 = 0{,}1436$ A $= \mathbf{143{,}6\ mA}$

Aus den Gl. (III) und (IV) werden die Ströme I_3 bzw. I_2 berechnet:

$I_3 = 143{,}6$ mA $- 250$ mA $= \mathbf{-106{,}4\ mA}$

$I_2 = 143{,}6$ mA $- 400$ mA $= \mathbf{-256{,}4\ mA}$

Bei I_3 und I_2 stimmen der gewählte Bezugspfeil und der konventionelle Richtungssinn des Stroms nicht überein. Es ist nun nicht erforderlich, die zunächst gewählten Bezugspfeile für I_2 und I_3 nachträglich umzudrehen. Der Ansatz der Gleichungen würde der neuen Pfeilfestlegung nicht mehr entsprechen und müsste wie die Rechnung geändert werden. Die Rechnung würde I_2 und I_3 mit positivem Vorzeichen liefern, was ja die Bestätigung für die Übereinstimmung von Bezugsrichtung und Stromrichtung bedeuten würde. Es ist jedoch zu beachten, dass bei der Berechnung von z.B. U_{BC} die der Rechnung zugrunde gelegten Bezugspfeile und die Vorzeichen der berechneten Größen richtig berücksichtigt werden:

$U_{BC} = I_2 R_2 + U_2 = -0{,}2564$ A $\cdot 150\,\Omega + 12$ V $= \mathbf{-26{,}46\ V}$.

Die Klemme C hat also ein um 26,46 V positiveres Potential als Klemme B. Entsprechend ist

$U_{BC} = - U_{CB} \Rightarrow U_{CB} = \mathbf{26{,}46\ V}$.

Eine Änderung der ursprünglich gewählten Bezugspfeile nach dem Ergebnis der Rechnung in konventionelle Richtungspfeile ist nur dann sinnvoll, wenn man mit dem Schaltbild auch ein anschauliches Bild der Potential- und Stromverteilung haben will.

Aufgaben zu Abschnitt 2.3

71. In der Schaltung Bild 2.38a ist die Spannungs- und Stromverteilung für $U_{AB} = 48\ V$ zu berechnen. Dabei sind $R_1 = R_3 = R_5 = 270\ \Omega$ und $R_2 = R_4 = R_6 = 120\ \Omega$.

72. In der Schaltung Bild 2.39 a sind für $U_{AB} = 24\ V$ Teilspannungen und -ströme zu bestimmen. Es betragen $R_1 = R_3 = R_5 = 330\ \Omega$, $R_2 = R_4 = R_6 = 150\ \Omega$.

73. In der Schaltung Bild 2.40 beträgt die Spannung $U_{AB} = 60\ V$. Die Spannungs- und Stromverteilung bei gleichen Widerständen R_1 bis $R_9 = 470\ \Omega$ ist zu berechnen.

74. In der Brückenschaltung Bild 2.41 ist bei $U_{AB} = 12\ V$ die Spannungs- und Stromverteilung zu ermitteln. Die Widerstände betragen $R_1 = 120\ \Omega$, $R_2 = 150\ \Omega$, $R_3 = 180\ \Omega$, $R_4 = 220\ \Omega$, $R_5 = 270\ \Omega$ und $R_6 = 330\ \Omega$.

75. In der Schaltung Bild 2.42 sind für $U_{AB} = 12\ V$ Teilspannungen und -ströme zu berechnen. Es sind $R_1 = R_3 = R_5 = 270\ \Omega$ und $R_2 = R_4 = R_6 = 560\ \Omega$.

76. In der Schaltung Bild 2.45 beträgt die Spannung $U_{AB} = 60\ V$. Welche Spannungs- und Stromverteilung ergibt sich für $R_1 = R_3 = R_5 = R_1 = 270\ \Omega$ und $R_2 = R_4 = R_6 = R_8 = 470\ \Omega$?

77. Gegeben in Bild 2.48: $U_1 = 12\ V$, $U_2 = 6\ V$, $I_A = 2\ A$, $I_C = 2{,}5\ A$, $I_D = 1{,}5\ A$, $R_1 = 47\ \Omega$, $R_2 = 68\ \Omega$, $R_3 = 56\ \Omega$, $R_4 = 33\ \Omega$. Gesucht: I_B, I_1, I_2, I_3, I_4, U_{AB}, U_{AC}, U_{BD}.

78. In Bild 2.49 betragen $I_A = 1{,}5\ A$, $I_B = 2{,}5\ A$, $I_C = 3\ A$, $R_1 = 18\ \Omega$, $R_2 = 33\ \Omega$, $R_3 = 47\ \Omega$, $R_4 = 22\ \Omega$. Gesucht sind I_D, I_1, I_2, I_3, I_4, U_{AC}, U_{BD}.

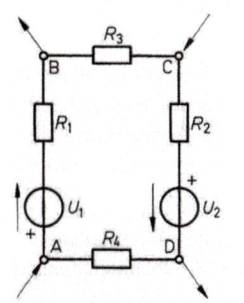

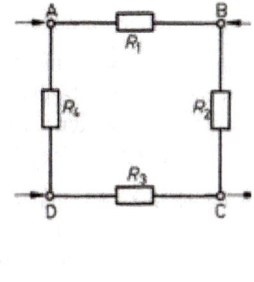

Bild 2.48 Zu Aufgabe 77

Bild 2.49 Zu Aufgabe 78

79. In Bild 2.50 betragen $I_A = 3\ A$, $I_B = 2\ A$, $U_1 = 12\ V$, $U_2 = 6\ V$, $U_3 = 8\ V$, $R_1 = 22\ \Omega$, $R_2 = 18\ \Omega$, $R_3 = 27\ \Omega$, $R_4 = 33\ \Omega$. Gesucht sind I_C, I_1, I_2, I_3, U_{AB}, U_{AC}, U_{BC}.

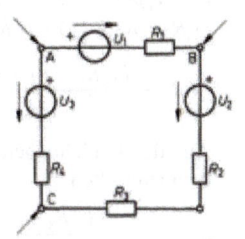

Bild 2.50 Zu Aufgabe 79

2.3.3 Berechnung geschlossener Netze

2.3.3.1 Anwendung der Kirchhoffschen Regeln

Einströmungen in eine Netzmasche ersetzen die an die interessierende Netzmasche anschließenden Teile eines Netzwerks. Wenn diese Einströmungen nicht bekannt sind, muss die Berechnung im Allgemeinen auf das gesamte Netzwerk ausgedehnt werden. Dieses ist jetzt in sich geschlossen und enthält keine Einströmungen mehr. Seine k Knotenpunkte liefern nur $(k-1)$ unabhängige Gleichungen zur Berechnung der z Zweigströme zwischen den Stromverzweigungspunkten. Die restlichen $m = z - (k-1)$ erforderlichen Maschengleichungen müssen voneinander unabhängig sein. D.h. jede muss mindestens ein Glied enthalten, das in den anderen Maschengleichungen nicht vorkommt.

Die vorbereitenden Festlegungen von Umlaufsinn in den Maschen sowie von Pfeilen für Spannungen und Ströme erfolgen wie oben beschreiben. Dabei ist vor allem die Polarität der Spannungsquellen zu beachten.

Die Lösung der erhaltenen Gleichungssysteme mit elementaren rechnerischen Mitteln wird dabei mit steigender Maschenzahl aufwendiger. Wir wollen uns deshalb hier auf einige einfache Beispiele beschränken. Auf die Anwendung der Kirchhoffschen Regeln zur Berechnung von Netzwerken werden wir später noch zurückkommen.

Beispiel 2.24 Es sind in der Schaltung Bild 2.51 die Ströme I_1, I_2, I_3 und die Spannungsverteilung gesucht. Es ist eine Knotenpunktgleichung möglich, und zur Ermittlung der drei Teilströme sind daher noch zwei Maschengleichungen erforderlich. Es sind z.B.

(I) $\sum I_A = I_1 - I_2 - I_3 = 0$

(II) $\sum U_I = I_3 R_3 + I_1(R_1 + R_2) - U_1 = 0$

(III) $\sum U_{II} = -U_2 + I_2(R_4 + R_5) - I_3 R_3 = 0$

Durch Addition von (II) und (III) erhält man

(IV) $I_1(R_1 + R_2) + I_2(R_4 + R_5) = U_1 + U_2$

und durch Einsetzen von (I) in (III)

$(I_2 - I_1)R_3 + I_2(R_4 + R_5) = U_2 =$
$I_2(R_3 + R_4 + R_5) - I_1 R_3 \Rightarrow$

(V) $I_1 = \dfrac{I_2(R_3 + R_4 + R_5) - U_2}{R_3}$.

Aus den Gleichungen (IV) und (V) ergibt sich nach dem Umstellen

$I_2 = \dfrac{U_1 R_3 + U_2(R_1 + R_2 + R_3)}{R_3(R_1 + R_2) + (R_4 + R_5)(R_1 + R_2 + R_3)}$.

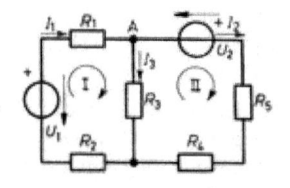

Bild 2.51 Geschlossenes Netzwerk mit zwei Maschen (Beispiel 2.24)

Sind z.B. $U_1 = 12$ V, $U_2 = 6$ V, $R_1 = 120\,\Omega$, $R_2 = 180\,\Omega$, $R_3 = 150\,\Omega$, $R_4 = 220\,\Omega$ und $R_5 = 270\,\Omega$, erhält man

$I_2 = \dfrac{12\,\text{V} \cdot 150\,\Omega + 6\,\text{V} \cdot 450\,\Omega}{150\,\Omega \cdot 300\,\Omega + 490\,\Omega \cdot 450\,\Omega}$ und Kürzen durch $150\,\Omega$

$I_2 = \dfrac{12\,\text{V} + 6\,\text{V} \cdot 3}{300\,\Omega + 490\,\Omega \cdot 3} = \mathbf{16{,}95\ mA}$. Damit ergeben sich

$I_1 = \dfrac{16{,}95\,\text{mA} \cdot 640\,\Omega - 6\,\text{V}}{150\,\Omega} = \mathbf{32{,}32\ mA}$

aus Gl. (V) und aus $I_3 = I_1 - I_2$ schließlich $I_3 = \mathbf{15{,}37\ mA}$.

Beispiel 2.25 In der Schaltung Bild 2.52 sind gegeben:

$U_1 = 12$ V, $U_2 = 18$ V, $U_3 = 24$ V, R_1 bis $R_6 = 15$ Ω.

Gesucht sind die Ströme I_1 bis I_6 sowie U_{AC}, U_{AD}, U_{DC}.

Bei vier Knotenpunkten sind drei unabhängige Knotenpunktgleichungen möglich und demnach noch drei Maschengleichungen erforderlich.

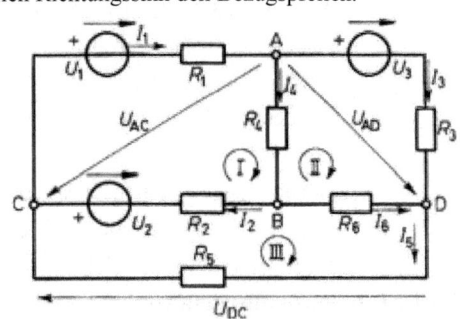

Bild 2.52 Geschlossenes Netzwerk mit drei Maschen

(I) $\sum I_A = I_1 - I_3 - I_4 = 0$

(II) $\sum I_B = I_4 - I_2 - I_6 = 0$

(III) $\sum I_D = I_3 + I_6 - I_5 = 0$

(IV) $\sum U_I = I_4 R_4 + I_2 R_2 - U_2 + U_1 + I_1 R_1 = 0$

(V) $\sum U_{II} = U_3 + I_3 R_3 - I_6 R_6 - I_4 R_4 = 0$

(VI) $\sum U_{III} = I_6 R_6 + I_5 R_5 + U_2 - I_2 R_2 = 0$.

Es ergibt sich ein Gleichungssystem mit den sechs unbekannten Strömen. Die Knotenpunktgleichungen werden so in die Maschengleichungen eingesetzt, dass sich drei Gleichungen mit drei Unbekannten daraus ableiten lassen.

(III in VI) $I_6 R_6 + (I_3 + I_6) R_5 - I_2 R_2 = -U_2 \Rightarrow$

(VII) $-I_2 R_2 + I_3 R_5 + I_6 (R_5 + R_6) = -U_2$

(II in V) $-(I_2 + I_6) R_4 + I_3 R_3 - I_6 R_6 = -U_3 \Rightarrow$

(VIII) $-I_2 R_4 + I_3 R_3 - I_6 (R_4 + R_6) = -U_3$

(I in IV) $I_4 R_4 + I_2 R_2 + (I_3 + I_4) R_1 = U_2 - U_1 \Rightarrow I_2 R_2 + I_3 R_1 + I_4 (R_1 + R_4) = U_2 - U_1$

und daraus mit (II) $I_2 R_2 + I_3 R_1 + (I_2 + I_6)(I_2 + R_4) = U_2 - U_1 \Rightarrow$

(IX) $I_2 (R_1 + R_2 + R_4) + I_3 R_1 + (R_1 + R_4) = U_2 - U_1$.

Die drei Gleichungen (VII), (VIII) und (IX) werden zunächst nach I_3 umgestellt. Danach wird (VII) mit (VIII) bzw. mit (IX) gleichgesetzt. Daraus bekommt man

(X) $\dfrac{I_2 R_2 - I_6 (R_5 + R_6) - U_2}{R_5} = \dfrac{I_2 R_4 + I_6 (R_4 + R_6) - U_3}{R_3}$

(XI) $\dfrac{I_2 R_2 - I_6 (R_5 + R_6) - U_2}{R_5} = \dfrac{U_2 - U_1 - I_2 (R_1 + R_2 + R_4) - I_6 (R_1 + R_4)}{R_1}$.

Man erkennt, dass die allgemeine Lösung der Netzwerkberechnung für beliebige Spannungs- und Widerstandswerte zwar grundsätzlich nur elementare Rechenoperationen erfordert, dass sie aber auch zu umfangreicheren Ausdrücken führt, je größer die Anzahl der Maschengleichungen wird. In diesem Beispiel können wir die Ausdrücke dadurch vereinfachen, dass R_1 bis $R_6 = R$ gesetzt wird. Die beiden Gleichungen (X) und (XI) bekommen wir dann in der Form

2.3 Energiesatz in Netzwerken

$I_2R - I_6\,2R - U_2 = I_2R + I_6\,2R - U_3 \;\Rightarrow\; I_6\,4R = U_3 - U_2$

$I_2R - I_6\,2R - U_2 = U_2 - U_1 - I_2\,3R - I_6\,2R \;\Rightarrow\; I_2\,4R = 2\,U_2 - U_1.$

Aus (IX) $I_2\,3R + I_3R + I_6\,2R = U_2 - U_1$ erhält man

$I_3\,4R = -\,U_1 - 2U_3$ und aus den Knotenpunktgleichungen

$I_4\,4R = U_2 + U_3 - U_1;\;\; I_14R = U_2 - U_3 - 2U_1;\;\; I_5\,4R = -\,U_1 - U_2 - U_3.$

Mit den gegebenen Werten erhält man schließlich

$I_1 = -\,\mathbf{0{,}5\,A};\;\; I_2 = \mathbf{0{,}4\,A};\;\; I_3 = -\,\mathbf{1\,A};\;\; I_4 = \mathbf{0{,}5\,A};\;\; I_5 = -\,\mathbf{0{,}9\,A};\;\; I_6 = \mathbf{0{,}1\,A}.$

Die gesuchten Spannungen ergeben sich z.B. aus

$U_{AC} = -\,U_1 - I_1R = -\,\mathbf{4{,}5\,V};\;\; U_{DC} = I_5 \cdot R = -\,\mathbf{13{,}5\,V};$

$U_{AD} = U_{AC} - U_{DC} = -\,4{,}5\,V + 13{,}5\,V = \mathbf{9V}.$

2.3.3.2 Maschenstromverfahren

Bei dem eben geschilderten Berechnungsverfahren können die Bezugsrichtungen der Ströme ganz beliebig angenommen werden. Zur Vereinfachung der Berechnung liegt es daher nahe, in den einzelnen Zweigen des Netzwerks diese Bezugsrichtungen so zu wählen, dass sie mit dem Umlaufsinn der Masche zusammenfallen. D.h. man nimmt in jeder Masche einen Kreisstrom an, der alle Elemente der Masche durchfließt. Da in dem ganzen Netzwerk dann nur noch solche gedachten Maschenströme fließen, ist an den einzelnen Knoten des Netzes die Knotenpunktregel durch diese Annahme bereits erfüllt. Man braucht also die Knotenpunktgleichungen gar nicht mehr aufzuschreiben und kann so das Berechnungsverfahren vereinfachen.

Während z.B. in Bild **2.**51 die Pfeile für den Umlaufsinn in den Maschen I und II lediglich zum Vergleich mit den Bezugspfeilen für Spannungen und Ströme erforderlich sind, haben sie beim Maschenstromverfahren zusätzlich den Charakter von Maschenströmen im Sinne von Bezugspfeilen. Gehört ein Widerstand zwei Maschen an (wie in Bild **2.**51 z.B. R_3) muss man beim Berechnen der an ihm auftretenden Spannung beide Maschenströme entsprechend ihrer Bezugsrichtung berücksichtigen. Spannungen werden auch hier positiv in die Gleichungen eingesetzt, wenn ihr Richtungspfeil mit der Bezugsrichtung des Maschenstroms übereinstimmt, sonst negativ.

Nach dem Berechnen der Maschenströme werden die gesuchten Zweigströme aus den Maschenströmen bestimmt. Dabei sind alle Maschenströme zu berücksichtigen, die den betrachteten Zweig durchfließen. Die Bezugspfeile der Zweigströme lassen sich so festlegen, dass sich bei der Berechnung aus den Maschenströmen positive Werte ergeben. Die Bezugspfeile entsprechen dann der konventionellen Stromrichtung und liefern ein anschauliches Bild der im Netzwerk auftretenden Stromverteilung.

In den folgenden Beispielen werden bei gleichen gegeben Größen wie in den Beispielen 2.24 bzw. 2.25 in Abschn. 2.3.3.1 die Zweigströme nach dem Maschenstromverfahren berechnet.

Beispiel 2.26 In der Schaltung Bild **2.**51 sind die Zweigströme $I_1\,I_2$ und I_3 zu bestimmen.

Lösung Mit den Bezugspfeilen für die Maschenströme I und II ergeben sich die Gleichungen

$R_3(I_I - I_{II}) + I_I\,R_2 - U_1 + I_1R_1 = 0$

$-\,U_2 + I_U(R5 + R_4) + R_3\,(I_{II} - I_I) = 0.$

Daraus erhalten wir

$I_1\,(R_1 + R_2 + R_3) - I_{II}R_3 = U_1$

$-\,I_1 + I_U\,(R_3 + R_3 + R_5) = U_2,$

und zur Vereinfachung der Schreibweise mit

$R_{E1} = R_1 + R_2 + R_3 = 450\,\Omega;\;\;\; R_{E2} = R_2 + R_4 + R_5 = 640\,\Omega$

bekommen wir die beiden Gleichungen in der Form

$I_1 R_{E1} - I_{II} R_3 = U_1$ und $-I_1 R_3 - I_{II} R_{E2} = U_2$.

Mit $I_I = \dfrac{U_1 + I_{II}R_3}{R_{E1}}$ erhalten wir $I_{II}R_{E2} - \dfrac{(U_1 + I_{II}R_3)R_3}{R_{E1}} = U_2 \Rightarrow$

$I_{II}R_{E2}R_{E1} - U_1 R_3 - I_{II}R_3^2 = U_2 R_{E1} \Rightarrow$

$I_{II}(R_{E1}R_{E2} - R_3^2) = U_2 R_{E1} + U_1 R_3 \Rightarrow$

$I_{II} = \dfrac{U_2 R_{E1} + U_1 R_3}{R_{E1}R_{E2} - R_3^2} = \dfrac{6\,\text{V} \cdot 450\,\Omega + 12\,\text{V} \cdot 150\,\Omega}{450\,\Omega \cdot 640\,\Omega - (150\,\Omega)^2} = 0{,}016949\,\text{A}.$

Damit erhalten wir $I_I = \dfrac{12\,\text{V} + 0{,}016949\,\text{A} \cdot 150\,\Omega}{450\,\Omega} = 0{,}032316\,\text{A}.$

Für die Zweigströme entsprechend Bild 2.51 ergeben sich

$I_1 = I_I = 0{,}032316\,\text{A} = $ **32,32 mA**

$I_2 = I_{II} = 0{,}016949\,\text{A} = $ **16,95 mA**

$I_3 = I_I - I_{II} = 0{,}01536\,\text{A} = $ **15,37 mA.**

Beispiel 2.27 In dem Netzwerk nach Bild **2.52** sind die Zweigströme gesucht.

Lösung Mit den Bezugspfeilen für die Maschenströme I_I, I_{II} und I_{III} erhalten wir die Gleichungen

$(I_I - I_{II})R_4 + (I_I - I_{III})R_2 - U_2 + U_1 + I_I R_1 = 0$

$U_3 + I_{II} R_3 + (I_{II} - I_{III})R_6 + (I_{II} - I_I)R_4 = 0$

$I_{III} R_5 + U_2 + (I_{III} - I_I)R_2 + (R_2 + R_5 + R_6) = 0$

und daraus

(1) $I_I (R_1 + R_2 + R_4) - I_{II} R_4 - I_{III} R_2 = U_2 - U_1$

(2) $-I_I R_4 + I_{II}(R_3 + R_4 + R_6) - I_{III} R_6 = -U_3$

(3) $-I_I R_2 + I_{II} R_6 + I_{III}(R_2 + R_5 + R_6) = -U_2.$

Auch bei unterschiedlichen Werten der Widerstände lässt sich die Schreibweise des Gleichungssystems vereinfachen, wenn wir Ersatzwiderstände einführen. Da hier jedoch die Widerstände gleiche Werte haben, können wir schreiben

(1) $I_I \cdot 3R - I_{II} \cdot R - I_{III} \cdot R = U_2 - U_1$

(2) $-I_I \cdot R + I_{II} \cdot 3R - I_{III} \cdot R = -U_3$

(3) $-I_I \cdot R - I_{II} \cdot R + I_{III} \cdot 3R = -U_2.$

Multiplizieren wir Gl. (2) und (3) jeweils mit 3 und addieren sie zu Gl. (1) bekommen wir die beiden Gleichungen

(1a) $I_{II} \cdot 8R - I_{III} \cdot 4R = U_2 - U_1 - 3U_3$

(2a) $-I_{II} \cdot 4R + I_{III} \cdot 8R = U_2 - U_1 - 3U_2 = -U_1 - 2U_2.$

Multiplizieren wir Gl. (2a) mit 2 und addieren, ergibt sich

$I_{III} \cdot 12R = -2U_1 - 4U_2 + U_2 - U_1 - 3U_3 = -3(U_1 + U_2 - U_3)$

und daraus schließlich

$I_{III} = -\dfrac{3(U_1 + U_2 + U_3)}{12R} = -\dfrac{54\,\text{V}}{60\,\Omega} = -0{,}9\,\text{A}.$

Gl. (1a) liefert $I_{II} = -1{,}0$ A und Gl. (1) $I_I = -0{,}5$ A. Mit den Bezugspfeilen nach Bild **2.56** erhalten wir schließlich für die gesuchten Zweigströme

$I_1 = I_I = -0{,}5\,\text{A};\quad I_2 = I_I - I_{III} = 0{,}4\,\text{A}$

$I_3 = I_{II} = -1{,}0\,\text{A};\quad I_4 = I_I - I_{II} = 0{,}5\,\text{A}$

$I_5 = I_{III} = -0{,}9\,\text{A};\quad I_6 = I_{III} - I_{II} = 0{,}1\,\text{A}.$

Aufgaben zu Abschnitt 2.3.3

Die Aufgaben sind nach den in Abschn. 2.3.3.1 und 2.3.3.2 beschriebenen Berechnungsverfahren zu lösen.

80. In der Schaltung Bild 2.53 sind gegeben: $U_1 = 6\,\text{V}$, $U_2 = 12\,\text{V}$, $U_3 = 18\,\text{V}$, $R_1 = 21\,\Omega$, $R_2 = 33\,\Omega$, $R_3 = 47\,\Omega$. Gesucht sind die Stromstärken I_1, I_2 und I_3.

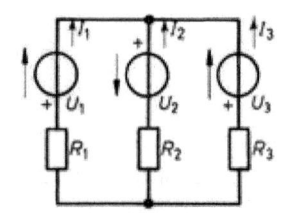

Bild 2.53 Zu Aufgabe 80

81. In der Schaltung Bild 2.54 sind $U_1 = 18\,\text{V}$, $U_2 = 12\,\text{V}$, $U_3 = 6\,\text{V}$, $R_1 = R_2 = R_3 = 56\,\Omega$ und $R_4 = R_5 = R_6 = 68\,\Omega$. Gesucht sind die Stromstärken I_1 bis I_6 sowie die Spannungen U_{AB}, U_{AC}, U_{BC}. Es ist zu prüfen, welche Auswirkung eine Stern-Dreieck-Umwandlung auf die Netzwerkberechnung hat.

82. Bei sonst gleichen gegebenen Daten wie in Aufgabe 2 sind in Bild 2.54 die Spannungen $U_1 = U_2 = U_3 = 12\,\text{V}$, wobei U_2 die andere Polarität hat. Welche Stromstärken I_1 bis I_6 ergeben sich nun, und welche Werte haben die Spannungen U_{AB}, U_{BC} und U_{CA}?

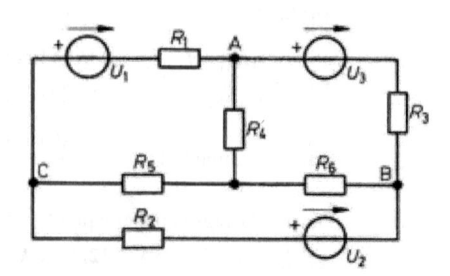

Bild 2.54 Zu Aufgabe 81 und 82

83. In der Schaltung Bild **2.59** betragen $U_1 = 24\,\text{V}$, $U_2 = 12\,\text{V}$, $R_1 = 56\,\Omega$, $R_2 = 33\,\Omega$, $R_3 = R_4 = R_5 = 68\,\Omega$. Gesucht sind die Stromstärken I_1 bis I_5. Es ist ferner zu prüfen, ob eine Dreieck-Stern-Umwandlung Vorteile beim Berechnen der Stromverteilung bringt.

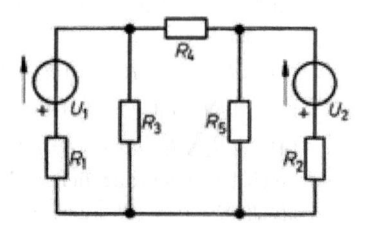

Bild 2.55 Zu Aufgabe 83

2.4 Erzeugerteil

Wir sahen im Abschn. 2.3, dass bei einem gleich bleibenden (stationären) elektrischen Strom in einem beliebigen Netzwerk Energieabgabe und Energiezufuhr stets im Gleichgewicht stehen müssen. Die Energiezufuhr an die Ladungsträger erfolgt in einer Spannungsquelle (Erzeuger) auf Kosten einer anderen Energieform. Diese Energieumformung ist stets mit Umwandlungsverlusten verbunden (2.1), sie gehorcht aber dem Energieerhaltungssatz, der in jedem Augenblick gültig ist. Wir stellen die folgenden Betrachtungen deshalb nicht für die Energie (Arbeit) an, sondern für die Leistung. Wegen der physikalischen Gleichwertigkeit verschiedener Energie- bzw. Leistungsformen können wir ohne Rücksicht auf die tatsächlich vorliegenden Energieformen elektrische

Größen verwenden und damit auch das Verhalten des Erzeugers beschreiben.

2.4.1 Ersatzspannungsquelle

Im Grundstromkreis stellt der Widerstand R_E den Ersatzwiderstand des Verbrauchers dar, den wir z.B. nach den besprochenen Verfahren ermittelt haben. An den Klemmen A und B führen wir ihm bei einer Klemmenspannung U_{AB} und der Stromstärke I die Leistung $P = U_{AB}I$ zu, die wir einem Erzeuger entnehmen. Verändern wir nun den Belastungsstrom (z.B. durch Änderung des Lastwiderstands R_E), verändert sich in der Regel auch die Klemmenspannung. Sie ist belastungsabhängig. Die Art der Abhängigkeit lässt sich messtechnisch ermitteln. Im einfachsten Fall, der in der Praxis jedoch häufig vorkommt, nimmt die Klemmenspannung mit zunehmendem Belastungsstrom linear ab. Für zwei Belastungsfälle erhalten wir z.B. die Messpunkte 1 und 2 in Bild **2.56**.

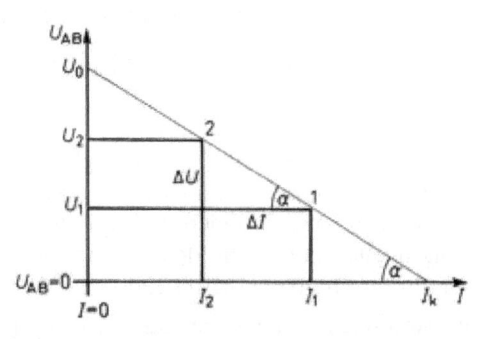

Bild 2.56 Belastungsdiagramm einer Spannungsquelle

Leerlaufspannung. Verbindet man die Messpunkte 1 und 2 durch eine Gerade und verlängert diese, erhält man mit den beiden Achsen zwei Schnittpunkte. Diese entsprechen den Betriebsfällen $I = 0$ bei offenen Klemmen A/B bzw. der Spannung $U_{AB} = 0$ bei kurzgeschlossenen Klemmen. Im Fall $I = 0$ ist die Bewegungsenergie der Ladungsträger Null, und ihre potentielle Energie an den Klemmen erreicht ihren höchsten Wert. Dementsprechend hat auch die Klemmenspannung den größten möglichen Betrag. Sie wird als Leerlaufspannung U_l, Quellenspannung U_q oder auch als Urspannung U_0 bezeichnet.

Kurzschlussstrom. Der Belastungsstrom kann nicht beliebig groß werden. Auch er hat einen größten möglichen Wert, wenn die potentielle Energie der Ladungsträger bei kurzgeschlossenen Klemmen ihren niedrigsten Wert im Stromkreis hat und die Ladungsträger nur noch Bewegungsenergie enthalten. Es fließt der so genannte Kurzschlussstrom I_k.

Alle praktisch möglichen Betriebsfälle liegen zwischen diesen beiden Grenzwerten. Entsprechend irgendeinem Punkt auf der Geraden gehört zu einem bestimmten Belastungsstrom I eine bestimmte Klemmenspannung U_{AB}.

Innerer Widerstand. Der Spannungsfall $\Delta U = U_2 - U_1$ lässt sich formal als Wirkung eines Widerstands denken, der sich innerhalb der Spannungsquelle befindet und deshalb als „innerer Widerstand R_i" bezeichnet wird. Entsprechend heißt der Spannungsfall ΔU auch „innerer Spannungsfall U_i". Den Betrag des inneren Widerstands bekommt man aus dem Diagramm als Steigung der Geraden

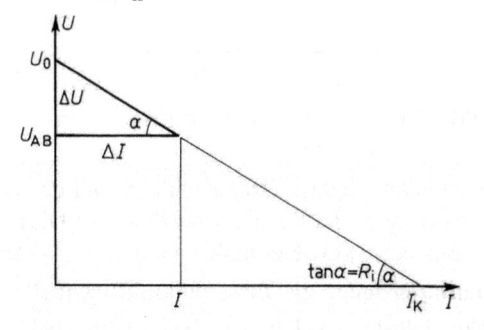

Bild 2.57 Belastungsdiagramm der Ersatzspannungsquelle

$$\boxed{R_i = \tan \alpha = -\frac{\Delta U}{\Delta I} = -\frac{U_2 - U_1}{I_1 - I_2} = \frac{U_0}{I_k}}. \tag{2.32}$$

Bei linearer Abhängigkeit $U_{AB} = f(I)$ ist der innere Widerstand unabhängig vom Belastungsstrom konstant.

Wie man dem Diagramm die Klemmenspannung für einen beliebigen Belastungsfall entnehmen kann, so lässt sie sich auch berechnen. Man entnimmt Bild **2.57**

$U_{AB} = U_0 - \Delta U$ und mit $\Delta U = I\,R_i$ auch

$$\boxed{U_{AB} = U_0 - I \cdot R_i.} \tag{2.33}$$

Ersatzspannungsquelle. Es lässt sich nun eine Ersatzschaltung angeben, deren Verhalten dieser Gleichung entspricht. In ihr ist eine Spannungsquelle mit der belastungsunabhängigen Spannung U_0 mit dem inneren Widerstand R_i in Reihe geschaltet. Diese Ersatzschaltung heißt „Ersatzspannungsquelle" und der mit dem Ersatzwiderstand R_E des Verbrauchers vervollständigte Stromkreis der „Ersatzstromkreis" (Bild **2.58**).

Im Schaltplan ist die Spannungsquelle des Ersatzstromkreises als Kreis mit durchgezogener Linie dargestellt. So soll betont werden, dass es sich um eine ideale Spannungsquelle (ohne Innenwiderstand) handelt.

Der Strom I im Ersatzstromkreis lässt berechnen nach der Gleichung

$$\boxed{I = \frac{U_0}{R_i + R_E}.} \tag{2.34}$$

Die Ersatzspannungsquelle, die wir formal aus dem Verhalten einer realen Spannungsquelle abgeleitet haben, hat auch eine physikalische Bedeutung. Die Leistung $P = U_{AB}\,I$, die wir an den Klemmen dem Erzeuger entnehmen können, ist stets kleiner als die diesem zugeführte Leistung $P_0 = U_0 - I$. Dieser Sachverhalt entspricht der Tatsache, dass jede Energieumformung mit Ver-

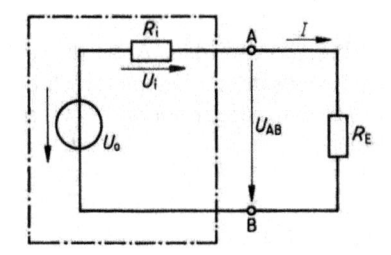

Bild 2.58 Ersatzstromkreis mit Ersatzspannungsquelle

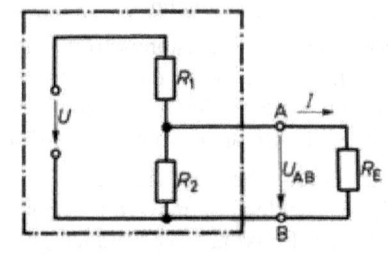

Bild 2.59 Belasteter Spannungsteiler als Ersatzspannungsquelle

lusten verbunden ist. (Natürlich bedeutet das nur, dass ein Teil der zugeführten Leistung für den beabsichtigten Zweck nicht nutzbar ist.) Dieser Anteil der Leistung wird in der Ersatzschaltung des Erzeugers gewissermaßen am inneren Widerstand nicht umkehrbar in Wärme umgesetzt.

Spannungsteiler als Ersatzspannungsquelle. Man kann nicht nur einen Erzeuger als Ersatzspannungsquelle darstellen, sondern auch jedes andere lineare, aktive Netzwerk so im einfachsten Fall den Spannungsteiler mit Quelle. Legt man nach Bild **2.59** an einen Spannungsteiler aus den Widerständen R_1 und R_2 eine konstante Gleichspannung U, erhält man bei offenen Klemmen A/B an R_2 die Leerlaufspannung

$$U_{AB0} = \frac{U \cdot R_2}{R_1 + R_2}.$$

Bei Belastung des Spannungsteilers mit einem Widerstand R_E sinkt die Spannung an R_2. Die

Klemmenspannung U_{AB} und den in R_E fließenden Strom könnten wir nach den Berechnungsregeln der gemischten Schaltung ermitteln. Wir wollen hier jedoch einen anderen Weg zur Bestimmung dieser Größen wählen. Dazu berechnen wir zunächst den größtmöglichen Strom zwischen den Klemmen A und B, wenn wir diese kurzschließen. Es ergibt sich

$$I_k = \frac{U}{R_1}.$$

Damit erhalten wir für den Innenwiderstand des Spannungsteilers

$$\boxed{R_i = \frac{U_{AB0}}{I_k} = -\frac{U \cdot R_2 \cdot R_1}{(R_1 + R_2)U} = \frac{R_1 \cdot R_2}{R_1 + R_2}} \qquad (2.35)$$

> Der Innenwiderstand eines Spannungsteilers ist gleich dem Ersatzwiderstand der Parallelschaltung seiner beiden Teilwiderstände.

Ist der Spannungsteiler z.B. ein Schiebewiderstand oder ein Drehwiderstand, dessen Teilwiderstände durch den Schleifer gebildet werden, so sind Leerlaufspannung und Innenwiderstand nur von der Stellung des Schleifers abhängig, wenn das Potentiometer mit konstanter Gleichspannung gespeist wird. Mit den Größen U_0 und R_i der Ersatzspannungsquelle lassen sich die Klemmenspannung U_{AB} bzw. der Belastungsstrom I nach Gl. (2.33) bzw. Gl. (2.34) für einen beliebigen Belastungsfall leicht berechnen.

Aufgaben zu Abschnitt 2.4.1

84. Aus zwei Belastungsmessungen einer Spannungsquelle ergeben sich die folgenden Messwerte: $U_1 = 5{,}8$ V; $I_1 = 0{,}2$ A; $U_2 = 5{,}9$ V, $I_2 = 0{,}18$ A.
    a) Welche Werte ergeben sich für Innenwiderstand, Leerlaufspannung und Kurzschlussstrom der Ersatzspannungsquelle?
    b) Welche Klemmenspannung und welcher Strom stellen sich bei Belastung mit $R_E = 5\,\Omega$, ein?

85. Bei einer Spannungsquelle mit $R_1 = 0{,}4\,\Omega$. stellt sich bei einem Belastungsstrom von 0,3 A die Klemmenspannung 5,4 V ein. Wie groß sind Leerlaufspannung und Kurzschlussstrom?

86. Bei Kurzschluss einer Spannungsquelle durch einen Strommesser mit dem Eigenwiderstand 0,1 Ω fließen 4 A. Bei offenen Klemmen werden an der Spannungsquelle 11,8 V gemessen. Wie groß sind Leerlaufspannung, Innenwiderstand und Kurzschlussstrom der Spannungsquelle?

87. Ein Spannungsteiler (Bild **2.59**) besteht aus den beiden Teilwiderständen $R_1 = 120\,\Omega$ und $R_2 = 56\,\Omega$. Die Spannung U beträgt 12 V.
    a) Welche Leerlaufspannung stellt sich ein, und wie groß ist der innere Widerstand des Spannungsteilers?
    b) Bei Belastung beträgt die Klemmenspannung $U_{AB} = 3$ V. Wie groß sind Belastungsstrom und Widerstand R_E?

88. Ein Spannungsteiler (Bild **2.59**) besteht aus den beiden Teilwiderständen $R_1 = 86\,\Omega$ und $R_2 = 10\,\Omega$. Er liegt an einer konstanten Spannung $U = 6$ V.
    a) Welche Leerlaufspannung und welchen Innenwiderstand hat der Spannungsteiler?
    b) Welche Spannung und welcher Belastungsstrom ergeben sich für eine Belastung mit $R_E = 15\,\Omega$?

89. Ein Spannungsteiler aus den beiden Widerständen R_1 und R_2 liegt an einer Spannung $U = 100$ V (Bild **2.59**). Die bei offenen Klemmen am Widerstand R_2 gemessene Spannung beträgt 25 V. Bei Belastung mit $R_E = 250\,\Omega$ beträgt die Klemmenspannung noch $U_{AB} = 20$ V.
    a) Wie groß ist der Innenwiderstand des Spannungsteilers?

b) Wie groß sind die Teilwiderstände R_1 und R_2?

90. Ein Spannungsteiler aus $R_2 = 47\,\Omega$ und R_1 (Bild **2.59**) liegt an der konstanten Spannung $U = 12\,\text{V}$. Bei Belastung mit $I = 10\,\text{mA}$ soll die Klemmenspannung $U_{AB} = 0{,}35\,\text{V}$ betragen.
    a) Wie groß muss der Widerstand R_1 sein?
    b) Welche Leerlaufspannung ergibt sich, und wie groß ist der Innenwiderstand des Spannungsteilers?

91. Ein Spannungsteiler (**2.59**) mit einem Schleifer liegt an einer Spannung von 220 V Der Schleifer wird so eingestellt, dass sich eine Leerlaufspannung von 50 V ergibt. Bei einem Belastungsstrom von $I = 0{,}4\,\text{A}$ fällt die Klemmenspannung auf 30 V ab.
    a) In welchem Verhältnis stehen die Teilwiderstände R_1 und R_2 zueinander?
    b) Wie groß sind die Teilwiderstände?

c) Welche Klemmenspannung und welcher Belastungsstrom ergeben sich bei Belastung mit $R_E = 50\,\Omega$?

92. Mit einem Spannungsmesser mit einem Eigenwiderstand von $10\,\text{k}\Omega$ wird an einem Spannungsteiler, der an einer konstanten Spannung $U = 12\,\text{V}$ liegt, ohne zusätzlichen Belastungswiderstand eine Ausgangsspannung von 4,255 V gemessen. Dabei beträgt der Widerstand $R_2 = 47\,\text{k}\Omega$ (Bild **2.59**).
    a) Wie groß ist der Widerstand R_1?
    b) Wie groß ist die Ausgangsspannung des Spannungsteilers bei offenen Klemmen?
    c) Kann der Spannungsteiler mit 10 mA belastet werden?
    d) Welche Ausgangsspannung ergibt sich, wenn die Belastung $R_E = 12\,\text{k}\Omega$ beträgt?

2.4.2 Ersatzstromquelle

Aus der Gleichung für die Ersatzspannungsquelle

$$U_{AB} = U_0 - I R_i \qquad (2.36)$$

bekommt man durch Umstellung nach I

$$I = \frac{U_0 - U_{AB}}{R_i} = \frac{U_0}{R_i} - \frac{U_{AB}}{R_i} \Rightarrow$$

$$\boxed{I = I_k - \frac{U_{AB}}{R_i}.} \qquad (2.37)$$

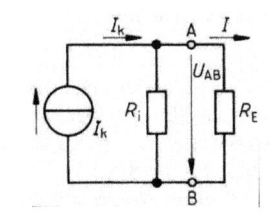

Bild 2.60 Stromkreis mit Ersatzstromquelle

Diese Gleichung beschreibt eine „Ersatzstromquelle". Ihr wesentliches Merkmal ist die Stromquelle I_K, die einen von der Belastung unabhängigen Strom liefert. Im Schaltplan (Bild **2.60**) ist sie als Kreis mit quer gestellter Linie dargestellt. Dies Schaltbild kennzeichnet nach DIN 40900-2 die ideale Stromquelle, die unabhängig von der Klemmenspannung stets den gleichen Strom liefert. Dieser Strom verteilt sich auf den Innenwiderstand R_i und den Verbraucher-Widerstand R_E entsprechend ihren Leitwerten $G_i = 1/R_i$ und $G_E = 1/R_E$. Als Klemmenspannung U_{AB} erhält man

$$U_{AB} = I_K \frac{1}{G_i + G_E} = I_K \frac{R_i \cdot R_E}{R_i + R_E}. \qquad (2.38)$$

Setzt man in diese Gleichung $I_K = U_0/R_i$ ein, erhält man für U_{AB} eine Gleichung, die die Ersatzspannungsquelle gemäß Bild **2.58** beschreibt. So zeigt sich, dass beide Ersatzschaltungen, die Ersatzspannungsquelle und die Ersatzstromquelle, gleichwertig sind. Sie lassen sich als Modell realer Erzeuger in beliebigen linearen aktiven Netzwerken verwenden. Solche Ersatzschaltungen sind z.B. für die Berechnung aktiver elektronischer Schaltungen von großer Bedeutung. Welche von beiden Ersatzschaltungen man dabei benutzt, ist wegen ihrer Gleichwertigkeit nur eine Frage der Zweckmäßigkeit. So kann z.B. die leichtere Bestimmbarkeit von Leerlaufspannung bzw. Kurzschlussstrom bei Verstärkern mit Röhren bzw. Transistoren die Wahl der Ersatzschaltung entscheiden.

Aufgaben zu Abschnitt 2.4.2

93. Eine Stromquelle hat einen Innenwiderstand von $10\,k\Omega$ und gibt einen Kurzschlussstrom von $100\,mA$ ab. Die Ausgangsspannung beträgt $U_{AB} = 5\,V$ (Bild 2.60).
    a) Wie groß sind Belastungsstrom und Belastungswiderstand?
    b) Welche Leerlaufspannung müsste bei gleichem Innenwiderstand eine Ersatzspannungsquelle haben, die bei gleicher Belastung den gleichen Ausgangsstrom liefert?

94. Eine elektronische Stromquelle nach Bild 2.60 mit dem Innenwiderstand $10\,k\Omega$ liefert einen Kurzschlussstrom von $20\,mA$. Die höchste zulässige Klemmspannung beträgt $2\,V$. Wie groß ist dabei der Belastungswiderstand, und welchen Wert hat der Belastungsstrom?

95. Eine Stromquelle gibt einen Kurzschlussstrom von $10\,mA$ ab. Bei Belastung mit einem Widerstand R_E stellt sich eine Klemmenspannung von $4,9\,V$ ein, bei Belastung mit $R_E/2$ eine solche von $2,5\,V$ (Bild **2**.60).
    a) Wie groß ist der Innenwiderstand?
    b) Wie groß sind in beiden Fällen die Belastungswiderstände?
    c) Wie groß ist die Ausgangsspannung bei offenen Klemmen?

96. Eine elektronische Stromquelle mit dem Innenwiderstand $100\,k\Omega$ liefert bei einer Klemmenspannung $U_{AB} = 5\,V$ die Stromstärke $20\,mA$. Wie groß ist der Belastungswiderstand, und welche Leerlaufspannung müsste eine Ersatzspannungsquelle haben, die bei gleichem R_i die gleiche U_{AB} und den gleichen Belastungsstrom liefert? (Bild 2.60).

2.4.3 Leistung und Wirkungsgrad

Wir haben gesehen, dass an den Klemmen einer belasteten Ersatzspannungsquelle nur ein Teil der dem Erzeuger zugeführten Leistung zur Verfügung steht.

$$P_{AB} = P_0 - P_i$$

Wirkungsgrad. Die nutzbare Leistung P_{AB} ist um die Umwandlungsverluste P_i geringer als die zugeführte Leistung P_0. Man bezeichnet als Wirkungsgrad das Verhältnis

$$\boxed{\frac{P_{AB}}{P_0} = \frac{P_{nutzbar}}{P_{zugeführt}} = \eta.} \qquad (2.39)$$

Für die Ersatzspannungsquelle mit $P_{AB} = U_{AB}I$ und $P_0 = U_0 I$ bekommt man

$$\eta_u = \frac{P_{AB}}{P_0} = \frac{U_{AB} \cdot I}{U_0 \cdot I} = \frac{U_{AB}}{U_0} = \frac{I \cdot R_E}{I(R_E + R_i)} = \frac{R_E}{R_E + R_i}. \qquad (2.40)$$

Ist der Innenwiderstand sehr klein und im Grenzfall Null, nähert sich der Wirkungsgrad dem Wert eins.

Für die Ersatzstromquelle erhält man als Wirkungsgrad

$$\eta_i = \frac{P_{AB}}{P_0} = \frac{U_{AB} \cdot I}{U_{AB} \cdot I_K} = \frac{I}{I_k} = \frac{U_{AB}}{R_E} \cdot \frac{R_i \cdot R_E}{U_{AB}(R_i + R_E)} \Rightarrow$$

2.4 Erzeugerteil

$$\boxed{\eta_i = \frac{R_i}{R_E + R_i}} \qquad (2.41)$$

Zusammen mit Gl. (2.40) ergibt sich daraus

$$\boxed{\eta_u + \eta_i = 1} \qquad (2.42)$$

Wird hier der Innenwiderstand sehr groß, sodass R_E sehr klein gegenüber R_i wird und in deren Summe vernachlässigt werden kann, nähert sich der Wirkungsgrad dem Wert eins. Das bedeutet hier, dass in R_i nur ein geringer Strom fließt und die Umwandlungsverluste in der Ersatzstromquelle entsprechend niedrig sind.

Wenn keine besonderen Gründe dagegen sprechen, verwendet man als Ersatzschaltung die Ersatzspannungsquelle. Auch wir wollen die folgenden Betrachtungen mit ihrer Hilfe anstellen.

Spannungsanpassung. In der Energietechnik, deren Aufgabe in der Erzeugung und Verteilung elektrischer Energie besteht, strebt man wegen der ständig steigenden Energiekosten einen möglichst großen Wirkungsgrad an. Der Ersatzschaltung des Generators als Ersatzspannungsquelle kann man entnehmen, dass sein Innenwiderstand dann möglichst klein gemacht werden muss. Nach Gl. (2.40) ist die Klemmenspannung

$$U_{AB} = U_0 \cdot \eta_u$$

nahezu gleich der lastunabhängigen Leerlaufspannung. Sie ändert sich bei Belastung nur wenig. Die Verbraucher müssen zur Leistungsaufteilung deshalb an die eingeprägte Spannung U_0 des Generators angepasst werden. Man spricht deshalb in dem Fall $R_i \ll R_E$ von Spannungsanpassung.

Stromanpassung. Ist bei einer Spannungsquelle der Innenwiderstand sehr groß gegenüber dem Lastwiderstand, also $R_i \gg R_E$, richtet sich die Stromstärke im wesentlichen nach dem Innenwiderstand der Quelle. Es fließt praktisch der Kurzschlussstrom I_k, und der Verbraucher muss an diesen eingeprägten Strom angepasst werden. Solche Stromquellen kommen z.B. in der Elektronik und Messtechnik häufig vor.

Aufgaben zu Abschnitt 2.4.3

97. Ein Gleichstrommotor nimmt aus dem Netz die Leistung 15 kW auf. Welche Leistung gibt er bei einem Wirkungsgrad von 85 % ab?

98. Welche Leistung muss ein Motor aus dem Netz aufnehmen, der eine Pumpe mit der Bemessungsleistung 8 kW und dem Wirkungsgrad 76 % antreiben soll, und dessen Wirkungsgrad 84 % beträgt?

99. Aus einer Lehmgrube sollen innerhalb von 3 Tagen 15000 m³ Wasser über eine Förderhöhe von 8m abgepumpt werden. Die tägliche Arbeitszeit beträgt 7 Stunden. Der Wirkungsgrad der Kreiselpumpe beträgt 74 %, der des Antriebsmotors 86 %.
    a) Welchen Gesamtwirkungsgrad hat die Anlage?
    b) Welche Leistung nimmt der Motor aus dem Netz auf?

100. Mittels einer Winde wird eine Last von 45 kN in 2,8 min um 9,5 m gehoben. Der Antriebsmotor mit dem Wirkungsgrad 84 % nimmt dabei aus dem Netz eine Leistung von 3,7 kW auf.
    a) Welchen Gesamtwirkungsgrad hat die Anlage?
    b) Welchen Wirkungsgrad hat die Winde?
    c) Welche Leistung nimmt die Winde auf?

101. Bei einem Belastungswiderstand von 500 Ω hat eine Ersatzspannungsquelle einen Wirkungsgrad von 95 %. Ihre Leerlaufspannung beträgt 220 V.
    a) Wie groß ist der innere Widerstand der Spannungsquelle?

b) Welche Klemmenspannung stellt sich ein?
c) Mit welcher Leistung muss der Generator angetrieben werden?

102. An das Netz mit vernachlässigbarem Innenwiderstand wird über eine zweiadrige Zuleitung ein Verbraucher mit 15 kW Leistung angeschlossen.
a) Welche Leistung geht in der Zuleitung verloren, wenn der Wirkungsgrad der Übertragung 90 % beträgt?
b) Welchen Widerstand hat die Zuleitung, wenn der Verbraucherwiderstand 3,25 Ω beträgt?
c) Welche Spannung liegt am Verbraucher, und wie hoch ist die Spannung des Netzes?

103. Die Leistung eines Heizgeräts soll verdoppelt werden. Welche relative Spannungserhöhung ist dafür erforderlich?

104. Zu einer Lampe 230V/40W wird eine weitere Lampe parallel geschaltet, wodurch der Widerstand um 864 Ω abnimmt. Welche Bemessungsleistung hat die zweite Lampe?

105. Eine 150 W-Projektionslampe für eine Bemessungsspannung von 125 V wird über einen Vorschaltwiderstand an die Netzspannung 230 V gelegt.
a) Wie groß muss der Vorschaltwiderstand sein?
b) Welche Leistung muss er aufnehmen können?
c) Wie groß ist der Wirkungsgrad der Schaltung?

106. a) Welche Leistung geht infolge des inneren Widerstands von 1,4 Ω eines Generators verloren, wenn seine Quellenspannung 85 V und seine Klemmenspannung 78 V betragen?
b) Wie groß ist der Wirkungsgrad des Generators?

107. a) Um wie viel Prozent sinkt die Leistung eines Heizgeräts, wenn die Netzspannung von 230 V auf 220 V absinkt?
b) Wie groß ist dabei die relative Spannungsänderung?
c) Welche relative Leistungsänderung tritt auf, wenn die Spannung um 10 % gegenüber dem Bemessungswert von 230 V ansteigt?

108. Werden zwei für je 12 V bestimmte Lampen L_1 und L_2 in Reihe geschaltet und an 12 V angeschlossen, beträgt die Stromstärke 0,06 A. Die Lampe L_1 hat einen Widerstand von 80 Ω.
a) Welche Bemessungsleistung haben die Lampen?
b) Welche Betriebsleistungen haben die beiden Lampen der Reihenschaltung?
Von der Widerstandsänderung durch die unterschiedliche Temperatur soll abgesehen werden

109. An einer Spannung von 125 V liegen 90 Glühlampen von je 40 W. Beim Abschalten einer Lampengruppe steigt der Gesamtwiderstand um $\Delta R \approx 20$ Ω. Wie viel Lampen sind noch in Betrieb?

110. Einer Spannungsquelle mit der Quellenspannung 60 V und dem inneren Widerstand 1,5 Ω soll eine Leistung von 60 W entnommen werden (Quadratische Gleichung).
a) Welche Widerstandswerte kann der Verbraucher haben?
b) Wie groß sind in beiden Fällen Klemmenspannung und Stromstärke?
c) Welche Wirkungsgrade ergeben sich?

111. Eine Lampe mit den Bemessungsdaten 125 V/40 W wird über einen Vorwiderstand R_V an 230 V angeschlossen.
a) Wie groß muss R_V sein, wenn die Lampe mit ihren Bemessungsdaten betrieben werden soll? Wie groß sind in diesem Fall Leistung in R_V und Wirkungsgrad der Schaltung?
b) In R_V soll eine Leistung von 20 W auftreten. Dabei wird angenommen, dass der Widerstand R_L der Lampe konstant bleibt.
c) Welchen Betrag muss R_V haben, damit die Lampe nicht zerstört wird? (Quadratische Gleichung).
d) Wie groß sind die Teilspannungen und welche Leistungen treten in der Schaltung auf?
e) Wie groß ist der Wirkungsgrad?

2.4.4 Leistungsanpassung

Während man in der Energietechnik einen Wirkungsgrad nahe eins anstrebt, ist das in der Informationstechnik nicht der Fall. Die übertragene Energie ist vergleichsweise klein. Um die übertragene Nachricht gut auswerten zu können, möchte man im Verbraucher eine möglichst große Leistung erzielen. Der Wirkungsgrad spielt dabei nur eine untergeordnete Rolle. Es ist also zu prüfen, unter welchen Umständen die Ersatzspannungsquelle an den Verbraucher die größte Leistung liefert.

Kurzschlussleistung. Die Leistung im Verbraucher ist $P_{AB} = U_{AB}I$. Mit den Gleichungen für den Stromkreis mit Ersatzspannungsquelle

$$U_{AB} = U_0 - I \cdot R_i$$

Und $I = \dfrac{U_0}{R_i + R_E}$ (2.43)

erhalten wir

$$P_{AB} = \left(U_0 - U_0 \cdot \frac{R_i}{R_i + R_E}\right) \cdot \frac{U_0}{R_i + R_E} = \frac{U_0^2}{R_i + R_E} - \frac{U_0^2 \cdot R_i}{(R_i + R_E)^2}.$$

ergibt sich

$$P_{AB} = \frac{U_0^2}{R_i}\left[\frac{R_i}{R_i + R_E} - \left(\frac{R_i}{R_i + R_E}\right)^2\right].$$

Mit Gl. (2.41) wird der Klammerausdruck umgeformt, und man erhält

$$P_{AB} = P_k\left(\eta_i - \eta_i^2\right) \tag{2.44}$$

$$\boxed{P_k = \frac{U_0^2}{R_i} = U_0 \cdot I_k = I_k^2 \cdot R_i.} \tag{2.45}$$

Dabei ist P_k die Kurzschlussleistung der Quelle. Sie ist die größte Leistung, die überhaupt in der Spannungsquelle in elektrische Leistung umgeformt werden kann. Sie tritt als innere Verlustleistung bei Kurzschluss der Klemmen A/B auf. Wie Gl. (2.45) zeigt, ist sie nur von den Eigenschaften des Erzeugers abhängig. Es ist leicht einzusehen, dass die Leistung im Verbraucher bei gegebener Kurzschlussleistung dann ihren größten Wert erreicht, wenn der Klammerausdruck in Gl. (2.44) seinen größten Zahlenwert hat. Es werden für η_i die Werte 0,1 bis 0,9 angenommen und $(\eta_i - \eta_i^2)$ berechnet:

η_i	0,1	0,2	0,3	0,4	0,5	0,6	0,7	0,8	0,9
η_i^2	0,01	0,04	0,09	0,16	0,25	0,36	0,49	0,64	0,81
$\eta_i - \eta_i^2$	0,09	0,16	0,21	0,24	0,25	0,24	0,21	0,16	0,09

Leistungsanpassung. Wegen der Symmetrie der Funktion $P_{AB} = f(\eta_i)$ liegt das Maximum der an den Verbraucher übertragenen Leistung eindeutig bei $\eta_i = 0,5$. Sie beträgt 25 % der Kurzschlussleistung P_k. Dieser Wirkungsgrad ergibt sich nach Gl. (2.42) auch für die Ersatzstromquelle:

$$\eta_i = 1 - \eta_u = 0{,}5$$

In diesem Fall ist also

$$\eta_u = \frac{R_E}{R_i + R_E} = \eta_i = \frac{R_i}{R_i + R_E} \Rightarrow \boxed{R_E = R_i} \qquad (2.46)$$

Dieser Betriebsfall der Anpassung des Verbrauchers an den Generator heißt Leistungsanpassung. Er ist in der Nachrichtentechnik und Elektronik von großer Bedeutung.

Die Klemmenspannung am Verbraucher ist bei Leistungsanpassung gerade halb so groß wie die Leerlaufspannung der Quelle, und der Strom ist gleich dem halben Kurzschlussstrom:

$$\boxed{U_{AB} = \frac{U_0}{2}, \quad I = \frac{I_k}{2}, \quad P_{AB} = \frac{U_0 \cdot I_k}{4}}$$

Die beschriebenen Zusammenhänge lassen sich anschaulich im Belastungsdiagramm der Ersatzspannungsquelle darstellen (2.61).

Die Kurzschlussleistung der Quelle entspricht dem Flächeninhalt des Rechtecks $P_k = U_0 I_k$, die Steigung der Diagonalen dem Innenwider-

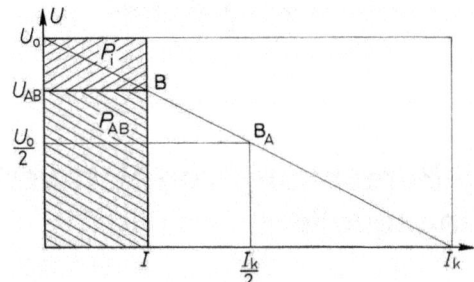

Bild 2.61 Leistungsanpassung im Ersatzstromkreis mit einer Ersatzspannungsquelle

stand $R_i = U_0/I_k$. Zeichnet man durch den Betriebspunkt B eine Parallele zur senkrechten Koordinatenachse, stellt das Rechteck $P_0 = U_0 I$ die Leistung dar, die der Quelle zugeführt wird. Diese wird durch eine Parallele zur waagerechten Achse durch B in die Nutzleistung $P_{AB} = U_{AB} \cdot I$ und die Verlustleistung in der Quelle $P_i = (U_0 - U_{AB})I$ aufgeteilt. Für $U_{AB} = U_0/2$ und damit auch $I = I_k/2$ bekommt man die Nutzleistung als flächengrößtes Rechteck unter der Diagonalen. Das entspricht der maximal erzielbaren Verbraucherleistung bei Leistungsanpassung mit $P_{AB\,max} = (U_0 \cdot I_k)/4$. Die Verlustleistung in der Quelle hat den gleichen Betrag, und beide zusammen sind halb so groß wie die Kurzschlussleistung P_k.

Aufgaben zu Abschnitt 2.4.4

112. Der Leitungsverstärker einer Fernmeldeleitung hat einen inneren Widerstand von 600 Ω. Er kann bei Leistungsanpassung eine Leistung $P_{AB} = 20$ W abgeben.
  a) Wie groß ist seine Leerlaufspannung?
  b) Welche Leistung gibt er ab, wenn der Verbraucherwiderstand 400 Ω beträgt, und wie groß ist dabei der Wirkungsgrad?

113. Die Leerlaufspannung eines Verstärkers beträgt 80V, sein innerer Widerstand 500 Ω. Die angeschlossene Fernmeldeleitung hat 100 Ω, der Eingangswiderstand des Verbrauchers 600Ω.
  a) Wie groß ist die Kurzschlussleistung, wenn die Eingangsklemmen des Verbrauchers kurzgeschlossen werden?
  b) Welche Leistung nimmt der Verbraucher auf, wenn der Kurzschluss an seinen Eingangsklemmen aufgehoben wird?
  c) Welche Verlustleistung tritt im Verstärker auf und welche auf der Leitung?

114. Eine Spannungsquelle mit dem inneren Widerstand 50 Ω liefert bei Kurzschluss ihrer Ausgangsklemmen die Stromstärke 1 A.
  a) Wie groß ist die Kurzschlussleistung?

b) Welche Leistung gibt die Quelle ab, wenn der angeschlossene Verbraucher einen Widerstand von 50 Ω hat?
c) Welche Leistung nimmt die Quelle bei Leistungsanpassung auf?

115. Eine Spannungsquelle liefert den Kurzschlussstrom 2 A bei einem inneren Widerstand 10 Ω.
a) Welche Leistung nimmt sie auf, wenn der Belastungsstrom 0,5 A beträgt?
b) Wie groß sind Verlustleistung, abgegebene Leistung und Wirkungsgrad?
c) Wie groß muss der Verbraucherwiderstand bei Leistungsanpassung sein, und welche Leistung nimmt er dabei auf?

116. Eine Spannungsquelle mit einer Kurzschlussleistung von 20 W speist mit einen Wirkungsgrad 0,8 einen Verbraucher.
a) Welche Leistung nimmt der Verbraucher auf?
b) Wie groß ist die Klemmenspannung, wenn der Strom im Verbraucher 0,1 A beträgt?
c) Wie groß sind Verbraucherwiderstand, Leerlaufspannung und innerer Widerstand der Quelle?

2.5 Berechnung von Netzwerken mit der Ersatzspannungsquelle

Wie wir schon in Abschn. 2.4.1 am Beispiel des Spannungsteilers gesehen haben, lassen sich nicht nur Generatoren als Ersatzspannungsquelle darstellen, sondern auch lineare, aktive Netzwerke bzw. Netzwerksteile, die zwei Ausgangsklemmen A/B haben. Wir wollen uns diesen Sachverhalt bei der Berechnung einiger häufig vorkommenden Netzwerke zunutze machen.

2.5.1 Aufteilung eines geschlossenen Netzwerks

In einem Netzwerk, das außer Widerständen (passiven Elementen) auch Spannungsquellen (aktive Elemente) enthält, soll nicht die gesamte Stromverteilung berechnet werden, sondern nur ein bestimmter Zweigstrom in einem Widerstand bzw. Ersatzwiderstand R_E. Durch zwei Klemmen A/B wird zunächst der Widerstand R_E vom restlichen aktiven Netzwerksteil getrennt. Diesen rechnet man in eine Ersatzspannungsquelle mit U_{AB0} und R_i um. Mit Hilfe der Gl. (2.34) lässt sich dann der Strom in R_E bestimmen.

Zur Ermittlung der Leerlauf Spannung U_{AB0} denkt man sich R_E aus der Schaltung entfernt und berechnet bei jetzt offenen Klemmen A/B die Spannung, die sich hier einstellt. Sie wird in bekannter Weise mit Hilfe der Kirchhoffschen Regeln bestimmt.

Um den Innenwiderstand R_i der Ersatzspannungsquelle zu bestimmen, berechnet man zunächst den Kurzschlussstrom I_k, der zwischen den kurzgeschlossenen Klemmen A, B fließt. R_i ergibt sich dann aus $R_i = U_{AB0}/I_k$. In vielen Fällen kommt man jedoch auf andere Weise schneller zum Ziel. Jede Spannungsquelle innerhalb des aktiven Netzwerks wird zunächst durch ihre Ersatzspannungsquelle dargestellt. Sämtliche Quellenspannungen werden dann durch einen Kurzschluss ersetzt, sodass das ursprünglich aktive Netzwerk in ein passives Netzwerk übergeht. Der Ersatzwiderstand dieses Netzwerks zwischen den offenen Klemmen A/B ist der gesuchte Innenwiderstand. Die Berechnung von U_{AB0} und nach beiden Verfahren für R_i wird bei dem folgenden Beispiel durchgeführt.

Beispiel 2.28 In dem Netzwerk Bild 2.62 wird der Strom im Ersatzwiderstand R_E gesucht. Durch die Klemmen A/B wird R_E zunächst vom übrigen, aktiven Netzwerk abgegrenzt. Dieses wird in eine Ersatzspannungsquelle umgerechnet, sodass sich der in Bild 2.62 rechts dargestellte Ersatzstromkreis ergibt.

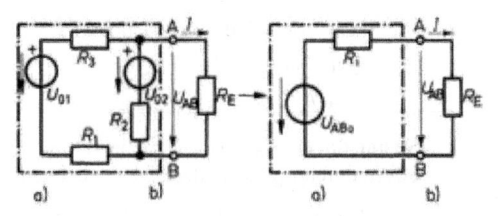

Bild 2.62 Aufteilung eines geschlossenen Netzwerks
a) aktiver Teil in Ersatzspannungsquelle
b) passiver Teil in Ersatzwiderstand

Lösung Bestimmung von U_{AB0}. Da nach Abtrennung von R_E nur eine Masche ohne Einströmungen vorhanden ist, ergibt sich nach Bild 2.63a der Strom I aus der Maschengleichung

$$U_{02} + I(R_1 + R_2 + R_3) - U_{01} = 0 \Rightarrow$$

$$I = \frac{U_{01} - U_{02}}{R_1 + R_2 + R_3} \quad U_{AB0} = U_{02} + IR_2 \Rightarrow$$

$$U_{AB0} = \frac{U_{01} \cdot R_2 + U_{02}(R_1 + R_3)}{R_1 + R_2 + R_3}.$$

Berechnung von I_k. Nach Bild 2.63b erhält man den Kurzschlussstrom I_k aus der Knotenpunktgleichung

$$\sum I_A = I_1 - I_2 - I_k = 0 \Rightarrow I_k = I_1 - I_2.$$

Die Maschengleichung $I_1(R_1 + R_3) - U_{01} = 0$ liefert $I = \dfrac{U_{01}}{R_1 + R_3}$ sowie eine zweite Maschengleichung $I_2 R_2 + U_{02} = 0 \Rightarrow I_2 = -\dfrac{U_{02}}{R_2}$.

Damit ergibt sich $I_k = \dfrac{U_{01}}{R_1 + R_3} + \dfrac{U_{02}}{R_2} = \dfrac{U_{01} R_2 + U_{02}(R_1 + R_3)}{R_2(R_1 + R_3)}$.

Ermittlung von R_i. Aus $R_i = U_{AB0}/I_k$ erhält man

$$R_i \frac{U_{01} R_2 + U_{02}(R_1 + R_3)}{R_1 + R_2 + R_3} \cdot \frac{R_2(R_1 + R_3)}{U_{01} R_2 + U_{02}(R_1 + R_3)} = \frac{R_2(R_1 + R_3)}{R_1 + R_2 + R_3}.$$

Berechnet man R_i als Ersatzwiderstand des passiven Netzwerks zwischen den offenen

a) b) c)

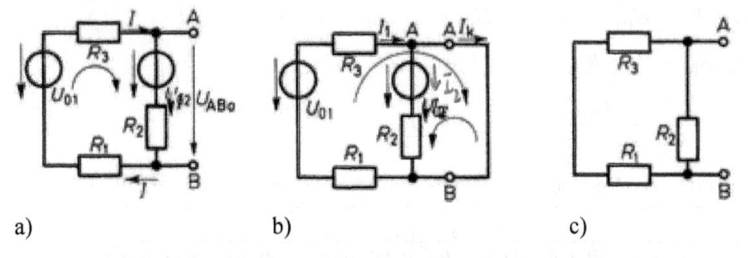

Bild 2. 63 Ermitteln der Elemente der Ersatzspannungsquelle

Klemmen A/B, erhält man nach Bild **2.63**c direkt

$$R_i = \frac{R_2(R_1 + R_3)}{R_1 + R_2 + R_3}.$$

Strom durch R_K. Da die Elemente der Ersatzspannungsquelle bekannt sind, lässt sich der Strom durch R_E nach Gl. (2.34) berechnen:

$$I = \frac{U_{AB0}}{R_i + R_E} = \frac{U_{01}R_2 + U_{02}(R_1 + R_3)}{R_2(R_1 + R_3) + R_E(R_1 + R_2 + R_3)}.$$

Der gleiche Wert ergibt sich, wenn man die Ersatzstromquelle für den aktiven Netzwerksteil verwendet.

2.5.2 Belastete Brückenschaltung

Zur Bestimmung des Stroms in einem Ersatzwiderstand kann es zweckmäßig sein, mehr als eine Ersatzspannungsquelle einzuführen. Als Beispiel für einen solchen Fall soll eine belastete Brückenschaltung untersucht werden.

Beispiel 2.29 In der Brückenschaltung nach Bild **2.64**a soll der Strom I_M berechnet werden. Die beiden Spannungsteiler aus R_1 und R_2 bzw. R_3 und R_4 haben die Ausgangsklemmen A/B bzw. C/B, und werden durch jeweils eine Ersatzspannungsquelle dargestellt. Es ergibt sich damit die Ersatzschaltung Bild **2.64**b. Dabei sind die Leerlaufspannungen

$$U_{01} = \frac{U \cdot R_2}{R_1 + R_2} \quad \text{und} \quad U_{02} = \frac{U \cdot R_4}{R_3 + R_4}$$

sowie die Innenwiderstände nach Gl. (2.35)

$$R_{i1} = \frac{R_1 \cdot R_2}{R_1 + R_2} \quad \text{und} \quad R_{i2} = \frac{R_3 \cdot R_4}{R_3 + R_4}.$$

Der Strom I_M ergibt sich aus der Maschengleichung

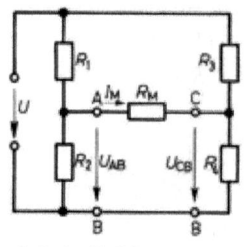

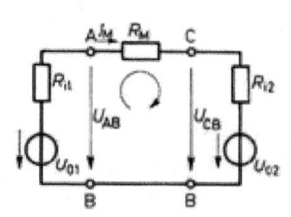

a) Schaltbild,   b) Ersatzschaltbild

Bild 2. 64 Belastete Brückenschaltung als Ersatzspannungsquelle

$$I_M \cdot R_M + U_{02} + I_M \cdot R_{i2} - U_{01} + I_M \cdot R_{i1} = 0 \Rightarrow$$

$$I_M(R_M + R_{i1} + R_{i2}) = U_{01} - U_{02}$$

$$I_M = \frac{U_{01} - U_{02}}{R_M + R_{i1} + R_{i2}}.$$

Setzt man die Leerlaufspannungen und Innenwiderstände ein, erhält man

$$\boxed{I_M = \frac{U(R_2 \cdot R_3 - R_1 \cdot R_4)}{R_M(R_1 + R_2)(R_3 + R_4) + R_1 \cdot R_2(R_3 + R_4) + R_3 \cdot R_4(R_1 + R_2)}.}$$

Wie wir schon in Abschn. 2.2.4.3 festgestellt haben, verschwindet der Strom I_M für $R_2 \cdot R_3 - R_1 \cdot R_4 = 0$ oder $R_2 \cdot R_3 = R_1 \cdot R_4$ (abgeglichene Brückenschaltung).

2.5.3 Spannungsquellen in Parallelschaltung

Häufig kommen Schaltungen vor, bei denen zwei Spannungserzeuger parallel geschaltet werden und gemeinsam eine Verbraucherschaltung mit elektrischer Energie versorgen. In Bild **2.65**a erscheinen beim Ansatz der Maschengleichung mit beiden Spannungsquellen diese mit entgegengesetztem Vorzeichen. Man spricht deshalb auch von einer Gegenreihenschaltung von Spannungsquellen im Gegensatz zur Summenreihenschaltung, bei der beide Spannungsquellen das gleiche Vorzeichen bekommen.

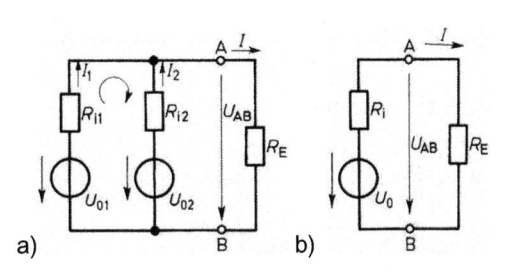

Bild 2.65 Spannungsquellen in Gegenreihenschaltung
a) Schaltbild, b) Ersatzschaltbild

Bei bekannten Quellenspannungen U_{01} und U_{02} sowie bekannten Innenwiderständen R_{i1} und R_{i2} lässt sich die Erzeugerschaltung zu einer Ersatzspannungsquelle entsprechend Bild **2.65**b zusammenfassen. Der Strom I und die Klemmenspannung U_{AB} in der Verbraucherschaltung lassen sich dann leicht berechnen.

Beispiel 2.30 Zwei parallel geschaltete Generatoren haben die Leerlaufspannungen $U_{01} = 60$ V und $U_{02} = 59$ V sowie die Innenwiderstände $R_{i1} = 15$ mΩ und $R_{i2} = 10$m Ω (Bild **2.65**). Welche Ströme fließen in der Erzeugerschaltung, wenn sie a) unbelastet ist, und wenn b) ein Laststrom $I = 10$ A fließt? Welche Klemmenspannung U_{AB} stellt sich dabei ein?

Lösung a) Bei Leerlauf sind $I = 0$ und $I_1 + I_2 = 0$ bzw. $I_2 = -I_1$ Aus der Maschengleichung
$U_{02} - U_{01} + I_1 R_{i1} - I_2 R_{i2} = 0$ bekommt man damit

$$I_1 = \frac{U_{01} - U_{02}}{R_{i1} + R_{i2}}$$ und mit den gegebenen Zahlenwerten

$$I_1 = \frac{60\text{ V} - 59\text{ V}}{25 \cdot 10^{-3}\,\Omega} = \frac{1000}{25}\text{A} = 40\text{ A}.$$

Will man diesen nutzlos fließenden Strom und die damit verbundenen Verluste vermeiden, müssen die Leerlaufspannungen der beiden Generatoren gleich sein.

b) Für die Leerlaufspannung der Ersatzspannungsquelle U_0 erhält man

$$U_0 = U_{AB0} = U_{01} - I_1 R_{i1} = U_{01} - \frac{(U_{01} - U_{02})R_{i1}}{R_{i1} + R_{i2}} \text{ bzw.}$$

$U_0 = 60\text{ V} - 40\text{ A} \cdot 0{,}015\,\Omega = 59{,}4$ V.

Der Innenwiderstand ergibt sich zu $R_i = R_{i1} R_{i2}/(R_{i1} + R_{i2}) = 6$mΩ. Bei dem Laststrom $I = 10$A wird die Klemmenspannung damit $U_{AB} = U_0 - IR_i = 59{,}4$ V $- 0{,}06$ V $= \mathbf{59{,}34}$ **V**. Die Ströme I_1 und I_2 ergeben sich nach Bild **2.65**a aus

$U_{AB} - U_{01} + I_1 R_{i1} = 0 \quad \text{zu} \quad I_1 = \dfrac{U_{01} - U_{AB}}{R_{i1}}$ und aus

$U_{AB} - U_{02} + I_2 R_{i2} = 0 \quad \text{zu} \quad I_2 = \dfrac{U_{02} - U_{AB}}{R_{i2}}.$

Man bekommt

$$I_1 = \frac{60\text{ V} - 59{,}34\text{ V}}{15 \cdot 10^{-3}\,\Omega} = 44\text{ A} \quad \text{und} \quad I_1 = \frac{59\text{ V} - 59{,}34\text{ V}}{10 \cdot 10^{-3}\,\Omega} = -34\text{ A}.$$

Aufgaben zu Abschnitt 2.5

117. In dem Netzwerk Bild **2.66** ist der Strom im Widerstand R_4 zu bestimmen (Berechnung

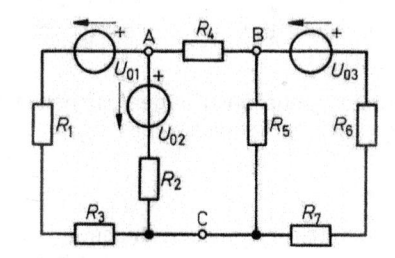

Bild 2.66 Zu Aufgabe 117

mit zwei Ersatzspannungsquellen). Dabei sind $U_{01} = 60$ V, $U_{02} = 24$ V, $U_{03} = 12$ V, $R_1 = 56\,\Omega$, $R_2 = 47\,\Omega$, $R_3 = 33\,\Omega$, $R_4 = 100\,\Omega$, $R_5 =$

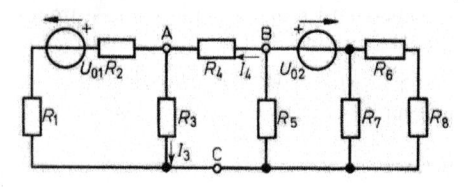

Bild 2.67 Zu Aufgabe 118

$27\,\Omega$, $R_6 = 33\,\Omega$, $R_7 = 82\,\Omega$.

118. In dem Netzwerk Bild **2.67** sind die Ströme I_3 und I_4 zu berechnen (mit zwei Ersatzspannungsquellen).

Es betragen $U_{01} = 48$ V, $U_{02} = 24$ V, $R_1 = 27\,\Omega$, $R_2 = 33\,\Omega$, $R_3 = 82\,\Omega$, $R_4 = 100\,\Omega$, $R_5 = 5\,6\Omega$, $R_6 = 47\,\Omega$, $R_7 = 68\,\Omega$, $R_8 = 27\,\Omega$.

119. In einer Brückenschaltung (2.64) sind I_M, U_{AB}, U_{CB} sowie die Teilströme in den Widerständen und der Gesamtstrom zu bestimmen (Berechnung mit zwei Ersatzspannungsquellen). Gegeben sind $U = 12$ V, $R_1 = 270\,\Omega$, $R_2 = 470\,\Omega$, $R_3 = 330\,\Omega$, $R_4 = 680\,\Omega$, $R_M = 1000\,\Omega$. Zum Vergleich ist die Berechnung nur mit Hilfe der Kirchhoffschen Regeln durchzuführen.

120. Ein Gleichstromgenerator mit dem Innenwiderstand $R_{i1} = 20\,\Omega$ lädt mit dem Strom 20 A eine parallel geschaltete Batterie mit der Leerlaufspannung $U_{02} = 12$ V und dem Innenwiderstand $R_{i2} = 10$ mΩ (Bild **2.65**).
    a) Wie groß sind Leerlaufspannung und Klemmenspannung U_{AB} des Gleichstromgenerators, wenn kein Belastungsstrom fließt?
    b) Wie groß sind bei gleicher Leerlaufspannung U_{01} Klemmenspannung und Ladestrom I_2, wenn der Belastungsstrom $I = 5$ A beträgt?
    c) Bei welcher Belastung ist der Ladestrom der Batterie Null?
    d) Welche Klemmenspannung und welche Stromstärken stellen sich bei Belastung mit $I = 50$ A ein?

2.6 Berechnung von Netzwerken nach der Überlagerungsmethode

Im Abschnitt 2.5 haben wir eine Methode kennen gelernt, wie man eine Netzwerkberechnung in zwei Teilaufgaben zerlegen kann: die Berechnung einer Ersatzspannungsquelle mit Innenwiderstand und die Berechnung des Stromes in dem untersuchten Zweig. Dies ist eine von mehreren möglichen Vorgehensweisen. Grundsätzlich reichen die Kirchhoff sehen Sätze zur Netzwerkberechnung aus. Doch bestimmte Methoden erlauben unter günstigen Umständen besonders einfache und anschauliche Berechnungsschritte.

In diesem Abschnitt geht es um ein anderes Berechnungsverfahren, das man anwenden kann, wenn in einem Netzwerk mehrere Erzeuger vorhanden sind. Voraussetzung für die Anwendung ist, dass keine nichtlinearen Schaltelemente (z.B. Dioden, Transistoren im Großsignalbetrieb oder Spulen mit zeitweise gesättigtem Eisenkern) in dem Netzwerk vorkommen. Diese Überlagerungsmethode besteht aus folgenden Schritten:

Gegeben sei ein Netzwerk, in dem nur lineare Verbraucher und mehrere Erzeuger vorkommen. Man schaltet der Reihe nach alle Erzeuger bis auf einen aus und berechnet den von diesem Erzeuger verursachten Teilstrom. Den Gesamtstrom erhält man dann als Summe (Überlagerung) der zu jedem Erzeuger gehörenden Teilströme. Das „Ausschalten" der Erzeuger geschieht für Ersatzspannungs- und Ersatzstromquellen auf unterschiedliche Weise: Bei Ersatzspannungsquellen setzt man die Leerlaufspannung $U_0 = 0$, d.h. man ersetzt die ideale Spannungsquelle durch einen Kurzschluss. Bei Ersatzstromquellen setzt man den Kurzschlussstrom $I_k = 0$, d.h. man ersetzt die ideale Stromquelle durch eine Stromkreisunterbrechung. Dabei bleiben die Innenwiderstände der Ersatzspannungs- und der Ersatzstromquelle im Netz.

Beispiel 2.31 In dem Netzwerk 2.62 wird der Strom durch R_E nach der Überlagerungsmethode berechnet. Dies erfolgt nach Bild 2.68 in drei Schritten:

a) Der Teilstrom durch R_E wird bei ausgeschalteter Spannung U_{02} berechnet.

b) Der Teilstrom verursacht durch U_{02} wird mit $U_{01} = 0$ bestimmt.

c) Beide Teilströme werden (unter Beachtung ihrer Richtung) addiert. Das Ergebnis muss mit dem in Beispiel 2.28 berechneten übereinstimmen.

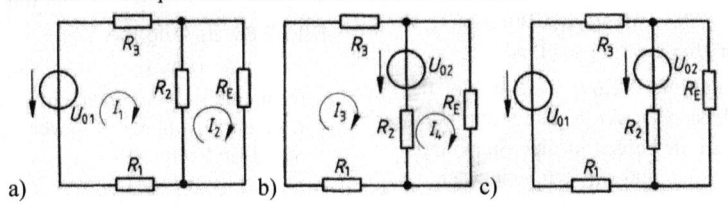

Bild 2.68 Lösungsschritte beim Überlagerungsverfahren

Lösung a) Es werden Maschenströme angenommen. Der zweite Kirchhoffsche Satz wird auf die beiden Maschen angewendet.

$$-U_{01} + I_1(R_1 + R_2 + R_3) - I_2 R_2 = 0, \quad -I_1 R_2 + I_2(R_2 + R_E) = 0$$

$$\Rightarrow I_1 = \frac{I_2(R_2 + R_E)}{R_2}, \quad -U_{01} + \frac{I_2(R_2 + R_E)}{R_2}(R_1 + R_2 + R_3) - I_2 R_2 = 0$$

$$\Rightarrow -U_{01} R_2 + I_2[R_2(R_1 + R_3) + R_E(R_1 + R_2 + R_3)] = 0$$

$$\Rightarrow I_2 = \frac{U_{01} \cdot R_2}{R_2(R_1 + R_3) + R_E(R_1 + R_2 + R_3)}.$$

b) Das gleiche Verfahren wird auf die Schaltung 2.68 b angewendet:

$$U_{02} + I_3(R_1 + R_2 + R_3) - I_4 \cdot R_2 = 0, \quad -U_{02} + I_4(R_2 + R_E) - I_3 R_2 = 0$$

$$\Rightarrow I_3 = \frac{I_4}{R_2}(R_2 + R_E) - \frac{U_{02}}{R_2}$$

$$\Rightarrow U_{02} + \left[\frac{I_4}{R_2}(R_2 + R_E) - \frac{U_{02}}{R_2}\right](R_1 + R_2 + R_3) - I_4 R_2 = 0$$

$$\Rightarrow U_{02} \cdot R_2 - U_{02}(R_1 + R_2 + R_3) + I_4(R_2 + R_E) - I_4 R_2^2 = 0$$

$$\Rightarrow I_4 = \frac{U_{02}(R_1 + R_3)}{R_2(R_1 + R_3) + R_E(R_1 + R_2 + R_3)}.$$

c) Überlagern der beiden Teilströme I_2 und I_4 ergibt:

$$I = I_2 + I_4 = \frac{U_{01} R_1 + U_{02}(R_1 + R_3)}{R_2(R_1 + R_3) + R_E(R_1 + R_2 + R_3)}.$$

Die Bauform des Ergebnisses zeigt unabhängig von der verwendeten Berechnungsmethode den Einfluss der beiden Spannungsquellen U_{01} und U_{02} auf den Gesamtstrom.

Aufgaben zu Abschnitt 2.6

121. Berechnen Sie in der Aufgabe 117 die durch U_{01} und U_{02} hervorgerufene Teilströme durch R_4. Dabei ist $U_{03} = 0$ V zu setzen.

122. Lösen Sie die Aufgabe 118 durch Anwendung der Überlagerungsmethode. Setzen Sie dazu $U_{01} = 0$ V.

123. Bearbeiten Sie die Aufgabe des Beispiels 2.30 mit Hilfe der Überlagerungsmethode.

124. Ein Spannungsteiler (2.69) besteht aus den beiden Widerständen $R_1 = 2\,\text{k}\Omega$ und $R_2 = 5\,\text{k}\Omega$. Er ist an die beiden idealen Spannungsquellen $U_{01} = 3$ V und $U_{02} = 6$ V angeschlossen. Die Belastung wird durch die ideale Stromquelle I_B simuliert. In welchen Grenzen liegt die Spannung U_B, wenn I_B zwischen 0 und 0,1 mA variiert?

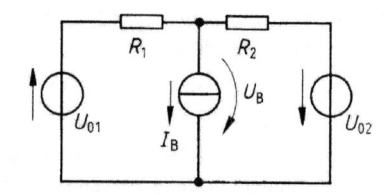

Bild 2.69 zu Aufgabe 124

3 Elektrisches Strömungsfeld

3.1 Driftbewegung der Ladungsträger

In einem metallischen Leiter interessieren uns für den Leitungsvorgang nur die quasifreien Elektronen des Metalls, die den zur Verfügung stehenden Raum des Metallgitters gleichmäßig erfüllen. Die Elektronen befinden sich in ständiger ungeordneter Bewegung, deren Intensität von der Temperatur des Leitermaterials abhängt. Dieser thermisch bedingten Bewegung der Elektronen überlagert sich eine Driftbewegung, wenn ein Strom durch das Metall fließt, d.h. ein Ladungstransport stattfindet. Der Driftbewegung setzt das Metallgitter einen Widerstand entgegen, den wir uns als einen Reibungswiderstand vorstellen können. Zur Überwindung dieses Widerstands ist daher eine ständige Kraft auf die Elektronen erforderlich.

Zu Anfang der Bewegung, also bei Beginn des Stromflusses, ist ein kleiner Teil der Kraft zur Beschleunigung der Elektronen notwendig. Er kann bei der geringen Masse der Elektronen und der geringen Geschwindigkeit, mit der sie sich bewegen, vernachlässigt werden.

Feldlinien. Wie wir schon früher festgestellt haben, entsteht eine Kraft durch die Einwirkung eines elektrischen Felds auf die Ladungsträger. Das elektrische Feld im Inneren des Leiters und damit auch die Driftbewegung der Ladungsträger im Stromkreis werden durch den Generator als „Ladungspumpe" aufrechterhalten. Betrachtet man den gesamten Stromkreis, so bewegen sich die Ladungsträger dabei stets auf in sich geschlossenen Bahnen, auch wenn die Strömung in ein Material mit einer anderen Leitfähigkeit γ oder in einen Leiter mit beliebiger räumlicher Ausdehnung eintritt. Die einzelnen Bahnen der Ladungsträger kann man dabei als Feldlinien und die Gesamtheit dieser Feldlinien als das *Feldbild* der elektrischen Strömung ansehen.

Vektorfeld der Driftgeschwindigkeit. Ordnen wir den Ladungsträgern oder einer in einem kleinen Volumenelement ΔV enthaltenen Ladung ΔQ den Vektor $\vec{v}$ ihrer Driftgeschwindigkeit zu, bekommen wir ein Vektorfeld mit v als Feldgröße. Unter einem Feld versteht man einen Raumbereich, in dem in jedem Raumpunkt eine physikalische Größe definiert ist. Ist diese Größe ein Skalar (z. B. Masse m, Ladung Q, Temperatur T, Potential φ), spricht man von einem Skalarfeld. Handelt es sich jedoch um eine Vektorgröße wie im vorliegenden Fall, ist das Feld ein Vektorfeld. Dieses kann durch die schon erwähnten Feldlinien anschaulich dargestellt werden. Dabei gibt die Richtung der Feldlinien bzw. ihrer Tangente in einem bestimmten Raumpunkt die Richtung des Feldvektors in diesem Raumpunkt an.

Strömungsfeld des geraden Leiters. Das Strömungsfeld in einem drahtförmigen, geraden Leiter mit konstantem Querschnitt A und überall gleicher Leitfähigkeit γ ist durch ein recht einfaches Feldbild zu beschreiben. Die Feldlinien verlaufen parallel (der Feldvektor $\vec{v}$ hat überall die gleiche Richtung), und auch der Betrag von $\vec{v}$ ist im gesamten Feldraum gleich. Das kommt dadurch zum Ausdruck, dass die Feldlinien mit überall gleicher Dichte verlaufen. Dabei ist die Anzahl der gezeichneten Feldlinien an sich beliebig. Ihre Anzahl bzw. ihre Dichte liefern keinen absoluten, sondern nur einen relativen Maßstab für den Betrag der Feldgröße. Ein Feld mit den geschilderten Eigenschaften heißt homogen.

Driftgeschwindigkeit und Stromdichte. In Bild 3.1 ist das Volumenstück $\Delta V = (\vec{A} \cdot \Delta \vec{s})$ ein Ausschnitt aus dem homogenen Strömungsfeld eines Kupferdrahts, in dem sich die Ladungsmenge ΔQ mit der Driftgeschwindigkeit $\vec{v}$ durch den Leiter bewegt. In dem Volumenelement ist die quasifreie Ladungsmenge $\Delta Q = e_0 \cdot n_{el} \cdot \Delta V$ enthalten, wobei n_{el} die im gesamten Feldraum gleich bleibende Dichte der beweglichen Ladungsträger und e_0 die Elementarladung bedeuten. Damit kann man für die Stromstärke $I = \Delta Q / \Delta t$ schreiben:

$$I = \frac{e_0 \cdot n_{el} \cdot (\vec{A} \cdot \Delta \vec{s})}{\Delta t} = \eta \cdot (\vec{A} \cdot \vec{v}) \tag{3.1}$$

Mit der Ladungsdichte $\eta = e_0 \cdot n_{el}$

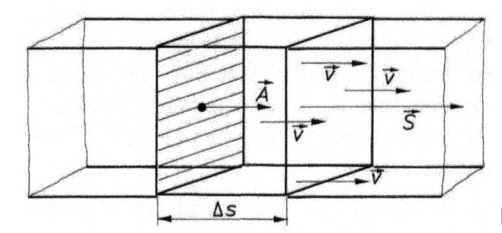

Bild 3.1 Driftgeschwindigkeit und Stromdichte

Das Produkt

$$\vec{J} = e_0 \cdot n_{el} \cdot \vec{v} \tag{3.2}$$

heißt *Stromdichte* und ist ein Vektor mit der gleichen Richtung wie $\vec{v}$. Mit dem Stromdichtevektor kann das Strömungsfeld ebenso wie mit $\vec{v}$ beschrieben werden. Für die Stromstärke durch die Fläche $\vec{A}$ erhält man schließlich

$$\boxed{I = (\vec{A} \cdot \vec{J})} \tag{3.3}$$

Die SI-Einheit der Stromdichte ergibt sich zu $[\vec{J}] = \dfrac{\text{A}}{\text{m}^2}$.

Beispiel 3.1 Die Driftgeschwindigkeit der Elektronen im Kupferleiter mit der Stromdichte $J = 2\,\text{A}/\text{mm}^2$ soll berechnet werden.

Die Dichte der Ladungsträger in Kupfer ist $n_{el} = 8{,}47 \cdot 10^{19}\,\text{mm}^{-3}$. Damit wird

$$v = \frac{J}{n_{el} \cdot e_0} = \frac{2\,\text{Amm}^{-2}}{8{,}47 \cdot 10^{19}\,\text{mm}^{-3} \cdot 1{,}602 \cdot 10^{-19}\,\text{As}} = 0{,}147\,\text{mm/s}$$

Die Driftgeschwindigkeit der Elektronen ist also außerordentlich gering.

3.2 Feldgleichung des elektrischen Strömungsfelds

Elektrische Feldstärke. Die Driftbewegung der Ladungsträger ist mit einer ständigen Abnahme ihrer potentiellen Energie verbunden. Diese wird in Form von Wärmeenergie an das Metallgitter abgegeben, das die Driftbewegung mit der Kraft $-\vec{F}_R = \vec{F}$ behindert, wenn $\vec{F}$ die zur Aufrechterhaltung der Driftbewegung erforderliche Kraft bedeutet. Die von den Ladungsträgern für den Weg $\Delta \vec{s}$ aufzubringende Arbeit entspricht der Abnahme ihrer potentiellen Energie, also

$$\Delta W = \left(\vec{F} \cdot \overrightarrow{\Delta s}\right) = Q \Delta U$$

Daraus ergibt sich für den Betrag der auf die Ladungsträger wirkende Kraft

$$F = Q \cdot \frac{\Delta U}{\Delta s}, \text{ Dabei ist}$$

$$\frac{\Delta U}{\Delta s} = E \tag{3.4}$$

die am Ort der Ladung herrschende *elektrische Feldstärke*. Deren SI-Einheit bekommt man in bekannter Weise zu $[E]$ = V/m. Die elektrische Feldstärke ist ebenso wie die Kraft $\vec{F}$ eine Vektorgröße und beide Vektoren sind parallel. Um eine eindeutige Zuordnung zwischen den Vektorgrößen $\vec{F}$ und $\vec{E}$ zu bekommen, ist noch das Vorzeichen der Ladung Q zu beachten. Nach allgemeiner Übereinkunft (DIN 1324) gilt:

> Die positive Richtung der elektrischen Feldstärke $\vec{E}$ ist gleich der Kraftrichtung auf eine positive Ladung Q_+.

Damit ergibt sich für die Kraft auf die Ladungsträger

$$\boxed{\vec{F} = Q_+ \vec{E} \quad \text{bzw.} \quad -\vec{F} = Q_- \vec{E}.} \tag{3.5}$$

Feldgleichung. Die Kraft auf die negativen Elektronen ist also der elektrischen Feldstärke entgegen gerichtet. Wie wir schon früher festgestellt haben, ist es für die Wirkung des Stroms gleichgültig, ob die Bewegung (gedachter) positiver Ladungsträger oder die entgegengesetzte negativer Ladungsträger betrachtet wird. Wir wollen deshalb ohne Rücksicht auf die stoffliche Natur des Leiters auch weiterhin eine Bewegung positiver Ladung in technischer Stromrichtung annehmen.

Aus dem Ohmschen Gesetz und der Formel für den Leitwert eines drahtförmigen Leiters (homogenes Strömungsfeld) erhält man

$$I = G \cdot U = \frac{\gamma \cdot A}{s} \cdot U \Rightarrow \frac{I}{A} = \gamma \cdot \frac{U}{s}$$

oder, wenn man die Vektoren und E einsetzt

$$\boxed{\vec{J} = \gamma \cdot \vec{E}} \tag{3.6}$$

Dies ist die Feldgleichung des elektrischen Strömungsfelds, die auch als Elementarform des Ohmschen Gesetzes bezeichnet wird.

Ebenso wie man die elektronische Stromstärke I als Folge einer Spannung U ansehen kann, ist das Strömungsfeld des Vektors $\vec{J}$ eine Folge des elektrischen Felds der Feldstärke $\vec{E}$. Beide Vektoren haben stets die gleiche Richtung, wenn die elektrische Leitfähigkeit γ unabgängig von der Stromrichtung stets den gleichen Wert hat.

3.3 Inhomogenes Strömungsfeld

Während wir für einen geraden, drahtförmigen Leiter bei konstantem Querschnitt ein homogenes Strömungsfeld mit einem nach Richtung und Betrag überall gleichen Stromdichtevektor erhalten haben, ändern sich Betrag und Richtung, wenn sich der Querschnitt des Leiters ändert. Bild **3.2** zeigt einen flächenhaften Leiter mit konstanter Dicke, bei dem sich die Breite ändert. Da der Strom in beiden Bereichen gleich bleibt, muss sich die Stromdichte ändern. Wir können Bereiche von homogenen Strömungsfeldern in den Querschnitten 1 bzw. 2 mit den Beträgen der Stromdichten

$$J_1 = \frac{I_1}{A_1} \text{ bzw. } J_2 = \frac{I_2}{A_2}$$

unterscheiden von einem Bereich, in dem sich Betrag und Richtung der Feldvektoren stetig ändern. Solche Vektorfelder heißen inhomogen. Der Abstand der Feldlinien wird hier um so größer, je kleiner der Betrag der Feldgröße wird. Feldlinienbilder liefern jedoch immer nur anschauliche Modelle eines Vektorfelds. In Wirklichkeit ist der Feldraum kontinuierlich von der betreffenden Feldgröße erfüllt, also auch zwischen den Feldlinien. Ein anderes Beispiel eines inhomogenen Strömungsfeldes zeigt Bild **3.3**.

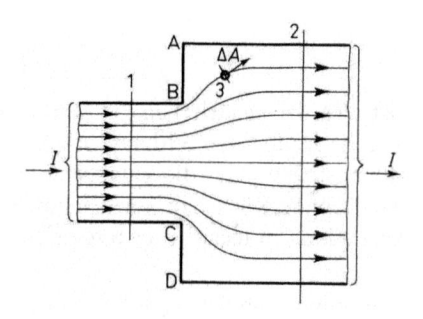

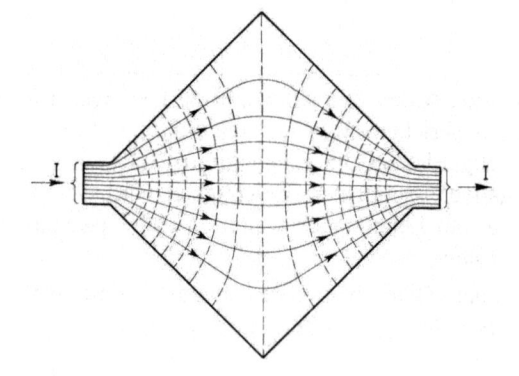

Bild 3.2 Inhomogenes Strömungsfeld

Bild 3.3 Strömungsfeld eines flächenhaften Leiters

durchgezogen: Feldlinien des Vektorfelds $\vec{J}$, gestrichelt: Äquipotentiallinien des skalaren Potentials

Die Feldgleichung (3.5) des Strömungsfelds gilt auch im inhomogenen Feld. Stellt z.B. das Bild **3.3** das nur $35 \cdot 10^{-3}$ mm dicke Kupferblech einer Leiterplatte dar, kann man die Struktur des Strömungsfelds untersuchen, indem man mit Hilfe einer Sonde auf dem Kupferblech Punkte gleicher Spannung aufsucht. Das entspricht der messtechnischen Ermittlung von Äquipotentiallinien (Linien gleichen Potentials, gestrichelt in Bild **3.3**). Da die Feldvektoren $\vec{J}$ und $\vec{E}$ stets darauf senkrecht stehen, lassen sich die Feldlinien leicht zeichnen.

3.4 Grundbegriffe der Feldtheorie

Bevor wir uns weiteren (elektrischen und magnetischen) Feldern zuwenden, wird es nützlich sein, einige Grundbegriffe der Feldtheorie an dem oben betrachteten Beispiel des homogenen Strömungsfelds in einem drahtförmigen Leiter zu erläutern.

Zwei Feldvektoren sind, wie wir oben gesehen haben, zur Beschreibung des Strömungsfelds erforderlich: Die elektrische Feldstärke $\vec{E}$ ist die Folge der außen an den Leiter angelegten elektrischen Spannung. Sie bewirkt eine Kraft auf die elektrischen Ladungen im Innern des Leiters. Wie stark die Strömung ist, die sich daraus ergibt, wird durch den zweiten Vektor, die Stromdichte $\vec{J}$, beschrieben.

Das Prinzip der Feldbeschreibung besteht also darin, dass ein Vektor die Felderregung kennzeichnet, der andere die materialabhängige Wirkung beschreibt. Der erste Vektor hat stets den Charakter eines räumlich verteilten Spannungszustands. Der zweite ist eine Flussdichte, d.h. das Skalarprodukt dieses Vektors mit einem Flächenvektor ergibt den durch die zugehörige Fläche hindurchtretenden Fluss. Dieses Prinzip findet sich wieder beim elektrostatischen Feld (Abschn. 4), beim magnetischen Feld (Abschn. 5) und beim elektromagnetischen Feld (Abschn. 6).

Äquipotentialflächen. Nach Gl. (3.4) ist die elektrische Feldstärke die bezogene Spannungsänderung ΔU, die man beobachtet, wenn man um das Wegstück $\Delta \vec{s}$ in Richtung der Strömung fortschreitet. Dabei ist ΔU ein Maß für die Arbeit, die notwendig ist, um die Ladung ΔQ über das Wegstück $\Delta \vec{s}$ zu transportieren. Um zum Begriff der Äquipotentialfläche zu kommen, betrachten wir die Spannungsänderung bzw. die zu leistende Arbeit, wenn der Vektor $\Delta \vec{s}$ nicht in Richtung der Strömung weist, sondern senkrecht dazu steht, also in der Querschnittsfläche des hier betrachteten Leiters liegt. Da in dieser Richtung keine Strömung stattfindet, wird keine Energie auf diesem Wegstück verbraucht, d.h. es tritt keine Spannungsänderung ΔU ein.

Die Flächen, senkrecht zum Stromdichtevektor oder umgekehrt, auf denen der Stromdichtevektor senkrecht steht, sind also Äquipotentialflächen. Nach Gl. (3.6) sind Stromdichte und elektrische Feldstärke stets parallel gerichtet, so dass man auch sagen kann:

> Die elektrische Feldstärke steht senkrecht auf den Äquipotentialflächen.

Dieser Satz gilt nicht nur für das hier als Beispiel betrachtete homogene Strömungsfeld, sondern für alle Felder, soweit sie Äquipotentialflächen haben. In diesen Feldern sind dann als Spannungen einfach die Potentialunterschiede zwischen den verschiedenen Äquipotentialflächen definiert.

Beispiel 3.2 In der kupfernen Leiterbahn einer „gedruckten" Schaltung besteht ein homogenes Strömungsfeld mit der Stromdichte $|\vec{J}| = 1 \text{ A/mm}^2$. Welche Spannung herrscht zwischen Äquipotentialflächen, die um $|\vec{s}_{12}| = 10 \text{ cm}$ voneinander entfernt sind?

Lösung $\vec{E}$ und $\vec{s}_{12}$ liegen in Strömungsrichtung, also parallel.

$$U = \vec{E} \cdot \vec{s}_{12} = \frac{1}{56} \frac{\text{V}}{\text{m}} 0{,}1 \text{ m} = 1{,}786 \cdot 10^{-3} \text{V} = \mathbf{1{,}786 \text{ mV}}$$

Feldfluss. Im Strömungsfeld erhält man die Stromstärke, die durch einen drahtförmigen Leiter fließt, nach Gl. (3.3) als skalares Produkt aus der Stromdichte $\vec{J}$ und dem Flächenvektor $\vec{A}$ der Querschnittsfläche. Die Stromstärke ist ein Beispiel für einen Feldfluss. Im elektrostatischen und im magnetischen Feld treten Größen auf, die ganz ähnlich berechnet werden, nämlich als Skalarprodukt aus einem Flussdichtevektor und einem Flächenvektor. Die physikalische Bedeutung dieser Größen ist aber eine ganz andere als im Strömungsfeld.

Im homogenen Feld, bei dem die Feldvektoren überall gleich sind, lässt sich der Feldfluss, den ein Flussdichtevektor durch eine bestimmte ebene Fläche fuhrt, als Skalarprodukt entsprechend Gl. (3.3) einfach berechnen. Bei inhomogenen Feldern oder gekrümmten Flächen sind dagegen kompliziertere Rechenmethoden erforderlich, die hier außer Betracht bleiben.

Quellen- und Wirbelfelder. Bei den Feldbildern gibt es zwei grundsätzlich verschiedene Typen: Quellenfelder sind daran zu erkennen, dass die Feldlinien von bestimmten Körpern, den Quellen, ausgehen und auf anderen Körpern, den Senken, enden. Felder dieser Art zeigen die Bilder **4**.2 und **4**.3 des folgenden Abschnitts. Der zweite Feldtyp sind die *Wirbelfelder*. Bei diesen Feldern sind die Feldlinien in sich geschlossen. Sie haben weder Anfang noch Ende. Typischer Vertreter dieses Feldtyps ist das elektrische Strömungsfeld eines Gleichstroms. Die Elektronen sind überall vorhanden und werden durch das vom Generator erzeugte elektrische Feld in eine Driftbewegung versetzt, so dass im gesamten Stromkreis der gleiche Strom fließt. Die Feldlinien der Stromdichte sind daher in sich geschlossene Ringe. Ein anderes Beispiel für ein Wirbelfeld bilden die magnetischen Feldlinien in der Umgebung eines vom Strom durchflossenen Drahtes, wie später gezeigt wird.

Aufgaben zu Abschnitt 3

125. In einem Kupferleiter mit 1,38 mm Durchmesser fließt ein Strom mit der Stärke 5 A.
    a) Wie groß sind Stromdichte und Driftgeschwindigkeit der Elektronen?
    b) Welche elektrische Feldstärke ist im Draht erforderlich?
    c) Wie groß ist die Kraft, die auf einen Ladungsträger wirkt?

126. Eine Spule aus Kupferdraht hat 8000 Windungen und den mittleren Windungsdurchmesser 5 cm. An der Spule liegt eine Spannung von 12 V.
    a) Welche elektrische Feldstärke herrscht im Draht?
    b) Welche Stromdichte stellt sich ein?

127. In einem Kupferdraht von 2 mm Durchmesser herrscht die Feldstärke 40 mV/m.
    a) Wie groß sind Stromdichte und Driftgeschwindigkeit der Elektronen?
    b) Wie groß ist die Stromstärke?
    c) Welche Kraft wirkt auf die Ladungsträger?

128. Welche Dicke muss ein Aluminiumdraht mit quadratischem Querschnitt haben, wenn er bei einer Feldstärke von 15 mV/m einen Strom von 13,125 A führen soll?

129. In einer 2 mm breiten und 35 μm dicken Leiterbahn einer kupferkaschierten Leiterplatte herrscht die Stromdichte 10 A/mm^2.
    a) Wie groß ist die Stromstärke in der Leiterbahn?
    b) Welche Feldstärke ist wirksam?
    c) Welcher Spannungsfall tritt bei 5 cm Leiterbahnlänge auf?

4 Elektrisches Feld

4.1 Elektrostatisches Quellenfeld

Wir haben in Abschnitt 3 die Wirkung eines elektrischen Felds der Feldstärke $\vec{E}$ in einem Material mit der elektrischen Leitfähigkeit γ kennen gelernt. Entsprechend Gl. (3.6) wird die auftretende Stromdichte $\vec{J}$ umso kleiner, je geringer die Leitfähigkeit des Materials wird. Im Grenzfall mit $\gamma = 0$ (idealer Isolator) ist trotz des elektrischen Felds kein Strömungsfeld mehr vorhanden. In diesem Fall spricht man von einem elektrostatischen Feld oder von einem Feld ruhender Ladungen. Auch in einem idealen (stofflichen) Isolator sind elektrische Ladungen beiderlei Vorzeichens vorhanden und entsprechend Gl. (3.5) Kräfte auf die Ladungen zu erwarten, die hier jedoch mangels Driftbewegung kein Strömungsfeld zur Folge haben. Schließlich können wir uns noch einen isolierenden Feldraum vorstellen, der völlig frei von Materie ist (Vakuum oder leerer Raum), also auch keine elektrische Ladungen mehr enthält (abgesehen von den Begrenzungen des Feldraumes).

In diesem Sinn werden wir uns zunächst mit dem elektrostatischen Feld im ladungsfreien Raum beschäftigen und dann mit den Wirkungen des elektrischen Felds in nichtleitender Materie.

Coulombsches Gesetz. Schon bei den einführenden Überlegungen in Abschn. 1.7.2 haben wir festgestellt, dass die Masse m eine Wirkung auf den umgebenden Raum hat, die wir als Gravitationsfeld oder Massenanziehungsfeld bezeichnen. Nach dem Grundsatz, dass nur Wechselwirkungen zwischen gleichartigen Feldern auftreten, können wir die Wirkung des Gravitationsfelds der Masse m_1 auf eine Masse m_2 auch als gegenseitige Anziehung der Massen m_1 und m_2 auffassen. Die auftretende Anziehungskraft kann z.B. mit Hilfe des allgemeinen Gravitationsgesetzes

$$|\vec{F}| = f \frac{m_1 \cdot m_2}{r_2} \quad \text{mit} \quad f = 66{,}7 \cdot 10^{-12} \frac{\text{m}^3}{\text{kg} \cdot \text{s}^2}$$

bestimmt werden. Ist m_2 eine Probemasse, die also das Gravitationsfeld der Masse m_1 nicht beeinflusst, erhalten wir die uns schon bekannte Gleichung $\vec{F} = m\vec{g}$, wenn wir $|g| = f \cdot m_1/r^2$ schreiben.

Auch eine elektrische Ladungsmenge übt auf den umgebenden Raum eine Wirkung aus, eben das elektrische Feld. Für zwei Ladungen Q_1 und Q_2 bekommen wir für die Kraft zwischen ihnen eine dem allgemeinen Gravitationsgesetz entsprechende Beziehung, das Coulombsche Gesetz:

$$\boxed{|\vec{F}| = k \frac{Q_1 \cdot Q_2}{r^2}} \tag{4.1a}$$

Dabei ist r der Abstand zwischen den beiden Ladungen Q_1 und Q_2. Für die Konstante k, deren Wert später abgeleitet wird, gilt im Vakuum:

$$k = \frac{1}{\varepsilon_0 \cdot 4\pi}$$

Elektrische Feldstärke. Man definiert:

4.1 Elektrostatisches Quellenfeld

> Unter einem elektrischen Feld ist der Raumbereich zu verstehen, in dem auf elektrische Ladungen Kräfte ausgeübt werden. Dabei ist das Verhältnis $\vec{E} = \vec{F}/Q_+$ die am Ort der Ladung Q_+ herrschende elektrische Feldstärke.

Nach dieser Definition können wir im Coulombschen Gesetz die Ladung Q_1 als die felderzeugende Ladung betrachten und Q_2 als die Probeladung, mit der wir das Feld von Q_1 untersuchen. (Ebenso gut könnten wir die Rollen von Q_1 und Q_2 vertauschen, d.h. Q_2 als Feld- und Q_1 als Probeladung betrachten.) Dieser Vorstellung entsprechend schreiben wir Gl. (4.1a) um in

$$|\vec{F}| = |\vec{E}| \cdot Q_2 \quad |\vec{E}| = \frac{Q_1}{4\pi\varepsilon_0 r^2} \tag{4.1b}$$

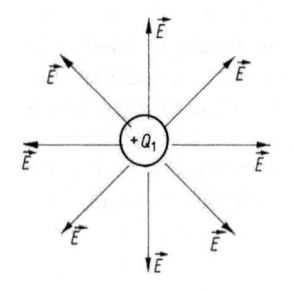

Bild 4.1 Feld einer positiven Ladung

Die räumliche Richtung der elektrischen Feldstärke ergibt sich daraus, dass die Wirkungslinie der Kraft $\vec{F}$ immer die Verbindungslinie der beiden Ladungen ist, unabhängig davon, wie diese im Raum liegt. Bei einer positiven Ladung Q_1 ist daher die elektrische Feldstärke überall sternförmig von Q_1 weg nach außen gerichtet (Bild 4.1), bei negativer Ladung zielen alle Feldstärkevektoren auf den Ladungsmittelpunkt.

Bei zwei und mehr Ladungen findet man das elektrische Feld durch vektorielle Addition der Kräfte bzw. Feldstärken.

Bringt man in den leeren Raum zwischen der positiven Ladung Q_+ und der negativen Ladung Q_- eine Probeladung q, kann man mit Hilfe des Coulombschen Gesetzes die am Ort der Probeladung wirksame resultierende Kraft $\vec{F}$ bestimmen und damit auch die elektrische Feldstärke $\vec{E}$. Diese entsteht aus den beiden Kraftkomponenten, die als Wirkung zwischen den Ladungen Q_+ bzw. Q_- und der Probeladung q auftreten (Bild 4.2). Die Ladungen Q_+ und Q_- sind dabei Punktladungen, also Ladungen ohne räumliche Ausdehnung.

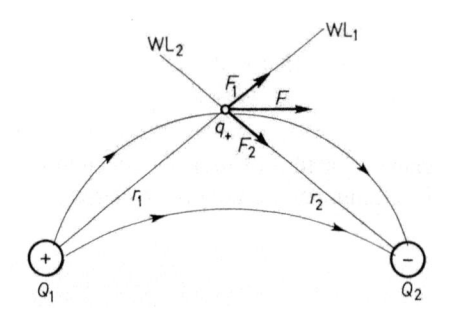

Bild 4.2 Kraftermittlung im elektrischen Feld nach dem Coulombschen Gesetz

Bild 4.3 Elektrisches Feld zwischen parallelen Leitern

Stellt man sich Q_+ und Q_- auf der Oberfläche von langen, zylindrischen und parallelen Leitern vor, erhält man ein elektrisches Feld entsprechend Bild 4.3. Da auch innerhalb der im Querschnitt dargestellten metallischen Leiter keine elektrische Strömung auftreten soll, müssen die Leiteroberflächen Äquipotentialflächen sein. Dies bedeutet, dass der Vektor der elektrischen Feldstärke auf der Leiteroberfläche senkrecht steht. Sonst riefe eine Komponente der Feldstärke im Leiter eine Strömung hervor.

Weitere Äquipotentialflächen des elektrischen Felds bzw. im Querschnitt Äquipotentiallinien sind in Bild 4.3 durch gestrichelte Linien angedeutet.

Man entnimmt diesen Feldbildern 4.1, 4.2 und 4.3 unmittelbar, dass das elektrische Feld ein Quellenfeld ist. Die Feldlinien entspringen auf positiven Ladungen und enden auf negativen. Bei dem Feldbild 4.1 müssen wir uns die negativen Ladungen, die das Ende der Feldlinien bilden, unendlich weit entfernt vorstellen.

Inhomogenes und homogenes elektrisches Feld. Wir entnehmen Bild 4.3 zunächst, dass es sich offenbar um ein inhomogenes Feld zwischen den beiden Leitern handelt. Die Feldstärke $\vec{E}$ hat auf der Verbindungslinie der beiden Leiter ihren größten Wert, wird dann entsprechend der gezeichneten Feldliniendichte dem Betrag nach kleiner und ändert außerdem ihre Richtung. Da die Oberflächen der Leiter Äquipotentialflächen sind, ist andererseits der räumliche Aufbau des Vektorfelds $\vec{E}$ von der Form der metallischen Elektroden abhängig. Wir können also diesen eine solche Form geben, dass das Feld zwischen ihnen homogen wird. Das ist z.B. in Bild 4.4 der Fall, wenn wir von den Randbereichen einmal absehen. Eine solche Elektrodenanordnung nennt man Plattenkondensator. Sie hat eine große praktische Bedeutung.

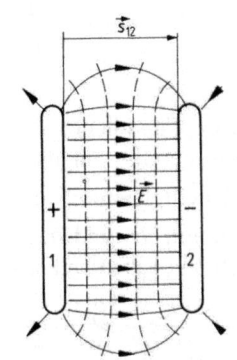

Bild 4.4 Elektrisches Feld in einem Plattenkondensator

Wir können die zwischen den Kondensatorplatten herrschende Spannung leicht ermitteln. Da das Feld zwischen ihnen homogen ist, erhalten wir die Spannung als Skalarprodukt aus elektrischer Feldstärke und dem als Vektor aufgefassten Abstand $\vec{s}_{12}$ zwischen den Platten.

$$U_{12} = (\vec{E} \cdot \vec{s}_{12})$$

Andererseits können wir das elektrische Feld mit der Feldstärkenbetrag

$$E = \frac{U_{12}}{s_{12}} \tag{4.2}$$

leicht durch Anlegen einer entsprechenden Spannung an die Kondensatorplatten erzeugen.

Elektrische Flussdichte und elektrischer Fluss. Bringen wir einen metallischen Körper in das Feld eines Plattenkondensators (Bild 4.4), erfolgt unter dem Einfluss der elektrischen Feldstärke eine Ladungstrennung im Prüfkörper. Diesen Vorgang bezeichnet man als Influenz (s. Abschn. 1.8.1). Nimmt man den Prüfkörper aus dem Feld heraus, gleichen sich die Ladungen wieder aus, und er erscheint ungeladen. Um den Influenzvorgang zu erfassen, verwenden wir einen Prüfkörper, der aus zwei Scheiben besteht. Diese Scheiben werden in gegenseitiger Berührung in das Feld eingeführt und dort getrennt. Die Influenzladun-

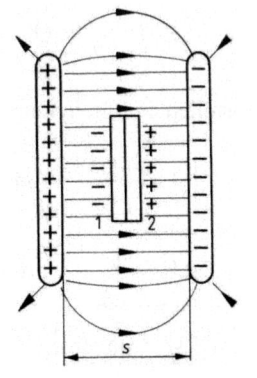

Bild 4.5 Influenz im elektrischen Feld

gen können sich so beim Herausnehmen nicht mehr ausgleichen und einzeln gemessen werden. Diesen Vorgang der Influenzladungsmessung verwendet man zur Definition der elektrischen Flussdichte $\vec{D}$, der zweiten Vektorgröße, die man zur Beschreibung eines Feldes braucht (s. Abschn. 3.4). Für die Messung verwenden wir ein Plattenpaar mit den Flächen $\Delta \vec{A}$ und halten sie vor der Trennung so, dass die Influenzladungen ΔQ möglichst groß ausfallen. Als Flussdichte definiert man das Verhältnis von Influenzladung zur Plattenfläche und lässt den Vektor senkrecht auf der positiven Prüfplatte stehen.

$$D = \frac{\Delta Q}{\Delta A} \tag{4.3}$$

Dieser Flussdichte des elektrostatischen Felds entspricht die Stromdichte im Strömungsfeld. Daraus ergibt sich, dass der elektrische Fluss Ψ die dem Strom entsprechende Größe ist.

Die Feldgleichung des elektrostatischen Felds gibt den Zusammenhang zwischen den beiden Vektoren $\vec{D}$ und $\vec{E}$ an. Experimentell findet man, dass die beiden Vektoren stets die gleiche Richtung haben und dass ihre Beträge verhältnisgleich sind. Das drückt sich in der Gleichung

$$\vec{D} = \varepsilon_0 \cdot \vec{E} \tag{4.4}$$

aus. Die Proportionalitätskonstante ε_0 heißt Feldkonstante des elektrischen Felds. In dieser Form gilt die Gleichung für den materiefreien Raum (Vakuum). Die Einheit der Feldkonstanten leiten wir in bekannter Weise ab:

$$[\varepsilon_0] = \frac{[D]}{[E]} = \frac{As}{m^2} \frac{m}{V} = \frac{As}{Vm} \tag{4.5}$$

Der aus der Definition der Lichtgeschwindigkeit im Vakuum abgeleitete Wert ε_0 beträgt nach DIN 1324-1

$$\varepsilon_0 = 8{,}8542 \cdot 10^{-12} \frac{As}{Vm} \tag{4.6}$$

Kapazität. Mit Hilfe der Gl. (4.2) und (4.3) können wir die Ladungsmenge berechnen, die wir auf den Platten eines Plattenkondensators speichern können. Diese sollen den Abstand s haben und die ladungstragende Oberfläche A. Zwischen den Platten liege die Spannung U. Im homogenen Feld erhalten wir

$$E = \frac{U}{s}; \quad D = \frac{Q}{A}; \quad \frac{Q}{A} = \varepsilon_0 \frac{U}{s}$$

Durch Umstellen der Gleichung ergibt sich

$$\boxed{Q = \frac{\varepsilon_0 \cdot A}{s} \cdot U} \text{ oder, wenn man}$$

$$\boxed{C_0 = \frac{\varepsilon_0 \cdot A}{s}} \text{ einführt,} \tag{4.7}$$

$$\boxed{Q = C_0 \cdot U} \tag{4.8}$$

Die Größe C_0 nennt man Kapazität (Fassungsvermögen) des Kondensators. Der Index o bedeutet, dass es sich um die Kapazität im Vakuum handelt. Bei der Berechnung von C aus den Abmessungen des Kondensators haben die Vektoren $\vec{A}$ (Flächennormale) und $\vec{s}$ (Plattenabstand) die gleiche Richtung.

Als Einheit für die Kapazität erhalten wir

$$[C] = \frac{[Q]}{[U]} = \frac{A \cdot s}{V} = F \text{ (Farad)} \tag{4.9}$$

Polarisation und Permittivität. Gebrauchskondensatoren haben keine Luft zwischen ihren Platten, sondern einen besonderen Isolierstoff. Diesen nennt man das *Dielektrikum*. Hat das elektrische Feld die gleiche Feldstärke wie ohne Dielektrikum, lässt sich eine größere Ladungsmenge auf den Platten speichern als vorher. Die Ladungsdichte auf den Kondensatorplatten ist größer geworden und mit ihr die im Feldraum vorhandene elektrische Flussdichte. Diese Vergrößerung beschreibt der Faktor ε_r, den wir in Gl. (4.4) einführen.

$$\boxed{\vec{D} = \varepsilon_0 \cdot \varepsilon_r \cdot \vec{E}} \tag{4.10}$$

Das Produkt $\varepsilon = \varepsilon_0 \cdot \varepsilon_r$ heißt Permittivität. Sie ist bei manchen dielektrischen Materialien auch von der elektrischen Feldstärke abhängig, also keine reine Stoffkonstante. Der Faktor ε_r heißt *Permittivitätszahl* oder auch *relative Permittivität*. Sie gibt an, um welchen Faktor die Kapazität eines Plattenkondensators mit Dielektrikum größer ist als die des gleichen Kondensators im Vakuum. Die Kapazität des Plattenkondensators wird damit allgemein

$$\boxed{C = \varepsilon_0 \cdot \varepsilon_r \frac{A}{s}} \tag{4.11}$$

Die Wirkung, die das elektrische Feld dabei offenbar auf das Material des Dielektrikums hat, bezeichnet man als *Polarisation*. Als Folge der durch das elektrische Feld bedingten Kräfte auf die Molekülladungen des Materials werden die Ladungsschwerpunkte in den Molekülen verschoben. Es bilden sich elektrische *Dipole* aus. Je nach ihrer chemischen Natur bzw. dem Aufbau ihrer Moleküle sind die Stoffe unterschiedlich stark polarisierbar.

Tabelle 4.1 Relative Permittivität fester und flüssiger Isolierstoffe

Isolierstoff	ε_r	Isolierstoff	ε_r
Azeton	21,5	Mikanit	5
Benzol	2,25	Paraffin	2,1
Bernstein	2,8	Pertinax	4,8
Crownglas	6 bis 7	Phenolharz	4 bis 6
Diamant	16,5	Polyäthylen	2,2
Flintglas	7	Polystyrol	2,7
Glimmer	7	Polyvinylchlorid	3,2 bis 5,5
Hartpapier	5 bis 6	Quarz	3,8 bis 5
Kabelisolation		Transformatorenöl	2,2 bis 2,5
- Starkstromkabel	4,3	Toluol	2,35
(Jute und getr. Papier)		Wasser dest.	80
– Fernmeldekabel	1,6	Zellulose	6,6
(Papier und Luft)			

Die Moleküle mancher Stoffe sind auch ohne ein äußeres elektrisches Feld schon Dipole (z.B. Wasser). Deren relative Permittivität ist daher besonders groß. Tab. **4.1** zeigt die relative Permittivität ε_r einiger fester und flüssiger Isolierstoffe. Da der Betrag des Vektors D offenbar von der „Verschiebbarkeit" der inneren Ladungen der Moleküle des Dielektrikums abhängig ist, wird D auch als „Verschiebungsdichte" bezeichnet.

Dipole im elektrischen Feld. Befinden sich ungeladene Körper mit so kleinen Abmessungen im elektrischen Feld, dass wir sie als Probekörper auffassen können, lassen sich je nach Aufbau des elektrischen Felds unterschiedliche Erscheinungen feststellen. Je nach der stofflichen Natur des Probekörpers bilden sich durch Influenz oder Polarisation elektrische Dipole aus, und zwar durch Ladungstrennung im leitenden Material, durch Verschiebung der Ladungsschwerpunkte im nicht leitenden oder auch durch beide Einflüsse. Ebenso wenig wie ideale Leiter gibt es ideale Nichtleiter, sodass auch im Isolator eine gewisse Beweglichkeit von Elektronen angenommen werden muss.

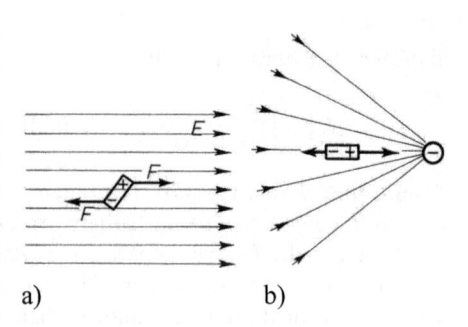

Bild 4.6 Dipole im elektrischen Feld
a) homogenes Feld
b) inhomogenes Feld

Im homogenen elektrischen Feld entsteht durch die Wechselwirkung zwischen der am Ort des Dipols herrschenden elektrischen Feldstärke und den Dipol-Ladungen ein Drehmoment. Dieses versucht, den Probekörper so lange zu drehen, bis beide Dipolladungen auf der Wirkungslinie des Feldstärkevektors liegen (Bild **4.6**). Benutzt man als Probekörper z.B. kurze und leichte Kunststofffasern, ordnen sie sich bei genügend hoher Feldstärke und ausreichend geringer Reibung zu Feldlinienbildern, die ein anschauliches Modell des elektrostatischen Felds darstellen. Die Bilder **4.7** bis **4.9** zeigen einige Beispiele.

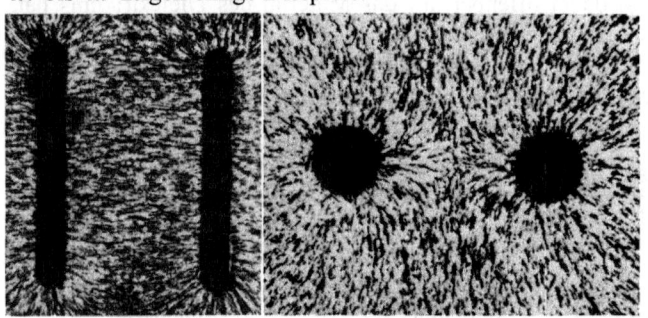

Bild 4.7 Feldbild eines Plattenkondensators

Bild 4.8 Feldbild gleichnamig geladener Kugeln

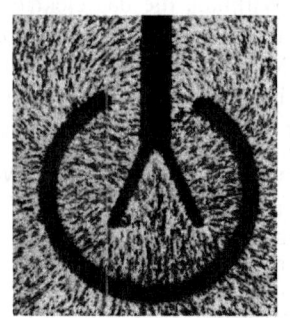

Bild 4.9 Feldbild eines Blättchen- Elektroskops

Im inhomogenen Feld versucht der elektrische Dipol wegen des entstehenden Drehmoments ebenfalls eine Lage einzunehmen, bei der die Ladungsschwerpunkte auf der Wirkungslinie des Feldstärkevektors liegen. Da aber auf dieser WL ein umso stärkeres Feldstärkegefälle besteht, je ausgeprägter die Inhomogenität des elektrischen Felds ist, entsteht außer dem Drehmoment noch eine resultierende Kraft, die stets in Richtung zunehmender Feldstärke weist. Diese Kraft kann leichte Probekörper in Richtung zunehmenden Betrags der elektrischen Flussdichte beschleunigen, und zwar unabhängig vom Vorzeichen des geladenen Körpers, der das elektrische Feld hervorruft. Die elektrische Feldstärke bzw. Flussdichte sind besonders groß, wenn der Krümmungsradius der Oberfläche der geladenen Elektrode klein ist, also z.B. bei kleinen Kugeln, an Spitzen oder dünnen Stäben. Hier besteht bei hohen Feldstärken besonders Überschlag- bzw. in Isolierstoffen Durchschlaggefahr. Geringer ist die Feldstärke dagegen bei schwach gewölbten oder ebenen Flächen. Ein Beispiel für die Beschleunigung ungeladener Probekörper im inhomogenen Feld ist die Anziehung von Papierschnitzeln durch einen geriebenen Hartgummistab.

Die geschilderten Kraftwirkungen zwischen geladenen und ungeladenen Körpern im elektrischen Feld lassen sich auch mit einem Drehstab zeigen, wie wir ihn bei den Versuchen in Abschn. 1.8.1 verwendet haben. Die vom geladenen Körper hervorgerufenen influenzierten Ladungen stören oft bei elektrostatischen Versuchen und können das Versuchsergebnis verfälschen.

4.2 Kondensator

4.2.1 Kapazität und Permittivität

Die Kapazität eines Plattenkondensators hängt nicht nur von den geometrischen Abmessungen ab, sondern auch vom Wert der Größe ε_r, die durch die Polarisierbarkeit des Dielektrikums mitbestimmt wird. Den geringsten Wert der Kapazität erhält man, wenn zwischen den Platten Vakuum herrscht. Die in diesem Fall geltende Proportionalitätskonstante in Gl. (4.11) ist die elektrische Feldkonstante ε_0:

$$\boxed{C_0 = \varepsilon_0 \cdot \frac{A}{s}} \tag{4.12}$$

Permittivität. Bei gleichen wirksamen Abmessungen A und s wird die Kapazität des Plattenkondensators größer, wenn zwischen den Platten ein Dielektrikum aus polarisierbarem Material vorhanden ist.

$$\boxed{\frac{C}{C_0} = \frac{\varepsilon \cdot \dfrac{A}{s}}{\varepsilon_0 \cdot \dfrac{A}{s}} = \varepsilon_r} \tag{4.13}$$

Das Verhältnis ist die schon früher erwähnte relative Permittivität, die auch als Elektrisierungszahl des Materials bezeichnet wird. Sie ist als relative Größe eine reine Zahl. Entsprechend der Definition von ε_r bekommt man für die Permittivität nach Gl. (**4.10**)

$$\boxed{\varepsilon = \varepsilon_0 \cdot \varepsilon_r}$$

Für Vakuum ist $\varepsilon_r = 1$, und für Luft als Dielektrikum ergibt sich praktisch ebenfalls $\varepsilon_r \approx 1$. Den schon erwähnten Zahlenwert für ε_0 erhält man aus dem Zusammenhang

$$\boxed{\varepsilon_0 \cdot \mu_0 = \frac{1}{c_0^2}} \tag{4.14}$$

wobei c_0 die Vakuum-Lichtgeschwindigkeit bedeutet und μ_0 die Feldkonstante des magnetischen Felds. Ihr Wert ist in Zusammenhang mit der Definition der Stromstärkeeinheit A als Basiseinheit des SI auf

$$\mu_0 = 4\pi \cdot 10^{-7} \frac{Vs}{Am}$$

festgelegt worden. Mit dem für die Lichtgeschwindigkeit im Vakuum entsprechend der SI Definition geltendem Wert

$$c = 299792458 \ \frac{m}{s}$$

ergibt sich der Zahlenwert für die elektrische Feldkonstante zu

$$\varepsilon_0 = 8{,}85419 \cdot 10^{-12} \ \frac{As}{Vm}$$

oder mit einer für die Praxis völlig ausreichenden Genauigkeit

$$\varepsilon_0 \approx 8{,}854 \cdot 10^{-12} \ \frac{F}{m} \tag{4.15}$$

Die Kapazität des Plattenkondensators lässt sich damit nach

$$C_{Pl} = \varepsilon_0 \cdot \varepsilon_r \frac{A}{s} \tag{4.16}$$

berechnen. Dabei ist zu beachten, dass mit A nur der Teil der Platten gemeint ist, der die elektrischen Ladungen trägt, die das elektrische Feld hervorrufen.

4.2.2 Bauformen von Kondensatoren

Die Gl. (**4.16**) gilt auch für die Kapazität eines Kondensators, bei dem sich zwei Aluminiumfolien gegenüberstehen, die durch ein Dielektrikum aus Isoliermaterial getrennt sind (Bild **4**.10). In diesem Zustand tragen nur die Teile der Oberflächen der Metallbeläge Ladungen, die sich direkt gegenüberstehen. Wenn man jedoch die Folien entsprechend Bild **4**.11 aufwickelt, trägt praktisch die gesamte Oberfläche der Metallbeläge elektrische Ladungen, und die Kapazität dieses Wickelkondensators wird doppelt so groß wie im nicht gewickelten Zustand:

$$C_W = 2\varepsilon_0 \cdot \varepsilon_r \frac{A}{s} \tag{4.17}$$

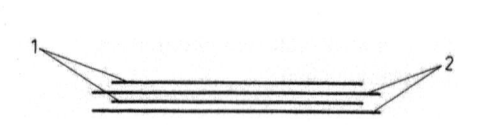

Bild 4.10 Plattenkondensator in technischer Ausführung (Prinzip)
1 Metallbeläge
2 Isoliermaterial

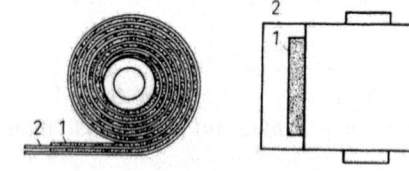

Bild 4.11 Wickelkondensator
1 Metallbeläge
2 Isoliermaterial

Wickelkondensatoren sind wohl die am häufigsten verwendeten Bauformen von Kondensatoren. Man trifft sie bei verschiedenen Ausführungen der Metallbeläge und des Dielektrikums in allen Bereichen der Elektrotechnik und besonders der Elektronik an. Zur Verbesserung des Schutzes gegen mechanische Beschädigung werden die Wickel oft in einem Becher aus Metall oder Kunststoff untergebracht und mit Kunstharz vergossen. Auf diese Weise sind sie auch vor Feuchtigkeit geschützt. Als Dielektrikum werden neben imprägniertem Spezialpapier (Papierkondensatoren) Folien auf verschiedenen Kunststoffen (Folienkondensatoren) benutzt, z.B. Polyester, Polykarbonat oder Polypropylen. Als Metallbeläge nimmt man entweder Aluminiumfolien oder im Vakuum auf das Dielektrikum aufgedampfte Metallschichten. Die letzte Ausführung ist in der Regel ausheilfähig. Dies bedeutet, dass bei einem Durchschlag des Dielektrikums infolge zu hoher Feldstärke durch den Stromstoß die Metallisierung in der Umgebung der Durchschlagstelle verdampft. Damit ist die Isolierung der Metallbeläge wiederhergestellt und der Kondensator wieder betriebsbereit.

Aluminium-Elektrolyt-Kondensatoren sind eine besondere Ausführung von Wickelkondensatoren. Die Aluminiumfolien werden dabei durch Streifen aus Spezialpapier getrennt, die aber nicht das Dielektrikum darstellen. Sie sind mit einem Elektrolyten getränkt und daher elektrisch leitfähig. Das Dielektrikum besteht aus einer sehr dünnen Schicht von elektrisch isolierendem Aluminiumoxid, das bei der Herstellung des Kondensators elektrochemisch erzeugt wird (Formierung). Damit diese Isolierschicht beim Betrieb des Kondensators nicht abgebaut wird, dürfen Elektrolytkondensatoren nur mit einer bestimmten Polung der angelegten Spannung betrieben werden. Neben dem dünnen Dielektrikum trägt auch die Vergrößerung der wirksamen Oberfläche durch Aufrauen der Aluminiumfolien zur Erhöhung der Kapazität bei.

Blockkondensatoren sind eine weitere, häufig verwendete Bauform. Es sind Plattenkondensatoren, bei denen zur Vergrößerung der Kapazität insgesamt n Platten zu jeweils zwei Gruppen mit $n/2$ Platten zusammengefasst werden (Bild **4**.12). Für die Kapazität des Blockkondensators erhält man

$$C_{B1} = (n-1)\,\varepsilon_0 \cdot \varepsilon_r \frac{A}{s} \qquad (4.18)$$

Bei $n = 2$ ergibt sich daraus Gl. (4.16) für den einfachen Plattenkondensator. In Bild **4**.12 beträgt die Gesamtzahl der gezeichneten Platten $n = 12$. Die ladungstragende Oberfläche der Metallbeläge ist jedoch nur das $(n-1)$ fache der wirksamen Fläche eines einfachen Plattenkondensators.

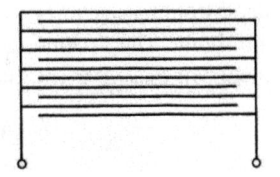

Andere Bauformen sind z.B. die Scheiben- und Röhrchenkondensatoren. Sie haben in der Regel Dielektrika aus keramischem Material mit hoher relativer Permittivität. Eine besondere Bauform des Block-

Bild 4.12 Blockkondensator

kondensators bildet z.B. der Drehkondensator, bei dem eine Plattengruppe isoliert und fest mit dem Gehäuse des Kondensators verbunden ist, während die andere Plattengruppe an einer drehbaren Welle befestigt ist, die gegen das Gehäuse meistens nicht isoliert ist. Durch Verdrehen der Welle lässt sich die wirksame Oberfläche der gegenüberstehenden Plattengruppen und damit die Kapazität des Kondensators verändern.

Beispiel 4.1 Bei einem Wickelkondensator mit einer Kapazität von 50nF wurde als Dielektrikum eine Polystyrolfolie ($\varepsilon_r = 2{,}7$) von 0,01 mm Dicke verwendet. Wie groß ist die elektrisch wirksame Fläche der Metallbeläge?

Lösung Gl. (4.17) wird nach A aufgelöst:

$$A = \frac{C_w s}{2\varepsilon_0 \varepsilon_r} = \frac{50 \cdot 10^{-9}\,\text{As} \cdot 10^{-5}\,\text{m}\,\text{Vm}}{V2 \cdot 8{,}854 \cdot 10^{-12}\,\text{As} \cdot 2{,}7}$$

$$A = \frac{5 \cdot 10^{-1}\,\text{m}^2}{2 \cdot 2{,}7 \cdot 8{,}854} = 0{,}01046\,\text{m}^2 = 104{,}6\,\text{cm}^2$$

4.2.3 Auf- und Entladen eines Kondensators

Zum Aufladen eines ungeladenen Kondensators ist eine Ladungsverschiebung $\Delta Q = i_c \cdot \Delta t$ erforderlich. Als Folge entsteht entsprechend der Gleichung $U = Q/C$ zwischen den Belägen des Kondensators eine Spannung $u_c = f(t)$. Zeitabhängige Größen, wie hier z.B. Spannung und Stromstärke, werden üblicherweise durch Kleinbuchstaben gekennzeichnet. Dabei entspricht u_c dem jeweiligen Augenblickswert, Zeitwert oder auch Momentanwert der Spannung am Kondensator.

Zur Untersuchung von Spannung und Stromstärke während des Auflade- bzw. Entladevorgangs kann die Schaltung Bild 4.13 verwendet werden.

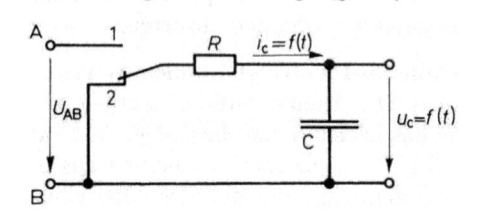

Bild 4.13 Schaltung zum Laden und Entladen eines Kondensators
1 Aufladung
2 Entladung.

Spannung u_c. Um den Verlauf der Spannung $u_c = f(t)$ zunächst näherungsweise zu untersuchen, wird angenommen, dass sich während der kurzen Zeitspanne Δt die Stromstärke im Kondensator nicht verändert. Unmittelbar nach dem Umschalten des Schalters in Stellung 1 fließt wegen $u_c = 0$ der Strom $i_{cmax} = U_{AB}/R$, sodass der Kondensator dadurch die Ladungsmenge $\Delta Q = i_{cmax}\Delta t$ aufnimmt. Die Spannung hat nach Ablauf der Zeit Δt um den Betrag $\Delta u_c = i_{cmax}\Delta t/C$ zugenommen. Mit $i_{cmax} = U_{AB}/R$ erhält man daraus

$$\Delta u_c = \frac{U_{AB}\,\Delta t}{R \cdot C} \quad \Rightarrow \quad \frac{\Delta u_c}{\Delta t} = \frac{U_{AB}}{R \cdot C} = \frac{U_{AB}}{\tau} \qquad (4.19)$$

Beim weiteren Aufladen ist zu berücksichtigen, dass der Kondensator schon eine bestimmte Spannung u_c hat. Für den Ladestrom i_c ist dann also die Spannungsdifferenz $U_{AB} - u_c$ maßgeblich.

$$\Delta u_c = \frac{(U_{AB} - u_c)\Delta t}{R \cdot C} \quad \rightarrow \quad \frac{\Delta u_c}{\Delta t} = \frac{U_{AB} - u_c}{R \cdot C} = \frac{U_{AB} - u_c}{\tau} \qquad (4.20)$$

Der Quotient $\Delta u_c/\Delta t$ entspricht dem jeweiligen Anstieg der Spannung in einem bestimmten Zeitpunkt des Aufladevorgangs. Er ist stets gleich dem Verhältnis der am Ladewiderstand R liegenden Spannung $U_{AB} - u_c$ zu dem Produkt

$$\boxed{R \cdot C = \tau} \qquad (4.21)$$

das als Zeitkonstante bezeichnet wird. Mit Hilfe der Gl. (4.20) für den Spannungsanstieg soll der Verlauf der Funktion $u_c = f(t)$ in einem Beispiel näherungsweise ermittelt werden.

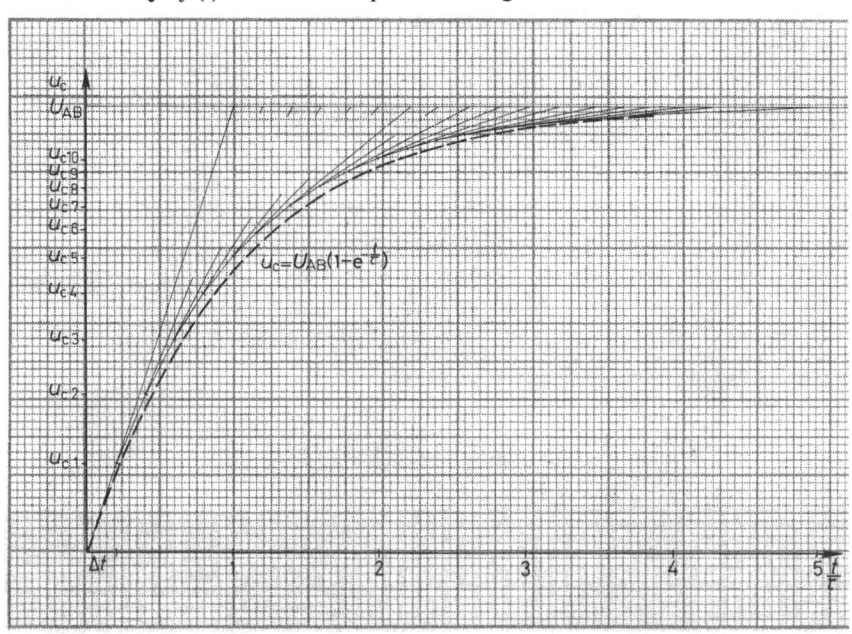

Bild 4.14 Konstruktion der Funktion $u_c = f(t)$

Beispiel 4.2 Auf einem Blatt Millimeterpapier DIN A4 quer wird nach Bild **4.14** ein Koordinatenkreuz gezeichnet. Auf der Abszisse trägt man die Zeit mit der Zeitkonstanten als Einheit auf, der z.B. eine Länge von 5 cm zugeordnet wird. Die Spannung u_c wird auf der Ordinate abgetragen, wobei der Spannung U_{AB} z.B. 15 cm entsprechen. Die zu Gl. (4.19) gehörende Gerade wird in das Diagramm eingetragen.

Wählt man als Zeitspanne Δt, in der also der Ladestrom als konstant angenommen werden soll, einen bestimmten Bruchteil der Zeitkonstanten (z.B. $\Delta t = \tau/5$), lässt sich die nach dieser Zeit erreichte Spannung u_{c1} dem Diagramm entnehmen. Die am Widerstand R verbleibende Spannung $U_{AB} - u_{c1}$ bewirkt während der folgenden Zeitspanne Δt einen geringeren Strom, der wieder für die Zeitspanne Δt als konstant angenommen wird. Die neue Gerade des Spannungsanstiegs erhält man zu

$$\Delta u_c = \frac{\Delta Q}{C} = \frac{i_c \Delta t}{C} = \frac{U_{AB} - u_{c1}}{R \cdot C} \Delta t \quad \Rightarrow \quad \frac{\Delta u_c}{\Delta t} = \frac{U_{AB} - u_{c1}}{\tau}$$

Nach Ablauf der Zeit Δt hat die am Kondensator liegende Spannung den Wert u_{c2} erreicht. Die für den folgenden Zeitabschnitt geltende Gerade erhält man mit der verbleibenden Spannung an R zu

$$\frac{\Delta u_c}{\Delta t} = \frac{U_{AB} - u_{c2}}{\tau}$$

usw. Diese Näherungskonstruktion liefert um so bessere Werte, je kleiner der Zeitabschnitt Δt gewählt wird. Wie die Gl. (4.20) zeigt, ist die Steigung der Funktion $u_c = f(t)$ in einem beliebigen Zeitpunkt von der in diesem Augenblick erreichten Spannung u_c abhängig.

Grenzwert des Differenzenquotienten. Differenzenquotienten wie z.B. $\Delta u_c/\Delta t$ entsprechen der Steigung einer Sekante für die Funktion $u_c = f(t)$. Diese Sekante schneidet die Funktion in zwei Punkten z.B. in u_{c1} und u_{c2} (Bild **4.15**). Die Verbindungsgerade der beiden Schnittpunkte liefert die Hypotenuse, Parallelen zu den Koordinatenachsen durch die Punkte u_{c2} und u_{c1} bilden die Katheten eines rechtwinkligen Dreiecks. Dabei sind $\Delta u_c = u_{c2} - u_{c1}$ und $\Delta t = t_2 - t_1$. Wenn man das Zeitintervall Δt immer kleiner wählt, nähern sich die beiden Funktionswerte u_{c2} und u_{c1} einander und fallen im Grenzfall $\Delta t \to 0$ zusammen. Aus der Sekante ist eine Tangente an die Funktion geworden. Mathematisch wird das durch den Übergang von Differenzenquotienten zum *Differentialquotienten* ausgedrückt:

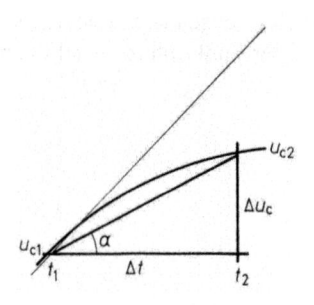

Bild 4.15 Grenzwert des Differenzenquotienten

$$\lim_{\Delta t \to 0} \frac{\Delta u_c}{\Delta t} = \frac{du_c}{dt} = \frac{U_{AB} - u_c}{\tau}$$

Durch Umstellen der Gleichung erhält man schließlich eine *Differentialgleichung*.

$$u_c + \tau \frac{du_c}{dt} = U_{AB} \qquad (4.22)$$

Sie beschreibt den genauen Verlauf der Funktion $u_c = f(t)$. Solche Differentialgleichungen spielen für die Beschreibung des Ablaufs von vielen Naturvorgängen eine große Rolle. Die Lösungsmethoden für Differentialgleichungen, die also außer Variablen (wie hier u_c) auch deren Differentialquotienten enthalten, gehören in den Bereich der höheren Mathematik. In diesem Fall erhält man als Lösung der Gl. (4.22) für die Aufladung eines Kondensators

$$\boxed{u_c = U_{AB}(1 - e^{-\frac{t}{\tau}}).} \qquad (4.23)$$

Die Zeit t zählt dabei vom Augenblick des Umschaltens an. Mit Hilfe des Taschenrechners lassen sich die genauen Funktionswerte des Verlaufs $u_c = f(t)$ leicht bestimmen. Zum Vergleich werden diese in das Diagramm Bild **4.14** eingetragen.

Beim Entladen des Kondensators in Schalterstellung 2 fließt im Augenblick des Umschaltens der größte Strom $i_{cmax} = U_{AB}/R$, jedoch mit umgekehrtem Vorzeichen wie bei der Aufladung. Bei unverminderter Stärke dieses Stroms wäre die gesamte Ladung des Kondensators nach Ablauf der Zeit $t = \tau$ abgeflossen und seine Spannung auf Null abgesunken. In Wirklichkeit dauert der Entladevorgang wegen des ständig abnehmenden Betrags des Entladestroms länger. Sowohl für die absinkende Kondensatorspannung als auch für den Verlauf des Auflade- bzw. Entladestroms erhält man als Lösung der entsprechenden Differentialgleichungen e-Funktionen, die in Tabelle **4.2** zusammengestellt sind.

Wählt man als Einheit für die Zeit die Zeitkonstante τ, bekommt man für ganzzahliges Vielfache davon für die e-Funktionen z.B. die Werte der Tabelle **4.3**.

Tabelle 4.2 Funktionsgleichungen $i_C = f(t)$ und $u_C = f(t)$

	Aufladung	Entladung
Strom	$i_C = \dfrac{U_{AB}}{R} e^{-\frac{t}{\tau}}$	$-i_C = \dfrac{U_{AB}}{R} e^{-\frac{t}{\tau}}$
Spannung	$u_C = U_{AB}(1 - e^{-\frac{t}{\tau}})$	$u_C = U_{AB} e^{-\frac{t}{\tau}}$

Tabelle 4.3 Zahlenwerte von $e^{-\frac{t}{\tau}}$ für ganzzahliges Vielfache von τ

$t =$	τ	2τ	3τ	4τ	5τ
$e^{-\frac{t}{\tau}}$	0,3679	0,1353	0,0498	0,0183	0.0067

Für den Aufladevorgang erhält man z.B. für die Spannung am Kondensator nach Ablauf der Zeit $t = \tau$

$$u_C = U_{AB}(1 - 0{,}3679) = U_{AB} \cdot 0{,}6321$$

Die Kondensatorspannung beträgt also nach Ablauf der Zeit $t = \tau$ etwa 63 % des Endwerts. Bei der Entladung ergeben sich nach Ablauf einer Zeitkonstanten noch ungefähr 37 % des ursprünglich vorhandenen Werts. Nach Ablauf von $t = 5\tau$ erhält man für die Auflladung 99,33 % des Endwerts und für die Entladung 0,67 % des Anfangswerts. Mit einer bei praktischen Fällen ausreichenden Genauigkeit gelten Auflade- und Entladevorgang nach Ablauf von $t = 5\tau$ jeweils als abgeschlossen.

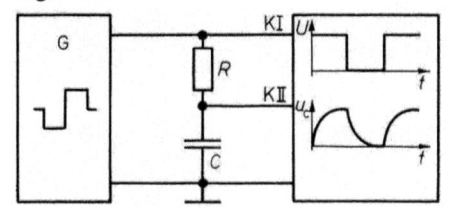

Bild 4.16 Darstellung von $U_{AB} = f(t)$ und $u_C = f(t)$ mit dem Zweikanal- Oszilloskop

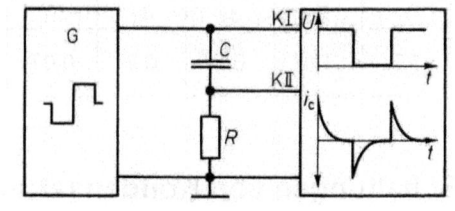

Bild 4.17 Darstellung von $U_{AB} = f(t)$ und $i_C = f(t)$ mit dem Zweikanal- Oszilloskop

Versuch 4.1 Die beschriebenen Vorgänge beim Auf- bzw. Entladen eines Kondensators sollen mit Hilfe eines Zweikanal - Oszilloskops untersucht werden. In einer Schaltung nach Bild 4.13 wird die Gleichspannungsquelle mit Umschalter durch einen Funktionsgenerator FG ersetzt, der eine rechteckförmige Wechselspannung einstellbarer Frequenz liefert. Als Kondensator C wird ein Plattenkondensator verwendet, bei dem der Plattenabstand verstellbar ist. Als Dielektrikum benutzt man dünne Platten aus Isoliermaterial. In der Schaltung Bild 4.16 wird über Kanal I des Zweikanal-Oszillografen der Verlauf der Rechteckspannung, über Kanal II der Verlauf der Spannung $u_C = f(t)$ dargestellt.

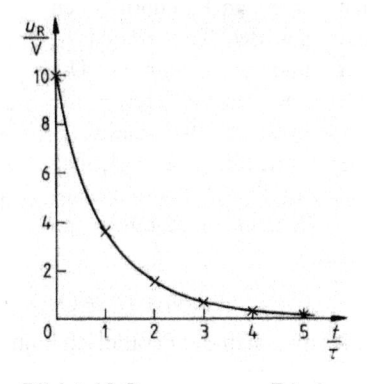

Bild 4.18 Spannung an R beim Laden des Kondensators

Für einen Plattenkondensator mit 255 mm Plattendurchmesser und z.B. 1 mm Plattenabstand ergibt sich eine Kapazität von etwa 452 pF. Mit einem Widerstand $R = 560$ kΩ erhält man eine Zeitkonstante $\tau \approx 0{,}250$ ms. Wählt man für die Periodendauer der Rechteckspannung $T = 10\tau = 2{,}5$ ms, ergibt sich eine am Funktionsgenerator einzustellende Frequenz von $f = 1/T = 400$ Hz. Durch Verändern des Widerstands R bzw. der Kapazität C (durch Ändern des Plattenabstands bzw. des Dielektrikums) nimmt die Zeitkonstante τ andere Beträge an. Das zeigt sich durch den steileren bzw. flacheren Verlauf der e-Funktion für $u_c = f(t)$. Zur Darstellung des Verlaufs $i_c = f(t)$ wird die Schaltung durch Vertauschen von R und C abgeändert, sodass sich eine Schaltung nach Bild **4.17** ergibt. Über Kanal I wird wieder der Verlauf der Rechteckspannung und über Kanal II der Verlauf des Stroms im Kondensator abgebildet. Die Spannung an R ist ja dem Strom i_c proportional. Da der Oszillograph nur Spannungen messen kann, ist jede Größe im Oszillogramm darstellbar, wenn man sie in eine analoge elektrische Spannung umformt. Auch bei dieser Darstellung lässt sich wieder durch Verändern der Zeitkonstanten der Einfluss von R und C zeigen.

Beispiel 4.3 Bei dem in Bild **4.17** dargestellten Versuch wird ein Widerstand mit $R = 560$ kΩ und ein Kondensator mit $C = 225$ pF (hergestellt durch Verdoppelung des Plattenabstandes) verwendet. Am Funktionsgenerator sei eine Rechteckspannung mit $f = 800$Hz eingestellt. Berechnen und skizzieren Sie den zeitlichen Verlauf der Spannung an R bei Laden des Kondensators, wenn die Rechteckspannung eine Impulsamplitude von 10V hat.

Lösung
$$\tau = RC = 560 \cdot 10^3 \cdot 225 \cdot 10^{-12} \frac{\text{VAs}}{\text{AV}} = 0{,}126 \text{ ms}$$

$$T = \frac{1}{f} = \frac{s}{800} 1{,}25 \cdot 10^{-3} \text{s} = 9{,}92\tau \approx 10\tau$$

$$u_R = i_c R = \frac{U_{AB}}{R} e^{-\frac{t}{\tau}} \cdot R = 10 \text{ V } e^{-\frac{t}{\tau}}$$

Mit Tabelle **4.3** folgt:

t	τ	2τ	3τ	4τ	5τ
$\frac{u_R}{V}$	3,7	1,4	0,5	0,2	0,07

4.2.4 Schaltungen von Kondensatoren

Parallelschaltung. Wird eine Parallelschaltung der Kondensatoren C_1, C_2, C_3 und C_4 über einen Widerstand R auf die Gleichspannung U aufgeladen (Bild **4.19**), setzt sich der Gesamtstrom i nach der ersten Kirchhoffschen Regel aus den Teilströmen i_1, i_2, i_3 und i_4 zusammen. Die Teilströme transportieren in die Kondensatoren die Ladungsmengen Q_1, Q_2, Q_3 und Q_4. Die insgesamt in die Parallelschaltung fließende Ladungsmenge ist damit

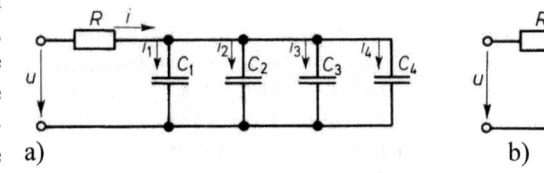

Bild 4.19 Parallelschaltung von Kapazitäten
a) Schaltbild, b) Ersatzschaltbild

$$Q = Q_1 + Q_2 + Q_3 + Q_4.$$

Denkt man sich die Parallelschaltung durch eine Ersatzkapazität C_E ersetzt, muss nach Beziehung $Q = CU$ gelten:

$$G = C_E U = C_1 U + C_2 U + C_3 U + C_4 U \Rightarrow$$

$$C_E = C_1 + C_2 + C_3 + C_4 \tag{4.24}$$

Die Ersatzkapazität einer Parallelschaltung von Kondensatoren ist gleich der Summe der Kapazitäten der Einzelkondensatoren.

Reihenschaltung. Wird eine Reihenschaltung der Kondensatoren C_1, C_2, C_3 und C_4 (Bild 4.20) durch den gemeinsamen Strom i aufgeladen, ist nach beendeter Auflladung in alle Kondensatoren die gleiche Ladungsmenge geflossen, also

$$Q_1 = Q_2 = Q_3 = Q_4 = Q.$$

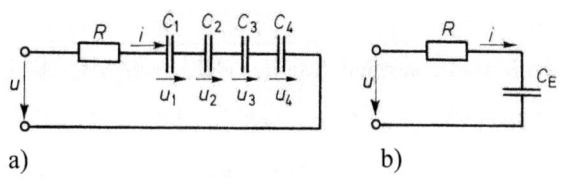

Bild 4.20 Reihenschaltung von Kapazitäten
a) Schaltbild, b) Ersatzschaltbild

Nach der Beziehung $U = Q/C$ sind die Kondensatoren auf die Spannungen

$$U_1 = \frac{Q}{C_1}, \quad U_2 = \frac{Q}{C_2}, \quad U_3 = \frac{Q}{C_3}, \quad U_4 = \frac{Q}{C_4}$$

aufgeladen. Nach der zweiten Kirchhoffschen Regel gilt

$$U = U_1 + U_2 + U_3 + U_4.$$

Denkt man sich für die Reihenschaltung der Kondensatoren eine Ersatzkapazität C_E, die auf die Gesamtspannung U mit der gleichen Ladungsmenge Q aufgeladen wird, gilt

$$U = \frac{Q}{C_E} = \frac{Q}{C_1} + \frac{Q}{C_2} + \frac{Q}{C_3} + \frac{Q}{C_4} \Rightarrow$$

$$\frac{1}{C_E} = \frac{1}{C_1} + \frac{1}{C_2} + \frac{1}{C_3} + \frac{1}{C_4} \tag{4.25}$$

Der Kehrwert der Ersatzkapazität einer Reihenschaltung von Kondensatoren ist gleich der Summe aus den Kehrwerten ihrer Einzelkapazitäten.

4.3 Energie des elektrischen Felds

Energie des aufgeladenen Kondensators. Entsprechend der Beziehung $U = Q/C$ nimmt beim Aufladen eines Kondensators seine Spannung im gleichen Maße zu wie die aufgenommene Ladungsmenge. Für die Funktion $u_c = f(Q)$ ergibt sich daher ein linearer Zusammenhang (Bild 4.21). Als Näherung nehmen wir wieder an, dass während der Ladungszunahme ΔQ die Spannung bei einem mittleren Wert u_c konstant bleibt. Dann sind $\Delta Q = i_c \Delta t$ die zugeflossene Ladungsmenge und

$$u_c \Delta Q = u_c \cdot i_c \cdot \Delta t = \Delta W$$

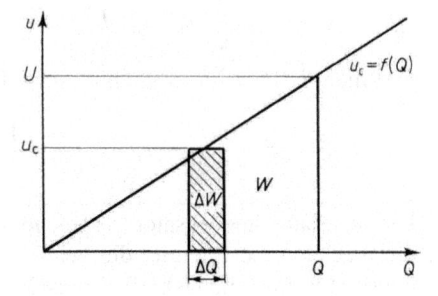

Bild 4.21 Energie des elektrischen Felds

eine Energie, die der Kondensator während der Zeit Δt aufgenommen hat. Wird der Kondensator mit der Ladungsmenge $Q = \Sigma \Delta Q$ bis zu der zugehörigen Spannung $U = Q/C$ aufgeladen, ent-

4.3 Energie des elektrischen Felds

spricht die insgesamt aufgenommene Energie $W = \Sigma\Delta W$ offensichtlich der Fläche unter der Geraden $U = f(Q)$. Es ergibt sich daher

$$\boxed{W = \Sigma\Delta W = \frac{1}{2}Q \cdot U = \frac{1}{2}C \cdot U^2} \tag{4.26}$$

Energie und Energiedichte des elektrischen Felds. In einem geladenen Plattenkondensator mit der Kapazität $C = \varepsilon A/s$ ist die elektrische Energie $W = \frac{1}{2}CU^2$ gespeichert. Sitz dieser Energie ist das elektrische Feld im Dielektrikum, also im Feldraum zwischen den Belägen. Das Volumen des Feldraums beträgt $V = A \cdot s$. Bei einem homogenen Feld wird

$$\frac{W}{V} = \frac{C \cdot U^2}{2 \cdot A \cdot s}$$

und man erhält durch Einsetzen von C und $U = E \cdot s$

$$\boxed{\frac{W}{V} = \frac{1}{2}\varepsilon_0 \cdot \varepsilon_r \cdot E^2 = \frac{1}{2}(\vec{D} \cdot \vec{E})} \tag{4.27}$$

als Energiedichte des homogenen Feldes. Diese Gleichung zeigt, dass sie außer vom Material des Feldraumes nur von der elektrischen Feldstärke abhängt.

Anziehungskraft zwischen den Platten eines Kondensators. Zwischen den Platten eines geladenen Kondensators herrscht wegen der unterschiedlichen Vorzeichen der Ladungen eine Anziehungskraft $\vec{F}$, deren Betrag mit Hilfe der Energiedichte berechnet werden soll. Zieht man bei konstanter Ladung auf den Platten und damit konstanter Ladungsdichte und Feldstärke im Feldraum die Platten um die Strecke Δs auseinander, muss man dazu die Arbeit $\Delta W = F \cdot \Delta s$ aufwenden. Wegen des Erhaltungssatzes der Energie muss die Energie des elektrischen Felds um den gleichen Betrag zunehmen. Die Volumenzunahme des Feldraums ist $\Delta V = A \cdot \Delta s$, und man bekommt damit

$$\Delta W = \frac{1}{2}\varepsilon_0 \cdot \varepsilon_r \cdot E^2 A \cdot \Delta s = F \cdot \Delta s$$

Für die Anziehungskraft ergibt sich daraus

$$F = \frac{1}{2} \cdot \varepsilon_0 \cdot \varepsilon_r \cdot E^2 A$$

Führt man $E = U/s$ ein, erhält man schließlich

$$F = \frac{1}{2} \cdot \varepsilon_0 \cdot \varepsilon_r \cdot A\frac{U^2}{s^2} = \frac{1}{2}C \cdot \frac{U^2}{s} \tag{4.28}$$

> Die im Plattenkondensator gespeicherte elektrische potentielle Energie ist genau so groß wie die mechanische Energie, die beim Auseinanderziehen der Platten um die Strecke s bei der konstanten Anziehungskraft F zwischen den Platten aufgewendet werden muss.

Aufgaben zu Abschnitt 4.2 und 4.3

130. Ein Plattenkondensator besteht aus zwei kreisförmigen Platten mit dem Durchmesser 255 mm, die sich mit einem Abstand von 1 mm gegenüberstehen.
   a) Wie groß ist seine Kapazität, wenn sich Luft zwischen den Platten befindet?
   b) Bei einem Dielektrikum aus einer 1mm dicken Tafel aus Polystyrol steigt die Kapazität auf 1,26 nF. Wie groß ist die relative Permittivität des Polystyrols?

131. Ein Wickelkondensator enthält als Dielektrikum zwei Streifen aus paraffiniertem Spezialpapier (ε_r = 2,18) von 0,03 mm Dicke. Die Beläge bilden zwei Aluminiumfolien von jeweils 15 m Länge und 3,5 cm Breite. Wie groß ist seine Kapazität?

132. Ein Blockkondensator enthält 12 Aluminiumfolien mit der wirksamen Fläche von jeweils 15 mm × 30 mm. Das Dielektrikum besteht aus Glimmerscheiben (Tab. 4.1) von je 0,05 mm Dicke. Welche Kapazität hat der Kondensator?

133. Ein Plattenkondensator mit einer Folie aus Polyäthylen als Dielektrikum hat zwei quadratische Platten mit der Seitenlänge 15 cm. Seine Kapazität beträgt 4,38 nF. Wie dick ist die Folie?

134. Ein Kondensator mit der Kapazität C = 2,2 µF wird über einen Widerstand 33 kΩ aufgeladen (Bild 4.13). Die Gleichspannung beträgt U = 24 V.
   a) Wie groß ist die Zeitkonstante?
   b) Wie groß ist die Kondensator Spannung nach einer Ladezeit von t = 0,2 s?
   c) Wie groß ist der Ladestrom nach einer Ladezeit von t = 0,15 s?

135. Ein auf U = 60 V aufgeladener Kondensator mit einer Kapazität C = 20 µF wird über einen Widerstand von 27 kΩ entladen.
   a) Wie groß ist die Spannung nach einer Entladezeit von 0,3 s, 0,6 s, 0,9 s, 1,2 s, 1,62 s?
   b) Nach welcher Zeit ist die Entladung praktisch abgeschlossen?
   c) ie groß ist der Entladestrom nach 0,5 s, 1,0 s, 1,5 s, 2,0 s?

   d) Aufweichen Prozentsatz des Anfangswerts sind Stromstärke bzw. Spannung nach Ablauf von 2,5 Zeitkonstanten abgesunken?

136. Ein Kondensator mit der Kapazität 22 µF ist auf eine Spannung U = 24 V aufgeladen. Durch die Selbstentladung des Kondensators über seinen Isolationswiderstand ist die Spannung nach 20 min auf die Hälfte abgesunken.
   a) Wie groß ist die Eigenzeitkonstante des Kondensators?
   b) Welchem Ersatzwiderstand entspricht der Isolationswiderstand des Kondensators?
   c) Nach welcher Zeit liegen noch etwa 37 % der Anfangsspannung am Kondensator?
   d) Welche Spannung liegt nach einer Entladezeit von 3 5min noch am Kondensator?

137. Drei Kondensatoren haben die Kapazitäten C_1 = 220 pF, C_2 = 330 pF und C_3 = 470 pF.
   a) Welche Ersatzkapazität entspricht der Reihenschaltung von C_1, C_2 und C_3?
   b) Welch Ersatzkapazität erhält man bei der Parallelschaltung von C_1, C_2 und C_3?

138. In der Schaltung Bild 4.22 betragen C_1 = 2,2 nF, C2 = 4,7 nF, C3 = 6,8 nF und C4 = 2,7 nF. Wie groß sind die Ersatzkapazitäten zwischen den Klemmen A/B, B/C C/D, D/A, A/C und B/D?

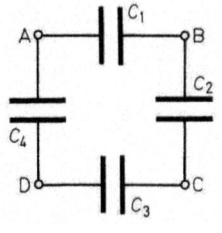

Bild 4.22 Zu Aufgabe 138

139. Die beiden Platten eines Plattenkondensators mit der wirksamen Fläche A = 250 cm² haben den Abstand s = 10 mm.
   a) Welche Kapazität hat der Kondensator, wenn sich nur Luft zwischen den Platten befindet?
   b) Zwischen die Platten wird eine 2 mm dicke Tafel aus Polystyrol geschoben. Wie groß ist die Kapazität jetzt? Die all-

gemeine Formel für die Kapazität in diesem Fall ist abzuleiten.

140. Ein Kondensator mit einer Kapazität 15 µF ist auf eine Spannung U = 48 V aufgeladen. Er wird über einen Widerstand R = 560 Ω entladen.
   a) Welche Energie wird im Widerstand bei völliger Entladung des Kondensators in Wärme umgesetzt?
   b) Wie groß müsste ein Gleichstrom sein, der in der praktisch gültigen Entladezeit die gleiche Wärmeenergie im Widerstand erzeugt?

141. Welche Kapazität müsste ein Kondensator haben, der bei 60 V die gleiche Energiemenge speichern soll wie ein NiCd- Akkumulator bei 6 V und 24 Ah?

142. Ein Luftkondensator hat zwei Platten mit jeweils einer Fläche von 250 cm^2. Bei einem Plattenabstand von 1 mm wird er auf eine Spannung U = 500 V aufgeladen.
   a) Wie groß ist die Anziehungskraft zwischen den Platten?
   b) Nach dem Abklemmen der Spannungsquelle werden die Platten auf einen Abstand von 0,5 mm bzw. 2 mm eingestellt. Wie groß ist die Anziehungskraft jetzt?
   c) Bei angeschlossener Spannungsquelle beträgt der Abstand der Platten 0,5 mm bzw. 2 mm. Welche Anziehungskraft ist jetzt wirksam?

Eine vergleichende Übersicht über die Größen des elektrischen und magnetischen Feldes befindet sich im Anhang.

5 Magnetisches Feld

Als allgemein bekannt kann die Richtwirkung des magnetischen Felds der Erde auf eine drehbar gelagerte Kompassnadel – einen kleinen Stabmagneten – gelten. Ebenso bekannt ist die Anziehung von Eisen durch Magnete. In der Natur kommen Eisenerzsorten vor, in deren Nähe z.B. auf eine Kompassnadel Kraftwirkungen auftreten. Solche Kraftwirkungen treten aber auch in der Umgebung stromdurchflossener Leiter auf. Auch hier wird wie in der Elektrostatik das Vektorfeld der auftretenden Kraft auf Vektorfelder von Feldgrößen zurückgeführt. Mit Hilfe dieser Feldgrößen lassen sich die Eigenschaften des magnetischen Felds beschreiben. Wie die Ursache des elektrostatischen Felds die ruhende elektrische Ladung ist, so ist die bewegte elektrische Ladung (also der elektrische Strom) die Ursache des magnetischen Felds. Auch der Dauermagnetismus, der scheinbar ohne Bewegung elektrischer Ladungen zustande kommt, lässt sich auf die Wirkung von Elementarströmen in den Molekülen der Stoffe zurückführen.

5.1 Magnetostatisches Feld magnetischer Dipole

Dauermagnetismus. Natürliche und vor allem künstliche Magnete, die ihren Magnetismus dauernd behalten, heißen Dauermagnete oder Permanentmagnete. Sie werden in vielen Formen in der Technik verwendet, etwa als Hufeisenmagnete, Ringmagnete, Stabmagnete. Die bekannte Kompassnadel ist ein kleiner Stabmagnet, der mit Hilfe eines eingearbeiteten Lagersteins auf einem Nadelfuß frei drehbar gelagert ist. Im magnetischen Feld sind die Kraftwirkungen auf die ferromagnetischen Stoffe besonders groß. Zu diesen Stoffen gehören vor allem die reinen Metalle Eisen, Kobalt und Nickel wie auch ihre Legierungen. Lassen wir z.B. einen Stabmagneten auf Eisenfeilspäne einwirken, haften an seinen Enden besonders viele Späne, in der Mitte halten sich jedoch nur wenige. Die Bereiche eines Magneten mit der größten Anziehungskraft bezeichnet man als seine Pole.

Bezeichnung magnetischer Pole. Eine Kompassnadel ist ein Stabmagnet mit ausgeprägten Polen. Sie stellt sich stets in die geografische Nord-Süd-Richtung ein. Dabei ist immer derselbe Pol der Nadel nach Norden gerichtet. Dieser wird deshalb als magnetischer Nordpol, der andere als magnetischer Südpol des Stabmagneten bezeichnet.

> Der magnetische Nordpol der Kompassnadel weist etwa in die Richtung zum geografischen Nordpol.

Kennzeichnet man den Nordpol einer Kompassnadel, lassen sich die magnetischen Pole anderer Magnete unterscheiden. Durch die auftretenden Kraftwirkungen zwischen den Magneten stellen wir fest:

> Gleichnamige magnetische Pole stoßen sich ab, ungleichnamige ziehen sich an.

Demnach zeigt der magnetische Nordpol der Kompassnadel zu einem magnetischen Südpol, dessen geografische Lage jedoch nicht genau mit dem geografischen Nordpol übereinstimmt (Missweisung).

Demnach zeigt der magnetische Nordpol der Kompassnadel zu einem magnetischen Südpol, dessen geografische Lage jedoch nicht genau mit dem geografischen Nordpol übereinstimmt (Missweisung).

Elementarmagnete. Setzt man eine Anzahl kleiner Stabmagnete zu einem langen Stabmagneten zusammen, zeigt sich, dass seine magnetische Kraftwirkung in der Mitte erheblich schwächer ist als an den Enden. Hier befinden sich also die Pole des langen Stabmagneten, in der Mitte liegt eine magnetisch neutrale Zone. Teilen wir den langen Stabmagneten, treten an den Trennstellen sofort magnetische Pole auf, und zwar stets paarweise als Nord- und Südpol. Magnetische Pole kommen nie einzeln vor, sondern sind stets vom magnetischen Gegenpol begleitet. Man kann sich auf Grund des beschriebenen Sachverhalts vorstellen, dass jeder Magnet aus einer Vielzahl von sehr kleinen Magneten besteht, die sich schließlich nicht weiter teilen lassen. Diese bezeichnet man als Elementarmagnete.

Bild 5.1 Teilung eines Stabmagneten

Remanenz. Wenn ein Stab aus Eisen (also einem ferromagnetischen Stoff) keinerlei Wirkung auf Eisenfeilspäne oder andere leichte Eisenstückchen zeigt, kann man sich vorstellen, dass seine Elementarmagnete alle möglichen räumlichen Orientierungen haben. Ihre magnetischen Wirkungen heben sich nach außen hin auf. Auf Eisenfeilspäne wird deshalb auch von den Enden des Eisenstabs keine Kraft ausgeübt. Nähert man dem einen Ende des Eisenstabs jedoch einen Pol eines starken Dauermagneten, zieht das andere Ende leichte Eisenstückchen an und hält sie beim Anheben des Eisenstabs fest. Wenn wir den Dauermagneten entfernen, fallen die meisten wieder ab. Dieser Sachverhalt lässt sich dadurch erklären, dass die Elementarmagnete des Eisenstabs durch die Wirkung des Dauermagneten ausgerichtet werden, so dass sich ihre magnetischen Felder nach außen hin nicht mehr aufheben. Der Eisenstab ist damit selbst zum Magneten geworden. Die Ausrichtung der Elementarmagnete ist zum Teil reversibel, geht also größtenteils wieder verloren, wenn der Dauermagnet entfernt wird. Ein Teil der Elementarmagnete kann ausgerichtet bleiben, sodass der Eisenstab nun an seinen Enden z.B. Eisenfeilspäne anzieht. Dieser zurückbleibende Magnetismus heißt Restmagnetismus oder Remanenz (lat.: remanere = zurückbleiben). Ferromagnetische Stoffe verlieren ihren remanenten Magnetismus z.B. durch Erwärmung über die so genannte *Curie-Temperatur*. Diese hat für alle ferromagnetischen Stoffe verschiedene Werte. Sie beträgt z.B. für Eisen 769 °C, Nickel 356 °C, Kobalt 1075 °C. Ferromagnetismus tritt nur bei festen Stoffen auf.

Feldlinienbilder. Das magnetische Feld z.B. eines Hufeisenmagneten bewirkt durch seine Richtwirkung auf die Elementarmagnete von Eisenfeilspänen, dass diese zu magnetischen Dipolen werden. Sie ordnen sich auf einem auf den Hufeisenmagneten gelegten Zeichenkarton bei genügend kleiner Reibung so an, dass sich ein anschauliches Bild des Kraftfelds ergibt. Diese mit Hilfe magnetischer Dipole gewonnenen Feldlinienbilder entsprechen den Feldlinienbildern des elektrischen Felds, die man mit Hilfe elektrischer Dipole bekommt. In beiden Feldern werden Dipole also durch magnetische bzw. elektrische Polarisation erzeugt. Einige Beispiele für Feldlinienbilder zeigen die nächsten Abbildungen.

Feldrichtung. Da das magnetische Feld ein Wirbelfeld (s. 3.4) mit geschlossenen Feldlinien ist, hat man die Richtung der vektoriellen Feldgröße so festgelegt, dass die Pfeilrichtung außerhalb eines Dauermagneten vom Nordpol zum Südpol gerichtet ist, innerhalb daher vom Südpol zum Nordpol.

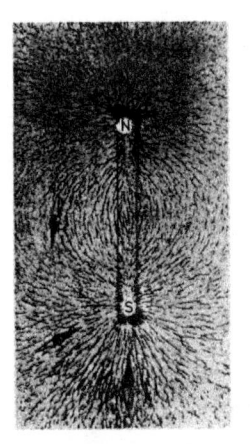

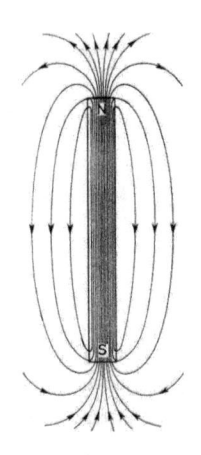

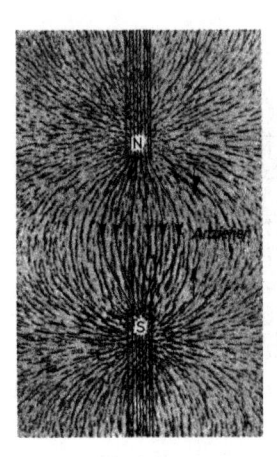

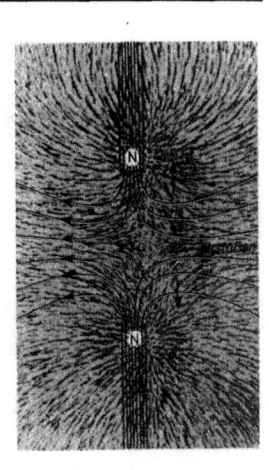

Bild 5.2 Feldbilder von Dauermagneten

Statische Felder heißen Felder, die zu ihrer Aufrechterhaltung keiner Energiezufuhr bedürfen. Das magnetische Feld eines Dauermagneten ist also ein statisches Feld. Man nennt es auch magnetostatisch. Das elektrische Feld ruhender elektrischer Ladungen ist ebenfalls statisch. Die Lehre von diesen Feldern wird daher auch Elektrostatik genannt. Im Unterschied zu den statischen, heißen Felder stationär, wenn sie zeitlich konstant bleiben, zu ihrer Aufrechterhaltung aber einer ständigen Energiezufuhr bedürfen. So gehören die Felder von Gleichströmen zu den stationären Feldern.

5.2 Stationäres magnetisches Feld

Elektromagnetismus. Magnetische Felder lassen sich nicht nur durch Dauermagnete herstellen, sondern auch durch elektrische Ströme. Jeder Strom hat ein magnetisches Feld zur Folge. Dieser Satz gilt ohne Einschränkung. Wenn man das dauermagnetische Feld als Folge von Elementarströmen z.B. in den Eisenatomen ansieht, kann man auch umgekehrt behaupten: Jedes magnetische Feld hat seine Ursache in bewegten elektrischen Ladungen. Da elektrisches Strömungsfeld und magnetisches Feld stets miteinander verbunden sind, nennt man die Erscheinung insgesamt auch das *elektromagnetische* Feld. Ist der felderzeugende Strom ein Gleichstrom, ist auch das magnetische Feld zeitlich konstant, also stationär.

Technisch bedeutsam sind die magnetischen Felder von Strömen u. a., weil man dem stromführenden Leiter eine beliebige Form geben und dadurch den räumlichen Aufbau des magnetischen Felds beeinflussen kann.

5.2.1 Magnetisches Feld des geraden Leiters

Feldstruktur. Durchstößt ein stromdurchflossener gerader Leiter senkrecht eine ebene Fläche aus Zeichenkarton, lässt sich durch aufgestreute Eisenfeilspäne die Struktur des magnetischen Felds untersuchen. Die Wirkungslinien der auftretenden Kräfte sind offenbar konzentrische Kreise mit dem elektrischen Leiter als Mittelpunkt. Die Intensität dieses magnetischen Zirkularfelds nimmt mit steigender Stromstärke zu und wird mit zunehmendem Abstand vom Leiter geringer.

Bild 5.3 Feldbild eines geraden stromdurchflossenen Leiters

Bild 5.4 Feldlinienbild eines geraden stromdurchflossenen Leiters

Feldrichtung. Prüft man das Feld mit Hilfe einer Kompassnadel, erhält man zwischen der positiven Stromrichtung im Leiter und der Feldrichtung folgende Zuordnung:

> Die positive Feldrichtung des magnetischen Zirkularfelds eines geraden Leiters und die positive Stromrichtung entsprechen Drehrichtung und Fortschreitrichtung einer Rechtsschraube.

5.2.2 Magnetisches Feld einer Leiterwindung

Wenn der stromdurchflossene Leiter eine kreisförmige Windung bildet, zeigt die Untersuchung mit Eisenfeilspänen, dass die Intensität des magnetischen Felds in der umfassten Windungsfläche sehr viel stärker ist als außerhalb (Bild **5.5**).

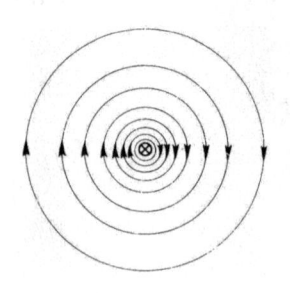

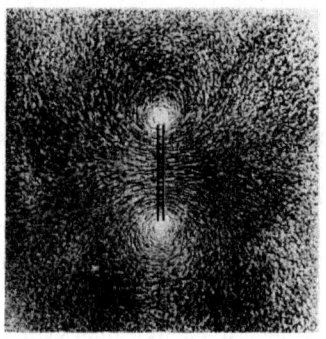

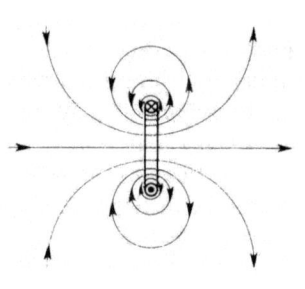

Bild 5.5 Feldbild eines geraden stromdurchflossenen Leiters

Bild 5.6 Feldbild eines geraden stromdurchflossenen Leiters

Aus dem Versuchsergebnis in Bild **5.5** lässt sich das Feldlinienbild **5.6** ableiten. Wie bei der Feldliniendarstellung üblich, entspricht die gezeichnete Feldliniendichte der Feldintensität. Alle Feldlinien sind in sich geschlossen (s. auch Bild **5.4**). In Bild **5.6** müssen sie durch die von der Leiterwindung umfasste Fläche treten, während sie sich außerhalb auf den umgebenden Raum verteilen. Dabei wird die Feldliniendichte mit zunehmendem Abstand von der Leiterwindung geringer.

5.2.3 Magnetisches Feld einer gestreckten Spule

Magnetische Feldstärke $\vec{H}$, **Durchflutung** Θ. Bildet man aus dem stromdurchflossenen Leiter mehrere nebeneinander liegende Windungen wie in Bild **5.7** oder eine gestreckte Zylinderspule wie in Bild **5.8** verstärkt sich die Konzentration des Feldes. Im Innenraum der Spule steigt die Feldintensität mit steigender Stromstärke in der Wicklung und mit steigender Windungszahl je Spulenlänge.

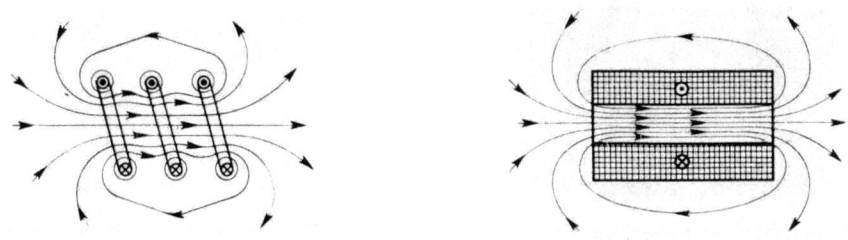

Bild 5.7 Feldlinienbild von drei Leiterwindungen   **Bild 5.8** Feldlinienbild einer Zylinderspule

Man bezeichnet die Größe

$$I_+ \cdot \frac{N}{l} = H \qquad (5.1)$$

als magnetische Feldstärke. Die Größe l ist hierbei die Länge des homogenen Magnetfeldes in der Spule, bei langen Spulen ist dies gleich der Baulänge der Spule. Der Vektor der magnetischen Feldstärke hat im Inneren der Spule überall die gleiche Richtung. Das Produkt

$$I \cdot N = \Theta \qquad (5.2)$$

heißt Durchflutung. Man kann die magnetische Feldstärke auch als eine auf die Spulenlänge bezogene Durchflutung bezeichnen. Die Durchflutung ist die Ursache des magnetischen Felds.

Das magnetische Feld innerhalb der Zylinderspule ist weitgehend homogen, d.h., die magnetische Feldstärke hat überall die gleiche Richtung und praktisch auch den gleichen Betrag. Mit Gl. (**5.**1) lässt sich die Feld-

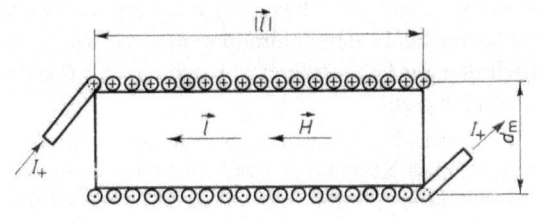

Bild 5.9 Magnetische Feldstärke in einer Zylinderspule

stärke im Innenraum einer langen Zylinderspule mit einem gegen die Länge geringen Durchmesser jedoch nur näherungsweise berechnen.

5.2.4 Magnetisches Feld der Kreisringspule

Feldstruktur. Biegt man die offenen Enden einer lang gestreckten Zylinderspule zu einem geschlossenen Ring, verläuft das magnetische Feld nur noch im Innern der Ringspule (Toroidspule). Außerhalb der Spule ist der Raum praktisch feldfrei. Ein anschauliches Bild des Feldverlaufs ergibt sich wieder mit Hilfe von Eisenfeilspänen (Bild **5.**10). Die Feldlinien bilden konzentrische Kreise (Kreise mit gemeinsamem Mittelpunkt).

Am Beispiel dieser Feldstruktur lässt sich die Benennung „Durchflutung" gut erläutern: Wir betrachten die Kreisfläche, deren Rand einer Feldlinie ist. Die Durchflutung ist dann die Summe aller Ströme, die durch diese Fläche hindurch treten.

5.2 Stationäres magnetisches Feld

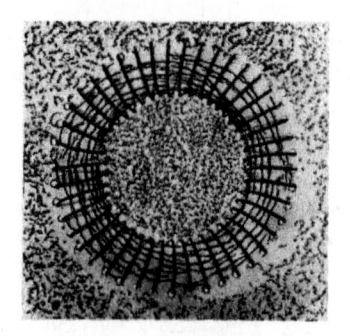

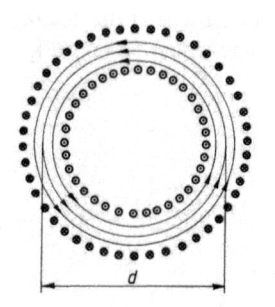

Bild 5.10 Feldbild einer Kreisringspule

Bild 5.11 Feldstärke in einer Kreisringspule

Feldstärke. Im Gegensatz zur gestreckten Zylinderspule ist bei der Kreisringspule die Feldlinienlänge l bekannt. Sie ist gleich dem Umfang des mittleren Feldlinienkreises. Entsprechend Gl. (5.1) erhält man

$$H = \frac{I \cdot N}{l} = \frac{I \cdot N}{d \cdot \pi} \tag{5.3}$$

5.2.5 Feldgrößen des magnetischen Felds

Magnetische Feldstärke. Die Kreisringspule gibt uns die Möglichkeit, im Feldraum im Innern der Spule eine genau bekannte magnetische Feldstärke H zu erzeugen. Wir können ihren Betrag für jeden Punkt des Feldraums nach Gl. (5.3) berechnen. Die Feldlinien sind kreisförmig. Die Richtung der Feldstärke ergibt sich aus der positiven Stromrichtung in der Spule und der Rechtsschraubenregel.

Die magnetische Feldstärke entspricht der Feldstärke des elektrischen Felds. Während diese aber durch Anlegen einer Spannung an den Feldraum (z.B. zwischen den Kondensatorplatten) zustande kommt, ist zur Erzeugung einer magnetischen Feldstärke ein elektrischer Strom erforderlich, der im Fall der Ringspule in Windungen um den ganzen Feldraum herumgeführt wird. Beim elektrischen Feld ist der Betrag der Feldstärke $E = U/l$. Beim magnetischen Feld tritt an die Stelle der Spannung U die Durchflutung $I \cdot N$, wie man aus Gl. (5.1) und (5.3) erkennt. Wegen dieser Entsprechung nennt man die Durchflutung auch die magnetische Spannung, genauer: die magnetische Umlaufspannung, weil diese Spannung stets für einen in sich geschlossenen Umlauf gilt, der die Durchflutung IN umfasst.

Magnetische Flussdichte. Die Wirkung der Feldstärke $\vec{H}$ wird durch magnetische Flussdichte $\vec{B}$ beschrieben. Sie ist ein Maß für die Intensität des Felds. Gemessen wird sie durch die Kraft, die an einen stromdurchflossenen Leiter im magnetischen Feld auftritt. Näheres dazu im Abschn. 5.4.

Die magnetische Flussdichte ist die Größe, die der Stromdichte $\vec{J}$ des Strömungsfelds und der Flussdichte D des elektrischen Felds entspricht. Wie diese Größe hängt sie nicht nur von der Feldstärke ab, sondern auch von den Eigenschaften der Stoffe, die den Feldraum erfüllen. Genaueres dazu in den Abschn. 5.2.6 und 5.2.7. Mit der Stromdichte des Strömungsfelds hat die Flussdichte gemeinsam, dass die Flussdichtelinien stets in sich geschlossene Linien sind, die weder einen Anfang noch ein Ende haben.

Das Flussdichtefeld ist also ein Wirbelfeld.

Man erkennt dies unmittelbar aus den Feldbildern **5.3** und **5.10**. Bei den Feldbildern von Zylinderspulen **5.5** bis **5.8** muss man sich alle Feldlinien in großen Bögen geschlossen denken. Dagegen haben die Linien der elektrischen Flussdichte des elektrostatischen Felds Anfänge und Enden auf den positiven und negativen elektrischen Ladungen.

Die Tatsache, dass die magnetischen Flussdichtelinien stets in sich geschlossen sind, kann man also auch dadurch beschreiben, dass man sagt: Magnetische Ladungen gibt es nicht. Tatsächlich hatten wir bei der Teilung eines Stabmagneten gesehen, dass stets nur magnetische Dipole entstehen, nie einzelne magnetische Ladungen.

Bei vergleichenden Betrachtungen zwischen den Feldern muss man stets im Auge behalten, dass es sich um eine formale Analogie (Entsprechung) handelt. Physikalisch handelt es sich um ganz verschiedene Dinge: Die Stromdichte beschreibt die Drift der Elektronen im Metallgitter. Die elektrische Flussdichte ist ein Maß für die Influenzwirkung des elektrischen Felds, und die magnetische Flussdichte ist eine Größe, die durch eine Kraft auf einen stromführenden Leiter nachgewiesen wird.

Die Feldgleichung des magnetischen Felds stellt den Zusammenhang zwischen der Feldstärke und der Flussdichte her.

$$\boxed{\vec{B} = \mu_0 \vec{H}} \tag{5.4}$$

Sie gilt in dieser Form nur für das Vakuum. Sie zeigt, dass die beiden Feldvektoren des magnetischen Felds stets die gleiche Richtung haben und sich im Betrag durch den konstanten Faktor μ_0 unterscheiden. Daher können die Feldlinien in den Bildern **5.4**, **5.6**, **5.7** und **5.8** die magnetische Feldstärke oder die Flussdichte darstellen. Der Faktor μ_0 heißt die *magnetische Feldkonstante*. Ihr Wert ist nach DIN 1324 auf

$$\boxed{\mu_0 = 4\pi \cdot 10^{-7} \frac{\text{Vs}}{\text{Am}}} \tag{5.5}$$

festgelegt. Die Einheit der Feldkonstanten folgt aus den Einheiten für $\vec{H}$ und $\vec{B}$.

$$[H] = 1\frac{\text{A}}{\text{m}} \quad \text{und} \quad [B] = 1\frac{\text{Vs}}{\text{m}^2} = 1 \text{ T (Tesla)}. \tag{5.6}$$

Dabei ergibt sich die Einheit der Flussdichte aus dem später zu besprechenden Induktionsgesetz. Die Feldgleichung des magnetischen Felds steht wiederum in formaler Analogie zu den Feldgleichungen des Strömungsfelds (3.5) und des elektrostatischen Felds (4.6).

Der magnetische Fluss Φ wird beim homogenen Magnetfeld als skalares Produkt aus magnetischer Flussdichte und den Vektor der Querschnittsfläche gebildet, durch die die Flussdichte hindurchtritt.

$$\boxed{\Phi = (\vec{B} \cdot \vec{A})} \tag{5.7}$$

Dem Bildungsgesetz nach entspricht der magnetische Fluss daher der Stromstärke im Strömungsfeld oder dem elektrischen Fluss im elektrostatischen Feld. Die Einheit des Flusses ist $[\Phi] = 1$ Vs, die auch Weber, Kurzzeichen Wb, genannt wird.

Durchflutungsgesetz. Im Zusammenhang mit der Kreisringspule war in Gl. (5.3) die magnetische Feldstärke als die auf die Feldlinienlänge verteilte Durchflutung oder magnetische Spannung definiert worden. Umgekehrt heißt dies, dass das Produkt aus dem Betrag der magnetischen Feldstärke und der Feldlinienlänge l_F die Durchflutung ergibt (Bild **5.12**).

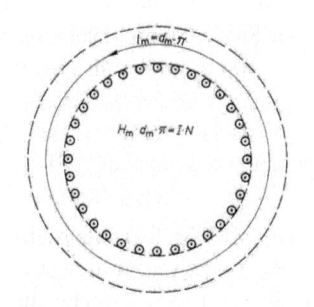

Bild 5.12 Durchflutungssatz in einer Kreisringspule

$$|\vec{H}| = l_F = IN = \Theta \qquad (5.8)$$

Dieser Durchflutungssatz in der einfachen Form gilt nur für den Fall, dass die magnetische Feldstärke längs des Weges l_F konstant ist. Um aus diesem Gesetz den Betrag der magnetischen Feldstärke auch in anderen Feldern berechnen zu können, muss man die Feldlinienlänge genau kennen und wissen, wie die Feldstärke auf der ganzen Länge verteilt ist. Dies ist offensichtlich bei der Kreisringspule der Fall, nicht aber bei der offenen Zylinderspule nach Bild **5.9**. Dort schließen sich die Feldlinien in weitem Bogen über den Außenraum der Spule, wie in Bild **5.8** angedeutet, sodass man keine Feldlinienlänge angeben kann. Der in Gl. (5.1) angegebene Näherungswert für die Feldstärke beruht im wesentlichen auf der Annahme, dass die magnetische Feldstärke längs des Feldlinienbogens im Außenraum gleich Null ist.

In den meisten technischen Anwendungen wird der magnetische Fluss im Eisen geführt, sodass ein magnetischer Kreis entsteht, ähnlich dem Innenraum der Kreisringspule. Damit ist dann auch die Feldlinienlänge bekannt, also eine wichtige Voraussetzung für die Berechnung der Feldstärke aus dem Durchflutungsgesetz gegeben..

5.2.6 Materie im magnetischen Feld

Die Flussdichte $\vec{B}$ hängt im Vakuum nach Gl. (5.4) nur von der herrschenden Feldstärke $\vec{H}$ ab. Das ändert sich, wenn das magnetische Feld Materie durchsetzt. Dieser Einfluss des Materials des Feldraums wird durch einen Faktor μ_r berücksichtigt, sodass sich damit die allgemeine Feldgleichung des magnetischen Feldes ergibt.

$$\boxed{\vec{B} = \mu_0 \cdot \mu_r \vec{H}} \qquad (5.9)$$

Diese Gleichung entspricht den Feldgleichungen anderer Vektorfelder, wie z.B. $\vec{D} = \varepsilon_0 \cdot \varepsilon_r \cdot \vec{E}$ bzw. $\vec{J} = \gamma \cdot \vec{E}$. Analog zur Permittivität $\varepsilon = \varepsilon_0 \cdot \varepsilon_r$ wird hier

$$\boxed{\mu_0 \cdot \mu_r = \mu.} \qquad (5.10)$$

Dabei heißen μ absolute Permeabilität und μ_r relative Permeabilität. Die SI-Einheit ergibt sich zu

$$[\mu] = \frac{[B]}{[H]} = \frac{Vsm}{m^2 A} = \frac{Vs}{Am} = \frac{\Omega s}{m}. \qquad (5.11)$$

Die relative Permeabilität ist ein reiner Zahlenwert, der bei allen nicht ferromagnetischen Stoffen sehr dicht bei 1 liegt. Man unterscheidet dabei diamagnetische und paramagnetische Stoffe.

Permeabilität dia- bzw. paramagnetischer Stoffe. Während die relative Permeabilität diamagnetischer Stoffe wenig kleiner als eins ist (z.B. bei Wismut $\mu_r = 1 - 0{,}16 \cdot 10^{-3}$), ist sie bei paramagnetischen wenig größer als eins (z.B. bei Palladium $\mu_r = 1 + 0{,}78 \cdot 10^{-3}$). Sowohl bei dia- als auch bei paramagnetischen Stoffen ist μ_r eine Materialkonstante, die nicht vom Betrag der herrschenden magnetischen Feldstärke abhängt. Alle Stoffe sind im Prinzip diamagnetisch, wobei bei vielen Stoffen aber paramagnetische Eigenschaften überwiegen, sodass diese Stoffe dann paramagnetisch sind. Das in der Luft enthaltene Gasgemisch hat z.B. insgesamt eine relative Permeabilität $\mu_r = 1$.

Permeabilität ferromagnetischer Stoffe. Hier kann μ_r beträchtliche Werte erreichen (10^5 und höher), und zwar nur in festem Material unterhalb der Curie-Temperatur (s. Abschn. 5.1). Die schon erwähnten Elementarmagnete sind hier in mehr oder weniger großen Kristallbereichen zu suchen, die magnetische Dipole bilden (Weißsche Bezirke). Im Dampfzustand ist z.B. Eisen paramagnetisch.

Die relative Permeabilität ferromagnetischer Stoffe hängt von der erregenden Feldstärke ab. Sie ist deshalb keine Materialkonstante.

5.2.7 Magnetisches Feld in Eisen

Die magnetischen Eigenschaften des Eisens und anderer ferromagnetischer Stoffe lassen sich nur experimentell erfassen. Man stellt in Abhängigkeit von der Feldstärke H in entsprechenden Diagrammen meist nicht die Permeabilität sondern die Flussdichte B dar. Diese Darstellungsweise ist im Allgemeinen für die Berechnung magnetischer Felder in ferromagnetischen Stoffen zweckmäßiger. Die Permeabilität lässt sich jedoch berechnen aus

$$\mu = \frac{B}{H} \quad \text{bzw.} \quad \mu_r = \frac{B}{\mu_0 H} \tag{5.12}$$

Hystereseschleife

Enthält eine Kreisringspule einen Eisenkern, dessen magnetische Eigenschaften ermittelt werden sollen, ergibt sich für die aus der Stromstärke und den Spulendaten leicht berechenbare Feldstärke ein Verlauf der Flussdichte, wie er in Bild 5.13 dargestellt ist. War der Eisenkern zunächst unmagnetisch, erhält man bei steigender Feldstärke die *Neukurve*. Der anfänglich starke Anstieg der Flussdichte bei zunehmender Feldstärke wird schwächer, wenn die magnetische Sättigung des Eisens erreicht wird, d.h., wenn alle Elementarmagnete in die Richtung des erregenden Feldes umgeklappt sind. Diese Vorgänge sind nur zum Teil reversibel, d.h. völlig umkehrbar. Bei weiterer Steigerung steigt die Flussdichte wie im nicht ferromagnetischen Material – eine verstärkende Wirkung des Eisens ist vernachlässigbar gering, da praktisch keine Elementarmagnete mehr ausgerichtet werden können.

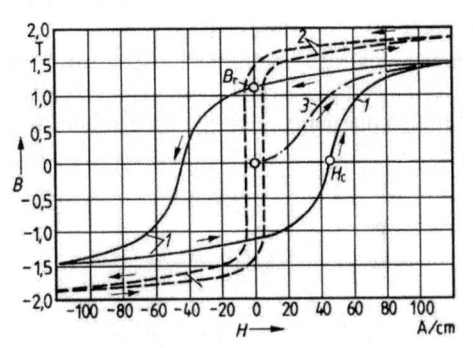

Bild 5.13 Hystereseschleifen ferromagnetischen Materials

1 hartmagnetisch

2 weichmagnetisch

3 Neukurve

Bei Verminderung der Feldstärke geht auch die Flussdichte zunächst in gleichem Maß zurück, bis sich dann wegen der Irreversibilität der Magnetisierung der Verlauf der Flussdichte von der Neukurve unterscheidet. Schließlich verbleibt bei der Feldstärke Null eine restliche Flussdichte, die *Remanenzflussdichte* B_r oder einfach *Remanenz*. Steigert man nun die Feldstärke wieder in umgekehrter Richtung durch Umkehrung des erregenden Stroms in der Wicklung, erreicht man die Flussdichte Null bei der *Koerzitivfeldstärke* H_c. Bei weiterem Ansteigen der Feldstärke stellt sich schließlich wieder Sättigung ein, bei Verringerung bis zum Wert Null erneut eine remanente Flussdichte B_r. Kehrt man wieder die Stromrichtung um, sinkt der Betrag der Flussdichte weiter bis auf Null bei H_c, steigt dann wieder, aber nicht entsprechend der Neukurve, sondern bei gleichen Werten für die Feldstärke mit geringeren Beträgen für die Flussdichte. Bei Erreichen der Sättigung schließt sich schließlich die Hystereseschleife.

Weich- bzw. hartmagnetische Stoffe. Für verschiedene ferromagnetische Stoffe ergeben sich auch unterschiedliche Hystereseschleifen. Schmale Hystereseschleifen mit geringer Koerzitivfeldstärke sind charakteristisch für ein Material, das sich leicht ummagnetisieren lässt (weichmagnetisches Material). Breite Hystereseschleifen mit hoher Koerzitivfeldstärke und meist einer

Remanenzflussdichte, die nur wenig unterhalb der Sättigungsflussdichte liegt, gehören zu Stoffen, die sich nur schwer entmagnetisieren lassen (hartmagnetisches Material).

Magnetisierungskurve. Bei weichmagnetischem Material, wie man es z.B. bei technischen Anwendungen für ständige Ummagnetisierung durch Wechselstrom braucht (z.B. Transformator), wird oft nicht die gesamte Hystereseschleife dargestellt, sondern nur eine mittlere Kurve, die Magnetisierungskurve (Bild **5.14**).

Entmagnetisierungskurve. Hartmagnetisches Material wird für Dauermagnete gebraucht. Auch hier stellt man meist nur den interessierenden Teil der Hystereseschleife dar, nämlich die Entmagnetisierungskurve im zweiten Quadranten des vollständigen Diagramms. Einige Beispiele zeigt Bild **5.15**.

Entmagnetisierung. Die Hystereseschleife zeigt, dass es nicht möglich ist, den Eisenkern einer Spule zu entmagnetisieren, indem man nur den Gleichstrom abschaltet. Lässt man in der Wicklung jedoch Wechselstrom fließen, wird der Kern ständig ummagnetisiert. Wenn man die Höchstwerte des Stroms allmählich bis auf Null verringert, ergeben siel; auch immer kleinere Höchstwerte der Feldstärke. Die entsprechenden Hystereseschleifen werden kleiner (Bild **5.14**), bis schließlich der unmagnetische Zustand des Eisenkerns erreicht ist.

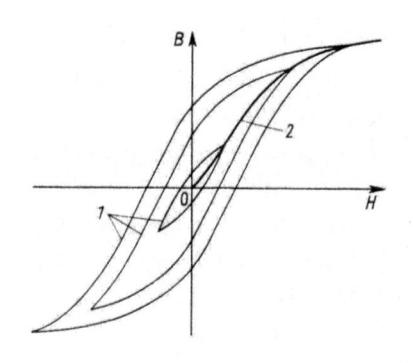

Bild 5.14
1 Hystereseschleife
2 Magnetisierungskurve

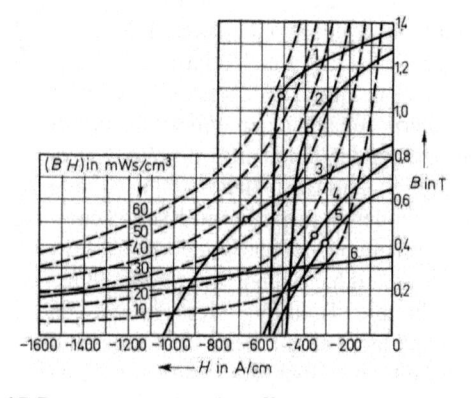

Bild 5.15 Dauermagnetwerkstoffe
durchgezogen: Entmagnetisierungskurven.
gestrichelt: Kurven gleicher Energiedichte

Aufgaben zu Abschnitt 5.2

143. Der Wickelkern einer Zylinderspule nach Bild **5.9** (Keramikrohr) hat die Länge $l = 25$ cm. Der mittlere Durchmesser unter Berücksichtigung der einlagigen Wicklung von 220 Windungen beträgt $d_m = 30$ mm. Wie groß sind im Innenraum des Keramikrohrs magnetische Feldstärke, magnetische Flussdichte und magnetischer Fluss, wenn die Stromstärke in der Wicklung 2,5 A beträgt?

144. In einer Zylinderspule, deren Wickelkern (Keramikrohr) die Länge 50mm und einen Außendurchmesser von 6mm hat, fließt in der einlagigen, lückenlosen Wicklung aus lackiertem Kupferdraht (CuL) mit 0,2 mm Durchmesser ein Strom der Stärke 150 mA (Bild 5.9).
    a) Wie groß sind magnetische Feldstärke, magnetische Flussdichte und magnetischer Fluss im Innenraum des Wickelkerns
    b) Wie groß ist die Stromstärke, wenn der Fluss $3,5 \cdot 10^{-8}$ Vs betragen soll?
    c) Wie groß sind dabei Feldstärke und Flussdichte des magnetischen Felds im Innenraum?

145. Eine Zylinderspule nach Bild **5.9** hat einen mittleren Durchmesser von 25 mm. Die einlagige, lückenlose Wicklung hat je cm Länge 18 Windungen und erregt im Innenraum einen magnetischen Fluss von $4 \cdot 10^{-7}$ Vs. Wie groß ist die Stromstärke in der Wicklung?

146. Eine Kreisringspule nach Bild **5.11** mit kreisförmigem Querschnitt hat einen Holzkern mit $d_a = 150$ mm und $d_i = 110$ mm. Die Wicklung mit 320 Windungen besteht aus CuL-Draht mit 1mm Durchmesser.

    a) Wie groß sind im magnetischen Feld Feldstärke, Flussdichte und Fluss, wenn die Stromstärke in der Wicklung 0,4 A beträgt?

    b) Die Flussdichte soll $6 \cdot 10^{-4}$ Vs/m² betragen. Wie groß sind dann magnetischer Fluss, magnetische Feldstärke und Stromstärke?

147. Eine Kreisringspule nach Bild **5.11** hat einen Kunststoff-Hohlkern mit quadratischem Querschnitt nach Bild **5.16**. Der Kern hat $d_a = 100$ mm, $d_i = 70$ mm. Die Wanddicke des kastenförmigen Profils beträgt allseitig 1 mm.

    a) Der Ring ist mit CuL-Draht von 1 mm Außendurchmesser einlagig und lückenlos bewickelt. Wie viel Windungen lassen sich höchstens unterbringen?

    b) In der Wicklung mit 210 Windungen beträgt die Stromstärke 0,85 A. Wie groß sind magnetische Feldstärke, magnetische Flussdichte und Fluss im Innenraum des Wickelkerns?

    c) Welche Flussdichte und welcher magnetische Fluss stellen sich ein, wenn der gesamte Innenraum des Wickelkerns mit einem Bandkern aus ferromagnetischen Material mit $\mu_r = 1200$ gefüllt ist?

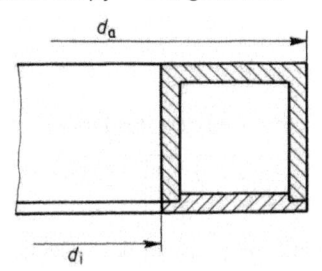

Bild 5.16 Zu Aufgabe 147

148. Ein Stahlgussring mit kreisförmigem Querschnitt nach Bild **5.11** ist gleichmäßig mit 560 Windungen CuL-Draht bewickelt. Dabei sind $d_a = 120$ mm und $d_i = 80$ mm. Der magnetische Fluss im Eisenkern beträgt $\Phi = 4{,}15 \cdot 10^{-4}$ Vs. Wie groß sind magnetische Feldstärke und Stromstärke in der Wicklung? Die Magnetisierungskurve für Stahlguss zeigt Bild **5.17**.

5.3 Berechnung magnetischer Kreise

5.3.1 Ohmsches Gesetz des magnetischen Kreises

Ferromagnetische Stoffe kann man als gute „magnetische Leiter" ansehen mit einer spezifischen magnetischen Leitfähigkeit μ, die um den Faktor μ_r größer ist als die der Luft. Vergleicht man den magnetischen Kreis einer Kreisringspule mit geschlossenem Eisenkern mit dem elektrischen Stromkreis, lassen sich aus den Feldgleichungen des magnetischen Felds im Eisenkern bzw. des Strömungsfelds mit elektrischen Leiter der Wicklung ähnliche Beziehungen gewinnen. Aus den Gleichungen

$$\vec{E} = \gamma \cdot \vec{E} \quad \text{bzw.} \quad \vec{B} = \mu \cdot \vec{H}$$

erhält man durch Multiplikation mit der Querschnittsfläche $\vec{A}$ des Drahts bzw. des Eisenkerns

5.3 Berechnung magnetischer Kreise

$$(\vec{J} \cdot \vec{A}) = \gamma \cdot \vec{E} \cdot \vec{A} \quad \text{bzw.} \quad (\vec{B} \cdot \vec{A}) = \mu \cdot \vec{H} \cdot \vec{A}$$

und durch Einführen der Spannungen $U = \vec{E} \cdot \vec{s}$ bzw. $\Theta = V_0 = \vec{H} \cdot \vec{l}_m$ schließlich

$$I = \frac{\gamma \cdot A}{s} \cdot U \quad \text{bzw.} \quad \phi = \frac{\mu \cdot A}{l_m} \tag{5.13}$$

Dabei sind

$$G = \frac{\gamma \cdot A}{s}$$

der elektrische Leitwert des Drahts und

$$\boxed{\Lambda = \frac{\mu \cdot A}{l_m}} \tag{5.14}$$

der magnetische Leitwert des Eisenkerns. Die Kehrwerte sind der elektrische Widerstand

$$R = 1/G = \frac{s}{\gamma \cdot A},$$

bzw. der magnetische Widerstand

$$\boxed{R_m = \frac{1}{\Lambda} = \frac{l_m}{\mu \cdot A}} \tag{5.15}$$

Die Beziehung

$$\boxed{R_m = \frac{\Theta}{\Phi} \quad \text{bzw.} \quad \Theta = \Phi \cdot R_m} \tag{5.16}$$

nennt man in Anlehnung an die entsprechende Beziehung im elektrischen Stromkreis „Ohmsches Gesetz des magnetischen Kreises". Die SI-Einheiten für Λ bzw. R_m ergeben sich in bekannter Weise zu

$$[R_m] = \frac{[\Theta]}{[\Phi]} = \frac{A}{V \cdot s} = \frac{1}{\Omega \cdot s} = \frac{1}{H} \quad \text{und} \quad [\Lambda] = \Omega s = H.$$

Die SI-Einheit $\Omega s = H$ heißt *Henry*.

Bei elektrischen Widerständen ist in der Regel γ eine reine Stoffkonstante. Bei ohmschen Widerständen ist das Verhältnis $U/I = R$ konstant und weder von der Spannung noch vom Strom abhängig. Das ist bei magnetischen Widerständen nur bei dia- und paramagnetischem Material der Fall. Für diese Stoffe gilt in guter Näherung

$$\boxed{R_m = \frac{1}{\mu_0 \cdot A}.} \tag{5.17}$$

Anders ist es jedoch bei den für elektrische Maschinen so wichtigen ferromagnetischen Stoffen. Hier ist μ_r keine Stoffkonstante, sondern hängt in starkem Maß von der im Material herrschenden Feldstärke bzw. Flussdichte ab. Da man in der Regel diese Abhängigkeit als Magnetisierungskurve $B = f(H)$ darstellt, schreibt man den ferromagnetischen Widerstand zweckmäßig

$$\boxed{R_{mFe} = \frac{l \cdot H}{B \cdot A} = \frac{l}{\mu_0 \cdot \mu_r \cdot A}.} \tag{5.18}$$

Zur praktischen Durchführung der Berechnung muss ein näherungsweise homogenes Feld vorliegen, d.h. B und A müssen konstant und entweder B oder H bekannt sein.

Während man in linearen Netzwerken elektrischer Widerstände die Strom- und Spannungsverteilung verhältnismäßig einfach berechnen kann, ist die entsprechende Ermittlung des Feldverlaufs in Netzwerken mit nichtlinearen (d.h. von der Feldstärke abhängigen) ferromagnetischen Widerständen nicht ohne weiteres möglich. Ebenso stößt man ja auch beim Bestimmen der Strom- bzw. Spannungsverteilung in Netzwerken mit nichtlinearen elektrischen

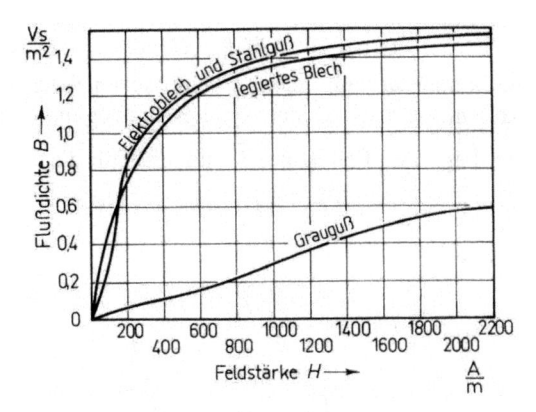

Bild 5.17 Magnetisierungskurven

Widerständen auf Schwierigkeiten. In beiden Fällen lassen sich jedoch einfache Reihen- bzw. Parallelschaltungen mit Hilfe der betreffenden Kennlinien berechnen (s. Abschn. 2.2.4.1). Während bei elektrischen Widerständen die Kennlinien $I = f(U)$ vorliegen und entweder Strom oder Spannung bekannt sein müssen, sind es bei ferromagnetischen Widerständen (wie schon erwähnt) die Magnetisierungskurven und Feldgrößen wie B oder H bzw. Größen des magnetischen Kreises wie Φ oder Θ.

Wir wollen uns hier auf die Betrachtung einiger für elektrische Maschinen bzw. Geräte besonders wichtiger Fälle beschränken. Die angegebenen Berechnungsverfahren lassen sich natürlich von magnetischen Kreisen auf entsprechende Stromkreise mit nichtlinearen elektrischen Widerständen übertragen.

5.3.1 Reihenschaltung magnetischer Widerstände

Kreisringspule mit Luftspalt. Bei einer Kreisringspule mit geschlossenem Eisenkern und eng gewickelter Erregerspule über den gesamten Umfang verläuft das magnetische Feld praktisch ausschließlich im Innern der Wicklung. Der magnetische Widerstand des Kerns lässt sich nach Gl. (5.18) berechnen. Unterbrechen wir nun den Eisenkern durch einen schmalen Luftspalt, bildet sich hier ein magnetisches Polpaar aus. Ist die Luftspaltlänge δ genügend klein gegenüber den Abmessungen der Querschnittsfläche A des Eisenkerns, ist die vom magnetischen Fluss durchsetzte Fläche im Luftspalt nahezu unverändert. Wegen der Quellenfreiheit

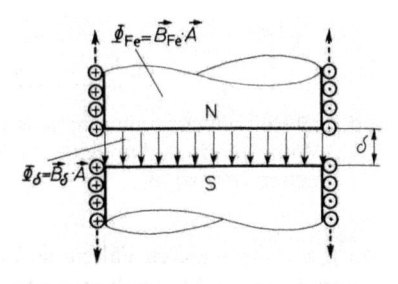

Bild 5.18 Eisenkern mit Luftspalt

des magnetischen Flusses sind also Fluss und Flussdichte im Eisen und Luftspalt gleich. Unter diesen Voraussetzungen lassen sich für die Teilabschnitte Eisenkern und Luftspalt die magnetischen Widerstände nach den Gleichungen (5.17) bzw. (5.18) berechnen.

Durchflutungssatz für abschnittsweise homogene Felder. Im Abschn. 5.2.5 haben wir am Beispiel der Kreisringspule den Durchflutungssatz Gl. (5.8) abgeleitet. Um ihn auf abschnittsweise homogene magnetische Felder anwenden zu können, teilen wir die Durchflutung oder magnetische Umlaufspannung in Teilspannungen auf, von denen jede für einen Abschnitt gilt.

$$\Theta = I \cdot N = H_1 l_1 + H_2 l_2 + \ldots + H_n l_n \tag{5.19}$$

Die Summe der auf einem geschlossenen Weg (z.B. Feldlinie) erhaltenen magnetischen Teilspannungen ist gleich der von diesem Weg umfassten Gesamtdurchflutung.

Im vorliegenden Fall ist $n = 2$, und mit δ für die Luftspaltlänge erhalten wir

$$\Theta = I \cdot N = H_{Fe} \cdot l_{Fe} + H_\delta \cdot \delta \tag{5.20}$$

und weiter

$$\Theta = \Phi \left(\frac{H_{Fe} \cdot l_{Fe}}{B \cdot A} + \frac{H_\delta \cdot \delta}{B \cdot A} \right) \tag{5.21}$$

$$\Theta = \Phi \left(\frac{H_{Fe} \cdot l_{Fe}}{B \cdot A} + \frac{\delta}{\mu_0 \cdot A} \right) \tag{5.22}$$

und schließlich

$$\Theta = \Phi (R_{mFe} + R_{m\delta}). \tag{5.23}$$

Maschenregel im magnetischen Kreis. Gl. (5.23) entspricht einer Reihenschaltung magnetischer Widerstände, die man durch eine der Reihenschaltung elektrischer Widerstände analoge Ersatzschaltung darstellen kann (Bild 5.19). Wendet man darauf in gewohnter Weise die Kirchhoffsche Maschenregel an, erhält man mit den angegebenen Bezugspfeilen den Durchflutungssatz Gl. (5.20) in der Form

$$\Phi \cdot R_{mFe} + \Phi \cdot R_{m\delta} - \Theta = 0$$

oder

$$V_{Fe} + V_\delta - \Theta = 0 \tag{5.24}$$

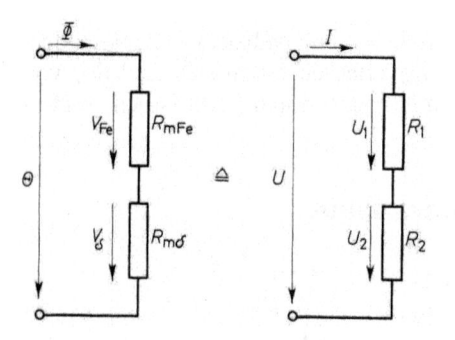

Bild 5.19 Reihenschaltung magnetischer Widerstände und analoger elektrischer Stromkreis

Obwohl nicht so offensichtlich wie im elektrischen Stromkreis, sind auch hier die Maschenregel Gl. (5.24) bzw. der Durchflutungssatz Gl. (5.20) Folgen des Energieerhaltungssatzes. Wie wir später noch erläutern werden, enthält auch das magnetische Feld Energie.

Magnetische Streuung. Kreisringspulen verwendet man nur in besonderen Fällen als Erregerspulen magnetischer Kreise, da die Wicklung auf besonders für diese Spulen konstruierten Wickelmaschinen hergestellt werden muss. Im Allgemeinen werden als Erregerwicklungen Zylinderspulen benutzt. Der magnetische Kreis kann dann wie z.B. bei dem Elektromagneten nach Bild 5.20 aus mehreren Teilen bestehen. Oft werden auch aus konstruktiven Gründen die Eisenkerne aus Blechen hergestellt, die man wechselseitig so schichtet, dass sich Luftspalte und Bleche überlappen. Als Beispiel zeigt Bild 5.21 einen UI- Blechschnitt. Bei dem geschichteten Kern können beide Schenkel eine Wicklung tragen. Auch wenn man diese Bleche wechselseitig schichtet, wird sich ein unvermeidlicher Luftspalt durch erhöhten magnetischen Widerstand des Kreises über R_{mFe} hinaus bemerkbar machen. Stärker als bei diesem Ersatzluftspalt prägt sich dies aus,

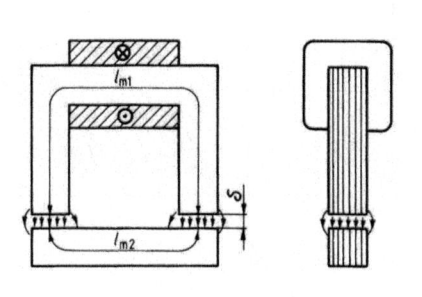

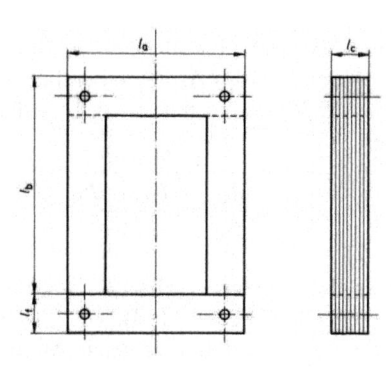

Bild 5.20 Elektromagnet   **Bild 5.21** UI- Eisenkern

wenn die Bleche so geschichtet werden, dass zwischen Schenkeln und Joch ein wirklicher Luftspalt entsteht. Dabei bilden sich wieder Paare magnetischer Pole aus. Hier liegen jedoch nicht die gleichen Voraussetzungen für den Feldverlauf vor wie bei der voll bewickelten Kreisringspule, und der Fluss durchsetzt im Luftspalt einen größeren Querschnitt als im Eisen – es bildet sich ein magnetisches Streufeld (s. Bild **5.**20). Mit anderen Worten: Die Flussdichte im Luftspalt verringert sich im gleichen Maße, wie die wirksame Fläche im Luftspalt größer wird; der Fluss bleibt aber konstant.

$$\Phi = B_{Fe} \cdot A_{Fe} = B_\delta \cdot A_\delta \tag{5.25}$$

Streufaktor σ. Diese magnetische Streuung macht sich umso stärker bemerkbar, je länger der Luftspalt wird. Wird z.B. im Luftspalt eine bestimmte Induktion B_δ gefordert, ergibt sich nach Gl. (5.25)

$$B_{Fe} = B_\delta \frac{A_\delta}{A_{Fe}} \tag{5.26}$$

für die erforderliche Flussdichte im Eisen ein höherer Wert als ohne Streuung. Zerlegt man die wirksame Fläche A_δ im Luftspalt in eine Nutzfläche $A_N = A_{Fe}$ und eine Streufläche A_σ, erhält man mit

$$A_\delta = A_N + A_\sigma \tag{5.27}$$

und mit Gl. (5.26)

$$B_{Fe} = B_\delta \frac{A_N + A_\sigma}{A_N} = B_\delta \left(1 + \frac{A_\sigma}{A_N}\right) \tag{5.28}$$

Das Verhältnis

$$\frac{A_\sigma}{A_N} = \sigma \tag{5.29}$$

heißt *Streufaktor*. Multipliziert man Gl. (5.28) mit $A_{Fe} = A_N$, erhält man schließlich

$$\boxed{\Phi_{Fe} = \Phi_N(1 + \sigma) = \Phi_N + \Phi_\sigma} \tag{5.30}$$

Dabei bezeichnet man Φ_N als *Nutz- oder Hauptfluss* und Φ_σ als *Streufluss*.

5.3 Berechnung magnetischer Kreise

Der Streufaktor hängt vom Aufbau des magnetischen Kreises ab und liegt im Allgemeinen bei $\sigma \approx 0{,}1$ bis $0{,}3$. Nach Gl. (5.30) kann man den Streufaktor auch so schreiben:

$$\sigma = \frac{\Phi_\sigma}{\Phi_N} = \frac{\Phi_{Fe} - \Phi_N}{\Phi_N}$$

Scherung der Hystereseschleife. Bei einem Eisenkern aus geschichteten Blechen (z.B. aus UI- Blechschnitten nach Bild 5.21) zeigt sich je nach Art der Schichtung eine mehr oder weniger starke Veränderung des magnetischen Widerstands, die man als Wirkung eines Ersatzluftspalts auffassen kann. Bei Vernachlässigung der Streuung können wir davon ausgehen, dass im gesamten Eisenkern der gleiche magnetische Fluss vor-

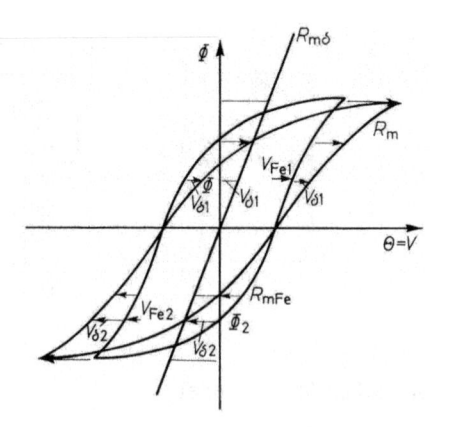

Bild 5.22 Scherung der Hystereseschleife

handen ist und bei überall gleichem Querschnitt auch die gleiche Flussdichte. Es ist zweckmäßig, eine Hystereseschleife zu betrachten, die den Fluss in Abhängigkeit von der Durchflutung darstellt. Wir erhalten sie, indem wir auf der Abszisse (waagerechten Achse) $Hl_m = \Theta$ statt H und auf der Ordinate $B \cdot A = \Phi$ statt B auftragen. Mit diesen Skalen auf den Achsen gilt die Hystereseschleife nun nicht mehr für ein bestimmtes Material, sondern für einen Eisenkern mit den Abmessungen A und l_m. Jedem Punkt der Hystereseschleife bzw. der Magnetisierungskurve entspricht nun ein bestimmter magnetischer Widerstand $R_{mFe} = \Theta/\Phi$. Nehmen wir einen im Eisenkern wirksamen Ersatzluftspalt der Länge δ an, ist die Kennlinie seines magnetischen Widerstands $R_{m\delta}$ eine Gerade. Die für die Reihenschaltung von R_{mFe} und $R_{m\delta}$ geltende Kennlinie bekommt man wie bei dem entsprechenden Verfahren für die Reihenschaltung linearer und nichtlinearer elektrischer Widerstände durch Scherung der Kennlinie $R_{mFe} = f(\Theta)$ (s. Abschn. 2.2.4.1). Man zeichnet in das Diagramm $\Phi = l(\Theta)$ die Widerstandsgerade für den magnetischen Widerstand des Luftspalts ein, die durch den Nullpunkt geht und im ersten und dritten Quadranten des Diagramms liegt (Bild 5.22). Dann entnimmt man die für einen bestimmten Fluss Φ_1 erforderliche Luftspaltdurchflutung (magnetische Teilspannung) V_δ dem Diagramm und trägt die entsprechende Strecke von der Hystereseschleife bzw. Magnetisierungskennlinie aus bei positivem Fluss nach rechts bzw. bei negativem Fluss nach links ab. Nach diesem Verfahren erhalten wir die mit $R_{m\delta}$ gescherte Hystereseschleife bzw. Magnetisierungskurve, die für die Reihenschaltung von R_{mFe} und $R_{m\delta}$ gilt. Sie ist durch die Wirkung des konstanten magnetischen Widerstands $R_{m\delta}$ gegenüber der Widerstandskennlinie des Eisens linearisiert worden. Offensichtlich ist diese Wirkung um so stärker ausgeprägt, je größer die Luftspaltlänge wird. Mit der gescherten Magnetisierungskennlinie lässt sich für eine bestimmte Durchflutung der Fluss im Eisen bestimmen (s. Beispiel 5.2 der Übungen zu Abschn. 5.3).

5.3.2 Parallelschaltung magnetischer Widerstände

Bei den technischen Anwendungen magnetischer Kreise treten auch Parallelschaltungen magnetischer Widerstände auf. Wird z.B. in dem Transformatorkern mit drei Schenkeln nach Bild 5.23 die Streuung vernachlässigt, lassen sich drei magnetische Widerstände R_{m1}, R_{m2} und R_{m3} entsprechend den Längenabschnitten l_{m1}, l_{m2} und l_{m3} unterscheiden, in denen die Flüsse Φ_1, Φ_2, und Φ_3 auftreten. Soll der Schenkel I die erregende Wicklung mit der Durchflutung Θ tragen, können wir eine Ersatzschaltung nach Bild 5.24 entsprechend einem analogen elektrischen

Stromkreis angeben. In den Verzweigungspunkten der Flüsse A bzw. B gilt wegen der Quellenfreiheit des magnetischen Flusses die Knotenpunktregel:

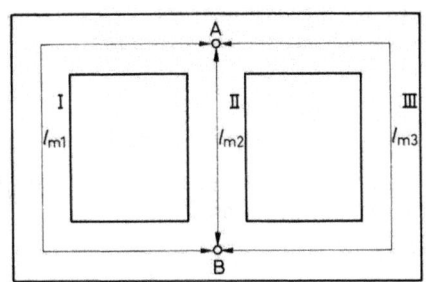

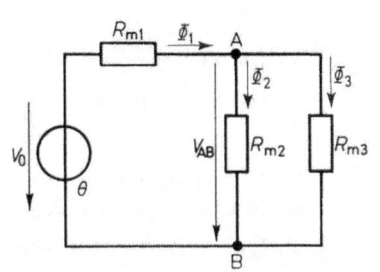

$$\Phi_1 = \Phi_2 + \Phi_3 \tag{5.32}$$

Bild 5.23 Dreischenkliger Eisenkern

Bild 5.24 Parallelschaltung magnetischer Widerstände

Dabei tritt der größte Fluss (hier Φ_1) in dem Schenkel auf, der die Erregerwicklung trägt. R_{m1} bildet in der Ersatzschaltung gewissermaßen den magnetischen Innenwiderstand, die Durchflutung entspricht der magnetischen Quellenspannung. Beim Berechnen des magnetischen Kreises ist zu beachten, dass die magnetischen Widerstände von den Beträgen der Flüsse bzw. von der Flussdichte abhängig sind. Die magnetischen Widerstände betragen also

$$R_{m1} = \frac{l_{m1} \cdot H_1}{B_1 \cdot A_1}, \quad R_{m2} = \frac{l_{m2} \cdot H_2}{B_2 \cdot A_2}, \quad R_{m3} = \frac{l_{m3} \cdot H_3}{B_3 \cdot A_3}$$

Beispiel 5.1 Für den Eisenkern nach Bild 5.23 soll die erforderliche Durchflutung berechnet werden, wobei die Magnetisierungskurve Bild 5.17 für Dynamoblech zugrunde liegt. Schenkel I trägt die Erregerwicklung. Der Fluss im Schenkel III soll 1mVs betragen.

Lösung Die Abmessungen des Kerns betragen $l_{m1} = 400$ mm, $l_{m2} = 160$ mm, $l_{m3} = 400$ mm, $A_1 = A_2 = A_3 = 2400$ mm² bzw. mit den Basiseinheiten des SI-Systems $l_{m1} = 0,4$ m, $l_{m2} = 0,16$ m, $l_{m3} = 0,4$ m, $A_1 = A_2 = A_3 = 2,4 \cdot 10^{-3}$ m².

Man bekommt für

$$B_3 = \Phi_3/A_3 = \frac{1 \cdot 10^{-3} \text{Vs}}{2,4 \cdot 10^{-3} \text{m}^2} = 0,417 \frac{\text{Vs}}{\text{m}^2}$$

und aus der Magnetisierungskurve $H_3 = 80$ A/m.

Damit ließe sich der magnetische Widerstand Rm3 im Schenkel III berechnen. Dieser wird für die weitere Rechnung jedoch nicht gebraucht. Mit Hilfe der Maschenregel bekommt man weiter

$$\Phi_3 \cdot R_{m3} - \Phi_2 \cdot R_{m2} = 0$$

bzw. mit dem entsprechenden Durchflutungsgesetz

$$H_3 \cdot l_{m3} - H_2 \cdot l_{m2} = 0$$

Daraus wird H_2 berechnet:

$$H_2 = \frac{H_3 \cdot l_{m3}}{l_{m2}} = \frac{80 \text{ A}}{\text{m}} \cdot \frac{0,4 \text{m}}{0,16 \text{ m}} = 200 \frac{\text{A}}{\text{m}}$$

Die Magnetisierungskurve liefert für diese Feldstärke $B_2 = 0,825$ Vs/m². Damit wird

$$\Phi_2 = B_2 \cdot A_2 = \frac{0{,}825 \text{ Vs} \cdot 2{,}4 \cdot 10^{-3} \text{m}^2}{\text{m}^2} = 1{,}98 \cdot 10^{-3} \text{Vs}$$

Mit der Knotenpunktregel wird der Fluss im Schenkel I ermittelt:

$$\Phi_1 = \Phi_2 + \Phi_3 = 1{,}98 \cdot 10^{-3} \text{Vs} + 1 \cdot 10^{-3} \text{Vs} = 2{,}89 \cdot 10^{-3} \text{Vs}$$

Man erhält weiter

$$B_1 = \frac{\Phi_1}{A_1} = \frac{2{,}98 \cdot 10^{-3} \text{Vs}}{2{,}4 \cdot 10^{-3} \text{ m}^2} = 1{,}24 \quad \text{und} \quad H_1 = 560 \frac{\text{A}}{\text{m}}$$

Damit sind alle Flüsse und magnetischen Widerstände des Ersatzkreises nach Bild **5.24** bekannt. Die gesuchte Durchflutung ergibt sich nach der Maschenregel

$$\Phi_1 R_{m1} + \Phi_2 R_{m2} - \Theta = 0 \quad \text{oder} \quad \Phi_1 R_{m1} + \Phi_3 R_{m3} - \Theta = 0 \text{ bzw.}$$

oder

$$H_1 \cdot l_{m1} + H_2 \cdot l_{m2} - \Theta = 0 \quad \text{oder} \quad H_1 \cdot l_{m1} + H_3 \cdot l_{m3} - \Theta = 0$$

Man bekommt

$$\Theta = H_1 \cdot l_{m1} + H_2 \cdot l_{m2} = \frac{560 \text{A} \cdot 0{,}4 \text{ m}}{\text{m}} + \frac{200 \text{A} \cdot 0{,}16 \text{ m}}{\text{m}} = \mathbf{256 \text{ A}}$$

Damit lässt sich die Erregerwicklung berechnen, wobei jedoch noch konstruktive Daten zu berücksichtigen sind (Fenstergröße, Kupferfüllfaktor, Stromdichte usw.). Darauf soll hier jedoch nicht eingegangen werden.

Die Lösung der umgekehrten Aufgabe, nämlich aus einer gegebenen Durchflutung die Flussverteilung bzw. die magnetischen Widerstände zu bestimmen, stößt wegen der nichtlinearen magnetischen Widerstände auf Schwierigkeiten. Im elektrischen Stromkreis bekommt man bei konstanten Widerständen für die entsprechende Aufgabe ein System linearer Gleichungen, das sich grundsätzlich lösen lässt. Hier ist das wegen der vom Fluss abhängigen magnetischen Widerstände nicht der Fall. Man kann sich jedoch helfen, indem man z.B. den magnetischen Kreis mit gegebenen Abmessungen und bekannten Magnetisierungskurven wie im angeführten Beispiel für mehrere angenommene Flüsse berechnet und die Ergebnisse zunächst in Form einer Tabelle zusammenstellt. Mit Diagrammen lässt sich dann auch für eine gegebene Durchflutung die Flussverteilung im Eisenkern ermitteln. Wir wollen uns hier auf diese Anmerkungen beschränken.

Anwendung. Eine wichtige technische Anwendung des magnetischen Kreises mit dem Ersatzschaltbild 5.24 ist der Schweißtransformator. Durch einen von außen einstellbaren Luftspalt im Schenkel II wird der magnetische Widerstand verändert und damit die Flussverteilung auf die Schenkel II und III. Einen veränderlichen magnetischen Nebenschluss verwendet man auch zur Einstellung des Flusses bzw. der Flussdichte im Luftspalt des magnetischen Kreises eines Drehspulmesswerks.

Übungen zu Abschnitt 5.3
Ermitteln des magnetischen Flusses bzw. der Flussdichte bei gegebener Durchflutung. Zum Berechnen magnetischer Kreise bei gegebener Flussdichte verwendet man die Magnetisierungskurve $B_{Fe} = f(H_{Fe})$. Multipliziert man für einen bestimmten Kern die Flussdichte B_{Fe} mit dem Eisenquerschnitt A_{Fe} und die Feldstärke H_{Fe} mit der Länge des Eisenwegs l_{Fe}, ändern sich nur die Skalen der Koordinatenachsen, nicht aber der Verlauf der Magnetisierungskurve. Man kann diese daher für einen bestimmten Kern auch als Kennlinie des nichtlinearen ferromagnetischen Widerstands $\Phi_{Fe} = l(\Theta_{Fe})$ auffassen. Die Verbindungsgerade zwischen dem Nullpunkt des Koordinatensystems und einem Punkt der Magnetisierungskurve entspricht mit ihrer Steigung dann dem stationären wirksamen magnetischen Widerstand R_{mFe} des Eisenwegs.

Enthält der Eisenkern einen Luftspalt mit der Länge δ und der wirksamen Fläche A_δ (gegebenenfalls unter Berücksichtigung der Streuung), lässt sich daraus bei konstanter Streuung ein konstanter magnetischer Widerstand $R_{m\delta}$ berechnen.

Da der gleiche Fluss wie im Eisen auch diesen wirksamen Luftspaltwiderstand durchsetzt, kann man entsprechend der Reihenschaltung beider magnetischer Widerstände die Widerstandsgerade für den Luftspalt in das Diagramm $\Phi = f(\Theta)$ einzeichnen.

Bei sehr kleinen Luftspaltlängen δ, wie sie als Ersatzluftspalt bei wechselseitig geschichteten Kernblechen vorkommen, kann eine Scherung der Magnetisierungskurve entsprechend Bild **5.22** zweckmäßig sein. Die Beträge der beiden magnetischen Widerstände liegen in diesem Fall in der gleichen Größenordnung. Für eine gegebene Durchflutung kann dann mit Hilfe der gescherten Kennlinie der Fluss im Eisen ermittelt werden (s. Beispiel 5.2).

Bei größeren Luftspaltlängen und entsprechend größeren magnetischen Luftspaltwiderständen ist oft ein anderes Verfahren zweckmäßiger. Man betrachtet den Luftspaltwiderstand als den konstanten Innenwiderstand einer magnetischen Ersatzspannungsquelle mit der gegebenen Durchflutung als Quellenspannung. Entsprechend dem Kurzschlussstrom I_k im analogen elektrischen Stromkreis wird hier der „Kurzschlussfluss" Φ_{max} für den magnetischen Eisenwiderstand $R_{mFe} = 0$ bestimmt. Mit den beiden Punkten für Θ und Φ_{max} lässt sich die Innenwiderstandsgerade zeichnen. Der Schnittpunkt mit der Magnetisierungskurve liefert den gesuchten Fluss Φ_{Fe} (s. Beispiel 5.3).

Bei der praktischen Durchführung der beiden Verfahren ist es nicht erforderlich, die Bezifferung der Koordinatenachsen für B und H zu ändern. Man berechnet aus den Größen Φ und Θ für Eisen bzw. Luftspalt die entsprechenden Beträge für B und H mittels Division durch A_{Fe} bzw. l_{Fe}. Die Luftspaltgeraden werden dann in ein Diagramm $B = f(H)$ nach Bild **5.17** eingezeichnet.

Beispiel 5.2 Um in einem UI- Kern aus wechselseitig geschichteten Elektroblechen mit $A_{Fe} = 5\,cm^2$ und $l_{Fe} = 0{,}2\,m$ einen Fluss von $5 \cdot 10^{-4}\,Vs$ zu erzeugen, ist eine Durchflutung von $\Theta = 100\,A$ erforderlich. Welcher Fluss ergibt sich bei einer Durchflutung von 50 A?

Lösung Aus den gegebenen Werten für Φ und Θ werden B bzw. H berechnet

$$B_{Fe} = \frac{\Phi_{Fe}}{A_{Fe}} = \frac{5 \cdot 10^{-4}\,Vs}{5 \cdot 10^{-4}\,m^2} = 1\,\frac{Vs}{m^2}$$

$$H = \frac{\Theta}{l_{Fe}} = \frac{100\,A}{0{,}2\,m} = 500\,\frac{A}{m}$$

Nach der Magnetisierungskurve **5.17** ist für das Eisen bei $B = 1\,Vs/m^2$ nur eine Feldstärke von $H_{Fe} = 300\,A/m$ bzw. eine Durchflutung $\Theta_{Fe} = H_{Fe}\,l_{Fe} = 60\,A$ erforderlich. Der Differenzbetrag $\Theta_\delta = \Theta - \Theta_{Fe} = 40\,A$ entspricht der magnetischen Spannung an einem Ersatzluftspaltwiderstand $R_{m\delta} = \Theta_\delta/\Phi$. Die entsprechende Feldstärke erhalten wir zu $H_\delta = \Theta_\delta/l_{Fe} = 200\,A/m$. Die Verbindung des Punkts $B = 1\,Vs/m^2$ und $H = 200\,A/m$ mit dem Nullpunkt liefert die Scherungsgerade S. Damit ergibt sich schließlich die gescherte Kennlinie $B' = f(H')$ in Bild **5.25**. Für eine gegebene Durchflutung lässt sich nun die Flussdichte im Kern leicht ablesen bzw. für eine gegebene Flussdichte die erforderliche Durchflutung. Für $\Theta = 50\,A$ bzw. $H' = \Theta/l_{Fe} = 250\,A/m$ erhalten wir $B' = 0{,}58\,Vs/m^2$ und damit schließlich

$$\Phi = B' \cdot A_{Fe} = 2{,}9 \cdot 10^{-4}\,Vs$$

5.3 Berechnung magnetischer Kreise

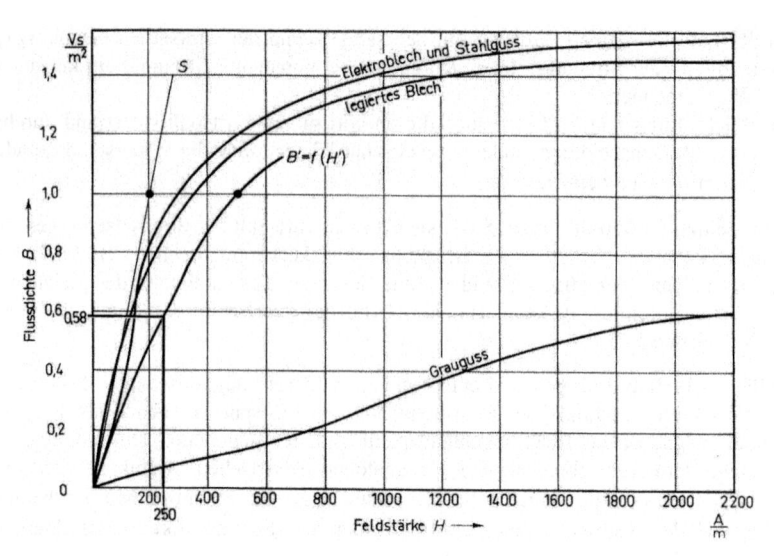

Bild 5.25 Scherung der Magnetisierungskurve

Beispiel 5.3 Ein UI-Kern aus legiertem Blech mit $A_{Fe} = 4$ cm² und $l_{Fe} = 15$ cm hat einen Luftspalt $\delta = 0{,}5$ mm. Die Streuung wird mit $\sigma = 0{,}05$ angenommen.

a) Welche Durchflutung ist bei $B_{Fe} = 1{,}2$ Vs/m² erforderlich?
b) Welche Flussdichte B_{Fe1} ergibt sich bei $\Theta_1 = 150$ A?
c) Welche Flussdichte B_{Fe2} ergibt sich bei $\Theta_2 = 400$ A?

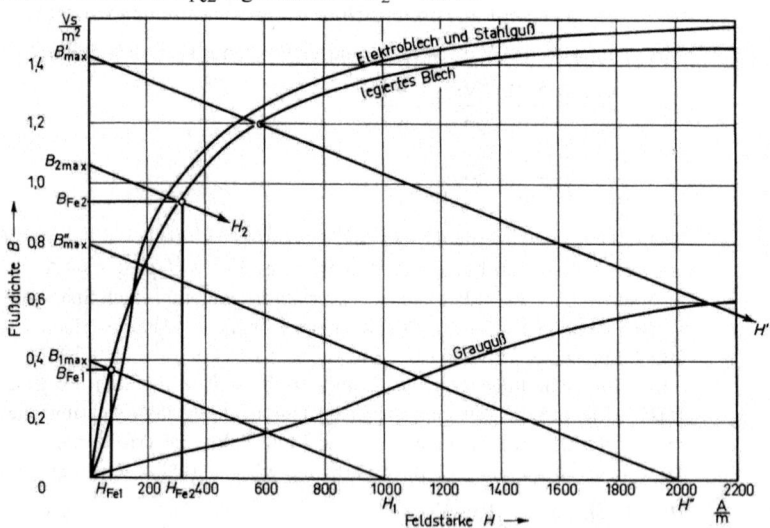

Bild 5.26 Bestimmen des magnetischen Flusses bei gegebener Durchflutung und größerem Luftspalt (Beispiel 5.3)

Lösung a) Bei Berücksichtigung der Streuung wird $A_\delta = A_{Fe}(1 + \sigma)$.

Damit erhalten wir den Luftspaltwiderstand zu $R_{m\delta} = \dfrac{\delta}{\mu_0 A_{Fe}(1 + \tau)} = 948 \cdot 10^3 \; \dfrac{A}{Vs}$.

Daraus ergibt sich $\Theta_\delta = \Theta R_{m\delta} = 455$ A. Für den Eisenweg ist die erforderliche Durchflutung $H_{Fe} l_{Fe} = \Theta_{Fe} = 87$ A, sodass wir schließlich eine Gesamtdurchflutung von **542 A** bekommen.

b) Die entsprechende Feldstärke $H' = \Theta/l_{Fe} = 542$ A$/0{,}15$ m $= 3613$ A/m liegt außerhalb des Wertebereichs von Bild **5.17**. Der zweite Punkt für die Innenwiderstandsgerade des Luftspalts ergibt sich zu $B'_{max} = \Theta'_m / A_{Fe} = \Theta/R_{m\delta} A_{Fe} = \mu_0(1+\sigma)\Theta/\delta = 1{,}43$ Vs/m^2 (Bild **5.26**).

Weil H' außerhalb des Wertebereichs von Bild **5.17** liegt, wird nicht die Innenwiderstandsgerade selbst gezeichnet, sondern eine Parallele dazu. Man bekommt z.B. für eine Feldstärke $H'' = 2000$ A/m den zweiten Punkt

$$B'' = B'_{max} \cdot H'/H'' = 0{,}791 \, \frac{\text{Vs}}{\text{m}^2}$$

Die entsprechende Innenwiderstandsgerade für die Durchflutung $\Theta_1 = 150$ A ($\Rightarrow H_1 = \Theta_1/l_{Fe} = 1000$ A/m) liegt parallel dazu, wenn wir die Streuung als konstant annehmen. Sie liefert mit der Magnetisierungskurve einen Schnittpunkt bei $B_{Fe1} = \mathbf{0{,}37}$ **Vs/m^2** und $H_{Fe1} = 60$ A/m. Daraus lassen sich weitere Werte bestimmen.

c) Für die Durchflutung 400 A bzw. $H_2 = \Theta_2/l_{Fe} = 2667$ A/m (außerhalb des Wertebereichs) berechnen wir wie in b) $B_{2max} = H_2 \, l_{Fe} \mu_0 (1+\sigma)/\Theta = 1{,}055$ Vs/m^2 $= B_{max} \cdot H_2/H'$. Durch diesen Punkt zeichnen wir die Parallele zur Innenwiderstandsgeraden von b) und erhalten einen Schnittpunkt mit der Magnetisierungskurve bei $B_{Fe2} = \mathbf{0{,}93}$ **Vs/m^2** und $H_{Fe2} = 310$ A/m.

Aufgaben zu Abschnitt 5.3

149. Eine Kreisringspule mit einem Eisenkern aus Elektroblech hat 350 Windungen, in denen ein Strom von 0,5 A fließt. Der Ringkern hat einen quadratischen Querschnitt bei $d_a = 100$ mm und $d_i = 60$ mm.
    a) Wie groß sind magnetische Feldstärke, magnetische Flussdichte und Fluss, wenn die Magnetisierungskurve Bild **5.17** zugrunde gelegt wird?
    b) Wie groß sind der magnetische Widerstand und die relative Permeabilität?
    c) Der Kern bekommt einen Luftspalt von $\delta = 1$ mm Länge (Bild **5.18**). Welche Werte ergeben sich bei einer Flussdichte von $B = 1{,}0$ T für die magnetische Feldstärke im Luftspalt und im Eisen? Welche Stromstärke ist nun erforderlich?
    d) Wie groß sind R_{mFe} und $R_{m\delta}$?

150. Ein UI- Kern aus Elektroblech nach Bild **5.21** hat die Abmessungen $l_a = 60$ mm, $l_b = 80$ mm, $l_f = 20$ mm und $l_c = 30$ mm. Ein Schenkel trägt eine Wicklung mit 1210 Windungen.
    a) Bei wechselseitiger Schichtung des Kerns und angezogenen Montageschrauben (kein Luftspalt) wurde im gesamten Eisenkern ein Fluss von $5{,}55 \cdot 10^{-4}$ Vs ermittelt. Wie groß ist die Stromstärke in der Wicklung? Wie groß sind R_{mFe} und μ_r?
    b) Bei Lockerung der Montageschrauben muss der Strom um 20 % erhöht werden, um im Eisenkern die gleiche Flussdichte wie vorher zu erreichen. Wie groß ist die Länge δ des Ersatzluftspalts?

151. Der UI Kern mit Abmessungen und Wicklung wie in der vorigen Aufgabe wird einseitig geschichtet. In den beiden Luftspalten von jeweils $\delta = 0{,}5$ mm wird eine Flussdichte von 0,8 T gemessen. Wie groß ist die erforderliche Stromstärke in der Wicklung, wenn ein Streufaktor $\sigma = 0{,}1$ angenommen wird?

152. Ein UI- Kern aus legiertem Blech nach Bild **5.21** hat die Abmessungen $l_a = 30$ mm, $l_b = 40$ mm, $l_f = 10$ mm, $l_c = 18$ mm. Der Kern ist einseitig geschichtet und hat zwei Luftspalte von jeweils 1 mm Länge. Die Erregung wird so eingestellt, dass sich im Eisenkern ein Fluss von $2{,}52 \cdot 10^{-4}$ Vs ergibt. Im Luftspalt wird jedoch nur eine Flussdichte von 1,25 T gemessen.
    a) Wie groß ist der Streufaktor?
    b) Welche Fläche hat der wirksame Luftspalt?

c) Wie groß sind die magnetischen Widerstände des wirksamen Luftspalts, des „Nutzluftspalts" und des „Streuluftspalts"?
d) Wie groß ist der magnetische Widerstand des Eisenwegs?
e) Mit den berechneten Werten nach c) und d) ist ein Ersatzschaltbild des magnetischen Kreises zu zeichnen. Wie groß sind die magnetischen Teilspannungen V_{Fe} und V_δ, und wie groß ist die erforderliche Durchflutung in der Wicklung?

153. Eine Spule mit einem UI- Kern aus Elektroblech mit l_{Fe} = 22 cm ist wechselseitig geschichtet. Die Wicklung mit 700 Windungen wird von einem Strom I = 0,3 A durchflossen. Im Eisen wird dabei eine Flussdichte B = 1,2 Vs/m² gemessen.
    a) Welchen Durchflutungsanteil hat der Eisenweg?
    b) Welche Länge δ hat der Ersatzluftspalt?

154. Eine Drosselspule mit einem UI- Kern aus Elektroblech hat bei einseitig geschichteten Blechen in einem Fall einen Luftspalt von 2 · 0,25 mm und im anderen Fall von 2 · 0,5 mm Länge. Der Eisenweg des Kerns beträgt 18 cm.
    a) Welche Flussdichte stellt sich ein, wenn in beiden Fällen die Durchflutung 270 A beträgt?
    b) Welche Durchflutungen sind in beiden Fällen für den Eisenweg erforderlich?

155. Ein Eisenkern aus Elektroblech nach Bild 5.23 hat die Abmessungen $l_{m1} = l_{m3}$ = 200 mm, l_{m2} = 80 mm, $A_I = A_{III} = A_{II}/2$ = 4 cm². Der mittlere Schenkel trägt eine Wicklung mit 550 Windungen, die von 180 mA durchflössen werden. Es wird angenommen, dass wegen der wechselseitigen Schichtung kein Luftspalt berücksichtigt werden muss.
    a) Welche magnetischen Flussdichten und welche Flüsse treten in den Schenkeln I, II und III auf?
    b) Der mittlere Schenkel bekommt einen Luftspalt von 0,5 mm Länge. Die Magnetisierungskurve ist durch Scherung zu konstruieren. Welche Durchflutung ist nun erforderlich, um die gleiche Flussdichte wie vorher zu erzielen?
    c) Welche Flussdichte tritt bei Θ = 450 A auf?

156. Ein Eisenkern aus Elektroblech nach Bild 5.23 hat die Abmessungen $l_{m1} = l_{m3}$ = 240 mm, l_{m2} = 80 mm, $A_I = A_{II} = A_{III}$ = 6 cm². Der Schenkel I trägt eine Wicklung mit 650 Windungen. Die Flussdichte im mittleren Schenkel, der einen Luftspalt von 0,5 mm aufweist, beträgt 0,8 Vs/m². Der Streufaktor wird mit σ = 0,15 angenommen.
    a) Welche Flüsse und welche Flussdichten treten in den drei Schenkeln auf?
    b) Welche Stromstärke ist erforderlich, wenn die Flussdichte im mittleren Schenkel 0,4 T, die Luftspaltlänge 0,2 mm und σ = 0,1 betragen?

5.4 Kräfte im magnetischen Feld

Die Kräfte an Permanentmagneten oder an ferromagnetischen Stoffen, die wir im Abschn. 5.1 kennen gelernt haben, ähneln den Anziehungs- oder Abstoßungskräften der Elektrostatik. Ganz anders verhält es sich mit den Kräften, die im magnetischen Feld an bewegten elektrischen Ladungen auftreten. Solche bewegten Ladungen sind in stromdurchflossenen Leitern vorhanden oder können frei durch das Vakuum fliegen. Das Besondere an diesen Kräften ist, dass ihre Wirkungslinie nicht in die Verbindungslinie der beiden beteiligten Körper (etwa des Leiters und des Magneten) fällt, sondern dass sie senkrecht zur Ebene, die durch den Vektor der Geschwindigkeit der Ladung und den Vektor der Flussdichte des Magneten gebildet wird, liegt. Dieser Sachverhalt ist für die technische Anwendung dieser Kräfte z.B. in elektrischen Maschinen von zentraler Bedeutung.

5.4.1 Gestreckter, stromdurchflossener Leiter im magnetischen Feld

Wir bringen in das als homogen angenommene magnetische Feld eines Dauermagneten mit der Flussdichte B_A einen stromdurchflossenen Leiter, der seinerseits ein magnetisches Zirkularfeld mit der Flussdichte B_I bewirkt (s. Abschn. 5.2.1). In vielen Fällen tritt an dem Leiter eine Kraft auf.

Leiter parallel zum Feldvektor. Denken wir uns wie in Bild **5.27** den stromdurchflossenen Leiter so in das Feld gelegt, dass der Stromdichtevektor $\vec{J}$ bzw. die Leiterachse in der gleichen Wirkungslinie liegt wie der Flussdichtevektor $\vec{B}_A$, so stehen $\vec{B}_I$ und $\vec{B}_A$, im gesamten Feldraum aufeinander senkrecht. Es treten keine Komponenten der Feldvektoren beider Felder mit einer gemeinsamen Wirkungslinie auf. Beide Teilfelder $\vec{B}_A$ und $\vec{B}_I$ überlagern sich zu einem gemeinsamen Feld $\vec{B}$, dessen Struktur sich aus Symmetriegründen auch dann nicht verändert, wenn wir den Leiter z.B. senkrecht zu seiner Achse bewegen. Wie wir in Abschn. 5.5 noch erläutern werden, enthält das magnetische Feld Energie, deren Betrag sich durch die angegebene Bewegung des Leiters nicht verändert. Es tritt in diesem Fall keine auf den Leiter wirkende Kraft auf.

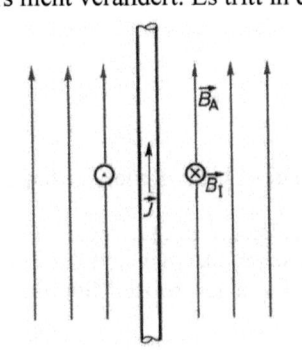

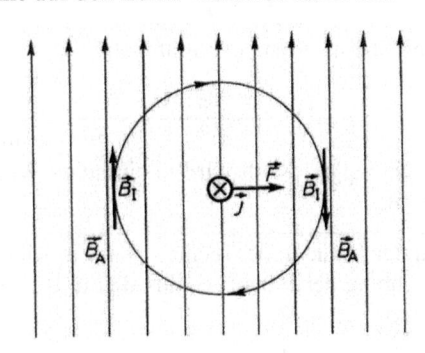

Bild 5.27 Stromdurchflossener Leiter im magnetischen Feld parallel zum Feldvektor

Bild 5.28 Stromdurchflossener Leiter im magnetischen Feld senkrecht zum Feldvektor

Leiter senkrecht zum Feldvektor. Legen wir den stromdurchflossenen Leiter nach Bild **5.28** jedoch so, dass der Stromdichtevektor $\vec{J}$ und der Flussdichtevektor $\vec{B}_A$ senkrecht zueinander gerichtet sind, enthalten das Zirkularfeld $\vec{B}_I$ und das äußere Feld $\vec{B}_A$ Vektorkomponenten, die in gemeinsamen Wirkungslinien liegen. Die Richtungen der Komponenten sind auf der einen Seite des Leiters gleich, auf der anderen verschieden. Durch die Überlagerung beider Felder entsteht ein resultierendes inhomogenes Feld, bei dem auf der einen Seite des Leiters ein Gebiet höherer Flussdichte entsteht (die Komponenten von $\vec{B}_A$ und $\vec{B}_I$ auf einer Wirkungslinie haben die gleiche Richtung) und auf der anderen Seite ein Gebiet niedrigerer Flussdichte (die Richtungen der Komponenten von $\vec{B}_I$ und $\vec{B}_A$ in einer Wirkungslinie sind verschieden). Als Folge davon tritt eine Kraft auf den Leiter auf, die in die Richtung abnehmbarer Flussdichte weist (Bild **5.29**), weil durch eine entsprechende Bewegung des Leiters die Energie des Systems abnimmt.

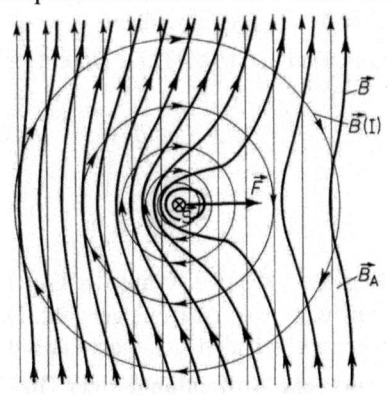

Bild 5.29 Resultierendes Feldlinienbild zu 5.28

Befindet sich der Leiter mit der wirksamen Länge $\vec{l}_\mathrm{w}$ im magnetischen Feld $\vec{B}_\mathrm{A}$, und rechnet man den Vektor $\vec{l}_\mathrm{w}$ in der konventionellen Stromrichtung positiv, ergibt sich die Kraft in Übereinstimmung mit den vorstehenden Überlegungen zu

$$\boxed{\vec{F} = (\vec{l}_\mathrm{w} \times \vec{B}_\mathrm{A})I} \tag{5.33}$$

für den einzelnen Leiter. Dabei bilden die Vektoren $\vec{l}_\mathrm{w}$, $\vec{B}_\mathrm{A}$, und $\vec{F}$ ein Rechtssystem.

Bei wichtigen technischen Anwendungen von Gl. (5.33) z.B. bei Elektromotoren sind oft mehrere parallele Leiter in derselben Richtung $\vec{l}_\mathrm{w}$ vom gleichen Strom durchflössen, sodass sich auf das Leiterbündel z.B. bei N Leitern die N-fache Kraft ergibt. Außerdem sind durch die Konstruktion der Maschine die Vektoren $\vec{l}_\mathrm{w}$ und $\vec{B}_\mathrm{A}$ stets senkrecht zueinander gerichtet, sodass man mit den Beträgen rechnen kann. Man erhält dann für die Kraft auf N parallele Leiter.

$$\boxed{F = l_\mathrm{w} \cdot B_\mathrm{A} \cdot I \cdot N} \tag{5.34}$$

Mit den SI-Einheiten bekommt man

$$[F] = \frac{\mathrm{m} \cdot \mathrm{Vs} \cdot \mathrm{A}}{\mathrm{m}^2} = \frac{\mathrm{W} \cdot \mathrm{s}}{\mathrm{m}} = \frac{\mathrm{N} \cdot \mathrm{m}}{\mathrm{m}} = \mathrm{N}.$$

Die Richtung der Kraft wird in einfacher Weise durch die „Drei-Finger-Regel der rechten Hand" bestimmt:

> Wird der Daumen der rechten Hand in Richtung des technischen Stromes und der Zeigefinger in Richtung der Induktionsflussdichte B gehalten, so zeigt der abgespreizte Mittelfinger in die Richtung der Kraft.

Die Richtung der Kraft kann man auch durch ein einfaches Feldlinienbild wie in Bild 5.28 ermitteln, da sie stets in die Richtung abnehmender Flussdichte zeigt.

5.4.2 Bewegte Ladungen im magnetischen Feld

Die durch das Zusammenwirken der beiden Felder entstehende Kraft wird im Grunde genommen nicht auf den Leiter ausgeübt, sondern auf die darin bewegten elektrischen Ladungen. Deshalb gilt Gl. (5.33) auch, wenn sich z.B. im Vakuum elektrische Ladungen ohne materiellen Stromleiter frei im Raum bewegen.

Führt man in Gl. (5.33) $I = Q/t$ ein, erhält man

$$\vec{F} = (\vec{l} \times \vec{B})\frac{Q}{t} = \left(\frac{\vec{l}}{t} \times \vec{B}\right)Q \quad \text{und mit} \quad \frac{\vec{l}}{t} = \vec{v} \quad \text{schließlich}$$

$$\boxed{\vec{F} = Q_+(\vec{v} \times \vec{B})} \tag{5.35}$$

für die Kraft auf eine mit der Geschwindigkeit $\vec{v}$ bewegte positive Ladungsmenge Q_+. Diese Kraft wird Lorentz-Kraft genannt. Da die Kraft senkrecht zur Bewegungsrichtung der Ladungsträger wirkt, ändert sich nicht der Betrag der Geschwindigkeit, sondern nur ihre Richtung.

Praktische Anwendungen der Gl. (5.35) ergeben sich bei der Führung von Elektronenstrahlen durch magnetische Felder, z.B. bei Fernsehbildröhren und Kameraröhren zum Bündeln und Ablenken des Elektronenstrahls beim Überstreichen des Bildschirms sowie in ähnlicher Weise im

Elektronenmikroskop. In Beschleunigeranlagen physikalischer Großlaboratorien werden elektromagnetische Felder zur Führung der Teilchenstrahlen aus positiven bzw. negativen Ladungsträgern gebraucht. Auch die Blaswirkung magnetischer Felder auf den Lichtbogen beim Elektroschweißen oder beim Schalten hoher Ströme lässt sich auf Gl. (5.35) zurückführen.

Elektrische Ersatzfeldstärke. Im Gegensatz zur Ablenkung bewegter elektrischer Ladungen in einem elektrischen Feld, dessen Feldstärke senkrecht zur Bewegungsrichtung der Ladungen gerichtet ist, hängt hier die Ablenkkraft nicht nur von der Ladungsmenge Q ab, sondern auch von deren Geschwindigkeit v. Die gleiche Wirkung erhält man, wenn man für das Vektorprodukt eine elektrische Ersatzfeldstärke

$$\boxed{\vec{E}_m = (\vec{v} \times \vec{B})} \tag{5.36}$$

einführt. Aus Gl. (5.35) erhalten wir dann eine zu Gl. (3.4) im elektrostatischen Feld analoge Form

$$\vec{F} = Q_+ \cdot \vec{E}_m \tag{5.37}$$

Gl. (5.36) bedeutet, dass die Ablenkkraft auf eine mit der Geschwindigkeit v in einem magnetischen Feld mit der magnetischen Flussdichte $\vec{B}$ bewegte Ladungsmenge Q_+ die gleiche ist wie die der elektrischen Feldstärke $\vec{E}_m$, deren Feldvektor auf der durch $\vec{v}$ und $\vec{B}$ gebildeten Ebene senkrecht steht. Zu beachten ist hier also, dass die Kraft $\vec{F}$ senkrecht zur Bewegungsrichtung der Ladungsträger wirkt und deshalb den Betrag der Geschwindigkeit nicht beeinflusst. Die elektrische Ersatzfeldstärke $\vec{E}_m$ nach Gl. (5.36) wirkt nur bei bewegten elektrischen Ladungen, nicht bei ruhenden ($v = 0$). In zeitlich konstanten magnetischen Feldern tritt damit auf ruhende Ladungen keine Ablenkkraft auf. Man kann die nach Gl. (5.37) auftretende Kraft mit der Zentripetalkraft bei einer kreisförmigen Bewegung vergleichen, die auch nur eine Richtungsänderung der Bahngeschwindigkeit bewirkt, nicht aber eine Änderung ihres Betrags.

Die Ablenkwirkung des magnetischen Felds auf bewegte Ladungsträger nach Gl. (5.36) ist bei hohen Geschwindigkeiten erheblich stärker als die in einem elektrostatischen Feld mit der Feldstärke $\vec{E}$ senkrecht zur Bewegungsrichtung erreichbare. Der Betrag der elektrischen Feldstärke $\vec{E}$ kann z.B. wegen Überschlaggefahr im Vakuum (z.B. Fernsehbildröhre) nicht beliebig groß gemacht werden.

Mit der Kraftwirkung der Ersatzfeldstärke $\vec{E}_m$ nach Gl. (5.37) lässt sich eine Kreisbewegung der Ladungsträger erreichen, wenn der Geschwindigkeitsvektor v genau senkrecht zum Flussdichtevektor $\vec{B}$ des homogenen magnetischen Felds gerichtet ist. Das wird z.B. beim Zyklotron (einem Teilchenbeschleuniger) gemacht. Enthält dagegen der Geschwindigkeitsvektor eine Komponente in der Wirkungslinie von $\vec{B}$, tritt eine schraubenförmige Bewegung der Ladungsträger auf.

5.4.3 Kraft zwischen zwei parallelen Leitern

Eine weitere Anwendung findet Gl. (5.33) für die Berechnung der Kraft zwischen zwei parallelen, stromdurchflossenen Leitern. Die Leiter L_1 und L_2 haben nach Bild **5.30** den Abstand r und werden von den Gleichströmen I_1 bzw. I_2 durchflossen. Um die an beiden Leitern mit gleichem Betrage auftretenden Kräfte zu berechnen, muss zunächst die Flussdichte bestimmt werden, die am Ort der Leiter wirksam ist. Es sei B_1 die Flussdichte, die durch den Strom I_1 am Ort des Leiters L_2 hervorgerufen wird:

$B_1 = \mu_0 \cdot \mu_r \cdot H_1$

Die Feldstärke H_1 bekommt man nach dem Durchflutungsgesetz, wenn man für einen den Leiter L_1 umfassenden Weg die Feldlinie des Zirkularfelds von I_1 wählt, die durch den Leiter L_2 geht.

Danach ergibt sich

$$H_1 \cdot l_{m1} = I_1 \Rightarrow H_1 \frac{I_1}{l_{m1}} = \frac{I_1}{2\pi r} \text{ und für die}$$

Flussdichte bei $\mu = 1$

$$B_1 = \frac{\mu_0 \cdot I_1}{2\pi \cdot r}.$$

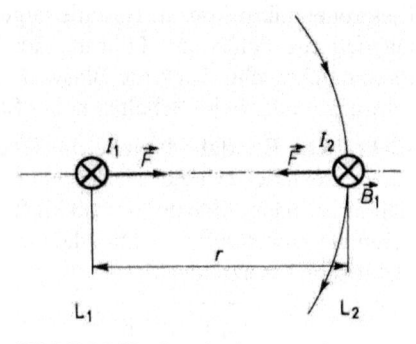

Bild 5.30 Kraft zwischen zwei parallelen Leitern

Nach Gl. (5.33) erhält man mit der Leiterlänge $\vec{l}$, die wieder in Stromrichtung positiv gezählt wird

$$\vec{F} = (\vec{l} \times \vec{B}_1) I_2 \tag{5.38}$$

oder (weil $\vec{l}$ und $\vec{B}_1$ senkrecht aufeinander stehen) für die auf die Leiterlänge bezogene Kraft

$$\boxed{\frac{F}{l} = B_1 \cdot I_2 = \frac{\mu_0 \cdot I_1 \cdot I_2}{2\pi r}} \tag{5.39}$$

Die Kraftrichtung bekommt man nach Gl. (5.38), wenn man den Vektor $\vec{l}$ auf dem kürzesten Weg in die Richtung von $\vec{B}_1$ dreht, als Fortschreitrichtung einer Rechtsschraube. Für Ströme gleichen Vorzeichens in den beiden Leitern erhält man anziehende Kräfte, bei verschiedenen Vorzeichen ergeben sich abstoßende Kräfte zwischen den Leitern. Entsprechende Feldlinienbilder zeigt Bild **5.31**.

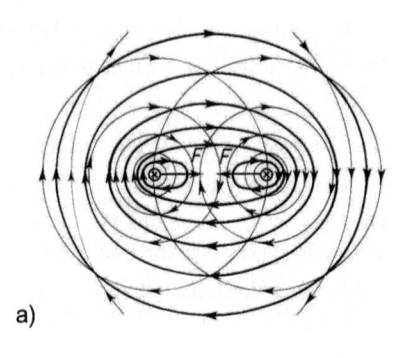

Bild 5.31 Feldlinienbilder paralleler Leiter
 a) Stromrichtung gleich,   b) Stromrichtung entgegengesetzt

Definition der Stromstärkeeinheit. Wie schon erwähnt, wird Gleichung (5.39) zur Definition der Basiseinheit A des SI verwendet. Darum ist es zweckmäßig, die magnetische Feldkonstante μ_0 nach (Gl. 5.5) zu schreiben. Wählt man für $r = 1$ m und für die gleichen Ströme I_1 und I_2 die Stromstärke 1 A, ergibt sich

$$\frac{F}{l} = \frac{4\pi \cdot 10^{-7}\,\text{Vs} \cdot 1\text{A} \cdot 1\text{A}}{\text{A} \cdot \text{m} \cdot 2\pi \cdot 1\text{m}} = 2 \cdot 10^{-7}\,\frac{\text{VsA}}{\text{m}^2} =$$
$$= 2 \cdot 10^{-7}\,\frac{\text{Ws}}{\text{m}^2} = 2 \cdot 10^{-7}\,\frac{\text{Nm}}{\text{m}^2} = 2 \cdot 10^{-7}\,\frac{\text{N}}{\text{m}}.$$

Beträgt umgekehrt unter den beschriebenen Voraussetzungen

$$\frac{F}{l} = 2 \cdot 10^{-7}\,\frac{\text{N}}{\text{m}}$$

ist eben die Stromstärke in den parallelen Leitern 1 A (s. Abschn. 1.3). Mit der Festlegung von μ_0 und dem Definitionswert (SI) der Lichtgeschwindigkeit

$$c_0 = 2{,}99792458 \cdot 10^{-8}\,\frac{\text{m}}{\text{s}}$$

ergibt sich aus

$$\varepsilon_0 = \frac{1}{\mu_0 \cdot c_0^2}$$

der Zahlenwert der elektrischen Feldkonstante (DIN 1324).

Beispiel 5.4 Der Trommelanker einer Gleichstrommaschine (**5.32**) hat einen wirksamen Durchmesser $d = 30$ cm. Das erzeugte Drehmoment beträgt $M_{el} = 150$ Nm. Am Ankerumfang liegen stets insgesamt 2200 vom Strom durchflossene Leiter unter den beiden Polen in dem radial gerichteten Feld mit der Flussdichte $B = 0{,}75$ Vs/m². Wie groß ist die Stromstärke in der Ankerwicklung der Maschine, wenn die wirksame Länge $l_w = 0{,}18$ m beträgt?

Lösung Das erzeugte Drehmoment des Motors beträgt

$$\vec{M}_{el} = (\vec{F} \times \vec{d})$$

wobei der Vektor d auf den Drehpunkt weist. Hier interessieren nur die Beträge, also

$$M_{el} = F \cdot d \;\Rightarrow\; F = M_{el}/d$$

Nach Gl. (5.34) erhält man für die resultierende Kraft auf die jeweils unter einem Pol liegenden Leiter

$$F = l_w\,B\,I\,N.$$

Damit bekommt man

$$\frac{M_{el}}{d} = l_w\,B\,I\,N$$

oder für die gesuchte Stromstärke

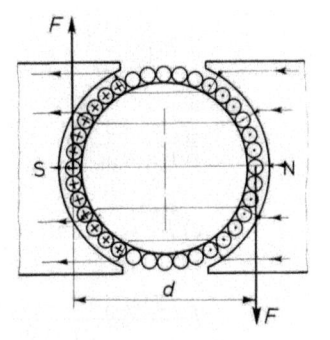

Bild 5.32 Trommelanker einer Gleichstrommaschine

$$I = \frac{M_{el}}{d \cdot l_w \cdot B \cdot N} = \frac{150\,\text{Nm} \cdot \text{m}^2}{0{,}3\,\text{m} \cdot 0{,}18\,\text{m} \cdot 0{,}75\,\text{Vs} \cdot 1100} = 3{,}37\,\text{A}$$

5.4 Kräfte im magnetischen Feld

Beispiel 5.5 Bei einem Drehspulinstrument nach Bild **5.33** beträgt die Flussdichte in dem radial gerichteten Feld $B = 0{,}8$ Vs/m^2. Die Wicklung der Drehspule besteht aus 500 Windungen, die vom Messstrom durchflössen werden. Die wirksame Leiterlänge (Spulenhöhe) im magnetischen Feld beträgt 18 mm, der wirksame Durchmesser der Drehspule 12 mm. Das vom Ausschlagwinkel unabhängige Drehmoment M_{el}, wird von einem mechanischen Gegendrehmoment $M_{mech} = D \cdot \alpha$ einer Spiralfeder aufgewogen. Dabei ist D die Drehfederkonstante.

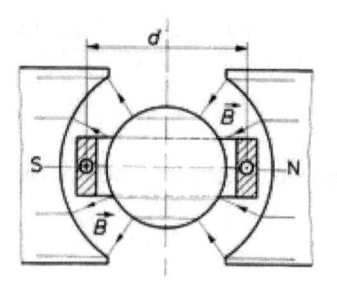

Bild 5.33 Drehspulmesswerk

a) Wie groß ist die Drehfederkonstante, wenn beim Messstrom $I_M = 1$ mA Vollausschlag bei $\alpha = 2$ rad herrscht? (Zur Zähleinheit „rad" des SI s. Abschn. 1.3)

b) Wie groß ist die Messwerkskonstante $k_M = I_M / \alpha$?

c) Wie groß ist der Messstrom bei $\alpha = 70°$?

Lösung

a) Das Drehmoment M_{el} beträgt

$$M_{el} = F \cdot d = l_w \cdot B \cdot I_M \cdot N \cdot d.$$

Bei Drehmomentgleichgewicht gilt $M_{el} = M_{mech} \Rightarrow$

$$D\alpha = l_w \cdot B \cdot I_M \cdot N \cdot d$$

$$D = \frac{l_w \cdot B \cdot I_M \cdot N \cdot d}{\alpha} = \frac{0{,}018 \text{ m} \cdot 0{,}8 \text{ Vs} \cdot 0{,}001 \text{ A} \cdot 500 \cdot 0{,}012 \text{ m}}{\text{m}^2 \cdot 2 \text{ rad}}$$

$$D = 4{,}32 \cdot 10^{-5} \frac{\text{Ws}}{\text{rad}} = \mathbf{4{,}32 \cdot 10^{-5} \frac{\text{Nm}}{\text{rad}}}$$

b) $k_M = \dfrac{I_M}{\alpha} = \dfrac{D}{l_w \cdot B \cdot N \cdot d}$

$$= \frac{4{,}3 \text{ AVs m}^2 \cdot 10^{-5}}{0{,}018 \text{ m} \cdot \text{Vs} \cdot 0{,}012 \text{ m} \cdot \text{rad}}$$

c) $I = k_M \alpha$ mit $\alpha = 70° = \dfrac{70}{180}$ rad

$$I = \frac{5{,}00 \cdot 10^{-4} \cdot \text{A} \cdot 70\pi \text{ rad}}{\text{rad} \cdot 180} = \mathbf{0{,}61 \text{ rad}}$$

Aufgaben zu Abschnitt 5.4

157. Durch das Feld eines Dauermagneten mit $B = 0{,}05$ T verläuft entsprechend Bild **5.28** ein Leiter, dessen wirksame Länge im magnetischen Feld 80 mm beträgt. Mit welcher Kraft wird er abgelenkt, wenn die Stromstärke im Leiter 2,5 A ist?

158. An einer Waage hängt ein Drahtbügel, dessen wirksame Länge im Feld 50 mm beträgt und der von 1,5 A durchflossen wird. Um die Ablenkkraft auszugleichen, muss die Waagschale mit 3,5 g belastet werden ($g = 9{,}81$ m/s^2). Welche Flussdichte hat das magnetische Feld?

159. Ein stromdurchflossener Leiter läuft unter dem Winkel 45° durch ein magnetisches Feld mit $B = 0{,}085$ T und einer wirksamen Breite von 5 cm. Am Leiter tritt eine Kraft $F = 10$ mN auf. Wie groß ist die Stromstärke im Leiter?

160. Die Hin- und Rückleitung einer 100 m langen Doppelleitung mit einem Leiterabstand von 20 cm wird von $I = 150$ A durchflossen. Welche Ablenkkraft wirkt auf die beiden Leiter?

161. Welche Kraft entsteht in der Leitung nach Aufgabe 160 bei einem Kurzschlussstrom von 6000 A?

162. Der Trommelanker eines Elektromotors (**5.**32) hat den wirksamen Durchmesser $d = 25$ cm. Unter jedem der beiden Pole befinden sich im radialgerichteten Feld mit $B = 0{,}8$ T jeweils 240 Leiter mit der wirksamen Länge $l_w = 30$ cm, die von 1,8 A durchflossen werden.
    a) Welche Kraft ist tangential am Ankerumfang erforderlich, wenn eine Drehung des Ankers verhindert werden soll?
    b) Welches Drehmoment liefert der Motor?
    c) Welche Stromstärke ist erforderlich, wenn der Motor ein Drehmoment von 30 Nm entwickeln soll?

163. Ein Drehspulinstrument (**5.**33) hat im Luftspalt ein radialgerichtetes Feld mit $B = 0{,}75$ T bei einer wirksamen Breite von 18 mm. Der Durchmesser der Drehspule mit 200 Windungen beträgt 15 mm, die Stromstärke 20 mA.
    a) Welches Drehmoment erzeugt die Drehspule?
    b) Das Gegendrehmoment wird durch zwei gegensinnig gewickelte Spiralfedern erzeugt. Welche Drehfederkonstante D muss jede der beiden gleichen Federn haben, wenn das Instrument bei 30 mA Vollausschlag bei $\alpha = 1{,}8$ rad zeigt?

164. Am 5 cm langen Zeiger des Drehspulinstruments nach Aufgabe 7 wird eine unter 90° angreifende Kraft von 15 mN gemessen. Wie groß ist die Stromstärke?

165. Im Luftspalt eines Lautsprechermagneten (**5.**34) mit den Abmessungen $d_1 = 25$ mm und $d_2 = 23$ mm herrscht ein Feld mit der Flussdichte $B = 1{,}0$ T. Von der zentrisch beweglichen Schwingspule der Membran befinden sich jeweils 30 Windungen im Feld. Wie groß ist die auf die Membran wirkende Kraft, wenn in der Spule 0,12 A fließen?

166. Ein Lautsprechermagnet (**5.**34) hat die Abmessungen $d_1 = 30$ mm und $d_2 = 27$ mm. Im Feld liegen stets 40 Windungen der Schwingspule. Bei der Stromstärke $I = 523{,}5$ mA wird

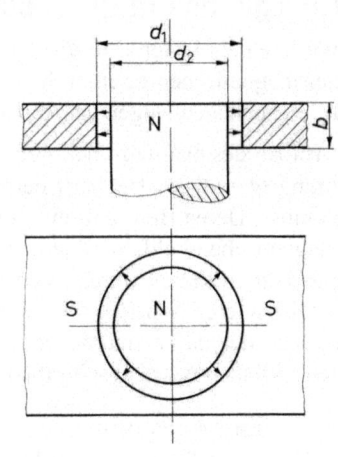

Bild 5.34 Lautsprechermagnet
(Aufgabe 165 und 166)

eine Ablenkkraft $F = 1{,}5$ N gemessen. Wie groß ist die Flussdichte im Luftspalt?

5.5 Energie des magnetischen Felds

Wenn das magnetische Feld eines Dauermagneten auf Eisen einwirkt, entstehen neben der Anziehungskraft selbst auch deren Wirkungen wie z.B. Beschleunigung oder Verrichtung von Arbeit, wenn ein Eisenstückchen durch die Wirkung der Anziehungskraft einen Weg zurücklegt. Die entsprechende Energie kann nur aus dem magnetischen Feld des Dauermagneten stammen, das sich während der Bewegung des Eisenstückchens verändert. Es zeigt sich damit, dass das magnetische Feld wie auch das elektrische Feld Energie enthält. Es kann deshalb ebenso wie dieses als Energiespeicher dienen.

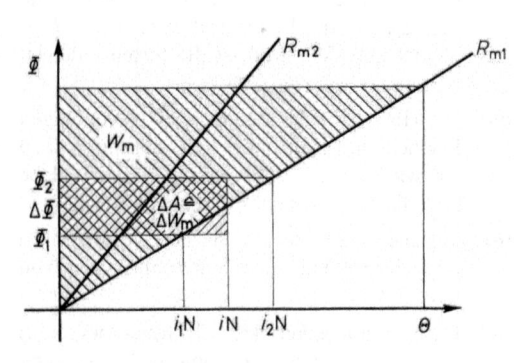

Bild 5.35 Energie des magnetischen Felds

5.5.1 Energie des magnetischen Felds einer Spule

Tragen wir in einem Diagramm $\Phi = f(\Theta)$ für eine Luftspule (Kreisringspule) nach dem Ohmschen Gesetz des magnetischen Kreises den Zusammenhang zwischen Durchflutung und magnetischem Fluss auf, ergeben sich wegen des konstanten magnetischen Widerstands nach Bild 5.35 Geraden.

Für den Aufbau des magnetischen Felds bis zu einem bestimmten Fluss Φ bei der entsprechenden Durchflutung $\Theta = IN$ ist offenbar Energie erforderlich, die in diesem Fall aus elektrischer Energie entstehen muss. Deren Betrag nimmt also mit zunehmender Durchflutung ebenfalls zu. Die Energie des magnetischen Felds wird jedoch auch größer, wenn wir den magnetischen Fluss bei gleich bleibender Durchflutung durch Verringern des magnetischen Widerstands (Eisenkern) vergrößern. Mit anderen Worten: Der Wert der magnetischen Energie einer Spule ist sowohl dem Fluss als auch der dafür erforderlichen Durchflutung proportional. Mit einer Proportionalitätskonstanten k können wir also schreiben

$$W_m = k \cdot \Phi \cdot \Theta. \tag{5.40}$$

Wie jede Energieumformung erfordert auch hier der Aufbau der magnetischen Feldenergie aus elektrischer Energie Zeit. Zur Änderung des Flusses $\Delta\Phi$ bzw. der Änderung der Durchflutung $\Delta\Theta$ ist damit eine Zeitspanne Δt erforderlich, da sich die von Φ und Θ abhängige magnetische Energie des Felds nicht sprunghaft ändern kann. Durch die Änderung der beiden Größen Φ und Θ zwischen den Punkten Φ_1, Θ_1 und Φ_2, Θ_2 während der Zeit Δt ändert sich in Bild 5.35 die Fläche unter der Zustandsgeraden um das Stück ΔA:

$$\Delta A \triangleq \frac{\Phi_2 \cdot \Theta_2}{2} - \frac{\Phi_1 \cdot \Theta_1}{2}$$

Da wir nach Gl. (5.40) jedem Punkt der Zustandsgeraden eine bestimmte magnetische Energie zuordnen können, ist

$$W_{m2} = k \cdot \Phi_2 \cdot \Theta_2 \quad \text{und} \quad W_{m1} = k \cdot \Phi_1 \cdot \Theta_1 .$$

Setzen wir die Proportionalitätskonstante $k = 1/2$, erhalten wir

$$\Delta W_{m2} = W_{m2} - W_{m1} = k(\Phi_2 \cdot \Theta_2 - \Phi_1 \cdot \Theta_1) = \frac{1}{2}(\Phi_2 \Theta_2 - \Phi_1 \Theta_1) \triangleq \Delta A.$$

Die Energieänderung des magnetischen Felds ΔW_m entspricht damit der Flächenänderung ΔA unter der Kennlinie $\Phi = f(\Theta)$ in Bild **5.35**. Bei konstantem magnetischen Widerstand wie in Bild **5.35** können wir auch schreiben

$$\Delta A \triangleq \Theta \cdot \Delta \Phi \quad \text{mit} \quad \Theta = \frac{\Theta_2 + \Theta_1}{2} \quad \text{und} \quad \Delta \Phi = \Phi_2 - \Phi_1$$

oder entsprechend

$$\Delta A \triangleq i N \Delta \Phi = \Delta W_m = \Delta W_{el} = u_L \cdot i \cdot \Delta t. \tag{5.41}$$

Die Änderung ΔW_m der magnetischen Energie, die im Zeitraum Δt eintritt, muss dem Generator entstammen, der den Strom durch die Spule treibt. Um dies beweisen zu können, verwenden wir das Induktionsgesetz.

$$u_L = N \frac{\Delta \Phi}{\Delta t}$$

(Näheres dazu im Abschn. 6.) Darin bedeuten N die Windungszahl der Spule und u_L die während der Zeit Δt an der Spule auftretende Spannung. Nach Gl. (6.5) ist $N \Delta \Phi = u_L \Delta t$. Eingesetzt in Gl. (5.41) ergibt sich

$$\Delta W_m = u \, i \, \Delta t = \Delta W_{el}. \tag{5.42}$$

Dies ist nach Gl. (2.3) die Energiemenge, die der Generator während der Zeit Δt in die Spule einspeist.

Energie des Spulenfelds. Zum Aufbau des magnetischen Spulenfelds bis zur Durchflutung $\Theta = IN$ und dem entsprechenden Fluss Φ ist offenbar eine Energie erforderlich, die der Fläche des schraffierten Dreiecks in Bild **5.35** entspricht:

$$W_m = \sum \Delta W_m = \frac{1}{2} I \cdot N \cdot \Phi \tag{5.43}$$

Führen wir $IN = \Theta = \Phi R_m$ ein, erhalten wir als Energie des magnetischen Felds

$$\boxed{W_m = \frac{1}{2} \Phi^2 \cdot R_m.} \tag{5.44}$$

Selbstinduktivität L. Eine andere Form der Gl. (5.43) bekommen wir mit $\Phi = \Theta/R_m$ zu

$$W_m = \frac{1}{2} I \cdot N \frac{I \cdot N}{R_m} = \frac{1}{2} \frac{N^2}{R_m} \cdot I^2. \tag{5.45}$$

Die Größe $\boxed{\dfrac{N^2}{R_m} = N^2 \Lambda = L}$ (5.46)

heißt Selbstinduktivität und ist wie R_m bei konstanter Permeabilität μ_r des Feldraums nur vom Aufbau des magnetischen Kreises abhängig. Ist dies nicht der Fall, so gilt:

$$L = \mu_0 \mu_d N^2 \frac{A}{l} \tag{5.47}$$

$$\mu_d = \frac{1}{\mu_0}\frac{dB}{dH}$$ ist die differentielle Permeabilität.

Wir erhalten damit für die Energie des magnetischen Felds

$$W_m = \frac{1}{2} L \cdot I^2. \tag{5.48}$$

Für die Einheit der Selbstinduktivität L ergibt sich daraus mit SI-Einheiten in bekannter Weise mit dem Einheitennamen *Henry*.

$$[L] = \frac{[W]}{[I^2]} = \frac{W \cdot s}{A \cdot A} = \frac{V \cdot A \cdot s}{A \cdot A} = \frac{V \cdot s}{A} = \Omega s = H$$

Spulenfluss. Setzen wir in Gl. (5.46) für den magnetischen Widerstand R_m nach dem Ohmschen Gesetz des magnetischen Kreises das Verhältnis Θ/Φ ein, ergibt sich

$$L = \frac{N^2}{R_m} = \frac{N^2\,\Phi}{\Theta} = \frac{N^2\,\Phi}{I\,N} = \frac{N\,\Phi}{I} = \frac{\Psi_m}{I} = \mu_0 \frac{N^2 A}{l}. \tag{5.49}$$

Die Größe $\Psi_m = N\Phi$ ist der mit der Wicklung der Spule verkettete *Spulenfluss*. Die Gl. (5.49) entspricht damit der Gleichung $\Psi_{el}/U = C$ des elektrostatischen Felds.

5.5.2 Energiedichte des magnetischen Felds

Um die Energiedichte des magnetischen Felds zu bestimmen, betrachten wir eine Anordnung nach Bild 5.36. In einem (z.B. von einem Dauermagneten) erregten magnetischen Kreis stehen sich zwei Eisenflächen gegenüber mit einem Luftspalt dazwischen. Das magnetische Feld im Luftspalt wird als homogen ohne Streuung angesehen. Infolge der unterschiedlichen magnetischen Polarität besteht zwischen den Eisenpolen eine Anziehungskraft $\vec{F}$. Bewegt sich nun durch deren Wirkung ein Eisenpol um die kleine Strecke $\Delta \vec{s}$, bringt das magnetische Feld die Arbeit auf. (Skalarprodukt beider Vektoren)

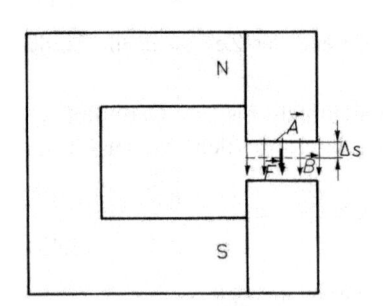

Bild 5.36 Kraft und Energiedichte im magnetischen Feld

$$\Delta W = \left(\vec{F} \cdot \vec{\Delta s}\right)$$

Sie ist mit einer Änderung der magnetischen Energie des Felds verbunden, wenn andere Formen der Energiezufuhr ausgeschlossen werden. Nehmen wir an, dass sich Fluss und Flussdichte im Eisen bzw. Luftspalt während der Verkürzung des Luftspalts um die Strecke Δs nicht ändern, beträgt nach Gl. (5.44) die Energieänderung des magnetischen Felds

$$\Delta W_m = \frac{1}{2}\Phi^2 \cdot \Delta R_m. \tag{5.50}$$

Entsprechend $R_m = s/(\mu \cdot A)$ ändert sich der magnetische Widerstand des Kreises nur durch die Verkürzung des Luftspalts um die Strecke Δs. Wir bekommen daher

$$\Delta R = \frac{\Delta s}{\mu_0 \cdot A}$$

und für die Änderung der Feldenergie

$$\Delta W_\mathrm{m} = \frac{1}{2}\Phi^2 \cdot \frac{\Delta s}{\mu_0 \cdot A}$$

Haben die Eisenpole wie der Luftspalt die wirksame Fläche A, erhalten wir mit $\Phi = B \cdot A$

$$\Delta W_\mathrm{m} = \frac{1}{2}\frac{B^2 \cdot A^2 \cdot \Delta s}{\mu_0 \cdot A} = \frac{1}{2}\frac{B^2}{\mu_0} A \cdot \Delta s$$

oder mit der Volumenänderung $\Delta V = A \cdot \Delta s$ des Felds im Luftspalt

$$\Delta W_\mathrm{m} = \frac{1}{2}\frac{B^2}{\mu_0} \cdot \Delta V \qquad (5.51)$$

und für die *Energiedichte*

$$\boxed{\frac{\Delta W_\mathrm{m}}{\Delta V} = \frac{1}{2}\frac{B^2}{\mu_0} = \frac{1}{2}H \cdot B = \frac{1}{2}\mu_0 \cdot H^2.} \qquad (5.52)$$

In dieser Form gilt Gl. (5.52) auch für inhomogene Felder. Im homogenen Feld mit konstanter Permeabilität im Feldraum ergibt sich

$$\boxed{\frac{\Delta W_m}{\Delta V} = \frac{1}{2}H \cdot B = \frac{1}{2}\mu_0\mu_r \cdot H^2} \qquad (5.53)$$

Anziehungskraft im Luftspalt. Mit Gl. (5.51) lässt sich die Anziehungskraft auf einen Eisenanker im Feld eines Elektromagneten berechnen. Man erhält

$$\Delta W = \vec{F} \cdot \Delta \vec{s} = \frac{1}{2}\frac{B^2}{\mu_0} \cdot \vec{A} \cdot \Delta \vec{s} \quad \text{und daraus}$$

$$\boxed{\vec{F} = \frac{1}{2}\frac{B^2}{\mu_0} \cdot \vec{A}.} \qquad (5.54)$$

5.5.3 Ummagnetisierungsenergie im Eisen

Bei konstantem magnetischem Widerstand lassen sich Energie bzw. Energiedichte eines magnetischen Spulenfelds berechnen nach den Gleichungen

$$W_\mathrm{m} = \frac{1}{2}\Theta \cdot L \quad \text{bzw.} \quad \frac{\Delta W_\mathrm{m}}{\Delta V} = \frac{1}{2}H \cdot B$$

Bei veränderlichem R_m ferromagnetischen Materials kann man diese Größen jedoch nur aus den messtechnisch gewonnenen Diagrammen $\Phi = f(\Theta)$ bzw. $B = f(H)$ ermitteln. Liegt z.B. die Hystereseschleife eines bestimmten ferromagnetischen Materials nach Bild 5.37 vor, entspricht die für das Magnetisieren des Kerns von $H = 0$ bis H_max erforderliche Energie der einfach schraffierten Fläche. Beim Rückgang der Feldstärke von H_max bis $H = 0$ wird jedoch nicht die ganze aufgewendete Energie zurück gewonnen, sondern nur der oberhalb der Hystereseschleife liegende Anteil (doppelt schraffiert). Entsprechend ist die bei der Magnetisierung von $H = 0$ bis $- H_\mathrm{max}$ aufzuwendende Energie größer als die bei der Änderung der Feldstärke von $- H_\mathrm{max}$ bis $H = 0$ zurück gewonnene. Danach entspricht der Flächeninhalt der Hystereseschleife der für einen Ummagnetisierungszyklus des Kerns erforderlichen Energie, die im Kern nicht umkehrbar in Wärmeenergie umgewandelt wird.

5.5 Energie des magnetischen Felds

Diese als Hystereseverluste bezeichnete Wärmeenergie ist von Bedeutung bei der ständigen Ummagnetisierung ferromagnetischer Kerne durch Wechselstrom (z.B. bei Drosselspulen, Transformatoren oder umlaufenden elektrischen Maschinen).

Die Energie für einen Ummagnetisierungszyklus ergibt sich allerdings nur, wenn die Hystereseschleife als Funktion $\Phi = f(\Theta)$ dargestellt wird. Aus dem Diagramm $B = f(H)$ bekommt man entsprechend dem Flächeninhalt A_H der Hystereseschleife die Energiedichte $\Delta W_m/\Delta V$. Sie muss noch mit dem Volumen des ferromagnetischen Materials multipliziert werden (das sich z.B. aus Gewicht m und Dichte ρ des Kerns bestimmen lässt), um die Energie zu erhalten. Berücksichtigt man, dass bei einer Ummagnetisierung durch Wechselstrom die Hystereseschleife in der Sekunde f-mal durchlaufen wird (f ist die Frequenz des Wechselstroms, s. Abschn. 7), erhält man

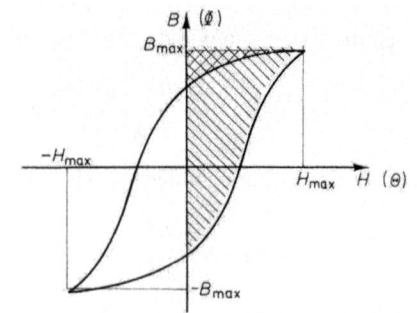

Bild 5.37 Ummagnetisierungsenergie im Eisen

$$P_V = f \cdot A_H \cdot \frac{m}{\rho}$$

als den Hystereseverlusten entsprechende Verlustleistung. Die auf das Gewicht bezogene Verlustleistung ferromagnetischen Materials wird vom Hersteller als Verlustkennzahl in W/kg angegeben, wobei diese natürlich noch von der erreichten maximalen Flussdichte abhängig ist.

Aufgaben zu Abschnitt 5.5

167. Eine Zylinderspule hat die Induktivität $L = 0{,}5$ H bei einer Windungszahl $N = 1200$.
     a) Wie groß ist der magnetische Widerstand?
     b) Welcher Fluss wird durch die Spule erzeugt, wenn die Stromstärke 0,5 A beträgt?
     c) Wie groß ist die dabei gespeicherte magnetische Energie?

168. Eine Kreisringspule (Bild 5.11) mit einem kreisförmigen Querschnitt hat einen Holzkern mit $d_a = 120$ mm und $d_i = 80$ mm. Die Wicklung mit 240 Windungen besteht aus CuL-Draht mit 1 mm Durchmesser.
     a) Wie groß ist der magnetische Widerstand der Spule?
     b) Wie groß ist die Induktivität?
     c) Welche Energie lässt sich in der Spule bei einem Strom von 5 A speichern?
     d) Wie groß ist die Energiedichte des magnetischen Feldes?

169. Eine Kreisringspule hat einen Bandkern mit quadratischem Querschnitt mit $d_a = 100$ mm und $d_i = 70$ mm. Die 210 Windungen der Wicklung werden von 0,85 A durchflossen. Dabei beträgt die relative Permeabilität des Kerns $\mu_r = 1200$.
     a) Wie groß ist die Induktivität der Spule?
     b) Welche Energie ist im Feld gespeichert?
     c) Wie groß sind magnetischer Fluss und Flussdichte?
     d) Wie groß ist die Energiedichte im Kern?

170. Ein Elektromagnet nach Bild 5.20 trägt eine Zylinderspule, die in den Luftspalten mit der Länge $\delta = 1$ mm eine Flussdichte von $B = 0{,}8$ Vs/m² erzeugt. Der geblechte Eisenkern hat überall den gleichen Querschnitt von 22 mm × 22 mm. Mit welcher Kraft wird das Eisenjoch angezogen?

171. Ein UI- Kern aus Elektroblech (Bild 5.21) mit den Abmessungen $l_a = 60$ mm, $l_b = 80$ mm, $l_f = 20$ mm und $l_c = 30$ mm ist einseitig geschichtet. Die beiden Luftspalte haben jeweils $\delta = 2$ mm Länge. Beide Schenkel tragen je eine Zylinderspule, deren Durchflutung zu-

sammen 4000 A beträgt. Der Streufaktor wird mit $\sigma = 0{,}1$ angenommen.

a) Welche Flussdichte stellt sich in den beiden Luftspalten ein?
b) Mit welcher Kraft wird das Joch angezogen?
c) Wie groß sind die Beträge der magnetischen Energie, die jeweils in den beiden Luftspalten und im Eisen gespeichert sind?

6 Elektromagnetische Wechselwirkungen

Unter diesem Begriff werden alle Erscheinungen zusammengefasst, die bei Energieumwandlungen zwischen elektrischen und magnetischen Feldern auftreten. Wie alle Energieumwandlungen erfordern sie Zeit. So unterscheidet man langsam veränderliche und rasch veränderliche Felder.

Bei langsam veränderlichen Feldern ist die Änderungsgeschwindigkeit der Feldgrößen so gering gegenüber ihrer Ausbreitungsgeschwindigkeit (Lichtgeschwindigkeit), dass sie überall im interessierenden Feldraum praktisch gleichzeitig vorhanden sind. Ändert sich also z.B. eine Generatorspannung oder eine Durchflutung, tritt diese Änderung ohne Zeitverzug im gesamten Stromkreis ein. In diesen Bereich fallen die technisch besonders wichtigen Energieumformungen in elektrischen Maschinen (z.B. Motoren, Generatoren und Transformatoren). Die für stationäre Felder geltenden Zusammenhänge können auch bei langsam veränderlichen (quasistationären) Vorgängen angenommen werden.

In Hinsicht auf die Wirkungsweise elektrischer Maschinen beschreibt man die Wechselwirkung zwischen elektrischen und magnetischen Größen zweckmäßig mit dem Durchflutungsgesetz und dem Induktionsgesetz.

Bei rasch veränderlichen Feldern sind die endliche Ausbreitungsgeschwindigkeit bzw. die räumliche Ausdehnung des Feldraums zu berücksichtigen. Als Beispiel sei die Ausbreitung elektromagnetischer Wellen auf Leitungen oder auch im freien Raum genannt. Hier brauchen wir zur Beschreibung die Zusammenhänge zwischen zeitlich veränderlichen elektrischen und magnetischen Vektorfeldern, d.h. die Maxwellschen Feldgleichungen. Wir werden uns in diesem Buch aber auf die Betrachtung langsam veränderlicher Felder beschränken.

6.1 Grundgesetze elektromagnetischer Wechselwirkungen

Bisher haben wir uns im wesentlichen mit Gleichvorgängen (Gleichströme, elektrostatische und stationäre Magnetfelder) beschäftigt. Bei den elektromagnetischen Wechselwirkungen ist die zeitliche Änderung der Feldgrößen von zentraler Bedeutung. Nach DIN 5483 werden für zeitlich veränderliche Größen die gleichen Buchstaben verwendet wie für Gleichgrößen. Wenn die zeitliche Änderung betont werden soll, kann man die Zeit als unabhängige Variable in Klammern an das Größensymbol anfügen z.B. $\Phi(t)$, $F(t)$, $I(t)$, $U(t)$, $P(t)$. Um diese komplizierte Schreibweise zu vermeiden, ist es in der Elektrotechnik üblich, zeitveränderliche Ströme, Spannungen und Leistungen mit kleinen Buchstaben zu bezeichnen: i, u, p.

6.1.1 Induktionsgesetz hei mechanischer Bewegung

Wird der Leiter in Bild **6.**1 in einem magnetischen Feld bewegt, sodass der Geschwindigkeitsvektor $\vec{v}$ senkrecht zum Flussdichtevektor $\vec{B}$ gerichtet ist, treten an den elektrischen Ladungen, die mit dem Leiter mitbewegt werden, Kraftwirkungen auf. Für diese Kraft gilt bei positiven Ladungen (Lorentzkraft)

$$\vec{F} = Q_+(\vec{v} \times \vec{B})$$

Die gleiche Kraft wirkt in entgegengesetzter Richtung auf die negativen Ladungsträger. Dieser Sachverhalt führt zum Induktionsgesetz bei mechanischer Bewegung.

Induzierte elektrische Feldstärke. Durch die Kraft nach Gl. (5.35) entsteht eine Driftbewegung, die wir in gewohnter Weise als Bewegung positiver Ladungsträger in positiver Stromrichtung auffassen. Wie schon in Abschn. 5.4.2 können wir auch hier das Vektorprodukt in Gl. (5.35) durch eine elektrische Ersatzfeldstärke ersetzen, die induzierte elektrische Feldstärke

$$\vec{E} = (\vec{v} \times \vec{B}) \qquad (6.1)$$

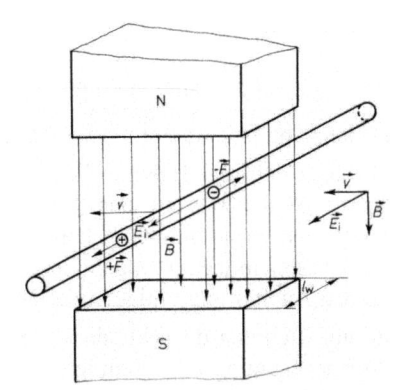

Bild 6.1 Induzierte elektrische Feldstärke E_i in einem bewegten Leiter im magnetischen Feld

Ihre Richtung ergibt sich im Sinne von Drehung und Fortschreitrichtung einer Rechtsschraube, wenn man den Vektor $\vec{v}$ auf dem kürzesten Weg in Richtung des Vektors $\vec{B}$ dreht (6.1).

Wirksame Leiterlänge l_w. Die induzierte elektrische Feldstärke entsteht nur in dem Teil des Leiters, der sich im magnetischen Feld befindet. Diese wirksame Leiterlänge l_w entspricht also der Breite des magnetischen Feldes in Bild 6.1.

Induzierte Spannung u_i. Das skalare Produkt

$$\vec{E}_i \cdot \vec{l}_w = u_i = \vec{l}_w (\vec{v} \times \vec{B}) \qquad (6.2)$$

aus wirksamer Leiterlänge und induzierter elektrischer Feldstärke heißt nach DIN 1324-1 induzierte Spannung.

Bei offener Leiterschleife entsteht im Innern des Leiters infolge der durch E_i bedingten Ladungstrennung ein elektrisches Feld, dessen Feldstärke $\vec{E}$ die entgegengesetzte Richtung von $\vec{E}_i$ hat. Damit wird der Leiter im Innern feldfrei, und es kann keine weitere Driftbewegung auftreten.

Induktive Quellenspannung u_q. Ist jedoch wie in Bild 6.2 die Leiterschleife durch einen äußeren Stromkreis geschlossen, tritt durch die Wirkung von E_i eine ständige Driftbewegung, d.h. ein Strom, auf, dessen Betrag von der induzierten Spannung und

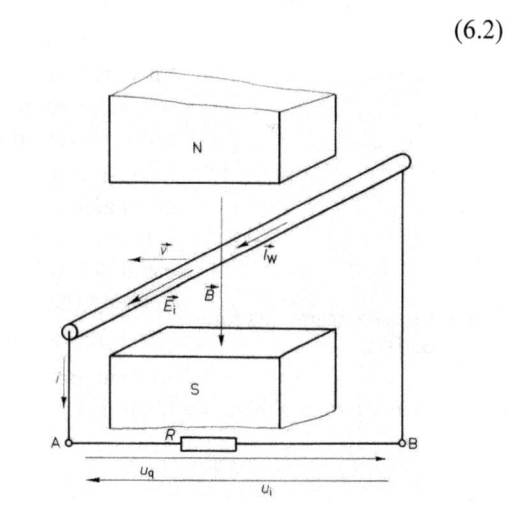

Bild 6.2 Bewegter Leiter im magnetischen Feld mit angeschlossenem Verbraucher

dem Gesamtwiderstand des Stromkreises bestimmt wird. Bild 6.2 gibt das Prinzip der Erzeugung elektrischer Energie durch mechanische Bewegungsenergie wieder. Bei der Anordnung als Ersatzspannungsquelle (Bild 6.3) zeigt sich, dass u_i das entgegengesetzte Vorzeichen wie die elektrische Quellenspannung u_q hat (s. Abschn. 2.4.1) und wie eine elektromotorische Kraft wirkt (EMK). Da wir grundsätzlich die Quellenspannung verwenden wollen, erhalten wir entsprechend Gl. (6.2)

$$u_q = -u_i = l_w(\vec{B} \times \vec{v}).\qquad(6.3)$$

Diese Gleichung ist eine Form des Induktionsgesetzes bei mechanischer Bewegung.

Die nutzbare elektrische Energie, die im Verbraucherkreis wieder in andere Energieformen umgesetzt wird, muss ebenso wie die dem inneren Widerstand der Ersatzspannungsquelle entsprechende Umwandlungsenergie durch mechanische Bewegungsenergie gedeckt werden. Weil das Energieerhaltungsgesetz in jedem Augenblick erfüllt sein muss, gilt dies auch für die Leistungen. Bei der praktischen Ausführung umlaufender Maschinen ändern sich bei gleichförmiger Drehung ständig Betrag und Richtung des Flussdichtevektors $\vec{B}$ in Gl. (6.3), damit auch Betrag und Vorzeichen der Quellenspannung u_q. Es ändert sich jedoch nichts daran, dass die in der Ersatzspannungsquelle entstehende elektrische Leistung $-u_q\, i$ ständig durch mechanische Leistung gedeckt werden muss und deshalb ihr negatives Vorzeichen behält. Zweckmäßig verwendet man für diese Art der Energieumformung wie bei Gleichstrom das Pfeilsystem von Bild **6.3**. Dabei handelt es sich nun um Bezugspfeile für Spannung und Stromstärke und nicht mehr um konventionelle Richtungspfeile (die sich wegen des Vorzeichenwechsels ständig ändern würden).

Beim Berechnen der induktiven Quellenspannung einer Maschine muss noch die Anzahl der Leiter berücksichtigt werden, die sich gleichzeitig im magnetischen Feld bewegen. Sind die Leiter elektrisch in Reihe geschaltet, muss die nach Gl. (6.3) erhaltene Quellenspannung noch mit der Leiterzahl N multipliziert werden. Damit ergibt sich

$$u_q = N \cdot \vec{l}_w(\vec{B} \times \vec{v}).\qquad(6.4)$$

Wir werden später noch eine andere Form des Induktionsgesetzes bei mechanischer Bewegung kennen lernen.

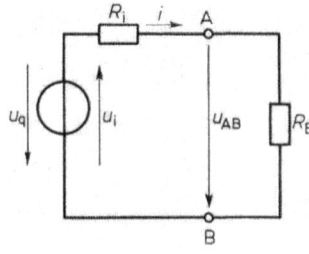

Bild 6.3 Ersatzstromkreis für Bild 6.2

Im beschriebenen Fall der Induktion wird die mechanische Bewegungsenergie zunächst entsprechend der induzierten elektrischen Feldstärke E_i nach Gl. (6.1) bzw. der entsprechenden Quellenfeldstärke $\vec{E}$ in potentielle elektrische Energie umgewandelt. Die als Folge in der geschlossenen Leiterschleife entstehende Stromstärke ist der dem Generator entnommenen elektrischen Leistung proportional. Beachten wir, dass die Stromrichtung (genau genommen die Richtung des Stromdichtevektors) gleich der Richtung von $\vec{E}_i$ bzw. von $\vec{l}_w$ ist (s. Abschn. 5.4.1), entsteht eine auf den einzelnen Leiter wirkende, von der entnommenen Leistung abhängige Kraft (s. (5.33))

$$\vec{F}_p = (\vec{l}_w \times \vec{B})l$$

Sie sucht die Bewegung des Leiters zu behindern. Um die Geschwindigkeit $\vec{v}$ des Leiters aufrechtzuerhalten, muss also stets eine in Richtung der Geschwindigkeit $\vec{v}$ wirkende Kraft $-\vec{F}_p$ wirksam sein. Dabei ist die mechanische Leistung p_m

$$-\vec{F}_p \cdot \vec{v} = p_m = -u_q \cdot i = -p_{el}$$

stets gleich der in der Ersatzspannungsquelle entstehenden elektrischen Leistung $-p_{el}$.
Der beschriebene Sachverhalt folgt direkt aus dem Erhaltungsgesetz der Energie bzw. Leistung. Anschaulich macht diese Erfahrung jeder Radfahrer, der den Fahrraddynamo durch Einschalten der Beleuchtung belastet. Je größer die Leistung der angeschalteten Lampen ist, desto anstrengender wird das Treten, wenn die ursprüngliche Geschwindigkeit beibehalten werden soll.

6.1.2 Induktionsgesetz ohne mechanische Bewegung

Auch bei einem in Ruhe befindlichen Leiter können Spannungen induziert werden. Um den Grundvorgang zu beschreiben, betrachten wir die in Bild 6.4 skizzierte Anordnung. Sie besteht aus einer Leiterschleife, an die ein Spannungsmesser angeschlossen ist. Der Flächenvektor $\vec{A}$ der Schleifenfläche ist nach unten gerichtet. Durch die Leiterschleife tritt ein magnetischer Fluss $\Phi =$ ($\vec{B} \cdot \vec{A}$), der von einem (nicht gezeichneten) Magneten erzeugt wird und in Abhängigkeit von der Zeit wächst ($\Delta B/\Delta t > 0$). Der Spannungsmesser zeigt dann die *induktive* Spannung $u_L = \Delta \Phi/\Delta t$ mit der in Bild 6.4 eingezeichneten Richtung an.

Wegen der Übersichtlichkeit haben wir hier zur Darstellung des Induktionsgesetzes eine Leiterschleife verwendet. In technischen Anwendungen wird statt dessen meist eine ganze Spule verwendet, die man als eine Reihenschaltung vom N Leiterschleifen oder Windungen betrachten kann. Da in jeder Windung die Spannung $u_L = \Delta \Phi/\Delta t$ induziert wird, erhalten wir für die ganze Spule eine induktive Spannung

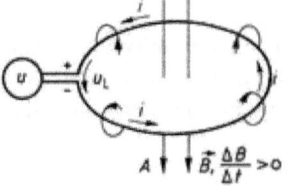

Bild 6.4 Zum Induktionsgesetz

$$u_L = N \frac{\Delta \Phi}{\Delta t}.$$
(6.5)

D.h. die induktive Spannung tritt in jedem Stromkreis auf, wenn sich der mit ihm verkettete magnetische Fluss Φ ändert.

Die Lenzsche Regel beschreibt die Zuordnung von Spannungsrichtung und Flussänderung beim Induktionsgesetz. In allgemeiner Form lautet diese Regel:

> Die durch die Änderung des magnetischen Flusses in der Spule auftretende Spannung bewirkt stets einen Strom, der durch sein magnetisches Feld der ursächlichen Feldänderung entgegenwirkt.

Angewendet auf den in Bild 6.4 dargestellten Induktionsvorgang heißt dies: Der in der Leiterschleife fließende Induktionsstrom i hat die eingezeichnete Richtung, weil das von ihm erzeugte Magnetfeld die Windungsfläche von unten nach oben durchsetzt und damit der ursächlichen Flussdichteänderung, die nach unten gerichtet ist, entgegenwirkt. Dieser Induktionsstrom erzeugt am Widerstand des Spannungsmessers die Spannung mit der eingezeichneten Richtung.

Ersatzschaltung der Spule. Induktionsvorgänge treten nicht nur auf, wenn eine Spule einer von außen herbeigeführten Flussänderung ausgesetzt ist, sondern auch wenn die Flussänderung durch die Spule selbst hervorgebracht wird. In diesem Fall spricht man von Selbstinduktion. Wir betrachten den Aufbau des magnetischen Felds einer Spule und können dazu die Ersatzschaltung Bild 6.5 verwenden. Sie enthält eine Induktivität L, die das magnetische Feld bzw. den Sitz der magnetischen Energie bildet, und einen Widerstand R, in dem die anfallenden Verluste auftreten. In Bild 6.5 sind die Bezugspfeile für Spannungen und Strom eingetragen und wegen der zeitlichen Veränderlichkeit der Größen durch Kleinbuchstaben gekennzeichnet. Mit Gl. (6.5) und der in einem bestimmten Augenblick vorhandenen Stromstärke erhalten wir für die während des Feldaufbaus auftretende Leistung den Augenblickswert

$$p_\mathrm{m} = i \cdot u_\mathrm{L} = i \cdot N \frac{\Delta \Phi}{\Delta t}.$$

Die positive elektrische Leistung entspricht der zunehmenden Energie des magnetischen Felds. Bei dieser Betrachtungsweise verhält sich das magnetische Feld der Induktivität L im Stromkreis wie ein Widerstand (Blindwiderstand X_L im Wechselstromkreis s. Abschn. 7). Nach der Kirchhoffschen Maschenregel erhalten wir

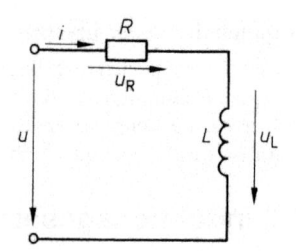

Bild 6.5 Ersatzschaltung der Spule

$$u - i \cdot R - u_\mathrm{L} = 0 \quad \Rightarrow \quad i = \frac{u - u_\mathrm{L}}{R}. \tag{6.6}$$

Ohne die induktive Spannung u_L würde der Strom $i = u/R$ betragen. Da u_L von der treibenden Spannung u abgezogen wird, können wir uns vorstellen, dass u_L den Stromanstieg und damit das Anwachsen des magnetischen Felds behindert. Dies steht in Übereinstimmung mit der Lenzschen Regel.

Induzierte elektrische Feldstärke. Eine andere Darstellung des Induktionsvorgangs geht von folgender Vorstellung aus: Die Behinderung des Stromanstiegs lässt sich auch als Wirkung eines in der Drahtwindung wirksamen elektrischen Felds mit der Feldstärke $\vec{E}_\mathrm{i}$ ansehen, das während der Flussänderung auftritt. Die sich entsprechend der positiven Stromrichtung bewegenden positiven (als beweglich gedachten) Ladungsträger müssen gegen das induzierte elektrische Feld $\vec{E}_\mathrm{i}$ anlaufen. Diese Vorstellung wird in Bild **6.6** veranschaulicht.

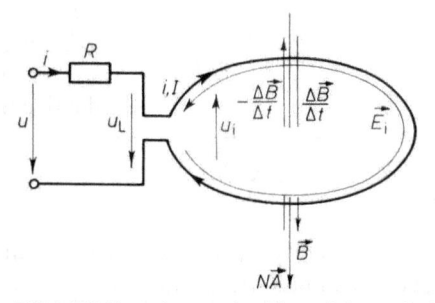

Bild 6.6 Zuordnung der Vorzeichen skalarer Stromkreisgrößen zu den Richtungen der vektoriellen Feldgrößen im magnetischen Feld bei der Induktion

Induzierte Spannung u_i. Die dieser Feldstärke $\vec{E}_\mathrm{i}$ entsprechende Spannung

$$u_\mathrm{i} = -u_\mathrm{L} = -N \frac{\Delta \Phi}{\Delta t} \tag{6.7}$$

ist die in der Leiterwindung wirksame *induzierte* Spannung, die den gleichen Betrag hat wie u_L, aber das entgegengesetzte Vorzeichen. Während der ansteigende Strom i und die induktive Spannung u_L der positiven Flussänderung $\Delta \Phi / \Delta t$ rechtswendig zugeordnet sind, erhalten wir für die induzierte elektrische Feldstärke bzw. die induzierte Spannung u_i in der Leiterwindung eine linkswendige Zuordnung zur positiven Flussänderung. Diesen Sachverhalt kann man auch als rechtswendige Zuordnung der induzierten Größen zum abnehmenden Fluss $-\Delta \Phi / \Delta t$ ausdrücken (**6.6**). Da wir grundsätzlich Rechtssysteme anwenden wollen, gilt:

> Die induzierten Größen $\vec{E}_i$ bzw. u_i sind dem abnehmenden magnetischen Fluss innerhalb der Leiterschleife, die induktive Spannung u_L bzw. die Quellenfeldstärke $\vec{E}$ dem zunehmenden magnetischen Fluss rechtswendig zugeordnet.

Hat der Strom in der Leiterwindung einen zeitlich konstanten Wert I erreicht, bleiben Fluss Φ und magnetische Energie konstant – die Flussänderung ist Null. Nimmt der Strom ab, ändern Flussänderung und alle davon abhängigen Größen ($\vec{E}_i$, u_i und u_L) das Vorzeichen. Weil der Strom sein Vorzeichen beibehält, wird der Augenblickswert der Leistung in der Induktivität L negativ. Dies entspricht einer vom magnetischen Feld während der Flussänderung an den elektrischen Stromkreis abgegebenen Energie. In der Induktivität L des Ersatzschaltbildes **6.5** bzw. einem entsprechenden „Blindwiderstand" treten also Leistungen beiderlei Vorzeichens auf. Dagegen kann die Leistung im Widerstand R nur positiv sein, weil hier Strom und Spannung stets das gleiche Vorzeichen haben.

> Das magnetische Feld mit seiner Energie $W_m = L\,I^2/2$ kann ebenso wie das elektrische Feld mit seiner Energie $W_{el} = C\,U^2/2$ im Stromkreis als Energiespeicher verwendet werden.

Wir werden auf diesen Sachverhalt im Abschn. 7 (Wechselstromkreis) zurückkommen.

6.1.3 Allgemeines Induktionsgesetz

Anwendung der induktiven Spannungen u_q und u_L. Sowohl bei der in Abschn. 6.1.1 besprochenen Induktion bei mechanischer Bewegung eines Leiters in einem zeitlich konstanten magnetischen Feld als auch bei der in Abschn. 6.1.2 behandelten Induktion ohne mechanische Bewegung bei ruhender Spule und zeitlich veränderlichem Feld tritt die induzierte elektrische Feldstärke E_i auf bzw. die in der Spule oder im Leiter wirksame Spannung u_i. Entsprechendes gilt von den induktiven Spannungen u_q bzw. u_L, die sich von der induzierten Spannung nur durch das Vorzeichen unterscheiden. Wir verwenden in Ersatzschaltbildern zweckmäßig nur die induktive Quellenspannung u_q, wenn es sich um eine Umwandlung mechanischer oder magnetischer Energie in elektrische Energie handelt. Die induktive Spannung u_L dagegen benutzen wir, wenn elektrische Energie wie im Verbraucherstromkreis in magnetische Energie umgeformt wird.

Anwendungsbeispiele für die angeführten Fälle bei elektrischen Maschinen mit und ohne mechanische Bewegung werden wir in Abschn. 6.2 behandeln.

Elektrisches Wirbelfeld. Das induzierte elektrische Feld hat andere Eigenschaften als das in Abschn. 4 behandelte elektrostatische Quellenfeld. Während sich das Quellenfeld durch Feldlinien mit Anfang und Ende und einer (durch das Vorzeichen der Ladungen) festgelegten Feldrichtung beschreiben lässt, sind hier die Feldlinien in sich geschlossen. Es handelt sich hier im Gegensatz zum statischen Quellenfeld um ein dynamisches Feld, da sein Auftreten an die zeitliche Änderung des magnetischen Flusses gebunden ist und nicht an das Vorhandensein elektrischer Ladungen. Das induzierte elektrische Feld ist quellenfrei (s. Abschn. 3.4). Das Vorzeichen der Feldrichtung des induzierten elektrischen Felds E_i wird durch die angegebene Zuordnung zur Änderung des magnetischen Flusses bestimmt **(6.6)**.

Formen des Induktionsgesetzes. Ersetzen wir in Gl. (6.7) den magnetischen Fluss B durch das skalare Produkt ($\vec{B} \cdot \vec{A}$), bekommen wir das allgemeine *Induktionsgesetz*.

$$u_L = N \cdot \frac{\Delta(\vec{B} \cdot \vec{A})}{\Delta t} \qquad (6.8)$$

Im Fall der Induktion bei mechanischer Bewegung und zeitlich konstanter Flussdichte B erhält man daraus

$$u_L = N \cdot \vec{B} \cdot \frac{\Delta \vec{A}}{\Delta t} \qquad (6.9)$$

In dieser Form werden wir das *Induktionsgesetz bei mechanischer Bewegung* verwenden, wenn wir in Abschn. 6.2.1 die Spannungserzeugung in umlaufenden elektrischen Maschinen untersuchen.

Durch Einführung von $\Delta A = (\vec{l}_w \times \Delta \vec{s})$ und mit $\Delta \vec{s} / \Delta t = \vec{v}$ lässt sich aus Gl. (6.9) das Induktionsgesetz in der Form Gl. (6.4) ableiten, worauf wir hier jedoch verzichten wollen.

Lässt man in GL (6.8) die vom Flussdichtevektor $\vec{B}$ senkrecht durchsetzte Fläche $\vec{A}$ zeitlich unverändert (wie z.B. bei einer Spule mit Eisenkern), erhält man

$$u_L = N \cdot \vec{A} \cdot \frac{\Delta \vec{B}}{\Delta t}. \qquad (6.10)$$

Weil die Änderung der Flussdichte bzw. der magnetischen Feldstärke letztlich durch die Stromänderung in der Spulenwicklung bedingt ist, können wir dieses *Induktionsgesetz ohne mechanische Bewegung* auf die Stromänderung $\Delta i/\Delta t$ zurückfuhren.

Mit $B = \mu \cdot H$ und $H = i \cdot N/l_m$ bekommen wir $B = \mu \cdot N \cdot i/l_m$ und – wenn die Permeabilität μ als konstant angesehen wird –

$$\frac{\Delta B}{\Delta t} = \frac{\mu_0 \cdot \mu_r \cdot N}{l_m} \cdot \frac{\Delta i}{\Delta t}$$

Führen wir dies in Gl. (6.10) ein, erhalten wir

$$u_L = \frac{\mu_0 \cdot \mu_r \cdot N^2 \cdot A}{l_m} \frac{\Delta i}{\Delta t}$$

und mit $\dfrac{\mu \cdot A \cdot N^2}{l_m} = \dfrac{N^2}{R_m} = L$ schließlich

$$u_L = L \frac{\Delta i}{\Delta t} \qquad (6.11)$$

für das Induktionsgesetz ohne mechanische Bewegung. In dieser Form werden wir es in Abschn. 6.2.2 bei der Energieumwandlung in einen Transformator verwenden.

Für die verschiedenen Fälle von Energieumwandlungen leitet man zweckmäßige Formen des Induktionsgesetzes aus dem allgemeinen Induktionsgesetz Gl. (6.8) ab. Es beschreibt daher grundsätzlich alle z.B. in elektrischen Maschinen auftretende Formen der Induktion.

6.1.4 Durchflutungsgesetz und Induktionsgesetz

Im Abschnitt 5.2 haben wir gesehen: Ein elektrischer Strom ist stets von einem magnetischen Feld begleitet. Die Bilder 5.3 und 5.4 zeigen, wie die magnetischen Feldlinien einen vom Strom durchflossenen Leiter umkreisen. Nach dem Durchflutungsgesetz ist die magnetische Ringspannung (Produkt aus magnetischer Feldstärke und Feldlinienlänge) gleich der elektrischen Durchflutung, d.h. bei einem Einzelleiter gleich der Stromstärke in diesem Leiter.

Das Induktionsgesetz liefert nun umgekehrt eine Verknüpfung zwischen dem magnetischen Feld und der elektrischen Spannung. Allerdings ist danach ein magnetisches Feld nur dann von einer elektrischen Spannung begleitet, wenn es sich zeitlich ändert, genauer: wenn die Leiterschleife, an der die elektrische Spannung gemessen wird, von einem zeitlich veränderlichen magnetischen Fluss durchsetzt wird (vgl. 6.4). Nach dem Induktionsgesetz ist die Spannung an der Leiterschleife (elektrische Ringspannung) gleich der Änderungsgeschwindigkeit des magnetischen Flusses (vgl. Gl. 6.5).

Man erkennt: Die Änderungsgeschwindigkeit des magnetischen Flusses spielt beim Induktionsgesetz die entsprechende Rolle wie der elektrische Strom beim Durchflutungsgesetz.

Aufgaben zu Abschnitt 6.1

172. Nach Bild **6.2** wird ein Draht durch ein magnetisches Feld mit der Flussdichte $B = 0{,}25$ T geführt. Dabei betragen die Geschwindigkeit des Drahts $v = 10$ cm/s und die wirksame Leiterlänge $l_w = 8$ cm. Wie groß ist die im Leiter induzierte Spannung?

173. Der Trommelanker einer Gleichstrommaschine nach Bild **5.32** hat die Drehfrequenz $850\ \text{min}^{-1}$. Das Feld ist radial-homogen und hat die Flussdichte $B = 1{,}0$ T. Der wirksame Durchmesser der Wicklung beträgt $d = 30$ cm. Das Feld hat die wirksame Breite 20 cm. Unter jedem der beiden Pole befinden sich stets 130 Leiter.
    a) Wie groß ist die induzierte Quellenspannung u_q der Maschine, wenn alle Leiter in Reihe geschaltet sind?
    b) Die Maschine wird mit einem Verbraucherwiderstand belastet, sodass der Gesamtwiderstand des Stromkreises 50 Ω beträgt. Welche Leistung wird der Maschine entnommen, und welcher Strom fließt?
    c) Wie groß ist das Drehmoment, das durch den Belastungsstrom bewirkt wird, und mit welcher mechanischen Leistung muss die Maschine angetrieben werden, wenn der Wirkungsgrad 80 % beträgt?

174. Die Drehspule eines Strommessers nach Bild **5.33** hat 250 Windungen und einen wirksamen Durchmesser $d = 18$ mm. Das radialhomogene Feld hat die Flussdichte $B = 0{,}8\ \text{Vs/m}^2$ und die wirksame Breite $l_w = 25$ mm. In der gezeichneten Stellung hat die Drehspule eine Winkelgeschwindigkeit $\omega = 600\,°/s$.
    a) Wie groß ist die in der Spule wirksame induzierte Spannung?
    b) Welcher Strom fließt, wenn bei kurzgeschlossenen Klemmen der Gesamtwiderstand der Drehspule 10 Ω beträgt?
    c) Wie groß ist das durch den Strom erzeugte Gegendrehmoment?

175. Eine Aluminiumscheibe rotiert nach Bild **6.7** im praktisch homogenen Feld im Innern einer langen Zylinderspule. Diese hat eine Länge von 20 cm und trägt 250 Windungen, die von 2,5 A durchflossen werden. Die Scheibe hat einen Durchmesser von 50 mm und dreht sich mit $n = 3000\ \text{min}^{-1}$.
    a) Welche Spannung lässt sich an den Klemmen messen?
    b) Welche Drehrichtung muss die Scheibe haben, wenn u_q positiv sein soll? (Hinweis: Die Scheibe kann als Parallelschaltung aus einer sehr großen Zahl von Einzelleitern betrachtet werden mit dem Radius der Scheibe als wirksamer Länge.)

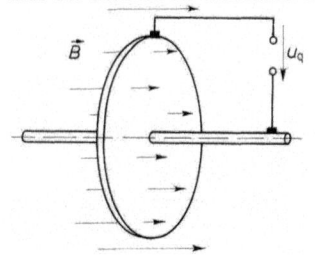

Bild 6.7 Induktion einer Gleichspannung (Aufgabe 175)

176. In einer Zylinderspule mit 500 Windungen befindet sich ein Eisenkern mit Luftspalt. Der

Kern hat die Querschnittsfläche 20 mm × 30 mm.
a) Wie groß ist der Höchstwert der induzierten Spannung, wenn sich die magnetische Flussdichte im Kern nach Bild **6.8** ändert?
b) Der Verlauf von $u_q = f(t)$ ist grafisch darzustellen.

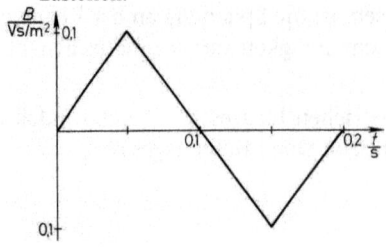

Bild 6.8 Zu Aufgabe 176

177 In der Spule von Aufgabe 176 verläuft die magnetische Flussdichte nach Bild **6.9**. Der Höchstwert der induzierten Spannung ist zu berechnen und der Verlauf von $u_q = f(t)$ grafisch darzustellen.

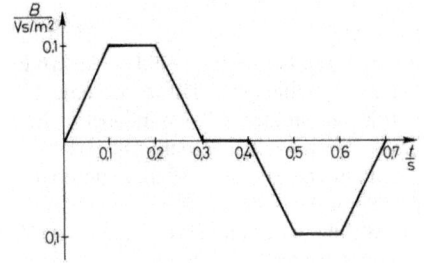

Bild 6.9 Zu Aufgabe 177

178. In der Spule nach Aufgabe 176 verläuft die magnetische Flussdichte nach Bild **6.10**. Der Verlauf der Spannung $u_q = f(t)$ ist grafisch darzustellen und ihr Betrag zu berechnen.

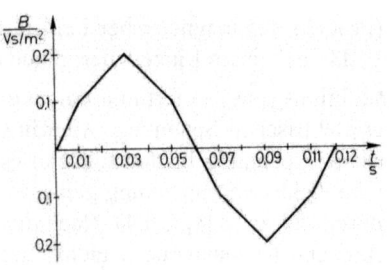

Bild 6.10 Zu Aufgabe 178

179. Eine Kreisringspule mit Eisenkern trägt eine Wicklung mit 25 Windungen. An ihren Klemmen wird eine Spannung nach Bild **6.11** festgestellt. Der Verlauf des magnetischen Flusses ist zu berechnen und grafisch darzustellen.

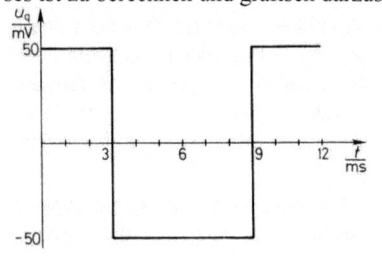

Bild 6.11 Zu Aufgabe 179

180. In einer Kreisringspule mit 80 Windungen hat der Eisenkern einen Querschnitt von 4 cm². Welchen Verlauf hat die magnetische Flussdichte im Kern, wenn an den Klemmen der Wicklung eine Spannung nach Bild **6.12** gemessen wird?

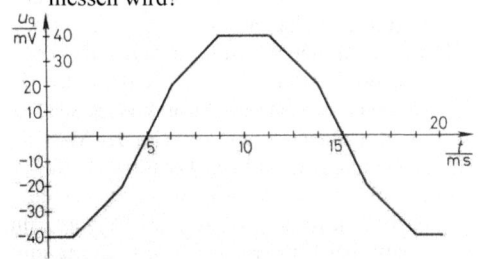

Bild 6.12 Zu Aufgabe 180

6.2 Induktion in elektrischen Maschinen

6.2.1 Spannungserzeugung in umlaufenden Maschinen

Magnetischer Kreis. Zur Untersuchung der grundsätzlichen Induktionsvorgänge bei umlaufenden Maschinen betrachten wir einen magnetischen Kreis (**6.**13a). Der von einer Erregerwicklung oder einem Dauermagneten erzeugte magnetische Fluss wird in einen Eisenkern mit zwei Luftspalten geführt. Zwischen diesen befindet sich ein zylindrischer, drehbarer Eisenkern. Den feststehenden Teil des magnetischen Kreises bezeichnet man als Ständer, den drehbaren als Läufer. Der Läufer trägt in einem Paar gegenüberliegender Nuten eine Wicklung, deren Anfang und Ende an zwei Schleifringe geführt sind, sodass eine in der Wicklung induzierte Spannung von außen messbar ist. Der Windungsfläche ordnen wir den Flächenvektor $\vec{A}$ zu.

Wir wollen annehmen, die Polschuhe des Ständers seien so ausgebildet, dass sich im Läufer ein homogenes magnetisches Feld mit konstantem Flussdichtevektor $\vec{B}$ ausbildet. Den Einfluss der Nutung auf den magnetischen Widerstand des Läufers wollen wir vernachlässigen, sodass auch bei Drehung des Läufers der Flussdichtevektor zeitlich konstant bleibt.

Induktionsvorgang. Beim Drehen des Läufers ändert sich die vom Vektor $\vec{B}$ senkrecht durchsetzte Fläche. Zerlegen wir den Flächenvektor A in eine Komponente $\vec{A}_\mathrm{w}$ in Richtung der Wirkungslinie WL$_\mathrm{B}$ der Flussdichte und eine Komponente senkrecht dazu, bekommen wir nach Bild **6.**13 b für die wirksame Fläche $\vec{A}_\mathrm{w}$

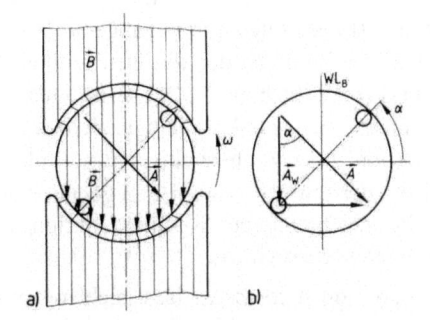

Bild 6.13 Induktion in umlaufenden Maschinen

a) Vektoren $\vec{A}$ und $\vec{B}$ im Läufer,
b) Zerlegen von $\vec{A}$ in Komponenten

$$|\vec{A}_\mathrm{w}| = |\vec{A}|\cos\alpha .$$

Diese ändert mit der Drehung des Läufers Betrag und Vorzeichen. Hat der Läufer die konstante Winkelgeschwindigkeit ω, sind $\alpha = \omega t$ und $\Delta\alpha = \omega\Delta t$. Mit dem Induktionsgesetz nach Gl. (6.9) bekommen wir dann

$$u_\mathrm{q} = N \cdot \vec{B}\frac{\Delta \vec{A}\omega}{\Delta t} = \omega N \cdot B \frac{\Delta(A\cdot\cos\alpha)}{\Delta\alpha} = \omega N \cdot B \cdot A \cdot \frac{\Delta\cos\alpha}{\Delta\alpha} =$$

$$\boxed{u_\mathrm{q} = \omega \cdot N \cdot \Phi_{\max} \frac{\Delta\cos\alpha}{\Delta\alpha}} . \tag{6.12}$$

Funktion $\Delta\cos\alpha/\Delta\alpha$. Wie zeichnen in ein rechtwinkliges Koordinatensystem zunächst die Funktion $y = \cos\alpha$, wobei a in Winkelgeraden und in Radiant auf der waagerechten Achse aufgetragen wird. Der maximale Funktionswert y bei 0° bzw. 180° ist 1 bzw. –1. Den Funktionswert 0 erhalten wir bei $\alpha = 90°$ und 270° bzw. bei $\pi/2$ und $3\pi/2$. Zwischenwerte ergeben sich grafisch durch Projektion des Radiusvektors eines Einheitskreises ($|\vec{r}| = 1$) wie z.B. in Bild **6.**14 für $\alpha = 60°$ oder durch Berechnen der Funktionswerte mit einem Taschenrechner.

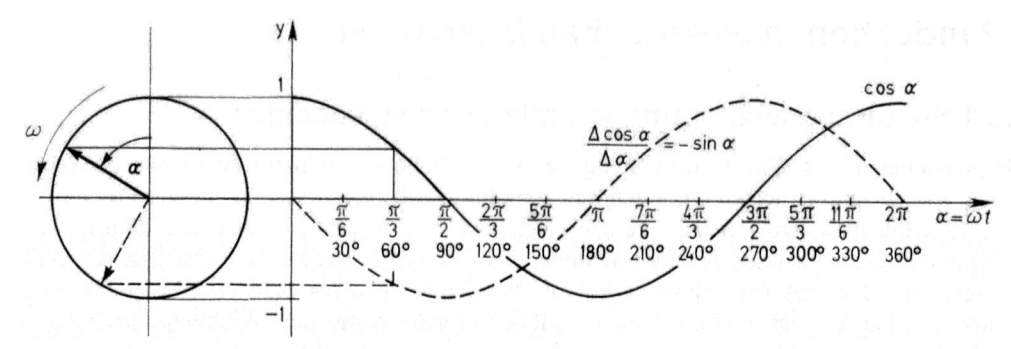

Bild 6.14 Entstehen einer sinusförmigen Spannung bei der Induktion

Die Funktion $\Delta \cos \alpha / \Delta \alpha$ ist die Steigung der Tangenten der Kosinusfunktion. Bei waagerechtem Verlauf ist die Steigung der Tangente Null, bei fallendem Verlauf negativ und bei ansteigendem Verlauf der Funktion positiv. Den größten Betrag der Steigung bekommen wir bei $\alpha = 90°$ bzw. $\pi/2$ und $\alpha = 270°$ bzw. $3\pi/2$. Diese Eigenschaften hat die Sinusfunktion, die ebenfalls in das Diagramm als $-\sin$ -Funktion eingezeichnet ist. Zwischenwerte der *Sinusfunktion* ergeben sich durch Projektion eines Radiusvektors des Einheitskreises, der um 90° bzw. $\pi/2$ gegenüber dem für die Zeichnung der Kosinusfunktion verwendeten vorgedreht ist.

Die Funktion $\Delta \cos \alpha / \Delta \alpha$ lässt sich mit guter Näherung auch mit dem Taschenrechner berechnen. Für ein kleines Winkelintervall $\Delta \alpha$ in Radiant, in dessen Mitte der Winkel α liegt, berechnen wir an den Grenzen des Intervalls jeweils $\cos(\alpha - \Delta\alpha/2)$ und $\cos(\alpha + \Delta\alpha/2)$. Der Quotient aus der Differenz dieser beiden Werte und dem konstanten Intervall $\Delta \alpha$ liefert die gesuchte Steigung der Funktion $\cos \alpha$ beim Funktionswert α. Vergleicht man die so erhaltenen Werte mit den Sinuswerten für die betreffenden Winkel α, zeigen sich um so kleinere Abweichungen, je kleiner das gewählte Intervall $\Delta \alpha$ ist (**6.15**).

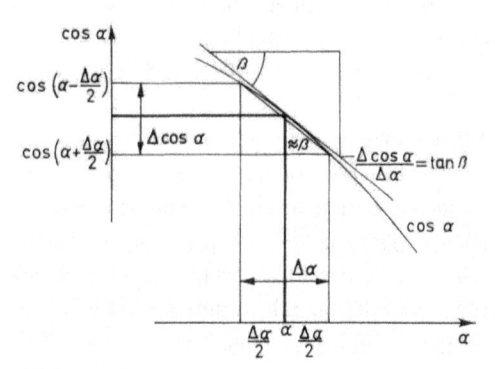

Bild 6.15 Berechnen der Steigung der Kosinusfunktion

Beispiel 6.1 Man erhält für ein Intervall $\Delta \alpha = 10° = \dfrac{10\pi}{180}$ rad = 0,174533 rad bei $\alpha = 90° = \pi/2$ rad:

$\Delta \cos \alpha = \cos 95° - \cos 85° = -0,174311$

$\Delta \cos \alpha / \Delta \alpha = -0,998731$

Wählt man $\Delta \alpha = 2 = \dfrac{2\pi}{180}$ rad = 0,034907 rad. bekommt man entsprechend

$\Delta \cos \alpha = \cos 91° - \cos 89° = 0,034905$

$\Delta \cos \alpha / \Delta \alpha = -0,999949$

Es ist deutlich, dass der Wert für $\Delta \cos \alpha / \Delta \alpha$ sich dann dem Wert -1 nähert, wenn das Intervall $\Delta \alpha$ immer kleiner wird.

Da $-\sin 90° = -1$ ist, erhalten wir als Ergebnis für sehr kleine Winkeldifferenzen $\Delta \alpha$

$$\frac{\Delta \cos \alpha}{\Delta \alpha} \Rightarrow \frac{d(\cos \alpha)}{d\alpha} = -\sin \alpha \qquad (6.13)$$

oder, wenn wir $\alpha = \omega t$ einsetzen,

$$\boxed{\frac{d(\cos(\omega t))}{d(\omega t)} = -\sin \omega t.} \qquad (6.14)$$

Induzierte Spannung. Damit ergibt sich schließlich für die in der Wicklung induzierte Spannung

$$\boxed{u_q = \omega \cdot N \cdot B_{max} \cdot A \cdot \sin \omega t = \omega \cdot N \cdot \Phi_{max} \cdot \sin \omega t.} \qquad (6.15)$$

wenn wir den Vorgang bei $\alpha = 180° = \pi$ rad beginnen lassen mit $t = 0$ (**6.14**).
Die Augenblickswerte der induzierten Spannung wiederholen sich periodisch, weil $\sin \omega t = \sin(\omega t + n \cdot 2\pi)$ ist (s. Abschn. 7).

Ersatzschaltung. Wenn die betrachtete Maschine z.B. ein Generator ist, muss ihr zur Aufrechterhaltung der Winkelgeschwindigkeit ω bzw. der Spannung nach Gl. (6.15) stets in gleichem Maße mechanische Energie zugeführt werden, wie ihr elektrische Energie entnommen wird. Wir können die induzierte Spannung nach Gl. (6.15) dann als Quellenspannung einer Ersatzspannungsquelle ansehen, die unabhängig von der Belastung ist. Die Energieumwandlungsverluste werden dabei durch den Innenwiderstand R_i dargestellt. Die abgegebene Leistung erscheint mit negativem Vorzeichen, wenn wir das in Bild **6.**16 dargestellte Bezugspfeilsystem verwenden. Wird der Maschine elektrische Energie zugeführt (arbeitet sie also als Motor), entspricht dies der umgekehrten Stromrichtung und positiver, aufgenommener Leistung. In jedem Fall hat die Quellenspannung den durch Gl. (6.15) bestimmten Wert.

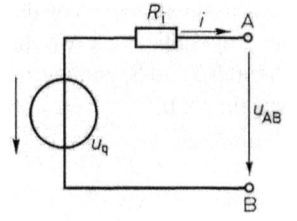

Bild 6.16 Generator als Ersatzspannungsquelle

6.2.2 Energieumwandlung im Transformator

In einer Anordnung nach Bild 6.17 trägt ein geschlossener Eisenkern zwei Spulen I und II mit den Windungszahlen N_1 bzw. N_2. Die Spule I kann durch einen Schalter S an eine Gleichspannung U geschaltet werden. Die Spule I, die im wesentlichen Energie aus einer äußeren Spannungsquelle aufnimmt, wird als Primärspule bezeichnet, Spule II als Sekundärspule. Diese liefert die elektrische Energie an einen Verbraucher R_E. Größen, die sich auf die Primärseite beziehen, werden mit dem Index 1 versehen, die zur Sekundärseite gehörenden mit dem Index 2.

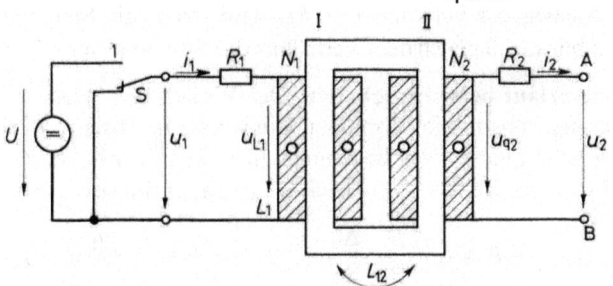

Bild 6.17 Energieumwandlungen im Transformator

6.2.2.1 Energieumwandlungen auf der Primärseite (Selbstinduktion)

Wird der Schalter S in Stellung 1 geschaltet, liegt an der Spule I die Gleichspannung U_1. Wie in Abschnitt Wechselstromkreis erläutert, können wir die Spule als Ersatzschaltung aus einem

Widerstand R_1 und einer Induktivität L_1 auffassen. Dabei treten in R_1 die bei der Energieumformung anfallenden Umwandlungsverluste auf, während L_1 das magnetische Feld der Spule darstellt. Beim Aufbau des magnetischen Felds bis zur Durchflutung $\Theta = I_1 N_i$ (wobei I_1 durch die angelegte Gleichspannung und den Wicklungswiderstand der Spule bestimmt wird) findet eine Umformung potentieller elektrischer Energie der Spannungsquelle in magnetische Energie statt.

Selbstinduktion. Während dieser Zeit tritt nach der Lenzschen Regel bzw. dem Induktionsgesetz in der Wicklung eine Spannung auf, die dem Anwachsen des Stroms auf den Endwert I_1 entgegenwirkt. Dabei ist $L_1 = N_1^2 / R_m$ die Selbstinduktivität der Primärspule. Das Auftreten einer induzierten Spannung in der Erregerspule des magnetischen Felds selbst bezeichnet man als Selbstinduktion.

$$u_{L1} = L_1 \frac{\Delta i_1}{\Delta t}$$

Durch Anwendung der Kirchhoffschen Maschenregel bekommen wir für den Augenblickswert des in der Primärspule fließenden Stroms

$$i_1 = \frac{U_1 u_{L1}}{R_1} = I_1 - \frac{u_{L1}}{R_1}. \tag{6.16}$$

Damit ein allmählicher und nicht sprunghafter Übergang des Stroms i_1 vom Wert $i_1 = 0$ bei $t = 0$ im Augenblick des Anschaltens an die Gleichspannung bis zum Endwert I_1 erfolgt, muss bei $t = 0$ die induktive Spannung u_{L1} nach Gl. (6.11) den gleichen Betrag wie U_1 haben. Damit bekommen wir für $t = 0$

$$L_1 \frac{\Delta i_1}{\Delta t} = U_1 = I_1 R_1 \quad \Rightarrow \quad \frac{\Delta i_1}{\Delta t} = I_1 \frac{R_1}{L_1} = \frac{I_1}{\tau} \tag{6.17}$$

mit $$\boxed{\tau = \frac{L}{R}}. \tag{6.18}$$

Der Anstieg der Funktion $i_1 = f(t)$ wird durch die Steigerung der Tangente dargestellt, die im Augenblick $t = 0$ gleich dem Verhältnis des Stromendwerts I_1 zur Zeitkonstante $\tau = L/R$ der Spule ist.

Stromverlauf beim Einschalten. Der Verlauf des Stroms $i_1 = f(t)$ lässt sich grafisch durch eine Näherungskonstruktion ermitteln, wie wir sie in Abschn. 4.2.3 beim Aufladen eines Kondensators durchgeführt haben. Wir bekommen hier, wenn wir in Gl. (6.16) die induktive Spannung nach Gl. (6.11) und die Zeitkonstante nach Gl. (6.18) einführen.

$$i_1 = I_1 - \frac{L_1}{R_1} \cdot \frac{\Delta i_1}{\Delta t} \quad \Rightarrow \quad \boxed{\frac{\Delta i_1}{\Delta t} = \frac{I_1 - i_1}{\tau}} \tag{6.19}$$

Die Steigung der Tangente an die Funktion $i_1 = f(t)$ ergibt sich also stets für einen bestimmten Augenblickswert i_1 als das Verhältnis der noch verbleibenden Differenz bis zum Endwert I_1 zur Zeitkonstanten τ. Auch hier bekommt man für die Konstruktion der gesuchten Funktion um so genauere Werte, je kleiner das Zeitintervall Δt gewählt wird.

Für den genauen Verlauf der Funktion $i_1 = f(t)$ ergibt sich auch hier wieder eine Differentialgleichung entsprechend Gl. (6.19) – wenn wir den Quotienten $\Delta i_1/\Delta t$ durch den Differentialquotienten di/dt ersetzen – zu

$$I_1 = i_1 + \tau \frac{di_1}{dt} \qquad (6.20)$$

deren Lösung man zu

$$\boxed{i_1 = I_1(1 - e^{-\frac{t}{\tau}})} \qquad (6.21)$$

erhält. Dabei ist t die Zeit nach dem Anschalten der Spule an die Gleichspannung U_1.

Stromverlauf beim Abschalten. Hier gilt nach der Kirchhoffschen Regel

$$i_1 R_1 + u_{L1} = 0 = i_1 R_1 + L_1 \frac{\Delta i_1}{\Delta t}.$$

bzw. der entsprechenden Differentialgleichung

$$i_1 + \tau \frac{\Delta i_1}{\Delta t} = 0 \qquad (6.22)$$

Diese hat die Lösung

$$\boxed{i_1 = I_1 e^{-\frac{t}{\tau}}.} \qquad (6.23)$$

Dabei ist hier t die Zeit nach dem Abschalten der Gleichspannung U_1.

> Der Strom i_1 in einer Spule muss nach dem Abschalten von einer Gleichspannung weiter fließen können, damit sich die im magnetischen Feld gespeicherte Energie abbaut.

Ersatzschaltung. Es zeigt sich also, dass die im magnetischen Feld gespeicherte Energie

$$W = \frac{1}{2} L \cdot I^2$$

nach dem Abschalten der Spannungsquelle hier im Widerstand R_1 in Wärmeenergie umgewandelt wird. Benutzen wir für die Primärspule des Transformators ein Reihenersatzschaltbild und ein Bezugspfeilsystem für Strom und Spannungen entsprechend dem VZS, erhalten wir nach Bild **6.5** beim Anschalten der Spule an die Gleichspannung positive Werte für die Spannung am Widerstand R_1 und für die induktive Spannung u_{L1}. Auch die Vorzeichen der beiden Leistungen werden positiv. Beim Abschalten der Gleichspannung behält der Strom sein Vorzeichen wie auch Spannung und Leistung im Widerstand (aufgenommene Leistung). Entsprechend dem abnehmenden Fluss in der Spule ändert die induktive Spannung ihr Vorzeichen, und auch die Leistung wird negativ. Die Spule bzw. ihr magnetisches Feld geben Energie ab. Das Vorzeichen der induktiven Spannung u_L gegenüber dem Strom i in der Spule gibt also an, ob das magnetische Feld aufgebaut oder abgebaut wird. Auf diesen Sachverhalt werden wir beim Verhalten der Spule bzw. Induktivität im Wechselstromkreis zurückkommen.

Praktische Auswirkungen der Selbstinduktionsspannung. Wie Gl. (6.11) zeigt, kann die beim Abschalten des Stroms in der Spule auftretende Selbstinduktionsspannung um so größere Beträge annehmen, je größer die Selbstinduktivität und der fließende Gleichstrom sind (je größer also W_m ist) und je kürzer die Abschaltzeit ist, in der der Strom noch weiterfließen kann. Die Folge davon ist, dass zwischen den sich öffnenden Kontakten eines mechanischen Schalters ein Lichtbogen entsteht, der die Kontakte in kurzer Zeit zerstören kann.

Die bei elektronischem Abschalten des Stroms verwendeten Halbleiter-Bauelemente (Transistoren, Thyristoren) können durch die Selbstinduktionsspannung selbst unbrauchbar werden. Um zu hohe Beträge dieser Spannung zu vermeiden, kann man z.B. nach Bild **6.**18 die im magnetischen Feld gespeicherte Energie über einen Widerstand in einen Kondensator umladen (Funkenlöschschaltung).

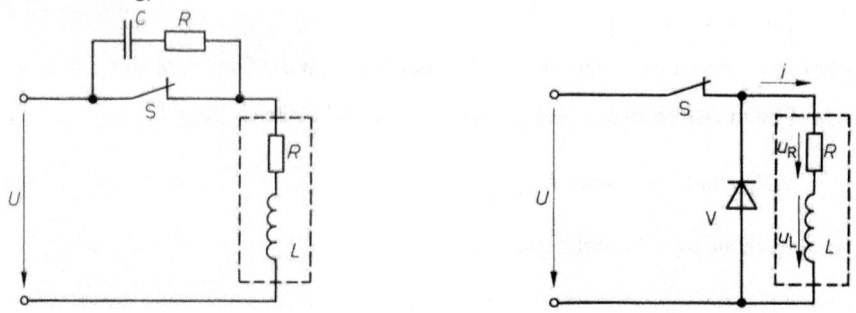

Bild 6.18 Abschalten einer stromdurchflossenen Spule (Funkenlöschung)

Bild 6.19 Abschalten einer stromdurchflossenen Spule (Freilaufdiode)

Dabei verhindert der Widerstand einen beim nachfolgenden Schließen der Schalterkontakte zu hohen Entladestrom des Kondensators. Diese Schaltung wird in der Energietechnik häufig verwendet. Auch bei elektrischen Schaltern wird sie zum Schutz gegen zu hohe Spannungen eingesetzt (z.B. bei Gleichrichtern mit Dioden oder Thyristoren).

Falls die Dauer der Abschaltung nicht von Bedeutung ist, kann man auch nach Bild **6.**19 parallel zur Spule eine Freilaufdiode schalten. Diese sperrt bei geschlossenem Schalter die Gleichspannung U, wird aber bei öffnendem mechanischen oder elektronischen Schalter durch die Selbstinduktionsspannung in den leitenden Zustand versetzt. Der Strom kann durch die Diode weiter fließen, wobei die Selbstinduktionsspannung nicht größer werden kann, als dem Spannungsfall an Widerstand und Diode entspricht.

6.2.2.2 Energieumwandlungen auf der Sekundärseite (Gegeninduktion)

Da der geschlossene Eisenkern den magnetischen Fluss bzw. die Flussänderung auch durch die Sekundärspule II führt, tritt während der Stromänderung in der Primärspule bzw. der Flussänderung in der Sekundärspule auch hier eine induktive Spannung auf. Sie beträgt entsprechend Gl. (6.10)

$$u_{q2} = N_2 \cdot \vec{A}_2 \frac{\Delta \vec{B}_2}{\Delta t}. \tag{6.24}$$

Gegenseitige Induktivität. Nehmen wir zunächst an, dass der gesamte von der Spule I erzeugte magnetische Fluss auch die Spule II durchsetzt. Dann sind bei gleichem Eisenquerschnitt $\vec{A}_1 = \vec{A}_2$ auch die Flussdichten $\vec{B}_1$ und $\vec{B}_2$ gleich sowie auch die entsprechenden Feldstärken $\vec{H}_1$ und $\vec{H}_2$. Wir bekommen dann mit

$$B = \mu_0 \cdot \mu_r \cdot H \quad \text{und} \quad H = \frac{i_1 N_1}{l_m} \quad \Rightarrow \quad B = \frac{\mu_0 \cdot \mu_r \cdot N_1}{l_m} i_1$$

und bei konstanter Permeabilität

$$\frac{\Delta B}{\Delta t} = \frac{\mu_0 \cdot \mu_r N_1}{l_m} \frac{\Delta i_1}{\Delta t}.$$

Damit erhalten wir aus Gl. (6.24)

$$u_{q2} = \frac{\mu_0 \cdot \mu_r \cdot N_1 \cdot N_2 \cdot A}{l_m} \cdot \frac{\Delta i_1}{\Delta t} = \frac{N_1 \cdot N_2}{R_m} \cdot \frac{\Delta i_1}{\Delta t} \qquad (6.25)$$

oder mit
$$\boxed{\frac{N_1 \cdot N_2}{R_m} = L_{12}} \qquad (6.26)$$

$$\boxed{u_{q2} = L_{12} \frac{\Delta i_1}{\Delta t}.} \qquad (6.27)$$

Dabei wird L_{12} als gegenseitige Induktivität, manchmal auch kurz als Gegeninduktivität bezeichnet. Ihre Einheit ist die gleiche wie die der Selbstinduktivität L. Der Induktionsvorgang zwischen den beiden durch den gemeinsamen Fluss verketteten Spulen heißt gegenseitige Induktion.

Sekundärspannung. Nach Gl. (6.27) erhalten wir auf der Sekundärseite eine Spannung u_{q2}, die der Änderungsgeschwindigkeit des primärseitigen Stromes proportional ist. Nach Gl. (6.19) beträgt diese

$$\frac{\Delta i_1}{\Delta t} = \frac{I_1}{\tau} - \frac{i_1}{\tau}$$

und mit Gl. (6.21) beim Anschalten der Gleichspannung

$$\frac{\Delta i_1}{\Delta t} = \frac{I_1}{\tau} - \frac{I_1}{\tau}(1 - e^{-\frac{t}{\tau}}) = \frac{I_1}{\tau} e^{-\frac{t}{\tau}}.$$

Damit ergibt sich schließlich für die Zeit t nach dem Einschalten des Stroms i_1

$$\boxed{u_{q2} = \frac{L_{12} I_1}{\tau} e^{-\frac{t}{\tau}}.} \qquad (6.28)$$

Beim Abschalten der Gleichspannung bzw. des Stroms i_1 erhält man den gleichen Spannungsverlauf, jedoch mit umgekehrtem Vorzeichen, also

$$\boxed{u_{q2} = \frac{L_{12} I_1}{\tau} e^{-\frac{t}{\tau}}.} \qquad (6.29)$$

Versuch 6.1 Zur Darstellung des Stromverlaufs in der Primärspule und der Spannung auf der Sekundärseite wird eine Schaltung nach Bild 6.20 verwendet, mit deren Hilfe beide Vorgänge durch ein Zweikanal- Oszilloskop abgebildet werden. Die Gleichspannungsquelle mit Schalter wird wie bei dem Versuch in Abschn. 4.2.3 durch einen Funktionsgenerator ersetzt, der eine rechteckförmige Wechselspannung (ca. 60 Hz) erzeugen kann. Der magnetische Fluss wird durch einen zunächst offenen Eisenkern durch die beiden Spulen mit z.B. $N_1 = 900$ und $N_2 = 600$ Windungen geführt. Der Strom i_1, erzeugt am Widerstand $R = 100\,\Omega$ eine proportionale Spannung, die Kanal I des Oszilloskops zugeführt wird, die Sekundärspannung Kanal II.

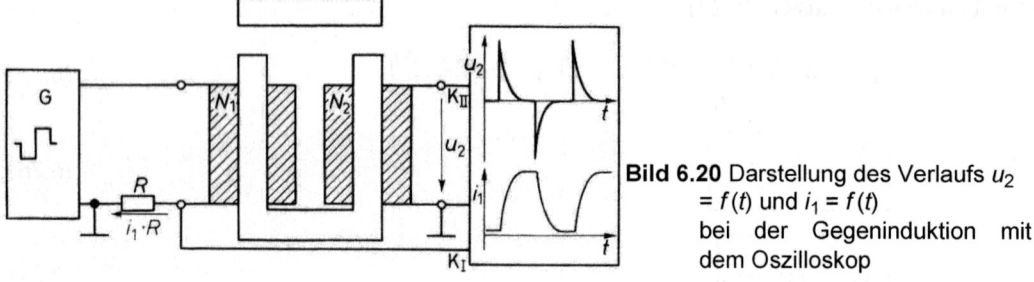

Bild 6.20 Darstellung des Verlaufs $u_2 = f(t)$ und $i_1 = f(t)$ bei der Gegeninduktion mit dem Oszilloskop

Ablenkzeit und Verstärkung des Oszilloskops werden so eingestellt, dass die Oszillogramme etwa Bild 6.20 entsprechen. Die Zeitkonstante $L/R = \tau$ und die gegenseitige Induktivität L_{12} lassen sich durch Auflegen des Eisenjochs verändern. Dadurch ändern sich sowohl die Form der e-Funktion als auch der Betrag der Sekundärspannung.

Ergebnis Gl. (6.27) wie auch der Versuch zeigt, dass auf der Sekundärseite eines Transformators nur dann eine Spannung induziert wird, wenn sich der Strom in der Primärspule ändert:

> Energieübertragung durch einen Transformator ist nur bei Wechselstrom möglich.

Schalten wir die Ausgangsspannung des Funktionsgenerators auf andere Kurvenformen um (z.B. Dreieck, Sägezahn, Sinus), zeigt sich, dass nur bei sinusförmiger Eingangsspannung des Transformators Primärstrom und Sekundärspannung den gleichen, sinusförmigen Verlauf haben. Nur bei dieser Kurvenform sind Netzwerke bzw. Spannungen und Ströme in verhältnismäßig einfacher Weise berechenbar.

Ersatzschaltung. Da die Sekundärseite des Transformators bei Belastung stets Energie abgibt, liegt es nahe, diese als Ersatzspannungsquelle mit u_{q2} als Quellenspannung darzustellen. Die bei Belastung des Transformators abfallende Klemmenspannung u_{AB} ergibt sich wieder durch die Wirkung des Innenwiderstands, der hier nicht nur die Energieumwandlungsverluste darstellt, sondern auch die Streuung des Transformators berücksichtigt. Für die Sekundärseite verwenden wir daher zweckmäßig nach Bild 6.16 das Bezugspfeilsystem des EZS. Auf eine allgemeine Ersatzschaltung des gesamten Transformators werden wir im Abschnitt Wechselstrom zurückkommen.

Aufgaben zu Abschnitt 6.2

181. In einem Generator entsprechend Bild 6.13 befinden sich auf dem Trommelanker in zwei gegenüberliegenden Nuten 10 Leiterwindungen. Der wirksame Durchmesser des Läufers beträgt 10 cm, die wirksame Breite des magnetischen Feldes $l_w = 15$ cm. Das als homogen angenommene Feld im Läufer hat die Flussdichte 0,8 T.
    a) Wie groß ist der Höchstwert der induktiven Quellenspannung, wenn sich der Läufer mit $3000\,\text{min}^{-1}$ dreht?
    b) Wie groß ist der Fluss, der die wirksame Fläche der Leiterschleifen durchsetzt, wenn der Höchstwert der Spannung induziert wird? Wie groß ist dabei der Winkel α?
    c) Welche Spannungen werden in der Leiterschleife induziert, wenn der Winkel α jeweils 10°, 50°, 90°, 130° und 170° beträgt?

182. Der Läufer der Maschine nach Aufgabe 181 hat 9 Nutenpaare mit insgesamt 90 wirksamen Leiterschleifen, die in Reihe geschaltet sind. Anfang und Ende der Wicklung sind an Schleifringe geführt.
    a) Wie groß ist der mit der gesamten Wicklung verkettete Fluss, wenn der Höchstwert der Spannung induziert wird, und welche Stellung hat demnach in diesem Augenblick der Läufer? (Symmetrie der Flächenvektoren $\vec{A}$ beachten!)

b) Wie groß ist der maximal durch die Wicklung tretende Fluss, und welche Stellung hat jetzt der Läufer?

c) Wie groß ist der Höchstwert der induktiven Quellenspannung des Generators?

183. In der Wicklung eines Generators wird an den Schleifringen der Höchstwert der Wechsel Spannung zu u_{max} = 325 V ermittelt. Der Läufer hat die Drehfrequenz 3000 min^{-1}. Wie groß ist der Spulenfluss Ψ_m (s. Abschn. 5.5.1)?

184. Eine Drosselspule mit Eisenkern hat die Ersatzwerte R = 15 Ω und L = 10 H (Bild 6.18). Sie wird an eine Gleichspannung von 12 V geschaltet.

    a) Wie groß ist die im Augenblick des Anschaltens in der Wicklung induzierte Spannung?
    b) Wie groß ist der Strom in der Wicklung nach t = 1,5 s?
    c) Nach welcher Zeit hat der Strom praktisch seinen Endwert erreicht?
    d) Wie groß ist die im magnetischen Feld gespeicherte Energie?
    e) Welche Spannung kann am Funkenlöschkondensator auftreten, wenn dieser eine Kapazität von 0,1 µF hat?

185. Ein Elektromagnet mit L = 6,2 H und R = 80 Ω wird an einer Gleichspannung von 24 V betrieben. Der Öffnungsfunke beim Abschalten soll mit einem Kondensator unterdrückt werden, dessen Spannung nicht größer als 250 V werden darf. Wie groß muss seine Kapazität mindestens sein?

186. Ein Transformator hat eine Primärspule mit 900 Windungen und eine Sekundärspule mit 600 Windungen. Die Induktivität der Primärspule beträgt L_1 = 0,5 H.

    a) Wie groß ist die gegenseitige Induktivität L_{12}, wenn keine Streuung auftritt?
    b) Welche Spannung u_{q2} wird im Augenblick des Anschaltens der Primärspule an eine Gleichspannung von 12 V in der Sekundärspule induziert?
    c) Nach welcher Zeit ist die Sekundärspannung praktisch auf Null abgesunken, wenn der Widerstand der Primärspule R_1 = 2,5 Ω beträgt?

187. In einer Spule tritt bei einer konstanten Änderungsgeschwindigkeit des Stroms von 1 A/s eine Selbstinduktionsspannung von 1 V auf. Welche Induktivität hat die Spule?

188. Ein Relais hat den Widerstand 600 Ω und wird an 24 V betrieben. Seine Induktivität beträgt 15 H. Der Öffnungsfunke beim Abschalten soll durch einen Löschkondensator unterdrückt werden.

    a) Welche Kapazitäten sind bei einer maximal zulässigen Spannung von 250 V bzw. 500 V des Kondensators erforderlich?
    b) Wie groß muss der Widerstand der Funkenlöschung mindestens sein, wenn der Strom über die Kontakte beim Anschalten des Relais höchstens 0,2 A sein darf?

7 Wechselstromkreis

7.1 Stromarten

Bei der Betrachtung von Spannung und Stromstärke in einem Stromkreis muss man grundsätzlich zwischen Vorgängen unterscheiden, bei denen Spannung und Stromstärke zeitlich konstant sind und solchen, bei denen sich Werte und gegebenenfalls Vorzeichen ändern. Zeitlich konstante Großen (z.B. Gleichspannung und Gleichstrom) werden mit Großbuchstaben U bzw. I bezeichnet, zeitlich veränderliche mit Kleinbuchstaben u bzw. i. Fasst man den elektrischen Strom als Driftbewegung elektrischer Ladung auf, handelt es sich bei Gleichstrom offenbar um eine zeitlich konstante Wanderung der Elektronen. Verändert sich jedoch im Leiter Wert und Richtung der Stromstärke, bedeutet dies entsprechende Änderungen der Driftgeschwindigkeit der Elektronen. Dabei sind vor allem Vorgänge von Bedeutung, bei denen die Augenblickswerte von Stromstärke und Spannung periodische Funktionen der Zeit sind, wie z. B. in

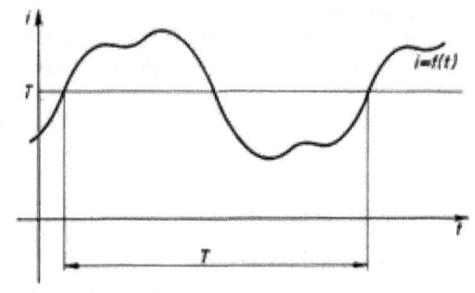

Bild 7.1 Periodischer Mischstrom

Bild 7.1. Als *Periodendauer* T wird dabei die Zeit bezeichnet, nach der sich der zeitliche Verlauf der Augenblickswerte wiederholt. Der in Bild 7.1 dargestellte Strom ist ein Mischstrom, d.h. er besteht aus einem Wechsel- und einem Gleichstromanteil. Der Gleichstromanteil ist der zeitliche Mittelwert I des Stromes i.

Der Wechselstromanteil schwankt um diesen Mittelwert. Da die Fläche unter der Stromfunktion $i = f(t)$ die transportierte Ladungsmenge ist, kann man auch so sagen: Der Gleichstromanteil transportiert Ladungen, der Wechsel Stromanteil lässt sie nur hin und her schwingen. Zusammenfassend stellen wir fest:

> Ein periodischer Wechselstrom ist ein Strom, dessen Werte sich im Abstand einer Periodendauer stets wiederholen und dessen zeitlicher Mittelwert null ist.

Entsprechende Überlegungen gelten auch für die Spannung.

Von besonderer Bedeutung sind periodische Wechselströme bzw. Wechselspannungen, bei denen der Augenblickswert nach einer sinusförmigen Funktion der Zeit verläuft. Sie werden nach DIN 5483 *Sinusströme* bzw. *Sinusspannungen* oder zusammenfassend *Sinusvorgänge* genannt. In Stromkreisen, in denen ausgeprägte Energiespeicher wie Kapazitäten oder Induktivitäten vorkommen, haben alle Spannungen und Ströme nur bei Sinusform den gleichen zeitlichen Verlauf. Nur in diesem Fall lassen sich Spannungs- und Stromverteilung in einem Wechselstromkreis verhältnismäßig einfach berechnen. Wir wollen uns daher im Folgenden auf die Betrachtung sinusförmiger Wechselgrößen beschränken. Dies auch mit Rücksicht auf die elektrische Energieversorgung. Dort werden vor allem aus wirtschaftlichen Gründen ausschließlich Sinusvorgänge verwendet. Genaue Bestimmungen (DIN EN 50006/VDE 0838} wachen darüber, dass Abweichungen von der Sinusform in engen Grenzen bleiben.

7.2 Eigenschaften von Sinusgrößen

7.2.1 Kennwerte einer Sinusspannung

Die Entstehung einer Sinusspannung durch Induktion wurde schon in Kapitel 6.2.1 beschrieben. Rotiert eine Spule mit N Windungen und der Querschnittsfläche A mit der Winkelgeschwindigkeit ω in einem konstanten Magnetfeld mit der Induktionsflussdichte B, so entsteht eine Spannung gemäß der Formel:

$$u_q = \omega \cdot N \cdot B \cdot A \cdot \sin \omega t \tag{7.1}$$

Hierbei werden die zeitlich konstanten Größen zusammengefasst und man erhält die Gleichung einer sinusförmigen Wechselspannung

$$u_q = \hat{u}_q \cdot \sin \omega t. \tag{7.2}$$

Die Größe $\hat{u}$, also der Maximalwert, wird als *Scheitelwert* oder *Amplitude* der Wechselspannung bezeichnet. Der zeitabhängige momentane Wert heißt *Augenblickswert* oder Momentanwert. Die Größe ω wird als *Kreisfrequenz* benannt. Das Argument der Winkelfunktion muss ein Winkel sein, dieser wird hier jedoch im Bogenmaß, also einer dimensionslosen Größe angegeben. Die Dauer einer Periode wird mit T bezeichnet. Der Kehrwert der Periodendauer heißt Frequenz f. Es gelten die Beziehungen:

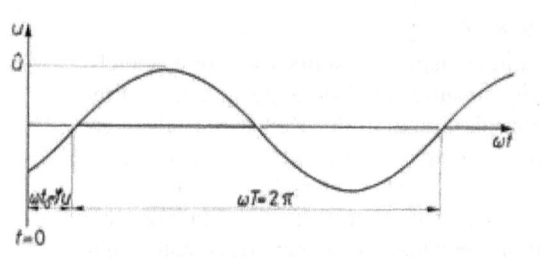

Bild 7.2 Liniendiagramm einer sinusförmigen Wechselspannung

$$\omega = \frac{2\pi}{T} = 2\pi f \tag{7.3}$$

$$f = \frac{1}{T} \tag{7.4}$$

$$[f] = \frac{1}{[T]} = \frac{1}{\text{s}} = 1\,\text{Hz} \tag{7.5}$$

Die Einheit der Frequenz hat den Namen Hertz, die Frequenz gibt die Anzahl der Schwingungen pro Sekunde an.

Frequenz oder Polpaarzahl. Der geometrische Drehwinkel α der Wicklungsachse und der elektrische Winkel ωt stimmen nur dann zahlenmäßig überein, wenn die Sinusspannung in einer Maschine erzeugt wird, die für eine Periode der Spannung auch eine vollständige Umdrehung des Läufers braucht. Das ist bei Maschinen mit je einem Nord- und Südpol (Polpaar) der Fall. Hat die Maschine jedoch mehrere Polpaare p, so entsteht eine Periode der Wechselspannung bei einer

Drehung um $\Delta\alpha = 2\pi/p = 360°/p$. Ist n die Drehfrequenz (früher auch Drehzahl) des Läufers, so gilt dabei ist zu beachten, dass n meistens in 1/min angegeben wird.

$$f = p \cdot n \tag{7.6}$$

Beispiel 7.1 Welche Drehfrequenz muss ein Läufer haben, damit bei einen Polpaarzahl p=2 eine Frequenz der Sinusspannung von 50 Hz erreicht wird?

Lösung $n = \dfrac{f}{p} = \dfrac{50 \text{s}^{-1} \cdot 60 \text{s/min}}{2} = 1500 \dfrac{1}{\text{min}}$

7.2.2 Darstellung von Sinusvorgängen

7.2.2.1 Liniendiagramm

Die Darstellung der Sinusgröße wie in Bild **7.2** heißt Liniendiagramm. Der Nulldurchgang der Sinusgröße muss nicht bei $t = 0$ liegen sondern kann um einen Winkel, dem *Nullphasenwinkel* φ_u, verschoben sein. Somit wird eine allgemeine Sinusspannung durch die Formel

$$\boxed{u_q = \hat{u}_q \cdot \sin(\omega t + \varphi_u)} \tag{7.7}$$

dargestellt.

Im Liniendiagramm können mehrere, gleichzeitig ablaufende Vorgänge gleicher Frequenz als Funktion der Zeit dargestellt werden. Zwei Spannungen mit unterschiedlicher Amplitude und unterschiedlichen Nullphasenwinkeln zeigt Bild 7.3. Ein positiver Nullphasenwinkel bedeutet, dass zum Zeitpunkt $t = 0$ bereits ein Teil der Sinusschwingung abgelaufen ist, im Diagramm ist die Sinusfunktion also nach links verschoben. Die Differenz der Nullphasenwinkel beider Schwingungen heißt *Phasendifferenz* oder *Phasenverschiebung* φ.

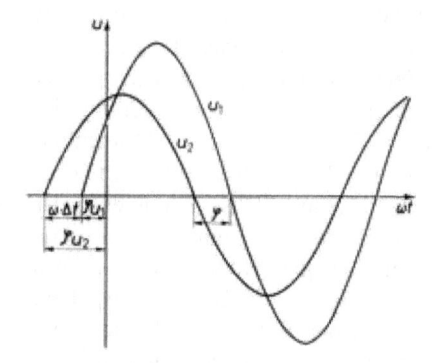

Bild 7.3 Liniendiagramm phasenverschobener Sinusspannungen

> Zur Kennzeichnung von Sinusvorgängen gleicher Frequenz müssen die Scheitelwerte, die gemeinsame Frequenz und ihre Phasendifferenz bekannt sein.

Hierbei ist darauf zu achten, welche Sinusgröße als Bezugsgröße genommen wird. Zweckmäßig ist es, den Nullphasenwinkel der Bezugsspannung $\varphi_u = 0$ zu wählen.

> Eine negative Phasenverschiebung beschreibt eine Größe, die der Bezugsgröße nacheilt, ein positive Phasenverschiebung bedeutet Voreilung der Sinusgröße gegenüber der Bezugsgröße

7.2.2.2 Drehzeigerdarstellung

Jede Sinusgröße kann durch einen mit der Kreisfrequenz ω gegen den Uhrzeigersinn, also mathematisch positiv, drehenden Zeiger (*Drehzeiger*) mit der Länge der Amplitude der entsprechenden Sinusgröße dargestellt werden. In einem Zeigerdiagramm können nur Größen gleicher

Frequenz zusammengefasst werden. Der Zeiger, der der Bezugsgröße entspricht, wird zweckmäßigerweise mit dem Nullphasenwinkel 0°, also horizontal gezeichnet. Aus der Projektion der Endpunkte der Zeiger auf die vertikal Achse des Liniendiagramms kann der Augenblickswert der Sinusgröße abgelesen werden. Dreht man das gesamte Zeigerdiagramm bei gleich bleibender gegenseitiger Lage der Drehzeiger im positiven Sinn, so verschiebt sich die Lage der vertikalen Achse im Liniendiagramm.

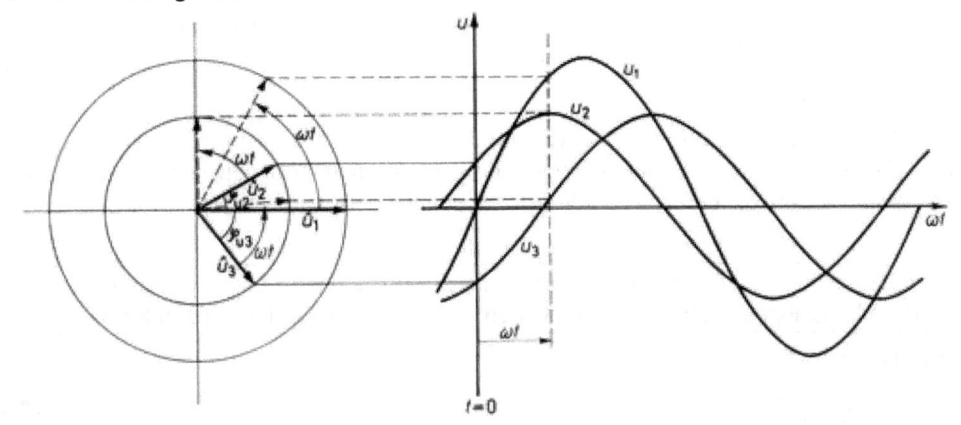

Bild 7.4 Phasenverschobene Sinusspannungen im Linien- und Drehzeigerdiagramm

Das Drehzeigerdiagramm liefert bis auf die Frequenz die gleichen Informationen über die dargestellten Sinusgrößen wie das Liniendiagramm und die Funktionsgleichungen.

7.2.2.3 Darstellung in der komplexen Zahlenebene

Geht man davon aus, dass sich in einer Wechselstromschaltung die Frequenz zunächst nicht ändert, sind also zur Bestimmung der Größen die Amplitude und die Phasenlage entscheidend.

Da zu einer vollständigen Angabe von Sinusgrößen und den Beziehungen zwischen diesen Größen neben der Frequenz nur die Amplituden und die Phasenwinkel benötigt werden, bietet sich als mathematisches Werkzeug die komplexen Zahlen an, da ja auch dort Beträge ($\triangleq$ Amplituden) und die Argumente ($\triangleq$ Phasenwinkel) berechnet. Die grafische Darstellung entspricht dem Zeigerdiagramm, nur sind im streng mathematischen Sinn die komplexen Zahlen Punkte in der Gaußschen Zahlenebene, in der Elektrotechnik werden sie aber wegen der Parallelität zu den Drehzeigern ebenfalls als Zeiger dargestellt.

Zeitabhängige elektrotechnische Größen werden als komplexe Größen behandelt. Sie haben also einen Betrag, einen Realteil, einen Imaginärteil und einen Winkel. In der Elektrotechnik wird üblicherweise der Winkel φ im Gradmaß angegeben, obwohl streng mathematisch der Winkel im Bogenmaß anzugeben ist, da im Exponenten der e- Funktion nur eine dimensionslose Größe stehen darf.

Es gelten die folgenden Bezeichnungen, hier am Beispiel eines komplexen Wechselstromwiderstandes $\underline{Z}$:

$$\boxed{\underline{Z} = R + jX = Z \cdot e^{j\varphi}} \tag{7.8}$$

$\underline{Z}$ \qquad komplexer Wechselstromwiderstand oder Impedanz

$R = \text{Re}(\underline{Z}) = Z \cdot \cos\varphi$ \qquad Wirkwiderstand

$$X = \text{Im}(\underline{Z}) = Z \cdot \sin\varphi \qquad \text{Blindwiderstand}$$

$$\boxed{Z = |\underline{Z}| = \sqrt{R^2 + X^2}} \qquad \text{Scheinwiderstand}$$

$$\boxed{\varphi = \arctan\frac{X}{R}} \qquad \text{Phasenwinkel}$$

Der Kehrwert der Impedanz ist der komplexe Leitwert oder Admittanz

$$\underline{Y} = \frac{1}{\underline{Z}} \tag{7.9}$$

Die Begriffe Wirk-, Blind und Schein werden auch in Kombination mit anderen Größen verwendet, z.B. Wirkleistung. In einem Zeigerdiagramm können nur gleiche Größen gezeichnet werden, in der Rechnung mit komplexen Zahlen können selbstverständlich Größen kombiniert werden.

> Bei der Berechnung von Wechselstromschaltungen gelten im Prinzip alle Formeln, die im Gleichstromkreis abgeleitet wurden, nur müssen jetzt komplexe Größen eingeführt werden.

So lautet das Ohmsche Gesetz:

$$\boxed{\underline{u} = \underline{Z} \cdot \underline{i}} \tag{7.10}$$

Bei der Berechnung sind die Rechenregeln für komplexe Zahlen (s. Kapitel 1) anzuwenden.

In den folgenden Kapiteln werden wir die Drehzeigerdarstellung und die Berechnung mit Hilfe der komplexen Zahlen soweit wie möglich parallel anwenden. Die Anwendung der komplexen Zahlen führt in solchen Fällen zu einer wesentlichen Erleichterung, in denen Kombinationen von Reihen- und Serienschaltungen und auch Multiplikation- oder Divisionsberechnungen durchzuführen sind.

7.2.3 Addition von Sinusgrößen

Addition und **Subtraktion** in der Drehzeigerdarstellung werden entweder grafisch durchgeführt, indem die Zeiger wie im Abschnitt Vektorrechnung gezeigt, wie Vektoren addiert werden, rechnerische durch Addition bzw. Subtraktion der x- und y- Komponenten der Zeiger.

> Die Summe von Sinusgrößen gleicher Frequenz ist stets wieder eine Sinusgröße der gleichen Frequenz.
>
> Jede Sinusgröße kann man als Summe aus zwei Sinusgrößen gleicher Frequenz auffassen, die z.B. eine gegenseitige Phasenverschiebung von 90° aufweisen.

Beispiel 7.2 Gegeben sind die Spannungen mit den Werten $\hat{u}_1 = 70\text{V}$, $\hat{u}_2 = \hat{u}_3 = 58\text{V}$, $\varphi_{u1} = 0°$, $\varphi_{u2} = 30°$, $\varphi_{u3} = -52°$. Es ist die Summenspannung zu bestimmen.

Lösung: Die x- Komponenten der einzelnen Spannungen werden mit der Gleichung $u_x = \hat{u} \cdot \cos\varphi_u$, die y- Komponenten mit $u_y = \hat{u} \cdot \sin\varphi_u$ berechnet. Es sind:

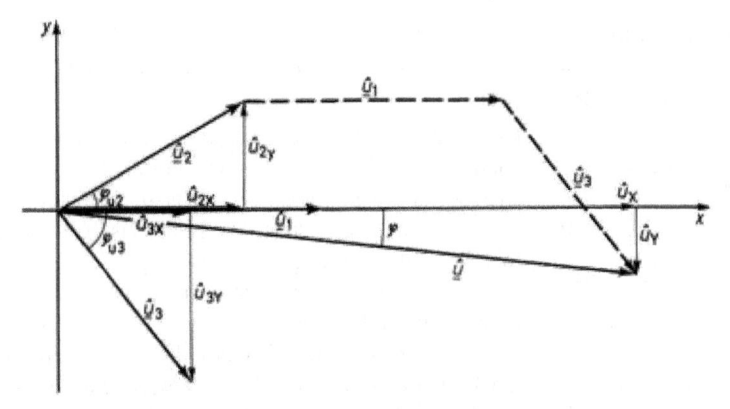

Bild 7.5 Addition phasenverschobener Sinusspannungen

	x- Komp.	y- Komp.
u_1	70 V	0 V
u_2	50,23 V	29 V
u_3	35,71 V	-45,7 V
u	**155,94 V**	**-16,7 V**

Damit ergibt sich $\hat{u} = \sqrt{155,94^2 + 16,7^2} = 156,83$ V,

$\varphi_u = \arctan(-16,7/155,94) = -6,11°$

Somit wird die gesuchte Funktionsgleichung

$u = 156,83\text{V} \cdot \sin(\omega t - 6,11°)$.

Obwohl die geometrische Addition bzw. Subtraktion von zweidimensionalen Vektoren und Drehzeigern und auch die Zerlegung in Komponenten in gleicher Weise erfolgen, haben Drehzeiger und Vektoren völlig verschiedene Größeneigenschaften. Während der Vektorcharakter die räumliche Orientierung einer Größe bedeutet, stellt der Drehzeiger den zeitlich sinusförmig veränderlichen wert einer Größe dar.

7.2.4 Bezugspfeilsystem

Auch zum Berechnen von Wechselstromkreisen sind für Spannungen und Ströme Bezugspfeile nötig, mit denen wir für die Augenblickswerte der Spannungen bzw. der Ströme wie im Gleichstromkreis die Kirchhoffschen Regeln anwenden können. Mit anderen Worten: Wir können die Bezugspfeile bei gerade positiven Werten der Augenblickswerte auch als Richtungspfeile im konventionellen Sinn auffassen. Obwohl sich bei Wechselgrößen ständig Beträge und Vorzeichen der Augenblickswerte ändern, können wir mit den festgelegten Bezugspfeilen wie beim Gleichstrom rechnen.

Positive und negative Leistung. In Bild 7.6 ist ein einfacher Wechselstromkreis dargestellt, um die Anwendung der Bezugspfeile zu erläutern. Die Wechselspannungsquelle ist hier eine Ersatzspannungsquelle mit der Quellenspannung u_0, und dem innerer Widerstand R_i. In der Quelle ergibt sich bei entgegengesetzter Lage der Bezugspfeile von Quellenspannung und Strom und stets gleichen Vorzeichen der Augenblickswerte immer eine negative Leistung, also eine abgegebene. Im Innenwiderstand R_i wie auch im dargestellten Verbraucher R bekommt man bei gleicher Lage der Bezugspfeile und wiederum stets gleichen Vorzeichen der Augenblickswerte eine positive, also eine aufgenommene Leistung.

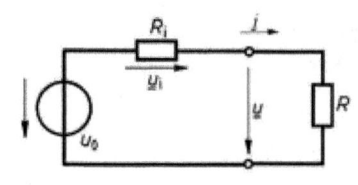

Bild 7.6 Bezugspfeilsystem

Der Erhaltungssatz der Energie gilt in jedem Augenblick, also auch für die Leistungen. Das heißt, dass auch im Wechselstromkreis die Summe der Teilleistungen stets Null sein muss. Während im Gleichstromkreis für das Vorzeichen einer Teilleistung nur die gegenseitige Lage der Richtungspfeil von Spannung und Strom bestimmend ist, müssen im Wechselstromkreis außer der Lage der Bezugspfeile auch die Vorzeichen der Augenblickswerte beachtet werden. Wir werden im folgenden sehen, dass bei gleicher Lage der Bezugspfeile im Verbraucherteil dennoch gleiche und unterschiedliche Vorzeichen der Augenblicks werte auftreten können. Mit anderen Worten: Die Leistung im Verbraucher kann je nach seiner Art sowohl positiv (aufgenommene Leistung) als auch negativ sein (abgegebene Leistung). Welche Vorzeichen der Augenblickswerte von Spannung und Strom gleichzeitig auftreten, hängt von der gegenseitigen Phasenlage ab. Wir wollen zunächst Wechselstromwiderstände betrachten, bei denen entweder keine Phasenverschiebung zwischen Spannung und Strom auftritt oder bei denen die Phasenverschiebung 90° beträgt. Diese werden als ideale Wechselstromwiderstände bezeichnet.

Aufgaben zu Abschnitt 7.2

189. Ein sinusförmiger Wechselstrom erreicht 1 ms nach dem Nulldurchgang
    a) 50%, b) 60% seines Scheitelwerts.
    Wie groß sind Frequenz und Periodendauer?

190. Eine sinusförmige Wechselspannung mit der Frequenz 50 Hz hat den Nullphasenwinkel φ_u = 20° und den Scheitelwert 90 V.
    a) Welchen Augenblickswert hat sie bei $t = 0$?
    b) Nach welcher Zeit treten die ersten drei Nulldurchgänge auf?
    c) Welche Beträge hat die Spannung bei $t =$ 5; 7,5; 15; 20 ms?

191. Eine sinusförmige Wechselspannung mit der Frequenz 50 Hz erreicht bei $t = 2,5$ ms ihren positiven Scheitelwert von 150 V.
    a) Welchen Nullphasenwinkel hat die Spannung?
    b) Wie groß ist der Augenblickswert bei $t=0$?

192. Eine sinusförmige Wechselspannung mit der Frequenz 400 Hz und dem Scheitelwert 150 V hat zur Zeit $t = 0$ den Augenblickswert 75 V.
    a) Wie groß ist der Nullphasenwinkel?
    b) Welchen Augenblickswert hat die Spannung bei t = 0,5 ms?

193. In welchen Zeitabständen von einem Nulldurchgang erreicht eine sinusförmige Wechselspannung 70% ihres Scheitelwerts bei einer Frequenz von
    a) $16^2/_3$ Hz, b) 50 Hz, c) 100 Hz, d) 150 Hz?

194. Welche Frequenz hat ein sinusförmiger Wechselstrom, wenn zwischen dem Erreichen von 50 %: und 55 % des Scheitelwerts eine Zeitspanne von 0,1 ms liegt?

195. Zwei Sinusspannungen gleicher Frequenz haben die Phasenverschiebung $\varphi = 30°$. Eine Spannung mit dem Scheitelwert 180 V hat den Augenblickswert 70 V. Weihen Betrag hat in diesem Moment die andere mit dem Scheitelwert 120 V?

196. Ein sinusförmiger Wechselstrom mit dem Scheitelwert 6 A hat den positiven Augenblickswert 1,5 A, wenn eine Wechselspannung gleicher Frequenz mit dem Scheitelwert 250 V den ebenfalls positiven Augenblickswert 180 V hat.
    a) Welche Beträge unter 180° können die elektrischen Winkel beider Größen haben?
    b) Welche Phasenverschiebung (unter 90°) haben Spannung und Strom?

197. Von zwei Sinusspannungen gleicher Frequenz hat die eine den Scheitelwert $\hat{u}_1 = 120$ V, die andere $\hat{u}_2 = 180$ V. Sie haben eine Phasen-

verschiebung von a) 15°, b) 30°, c) 45°, d) 60°, e) 90°, f) 120°.
Welchen Wert hat die Summenspannung und welche Phasenlage hat sie gegenüber der Bezugsspannung $\hat{u}_2$?

198. In der Zuleitung zu einer Parallelschaltung fließt ein sinusförmiger Wechselstrom mit dem Scheitelwert $\hat{i}$ = 6 A, der sich in zwei Teilströme aufteilt. Ein Teilstrom hat den Scheitelwert $\hat{i}_1$ = 4 A und gegenüber dem Gesamtstrom eine Phaseverschiebung φ = -40°. Welchen Scheitelwert und welche Phasenlage hat der andere Teilstrom?

199. Die Wellen von zwei zweipoligen Wechselstromgeneratoren sind starr miteinander gekuppelt, wobei der Verdrehungswinkel einstellbar ist. Ihre Wicklungen liefern sinusförmige Wechselspannungen gleicher Frequenz mit gleichen Scheitelwerten $\hat{u}_1 = \hat{u}_2$ = 160 V. Beide Wicklungen werden in Reihe geschaltet. Die Summenspannung $\hat{u}$ ist a) 320 V, b) 290 V, c) 250 V, d) 210 V, e) 180 V. Wie groß müssen die Verdrehungswinkel der beiden Generatorwellen sein?

200. Welche Gesamtspannungen erhält man, wenn die beiden Generatoren von Aufg. 199 einen Verdrehungswinkel von a) 30°, b) 60°, c) 90° haben und bei der Reihenschaltung der beiden Wechselspannungen die Wicklungsanschlüsse auch vertauscht werden?

201. Zwei Wechselspannungserzeuger liefern sinusförmige Wechselspannungen u_1 und u_2 gleicher Frequenz mit einer Phasenverschiebung von 90° und einstellbaren Scheitelwerten. Die Summenspannung hat den Scheitelwert $\hat{u}$ = 250 V. Wie groß müssen die Scheitelwerte $\hat{u}_2$ sein, wenn $\hat{u}_1$ a) 40 V, b) 80 V, c) 120 V, d) 180 V, e) 220 V beträgt?

202. Drei sinusförmige Wechselströme gleicher Frequenz mit den Scheitelwerten $\hat{i}_1$ = 2 A, $\hat{i}_2$ = 3 A und $\hat{i}_3$ = 4 A sowie einer Phasenverschiebung gegenüber $\hat{i}_2$ von φ_1 = 30° bzw. φ_3 = -70° überlagern sich zu einem Gesamtstrom i. Welchen Scheitelwert hat dieser und wie groß ist seine Phasenverschiebung φ gegenüber dem Bezugsstrom i_2?

7.3 Mittelwerte

Da sich die Augenblickswerte zeitlich dauernd ändern, ist es sinnvoll, in Wechselstromkreisen mit zeitlich konstanten Mittelwerten zu rechnen. Von Bedeutung sind hier der *Effektivwert* und der *Gleichrichtwert*.

7.3.1 Effektivwert

Die Leistung ist wie im Wechselstromkreis durch das Produkt von Strom und Spannung definiert, hier müssen jetzt aber die Augenblickswerte multipliziert werden. An dieser Stelle sollen am Beispiel eines idealen Wirkwiderstandes, Strom und Spannung liegen in Phase, die Verhältnisse untersucht werden. Der Augenblickswert der Wirkleistung errechnet sich zu:

$$p = u_R \cdot i_R = R i_R^2 = \frac{u_R^2}{R} \tag{7.11}$$

Mit $u_R = \hat{u}_R \cdot \sin \omega t$ und $i_R = \hat{i}_R \cdot \sin \omega t$

$$p = u_R \cdot i_R = R \cdot \hat{i}_R^2 \sin^2 \omega t = \frac{\hat{u}_R^2}{R} \cdot \sin^2 \omega t \tag{7.12}$$

Es gilt die Beziehung.

$$\sin^2 \omega t = \frac{1}{2}(1 - \cos 2\omega t) \tag{7.13}$$

Und somit

$$p = \frac{\hat{u}_R^2}{2R}(1 - \cos 2\omega t) = R \frac{\hat{i}_R^2}{2}(1 - \cos 2\omega t) \tag{7.14}$$

Der zeitliche Mittelwert über eine Periode ist dann

$$\boxed{\overline{p} = \frac{\hat{u}_R^2}{2R} = R \frac{\hat{i}_R^2}{2} = R I_R^2 = \frac{U_R^2}{R} = U_R \cdot I_R} \tag{7.15}$$

Somit beträgt der zeitliche Mittelwert der Leistung

$$\boxed{\overline{p} = \frac{\hat{u} \cdot \hat{i}}{2}} \tag{7.16}$$

Es gilt bei sinusförmigen Spannungen und Strömen:

$$\boxed{I = \frac{\hat{i}}{\sqrt{2}}} \text{ und } \boxed{U = \frac{\hat{u}}{\sqrt{2}}} \text{ (Effektivwerte bei Sinusgrößen)} \tag{7.17}$$

Diese Größen werden als *Effektivwerte* sinusförmiger Wechselgrößen bezeichnet. Sie entsprechen einer Gleichspannung bzw. einem Gleichstrom, die in einem Wirkwiderstand R die gleichen Wirkleistungen erzeugen würden wie die Sinusgrößen mit den Scheitelwerten $\hat{u}$ oder $\hat{i}$. Als zeitunabhängige Werte werden Effektivwerte mit Großbuchstaben bezeichnet.

In Bild 7.7 sind die Funktionen $\sin \omega t$ und $\sin^2 \omega t$ aufgetragen. Es ist deutlich, dass die $\sin^2 \omega t$ Funktion um den Mittelwert 0,5 schwingt.

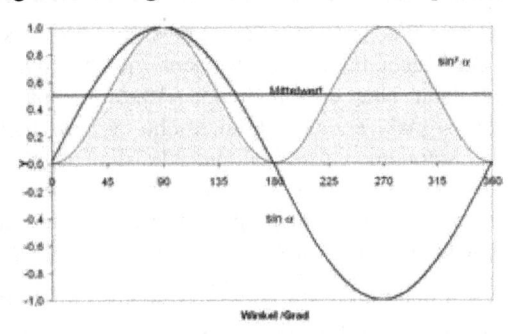

Bild 7.7 Sinusfunktion und ihr Quadrat

$$\overline{\sin^2 \omega t} = 0,5 \tag{7.18}$$

Somit gilt:

$$\overline{p} = \frac{1}{R} \cdot \overline{u^2} = \frac{1}{R} \cdot \hat{u}^2 \cdot \overline{\sin^2 \omega t} = \frac{\hat{u}^2}{2R} = \frac{U^2}{2R} \tag{7.19}$$

$$\boxed{U = \sqrt{\overline{u^2}} = \sqrt{\frac{\hat{u}^2}{2}} = \frac{\hat{u}}{\sqrt{2}}} \tag{7.20}$$

$$\boxed{I = \sqrt{\overline{i^2}} = \sqrt{\frac{\hat{i}^2}{2}} = \frac{\hat{i}}{\sqrt{2}}} \tag{7.21}$$

Die Bestimmung von Effektivwerten bei nicht sinusförmigen Wechselgrößen ist nur durch die hier nicht vorausgesetzte Integralrechnung zu lösen. Die allgemeine Formel zur Berechnung von Effektivwerten lautet z.B. für den Strom:

$$\sqrt{\overline{i^2}} = \sqrt{\frac{1}{T} \cdot \int_0^T i^2 \, dt} \tag{7.22}$$

Also der Wurzel aus dem Mittelwert der Stromquadrate. Deshalb wird der Effektivwert auch als quadratischer Mittelwert bezeichnet. Der Effektivwert entspricht geometrisch anschaulich der Fläche unter der quadrierten Funktionskurve.

Für eine Dreiecksspannung gilt:

$$\boxed{I = \frac{\hat{i}}{\sqrt{3}}} \text{ (Effektivwert einer Dreiecksspannung)} \tag{E(7.23)}$$

7.3.2 Gleichrichtwert und Formfaktor

Um eine Wechselspannung zu messen, wird diese in der Regel im Messinstrument gleichgerichtet und dann eine entsprechende Anzeige, analog oder digital, erzeugt. Gleichrichtung bedeutet, dass während einer Halbperiode die negative Spannung in der Grafik an der Zeitachse gespiegelt wird. Das Liniendiagramm ist in Bild 7.8 gezeichnet. Hier sind die Funktionen $|\sin \alpha|$, diese Funktion ist die gleichgerichtete Funktion, und $\sin^2 \alpha$ aufgetragen sowie die dazugehörenden zeitlichen Mittelwerte. Der Zahlenwert für den Gleichrichtwert einer Sinusgröße kann hier nicht abgeleitet werden, er beträgt:

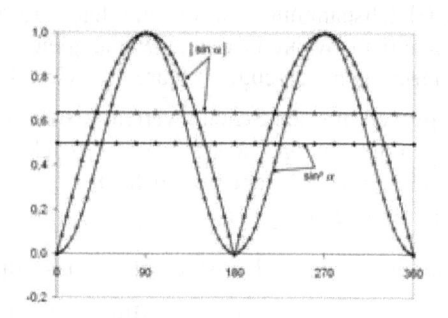

Bild 7.8 Gleichrichtwert

$$\overline{|u|} = \hat{u} \cdot \frac{2}{\pi} \tag{7.24}$$

Formfaktor: Der Formfaktor eines Wechselstroms bzw. einer Wechselspannung ist das Verhältnis des Effektivwertes zum Gleichrichtwert, also

$$F = \frac{U}{\overline{|u|}} = \frac{I}{\overline{|i|}} \tag{7.25}$$

Tabelle 7.1 Mittelwerte von Wechselgrößen

	Liniendiagramm	Effektivwert	Gleichrichtwert	Formfaktor
Sinus-Spannung		$U = \dfrac{\hat{u}}{\sqrt{2}}$	$\overline{\|u\|} = \hat{u} \cdot \dfrac{2}{\pi}$	$F = \dfrac{\pi}{2 \cdot \sqrt{2}} = 1{,}11$
Dreieck-Spannung		$U = \dfrac{\hat{u}}{\sqrt{3}}$	$\overline{\|u\|} = \dfrac{\hat{u}}{2}$	$F = \dfrac{2}{\sqrt{3}} = 1{,}155$

7.4 Leistung und Arbeit

Die Leistung ist wie im Wechselstromkreis durch das Produkt von Strom und Spannung definiert, hier müssen jetzt aber die Augenblickswerte multipliziert werden. Hier sollen die Verhältnisse zunächst für eine beliebige Phasendifferenz zwischen Strom und Spannung untersucht werden, die Spezialfälle eines reinen Wirk- oder Blindwiderstandes ergeben sich dann in einfacher Weise. Es gelten die Beziehungen:

$$u = \hat{u} \cdot \sin \omega t, \quad i = \hat{i} \cdot \sin(\omega t + \varphi) \tag{7.26}$$

$$p = u \cdot i = \hat{u} \cdot \hat{i} \cdot \sin \omega t \cdot \sin(\omega t + \varphi) \tag{7.27}$$

Unter Anwendung einer trigonometrischen Beziehung, die hier nicht abgeleitet werden kann,

$$\sin\alpha \cdot \sin\beta = \frac{1}{2}\left[\cos(\alpha-\beta) - \cos(\alpha+\beta)\right] \tag{7.28}$$

Mit $\alpha = \omega t$, $\beta = \omega t + \varphi$ und $\cos\varphi = \cos(-\varphi)$ folgt für den Augenblickswert der Leistung:

$$p = \frac{\hat{u}\cdot\hat{i}}{2}\left[\cos\varphi - \cos(2\omega t + \varphi)\right] \tag{7.29}$$

$$\boxed{p = U\,I\left[\cos\varphi - \cos(2\omega t + \varphi)\right]} \tag{7.30}$$

Wir können uns die Leistung aus zwei Anteilen zusammengesetzt denken, und zwar aus dem zeitlich konstanten Anteil $P = U\,I\cdot\cos\varphi$, der der Gleichstromleistung entspricht (er ist der zeitliche Mittelwert der Leistung), und einem überlagerten Anteil, der periodisch mit der doppelten Frequenz von Spannung und Strom verläuft. Die Größe P wird als *Wirkleistung* bezeichnet. Für den Fall einer Phasenverschiebung von 30° sind die Liniendiagramme im nebenstehenden Bild gezeichnet.

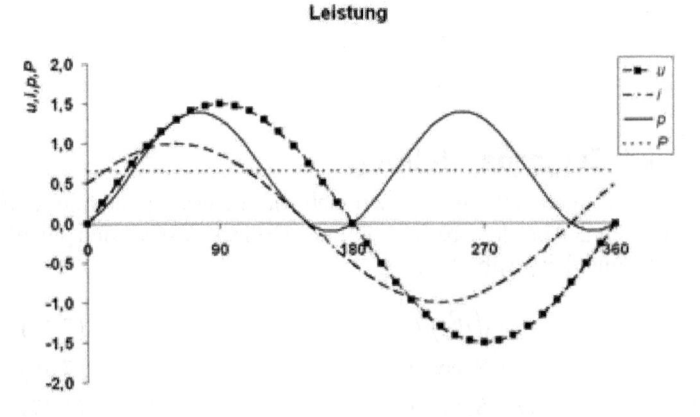

Bild 7.9 Liniendiagramm der Leistung, $\varphi = 30°$

Beträgt die Phasenverschiebung genau 90°, so gilt für den Augenblickswert der Leistung:

$p = 0 - U\,I\cos(2\omega t + 90°)$.

Die Wirkleistung ist 0, der Augenblickswert schwingt jedoch mit doppelter Frequenz. Hierbei wird der Spannungsquelle in ein Halbwelle Leistung entnommen, in der nächsten Halbwelle jedoch zurückgegeben. Diese Leistung, deren

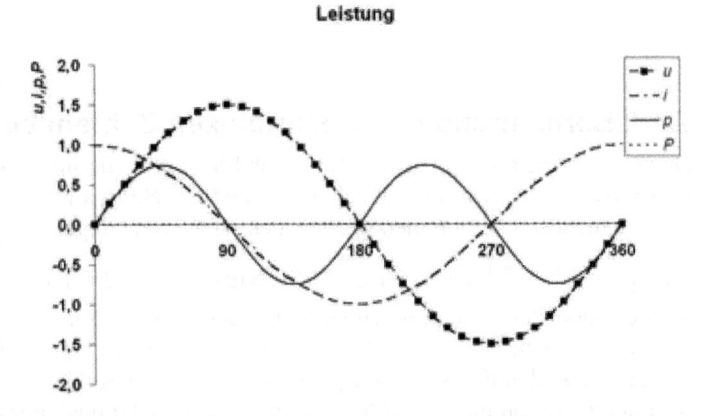

Bild 7.10 Liniendiagramm der Leistung, $\varphi = 90°$

Augenblickswert sich periodisch ändert, deren zeitlicher Mittelwert aber =0 ist, wird als *Blindleistung Q* bezeichnet. Hier gilt die Beziehung $Q = U\,I\cdot\sin\varphi$.

Scheinleistung: Multipliziert man die Effektivwerte von Strom und Spannung, die an einem Verbraucher gemessen werden können, so erhält man die Größe S, , $S = U\cdot I$ die als Scheinleistung bezeichnet wird.

Einheiten der Leistung: Um die unterschiedlichen Leistungsgrößen, die alle von großer Bedeutung sind, besser unterscheiden zu können, hat man ihnen unterschiedliche Einheitennamen gegeben, obwohl im Prinzip bei allen Größen die Einheit sich aus dem Produkt von V und A darstellt.

Scheinleistung: $\quad S = U \cdot I, \quad [S] = 1\,\text{VA} \quad$ (7.31)

Wirkleistung: $\quad P = U I \cdot \cos\varphi, \quad [P] = 1\,\text{W} \quad$ (7.32)

Blindleistung: $\quad Q = U I \cdot \sin\varphi \quad [Q] = 1\,\text{var} \quad$ (7.33)

Leistungsfaktor: Als Leistungsfaktor wird das Verhältnis von Wirk- und Scheinleistung bezeichnet:

$$\cos\varphi = \frac{P}{S} \quad (7.34)$$

7.4.1 Zeigerdarstellung

In der Zeigerdarstellung lassen sich diese Zusammenhänge einfach darstellen. Aus dem rechtwinkligen Dreieck lassen sich leicht die Zusammenhänge ablesen:

$$S = \sqrt{P^2 + Q^2} \quad (7.35)$$
$$P = S \cdot \cos\varphi \quad (7.36)$$
$$Q = S \cdot \sin\varphi \quad (7.37)$$
$$\tan\varphi = \frac{Q}{P}, \varphi = \arctan\frac{Q}{P} \quad (7.38)$$

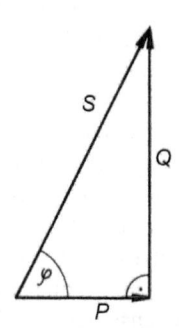

Bild 7.11 Leistungsdreieck

7.4.2 Berechnung in der komplexen Zahlenebene

Da die Leistung als Produkt von Strom und Spannung definiert ist, wobei die Differenz der Nullphasenwinkel als Phasenverschiebung zu berücksichtigen ist, kann im komplexen diese Produktbildung nicht so übernommen werden, denn die Rechenregeln ergäben ein falsches Ergebnis:

Mit $\underline{u} = \hat{u} \cdot e^{j(\omega t + \varphi_u)}$ und $\underline{i} = \hat{i} \cdot e^{j(\omega t + \varphi_i)}$ ergäbe sich $\underline{u} \cdot \underline{i} = \hat{u} \cdot \hat{i} \cdot e^{j(2\omega t + \varphi_u + \varphi_i)}$, also eine Größe, die mit der doppelten Frequenz schwingt, bei der aber die Summe der Nullphasenwinkel in die Berechnung eingeht. Daher muss hier die Formel verändert werden, es muss das Vorzeichen beim Nullphasenwinkel des Stroms geändert werden, dies geschieht im komplexen durch Verwendung der konjugiert komplexen Größe (s. Kap 1). Wenn jetzt noch nur der zeitliche Mittelwert betrachtet wird, so gilt:

$$\underline{S} = \underline{U} \cdot \underline{I}^* = U \cdot I \cdot e^{j(\varphi_u - \varphi_i)} \quad (7.39)$$

Diese Größe wird als komplexe Leistung bezeichnet und es gilt:

$$\underline{S} = P + jQ \quad (7.40)$$

Mit der Wirkleistung P und der Blindleistung Q.

7.5 Ideale Wechselstromwiderstände

7.5.1 Ohmscher Widerstand, Wirkwiderstand

Ideale Wechselstromwiderstände im Verbraucherteil des Stromkreises unterscheiden sich durch die Art der in ihnen ablaufenden Energieumwandlungen. Die nicht umkehrbare Umwandlung elektrischer Energie in Wärmeenergie haben wir schon im Gleichstromkreis kennen gelernt. Auch im Wechselstromkreis wird diese Art der Energieumwandlung durch einen ohmschen Widerstand R dargestellt. Wesentlich für diesen Wirkwiderstand ist, dass er ohne Speicherung elektrischer oder magnetischer Energie Leistung aufnimmt. Wegen der zu jedem Zeitpunkt positiven (aufgenommenen) Leistung können Strom und Spannung keine Phasendifferenz aufweisen. Üblicherweise setzt man die Nullphasenwinkel ebenfalls auf 0°. Die Funktionsgleichungen sind:

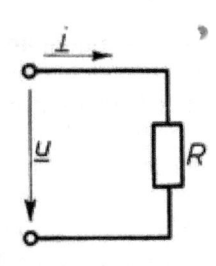

Bild 7.12 Wirkwiderstand

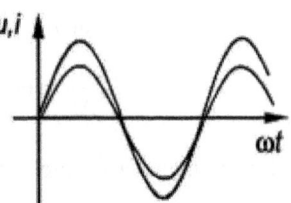

$$u = \hat{u} \cdot \sin \omega t \quad \text{und} \quad i = \hat{i} \cdot \sin \omega t$$

Bild 7.13 Liniendiagramm

Der Quotient aus Spannung und Strom ergibt, wie im Gleichstromkreis, den Widerstand, hier den Wirkwiderstand. Dieser Widerstand ist unabhängig von der Frequenz.

$$\frac{u}{i} = \frac{u = \hat{u} \cdot \sin \omega t}{i = \hat{i} \cdot \sin \omega t} = \frac{\hat{u}}{\hat{i}} = R \qquad (7.42)$$

Auf die Drehzeigerdarstellung wird hier verzichtet, beide Zeiger liegen horizontal..

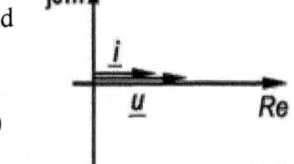

Bild 7.14 Darstellung in der Gaußschen Zahlenebene

Leitwert. Der Kehrwert des Widerstandes ist der Wirkleitwert.

$$\boxed{G = \frac{1}{R}}, \quad [G] = \frac{1}{[R]} = \frac{1}{\Omega} = 1\text{S}, \; 1 \; \text{Siemens} \qquad (7.43)$$

Komplexe Darstellung:

$$\underline{u} = \hat{u} \cdot e^{j0} \quad \text{und} \quad \underline{i} = \hat{i} \cdot e^{j0} \qquad (7.44)$$

Mathematisch korrekt muss der Winkel im Exponenten im Bogenmaß angegeben werden. In der Elektrotechnik wird aber oft wegen der Anschaulichkeit dieser Winkel im Gradmaß angegeben.

$$\boxed{\underline{Z}_R = \frac{\underline{u}}{\underline{i}} = \frac{\hat{u}}{\hat{i}} \cdot e^{j0}} \qquad (7.45)$$

$$\underline{Z}_R = R + jX = R + 0j = R \qquad (7.46)$$

$$\boxed{\underline{Y}_R = \frac{1}{\underline{Z}} = \frac{1}{R} = G} \qquad (7.47)$$

7.5.2 Ideale Spule, induktiver Blindwiderstand

Strom und Spannung an der idealen Spule. Eine Spule nennt man dann ideal, wenn sie keine Energieverluste aufweist. Ihre Eigenschaften im Stromkreis werden alleine durch die Induktivität und die Frequenz bestimmt. In der idealen Spule wird ein periodisch ein magnetisches Feld ohne Energieverluste aufgebaut und wieder abgebaut. Die Bezugspfeile werden wie in Bild 7.10 festgelegt. Den zeitlichen Verlauf von Strom und Spannung erhalten wir, wenn für einen gegebenen Strom die Spannung nach dem Induktionsgesetz ermittelt wird.

$$i_L = \hat{i}_L \cdot \sin \omega t$$

$$u_L = L \frac{\Delta i_L}{\Delta t} = \omega L \frac{\Delta i_L}{\Delta \omega t}$$

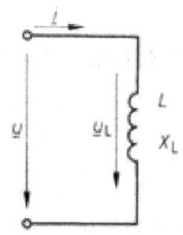

Bild 7.15 ideale Spule

Durch Einsetzen der Formel für den Strom und mit $\frac{\Delta \sin \omega t}{\Delta \omega t} = \cos \omega t$

folgt:

$$i_L = \hat{i}_L \cdot \sin \omega t$$

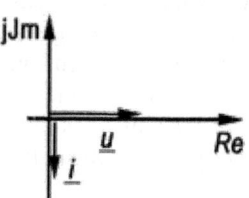

Bild 7.16 Darstellung in der Gaußschen Zahlenebene

$$u_L = L \frac{\Delta i_L}{\Delta t} = \omega L \frac{\Delta i_L}{\Delta \omega t}$$

Durch Einsetzen der Formel für den Strom und mit $\frac{\Delta \sin \omega t}{\Delta \omega t} = \cos \omega t$ folgt:

$$u_L = \hat{i}_L \cdot \omega L \cdot \cos \omega t = \hat{u}_L \cdot \cos \omega t$$

Strom und Spannung haben also eine Phasendifferenz von 90°, der Strom läuft der Spannung hinterher. Auch hier ist der Quotient $\frac{\hat{u}_L}{\hat{i}_L} = \omega L$ ein Maß für den Widerstand, allerdings ist hier wegen der Phasendifferenz von

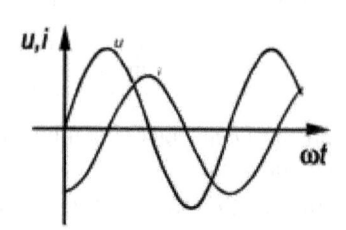

Bild 7.17 Liniendiagramm bei einer Induktivität

90° kein Wirkanteil vorhanden. Üblicherweise wird der Zeitpunkt t=0 so gelegt, dass die Spannung u zu diesem Zeitpunkt den wert 0V hat, somit muss eine Verschiebung der vertikalen Achse erfolgen. Dann gilt:

$$u_L = \hat{u}_L \cdot \sin \omega t \quad \text{und} \quad i_L = -\hat{i}_L \cdot \cos \omega t \tag{7.48}$$

Dieser Zusammenhang ist im Bild7.17 im Liniendiagramm dargestellt.

Komplexe Darstellung: Für Spannung und Strom gelten entsprechend die Formeln:

$$\underline{u} = \hat{u} \cdot e^{j0°} \quad \text{und} \quad \underline{i} = \hat{i} \cdot e^{-j90°} \tag{7.49}$$

Damit ergibt sich für den komplexen Widerstand die Beziehung:

$$\boxed{\underline{Z}_L = \frac{u_L}{i_L} = \frac{\hat{u}}{\hat{i}} \cdot e^{j90°}} \qquad (7.50)$$

$$\underline{Z}_L = 0 + jX_L \qquad (7.51)$$

$$\boxed{\underline{Z}_L = 0 + j\omega L} \qquad (7.52)$$

$$\boxed{\underline{Y}_L = \frac{1}{\underline{Z}_L} = -\frac{j}{\omega L}} \qquad (7.53)$$

X_L heißt induktiver Blindwiderstand. Da es sich hier wie beim Wirkwiderstand um das Verhältnis der zeitlich konstanten Scheitelwerte von Strom und Spannung handelt, ist auch der Blindwiderstand ein zeitlich konstanter Wert. Er kann also nicht als Drehzeiger verstanden werden, sehr wohl aber in der Gaußschen Zahlenebene dargestellt werden.

> In einer idealen Spule eilt der induktive Blindstrom Strom der Spannung um 90° nach. Als Merksatz wird oft der einprägsame Satz „*Bei Induktivitäten die Ströme sich verspäten*" verwendet. Das Verhältnis der Scheitelwerte bzw. Effektivwerte von Spannung und Strom ist gleich dem induktiven Blindwiderstand

7.5.3 Idealer Kondensator, kapazitiver Blindwiderstand

Ein Kondensator ohne Verluste bei der Energieumwandlung während des Auf- und Entladens bei angelegter Wechselspannung ist ebenfalls ein idealer Wechselstromwiderstand. Den Zusammenhang zwischen Strom und Spannung bekommen wir bei einem sinusförmigen Verlauf der Spannung $u_C = \hat{u}_C \cdot \sin \omega t$, wenn wir den Strom nach seiner Definition $i_C = \Delta Q_C / \Delta t$ ermitteln. Die Änderung der Ladung auf den Platten des verlustlosen Kondensators entspricht einer Änderung der Spannung $\Delta Q_C = C \cdot \Delta u_C$. Damit wird der Strom

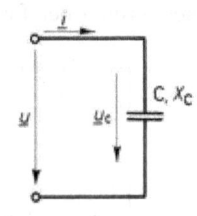

Bild 7.18 Idealer Kondensator

$$i_C = C \cdot \frac{\Delta u_C}{\Delta t} \qquad (7.54)$$

Für eine Spannung $u_C = \hat{u}_C \cdot \sin \omega t$ erhalten wir nach ähnlicher Umformung wie oben:

$$i_C = \hat{u}_C \cdot \omega C \cdot \cos \omega t = \hat{i}_C \cdot \cos \omega t \qquad (7.55)$$

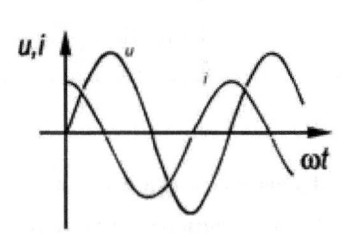

Bild 7.19 Liniendiagramm bei einer Kapazität

Somit eilt hier der Strom der Spannung um 90° voraus.
Der Quotient aus den Scheitelwerten

$$\boxed{\frac{\hat{u}_C}{\hat{i}_C} = \frac{1}{\omega C} = X_C} \qquad (7.56)$$

ist der kapazitive Blindwiderstand.

Ideale Wechselstromwiderstände

Komplexe Darstellung: Für Spannung und Strom gelten entsprechend die Formeln:

$$\underline{u} = \hat{u} \cdot e^{j0°} \quad \text{und} \quad \underline{i} = \hat{i} \cdot e^{j90°} \tag{7.57}$$

Damit ergibt sich für den komplexen Widerstand die Beziehung:

$$\underline{Z}_C = \frac{\underline{u}_C}{\underline{i}_C} = \frac{\hat{u}}{\hat{i}} \cdot e^{-j90°} \tag{7.58}$$

$$\underline{Z}_C = 0 - jX_C \tag{7.59}$$

$$\underline{Z}_C = 0 - j\frac{1}{\omega C} \tag{7.60}$$

$$\underline{Y}_C = \frac{1}{\underline{Z}_C} = j \cdot \omega C \tag{2.61}$$

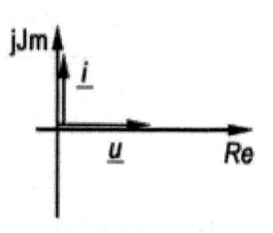

Bild 7.20 Darstellung in der Gaußschen Zahlenebene

X_C heißt kapazitiver Blindwiderstand.

> Der kapazitive Blindstrom eilt der am idealen Kondensator liegenden Spannung um 90° vor. Das Verhältnis der Scheitelwerte bzw. Effektivwerte von Spannung und Strom ist gleich dem kapazitiven Blindwiderstand.

Zusammenfassung der für die komplexe Berechnung benötigten Größen des komplexen Widerstandes.

Tabelle 7.2 Wechselstromwiderstand

$\underline{Z} = R + jX$	Realteil	Imaginärteil X	Phasenwinkel φ
Ohmscher Widerstand	R	0	0°
Induktivität	0	ωL	90°
Kapazität	0	$-\dfrac{1}{\omega C}$	-90°

Aufgaben zu Abschnitt 7.4 und 7.5

203. Ein sinusförmiger Wechselstrom hat den Scheitelwert $\hat{i} = 1{,}5\,\text{A}$. Wie groß muss ein Gleichstrom sein, der in einem Widerstand die gleiche Wärmewirkung hat?

204. Bei einer sinusförmigen Wechselspannung wird der Effektivwert $U = 230\,\text{V}$ gemessen. Wie groß ist ihr Scheitelwert?

205. An einem Kondensator mit der zulässigen Spannung 180 V liegt eine sinusförmige Wechselspannung. Welchen Effektivwert darf diese höchstens haben?

206. In einem Widerstand $R = 10\,\Omega$ tritt eine sinusförmig verlaufende Leistung auf, deren Augenblickswert zwischen Null und dem Höchstwert 90 W schwankt. Wie groß sind Effektivwert, Scheitelwert und Gleichrichtwert des Stroms und der Spannung am Widerstand?

207. Ein Elektrowärmegerät mit dem Widerstand $R = 48{,}4\,\Omega$ wird von einem sinusförmigen Wechselstrom durchflossen.

a) Welchen Effektivwert und Scheitelwert hat die Stromstärke, wenn die Anschlussspannung 230 V beträgt?
b) Welche Bemessungsleistung hat das Gerät?
c) Welchen höchsten Augenblickswert hat die Leistung?
d) Wie groß sind Scheitelwert und Frequenz der Scheinleistung, wenn die Frequenz der Anschlussspannung 50 Hz ist?

208. Ein dreieckförmiger Wechselstrom hat die Periodendauer T = 20 ms und den Maximalwert $\hat{i}$ = 0,5 A.
a) Wie groß ist der Gleichrichtwert?
b) Wie groß ist der Effektivwert?
c) Wie groß ist der Formfaktor des Wechselstroms?

209. In einem Widerstand steigt die Stromstärke während der Zeit linear von Null auf einen Höchstwert $\hat{i}$ an und nimmt während der Zeit t_2 linear auf Null ab. Dieser sägezahnförmige Stromverlauf wiederholt sich periodisch mit T = $t_1 + t_2$. Wie groß sind zeitlicher Mittelwert und Effektivwert für $\hat{i}$ = 2 A und t_2/t_1 = 0,1; 0,5; 1?

210. Bei einer Anschlussspannung 230 V hat eine Glühlampe den Höchstwert der Leistung von a) 50 W, b) 80 W, c) 120 W, d) 150 W, e) 200 W. Wie groß sind die Scheitelwerte des Stroms?

211. Bei der Frequenz 400 Hz hat eine ideale Spule den Blindwiderstand 3,77 Ω. Wie groß ist die Induktivität?

212. Durch einen induktiven Blindwiderstand mit L = 2,5 mH fließt ein sinusförmiger Wechselstrom mit f = 800 Hz und dem Effektivwert 0,1 A.
a) Wie groß ist der Höchstwert der in der Induktivität gespeicherten Energie?
b) Wie groß ist der Scheitelwert der Spannung?

213. Der induktive Blindwiderstand einer Spule beträgt X_L = 30,16 Ω bei f = 1200 Hz. Bei welcher Frequenz ist er a) 40 Ω, b) 75 Ω, c) 180 Ω?

214. Wie groß ist die Induktivität, wenn bei der Frequenz 10 kHz ein sinusförmiger Wechselstrom mit $\hat{i}$ = 20 mA eine Blindspannung mit dem Effektivwert 800 mV erzeugt?

215. Welchen Blindwiderstand hat eine Kapazität C = 5 nF bei der Frequenz a) 10 kHz, b) 25 kHz, c) 40 kHz?

216. Der kapazitive Blindwiderstand eines Kondensators hat bei einer Frequenz von a) 50 Hz, b) 400 Hz, c) 1 kHz den Betrag 3 kΩ. Wie groß ist jeweils die Kapazität?

217. An einem verlustlosen Kondensator mit der Bemessungskapazität 2,2 µF liegt eine sinusförmige Wechselspannung von 230 V Wie groß sind Blindwiderstand und Stromstärke bei der Frequenz a) 50 Hz, b) 400 Hz, c) 1 kHz, d) 3 kHz?

218. Auf einem Kondensator mit der Bemessungskapazität 2,2 µF steht eine Toleranzangabe ± 20%. Bei der Frequenz 50 Hz fließt ein sinusförmiger Wechselstrom mit dem Scheitelwert 0,15 A.
a) Wie groß sind Scheitelwert und Effektivwert der Spannung am Kondensator?
b) Welche Energiemenge wird beim Bemessungswert der Kapazität und den Toleranzgrenzen maximal im Kondensator gespeichert?
c) Wie groß ist die Blindleistung?

219. In einem Kondensator mit der Kapazität von 3,3 µF tritt eine maximale Energiemenge von 84,5 mWs auf. Wie groß ist der Effektivwert der sinusförmigen Wechselspannung?

220. Welche Scheitelwerte von Strom und Spannung treten bei Sinusform und einer Frequenz von 50 Hz in der Induktivität 1,5 H auf, deren Blindleistung a) 50 var, b) 100 var, c) 250 var beträgt)

221. Bei der Frequenz 400 Hz hat die sinusförmige Wechselspannung an einer Kapazität den Scheitelwert 450 V. Wie groß sind Kapazität und Effektivwert des Stroms bei einer Blindleistung von a) 50 var, b) 250 var, c) 1000 var?

7.6 Grundschaltungen idealer Wechselstromwiderstände

7.6.1 Reihenschaltung

7.6.1.1 Spule und Wirkwiderstand

Bei der Reihenschaltung eines Wirkwiderstandes R und einer idealen induktiven Blindwiderstandes X_L stellt sich bei sinusförmiger Wechselspannung an den Klemmen auch ein sinusförmiger Strom ein. Er erzeugt an beiden Widerständen entsprechende Teilspannungen, deren Summe in jedem Augenblick gleich der angelegten Klemmenspannung ist. Allerdings muss die Summe geometrisch in der Zeigerdarstellung oder besser in der komplexen Darstellung durchgeführt werden, da die Phasenverschiebung berücksichtigt werden muss.

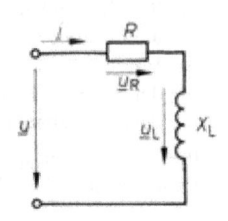

Bild 7.21 Reihenschaltung von R und X_L

Drehzeigerbild. Zuerst wir der Bezugszeiger $\underline{I}$ gezeichnet und phasengleich damit der Zeiger $\underline{U}_R$. Die induktive Blindspannung $\underline{U}_L$ eilt dem Strom um 90° vor und wird an die Spitze von $\underline{U}_R$ gezeichnet. Die Klemmenspannung $\underline{U}$ ist dann die Summe der beiden Teilspannungen, der dazugehörende Zeiger wird vom Anfangspunkt des Zeigers $\underline{U}_R$ bis zum Endpunkt von $\underline{U}_L$ gezeichnet.

$$\underline{U} = \underline{U}_R + \underline{U}_L \tag{7.62}$$

Hier sind die Effektivwerte gezeichnet, will man die Scheitelwerte darstellen, ändert sich nur der Maßstab um den Faktor $\sqrt{2}$.

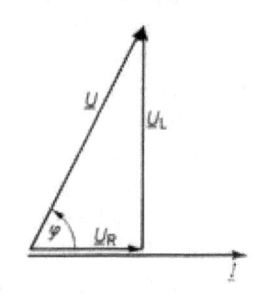

Bild 7.22 Zeigerbild der Reihenschaltung von R und X_L

Aus dem rechtwinkligen Dreieck lassen sich die folgenden Beziehungen ablesen:

$$U = \sqrt{U_R^2 + U_L^2} \tag{7.63}$$

$$\varphi = \arctan \frac{U_L}{U_R} \tag{7.64}$$

Normalerweise ist in einer Schaltung die Klemmenspannung vorgegeben und es sind die Teilspannungen und der Strom zu bestimmen. Hierzu ist zunächst der Widerstand zu bestimmen, dann der Strom und dann die Teilspannungen.

Auch die Widerstände lassen sich als Zeiger, jetzt aber als ruhende Zeiger darstellen.

Komplexe Schreibweise: Die Berechnung erfolgt am besten mit komplexen Zahlen.

Komplexer Widerstand $\quad \underline{Z} = R + jX_L$

Scheinwiderstand $\quad Z = \sqrt{R^2 + X_L^2}$

Phasenwinkel $\quad \varphi = \arctan \dfrac{X_L}{R}$

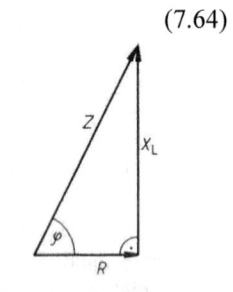

Bild 7.23 Widerstandsdreieck der Reihenschaltung von R und X_L

Strom	$\underline{i} = \dfrac{\underline{u}}{\underline{Z}}$	
Teilspannungen	$\underline{u}_R = \underline{i} \cdot \underline{Z}_R = \underline{i} \cdot R$	
	$\underline{u}_L = \underline{i} \cdot \underline{Z}_L = \underline{i} \cdot X_L \cdot e^{j90°}$	(7.65)

Beispiel 7.3 In der Reihenschaltung eines Widerstandes $R = 100\,\Omega$ und eines induktivem Blindwiderstandes $X_L = 250\,\Omega$ beträgt die Klemmenspannung U=230 V bei 50 Hz. Zu berechnen sind Induktivität L, Scheinwiderstand Z, Stromstärke I, beide Teilspannungen und die Phasendifferenz zwischen Strom und Klemmenspannung.

Lösung

$$X_L = \omega L \Rightarrow L = \dfrac{X_L}{\omega} = \dfrac{X_L}{2\pi f} = \dfrac{250\,\Omega s}{100\pi} = \mathbf{0{,}796\,H}$$

$$Z = \sqrt{R^2 + X_L^2} = \sqrt{100^2 + 250^2} = \mathbf{269{,}26\,\Omega}$$

$$I = \dfrac{U}{Z} = \dfrac{230\,\text{V}}{269{,}3\,\Omega} = \mathbf{0{,}854\,A}$$

$$U_R = I \cdot R = \mathbf{85{,}04\,V},\ U_L = I \cdot X_L = \mathbf{213{,}5\,V}$$

$$\tan\varphi = \dfrac{X_L}{R} = 2{,}5 \Rightarrow \varphi = \mathbf{68{,}2°}$$

Komplex

$$\underline{U} = 230\,\text{V} \cdot e^{j0}$$

$$\underline{Z} = R + jX_L = (100 + 250j)\,\Omega = \mathbf{269{,}26\,\Omega} \cdot e^{j68{,}2°}$$

$$\underline{I} = \dfrac{\underline{U}}{\underline{Z}} = \dfrac{230\,\text{V} \cdot e^{j0}}{269{,}26\,\Omega \cdot e^{j68{,}2°}} = \mathbf{0{,}854\,A} \cdot e^{-j68{,}2°}$$

$$\underline{U}_R = \underline{I} \cdot \underline{Z}_R = 0{,}854\,\text{A} \cdot e^{-j68{,}2°}\, 100\,\Omega e^{j0} = \mathbf{85{,}4\,V} \cdot e^{-j68{,}2°}$$

$$\underline{U}_R = \underline{I} \cdot \underline{Z}_L = 0{,}854\,\text{A} \cdot e^{-j68{,}2°}\, 250\,\Omega e^{j90°} = \mathbf{213{,}5\,V} \cdot e^{j21{,}8°}$$

$$\underline{S} = \underline{U} \cdot \underline{I}^* = 230\,\text{V} \cdot 0{,}854\,\text{A} \cdot e^{j68{,}2°} = \mathbf{196{,}4\,VA} \cdot e^{j68{,}2°}$$

umgewandelt in rechtwinklige Koordinaten ergibt sich:

$\underline{S} = 72{,}93 + j \cdot 182{,}35$ und somit:

$\mathbf{S = 196{,}4\,VA,\ P = 72{,}93\,W,\ Q = 182{,}35\ldots var}$

7.6.1.2 Kondensator und Wirkwiderstand

Für Reihenschaltung von R und X_C gelten grundsätzlich die gleichen Überlegungen wie für die Reihenschaltung von R und X_L, nur dass jetzt die Spannung am Kondensator der Spannung am Widerstand um 90° nacheilt.

Wird die Spannung am Wirkwiderstand, und somit der Strom als Bezugsgröße genommen, so ergibt sich das Zeigerbild der Spannungen.

Grundschaltungen idealer Wechselstromwiderstände

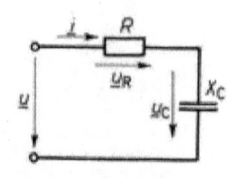

Bild 7.24 Reihenschaltung von R und X_C

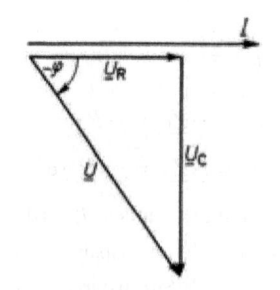

Bild 7.25 Zeigerbild der Reihenschaltung von R und X_C

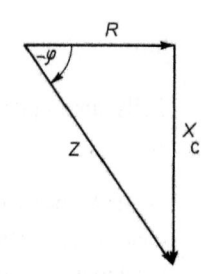

Bild 7.26 Widerstandsdreieck der Reihenschaltung von R und X_L

Beispiel 7.4 Ein Wirkwiderstand $R = 150\Omega$ liegt mit einem idealen Kondensator der Kapazität $C = 10\mu F$ in Reihe an der Klemmenspannung 230 V/ 50 Hz., die als Bezugsgröße genommen wird.

Wie groß sind Blindwiderstand, Scheinwiderstand, Phasenverschiebung, Strom, Spannung am Wirkwiderstand und am Kondensator, Scheinleistung, Wirkleistung und Blindleistung?

Lösung:
$$X_C = \frac{1}{\omega C} = \frac{1}{2\pi f C} = \frac{1 sV}{100\pi \cdot 10 \cdot 10^{-6} As} = \frac{1000}{\pi}\Omega = \mathbf{318,3\Omega}$$

$$Z = \sqrt{R^2 + X_C^2} = \sqrt{150^2 + 318,3^2}\,\Omega = \mathbf{351,9\Omega}$$

$$I = \frac{U}{Z} = \frac{230V}{351,9\Omega} = 0,654 A$$

$U_R = I \cdot R = 0,654 A \cdot 150 \Omega = \mathbf{98,1V}$, $U_C = I \cdot X_C = 0,654 A \cdot 318,3\Omega = \mathbf{208,2V}$

$\tan\varphi == X_C/R = 318,3\Omega/150\Omega = 2,122 \Rightarrow \varphi = \mathbf{64,8°}$

Dies ist der Nullphasenwinkel des Stroms.

$S = U \cdot I = 230V \cdot 0,654 A = \mathbf{150,4 VA}$

$P = R \cdot I^2 = 150\Omega \cdot 0,654^2 A^2 = \mathbf{64,1W}$

$Q = X_C \cdot I^2 = 318,3\Omega \cdot 0,654^2 A^2 = \mathbf{136,1 var}$ kapazitiv

Komplex:
$\underline{Z} = R - jX_C = (150 - 318,3j) = 351,9\Omega \cdot e^{-j64,8°}$

$$\underline{I} = \frac{\underline{U}}{\underline{Z}} = \frac{230V \cdot e^{j0}}{351,9\Omega \cdot e^{-j64,8°}} = 0,654 A \cdot e^{j64,8°}$$

$\underline{U}_R = \underline{Z}_R \underline{I} = 150\Omega \cdot 0,654 A \cdot e^{j64,8°} = 98,1V \cdot e^{j64,8°}$

$\underline{U}_R = \underline{Z}_C \underline{I} = 318,3\Omega \cdot e^{-j90°} \cdot 0,654 A \cdot e^{j64,8°} = 208,2V \cdot e^{-j25,2°}$

$\underline{S} = \underline{U} \cdot \underline{I}^* = 230V \cdot e^{j0} \cdot 0,654 A \cdot e^{-j64,8°} = 150,4VA \cdot e^{-j64,8°}$

$\underline{S} = (64,1\text{-}j \cdot 136,1)VA$

$\underline{S} = \mathbf{150,4 VA}, P = \mathbf{64,1 W}, Q = \mathbf{136,1 var}$ kapazitiv

Die komplexe Rechnung liefert automatisch alle Phasenwinkel, und zwar mit richtigem Vorzeichen, die bei der normalen Berechnung nur durch zusätzliche Überlegungen gefunden werden können.

7.6.1.3 Spule, Kondensator und Wirkwiderstand

Die Schaltung nach Bild 7.27 ist der allgemeine Fall einer Reihenschaltung idealer Wechselstromwiderstände. Wird der gemeinsame Strom als Bezugsgröße genommen, bekommen wir für den Strom und die Teilspannungen die Funktionsgleichungen

$$i = \hat{i} \cdot \sin \omega t \quad u_R = \hat{u}_R \cdot \sin \omega t$$
$$u_L = \hat{u}_L \cdot \cos \omega t \quad u_C = -\hat{u}_C \cdot \cos \omega t$$

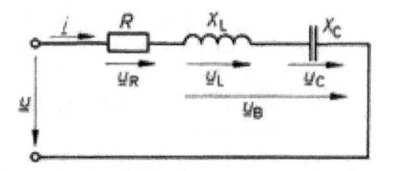

Bild 7.27 Reihenschaltung idealer Wechselstromwiderstände

Die Blindspannungen werden zusammengefasst, somit ergibt sich für die Klemmenspannung die Funktionsgleichung:

$$\boxed{u = \hat{u}_R \cdot \sin \omega t + \left(\hat{u}_L - \hat{u}_C \right) \cdot \cos \omega t = \hat{u} \cdot \sin(\omega t \pm \varphi)} \tag{7.66}$$

Zwischen den Scheitel- und Effektivwerten der Spannungen gelten die Beziehungen:

$$\hat{u} = \sqrt{\hat{u}_R^2 + \hat{u}_B^2} \quad \text{mit} \quad \hat{u}_B = \hat{u}_L - \hat{u}_C \tag{7.67}$$

$$U = \sqrt{U_R^2 + U_B^2} \quad \text{mit} \quad U_B = U_L - U_C \tag{7.68}$$

Die Phasenverschiebung zwischen Strom und Klemmspannung erhalten wir aus

$$\tan \varphi = \frac{X_L - X_C}{R} = \frac{X}{R} \tag{7.69}$$

Vorzeichen und Wert des Blindwiderstandes und der resultierenden Blindspannung sind von der Frequenz abhängig.

$$X = X_L - X_C = \omega L - \frac{1}{\omega C}, \quad U_B = I \cdot (X_L - X_C)$$

Komplexe Schreibweise: Hier gelten die Beziehungen:

$$\boxed{\underline{Z} = Z \cdot e^{j\varphi}} \tag{7.70}$$

$$\boxed{\underline{Z} = \underline{Z}_R + \underline{Z}_L + \underline{Z}_C = R + j \cdot (X_L - X_C)} \tag{7.71}$$

$$\underline{I} = \frac{\underline{U}}{\underline{Z}} = I \cdot e^{-j\varphi} \tag{7.72}$$

Aufgaben zu Abschnitt 7.6.1

222. In einer Reihenschaltung von idealer Spule und Wirkwiderstand betragen
   a) $R = 3\,\Omega$, $L = 2\,\text{mH}$, $f = 400\,\text{Hz}$
   b) $R = 5\,\Omega$ $L = 1,5\,\text{mH}$ $f = 1200\,\text{Hz}$
   c) $R = 800\,\Omega$ $L = 2,5\,\text{mH}$ $f = 8\,\text{kHz}$
   d) $R = 1500\,\Omega$ $L = 4,5\,\text{H}$ $f = 50\,\text{Hz}$
   e) $R = 850\,\Omega$ $L = 0,8\,\text{H}$ $f = 20\,\text{kHz}$

   Wie groß sind Scheinwiderstand, Phasenverschiebung und Stromstärke bei einer Klemmenspannung von 60 V?

223. Am Wirkwiderstand einer Reihenschaltung aus R und X_L liegt eine Spannung von 24 V. Der aufgenommene Strom beträgt 0,1 A, die Klemmenspannung 60 V/50 Hz. Wie groß sind Blindwiderstand, Induktivität, Scheinwiderstand, Blindspannung und Phasenverschiebungswinkel?

224. Mit der idealen Spule mit $L = 2{,}5$ mH soll ein Wirkwiderstand in Reihe geschaltet werden, so dass die Phasenverschiebung 30° beträgt. Die Spannung an der Reihenschaltung ist 48V/800Hz.
a) Wie groß sind R, Z, X_L, I, U_R, U_L?
b) Wie groß sind S, P und Q?

225. Bei einer Reihenschaltung aus R und X_L beträgt bei $R = 20\,\Omega$ und $f = 400$ Hz die Phasenverschiebung 80°.
a) Welchen Betrag hat L?
b) Bei konstanter Induktivität soll durch einen zusätzlichen Widerstand R_x die Phasenverschiebung auf 40° gebracht werden. Wie groß muss R_x sein und wie ist er zu schalten?

226. In einer Reihenschaltung aus R und X_L betragen bei der Klemmenspannung 60 V/50 Hz die Stromstärke 0,15 A und die Phasenverschiebung $\varphi = 50°$.
a) Wie groß sind R und L?
b) Wie groß muss ein Zusatzwiderstand R_x sein, und wie muss er geschaltet werden, wenn der Strom bei gleich bleibender Klemmenspannung 0,17 A betragen soll?

227. Eine Glühlampe 110 V/40 W soll unter Vorschaltung eines Kondensators mit ihren Bemessungsdaten an der Klemmenspannung 230 V/50 Hz betrieben werden.
a) Welche Kapazität muss der Kondensator und welche Phasenverschiebung tritt auf?
b) Welche Beträge haben die Leistungen S, P und Q?
c) Wie groß sind Scheinwiderstand und Stromstärke?

228. In der Reihenschaltung eines Wirkwiderstandes $R = 30\,\Omega$ mit dem Kondensator mit $C = 5\,\mu F$ beträgt bei der Klemmenspannung 24 V Stromstärke $I = 0{,}1$ A. Wie groß sind Frequenz und Phasenverschiebung?

229. In einer Reihenschaltung aus idealem Kondensator und Wirkwiderstand $R = 500\,\Omega$ hat bei $f = 50$ Hz die Spannung am Wirkwiderstand 50 % des Blindspannungsbetrags. Wie groß sind die Phasenverschiebung und die Kapazität des Kondensators?

230. Ein Wirkwiderstand und ein idealer Kondensator mit 5,6 nF sind in Reihe geschaltet. Bei einer Klemmenspannung 24 V/1200 Hz soll die Phasenverschiebung zwischen Spannung und Strom 45° betragen.
a) Wie groß muss der Widerstand sein?
b) Wie groß sind Scheinwiderstand und Stromstärke?
c) Wie groß werden Scheinwiderstand und Stromstärke bei verdoppeltem Wirkwiderstand?
d) Welche Beträge ergeben sich für Z und I, wem der ursprüngliche Wirkwiderstand auf die Hälfte verringert wird?

231. In einer Reihenschaltung aus Wirkwiderstand und idealem Kondensator beträgt bei der Klemmenspannung 60 V/50 Hz die Stromstärke 0,1 A, Wird der Wirkwiderstand durch einen Zusatzwiderstand auf die Hälfte verringert, steigt die Stromstärke auf 0,15 A. Wie groß sind der ursprüngliche Wirkwiderstand und die Kapazität?

7.6.2 Parallelschaltung idealer Wechselstromwiderstände

7.6.2.1 Spule und Wirkwiderstand

Bei der Parallelschaltung von Bauelementen ist die gemeinsame Klemmenspannung die Bezugsgröße.

Stromdreieck. Die Stromstärke in den Widerständen bekommen wir zu

$$I_R = \frac{U}{R} \quad \text{und} \quad I_L = \frac{U}{X_L}$$

Nach den Kirchhoffschen Gesetzen ist der Gesamtstrom zu berechnen. Für die Funktionsgleichungen gilt bei einer sinusförmigen Klemmenspannung

$$u = \hat{u} \cdot \sin \omega t; \; i = \hat{i}_R \cdot \sin \omega t + \hat{i}_L \cdot \sin(\omega t - 90°) = \hat{i} \cdot \sin(\omega t + \varphi) \tag{7.73}$$

Hierbei ist der Phasenwinkel φ immer negativ, da der induktive Blindstrom immer nacheilend gegenüber der Bezugsspannung ist.

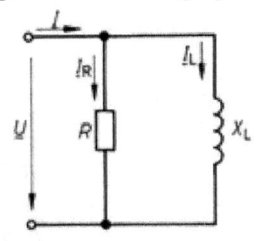

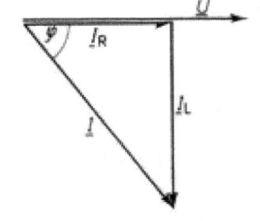

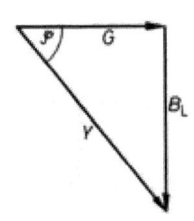

Bild 7.28 Parallelschaltung von Spule und Widerstand

Bild 7.29 Drehzeigerbild

Bild 7.30 Leitwertdreieck

Weiterhin gilt

$$I = \frac{\hat{i}}{\sqrt{2}} = \sqrt{I_R^2 + I_L^2} \tag{7.74}$$

$$\tan \varphi = -\frac{I_L}{I_R} \tag{7.75}$$

Leitwert. Bei Parallelschaltungen ist es sinnvoller, mit den Leitwerten, die ja die Kehrwerte der Widerstände sind, zu arbeiten.

Wirkleitwert: $\quad G = \dfrac{1}{R} = \dfrac{I_R}{U} \tag{7.76}$

Blindleitwert: $\quad B_L = \dfrac{1}{X_L} = \dfrac{I_L}{U} = \dfrac{1}{\omega L} \tag{7.77}$

Scheinleitwert: $\quad Y = \dfrac{1}{Z} = \dfrac{I}{U} \tag{7.78}$

Es gilt weiterhin

$$Y = \sqrt{G^2 + B_L^2}, \; \tan \varphi = -\frac{B_L}{G} \tag{7.79}$$

Leistung. Für die Leistung in der Parallelschaltung gelten die gleichen Beziehungen wie bei der Reihenschaltung.

$$P = \frac{U^2}{R} = U^2 \cdot G, \; Q = \frac{U^2}{X_L} = U^2 \cdot B_L$$

$$S = \sqrt{P^2 + Q_L^2} \tag{7.80}$$

$$P = S \cdot \cos \varphi \tag{7.81}$$

$$Q_L = S \cdot \sin \varphi \qquad (7.82)$$

$$\tan \varphi = \frac{Q_L}{P}, \varphi = \arctan \frac{Q_L}{P} \qquad (7.83)$$

Komplexe Schreibweise. Es gelten die Beziehungen:

$$\underline{U} = U \cdot e^{j0°},$$

$$\underline{Z}_R = R, \underline{Z}_L = X_L \cdot e^{j90°}$$

$$\underline{Y}_R = \frac{1}{\underline{Z}_R} = \frac{1}{R} = G, \underline{Y}_L = \frac{1}{\underline{Z}_L} = \frac{1}{X_L} \cdot e^{-j90°} = B_L \cdot e^{-j90°} = \frac{1}{\omega L} \cdot e^{-j90°}$$

$$\underline{Y} = \underline{Y}_R + \underline{Y}_L = \frac{1}{R} - j\frac{1}{X_L} = G - jB_L = Y \cdot e^{-j\varphi} \qquad (7.84)$$

$$\underline{I} = \underline{U} \cdot \underline{Y} = UY \cdot e^{-j\varphi} = I \cdot e^{-j\varphi} \qquad (7.85)$$

$$\underline{S} = \underline{U} \cdot \underline{I}^* = UI \cdot e^{j\varphi} = S \cdot e^{j\varphi} \qquad (7.86)$$

Beispiel 7.5 An einer Wechselspannung $U = 230\text{V}/50\text{Hz}$ liegen parallel eine Lampe $230\text{V}/40\text{W}$, die als Wirkwiderstand angesehen werden kann, und eine Induktivität, die eine Blindleistung von 60 var aufnimmt. Wie groß sind I_R, I_L, I, φ und Z?

Lösung
$$I_R = \frac{P}{U} = \frac{40\text{W}}{230\text{V}} = 0{,}174\text{A}, I_L = \frac{Q_L}{U} = \frac{60\text{ var}}{230\text{V}} = 0{,}261\text{A}$$

$$I = \sqrt{I_R^2 + I_L^2} = 0{,}314\text{A}$$

$$\tan \varphi = -\frac{I_L}{I_R} = -1{,}5 \Rightarrow \varphi = -56{,}31°, Z = \frac{U}{I} = 732{,}5\Omega$$

7.6.2.2 Kondensator und Wirkwiderstand

Hier gelten analoge Überlegungen wie bei einer Parallelschaltung von Induktivität und Wirkwiderstand. Der Unterschied liegt jetzt darin, dass der Strom I_C immer der angelegten Spannung vorauseilt.

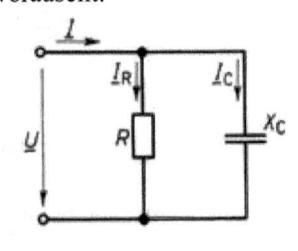

Bild 7.31 Parallelschaltung von Kondensator und Widerstand

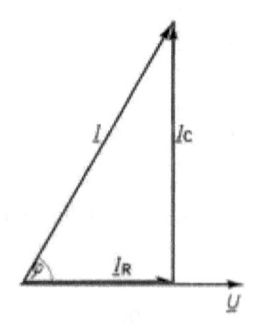

Bild 7.32 Drehzeigerbild

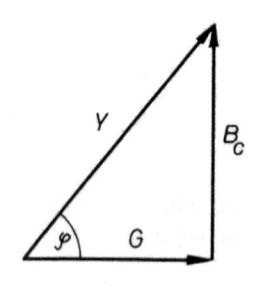

Bild 7.33 Leitwertdreieck

Es gelten die Beziehungen:

$$I = \frac{\hat{i}}{\sqrt{2}} = \sqrt{I_R^2 + I_C^2} \tag{7.87}$$

$$\tan \varphi = \frac{I_C}{I_R} \tag{7.88}$$

Leitwert. Bei Parallelschaltungen ist es sinnvoller, mit den Leitwerten, die ja die Kehrwerte der Widerstände sind, zu arbeiten.

Wirkleitwert: $$G = \frac{1}{R} = \frac{I_R}{U} \tag{7.89}$$

Blindleitwert: $$B_C = \frac{1}{X_C} = \frac{I_C}{U} = \omega C \tag{7.90}$$

Scheinleitwert: $$Y = \frac{1}{Z} = \frac{I}{U} \tag{7.91}$$

Leistung. Für die Leistung in der Parallelschaltung gelten die gleichen Beziehungen wie bei der Reihenschaltung.

$$P = \frac{U^2}{R} = U^2 \cdot G, \quad Q = \frac{U^2}{X_C} = U^2 \cdot B_C$$

$$S = \sqrt{P^2 + Q_C^2} \tag{7.92}$$

$$P = S \cdot \cos \varphi \tag{7.93}$$

$$Q_C = S \cdot \sin \varphi \tag{7.94}$$

$$\tan \varphi = \frac{Q_C}{P}, \quad \varphi = \arctan \frac{Q_C}{P} \tag{7.95}$$

Komplexe Schreibweise. Es gelten die Beziehungen:

$$\underline{U} = U \cdot e^{j0°},$$

$$\underline{Z}_R = R, \quad \underline{Z}_C = X_C \cdot e^{-j90°}$$

$$\underline{Y}_R = \frac{1}{\underline{Z}_R} = \frac{1}{R} = G, \quad \underline{Y}_C = \frac{1}{\underline{Z}_C} = \frac{1}{X_C} \cdot e^{j90°} = B_C \cdot e^{j90°} = \omega C \cdot e^{j90°}$$

$$\underline{Y} = \underline{Y}_R + \underline{Y}_C = \frac{1}{R} + j\frac{1}{X_C} = G + jB_C = Y \cdot e^{j\varphi} \tag{7.96}$$

$$\underline{I} = \underline{U} \cdot \underline{Y} = UY \cdot e^{j\varphi} = I \cdot e^{j\varphi} \tag{7.97}$$

$$\underline{S} = \underline{U} \cdot \underline{I}^* = UI \cdot e^{-j\varphi} = S \cdot e^{-j\varphi} \tag{7.98}$$

Beispiel 7.6 Parallel zu einem Wirkwiderstand $R = 80\,\Omega$ liegt eine Kapazität $C = 20\,\mu\text{F}$. Die Klemmenspannung U beträgt 24 V. Welchen Betrag haben I_R, I_C, I, Z, Y, G und B_C bei der Frequenz $f = 50$ Hz?

Lösung $$I_R = \frac{U}{R} = \frac{24\,\text{V}}{80\,\Omega} = \mathbf{0{,}3\,A}, \quad I_C = \frac{U}{X_C} = 2\pi f U C = 2\pi \cdot 50 \cdot 24 \cdot 20 \cdot 10^{-6}\,\text{A} = \mathbf{0{,}1058\,A}$$

$$I = \sqrt{I_R^2 + I_C^2} = 0{,}336\,\text{A}, \; Z = \frac{U}{I} = 71{,}43\,\Omega$$

$$Y = \frac{1}{Z} = 14\,\text{mS}, \; G = \frac{1}{R} = 12{,}5\,\text{mS}, \; B_C = 2\pi f C = 2\cdot\pi\cdot 50\cdot 20\cdot 10^{-6}\,\text{S} = 0{,}628\,\text{mS}$$

Aufgaben zu Abschnitt 7.6.2

232. An der Spannung 230 V/50 Hz liegen in Parallelschaltung der Wirkwiderstand $R = 800\,\Omega$ und ein induktiver Blindwiderstand mit $L = 5$ H.
   a) Wie groß sind Wirk-, Blind- und Gesamtstromstärke in der Zuleitung?
   b) Welchen Betrag haben Scheinwiderstand und Scheinleitwert?
   c) Welche Phasenverschiebung tritt zwischen Spannung und Gesamtstrom auf?

233. In einer Parallelschaltung aus idealer Spule und Wirkwiderstand betragen $I_R = 0{,}2$ A und $I_L = 0{,}15$ A. Die Induktivität ist $L = 1{,}5$ H, die Frequenz $f = 400$ Hz.
   a) Wie groß ist die Klemmenspannung?
   b) Welche Phasenverschiebung haben Spannung und Gesamtstrom?
   c) Welche Beträge haben R, X_L, Z, Y, G, B_L?
   d) Welche Werte ergeben sich für S, P und Q?

234. An einer Spannung 60 V/800 Hz liegt ein Kondensator mit $C = 0{,}22\,\mu$F. Welcher Widerstand muss parallel geschaltet werden, und welche Phasenverschiebung zwischen Spannung und Gesamtstrom tritt auf, wenn dieser a) 300 mA, b) 200 mA, c) 100 mA betragen soll?

235. In der Zuleitung zu einer Parallelschaltung aus Kondensator mit $C = 1{,}5\,\mu$F und Widerstand fließt ein Gesamtstrom $I = 0{,}25$ A bei einer sinusförmigen Wechselspannung $U = 48$ V und einer Phasenverschiebung $\varphi = 55°$.
   a) Welche Beträge haben die Teilströme?
   b) Wie groß ist die Frequenz?
   c) Welche Beträge ergeben sich für Z, R, X_C, Y, G, B_C?
   d) Wie groß sind die Leistungen S, P und Q?
   e) Welcher Widerstand muss zugeschaltet werden, damit die Phasenverschiebung zwischen Spannung und Gesamtstrom $\varphi = 45°$ beträgt?

236. Die Parallelschaltung eines Widerstands $R = 550\,\Omega$ und eines Kondensators nimmt bei einer Spannung 24 V/80 Hz einen Strom $I = 0{,}25$ A auf. Welchen Betrag hat die Kapazität?

7.7 Reale Wechselstromwiderstände

7.7.1 Umwandlung von Reihen- und Parallelschaltung

Jede aus einem Wirk- und einem Blindwiderstand bestehende Reihenschaltung lässt sich in eine elektrisch gleichwertige Parallelschaltung umgewandelt werden und umgekehrt. Zur Erläuterung dieser Tatsache soll eine Reihenschaltung aus Wirkwiderstand und induktivem Blindwiderstand in eine gleichwertige Parallelschaltung umgewandelt werden. Die dargestellten Schaltungen sind dann elektrisch gleichwertig, wenn der Gesamtstrom in beiden Schaltungen gleich ist, sowohl nach Betrag als nach Phasenwinkel. Statt einer Spule kann auch ein Kondensator geschaltet sein, bei den folgenden Gleichungen wird deshalb nur X für eine beliebigen Blindwiderstand eingesetzt.

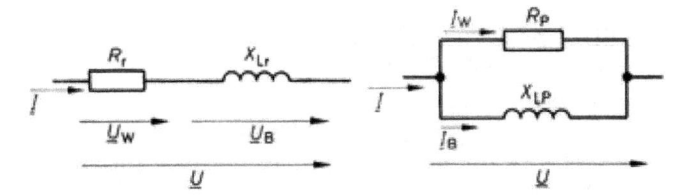

Bild 7.34 Umwandlung einer Reihenschaltung in eine Parallelschaltung

Die Umwandlung soll im komplexen ausgerechnet werden.
Widerstand und Leitwert für die Reihenschaltung.

$$\underline{Z}_r = R_r + jX_r \,, \quad \underline{Y}_r = \frac{1}{\underline{Z}_r} = \frac{1}{R_r + jX_r} \tag{7.99}$$

Leitwert für die Parallelschaltung.

$$\underline{Y}_p = \frac{1}{R_p} + \frac{1}{jX_p} = \frac{1}{R_p} - j\frac{1}{X_p} \tag{7.100}$$

Gleichsetzen liefert

$$\frac{1}{R_p} - j\frac{1}{X_p} = \frac{1}{R_r + jX_r}$$

Multiplikation der rechten Seite der Gleichung liefert

$$\frac{1}{R_p} - j\frac{1}{X_p} = \frac{R_r}{R_r^2 + X_r^2} - j\frac{X_r}{R_r^2 + X_r^2}$$

Gleichsetzen der entsprechenden Terme liefert:

$$\boxed{R_p = \frac{R_r^2 + X_r^2}{R_r}, \quad X_p = \frac{R_r^2 + X_r^2}{X_r}} \tag{7.101}$$

Eine Umwandlung einer Parallelschaltung in eine Reihenschaltung liefert auf ähnliche Weise das Ergebnis

$$\boxed{R_r = \frac{R_p \cdot X_p^2}{R_p^2 + X_p^2}, \quad X_r = \frac{R_p^2 \cdot X_p}{R_p^2 + X_p^2}} \tag{7.102}$$

Ist statt der Spule ein kapazitiver Blindwiderstand geschaltet, gelten die Gleichungen genauso.

Beispiel 7.7 Parallel zu einem Wirkwiderstand $R = 40\,\Omega$ liegt eine Kapazität $C = 20\,\mu F$. Aus welchen Bauteilen muss eine elektrisch gleichwertige Reihenschaltung aufgebaut sein? Die Frequenz der angelegten Spannung ist 100 Hz

Lösung $\quad X_{Cp} = \dfrac{1}{2\pi f C} = \dfrac{1}{2\pi \cdot 100 \cdot 20 \cdot 10^{-6}}\,\Omega \,, \quad X_{Cp} = 79{,}58\,\Omega$

$$R_r = \frac{R_p \cdot X_{Cp}^2}{R_p^2 + X_{Cp}^2}, \quad R_r = \frac{40 \cdot 79{,}85^2}{40^2 + 79{,}85^2}\Omega = 31{,}93\,\Omega$$

$$X_{Cr} = \frac{R_p^2 \cdot X_{Cp}}{R_p^2 + X_{Cp}^2}, \quad X_{Cr} = \frac{40^2 \cdot 79{,}85}{40^2 + 79{,}85^2}\Omega = 16{,}05\,\Omega$$

7.7.2 Ersatzschaltung der Spule

In einer Spule treten in der Wicklung stets von der Stromstärke abhängige Leitungsverluste auf. Hat die Spule einen Eisenkern, kommen dazu noch Ummagnetisierungsverluste und Wirbelstromverluste, die von der Frequenz und der anliegenden Spannung abhängen. Wenn wir im linearen Teil der Eisenmagnetisierungskurve bleiben und die Spule bei einer konstanten Frequenz betreiben, können wir all diese Verluste durch einen Wirkwiderstand zusammenfassen. Dieser kann sowohl in Reihe wie auch parallel zur Induktivität gedacht werden. Die Ersatzschaltung einer realen Spule entspricht der Reihen- oder Parallelschaltung einer idealen Spule mit einem Wirkwiderstand. Es gibt also immer zwei Möglichkeiten für die Ersatzschaltung, die aber jederzeit umgerechnet werden können.

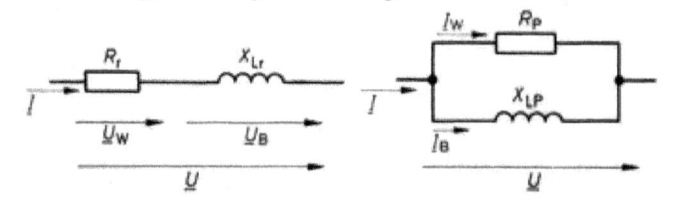

Bild 7.35 Ersatzschaltungen einer Spule

Bild 7.36 Leistungsdreieck

7.7.2.1 Reihen und Parallelschaltungen von Spulen

Werden mehrere Spulen in Reihe oder parallel geschaltet, ist es zum Ermitteln der Ersatzschaltung für die gesamte Schaltung zunächst erforderlich, jede einzelne Spule in eine Ersatzschaltung umzuwandeln. Bei einer Reihenschaltung von Spulen sind das Reihen-Ersatzschaltungen, bei einer Parallelschaltung von Spulen dagegen Parallel-Ersatzschaltungen. Dann sind jeweils für sich die Wirkwiderstände zu einem Ersatzwiderstand und die Blindwiderstände zu einem Ersatz-Blindwiderstand zusammenzufassen. Voraussetzung ist dazu, dass die Spulen magnetisch nicht gekoppelt sind, also keine Gegeninduktivitäten zu berücksichtigen sind. Grundsätzlich gilt dabei nach dem Erhaltungssatz der Energie bzw. Leistung, dass die Leistung im Ersatzwirk- bzw. Ersatzblindwiderstand der Gesamtschaltung gleich der Summe der Wirk- bzw. Blind-Teilleistungen in den einzelnen Spulen bzw. in deren Ersatzelementen sein muss.

Beispiel 7.8 Die Spulen Sp1 mit den Reihenersatzwiderständen $R_1 = 5\,\Omega, X_1 = 50\,\Omega$ und Sp2 mit $R_2 = 10\,\Omega, X_2 = 80\,\Omega$ werden in Reihe geschaltet. Die Klemmenspannung beträgt 60 V. Bestimmen Sie S, P, Q und φ der gesamten Schaltung. Wie groß ist der Verlustfaktor der gesamten Schaltung?

Lösung $R_r = R_1 + R_2 = 15\Omega$, $X_r = X_1 + X_2 = 130\Omega$

$Z_r = \sqrt{R_r^2 + X_r^2} = \mathbf{130{,}86\Omega}$, $\tan\varphi = \dfrac{X_r}{R_r} = \dfrac{130}{15} \Rightarrow \varphi = \mathbf{83{,}42°}$

Zur Bestimmung der Leistung wird zunächst die Stromstärke berechnet.

$I = \dfrac{U}{Z_r} = 0{,}4585\text{A}$

$P = R_r \cdot I^2 = \mathbf{3{,}153W}$, $Q = X_r \cdot I^2 = \mathbf{27{,}33var}$

$d = \dfrac{P}{Q} = \dfrac{3{,}153\text{W}}{27{,}33\,\text{var}} = \mathbf{0{,}1145}$

Beispiel 7.9 Zwei Spulen mit den Reihenersatzwiderständen $R_1 = 50\Omega$, $L_1 = 50\text{mH}$ und $R_2 = 25\Omega$, $L_2 = 3\text{mH}$ sind in Reihe geschaltet. Die Klemmenspannung beträgt 8 V/ 1000 Hz. Die Aufgabe soll im Komplexen gelöst werden

a) Wie groß sind Scheinwiderstand der Gesamtschaltung, Stromstärke und Phasenverschiebung des Stromes gegenüber der Klemmenspannung?
b) Welche Spannungen liegen an den Spulen?
c) Wie sieht das Zeigerbild aus (nicht maßstabsgerecht)? Als Bezugsgröße soll der Strom genommen werden.

Lösung: a) $X_1 = 2\pi f \cdot L_1 = 2\pi \cdot 10^3 \cdot 5 \cdot 10^{-3}\Omega = 31{,}41\Omega$, $X_2 = 2\pi f \cdot L_2 = 2\pi \cdot 10^3 \cdot 3 \cdot 10^{-3}\Omega = 18{,}85\Omega$

$\underline{Z}_1 = R_1 + jX_1 = 59{,}05\Omega \cdot e^{j32{,}141°}$, $\underline{Z}_2 = R_2 + jX_2 = 31{,}31\Omega \cdot e^{j37{,}015°}$

$X_L = X_1 + X_2 = 31{,}41\Omega + 18{,}85\Omega = 50{,}26\Omega$

$\underline{Z} = R_1 + R_2 + j(X_1 + X_2) = (75 + j50{,}26)\Omega = 90{,}28\Omega \cdot e^{j33{,}83°}$, $Z = \mathbf{90{,}28\Omega}$

$\underline{I} = \dfrac{\underline{U}}{\underline{Z}} = \dfrac{8 \cdot e^{j0}\text{V}}{90{,}28\Omega \cdot e^{j33{,}83°}} = \mathbf{88{,}6\text{mA}} \cdot e^{-j33{,}83°}$

b) $\underline{U}_1 = \underline{I} \cdot (R_1 + jX_1) = 88{,}6\text{mA} \cdot e^{-j33{,}83°} \cdot 59{,}05\Omega \cdot e^{j32{,}141°} = \mathbf{5{,}232V} \cdot e^{-j1{,}69°}$

$\underline{U}_2 = \underline{I} \cdot (R_2 + jX_2) = 88{,}6\text{mA} \cdot e^{-j33{,}83°} \cdot 31{,}31\Omega \cdot e^{j37{,}015°} = \mathbf{2{,}774V} \cdot e^{j3{,}18°}$

c) Soll der Strom als Bezugsgröße für die Zeichnung genommen werden, muss der Zeiger der Klemmenspannung um den Winkel 33,83° gedreht werden.

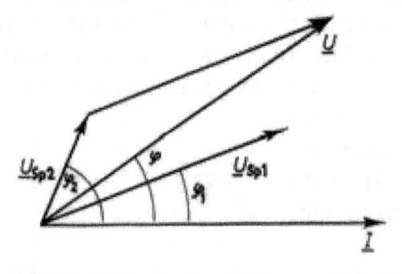

Bild 7.37 Drehzeigerbild zum Beispiel Reihenschaltung

Beispiel 7.10 Die beiden Spulen aus dem vorigen Beispiel mit den Reihenersatzwiderständen $R_1 = 50\Omega$, $L_1 = 50\text{mH}$ und $R_2 = 25\Omega$, $L_2 = 3\text{mH}$ sind parallel geschaltet. Die Klemmenspannung beträgt 8 V/ 1000 Hz. Die Aufgabe soll im Komplexen gelöst werden

a) Wie groß sind Scheinwiderstand der Gesamtschaltung, Stromstärke und Phasenverschiebung des Stromes gegenüber der Klemmenspannung?

Reale Wechselstromwiderstände

b) Welche Ströme fließen durch die Spulen?
c) Wie sieht das Zeigerbild aus (nicht maßstabsgerecht)? Als Bezugsgröße soll der Strom genommen werden.

Lösung: a) $\underline{Z}_1 = R_1 + jX_1 = 59,05\Omega \cdot e^{j32,141°}$, $\underline{Z}_2 = R_2 + jX_2 = 31,31\Omega \cdot e^{j37,015°}$

$$\underline{Y} = \frac{1}{\underline{Z}_1} + \frac{1}{\underline{Z}_2} = \frac{1}{59,05\Omega \cdot e^{j32,141°}} + \frac{1}{31,31\Omega \cdot e^{j37,015°}} = 0,0488S \cdot e^{-j35,326°}$$

$$\underline{Z} = \frac{1}{\underline{Y}} = \frac{1}{0,0488S \cdot e^{-j35,326°}} = 20,48\Omega \cdot e^{j35,326°}$$

$$\underline{I} = \underline{U} \cdot \underline{Y} = 8 \cdot e^{j0}V \cdot 0,0488S \cdot e^{-j35,326°} = 390,4\text{mA} \cdot e^{-j35,326°}$$

b) $\underline{I}_1 = \frac{\underline{U}}{\underline{Z}_1} = \frac{8}{59,05}A \cdot e^{-j32,141°} = 135,5\text{mA} \cdot e^{-j32,141°}$

$\underline{I}_2 = \frac{\underline{U}}{\underline{Z}_2} = \frac{8}{31,31}A \cdot e^{j37,015°} = 255,5\text{mA} \cdot e^{j37,015°}$

c)

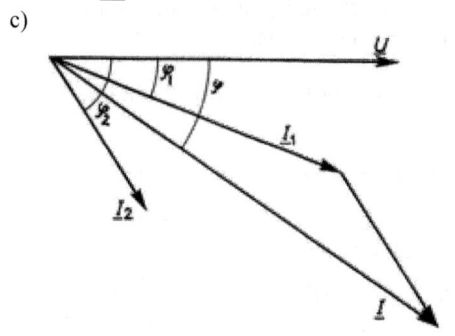

Bild 7.38 Drehzeigerbild zur Beispiel Parallelschaltung

7.7.3 Ersatzschaltungen des Kondensator

Bei einem Kondensator treten in den Belägen ja nach Bauart durch Lade- bzw. Entlade- Ströme Leitungsverluste auf. Außerdem können von der anliegenden Spannung abhängige Isolationsverluste im Dielektrikum und Polarisationsverluste zur Aufnahme von Wirkleistung führen. All diese Verluste können, wie bei einer Induktivität, durch einen Wirkwiderstand zusammenfasst werden. Dieser kann sowohl in Reihe wie auch parallel zur Kapazität gedacht werden. Die Ersatzschaltung eines realen Kondensators entspricht der Reihen- oder Parallelschaltung eines idealen Kondensators mit einem Wirkwiderstand. Es gibt also immer zwei Möglichkeiten für die Ersatzschaltung, die aber jederzeit umgerechnet werden können.

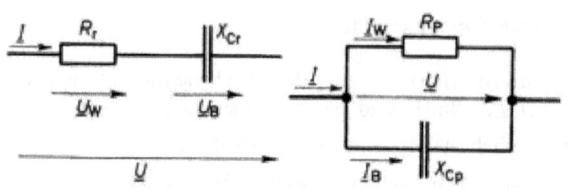

Bild 7.39 Ersatzschaltungen eines Kondensators

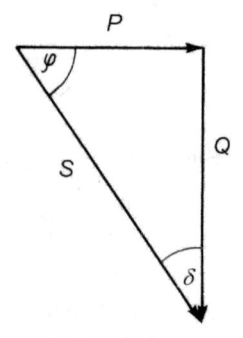

Bild 7.40 Leistungsdreieck

7.7.3.1 Reihen und Parallelschaltungen von Kondensatoren

Bei einer Reihenschaltung von Kondensatoren werden zunächst die Reihen-Ersatzschaltungen der einzelnen Bauelemente ermittelt. Dann werden Wirkwiderstände und kapazitive Blindwiderstände jeweils für sich zusammengefasst. Dabei ist es vorteilhaft, nicht mit den Kapazitäten zu rechnen, sondern mit den Blindwiderständen. So kann man die gleichen Formeln wie bei der Reihenschaltung von Wirkwiderständen benutzen. Bei der Parallelschaltung von Kondensatoren verfährt man wie bei der Parallelschaltung von Spulen. Auch hier wird mit Blindwiderständen gerechnet und nicht mit Kapazitäten. Die für äquivalente Schaltungen induktiver Bauelemente mit Verlusten abgeleiteten Formeln gelten auch für kapazitive Bauelemente mit Verlusten.

Beispiel 7.11 Zwei Kondensatoren mit den Kapazitäten $C_{1r} = 0,1\mu F$ und $C_{2r} = 0,22\mu F$ nehmen jeder für sich bei U =12 V/800 Hz die Ströme $I_1 = 4$ mA und $I_2 = 8$ mA auf.

a) Welche Reihenersatzschaltungen haben die beiden Kondensatoren? Welche Phasenverschiebungen treten auf?
b) Welche Werte haben die Parallelersatzschaltungen?
c) Welchen Wirk- und Blindwiderstand hat die Parallelschaltung?
d) Wie groß sind Betrag und Phasenverschiebung des Gesamtstromes?
e) Das Zeigerbild ist mit allen Teilspannungen und Teilströmen zu zeichnen (nicht maßstabsgerecht)

Lösung:

a) $Z_1 = \dfrac{U}{I_1} = \dfrac{12}{4 \cdot 10^{-3}} \Omega = 3 k\Omega$, $Z_2 = \dfrac{U}{I_2} = \dfrac{12}{8 \cdot 10^{-3}} \Omega = 1,5 k\Omega$

$X_{1r} = \dfrac{1}{2\pi f \cdot C_1} = \dfrac{1}{2\pi \cdot 800 \cdot 0,1 \cdot 10^{-6}} \Omega = \mathbf{1989,44\Omega}$

$X_{2r} = \dfrac{1}{2\pi f \cdot C_2} = \dfrac{1}{2\pi \cdot 800 \cdot 0,22 \cdot 10^{-6}} \Omega = \mathbf{904,29\Omega}$ $\varphi_1 = \arcsin \dfrac{X_{1r}}{Z_1} = \mathbf{41,54°}$,

$\varphi_2 = \arcsin \dfrac{X_{2r}}{Z_2} = \mathbf{37,07°}$ $R_{1r} = Z_1 \cdot \cos \varphi_1 = \mathbf{2245,5\Omega}$, $R_{2r} = Z_2 \cdot \cos \varphi_2 = \mathbf{1196,8\Omega}$

b) $R_{1p} = \dfrac{R_{1r}^2 + X_{1r}^2}{R_{1r}} = \dfrac{Z_{1r}^2}{R_{1r}} = \dfrac{3000^2}{2245,5} \Omega = \mathbf{4008\Omega}$

$R_{2p} = \dfrac{R_{2r}^2 + X_{2r}^2}{R_{2r}} = \dfrac{Z_2^2}{R_{2r}} = \dfrac{1500^2}{1196,8} \Omega = \mathbf{1880\Omega}$

$X_{1p} = \dfrac{R_{1r}^2 + X_{1r}^2}{X_{1r}} = \dfrac{Z_{1r}^2}{X_{1r}} = \dfrac{3000^2}{1989,44} \Omega = \mathbf{4523,9\Omega}$

$X_{2p} = \dfrac{R_{2r}^2 + X_{2r}^2}{X_{2r}} = \dfrac{Z_{2r}^2}{X_{2r}} = \dfrac{1500^2}{904,29} \Omega = \mathbf{2488,1\Omega}$

c) $\dfrac{1}{R_p} = \dfrac{1}{R_{1p}} + \dfrac{1}{R_{2p}}$, $R_p = 1279{,}7\,\Omega$

$\dfrac{1}{X_p} = \dfrac{1}{X_{1p}} + \dfrac{1}{X_{2p}}$, $X_p = 1605{,}3\,\Omega$

$\underline{Y}_p = \dfrac{1}{R_p} + \dfrac{1}{jX_p} = \left(\dfrac{1}{1297{,}7} - \dfrac{j}{1605{,}3}\right)\mathrm{S} = 0{,}993\,\mathrm{mS}\cdot e^{-j38{,}6°}$

d) $\underline{I} = \underline{Y}\cdot\underline{U} = 11{,}99\,\mathrm{mA}\cdot e^{j38{,}6°}$

e)

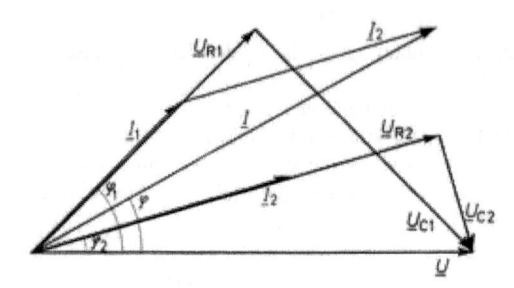

Bild 7.41 Zu Beispiel 7.11

Verlustfaktor, Güte. Bei jedem verlustbehafteten Bauelement wird das Verhältnis von Blindleistung Q zu Wirkleistung P als Güte $Q_{L,C}$ bezeichnet, der Kehrwert als Verlustfaktor d.

$$\boxed{Q_{L,C} = \dfrac{Q}{P} = \tan\varphi}, \quad \boxed{d = \dfrac{1}{Q_{L,C}} = \tan\delta} \qquad (7.103)$$

Der Winkel $\delta = 90° - \varphi$ ist der *Verlustwinkel*.

Bei Reihenersatzschaltungen gilt:

$$\boxed{Q_{L,C} = \dfrac{X_{L,C}}{R}} \qquad (7.104)$$

Bei Parallelersatzschaltungen:

$$\boxed{Q_{L,C} = \dfrac{B_{L,C}}{G}} \qquad (7.105)$$

Aufgaben zu Abschnitt 7.7

237. Für eine Spule gilt bei $f = 800$ kHz die Ersatzschaltung $L_r = 180\,\mu\mathrm{H}$, und $R_r = 4{,}5\,\Omega$. Welche Beträge haben die Größen R_P, X_P und L_P einer gleichwertigen Ersatzschaltung?

238. Bei einer Spule werden bei der Frequenz $f = 16$ kHz die Messwerte $U = 12$ V, $I = 2$ mA, $\varphi = 42°$ ermittelt.
    a) Welche Werte haben die idealen Wechselstromwiderstände der Reihen- bzw. Parallel-Ersatzschaltung'?

b) Wie groß sind Güte und Verlustfaktor?

239. Eine Spule mit der Güte $Q_L = 35$ hat bei der Frequenz 12 kHz den Scheinwiderstand 360 Ω. Welche Beträge haben R_r, R_p, X_{Lr}, X_{Lp}, L_r und L_p der Ersatzschaltungen?

240. Ein Widerstand $R = 6,8$ kΩ und eine Spule mit $L_p = 1,5$ mH und $R_p = 12$ kΩ liegen parallel an der Spannung $U = 6$ V/480 kHz.
   a) Wie groß ist der Ersatzwiderstand der Schaltung?
   b) Welche Beträge ergeben sich für Stromstärke und Phasenverschiebung?
   c) Welche Beträge ergeben sich für Z_E, I und φ wenn der Widerstand R zur Spule in Reihe geschaltet wird?
   d) Die Zeigerbilder sind für beide Schaltungen zu zeichnen (nicht maßstäblich).

241. Parallel zu einer Spule mit der Reihenersatzschaltung $R_r = 120$ Ω und $L_r = 1,5$ H liegt bei 400 Hz der Widerstand $R_1 = 50$ kΩ.
   a) Wie groß sind R_p und X_{Lp} für die Parallelersatzschaltung der Spule?
   b) Welchen Scheinwiderstand hat die Gesamtschaltung und welche Phasenverschiebung tritt auf?

242. An der Klemmenspannung $U = 24$ V/50 Hz liegt eine Spule mit der Reihenersatzschaltung $R_r = 15$ Ω, $L_r = 0,03$ H.
   a) Wie groß muss ein parallel zur Spule geschalteter Widerstand sein, damit die Stromstärke in Spule und Widerstand den gleichen Betrag hat, und wie groß ist die Phasenverschiebung von Teilströmen und Gesamtstrom gegenüber der Spannung?
   b) Welche Stromstärke und Phasenverschiebung treten bei einer Reihenschaltung des Widerstands mit der Spule auf?
   c) Die Zeigerbilder sind für beide Schaltungen zu zeichnen (nicht maßstäblich).

243. An einer Klemmenspannung $U = 24$ V/50 Hz liegen zwei Spulen parallel. Die aufgenommenen Ströme sind $I_1 = 0,15$ A und $I_2 = 0,08$ A und haben gegenüber der Spannung die Phasenverschiebung $\varphi_1 = 55°$ bzw. $\varphi_2 = 75°$.
   a) Welche Beträge ergeben sich für die idealen Ersatzwiderstände der Spulen?
   b) Wie groß ist der Scheinwiderstand der Gesamtschaltung?
   c) Welchen Betrag und welche Phasenverschiebung hat der Gesamtstrom, wenn beide Spulen parallel geschaltet werden?
   d) Welche Stromstärke und Phasenverschiebung ergeben sich, wenn beide Spulen in Reihe geschaltet werden?
   e) Für beide Schaltungen sind Zeigerbilder zu zeichnen.

244. Zwei Spulen liegen parallel an einer Klemmenspannung $U = 48$ V. Dabei sind $R_{1r} = 38$ Ω, $L_{1r} = 0,025$ H, $R_{2r} = 20$ Ω, $L_{2r} = 0,015$ H.
   a) Bei welcher Frequenz beträgt der Scheinwiderstand $Z_{Sp1} = 75$ Ω? Wie groß ist bei dieser Frequenz Z_{Sp2}?
   b) Wie groß sind Betrag und Phasenverschiebung des Gesamtstroms?
   c) Welche Beträge ergeben sich für Scheinwiderstand, Stromstärke und Phasenverschiebung bei der Reihenschaltung der beiden Spulen?
   d) Welche Spannungen treten an den Spulen auf und welche Phasenverschiebung haben sie gegenüber der Klemmenspannung?

245. Ein verlustbehafteter Kondensator mit der Kapazität $C_r = 0,1$ μF hat bei $f = 80$ kHz die Güte $Q = 25$. Welche idealen Wechselstromwiderstände ergeben sich daraus für die Reihen- und Parallel-Ersatzschaltung?

246. Ein Widerstand von 2,7 kΩ liegt in Reihe mit einem verlustlosen Kondensator mit der Kapazität $C = 0,1$ μF an der Spannung $U = 48$ V/400 Hz.
   a) Wie groß sind Betrag und Phasenverschiebung des Stroms?
   b) Welcher Widerstand müsste parallel zu welcher Kapazität geschaltet werden, damit der Gesamtstrom den gleichen Betrag und die gleiche Phasenverschiebung hat?

247. Ein Widerstand $R = 2,2$ kΩ und ein verlustloser Kondensator mit $C = 1,2$ nF liegen parallel an einer Spannungsquelle. Der Gesamtstrom hat gegenüber der Spannung die Phasenverschiebung 80°.
   a) Welche Frequenz hat die sinusförmige Wechsel-Spannung?
   b) Welcher Widerstand in Reihe zu einem Kondensator würde gleiche Beträge für Strom und Phasenverschiebung bewirken?

248. Ein verlustloser Kondensator mit der Kapazität $C_r = 0,33$ μF liegt mit dem Widerstand $R_1 = 200$ Ω in Reihe an der sinusförmigen Wechselspannung $U = 24$ V/800 Hz.

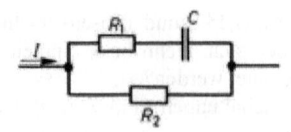

Bild 7.42 Zu Aufgabe 248

a) Wie groß sind Scheinwiderstand, Stromstärke und Phasenverschiebung?
b) Welche Werte ergeben sich, wenn parallel zur Reihenschaltung ein Widerstand $R_2 = 400\,\Omega$ geschaltet wird?

249. In der angegebenen Schaltung sind $R_1 = 47\,\Omega$, $R_2 = 18\,\Omega$, $C_1 = 3{,}3\,\mu F$ und $C_2 = 5{,}6\,\mu F$. Die Schaltung liegt an der Spannung $U = 230\,V/500\,Hz$.

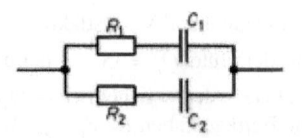

Bild 7.43 Zu Aufgabe 249

a) Welche Beträge ergeben sich für die Ersatzwiderstände der Parallelersatzschaltung der beiden Parallelzweige?
b) Welcher Wirk- und Blindwiderstand ergibt sich für die Parallelersatzschaltung der Gesamtschaltung?
c) Welche Beträge und Phasenverschiebungen ergeben sich für die Teilströme und den Gesamtstrom?
d) Welcher Widerstand muss zur Schaltung noch parallel geschaltet werden, damit sich für den Gesamtstrom eine Phasenverschiebung $\varphi = 45°$ ergibt?

7.8 Gemischte Schaltungen

7.8.1 Berechnungen in Netzwerken

In Wechselstromkreisen können, wie schon erwähnt, bis auf eine Ausnahme die Gleichungen und Formalismen angewendet werden, die für die Berechnung in Gleichstromkreisen entwickelt wurden. Es gelten Knoten- und Maschengleichungen, also die Kirchhoffschen Gesetze, sofern mit komplexen Größen gerechnet wird. Es gibt natürlich auch die Möglichkeit, Schaltungen zunächst durch entsprechende Schaltungsvereinfachungen so zu verändern, dass auf einfachere Weise gearbeitet werden kann. Dies ist allerdings auf ausgedehnte Netze nicht anwendbar, hier muss mit komplexen Gleichungssystemen gerechnet werden. Zum Glück gibt es Taschenrechner, die durchaus mit ein Gleichungssystem mit 5 zu bestimmenden komplexen Größen beherrschen. Die Berechnung soll an einem Beispiel mit komplexer Berechnung gezeigt werden.

Beispiel 7.12 Die abgebildete Schaltung ist an eine Spannungsquelle von $U = 12\,V/50\,Hz$ angeschlossen. Es sind $R_1 = 20\,\Omega$, $R_2 = 25\,\Omega$, $R_3 = 100\,\Omega$, $X_1 = 50\,\Omega$ und $X_2 = 40\,\Omega$.

Wie groß ist der Gesamtwiderstand, der Gesamtstrom und die Phasendifferenz zwischen Strom und Spannung?

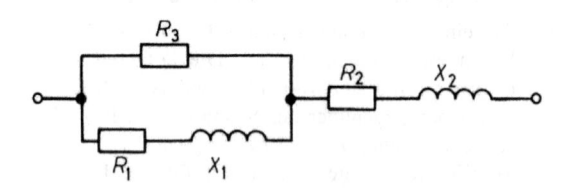

Bild 7.44 gemischte Schaltung

Lösung.
$$\underline{Z}_1 = R_1 + jX_1 = (20 + j50)\Omega = 53{,}85\Omega \cdot e^{j68{,}2°},$$

$$\underline{Y}_1 = \frac{1}{\underline{Z}_1} = 0{,}0186\,\text{S} \cdot e^{-j68{,}2°} = (6{,}9 - j\cdot 17{,}2)\,\text{mS}$$

$$\underline{Z}_2 = R_2 + jX_2 = (25 + j40)\Omega,\ \underline{Z}_3 = R_3 = 100\Omega \cdot e^{j0°},\ \underline{Y}_3 = \frac{1}{\underline{Z}_3} = 0{,}01\,\text{S} \cdot e^{j0°} = 10\,\text{mS}$$

$$\underline{Y}_{E1} = \underline{Y}_1 + \underline{Y}_3 = (6{,}9 - j\cdot 17{,}2)\,\text{mS} + 10\,\text{mS} = (16{,}9 - j\cdot 17{,}2)\,\text{mS}$$

$$\underline{Z}_{E1} = \frac{1}{\underline{Y}_{E1}} = \frac{1000}{(16{,}9 - j\cdot 17{,}2)}\Omega = \frac{1000}{24{,}11 \cdot e^{-j45{,}5°}}\Omega = 41{,}47\Omega \cdot e^{j45{,}5°} = (29{,}06 + j29{,}6)\Omega$$

$$\underline{Z}_{ges} = \underline{Z}_{E1} + \underline{Z}_2 = (29{,}06 + j\cdot 29{,}6)\Omega + (25 + j40)\Omega = (54{,}06 + j\cdot 69{,}6)\Omega$$

$$\underline{Z}_{ges} = (54{,}06 + j\cdot 69{,}6)\Omega = \mathbf{88{,}12\,\Omega \cdot e^{j52{,}15°}}$$

$$\underline{I}_{ges} = \frac{\underline{U}}{\underline{Z}_{ges}} = \frac{12\,\text{V} \cdot e^{j0°}}{88{,}12\,\Omega \cdot e^{j52{,}15°}} = \mathbf{22{,}7\,\text{mA} \cdot e^{-j52{,}15°}}$$

Es besteht natürlich die Möglichkeit, zunächst aus R1 und X1 eine Parallelersatzschaltung zu berechnen, diese dann mit R3 zusammenzufassen und dann als Reihenschaltung mit R2 und X2 zu kombinieren. Die komplexe Berechnung führt allerdings mit einem geeigneten Taschenrechner wesentlich schneller zu Ziel.

7.8.2 Blindstromkompensation

Wird ein Elektromotor, der ja immer aus Wirkwiderstand und induktivem Blindwiderstand besteht, an eine Spannungsquelle angeschlossen, so nimmt der Verbraucher immer eine Blindleistung auf. Die Zuleitung wird durch den Scheinstrom $I = \sqrt{I_w^2 + I_B^2}$ belastet. Gelänge es, den Blindstrom möglichst zu unterdrücken, wäre der Scheinstrom und die Leitungsverluste minimal. Dies kann im allgemeinen

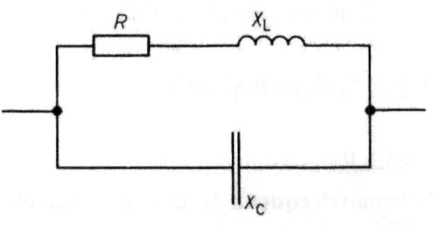

Bild 7.45 Zur Blindstromkompensation

durch einen zum Motor parallel geschalteten Kondensator geeigneter Bemessung erreicht werden. Ideal wäre es, den Leistungsfaktor $\cos\varphi = 1$ einstellen zu können. In der Praxis wird, da ja auch während des Betriebes sich die Daten des Motors durch die Belastung ändern können, ein Leistungsfaktor von $\cos\varphi = 0{,}9$ ausreichen. Die Berechnung des für die Kompensation notwendigen Kondensators geschieht wie folgt.

Der Größen vor der Kompensation haben den Index 1, nach der Kompensation den Index 2. Es gilt:

$$Q_2 = Q_L - Q_C,\ \tan\varphi_2 = \frac{Q_L - Q_C}{P}$$

$$Q_C = Q_L - P \cdot \tan\varphi_2 = P \cdot \tan\varphi_1 - P \cdot \tan\varphi_2$$

$$\boxed{Q_C = P \cdot (\tan\varphi_1 - \tan\varphi_2)} \tag{7.106}$$

$$X_C = \frac{1}{\omega C} = \frac{U^2}{Q_C}\ \text{folgt}$$

Gemischte Schaltungen

$$C = \frac{P \cdot (\tan\varphi_1 - \tan\varphi_2)}{2 \cdot \pi \cdot f \cdot U^2} \tag{7.107}$$

Beispiel 7.13 Ein Motor hat bei 230 V/50 Hz eine Bemessungsleistung von $P_{ab} = 1,2$ kW. Der Wirkungsgrad beträgt bei Bemessungsbetrieb $\eta = 0,8$, der Leistungsfaktor ist $\cos\varphi = 0,85$.

a) Welche Leistung (P, Q, S) nimmt der Motor aus dem Netz auf?
b) Der Leistungsfaktor soll auf $\cos\varphi = 0,95$ verbessert werden. Welche Kapazität ist dazuzuschalten?

Lösung a) aus dem Leistungsfaktor lässt sich der Winkel bestimmen $\cos\varphi_1 = 0,85 \Rightarrow \varphi_1 = 31,79°$

aufgenommene Leistung: $P_0 = \frac{P_{Ab}}{\eta} = \frac{1,2\,\text{kW}}{0,8} = 1,5\,\text{kW}$, $S_0 = \frac{P_0}{\cos\varphi_1} = \frac{1,5\,\text{kW}}{0,85} = 1,765\,\text{kVA}$

$Q_0 = \frac{P_0}{\tan\varphi_1} = \frac{1,5\,\text{kW}}{0,62} = 0,929\,\text{kvar}$

b) $\cos\varphi_2 = 0,95 \Rightarrow \varphi_2 = 18,2°$,

$$C = \frac{P \cdot (\tan\varphi_1 - \tan\varphi_2)}{2 \cdot \pi \cdot f \cdot U^2}, \quad C = \frac{1500\,\text{W} \cdot (\tan 31,79° - \tan 18,2°)}{2 \cdot \pi \cdot 50\,\text{Hz} \cdot 230^2\,\text{V}^2} = 26,26\,\mu\text{F}$$

Die Parallelkompensation kann auch bei anderen Geräten, z.B. Leuchtstofflampen mit induktiven Vorschaltgeräten, verwendet werden. Eine Reihenkompensation ist im Prinzip auch machbar, nur muss dann der gesamte Verbraucherstrom durch den Kondensator fließen.

7.8.3 Schwingkreise

7.8.3.1 Reihenschwingkreis

Resonanzfrequenz f_0. Der Widerstand einer Reihenschaltung hängt von der Frequenz der angelegten Spannung ab.

$$\underline{Z} = \underline{Z}_R + \underline{Z}_L + \underline{Z}_C = r + jX = R + j \cdot \left(\omega L - \frac{1}{\omega C}\right) \tag{7.108}$$

Es gibt eine Frequenz, für die der Blindwiderstand der Reihenschaltung den Wert $0\,\Omega$ annimmt, diese Frequenz wird mit dem Index 0 versehen und als *Resonanzfrequenz* bezeichnet. Aus

$$X = 0 \Rightarrow \omega_0 L = \frac{1}{\omega_0 C} \quad \text{folgt}$$

$$\omega_0 = \sqrt{\frac{1}{LC}} \tag{7.109}$$

$$f_0 = \frac{1}{2\pi \cdot \sqrt{LC}} \tag{7.110}$$

Resonanzwiderstand Z_0. Bei der Resonanzfrequenz verschwindet der Blindwiderstand X. Somit gilt:

$$Z = \sqrt{R^2 + X^2} = Z_0 = R \qquad (7.111)$$

Der Blindwiderstand der Spule und des Kondensators sind bei der Resonanzfrequenz gleich groß

$$\boxed{X_0 = 2\pi f_0 L = \frac{1}{2\pi f_0 C}} \qquad (7.112)$$

Bei der Resonanzfrequenz fließt durch den Kreis der *Resonanzstrom* I_0.

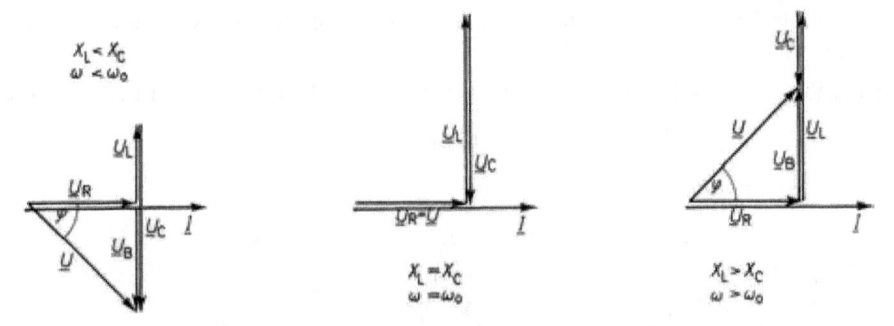

$$\boxed{I_0 = \frac{U}{R}} \qquad (7.113)$$

Bild 7.46 Drehzeigerbilder der Spannungen für verschiedene Frequenzen

Beispiel 7.14 Ein Widerstand $R = 40\,\Omega$, ein Kondensator der Kapazität $C = 10\,\mu\text{F}$ und eine Induktivität mit $L = 1\,\text{H}$ sind in Reihe geschaltet. Die Klemmenspannung ist 100 V/50 Hz. Wie groß sind die Teilspannungen an den Bauteilen?

Lösung:
$X_L = 314{,}16\,\Omega,\; X_C = 318{,}31\,\Omega$

$Z = \sqrt{R^2 + X^2} = \sqrt{1600 + 4{,}15^2} = 40{,}215\,\Omega$

$I = \dfrac{U}{Z} = 2{,}49\,\text{A}$

$U_R = I \cdot R = 99{,}466\,\text{V}$

$U_C = I \cdot X_C = 791{,}5\,\text{V}$

$U_L = I \cdot X_L = 781{,}2\,\text{V}$

Bemerkenswert ist, dass die Effektivwerte der Teilspannungen die angelegte Spannung um ein Vielfaches übersteigen können. Man spricht in diesem Fall von einer *Spannungsresonanz*. Hier ist zu beachten dass ja zwischen den einzelnen Spannungen eine Phasendifferenz besteht, die bei der Addition natürlich berücksichtigt werden muss.

Im nächsten Beispiel wird die angelegte Frequenz geändert, alle anderen Werte bleiben unverändert.

Beispiel 7.15 Ein Widerstand $R = 40\,\Omega$, ein Kondensator der Kapazität $C = 10\,\mu\text{F}$ und eine Induktivität mit $L = 1\,\text{H}$ sind in Reihe geschaltet. Die Klemmenspannung ist 100 V/100 Hz. Wie groß sind die Teilspannungen an den Bauteilen?

Lösung: $X_L = 628,32\Omega$, $X_C = 159,15\Omega$

$$Z = \sqrt{R^2 + X^2} = \sqrt{1600 + 469,16^2} = 470,86\Omega$$

$$I = \frac{U}{Z} = 0,212\text{A}$$

$$U_R = I \cdot R = 8,495\text{V}$$

$$U_C = I \cdot X_C = 33,81\text{V}$$

$$U_L = I \cdot X_L = 133,44\text{V}$$

Frequenzgang. Die Darstellung von Größen in Abhängigkeit von der Frequenz nennt man ihren Frequenzgang. Solche Diagramme sind vor allem in der Nachrichtentechnik von Bedeutung. Bei den Frequenzgängen der Teilspannungen im Reihenschwingkreis stellt man fest, dass sich die Beträge dieser Größen zwischen den Grenzfrequenzen besonders stark ändern, besonders bei großen Werten für Q, also bei kleiner Dämpfung d.

Die Frequenzabhängigkeit der Spannungen in dieser Reihenschaltung ist im **Bild 7.47** dargestellt.

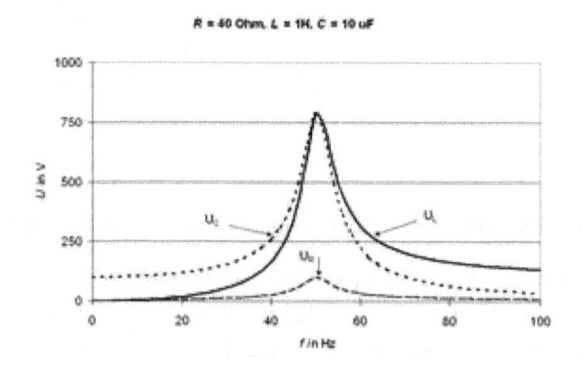

Bild 7.47 Reihenschwingkreis geringer Dämpfung

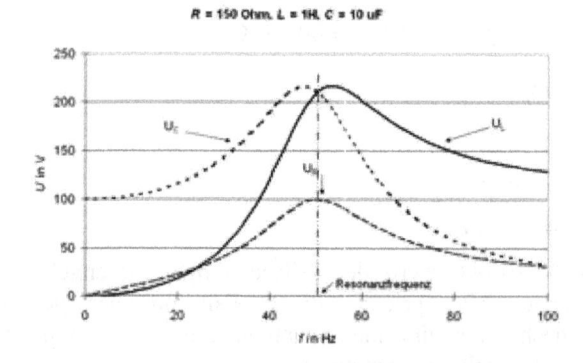

Bild 7.48 Reihenschwingkreis mit größerer Dämpfung

Der Wirkwiderstand, in dem ja Energieverluste auftreten, hat einen großen Einfluss auf die Spannungsüberhöhung der Spannungen an den Blindwiderständen. Wird der Wirkwiderstand auf 150 Ω vergrößert, so ist zu erkennen, dass 1. die maximale Spannung nur noch etwa 215 V beträgt und dass 2. diese Maximumswerte von der Spannung am Kondensator und an der Spule bei unterschiedlichen Frequenzen liegen, aber den gleichen Wert haben..

Die Frequenz, bei der die Spannungskurven an Spule und Kondensator ihr Maximum erreichen, liegt nicht bei der Resonanzfrequenz, sondern ist, wie in Bild 7.30 ersichtlich, rechts und links von der Resonanzfrequenz, die ja durch den Schnittpunkt der Spannungskurven, bzw. durch das Maximum im Strom, somit durch das Maximum in der U_R Kurve festgelegt ist.

Phasendifferenz. Die Phasendifferenz zwischen Strom und Spannung ist ebenfalls von der Frequenz der Klemmenspannung abhängig. Diese Abhängigkeit ist für den Winkel φ_i den Nullphasenwinkel des Stroms, dargestellt, und zwar für die beiden Wirkwiderstände von 40 Ω und 150 Ω. Die Resonanzfrequenz ist durch die Bedingung festgelegt, dass der Phasenwinkel den Wert 0° annimmt.

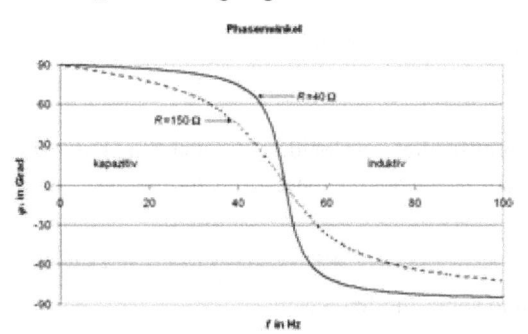

Bild 7.49 Phasendifferenz zwischen Strom und Spannung

Gütefaktor Q. Der Gütefaktor, der auf unterschiedliche Weise definiert werden kann, wird hier als Verhältnis zwischen den Spannungen an Blind und Wirkwiderstand bei der Resonanzfrequenz festgelegt. Es wird zwar derselbe Buchstabe wie für die Blindleistung verwendet, ist aber eine völlig unterschiedliche Größe und darf nicht mit dieser verwechselt werden.

$$\boxed{Q = \frac{U_{L,C}(\omega_0)}{U_{R}(\omega_0)}} \tag{7.114}$$

mit $Q = \dfrac{\omega_0 \cdot L}{R} = \dfrac{L}{R \cdot \sqrt{\dfrac{1}{LC}}}$ folgt:

$$\boxed{Q = \frac{1}{R} \cdot \sqrt{\frac{L}{C}}} \tag{7.115}$$

Verlustfaktor d. Der Verlustfaktor ist der Kehrwert des Gütefaktors.

$$\boxed{d = \frac{1}{Q} = R \cdot \sqrt{\frac{C}{L}}} \tag{7.116}$$

Lage der Maxima: Die Frequenz, bei der die Spannungskurven an Spule und Kondensator ihr Maximum erreichen, liegt nicht bei der Resonanzfrequenz, sondern ist, wie in Bild 7.30 ersichtlich, rechts und links von der Resonanzfrequenz, die ja durch den Schnittpunkt der Spannungskurven, bzw. durch das Maximum im Strom, somit durch das Maximum in der U_R Kurve festgelegt ist. Die Spannung am Wirkwiderstand ist im Resonanzfall gleich der Klemmenspannung. Ohne Ableitung gelten die folgenden Formeln für die Lage der Maxima der drei Teilspannungen:

Gemischte Schaltungen

Widerstand: $f_{\max RC} = f_0$ (7.117)

Kondensator: $f_{\max C} = f_0 \cdot \sqrt{1 - \dfrac{d^2}{2}}$ (7.118)

Spule: $f_{\max L} = \dfrac{f_0}{\sqrt{1 - \dfrac{d^2}{2}}}$ (7.119)

Bandbreite: Die beiden Frequenzen, bei denen der Phasenwinkel des Stroms ±45° beträgt, heißen untere und obere *Grenzfrequenz* f_{gu} und f_{go}. Es gilt dann für den Scheinwiderstand:

$$X = R \Rightarrow Z_{45} = \sqrt{2R^2} = \sqrt{2}R = \sqrt{2}Z_0 \tag{7.120}$$

und somit für den Strom:

$$I_{45} = \dfrac{I_0}{\sqrt{2}} \tag{7.121}$$

Für die Grenzfrequenzen lässt sich ableiten:

$$f_{go,u} = \dfrac{1}{2\pi} \cdot \left(\sqrt{\omega_0^2 + \left(\dfrac{R}{2L}\right)^2} \pm \dfrac{R}{2L} \right) \tag{7.122}$$

oder

$$f_{go,u} = f_0 \cdot \left(\sqrt{1 + \left(\dfrac{d}{2}\right)^2} \pm \dfrac{d}{2} \right) \tag{7.123}$$

Unter der Bandbreite wird die Abstand zwischen diesen beiden Grenzfrequenzen definiert.

$$f_B = f_{go} - f_{gu} = \dfrac{1}{2\pi} \cdot \left(\sqrt{\omega_0^2 + \left(\dfrac{R}{2L}\right)^2} + \dfrac{R}{2L} \right) - \dfrac{1}{2\pi} \cdot \left(\sqrt{\omega_0^2 + \left(\dfrac{R}{2L}\right)^2} - \dfrac{R}{2L} \right)$$

$$f_B = \dfrac{1}{2\pi} \cdot \dfrac{R}{L} = \dfrac{f_0}{Q} = f_0 \cdot d \tag{7.124}$$

Beispiel 7.16 Ein Reihenschwingkreis mit der Resonanzfrequenz $f_0 = 1\,\text{kHz}$ hat den Dämpfungsfaktor $d = 0,1$. Die Induktivität beträgt $L = 0,1\,\text{H}$. Er liegt an einem Generator veränderlicher Frequenz mit der konstanten Klemmenspannung $U = 628,3\,\text{mV}$

a) Wie groß sind Kapazität C, Resonanzblindwiderstand X_0, Wirkwiderstand R, der Strom bei der Resonanzfrequenz, die Teilspannungen an den Bauteilen bei der Resonanzfrequenz?

b) Wie groß sind die Grenzfrequenzen und die Bandbreite?

Lösung: a) $\omega_0 = \sqrt{\dfrac{1}{LC}} \Rightarrow C = \dfrac{1}{\omega_0^2 \cdot L} = \dfrac{1}{\left(2\pi \cdot 10^3\right)^2 \cdot 0,1}\,\text{F} = \mathbf{253,3\,nF}$

$X_0 = 2\pi f_0 L = 2\pi \cdot 10^3 \cdot 0,1\,\Omega = \mathbf{628,3\,\Omega}$

$$R = d \cdot X_0 = 0{,}1 \cdot 628{,}3\,\Omega = \mathbf{62{,}83\,\Omega}$$

$$I_0 = \frac{U}{R} = \frac{628{,}3\,\text{mV}}{62{,}83\,\Omega} = \mathbf{10\,\text{mA}}$$

$$U_{0C} = U_{0L} = I_0 \cdot X_0 = 628{,}3\,\Omega \cdot 0{,}01\,\text{A} = \mathbf{6{,}238\,V}$$

b) $\quad f_{go,o} = f_0 \cdot \left(\sqrt{1+\left(\frac{d}{2}\right)^2} \pm \frac{d}{2} \right) = f_0 \cdot (1{,}0012 \pm 0{,}05)$

$f_{gu} = f_0 \cdot 0{,}951 = 951\,\text{Hz}$, $\quad f_{go} = f_0 \cdot 1{,}051 = 1051\,\text{Hz}$

$f_B = f_o - f_u = 100\,\text{Hz}$

Beispiel 7.17   Durch Zusatzwiderstände soll die Schaltung aus dem vorigen Beispiel so geändert werden, dass d den Wert von 0,2 annimmt.
a) Welcher Widerstand ist dazu erforderlich?
b) bei welchen Frequenzen haben die Spannungen an der Spule, und am Kondensator ihre maximalen Werte?
b) Wie groß ist jetzt die Bandbreite?

Lösung: a) $\quad R_1 = X_0 \cdot d_1 = 628{,}3\,\Omega \cdot 0{,}2 = 125{,}66\,\Omega$

$\qquad R_{Zus} = R_1 - R = (125{,}66 - 62{,}83)\,\Omega = \mathbf{62{,}83\,\Omega}$

b) $\quad 1 - \dfrac{d^2}{2} = 0{,}9899$, $f_{\max C} = f_0 \cdot 0{,}9899 = 989{,}9\,\text{Hz}$ $\quad f_{\max L} = \dfrac{f_0}{0{,}9899} = \mathbf{1010{,}2\,\text{Hz}}$

c) $\quad f_B = f_0 \cdot d_1 = 1000 \cdot 0{,}2\,\text{Hz} = \mathbf{200\,\text{Hz}}$

Normierter Frequenzgang:. Um bei der Darstellung von den Größen des Schwingkreises (R,L,C) sowie der jeweiligen Resonanzfrequenz unabhängig zu sein, wird oft für die Beschreibung der Schwingkreiseigenschaften die Funktion verwendet

$$\frac{I}{I_0} = f\!\left(\frac{\omega}{\omega_0}\right)$$

Nach einigen Umformungen kann hieraus abgeleitet werden:

$$\frac{I}{I_0} = \frac{1}{\sqrt{1+(vQ)^2}} \tag{7.125}$$

Hierbei ist die Größe v die Verstimmung des Kreises

$$v = \frac{\omega}{\omega_0} - \frac{\omega_0}{\omega} = \frac{f}{f_0} - \frac{f_0}{f} \tag{7.126}$$

Gemischte Schaltungen

7.8.3.2 Parallelschwingkreis

Werden entsprechend nebenstehender Schaltung die drei idealen Bauelemente parallel geschaltet und die angelegte Spannung als Bezugsgröße gewählt wird, so ergeben sich relativ einfache Beziehungen, da die Phasenlagen der Ströme bekannt sind. Es gelten die Funktionsgleichungen:

$$u = \hat{u} \cdot \sin\omega t, \quad i_R = \hat{i}_R \cdot \sin\omega t,$$
$$i_L = -\hat{i}_L \cdot \cos\omega t, \quad i_C = \hat{i}_C \cdot \cos\omega t$$

Fassen wir die beiden Blindströme zusammen, ergibt sich für den Gesamtstrom

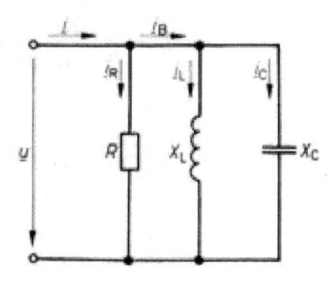

Bild 7.50 Allgemeine Parallelschaltung

$$i = \hat{i}_R \cdot \sin\omega t + \left(\hat{i}_C - \hat{i}_L\right) \cdot \cos\omega t = \hat{i} \cdot \sin\left(\omega t + \varphi\right) \tag{7.128}$$

Der Scheitelwert des Gesamtstromes bestimmt sich zu

$$\hat{i} = \sqrt{\hat{i}_R^2 + \hat{i}_B^2}, \quad \text{mit } \hat{i}_B = \hat{i}_C - \hat{i}_L$$
$$I = \sqrt{I_R^2 + I_B^2}, \quad \text{mit } I_B = I_C - I_L \tag{7.129}$$

Der Phasenwinkel ergibt sich dann zu

$$\tan\varphi = \frac{I_B}{I_R} = \frac{I_C - I_L}{I_R} = \frac{U(B_C - B_L)}{UG} = \frac{B}{G} \tag{7.130}$$

Sowohl die Ströme, als auch der Phasenwinkel ist von der Frequenz abhängig.

$$B = \omega C - \frac{1}{\omega L} \Rightarrow \tan\varphi = \frac{\left(\omega^2 \cdot LC\right)R}{\omega L} \tag{7.131}$$

Ist der Phasenwinkel 0°, so liegt der Resonanzfall vor. Die Resonanzfrequenz wird wie im Reihenkreis bestimmt zu

$$\omega_0 = \frac{1}{\sqrt{LC}}, \quad f_0 = \frac{1}{2\pi\sqrt{LC}} \tag{7.132}$$

Resonanzwiderstand. Bei der Resonanzfrequenz heben sich die Blindanteile von Spule und Kondensator gegenseitig auf und der m Resonanzwiderstand wird zu

$$Z_0 = R \tag{7.133}$$

Nimmt in diesem Fall seinen maximalen wert an, der Gesamtstrom wird minimal, aber in Spule und Kondensator können wesentlich größere Blindströme fließen, man spricht daher von *Stromresonanz*. Dieses Verhalten soll an einem Beispiel deutlich gemacht werden.

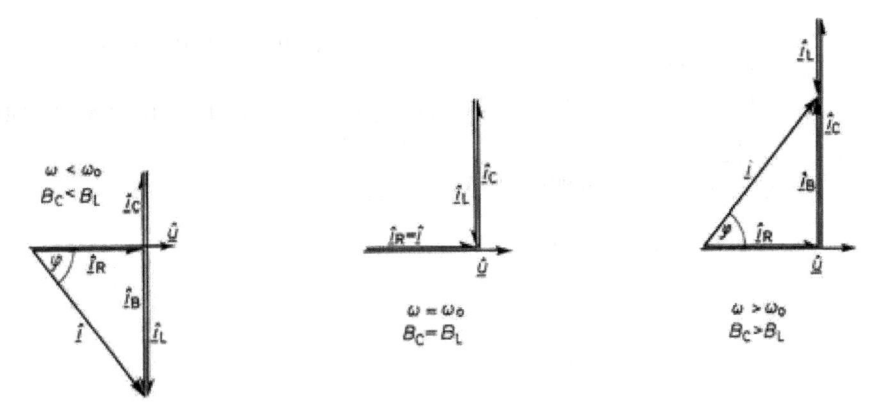

Bild 7.51 Drehzeigerbilder bei verschiedenen Frequenzen

Güte Q. Der Gütefaktor bei diesem Parallelschwingkreis errechnet sich, ähnlich wie beim Reihenkreis, durch die Formel

$$Q = R\sqrt{\frac{C}{L}} \tag{7.134}$$

Grenzfrequenz. Die Grenzfrequenzen sind, wie beim Reihenkreis, durch den Phasenwinkel 45° festgelegt. Es ergeben sich die Beziehungen:

$$f_{gou} = \frac{1}{2\pi}\left(\sqrt{\omega_0^2 + \left(\frac{1}{2RC}\right)^2} \pm \frac{1}{2RC}\right) \tag{7.135}$$

Und die Bandbreite zu

$$f_B = \frac{f_0}{Q} = f_0 \cdot d \tag{7.136}$$

Der normierte Frequenzgang ist durch die Beziehung

$$\frac{Z}{Z_0} = \frac{1}{\sqrt{1+(vQ)^2}} \tag{7.137}$$

Gegeben. Dabei ist die Verstimmung v durch

$$v = \frac{\omega}{\omega_0} - \frac{\omega_0}{\omega} = \frac{f}{f_0} - \frac{f_0}{f} \tag{7.138}$$

gegeben.

Beispiel 7.18 Ein Widerstand $R = 1000\,\Omega$, ein Kondensator der Kapazität $C = 10\,\mu F$ und eine Induktivität mit $L = 1\,H$ sind parallel geschaltet. Die Klemmenspannung ist $100\,V/100\,Hz$. Wie groß sind die Teilströme durch die Bauteile?

Gemischte Schaltungen

Lösung

$$I_R = \frac{U}{R} = \frac{100V}{1000\Omega} = 0,1A, \quad I_C = \frac{U}{X_C} = 2\pi f UC = 2\pi \cdot 50 \cdot 100 \cdot 10 \cdot 10^{-6} A = \mathbf{0,314A}$$

$$I_L = \frac{U}{X_L} = \frac{U}{2\pi f L} = \frac{100}{2\pi \cdot 50 \cdot 1}A = \mathbf{0,318A}, \quad I_B = I_C - I_L = 0,314A - 0,318A = \mathbf{0,004A}$$

$$I = \sqrt{I_R^2 + I_B^2} = \sqrt{0,1^2 + 0,004^2} = \mathbf{0,1A}.$$

Der Frequenzgang ist im nächsten Bild dargestellt:

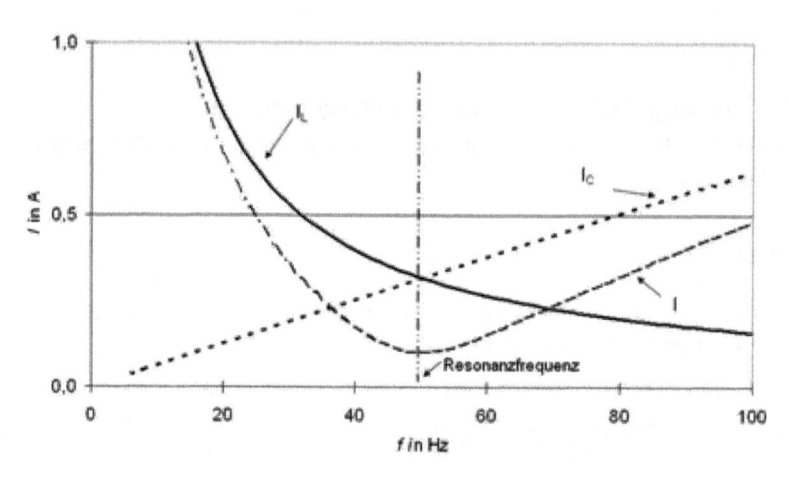

Bild 7.52 Frequenzgang einer Parallelschaltung von R,L,C

Werden in einer Schaltung reale Bauteile betrachtet, so ist die im folgenden behandelte Schaltung von Interesse, weil hier im Wirkwiderstand die immer auftretenden Verluste in der Spule als Reihenverlustwiderstand berücksichtigt werden, während der Kondensator als nahezu verlustfrei angesehen wird. Die genaue Berechnung des Frequenzganges, der Resonanzfrequenz und der Bandbreite sollte im komplexen erfolgen. Zunächst wird der Leitwert bestimmt.

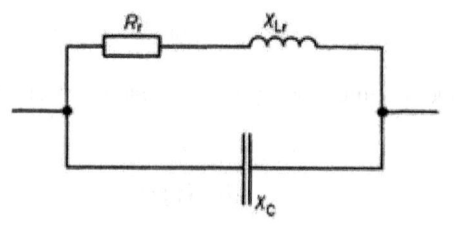

Bild 7.53 Parallelschwingkreis aus realer Spule und Kondensator

$$\underline{Y} = \underline{Y}_C + \underline{Y}_{RL} = j\omega C + \frac{1}{R + j\omega L}$$

daraus folgt durch Multiplikation mit dem konjugiert komplexen Nenner des Bruches

$$\underline{Y} = j\omega C + \frac{R - j\omega L}{R^2 + \omega^2 L^2}.$$

Weiterhin gilt

$$\underline{Y} = \frac{j\omega C\left(R^2 + \omega^2 L^2\right) + R - j\omega L}{R^2 + \omega^2 L^2} = \frac{R}{R^2 + \omega^2 L^2} + j\frac{\omega C\left(R^2 + \omega^2 L^2\right) - \omega L}{R^2 + \omega^2 L^2}.$$

Mit den Beziehungen

$$\text{Re}(\underline{Y}) = \frac{R}{R^2 + \omega^2 L^2}, \quad \text{Im}(\underline{Y}) = \frac{\omega C\left(R^2 + \omega^2 L^2\right) - \omega L}{R^2 + \omega^2 L^2}$$

lässt sich jetzt der Scheinleitwert angeben und daraus dann schließlich der Scheinwiderstand bestimmen. Es folgt, hier jetzt ohne genaue Ableitung:

Für den Phasenwinkel gilt dann:

$$\tan\varphi = \frac{\omega C\left(R^2 + \omega^2 L^2\right) - \omega L}{R}$$

Hieraus lässt sich die Resonanzfrequenz ω_R bestimmen, da ja diese definiert ist durch die Bedingung, dass der Phasenwinkel $\varphi = 0$ sein muss. Aus $\omega_R C R^2 + \omega_R^3 C L^2 - \omega_R L = 0$ ergibt sich

$$\boxed{\omega_R = \sqrt{\frac{1}{LC} - \frac{R^2}{L^2}}} \tag{7.139}$$

Für den Fall eines vernachlässigbaren Wirkwiderstandes folgt die schon bekannte Beziehung $\omega_0 = \sqrt{\frac{1}{LC}}$. Für den Widerstand der Schaltung ergibt aus der Gleichung für den Leitwert nach einigen Umformen:

$$\boxed{|\underline{Z}| = Z = \sqrt{\frac{R^2 + \omega^2 L^2}{\omega^2 C^2 \left[R^2 + \left(\omega L - \frac{1}{\omega C}\right)^2\right]}}} \tag{7.140}$$

Somit lässt sich der Strom bestimmen in der Form

$$\boxed{\underline{I} = \frac{U e^{j0}}{Z e^{j\varphi}} = \frac{U}{Z}\cdot e^{-j\varphi}} \tag{7.141}$$

Der Frequenzgang mit den Werten $R = 50\,\Omega$, $L = 1\,\text{H}$ und $C = 10\,\mu\text{F}$ ist im folgenden Bild dargestellt.

Gemischte Schaltungen

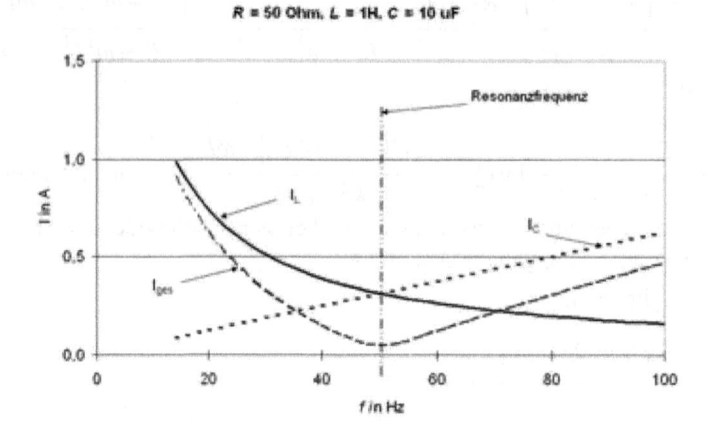

R = 50 Ohm, L = 1H, C = 10 µF

Bild 7.54 Frequenzgang einer Parallelschaltung von R und L in Reihe parallel zu C

Dieser Frequenzgang sieht fast so aus, wie der in der vorigen Abbildung, der Unterschied besteht allerdings in der Größe des Wirkwiderstandes.

Aufgaben zu Abschnitt 7.8

250. In einer Reihenschaltung von R, X_L und X_C beträgt bei einer Frequenz $f = 800$ Hz die Stromstärke I = 0,05 A. Es sind $R = 50\,\Omega$, $L = 1,5$ mH, $C = 1\,\mu F$.
  a) Wie groß sind X_L, X_C, X?
  b) Wie groß sind Phasenverschiebung und Scheinwiderstand?
  c) Wie groß sind die Teilspannungen U_R, U_L, U_C, U_B und die Gesamtspannung U?

251. An einem Generator mit der Klemmenspannung $U = 12$ V und veränderlicher Frequenz liegt eine Reihenschaltung aus $R = 400\,\Omega$, X_L mit $L = 0,5$ mH und X_C mit $C = 1,5$ nF.
  a) Bei welcher Frequenz fließt der größte Strom, und welchen Betrag hat er?
  b) Wie groß sind die Spannungen an Induktivität und Kapazität bei f_0?
  c) Welchen Betrag haben Güte Q und Dämpfungsfaktor d?
  d) Wie groß sind die im Schwingkreis umgesetzten Leistungen?

252. Welcher Kondensator muss zu einer Reihenschaltung aus Wirkwiderstand $R = 250\,\Omega$ und einem induktiven Blindwiderstand mit $L = 2$ H in Reihe geschaltet werden, damit die Phasenverschiebung bei $f = 400$ Hz a) 75°, b) 50°, c) 25°, d) 0° beträgt?

253. Bei einer Frequenz $f = 1500$ Hz fließt durch eine Reihenschaltung aus R, X_L und X_C ein reiner Wirkstrom von 20 mA bei einer Gesamtspannung am Reihenschwingkreis von 6 V.
  a) Wie groß ist die Kapazität, wenn $L = 1,2$ mH beträgt?
  b) Welche Stromstärke und welche Teilspannungen ergeben sich, wenn die Frequenz verdoppelt wird?
  c) Welche Stromstärke und welche Teilspannungen treten bei einer Frequenz $f = 750$ Hz auf?

254. Bei einer Reihenschaltung aus R und X_L beträgt bei einer Frequenz $f = 200$ Hz die Phasenverschiebung = 70°. Durch Reihenschaltung eines Kondensators mit $C = 0,1\,\mu F$ wird φ auf 15° verringert.
  a) Welche Beträge haben R und L?
  b) Welche Stromstärke tritt in beiden Fällen bei einer Spannung am Schwingkreis von 24 V auf?

255. Ein Reihenschwingkreis liegt an einem Generator mit konstanter Klemmenspannung und veränderlicher Frequenz. Bei $U = 12$ V und $f_0 = 2400$ Hz wird die Stromstärke $I = 0,1$ A gemessen. Bei der Frequenz 2350 Hz hat der Strom auf 70,7 % dieses Betrags abgenommen.
  a) Wie groß sind L und C?

b) Welche Wirk- und Blindspannungen treten bei den angegebenen Frequenzen und der oberen Grenzfrequenz f_{og} auf?
c) Welche Beträge haben Güte Q und Dämpfungsfaktor d?

256. Bei einem Reihenschwingkreis mit $C = 1,8$ nF betragen die Resonanzfrequenz 12 kHz und der Wirkwiderstand 50 Ω.
a) Wie groß sind Bandbreite, Güte und Dämpfungsfaktor?
b) Wie groß sind die Grenzfrequenzen?

257. Eine Reihenschaltung von R, X_L und X_C mit $C = 2,2$ µF hat bei der Frequenz 50 Hz den Scheinwiderstand 450 Ω. Wird die Kapazität verdoppelt, ist $Z = 280$ Ω.
a) Welche Beträge haben R und L?
b) Wie groß sind in beiden Fällen Resonanzfrequenz, Güte und Dämpfungsfaktor?

258. Bei einem Reihenschwingkreis beträgt die Resonanzfrequenz $f_0 = 450$ Hz und die Güte $Q = 2$.
a) Bei welcher Frequenz ist $I/I_0 = 0,707$?
b) Wie groß ist die Bandbreite?

259. Bei einem Reihenschwingkreis mit $Q = 2,5$ hat die Stromstärke bei $f_0 = 10$ kHz ihren größten Wert. Dabei ist die Klemmenspannung des Generators 3 V.
a) Wie groß sind die Grenzfrequenzen und die Bandbreite?
b) Bei welchen Frequenzen treten die Höchstwerte der Spannungen an Induktivität bzw. Kapazität auf?
c) Wie groß können die Blindspannungen U_L bzw. U_C werden?

260. In einem Reihenschwingkreis fließt bei $f_0 = 15$ kHz der Resonanzstrom $I_0 = 0,08$ A. Bei der Frequenz $f = 13,5$ kHz hat die Stromstärke auf 60 mA abgenommen.
a) Wie groß sind Verstimmung v und Güte Q des Kreises?
b) Bei welchen Frequenzen beträgt die Stromstärke 75 % bzw. 50 % des Resonanzstroms?

261. Bei einem Reihenresonanzkreis mit der Güte $Q = 5$ betragen die Resonanzfrequenz $f_0 = 10$ kHz und die Resonanzstromstärke $I_0 = 20$ mA.
a) Welche Beträge ergeben sich für die Stromstärke bei den Frequenzen 8,5 kHz, 9 kHz, 9,5 kHz?

b) Bei welchen Frequenzen beträgt die Stromstärke 12 mA?
c) Welche Bandbreite hat der Schwingkreis?
d) Welche Bandbreite ergibt sich, wenn der Wirkwiderstand verdoppelt wird?

262. Ein Parallelschwingkreis (7.50) besteht aus dem Wirkwiderstand $R = 1$ kΩ, der idealen Spule mit $L = 0,2$ H und einem Kondensator. Er hat eine Resonanzfrequenz von a) 400 Hz, b) 900 Hz, c) 1500 Hz, d) 20 kHz, e) 35 kHz. Wie groß ist jeweils die Kapazität?

263. Ein Parallelschwingkreis (7.50) aus $R = 500$ Ω, $L = 150$ mH und $C = 2,2$ µF liegt an den Klemmen eines Generators mit einer sinusförmigen Ausgangsspannung $U = 6$ V und veränderlicher Frequenz.
a) Welche Beträge haben die im Schwingkreis auftretenden Leistungen P, Q_L und Q_C bei der Resonanzfrequenz?
b) Welchen Strom nimmt der Schwingkreis bei f_0 vom Generator auf, und wie groß sind die Ströme innerhalb des Kreises?
c) Welche Beträge haben Güte und Dämpfungsfaktor?
d) Welche Grenzfrequenzen und welche Bandbreite hat der Schwingkreis?

264. Eine Parallelschaltung von R, X_L und X_C (7.50) nimmt an der Klemmenspannung $U = 12$ V/ 4000 Hz den Gesamtstrom $I = 240$ mA bei einer induktiven Phasenverschiebung $\varphi = 50°$ auf.
a) Welche Beträge haben Wirk- und Blindstromstärke bzw. Z, R und X?
b) Wie groß ist die Induktivität, wenn die Kapazität $C = 2,2$ µF beträgt?
c) Bei welcher Frequenz ist $\varphi = 0°$?
d) Welche Wirkleistung und welche Blindleistungen treten innerhalb des Schwingkreises bei Resonanz auf?
e) Wie groß sind Güte Q und Dämpfungsfaktor d?

265. Ein Parallelschwingkreis (7.50) hat einen Wirkwiderstand $R = 2$ kΩ. In der Zuleitung fließt bei einer sinusförmigen Klemmenspannung $U = 50$ V/ 1200 Hz der Strom $I = 50$ mA.
a) Wie groß ist die kapazitive Phasenverschiebung?
b) Wie groß ist die Kapazität, wenn die Induktivität $L = 0,3$ H beträgt?

c) Wie groß sind die Resonanzfrequenz f_0 und die Grenzfrequenzen f_{gu} und f_{go}?

266. Ein Parallelschwingkreis mit der Resonanzfrequenz $f_0 = 800\,\text{kHz}$ und dem Verlustfaktor $d = 5\%$ enthält einen Kondensator $C = 220\,\text{pF}$.
   a) Wie groß sind L und R?
   b) Welche Bandbreite und welche Grenzfrequenzen hat der Schwingkreis?
   c) Welchen Strom nimmt er bei f_0 und den Grenzfrequenzen auf, wenn die Klemmenspannung $U = 0,5\,\text{V}$ beträgt?
   d) Wie groß sind bei f_0 Blindstrom und Blindleistung innerhalb des Schwingkreises und die zwischen Induktivität und Kapazität ausgetauschte Blindenergie?

267. Die elektrischen Daten eines Parallelschwingkreises sind Induktivität $L = 20\,\text{mH}$, Kapazität $C = 560\,\text{pF}$ und Kreisgüte $Q = 120$.
   a) Wie groß sind Resonanzfrequenz und Bandbreite?
   b) Durch Zuschalten eines Widerstands soll die Güte auf $Q_. = 70$ vermindert werden. Welchen Betrag muss dieser Widerstand haben, und welche Bandbreite hat der zusätzlich gedämpfte Schwingkreis?
   c) Wie groß sind die Grenzfrequenzen ohne und mit zusätzlichem Dämpfungswiderstand?

268. Für einen Parallelschwingkreis mit der Güte $Q = 20$ soll die relative Änderung des aufgenommenen Gesamtstroms bezogen auf den Resonanzstrom bestimmt werden, wenn die Frequenz gegenüber der Resonanzfrequenz um a) ±15%, b) ±25%, c) ±50% geändert wird. (Berechnung mit der Verstimmung v.)

269. Ein Parallelschwingkreis (7.50) liegt an einer sinusförmigen Klemmenspannung $U = 2,4\,\text{V}$ und nimmt bei $f_0 = 12\,\text{kHz}$ den Strom $I_0 = 1,2\,\text{mA}$ auf bei einer wirksamen Induktivität $5\,\text{mH}$.
   a) Wie groß ist die Güte des Kreises?
   b) Welche Verstimmungen liegen vor. wenn die Frequenz des Generators um ±10%, ±40% gegenüber der Resonanzfrequenz geändert wird?
   c) Welches Verhältnis Z/Z_0 ergibt sich für $v = d$?

270. Bei einem Parallelschwingkreis mit der Resonanzfrequenz $f_0 = 25\,\text{kHz}$ und einem Resonanzstrom $I_0 = 2,2\,\text{mA}$ beträgt bei einer Frequenz $f = 24,5\,\text{kHz}$ der aufgenommene Gesamtstrom $I = 3,6\,\text{mA}$.
   a) Wie groß sind Kreisgüte und Dämpfungsfaktor?
   b) Welchen Strom nimmt der Schwingkreis bei $f = 25,5\,\text{kHz}$ auf?

271. In der abgebildeten Schaltung betragen $R_{1p} = 150\,\Omega$, $R_{2p} = 25\,\Omega$ $C_p = 3,3\,\mu\text{F}$ und $f = 1200\,\text{Hz}$
   a) Welchen Betrag hat der Scheinwiderstand der Schaltung?
   b) Welche Phasenverschiebung tritt zwischen Spannung und Strom auf?
   c) Welche Induktivität muss mit der Schaltung in Reihe liegen, damit $\varphi = 0°$ wird?

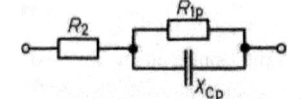

Bild 7.55 Zu Aufgabe 271

272. Es sind $R_{1p} = 120\,\Omega$, $R_{2p} = 20\,\Omega$ $L_p = 15\,\text{mH}$ und $f = 400\,\text{Hz}$
   a) Welche Phasenverschiebung wird durch die Schaltung bewirkt?
   b) Wie groß ist der Scheinwiderstand der Schaltung?
   c) Welche Kapazität ist in Reihe zu schalten, damit $\varphi = 0°$ wird?
   d) Welche Spannungen liegen an R_2, der Parallelschaltung aus R_{1p} und X_{1p} und der Gesamtschaltung, wenn die Gesamtstromstärke 0,1 A beträgt?
   e) Für die Schaltung ist ein Zeigerbild mit allen Teilspannungen bzw. -strömen zu zeichnen.

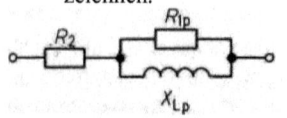

Bild 7.56 Zu Aufgabe 272

273. Es sind $R_{1r} = 40\,\Omega$, $R_2 = 50\,\Omega$ $R_3 = 250\,\Omega$ $L_{1r} = 1,5\,\text{H}$ und $f = 50\,\text{Hz}$.

a) Welchen Betrag haben der Scheinwiderstand der Schaltung und die Phasenverschiebung zwischen Klemmenspannung und Strom?
b) Welchen Betrag hat der Strom bei einer Klemmenspannung von 230 V?
c) Welche Spannungen treten an R_2 und R_3 auf?
d) Mit welcher Kapazität in Reihe tritt Resonanz auf?
e) Wie groß ist dann die Stromstärke?

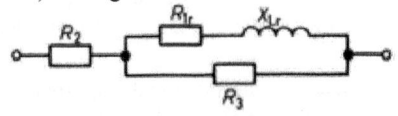

Bild 7.57 Zu Aufgabe 273

274. Es sind $R_2 = 15\,\Omega$, $X_{C2} = 75\,\Omega$ bei der Frequenz $f = 400\,\text{Hz}$. Die Güte des verlustbehafteten Kondensators $C_1 = 3,3\,\mu\text{F}$ beträgt bei dieser Frequenz $Q_1 = 80$.
a) Wie groß sind R_{1p} und C_2?
b) Wie groß sind Wirk-, Blind- und Scheinwiderstand der Reihenersatzschaltung?
c) Welche Beträge ergeben sich für Wirk- und Blindwiderstand der Parallelersatzschaltung?

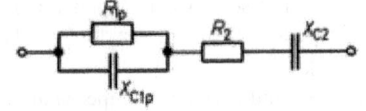

Bild 7.58 Zu Aufgabe 274

275. Die Güte des verlustbehafteten Kondensators $C_1 = 2,2\,\text{nF}$ ist $Q = 150$ bei der Frequenz 1500 Hz. Außerdem sind $R_2 = 120\,\Omega$, $C_2 = 12\,\text{nF}$, $C_3 = 2,2\,\text{nF}$.
a) Wie groß sind Wirk- und Blindwiderstand der Reihen- bzw. Parallelersatzschaltung der Gesamtschaltung?
b) Welche Phasenverschiebung tritt zwischen Klemmenspannung und Strom auf?
c) Welche Induktivität muss mit der Schaltung in Reihe liegen, damit Resonanz eintritt?
d) Wie groß ist im Resonanzfall die Stromstärke bei einer Klemmenspannung $U = 24\,\text{V}$?

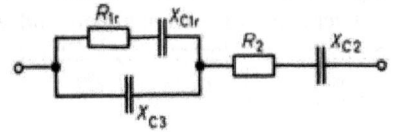

Bild 7.59 Zu Aufgabe 275

276. Der verlustbehaftete Kondensator mit $C_{1p} = 2,2\,\text{nF}$ hat bei der Frequenz $f = 1000\,\text{Hz}$ die Güte $Q = 5$, R_2 und R_3 betragen je 10 kΩ.
a) Wie groß ist der Scheinwiderstand der Schaltung, wenn $C_2 = 3,3\,\text{nF}$ ist?
b) Welche Phasenverschiebung tritt zwischen Klemmenspannung und Strom auf?
c) Welche Induktivität muss mit der Schaltung in Reihe liegen, damit Resonanz eintritt?
d) Welche Güte und Bandbreite hat der Schwingkreis?

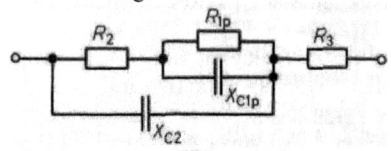

Bild 7.60 Zu Aufgabe 276

277. Zwei gleiche Spulen Sp_1 und Sp_2 sind parallel geschaltet. Der Scheinwiderstand einer Spule ist $Z = 500\,\Omega$ mit der Güte $Q=120$ bei der Betriebsfrequenz und $L_{1r} = L_{2r} = 2\,\text{mH}$.
a) Wie groß ist die Frequenz?
b) Wie groß ist der Scheinwiderstand der Gesamtschaltung, wenn $R_3 = 5\,\Omega$ und $L_3 = 1,5\,\text{mH}$ betragen?
c) Welche Kapazität ist parallel zur Schaltung erforderlich, damit sich die Gesamtschaltung in Resonanz befindet?

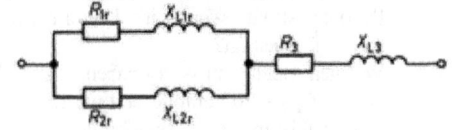

Bild 7.61 Zu Aufgabe 277

278. Es sind betragen $f = 10\,\text{kHz}$, $C = 22\,\text{nF}$, $L = 1,5\,\text{mH}$, $R_1 = 10\,\text{k}\Omega$, $R_2 = 10\,\Omega$
a) Welchen Scheinwiderstand hat der Reihenschwingkreis, und welche Phasenverschiebung tritt auf?
b) Welche Induktivität bzw. Kapazität muss in Reihe geschaltet werden, damit Resonanz eintritt?
c) Wie groß sind Güte und Bandbreite des Schwingkreises?

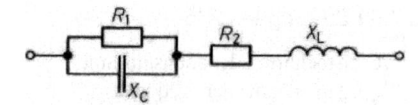

Bild 7.62 Zu Aufgabe 278

279. Die Größen der Schaltung sind $f = 20\,\text{kHz}$, $L = 1\,\text{mH}$, $C = 12\,\text{nF}$, $R_2 = 5\,\text{k}\Omega$ und $R_1 = 28\,\text{k}\Omega$.
    a) Welche Induktivität bzw. Kapazität muss in Reihe geschaltet werden, damit Resonanz eintritt?
    b) Welche Güte und Bandbreite hat der Schwingkreis, wenn $R_3 = 0$ ist?
    c) Wie groß ist der Resonanzblindwiderstand X_0?
    d) Welchen Betrag muss R_3 haben, damit die Bandbreite $f_B = 1000\,\text{Hz}$ wird?

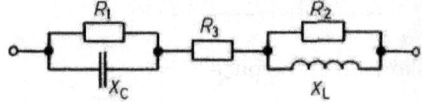

Bild 7.63 Zu Aufgabe 279

280. Es sind $R_{1r} = 10\,\Omega$, $L_r = 0{,}15\,\text{mH}$, $C = 220\,\text{pF}$.
    a) Welche Resonanzfrequenz hat der Schwingkreis?
    b) Wie groß sind R_{1p} und L_p der Parallelersatzschaltung des Kreises?
    c) Welche Güte Q_1 und Bandbreite hat der Schwingkreis ohne R_2?
    d) Wie groß sind Resonanzwiderstand und Resonanzstrom, wenn die Klemmenspannung 24 V beträgt?
    e) Welchen Betrag muss R_2 haben, damit die Güte auf $Q_2 = 30$ herabgesetzt wird?
    f) Wie groß ist mit R_2 die Bandbreite?

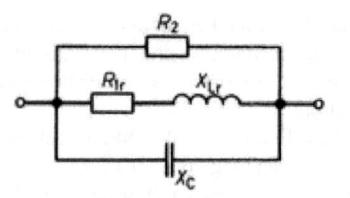

Bild 7.64 Zu Aufgabe 280

281. Ein Elektromotor mit der Bemessungsleistung 0,8 kW und dem Wirkungsgrad $\eta = 0{,}75$ liegt an 230 V/50 Hz. Der Leistungsfaktor von $\cos\varphi = 0{,}8$ soll auf $\cos\varphi = 0{,}95$ verbessert werden.
    a) Welche Blindleistung und Kapazität muss der Parallelkondensator haben?
    b) Welchen Strom nimmt der Motor vor und nach der Kompensation aus dem Netz auf?
    c) Das Leistungszeigerbild ist mit allen Teilleistungen vor und nach der Kompensation zu zeichnen.

282. Ein Wechselstrommotor liegt an 230 V/50 Hz und hat die Bemessungsleistung 0,65 kW. Er hat einen Wirkungsgrad $\eta = 0{,}75$ und nimmt aus dem Netz den Strom $I_1 = 5{,}63\,\text{A}$ auf.
    a) Wie groß ist der Leistungsfaktor $\cos\varphi_1$ und welche Phasenverschiebung tritt auf?
    b) Auf welchen Betrag wird der Leistungsfaktor verbessert, wenn Kondensatoren mit insgesamt $C = 36\,\mu\text{F}$ parallel geschaltet werden?
    c) Wie groß sind nach der Kompensation die dem Netz entnommene Blindleistung und die Blindstromstärke?
    d) Das Zeigerbild der Klemmenspannung und der Ströme vor und nach der Kompensation ist zu zeichnen.

7.9 Transformator mit Eisenkern

Den Aufbau des Transformators mit Eisenkern haben wir früher kennen gelernt. Er besteht aus mindestens zwei Spulen, die von einem gemeinsamen magnetischen Fluss durchsetzt werden. Die von einem Sinusstrom durchflossene Primärspule erzeugt im gemeinsamen Eisenkern ein magnetisches Sinusfeld, dem auf der Sekundärseite magnetische Energie entnommen und als elektrische Energie an einen an die Sekundärklemmen angeschlossenen Verbraucher weitergeleitet wird.

7.9.1 idealer Transformator

Die dabei ablaufenden physikalischen Vorgänge machen wir uns am besten am idealen Transformator klar. Das ist ein Transformator, bei dem die unvermeidlichen Energieumwandlungsverluste und die Streuung vernachlässigt werden. Wir nehmen also an, dass die Wicklungen widerstandslos sind, dass im Eisen weder Wirbelstrom- noch Ummagnetisierungsverluste auftreten und dass der magnetische Fluss stets beide Wicklungen durchsetzt und keine Neben-(Streu-)Wege nimmt.

In der Primärwicklung dieses idealen Transformators fließt der Sinusstrom I_1. Er erzeugt im Eisenkern einen sinusförmigen magnetischen Fluss Φ_{Fe}, der gerade so groß ist, dass die zugehörige induktive Spannung gleich der angelegten Spannung U_1 ist.

$$u_{L1} = N_1 \frac{\Delta \Phi_{Fe}}{\Delta t} = \hat{u}_1 \cdot \cos \omega t$$

Da andererseits der Fluss Φ_{Fe} wie vorausgesetzt auch durch die Sekundärspule fließt, erzeugt er zugleich eine Sekundärspannung

$$u_{L2} = N_2 \frac{\Delta \Phi_{Fe}}{\Delta t} = \hat{u}_2 \cdot \cos \omega t$$

Daraus folgt durch Division beider Gleichungen

$$\boxed{\frac{\hat{u}_1}{\hat{u}_2} = \frac{U_1}{U_2} = \frac{N_1}{N_2} = \ddot{u}} \qquad (7.142)$$

Nach dem Induktionsgesetz verhalten sich beim idealen Transformator die Spannungen also stets wie die Windungszahlen. Dieses Verhältnis nennt man das Übersetzungsverhältnis $\ddot{u}$ des Transformators.

Das zweite Gesetz, das die Funktionsweise des idealen Transformators bestimmt, ist das Durchflutungsgesetz. Die Durchflutungen $I_1 N_1$ und $I_2 N_2$, die durch Ströme auf Primär- und Sekundärseite entstehen, müssen zusammen die magnetische Spannung ergeben, die notwendig ist, um den Fluss Φ durch den Eisenkern zu treiben. Da wir beim idealen Transformator den magnetischen Widerstand des Kerns gleich null setzen, sind die Durchflutungen entgegengesetzt und ergeben zusammen Null.

$$I_1 N_1 + I_2 N_2 = 0 \Rightarrow I_1 N_1 = -I_2 N_2 \qquad (7.143)$$

D.h. bei Leistungsentnahme auf der Sekundärseite, also beim Strom I_2, stellt sich auf der Primärseite der Strom I_1 so ein, dass das Durchflutungsgleichgewicht gewahrt bleibt. Daraus folgt: Die Ströme verhalten sich umgekehrt wie die Windungszahlen oder wie der Kehrwert des Übersetzungsverhältnisses:

$$\frac{I_1}{I_2} = \frac{-N_2}{N_1} = \frac{-1}{\ddot{u}} \qquad (7.144)$$

Und in Übereinstimmung mit dem Energiesatz: Die auf der Sekundärseite abgegebene Leistung P_{s2} ist gleich der auf der Primärseite aufgenommenen P_{s1}

$$P_{s2} = -U_2 I_2 = -U_1 \frac{N_2}{N_1} \cdot I_1 \frac{-N_1}{N_2} = U_1 I_1 = P_{s1} \qquad (7.145)$$

7.9.2 Verluste beim realen Transformator

Aus dem idealen Transformator geht der reale durch Berücksichtigung der Energieumwandlungsverluste und der Streuung hervor. Wicklungsverluste treten in der Primär- und in der Sekundärentwicklung auf. Unter Streuung versteht man, dass ein Teil des magnetischen Flusses, der von der Spule 1 erzeugt wird, nicht auch durch die Spule 2 fließt, und umgekehrt, dass ein Teil des Flusses der Spule 2 nur mit dieser verkettet ist. Deshalb kann man die Wirkwiderstände der Wicklungen und die Streublindwiderstände den einzelnen Wicklungen des Transformators zuordnen. Dies ist im Bild durch die Innenwiderstände Z_{i1} und Z_{i2} geschehen. Nachdem so die Wicklungsverluste und die Streuung berücksichtigt sind, bleibt ein fast idealer Transformator übrig, der Eisenverluste hat.

Die Bezugspfeile für Spannungen und Ströme entsprechen dem Energiefluss. Bei gleichen Vorzeichen der Augenblickswerte von Spannung und Strom wird auf der Primärseite wegen der gleichen Richtung der Bezugspfeile die Leistung positiv (aufgenommene Leistung) und auf der Sekundärseite bei entgegengesetzter Richtung der Bezugspfeile negativ (abgegebene Leistung). Für ein brauchbares Ersatzschaltbild müssen wir den Leistungsumsatz im Transformator in zwei Betriebszuständen erfassen, und zwar Blind- und Wirkleistung im fast idealen Transformator (bei vernachlässigbaren Streu- und Wicklungsverlusten in den Innenwiderständen Z_{i1} und Z_{i2}) sowie Blind- und Wirkleistung in den Innenwiderständen Z_{i1} und Z_{i2} (bei vernachlässigbarem Leistungsumsatz im fast idealen Transformator). Diese Voraussetzungen erfüllen genügend genau Leerlauf und Kurzschlussversuch am realen Transformator, den wir in Zukunft kurz Transformator nennen wollen.

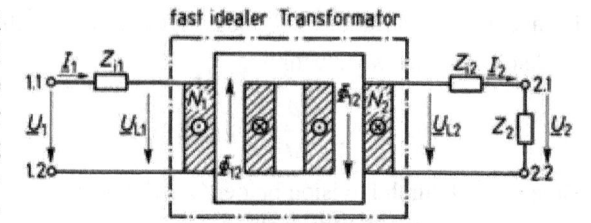

Bild 7.65 Transformator mit Eisenkern

7.9.3 Transformator im Leerlauf

Legt man an die Primärklemmen 1.1 und 1.2 eine sinusförmige Wechselspannung U_1 und lässt die Sekundärklemmen 2.1 und 2.2 offen, verhält sich der Transformator wie eine Spule mit Eisenkern, Ein Teil der aufgenommenen Wirkleistung wird in der Wicklung in Wärmeleistung umgesetzt und ist dem Quadrat des aufgenommenen Stroms proportional. Der restliche Teil der Wirkleistung entspricht den Wirbelstrom- und Ummagnetisierungsverlusten im Eisenkern, die im wesentlichen vom Scheitelwert der im Eisenkern auftretenden Flussdichte und damit auch vom Betrag der Selbstinduktionsspannung $u_L = u_1$ abhängen. Während jedoch eine Spule für einen bestimmten Betriebsstrom gebaut ist, ist der Transformator für eine Primärspannung ausgelegt, die durch das speisende Netz vorgegeben ist. Wegen des in diesem Fall gegenüber dem Bemessungsstrom sehr kleinen Leerlaufstroms I_0 können wir den in Z_{i1} auftretenden Spannungsfall vernachlässigen. Wir bekommen damit für den fast idealen Transformator in das einfache Ersatzschaltbild. Die Hauptinduktivität L_H bzw. der entsprechende Blindwiderstand X_H entsprechen dem magnetischen Feld im Eisenkern. Der Wirkwiderstand R_{Fe} steht ersatzweise für die im Eisenkern auftretenden Wärmeverluste.

Leerlaufversuch, Kennwerte. Die Ersatzwiderstände X_H bzw. R_{Fe} des Ersatzschaltbilds werden aus den Messergebnissen des Leerlaufversuchs berechnet. Gemessen werden die Bemessungsspannung U_{1B}, bei der der Transformator betrieben wird, der aufgenommene Leerlaufstrom I_0 und die Leerlaufwirkleistung P_0. Das Verhältnis des Leerlaufstroms I_0 zum primären Bemessungsstrom I_{1B} heißt Leerlaufstromverhältnis i_0.

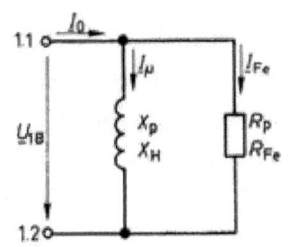

Bild 7.66 Ersatzschaltung des Transformators im Leerlauf

$$i_0 = \frac{I_0}{I_{1B}} \tag{7.146}$$

(Der Kleinbuchstabe i bedeutet hier ausnahmsweise nicht den Zeitwert eines Stroms, sondern einen Zahlenwert.) Aus der gemessenen Leerlaufwirkleistung P_0 und der Scheinleistung $S_0 = U_{1B}I_0 = i_0 U_{1B} I_{1B}$ wird der Leerlaufleistungsfaktor berechnet:

$$\cos\varphi_0 = \frac{P_0}{S_0} = \frac{P_0}{i_0 U_{1B} I_{1B}} \tag{7.147}$$

Die Bemessungsscheinleistung $S_{1B} = U_{1B}I_{1B}$ und die auf dem Leistungsschild angegebene sekundäre Scheinleistung $S_{2B} = U_{2B}I_{2B}$ sind wichtige Kennwerte. Sie dürfen beim Betrieb des Transformators nicht überschritten werden, weil die Bemessungsspannung U_{1B} die Eisenverluste und der Bemessungsstrom I_{1B} die Wicklungsverluste bestimmen. Das Produkt dieser beiden Größen ist daher maßgebend für die bei Bemessungsbetrieb des Transformators auftretende Erwärmung.

Die Ersatzwiderstände der Ersatzschaltung ergeben sich schließlich zu

$$X_H = 2\cdot\pi\cdot f\cdot L_H = \frac{U_{1B}}{I_0\cdot\sin\varphi_0}, \quad R_{Fe} = \frac{U_{1B}}{I_0\cdot\cos\varphi_0} \tag{7.148}$$

Die in den Ersatzwiderständen auftretenden Ströme heißen

Magnetisierungsstrom $\quad I_\mu = I_0\cdot\sin\varphi_0 \quad$ und

Eisenverluststrom $\quad I_{Fe} = I_0\cdot\cos\varphi_0 \tag{7.149}$

Sie ergeben durch geometrische Addition den aufgenommenen Leerlaufstrom I_0.

Transformatorhauptgleichung. Nach dem Induktionsgesetz gilt für die an der Hauptinduktivität liegende induktive Spannung u_L, die bei Vernachlässigung der in Z_{i1} auftretenden Spannungsfälle auch gleich der sinusförmigen Klemmenspannung u_1 ist,

$$u_1 = u_L = \omega L_H \frac{\Delta i_\mu}{\Delta\omega t} = \omega N_1 \frac{\Delta\Phi_{Fe}}{\Delta\omega t} \tag{7.150}$$

Transformator mit Eisenkern

Bei der als sinusförmig vorausgesetzten Klemmenspannung müssen auch $\Delta\Phi_{Fe}/\Delta\omega t$ und damit ebenfalls der magnetische Fluss $\Delta\Phi_{Fe}$ sinusförmig verlaufen. Berücksichtigen wir, dass $L_H = N_1^2/R_{mFe}$ ist, wird der Magnetisierungsstrom i_μ (der in der Primärwicklung mit der Windungszahl N_1 die erforderliche Durchflutung erzeugt) nur dann sinusförmig sein, wenn der magnetische Widerstand R_{mFe} konstant ist. Das ist wegen $R_{mFe} = I_{Fe}/(\mu_0 \mu_r A_{Fe})$ nur bei konstanter Permeabilität des Eisenkerns der Fall, also bei linearem Verlauf der Magnetisierungskennlinie (s. Abschn. 5). Unter dieser Voraussetzung erhalten wir

$$u_1 = u_L = \omega L_H \hat{i}_\mu \frac{\Delta\sin\omega t}{\Delta\omega t} = \omega N_1 \hat{\Phi}_{Fe} \frac{\Delta\sin\omega t}{\Delta\omega t}$$

$$u_L = \hat{u}_L \cdot \cos\omega t \tag{7.151}$$

Der Magnetisierungsstrom i_μ ist phasengleich mit dem ebenfalls sinusförmig verlaufenden magnetischen Fluss Φ_{Fe}. Beiden Zeigergrößen eilt die induktive Spannung u_L um 90° voraus. Somit gilt für die Scheitelwerte

$$\hat{u}_1 = \hat{u}_L = \omega N_1 \hat{\Phi}_{Fe} \text{ bzw. mit } \hat{u}_1 = \sqrt{2} \cdot U_1$$

$$\boxed{U_1 = \sqrt{2} \cdot \pi \cdot f \cdot N_1 \hat{\Phi}_{Fe} \approx 4{,}44 \cdot f \cdot N_1 \hat{\Phi}_{Fe}} \tag{7.152}$$

Diese Gleichung heißt Transformatorhauptgleichung. Setzen wir voraus, dass der durch die Primärspannung bedingte magnetische Hauptfluss im Eisenkern auch die unbelastete Sekundärspule durchsetzt - wie beim idealen Transformator -, gilt weiter

$$\frac{U_1}{N_1} = \frac{U_2}{N_2} = \sqrt{2} \cdot \pi \cdot f \cdot \hat{\Phi}_{Fe} \Rightarrow$$

$$\boxed{\frac{U_1}{N_1} = \frac{U_2}{N_2} = \ddot{u}} \tag{7.153}$$

Bei leer laufendem Transformator verhalten sich die Spannungen an den Wicklungen zueinander wie deren Windungszahlen.

Beispiel 7.19 Bei einem kleinen Steuertransformator beträgt die sekundäre Bemessungsscheinleistung 180 VA. Bei Bemessungsbelastung fließt der primäre Bemessungsstrom $I_{1B} = 0{,}84$A bei der primären Bemessungsspannung $U_{1B} = 230$ V/50 Hz. Im Leerlaufversuch werden folgende Messwerte ermittelt: $P_0 = 4{,}8$W, $I_0 = 0{,}120$A, $U_{20} = 30{,}8$V. Daraus sind zu berechnen: Leerlaufstromverhältnis i_0, primäre Bemessungsscheinleistung S_{1B}, Leerlauf-Leistungsfaktor $\cos\varphi$, Teilströme I_{Fe} und I_μ, Ersatzwiderstände R_{Fe}, X_H, Hauptinduktivität L_H, Übersetzungsverhältnis $\ddot{u}$.

Lösung:
$$i_0 = \frac{I_0}{I_B} = \frac{0{,}120\text{A}}{0{,}84\text{A}} = 0{,}143 = \mathbf{14{,}3\%}$$

$$S_{1B} = \frac{S_0}{i_0} = \frac{0{,}120\text{A} \cdot 230\text{V}}{0{,}143} = \mathbf{193\text{VA}}$$

$$S_{1B} = \frac{S_0}{i_0} = \frac{0{,}120\text{A} \cdot 230\text{V}}{0{,}143} = \mathbf{193\,VA}$$

$$\cos\varphi_0 = \frac{P_0}{I_0 U_B} = \frac{4{,}8\text{W}}{0{,}12\text{A} \cdot 230\text{V}} = \mathbf{0{,}174} \qquad R_{Fe} = \frac{U_{1B}}{I_{Fe}} = \frac{230\text{V}}{0{,}0209\text{A}} = \mathbf{11005\,\Omega}$$

$$I_{Fe} = I_0 \cdot \cos\varphi_0 = 0{,}12\text{A} \cdot 0{,}174 = \mathbf{20{,}9\,mA} \qquad L_H = \frac{X_H}{2\pi f} = \frac{1949\,\Omega\text{s}}{100\pi} = \mathbf{6{,}20\,H}$$

$$I_\mu = I_0 \cdot \sin\varphi_0 = 0{,}12\text{A} \cdot 0{,}985 = \mathbf{0{,}118\,mA}$$

$$X_H = \frac{U_{1B}}{I_0} = \frac{230\text{V}}{0{,}118\text{A}} = \mathbf{1949\,\Omega} \qquad \ddot{u} = \frac{U_{1B}}{U_{20}} = \frac{230\text{V}}{30{,}8\text{V}} = \mathbf{7{,}47}$$

7.9.4 Transformator im Kurzschluss

Von der Sekundärseite aus betrachten wir den Transformator als Generator. Zum Aufstellen des Ersatzschaltbilds als Ersatzspannungsquelle ist es erforderlich, den inneren Widerstand des Transformators bzw. inneren Spannungsfall zu bestimmen. Das erreichen wir mit dem Kurzschlussversuch.

Kurzschlussversuch, Kennwerte. Die Klemmen der Sekundärwicklung 2.1 und 2.2 werden kurzgeschlossen. Dann erhöhen wir die Primärspannung so lange, bis der primärseitige Bemessungsstrom I_{1B} fließt. Die dafür erforderliche Spannung U_k wird im allgemeinen auf die Bemessungsspannung bezogen und als relative Kurzschlussspannung angegeben.

$$u_k = \frac{U_k}{U_{1B}} \tag{7.154}$$

(Der Kleinbuchstabe u bedeutet hier nicht den Zeitwert einer Spannung.) Wie beim Leerlaufversuch werden Spannung, Stromstärke und aufgenommene Wirkleistung gemessen. Mit der Kurzschluss-Wirkleistung P_k bekommen wir für den Kurzschluss-Leistungsfaktor

$$\cos\varphi_k = \frac{P_k}{U_k \cdot I_{1B}} = \frac{P_k}{U_{1B} \cdot I_{1B} \cdot u_k}$$

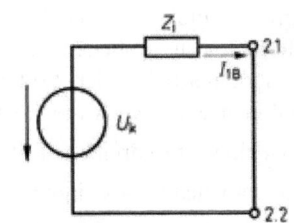

Bild 7.67 Transformator als Ersatzspannungsquelle beim Kurzschlussversuch

Die Wirkleistung entspricht den in den Wicklungen bei Bemessungsstrom auftretenden Kupferverlusten, da wir wegen der geringen Spannung in diesem Fall die Eisenverluste vernachlässigen können. Die an der Hauptinduktivität liegende Spannung beträgt im allgemeinen nur einen geringen Bruchteil der Spannung bei Bemessungsbetrieb, weil z. B. bei Transformatoren für die Energieübertragung die relative Kurzschlussspannung u_k nur etwa 5% betragen kann. Entsprechend gering ist dann auch die Flussdichte im Eisen.

Neben der Wirkleistung wird beim Kurzschlussversuch auch induktive Blindleistung aufgenommen. Da wir hier den Magnetisierungsstrom I_μ wegen der geringen Spannung an der Hauptinduktivität ebenfalls vernachlässigen können, muss die induktive Blindleistung durch magnetische Streufelder bedingt sein.

Streuung. Die magnetische Streuung haben wir schon im Abschnitt 5.3.2 kennen gelernt. Nach Gl. (5.30) können wir hier schreiben

$$\Phi_1 = \Phi_{12}(1+\sigma) = \Phi_{12} + \Phi_{1\sigma} \tag{7.156}$$

Der von der Primärwicklung erzeugte magnetische Fluss Φ_1 setzt sich aus dem Nutzfluss Φ_{12}, der mit beiden Wicklungen verkettet ist, und dem Streufluss $\Phi_{1\sigma}$ zusammen. Der Nutzfluss Φ_{12} im Eisenkern ergibt sich nach dem Ohmschen Gesetz des magnetischen Kreises aus der primären Durchflutung $\Theta_1 = I_1 N_1$ und dem magnetischen Widerstand R_{mFe} des Eisenkerns. Da diesem parallel stets ein magnetischer Widerstand $R_{m\sigma}$ entsprechend dem Feld in der Luft zu denken ist, ergibt sich der Streufaktor nach Gl. (5.31)

$$\sigma = \frac{\Phi_{1\sigma}}{\Phi_{12}} = \frac{\Theta_1 R_{mFe}}{\Theta_1 R_{m\sigma}} = \frac{R_{mFe}}{R_{m\sigma}} \tag{7.157}$$

Wir erkennen daraus, dass der Streufaktor vom magnetischen Widerstand im Eisenkern abhängt. Neben der relativen Permeabilität des Kernmaterials hat dabei vor allem ein möglicherweise vorhandener Luftspalt großen Einfluss.

Von der *magnetischen* Streuung wird die *induktive* Streuung unterschieden. Sie ist durch den räumlichen Aufbau der Wicklungen bedingt. So können z. B. die innen liegenden Windungen einer Spule einen magnetischen Fluss erzeugen, der mit den äußeren Wicklungsteilen nicht verkettet ist. Dadurch wird die Induktivität der Spule geringer, als es ohne induktive Streuung der Fall wäre. Die Gleichung $L = N^2/R_m$ gilt also bei einer praktisch ausgeführten Spule nur bei Berücksichtigung eines Korrekturfaktors, der z. B. bei Luftspulen gleicher Windungszahl die unterschiedliche Bauform erfasst. Auch die induktive Streuung ist umso stärker ausgeprägt, je größer der magnetische Widerstand des Eisenkerns ist.

Ersatzschaltung. Da sowohl die Wicklungsverluste als auch das magnetische Streufeld um so größer sind, je stärker die Ströme in den Wicklungen sind, ist für den kurzgeschlossenen Transformator ein Reihenersatzschaltbild zweckmäßig. Nehmen wir bei gleichem Aufbau und gleichen Windungszahlen der beiden Wicklungen auch gleiche Streufelder und Wicklungsverluste an, können wir jeweils die Hälfte des ermittelten Wirkwiderstands R_{Cu} der Primär- und Sekundärwicklung zuschreiben. Entsprechend ordnen wir auch den Streublindwiderstand X_σ bzw. die entsprechende Streuinduktivität L_σ jeweils zur Hälfte den beiden Wicklungen zu. Da wir beim Kurzschlussversuch den Strom I_σ vernachlässigen können (der sich aus den in diesem Fall sehr kleinen Komponenten I_μ und I_{Fe} zusammensetzt), haben die Bemessungsströme in den beiden gleichen Wicklungen auch den gleichen Wert. Wir erhalten entsprechend der Ersatzschaltung mit $I_{1B} = I_{2B}$ ein Spannungszeigerbild, das als *Kappsches Spannungsdreieck* bezeichnet wird und den inneren Spannungsanfall des Transformators bei Bemessungsstrom darstellt.

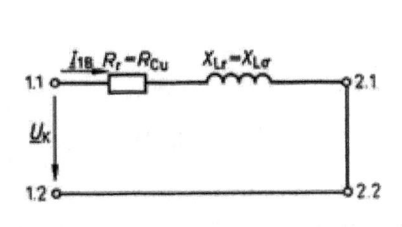

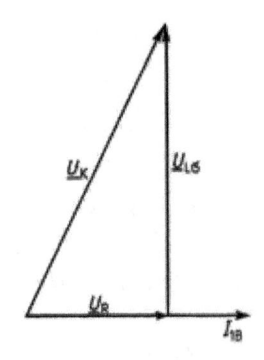

Bild 7.68 Ersatzschaltung des kurz geschossenen Transformators

Bild 7.69 Kappsches Spannungsdreieck

Durchflutungsgleichgewicht. Bei einem streuungslosen Transformator sind die beiden Innenwiderstände Z_{i1} und Z_{i2} der Ersatzschaltung reine Wirkwiderstände, und die Kurzschlussspannung U_k ist phasengleich mit dem Bemessungsstrom I_{1B}. Dies bedeutet, dass der kurzgeschlossene Transformator auch keine Blindleistung aufnimmt. Dabei vernachlässigen wir wieder den in diesem Fall sehr kleinen Magnetisierungsstrom I_μ bzw. die entsprechende Blindleistung. Weil jedoch die fließenden Bemessungsströme sowohl in der Primär- als auch in der Sekundärwicklung Durchflutungen Θ_{1B} bzw. Θ_{2B} erzeugen, kann das resultierende magnetische Feld im Eisenkern und damit auch die entsprechende Blindleistung nur dann verschwinden, wenn in jedem Augenblick gilt:

$$\Theta_{1B} + \Theta_{2B} = 0 \Rightarrow i_{1B} \cdot N_1 + i_{2B} \cdot N_2 = 0 \tag{7.158}$$

Primär- und Sekundärdurchflutung magnetisieren den Eisenkern stets gegensinnig. Abhängig vom Wicklungssinn der Spulen stellen sich Primär- und Sekundärstrom so ein, dass diese Bedingung erfüllt ist.

Ein resultierender magnetischer Fluss im Eisenkern, der durch die an der Hauptinduktivität liegende Spannung nach dem Induktionsgesetz bedingt ist, wird daher durch die Differenz der beiden Durchflutungen erzeugt. Dabei ist die Primärdurchflutung stets etwas größer als die Sekundärdurchflutung. Für die Beträge der Durchflutungen bzw. für die Ströme erhalten wir

$$I_1 \cdot N_1 = I_2 \cdot N_2 \Rightarrow \frac{I_1}{I_2} = \frac{N_2}{N_1} \tag{7.159}$$

Beim kurz geschlossenen Transformator verhalten sich die Ströme in den Wicklungen umgekehrt wie deren Windungszahlen

Beispiel 7.20 Für den Steuertransformator des vorigen Beispiels werden im Kurzschlussversuch beim sekundären Bemessungsstrom $I_{2B} = I_{2k} = 6\,\text{A}$ und dem primären Bemessungsstrom $I_{1B} = 0,84\,\text{A}$ die Messwerte $U_k = 26,5\,\text{V}$ und $P_k = 22\,\text{W}$ ermittelt. Daraus sollen bestimmt werden: Relative Kurzschlussspannung u_k, Kurzschluss-Leistungsfaktor $\cos\varphi_k$, Kurzschluss-Scheinwiderstand Z_k Ersatzwiderstände R_{Cu} und X_σ, Übersetzungsverhältnis $\ddot{u}$.

Lösung:

$$u_k = \frac{U_k}{U_{1B}} = \frac{26{,}5\,\text{V}}{230\,\text{V}} = 0{,}12 = 12\%$$

$$\cos\varphi_k = \frac{P_k}{U_k \cdot I_{1B}} = \frac{22\,\text{W}}{26{,}5\,\text{V} \cdot 0{,}84\,\text{A}} = 0{,}98$$

$$Z_k = \frac{U_k}{I_{1B}} = \frac{26{,}5\,\text{V}}{0{,}84\,\text{A}} = 31{,}55\,\Omega$$

$$R_{Cu} = Z_k \cdot \cos\varphi_k = 31{,}55\,\Omega \cdot 0{,}988 = 31{,}2\,\Omega$$

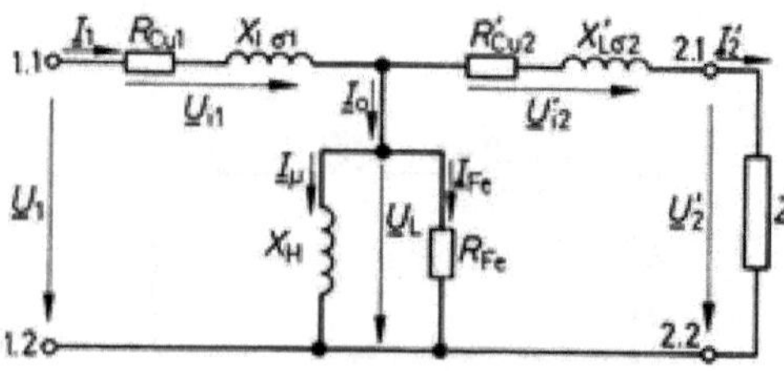

Bild 7.70 Ersatzschaltung des belasteten Transformators

$$X_\sigma = Z_k \cdot \sin\varphi_k = 31{,}55\,\Omega \cdot 0{,}152 = 4{,}8\,\Omega$$

$$\ddot{u} = \frac{N_1}{N_2} = \frac{I_{2B}}{I_{1B}} = \frac{6\,\text{A}}{0{,}84\,\text{A}} = 7{,}14$$

7.9.5 Transformator bei Belastung

Ersatzschaltung. Wird der Transformator mit seinem Bemessungsstrom belastet, treten in den Wicklungen die gleichen Wirk- und Blindverluste (Streufeld) auf wie beim Kurzschlussversuch. Andererseits liegt bei Bemessungsbetrieb der Transformator primärseitig an seiner Bemessungsspannung, so dass auch der in der Hauptinduktivität auftretende Magnetisierungsstrom und der Eisenverluststrom berücksichtigt werden müssen. Wir bekommen eine brauchbare Ersatzschaltung für den Transformator, wenn wir die Ergebnisse des Leerlauf- und Kurzschlussversuchs zusammenfassen. Das nebenstehende Bild zeigt eine Ersatzschaltung, bei der nicht der Sekundärstrom I_2 selbst als Belastungsstrom erscheint, sondern der mit dem Windungszahlverhältnis auf die Primärseite umgerechnete Strom I_2'. Dieser liefert mit der Windungszahl N_1 die gleiche Durchflutung wie der tatsächliche Belastungsstrom I_2 mit der Windungszahl N_2. Ebenso wird die Sekundärspannung U_2 auf die Primärseite umgerechnet und als U_2' bezeichnet. Wir erreichen dadurch, dass wir Primär- und Sekundärseite im Ersatzschaltbild galvanisch verbinden können und nicht beide Seiten durch einen idealen Transformator trennen müssen. Außerdem wird der sekundäre Belastungswiderstand Z_2 übersetzt. Wir erhalten:

$$U_2' = U_2 \frac{N_1}{N_2} \qquad I_2' = I_2 \frac{N_2}{N_1} \qquad Z_2' = \frac{U_2'}{I_2'} = \frac{U_2}{I_2}\left(\frac{N_1}{N_2}\right)^2 = Z_2 \left(\frac{N_1}{N_2}\right)^2 \qquad (7.160)$$

Dies bedeutet, dass der auf der Sekundärseite des Transformators angeschlossene Belastungswiderstand Z_2 auf der Primärseite mit dem Betrag $Z_2' \cdot \ddot{u}^2$ erscheint.

Die Aufteilung der im Kurzschlussversuch ermittelten Ersatzwiderstände für die Streu- und Wirkverluste beider Wicklungen nimmt man üblicherweise zu gleichen Teilen auf Z_{i1} und Z_{i2}' vor.

Mit $Z_i = \dfrac{U_k}{I_B}$ erhalten wir $R_{Cu} = Z_i \cdot \cos\varphi_k$ und $X_{L\sigma} = Z_i \cdot \sin\varphi_k$.

Und für $Z_i = Z_{i1} + Z_{i2}'$ ergeben sich mit $Z_{i1} = Z_{i2}' = \dfrac{Z_1}{2}$ schließlich

$$R_{Cu1} = R'_{Cu2} = \frac{R_{Cu}}{2} \quad \text{und} \quad X_{L\sigma1} = X'_{L\sigma2} = \frac{X_{L\sigma}}{2} \tag{7.161}$$

Die Bezugspfeile für Spannungen und Ströme werden in das Ersatzschaltbild so eingetragen, dass sich bei Augenblickswerten gleichen Vorzeichens auf der Primärseite eine positive (aufgenommene) Leistung, auf der Sekundärseite dagegen eine negative (abgegebene) Leistung ergeben.

Beispiel 7.21 Für das Ersatzschaltbild des Steuertransformators der beiden vorigen Beispiele sollen die im Kurzschlussversuch erhaltenen Ersatzwiderstände aufgeteilt werden.

Für den Belastungsfall $I_2 = 6$ A, $U_2 = 30$V ist für Widerstandslast nach dem Ersatzschaltbild das Zeigerbild zu zeichnen. Dabei sind für Spannungen und Ströme geeignete Maßstäbe zu wählen. Mit den ermittelten Primärgrößen ist der Wirkungsgrad des Transformators zu bestimmen.

Lösung:

$$R_{Cu1} = R'_{Cu2} = \frac{R_{Cu}}{2} = \frac{31{,}2\,\Omega}{2} = 15{,}6\,\Omega,$$

$$X_{\sigma1} = X'_{\sigma2} = \frac{X_\sigma}{2} = \frac{4{,}8\,\Omega}{2} = 2{,}4\,\Omega$$

Damit die Sekundärgrößen U_2 und I_2 in die gleiche Größenordnung wie die Primärgrößen kommen und sich das Zeigerbild besser zeichnen lässt, werden sie auf die Primärseite umgerechnet.

$$I'_2 = \frac{I_2}{\ddot{u}} = \frac{6\,\text{A}}{7{,}47} = 0{,}80\,\text{A},$$

$$U'_2 = U_2 \cdot \ddot{u} = 30\,\text{V} \cdot 7{,}47 = 224{,}1\,\text{V}$$

Bei der Zeichnung des Zeigerbilds geht man nach Wahl geeigneter Maßstäbe für Spannungen und Ströme von den sekundärseitig gegebenen Größen aus. Mit dem Spannungsmaßstab $10\,\text{V} \triangleq 1\,\text{cm}$ und dem Strommaßstab $0{,}1\,\text{A} \triangleq 1\,\text{cm}$ lassen sich unter Beachtung der Phasenlage zu I'_2 die Spannungspfeile zeichnen. (z.B. $U'_{\sigma2}$ um 90° voreilend). Die Spannung U_L an der Hauptinduktivität ergibt sich als geometrische Summe aus U'_2 und U'_{l2}.

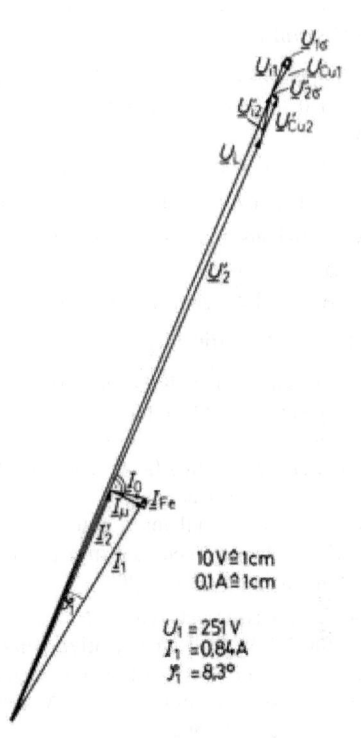

Bild 7.71 Zeigerbild zur Ersatzschaltung bei Widerstandslast des Transformators

Der Strom I_μ eilt der Spannung U_L um 90° nach.

Phasengleich mit U_L fließt $I_{Fe} = 0{,}0218$ A. Die geometrische Summe ergibt den Leerlaufstrom $I_0 = 0{,}120$ A, der sich mit I'_2 zum Primärstrom I_1 zusammensetzt. Mit I_1 werden schließlich die Spannungen an R_{Cu1} und $X_{\sigma1}$ bestimmt. Die Spannung U_{i1} ergibt zusammen mit U_L die Primärspannung U_1.

Das Zeigerbild liefert eine Primärspannung von etwa 241 V und einen nacheilenden Strom I_1 von 0,87 A mit einem Phasenwinkel $\varphi_1 = 8{,}3°$. Daraus lässt sich die primäre Wirkleistung von $P_1 = U_1 I_1 \cos\varphi_1 = 207{,}5$ W berechnen. Für diesen Belastungsfall hat der Transformator damit einen Wirkungsgrad $\eta = P_2/P_1 = 180\,\text{W}/207{,}5\,\text{W} = 86{,}7\%$. Dies ist ein für Transformatoren geringer Wirkungsgrad. Üblicherweise liegen die Wirkungsgrade von Transformatoren über 90 %. Muss man für einen solchen Fall das Spannungszeigerbild zeichnen, stellt man zweckmäßig die Spannungsdreiecke vergrößert dar. Dabei ist darauf zu achten, dass U'_{Cu2} parallel zu I_2, U_{Cu1} parallel zu I_1 und die Streublindspannungen $U'_{2\sigma}$ und $U_{1\sigma}$ senkrecht zu den entsprechenden Strömen stehen.

Die zeichnerisch ermittelten Größen lassen sich mit Hilfe des Kosinus- und Sinussatzes auch berechnen. Darauf soll hier jedoch nicht eingegangen werden. Berücksichtigt man, dass auch die Gültigkeit des Ersatzschaltbilds und die Genauigkeit der messtechnisch ermittelten Größen begrenzt sind, erscheint die zeichnerische Bestimmung der Primärgrößen im allgemeinen als ausreichend.

Aufgaben zu Abschnitt 7.9

283. Ein Netztransformator für 230 V/50 Hz nimmt im Leerlauf 0,3 A auf bei einer Wirkleistung $P_0 = 18\,\text{W}$.
     a) Wie groß sind Hauptinduktivität L_H, induktiver Blindwiderstand X_{LH} und Eisenverlustwiderstand R_{Fe} der Ersatzschaltung?
     b) Wie groß sind Magnetisierungsstrom I_μ und Eisenverluststrom I_{Fe}?

284. Die Primärwicklung eines Netztransformators für 230 V/50 Hz hat 600 Windungen.
     a) Welchen Querschnitt muss der Eisenkern haben, wenn eine Flussdichte von 0,85 T nicht überschritten werden soll?
     b) Welche Windungszahl muss eine Sekundärwicklung haben, wenn sie im Leerlauf die Spannung 48 V liefern soll?

285. Beim Kurzschlussversuch eines Netztransformators für 230 V wird eine relative Kurzschlussspannung von 10% gemessen. Beim primären Bemessungsstrom von 0,2 A tritt eine Wirkleistung 1,2 W auf.
     a) Wie groß ist der Scheinwiderstand des mit Bemessungslast belasteten Transformators, und welche Spannung fällt entsprechend dem Ersatzschaltbild daran ab?
     b) Wie groß sind Wicklungswiderstand R_{Cu} und Streublindwiderstand X_σ für Primär- und Sekundärwicklung zusammen?

286. Der Eisenkern eines Netztransformators für 230 V/50 Hz hat den wirksamen Querschnitt $A_{Fe} = 4\,\text{cm}^2$.
     a) Welche Windungszahl ist für die Primärwicklung erforderlich, wenn die Flussdichte 1,1 T nicht überschritten werden soll?
     b) Welche Windungszahlen sind sekundärseitig bei einer Wicklung mit Anzapfungen erforderlich, wenn im Leerlauf Spannungen von etwa 12 V, 15 V, 24 V, 36 V und 48 V abgegriffen werden sollen?

287. Ein Netztransformator für 230 V/50 Hz hat eine Bemessungsleistung von 1,2 kVA. Beim Leerlaufversuch wird eine Verlustleistung von 85 W gemessen, beim Kurzschlussversuch 34 W. Der Transformator wird mit seiner Bemessungsleistung bei einem Leistungsfaktor von 0,8 belastet bei $\varphi_1 = \varphi_2$.
     a) Wie groß ist der aus dem Netz aufgenommene Strom?
     b) Wie groß ist der Wirkungsgrad?
     c) Wie groß ist die Blindleistung?

288. Ein Netztransformator mit der Bemessungsleistung 2,5 kVA untersetzt die Primärspannung 800 V auf 230 V. Der Leistungsfaktor ist 0,85, der Wirkungsgrad beträgt 90% bei $\varphi_1 = \varphi_2$.
     a) Wie groß sind sekundäre Bemessungsstromstärke und die abgegebene Wirkleistung?
     b) Welche Wirkleistung wird dem Netz entnommen?
     c) Wie groß sind primäre Scheinleistung und aufgenommener Strom?

7.10 Ortskurven

In den Anwendungen kommt es häufig vor, dass eine komplexe Zahl oder ein ruhender Zeiger $\underline{z} = x + jy = z \cdot e^{j\varphi}$ von einer unabhängigen Veränderlichen abhängt, die hier q genannt wird. So können der Realteil oder der Imaginärteil oder beide eine Funktion von q sein: $x = f_1(q)$ oder $y = f_2(q)$. Offenbar bewegt sich die Spitze des ruhenden Zeigers auf einer Kurve in der Gaußschen Ebene, wenn man q variiert. Diese Kurve heißt die Ortskurve des ruhenden Zeigers. Als Beispiel nehmen wir an, in $\underline{z} = x + jy$ seien $x = a =$ konst. und $y = bq$. Lässt man q alle Werte zwischen null und unendlich durchlaufen, bewegt sich die Spitze des ruhenden Zeigers z in der Gaußschen Ebene

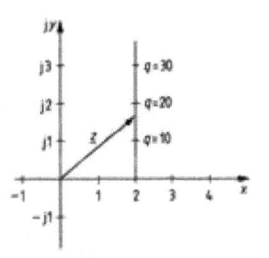

Bild 7.72 Ortskurve von $\underline{z} = 2 + j \cdot 0{,}1q$

auf einer Geraden parallel zur imaginären Achse. Um die funktionale Abhängigkeit $\underline{z}(q)$ vollständig zu beschreiben, versieht man die Ortskurve mit einer Skale für q. Da wir $y = bq$ angenommen haben, ist die Skale eine lineare Teilung. Für die Darstellung wurden für a und b spezielle Zahlenwerte angenommen.

Ortskurven sind nur in den einfachsten Fällen Geraden oder Kreise. In der Praxis kommen sehr unterschiedliche Formen vor. Auch die Skalen sind keineswegs stets linear.

In der Elektrizitätslehre ist sehr oft die Abhängigkeit des Komplexen Widerstandes (der Impedanz) oder des Stromes von der Frequenz von Interesse. Als Variable q wird dann hier f oder ω gewählt.

Gegeben sei die nebenstehende Parallelschaltung eines Kondensators mit einem Wirkwiderstand Schaltung. Für den Strom gilt:

$$\underline{I} = \underline{I}_R + \underline{I}_C = \frac{\underline{U}}{R} - \frac{\underline{U}}{jX_C} = \frac{\underline{U}}{R} + \underline{U} j 2\pi f C$$

Zur Darstellung dieses Stromes legen wir den Spannungszeiger in die reelle Achse. Für verschiedene Werte der Frequenz f wird der Stromzeiger $\underline{I}$ in der komplexen Ebene aufgetragen. Es ergibt sich die gezeichnete Ortskurve. Sie kann mit einer Beschriftung nach f versehen werden.

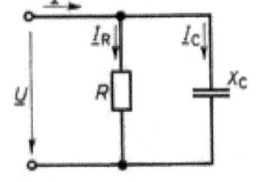

Bild 7.73 Schaltung

Beispiel 7.22 Für die selbe Schaltung soll die Ortskurve des komplexen Widerstandes angegeben werden.

Lösung: Der Parameter an der Ortskurve ist die Frequenz f, hier in Schritten von 50 Hz eingezeichnet. Die Berechnung erfolgt über die Leitwerte. $\underline{Y} = \frac{1}{R} + j\omega C = \frac{1}{R} + j \cdot 2\pi f C$, hieraus lässt sich dann, am besten mit einem Computer und einem Tabellenkalkulationsprogramm, welches komplexe Zahlen verarbeiten kann (z.B. Exel), leicht $\underline{Z}$ und somit auch die Ortskurve berechnen. Das Ergebnis ist im Bild dargestellt.

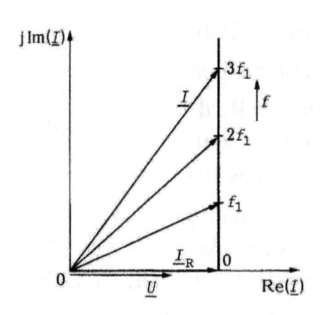

Bild 7.74 Ortskurve des Stromes

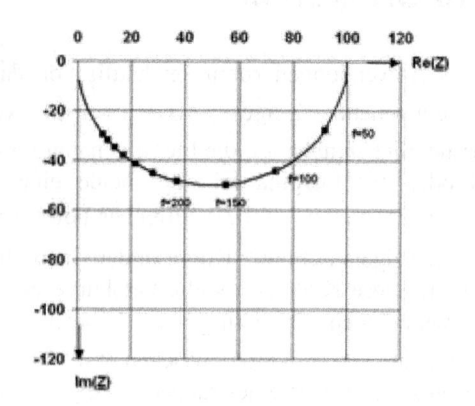

Bild 7.75 Ortskurve von $\underline{Z}$

8 Mehrphasiger Wechselstrom

8.1 Formen magnetischer Felder

Gleichfeld. Das magnetische Feld einer von Gleichstrom durchflossenen Spule heißt Gleichfeld. In einer schematisch in Bild **8.1** dargestellten Spule mit Eisenkern können wir es ersatzweise durch einen Flussdichtevektor $\vec{B}$ darstellen, der in der Wirkungslinie der wirksamen Wicklungsfläche $\vec{A}$ der Spule liegt. Der Eisenkern ist z.B. wie in Bild **8.1** zylindrisch und enthält die Erregerwicklung in Nuten.

Tatsächlich liegt die Wicklung nicht nur in zwei Nuten wie in Bild **8.1**, sondern z. B. in 18 Nuten wie in Bild **8.2** über den Umfang des Eisenkerns verteilt. In diesen Nuten liegen stromdurchflossene Wicklungen, deren einzelne Flussdichtevektoren sich jedoch zu einem resultierenden Vektor $\vec{B}$ zusammensetzen. Auf Einzelheiten über Aufbau und Wicklung eines solchen Vollpolläufers können wir hier nicht eingehen und verweisen auf den Band „Elektrische Maschinen" dieser Reihe.

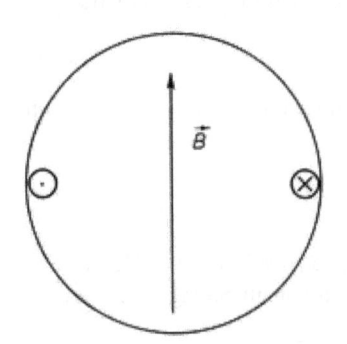

Bild 8.1 schematisch dargestellte Spule mit Eisenkern

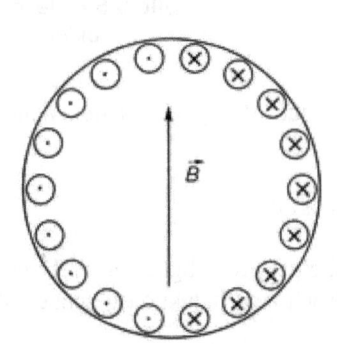

Bild 8.2 Elektromagnet mit zylindrischem Eisenkern

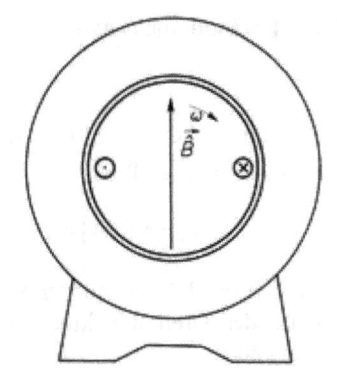

Bild 8.3 Erzeugen eines Drehfelds durch drehbare Elektromagnete

Drehfeld. Befindet sich dieser Elektromagnet nach Bild **8.3** als Läufer in einer Maschine, die im feststehenden Ständer ein solches Blechpaket enthält, dass sich zwischen Ständer und Läufer ein überall gleicher Luftspalt ergibt, bleibt der magnetische Widerstand des gesamten magnetischen Kreises konstant, unabhängig von der Läuferstellung. Unter dieser Voraussetzung bleibt der Betrag des Vektors $\vec{B}$ unverändert, wenn der Läufer gedreht wird. Wir erhalten ein Drehfeld mit dem Drehfeldvektor $\vec{B}$, der sich mit der Winkelgeschwindigkeit des Läufers dreht. Von einem rechtsdrehenden Drehfeld sprechen wir, wenn z. B. Blickrichtung auf das Wellenende des Läufers und Drehbewegung des Feldvektors im Sinn von Fortschreitbewegung und Drehrichtung einer Rechtsschraube zusammenhängen (DIN 42401). In Bild **8.3** und den folgenden Darstellungen von Drehfeldvektoren wird stets diese Blickrichtung angenommen.

8.1 Formen magnetischer Felder

Strang. Das Ständerblechpaket enthält ebenfalls eine gerade Anzahl von Nuten, die gleichmäßig über den Umfang verteilt sind, z. B. 24 wie in Bild 8.4. In diesen Nuten liegen Wicklungsseiten von Spulen, die gruppenweise in Reihe geschaltet sind. Die Reihenschaltung von Wicklungsteilen, in denen also derselbe Strom fließt, nennt man einen Strang. So liegt der Strang U in Bild 8.5 zwischen den Klemmen U1 und U2 in 8 gegenüberliegenden Nuten des Ständers von Bild 8.4, die wir jedoch ersatzweise durch ein Nutenpaar mit dem resultierenden Wicklungsflächenvektor $\vec{A}$ darstellen können.

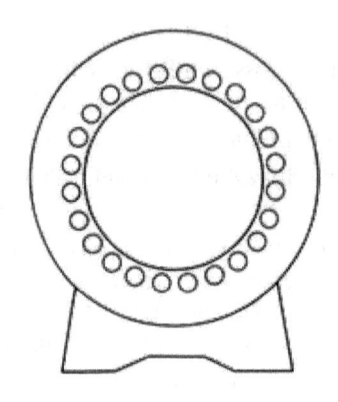

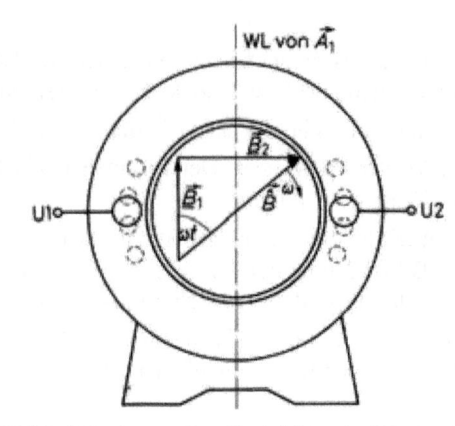

Bild 8.4 Ständer mit Nuten

Bild 8.5 Zerlegen des Drehfeldes in Wechselfelder

Den magnetischen Fluss Φ_1 durch den Strang U mit der Windungszahl bekommen wir durch Bildung des skalaren Produkts

$$\Phi_1 = (\vec{B} \cdot \vec{A}) = \hat{B} \cdot A_1 \cdot \cos \omega t \tag{8.1}$$

wenn sich der Läufer mit der Winkelgeschwindigkeit ω dreht und $\vec{B}$ der konstante Betrag des umlaufenden Drehfeldvektors ist. Nach dem Induktionsgesetz erhalten wir im Strang U die Wechselspannung

$$u_1 = \omega N_1 \frac{\Delta \Phi_1}{\Delta \omega t} = -\omega N_1 \cdot \hat{B} \cdot A_1 \cdot \sin \omega t = \hat{u}_1 \cdot \sin \omega t \tag{8.2}$$

Wir stellen damit zusammenfassend fest:

> Ein Drehfeldvektor kann - wie jeder Vektor - in Komponenten zerlegt werden, deren Wirkungslinien z. B. durch die Flächenvektoren von Wicklungsflächen vorgegeben sind. Jede Komponente entspricht dann dem Feldvektor eines magnetischen **Wechselfelds**, das in der zugehörigen Wicklung eine Wechselspannung induziert.

In Bild 8.5 haben wir den Drehfeldvektor $\vec{B}$ z.B. durch seine zwei Komponenten mit den Beträgen

$$B_1 = |\vec{B}| \cdot \cos \omega t \quad \text{und} \quad B_2 = |\vec{B}| \cdot \sin \omega t \tag{8.3}$$

ersetzt, deren Wirkungslinien senkrecht aufeinander stehen. Beim Bestimmen des magnetischen Flusses durch den Strang U nach Gl. (8.1) liefert nur $\vec{B}_1$ einen Beitrag - die Komponente $\vec{B}_2$ steht senkrecht auf $\vec{A}_1$ und bleibt unwirksam. Die Flussdichtevektoren $\vec{B}_1$ und $\vec{B}_2$ haben nach Gl. (8.3) einen zeitlich sinusförmigen Verlauf ihrer Beträge und sind damit Zeigergrößen. Ihre Größensymbole müssen deshalb nicht nur durch einen Vektorpfeil gekennzeichnet, sondern auch unterstrichen werden.

Bringen wir im Ständer einen weiteren Wicklungsstrang V in 8 gegenüberliegenden Nuten unter, deren resultierender Wicklungsflächenvektor $\vec{A}_2$ senkrecht auf $\vec{A}_1$ steht, bekommen wir durch die Wirkung von $\underline{\vec{B}}_2$ ebenfalls eine Wechselspannung. Durch Phasenverschiebung der magnetischen Flüsse ergeben sich in beiden Strängen Wechselspannungen, die die gleiche Phasenverschiebung von 90° haben.

Mehrphasensystem. Die in den verschiedenen Strängen der Ständerwicklung entstehenden Wechselspannungen gleicher Frequenz bilden zusammen ein Mehrphasensystem. Von besonderer Bedeutung sind symmetrische Mehrphasensysteme, bei denen die Scheitelwerte der Spannungen untereinander sowie die geometrischen Winkel zwischen den Flächenvektoren der Stränge bzw. die Phasenverschiebungen der induzierten Spannungen gleich sind. Der Generator in Bild 8.6 liefert z. B. bei $N_1 A_1 = N_2 A_2$ ein Zweiphasensystem mit den Spannungen

$$u = \hat{u} \cdot \sin \omega t \quad \text{und} \quad v = \hat{v} \cdot \sin\left(\omega t + \frac{\pi}{2}\right)$$

8.1.1 Zweiphasensystem

Wir legen zwei Spannungen an die Ständerwicklungen einer Maschine nach Bild 8.6: u an den Strang U_1, U_2, v an V_1, V_2. In den beiden Wicklungen fließen dann Sinusströme mit dem gleichen Scheitelwert und der gleichen Phasenverschiebung von 90°. Den Läufer der Maschine denken wir uns feststehend bzw. durch einen unbeweglichen Eisenkern aus einem Blechpaket ersetzt. In den Spulenachsen $\vec{A}_U$ bzw. $\vec{A}_V$ entstehen mit den Sinusströmen gleichphasige magnetische Sinusflüsse. Das Zusammenwirken dieser beiden Sinusfelder wollen wir untersuchen. Dazu machen wir einen kleinen gedanklichen Umweg: In Bild 8.7 nehmen wir an, dass ein rechtsdrehendes magnetisches Drehfeld $\underline{\vec{B}}_r$ und ein linksdrehendes $\underline{\vec{B}}_l$ gegeben sind. Beide Drehfelder zerlegen wir in ihre Komponenten parallel zu den Koordinatenachsen x und y. Man erkennt, dass sich die beiden x-Komponenten $\underline{B}_{rx}$ und $\underline{B}_{lx}$ zu null ergänzen, die beiden y-Komponenten dagegen addieren und so den Vektor $\vec{B}$ bilden. Offensichtlich ist das nicht nur für den gezeichneten Winkel ωt bzw. $-\omega t$ der Fall, sondern für alle Winkel, die bei der Drehung durchlaufen werden. Demnach zeigt sich: Zwei gegenläufig rotierende Drehfelder gleicher Amplitude und gleicher Winkelgeschwindigkeit ergeben ein räumlich feststehendes Sinusfeld. Dieses Ergebnis kann man auch umkehren:

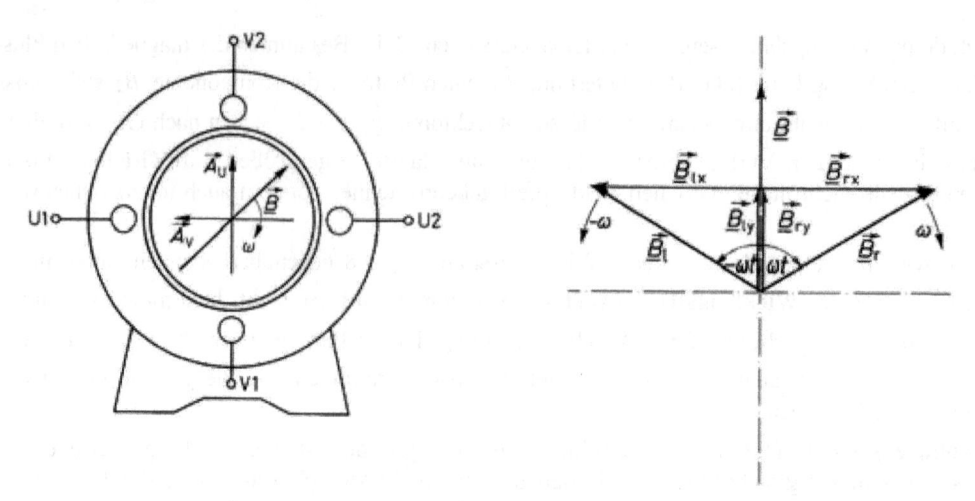

Bild 8.6 Erstehen eines unsymmetrischen Zweiphasensystems

Bild 8.7 Entstehen eines Wechselfeldvektors durch zwei gegenläufige Drehfeldvektoren

> Ein räumlich feststehendes Sinusfeld kann durch zwei gegenläufige Drehfelder mit gleicher Winkelgeschwindigkeit und gleichem Betrag ersetzt werden.

Der Betrag der beiden Drehfeldvektoren ist dabei gleich dem halben Höchstwertbetrag des resultierenden Wechselfeldvektors.

Wir kehren nun zurück zu den beiden räumlich und zeitlich um $\pi/2$ versetzten Sinusfeldern der Maschine im Bild 8.6. Im Bild 8.8a sind noch einmal die Spannungen u und v und in 8.8b die zugehörigen magnetischen Flüsse dargestellt.

Wir zerlegen beide Flüsse (dargestellt durch die zugehörigen Flussdichtevektoren) in je ein rechtsdrehendes und ein linksdrehendes Drehfeld. Bild 8.9a zeigt die räumliche Lage der vier Drehfeldvektoren der Flussdichte für den Zeitpunkt t_1. Nach Bild 8.8b sind zu diesem Zeitpunkt $\Phi_u(t) = \hat{\Phi}$ und $\Phi_v = 0$. Entsprechend addieren sich die beiden Drehfeldvektoren $\vec{B}_{Ur}$ und $\vec{B}_{Ul}$ zu $\vec{B}_U = \vec{B}$ während $\vec{B}_{Vr}$ und $\vec{B}_{Vl}$ sich zu null ergänzen. Bild 8.9b zeigt die Situation 1/8 Periode später: Die Drehfeldvektoren $\vec{B}_{Ur}$ und $\vec{B}_{Ul}$ und ebenso $\vec{B}_{Vr}$ und $\vec{B}_{Vl}$ haben sich entsprechend ihren jeweiligen Drehrichtungen um $\pi/4$ weitergedreht, so dass $\vec{B}_{Ur}$ und $\vec{B}_{Vr}$ den resultierenden, ebenfalls um $\pi/4$ gedrehten Vektor $\vec{B}$ bilden, während sich $\vec{B}_{Ul}$ und $\vec{B}_{Vl}$ zu null ergänzen. Schließlich zeigt Bild 8.9c die Lage der Vektoren wiederum 1/8 Periode später: Jetzt bilden $\vec{B}_{Ur}$ und $\vec{B}_{Vl}$ den resultierenden, waagerecht liegenden Vektor $\vec{B}$, wobei $\vec{B}_{Ul}$ und $\vec{B}_{Vr}$ zusammen null ergeben.

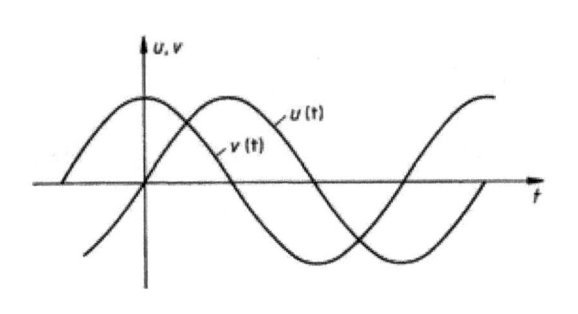

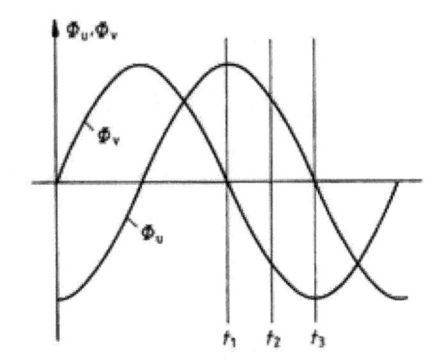

Bild 8.8 Spannungen u und v an den Wicklungen U und V

Bild 8.9 zugehörende magnetische Flüsse

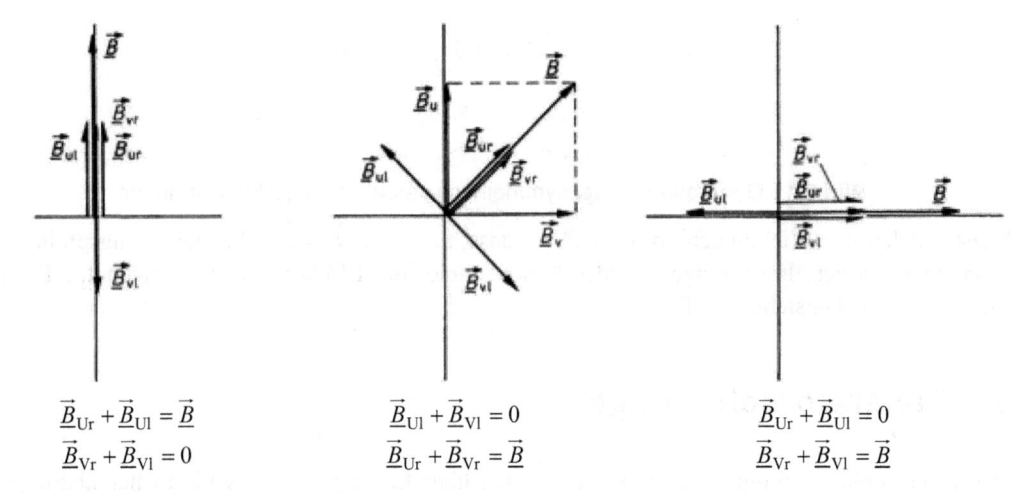

$$\vec{B}_{Ur} + \vec{B}_{Ul} = \vec{B}$$
$$\vec{B}_{Vr} + \vec{B}_{Vl} = 0$$

$$\vec{B}_{Ul} + \vec{B}_{Vl} = 0$$
$$\vec{B}_{Ur} + \vec{B}_{Vr} = \vec{B}$$

$$\vec{B}_{Ur} + \vec{B}_{Ul} = 0$$
$$\vec{B}_{Vr} + \vec{B}_{Vl} = \vec{B}$$

Bild 8.10 Entstehung eines rechtsdrehenden Drehfeldes aus zwei räumlich feststehenden Sinusfeldern

8.1.2 Dreiphasensystem

Die technisch größte Bedeutung unter den Mehrphasensystemen hat das symmetrische Dreiphasensystem, das auch als Drehstromsystem bezeichnet wird. Es wird heute allgemein für die Übertragung elektrischer Energie zwischen Erzeuger und Verbraucher verwendet. Wir erhalten ein solches Spannungssystem, wenn wir z.B. den Ständer der Maschine im nächsten Bild mit drei Strängen U, V und W versehen. Die z. B. in 8 gegenüberliegenden Nuten liegenden Wicklungsteile eines Strangs stellen wir wieder ersatzweise durch ein Nutenpaar dar. Die drei Wicklungsflächenvektoren $\vec{A}_1$, $\vec{A}_2$ und $\vec{A}_3$ schließen den Winkel von $120° = 2\pi/3$ ein. Das umlaufende magnetische Drehfeld des Läufers erzeugt in den drei Strängen Wechselspannungen, die dem geometrischen Winkel zwischen den Flächenvektoren entsprechend eine gegenseitige Phasenverschiebung von $120°$ haben:

$$u_1 = \hat{u}_1 \cdot \sin \omega t$$

$$u_2 = \hat{u}_2 \cdot \sin\left(\omega t - \frac{2\pi}{3}\right) = \hat{u}_2 \cdot \sin(\omega t - 120°)$$

$$u_3 = \hat{u}_3 \cdot \sin\left(\omega t + \frac{2\pi}{3}\right) = \hat{u}_3 \cdot \sin(\omega t + 120°) \tag{8.4}$$

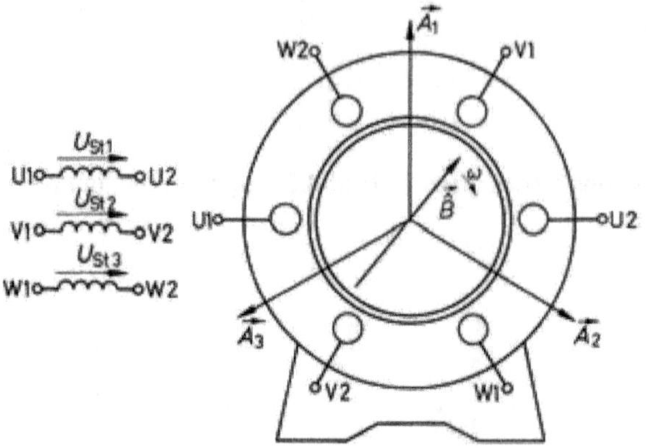

Bild 8.11 Generator mit drei symmetrisch versetzten Wicklungssträngen

Meist werden die Wicklungen so ausgeführt, dass $\hat{u}_1 = \hat{u}_2 = \hat{u}_3 = \hat{u}$ gilt. Die Bezugspfeile der Spannungen in den drei Strängen werden üblicherweise mit Effektivwerten bezeichnet, z.B. mit $\underline{U}_{St1}$ usw. im nebenstehenden Bild.

8.2 Generatorschaltungen

Die im Generator erzeugten Spannungen müssen über Leitungen zum Verbraucher übertragen werden. Beim *offenen Drehstromsystem* sind dafür sechs Leitungen erforderlich. Durch Verkettung der drei Strangspannungen lässt sich jedoch die Leitungszahl vorteilhaft verringern.

8.2.1 Dreieckschaltung

Das Zeigerbild der Spannungen zeigt, dass die Summe der drei Strangspannungen in jedem Augenblick Null ist, sofern der Generator nicht durch einen äußeren Verbraucher belastet wird.

Dieser Sachverhalt gibt die Möglichkeit, die drei Stränge entsprechend in Dreieckschaltung miteinander zu verbinden, ohne dass innerhalb der gebildeten Masche entsprechend der zweiten Kirchhoffschen Regel Strom fließt. In dieser Schaltung gibt es keinen Mittelleiter. Die Außenleiterspannungen sind hierbei gleich den Strangspannungen.

8.2.2 Sternschaltung

Eine weitere Verkettungsmöglichkeit ist die Sternschaltung. Zum Übertragen der elektrischen Energie zwischen Generator und Verbraucher verwendet man vier Leitungen: die drei Außenleiter und den Mittelleiter, der vom gemeinsamen Sternpunkt des Drehstromsystems ausgeht.

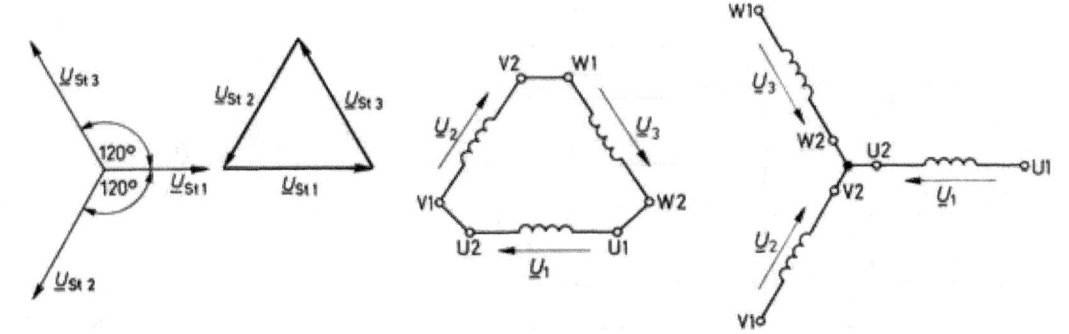

Bild 8.12 Zeigerbild der Strangspannungen

Bild 8.13 Dreieckschaltung des Generators

Bild 8.14 Sternschaltung des Generators

8.3 Verbraucherschaltungen

Für die folgenden Überlegungen gehen wir stets davon aus, dass der Generator in Sternschaltung geschaltet ist, es wird also ein Vierleitersystem betrachtet. Ein Drehstromverbraucher besteht in der Regel aus drei einzelnen Widerständen, in der Regel Kombinationen aus Wirk- und Blindwiderständen, die in Stern oder in Dreieck geschaltet werden. Bei der Sternschaltung ist noch zu unterscheiden, ob der Mittelleiter angeschlossen wird oder nicht. In den folgenden Ausführungen wird nicht unterschieden, ob eine symmetrische Belastung vorliegt, ob also alle Widerstände gleich sind, oder nicht.

8.3.1 Sternschaltungen

8.3.1.1 mit angeschlossenem Mittelleiter

Betrachtet wird eine Schaltung eines Verbrauchers mit den drei unterschiedlichen Widerständen $\underline{Z}_1$, $\underline{Z}_2$ und $\underline{Z}_3$. Diese sind an des Vierleitersystem über die Außenleiter L1, L2 und L3 sowie den Mittelleiter N angeschlossen. Das dazugehörende Zeigerbild zeigt, dass im allgemeinen Fall die Phasenwinkel zwischen Strömen und Spannungen in den einzelnen Verbrauchern unterschiedlich sein können.

Zunächst sei die Spannungszeiger betrachtet. Die Spannung U_1 soll als Bezugsspannung gewählt werden, hat somit den Phasenwinkel 0°. Da es sich bei dem äußeren Dreieck um ein gleichseitiges Dreieck handelt, lassen sich leicht die Beziehungen ablesen

$$U_{12} = U_{23} = U_{31} \tag{8.5}$$
$$U_1 = U_2 = U_3 \tag{8.6}$$

Für das für das Verhältnis zwischen Außenleiterspannungen U_{ij} und Strangspannung U_i gilt:

$$\boxed{U_{ij} = \sqrt{3} \cdot U_{St} = \sqrt{3} \cdot U_i} \tag{8.7}$$

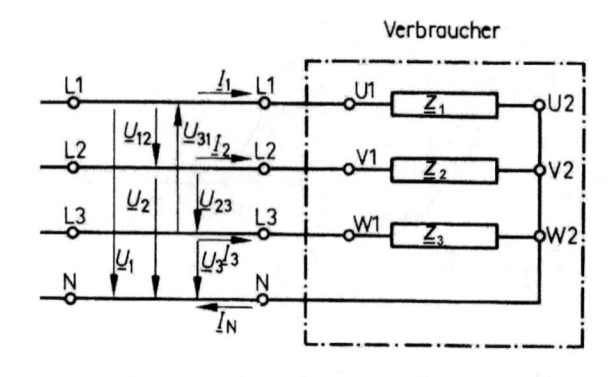

8.3 Verbraucherschaltungen

Bild 8.15 Sternschaltung des Verbrauchers im Vierleiternetz

Bild 8.16 Zeigerbild der Sternschaltung

Die Phasenwinkel sind

$$\underline{U}_1 = U_1 \cdot e^{j0}, \quad \underline{U}_2 = U_2 \cdot e^{-j120°}, \quad \underline{U}_3 = U_3 \cdot e^{+j120°} \tag{8.8}$$

$$\underline{U}_{12} = U_{12} \cdot e^{j30°}, \quad \underline{U}_{23} = U_{23} \cdot e^{-j90°}, \quad \underline{U}_{31} = U_{31} \cdot e^{j150°} \tag{8.9}$$

Für die Ströme in den 4 Leitern kann man bei den in Bild 8.14 gewählten Richtung die Knotenpunktgleichung aufstellen:

$$\boxed{\underline{I}_1 + \underline{I}_2 + \underline{I}_3 = \underline{I}_N} \tag{8.10}$$

Dabei sind natürlich die einzelnen Ströme durch das Ohmsche Gesetz zu bestimmen.

Beispiel 8.1 In einem Drehstromnetz mit den Außenleiterspannungen von 400V liegen in Sternschaltung mit angeschlossenem Mittelleiter die Verbraucher $\underline{Z}_1 = 300\Omega$, eine Induktivität mit $\underline{Z}_2 = R_2 + jX_L = (200 + j250)\Omega$ und eine Kapazität mit $\underline{Z}_3 = R_3 - jX_C = (150 - j350)\Omega$. Welche Ströme fließen auf den Außenleitern und auf dem Mittelleiter?

Lösung: Die Sternspannung beträgt $U = \dfrac{400}{\sqrt{3}} V = 230{,}9 V$, im weiteren wird mit 230 V gerechnet.

$\underline{U}_1 = 230V \cdot e^{j0}, \quad \underline{U}_2 = 230V \cdot e^{-j120°}, \quad \underline{U}_3 = 230V \cdot e^{+j120°}$

$\underline{Z}_1 = R_1 = 300\Omega = 300\Omega \cdot e^{j0}$

$\underline{Z}_2 = R_2 + jX_L = (200 + j250)\Omega = 320\Omega \cdot e^{j51,3°}$

$\underline{Z}_3 = R_3 - jX_C = (150 - j350)\Omega = 380{,}8\Omega \cdot e^{-j66,8°}$

$\underline{I}_1 = \dfrac{\underline{U}_1}{\underline{Z}_1} = \dfrac{230 \cdot e^{j0}}{300 \cdot e^{j0}} A = \mathbf{767 mA \cdot e^{j0}} = (767 + j0) mA$,

$\underline{I}_2 = \dfrac{\underline{U}_2}{\underline{Z}_2} = \dfrac{230 \cdot e^{-j120°}}{320 \cdot e^{j51,3°}} A = \mathbf{719 mA \cdot e^{-j171,3°}} = (-710{,}7 - j108{,}75) mA$

$\underline{I}_3 = \dfrac{\underline{U}_3}{\underline{Z}_3} = \dfrac{230 \cdot e^{j120°}}{380{,}8 \cdot e^{-j66,8°}} A = \mathbf{604 mA \cdot e^{j186,8°}} = (-599{,}7 - j71{,}5) mA$

Den Strom auf dem Mittelleiter errechnet sich nach

$$\underline{I}_N = \underline{I}_1 + \underline{I}_2 + \underline{I}_3 = (-543{,}5 - j180{,}27) mA = \mathbf{572{,}6 mA \cdot e^{-j161,6°}}$$

Somit fließen auf den Leitungen die Ströme:

$I_1 = 767\text{mA}$, $I_2 = 719\text{mA}$, $I_3 = 604\text{mA}$, $I_N = 572{,}6\text{mA}$

Auf dem Mittelleiter fließt kein Strom, wenn das Drehstromnetz symmetrisch belastet wird, wenn also alle Verbraucher gleich sind.

> In einem symmetrisch belasteten Drehstromnetz fließt auf dem Mittelleiter kein Strom, in einem unsymmetrische belasteten Drehstromnetz jedoch immer.

8.3.1.2 ohne angeschlossenen Mittelleiter

Ohne angeschlossenen Mittelleiter gilt für die Ströme auf den Außenleitern

$$\underline{I}_1 + \underline{I}_2 + \underline{I}_3 = 0 \tag{8.11}$$

Im allgemeinen Fall einer unsymmetrischen Belastung wird daher der Sternpunkt des Verbrauchers und der Sternpunkt des Generators eine Potenzialdifferenz aufweisen. Die Verhältnisse sind im nächsten Bild dargestellt. Die an den Verbrauchern anliegenden Spannung $\underline{U}_i'$ und die Strangspannungen sind in der Regel verschieden. Zur Bestimmung der Sternpunktspannung $\underline{U}_N$, die auch als Sternpunktverschiebung bezeichnet wird, ist es sinnvoll, statt der Widerstände die Leitwerte zu bestimmen.

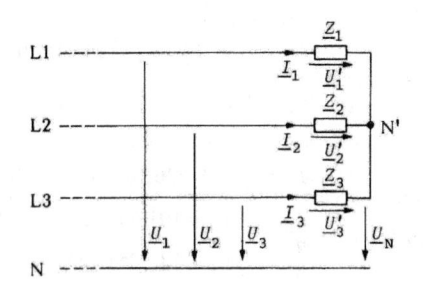

Bild 8.17 Sternschaltung ohne Mittelleiter

$$\underline{Y}_1 = \frac{1}{\underline{Z}_1}, \qquad \underline{Y}_2 = \frac{1}{\underline{Z}_2} \qquad \underline{Y}_3 = \frac{1}{\underline{Z}_3} \tag{8.12}$$

Für die Ströme gilt

$$\underline{I}_1 = \underline{U}_1'\underline{Y}_1 = (\underline{U}_1 - \underline{U}_N)\underline{Y}_1$$
$$\underline{I}_2 = \underline{U}_2'\underline{Y}_2 = (\underline{U}_2 - \underline{U}_N)\underline{Y}_2$$
$$\underline{I}_3 = \underline{U}_3'\underline{Y}_3 = (\underline{U}_3 - \underline{U}_N)\underline{Y}_3 \tag{8.13}$$

Daher gilt mit (8.11):

$$(\underline{U}_1 - \underline{U}_N)\underline{Y}_1 + (\underline{U}_2 - \underline{U}_N)\underline{Y}_2 + (\underline{U}3_1 - \underline{U}_N)\underline{Y}_3 = 0 \text{ oder aufgelöst nach } \underline{U}_N:$$

$$\boxed{\underline{U}_N = \frac{\underline{U}_1\underline{Y}_1 + \underline{U}_2\underline{Y}_2 + \underline{U}_3\underline{Y}_3}{\underline{Y}_1 + \underline{Y}_2 + \underline{Y}_3}} \tag{8.14}$$

Diese Sternpunkt tritt immer bei unsymmetrischer Belastung auf, auch wenn nur Wirkwiderstände geschaltet sind.

Beispiel 8.2 In einem Drehstromnetz mit den Strangspannungen von 230 V liegen in Sternschaltung ohne Mittelleiter die Verbraucher $R_1 = 250\Omega$, $R_2 = 200\Omega$ und $R_3 = 500\Omega$
a) Wie groß ist die Sternpunktverschiebung?
b) Welche Spannungen liegen an den Verbrauchern?
c) Welche Ströme fließen auf den Außenleitern?

Lösung: $\underline{Y}_1 = \frac{1}{250}\text{S} = 4 \text{ mS} \cdot e^{j0}$, $\underline{Y}_2 = \frac{1}{200}\text{S} = 5 \text{ mS} \cdot e^{j0}$ $\underline{Y}_3 = \frac{1}{500}\text{S} = 2 \text{ mS} \cdot e^{j0}$

$\underline{U}_1 = 230\text{V} \cdot e^{j0} = (230+0j)\text{V}$, $\underline{U}_2 = 230\text{V} \cdot e^{-j120°} = (-115-199,2j)\text{V}$,

$\underline{U}_3 = 230\text{V} \cdot e^{j120°} = (-115+199,2j)\text{V}$

a)
$$\underline{U}_N = \frac{230\text{V} \cdot 4\text{mS} + (-115-199,2j)\text{V} \cdot 5\text{mS} + (-115+199,2j)\text{V} \cdot 2\text{mS}}{11\text{mS}}$$

$\underline{U}_N = (10,46 - j54,33)\text{V} = \mathbf{55{,}32\text{V} \cdot e^{-j79{,}1°}}$

b)
$\underline{U}_1' = \underline{U}_1 - \underline{U}_N = (230-10,46+j54,33)\text{V} = \mathbf{226{,}16\text{V} \cdot e^{j13{,}9°}}$

$\underline{U}_2' = \underline{U}_2 - \underline{U}_N = (-115-10,46+j(-199,2+54,33))\text{V} = \mathbf{191{,}63\text{V} \cdot e^{-j130{,}8°}}$

$\underline{U}_3' = \underline{U}_3 - \underline{U}_N = (-115-10,46+j(199,2+54,33))\text{V} = \mathbf{282{,}85\text{V} \cdot e^{j116{,}3°}}$

c)
$\underline{I}_1 = \underline{U}_1'\underline{Y}_1 = 226,16\text{V} \cdot e^{j13,9°} \cdot 4\text{mS} = \mathbf{904{,}6\text{mA} \cdot e^{j13{,}9°}}$

$\underline{I}_2 = \underline{U}_2'\underline{Y}_2 = 191,63\text{V} \cdot e^{-j130,8°} \cdot 5\text{mS} = \mathbf{958{,}2\text{mA} \cdot e^{-j130{,}8°}}$

$\underline{I}_3 = \underline{U}_3'\underline{Y}_3 = 282,85\text{V} \cdot e^{j116,3°} \cdot 2\text{mS} = \mathbf{565{,}7\text{mA} \cdot e^{j116{,}3°}}$

8.3.2 Dreieckschaltungen

Der Verbraucher wird wie im nebenstehenden Bild verschaltet. Die Außenleiterströme erhalten als Index nur die Kennziffer der Leitung, während die Leiterspannungen, Widerstände und Strangströme einen doppelten Index erhalten, wobei die Reihenfolge der Indizes der Pfeilrichtung entsprechen von strömen und Spannungen entsprechen. Bei symmetrischer Belastung, auch wenn Wirk- und Blindwiderstände verwendet werden, sind die drei Schein-Leiterströme alle gleich und ebenfalls die drei Schein-Strangströme. Im Drehzeigerbild der Ströme bilden die Strangströme ein gleichseitiges Dreieck, die Außenleiterströme bilden für sich ebenfalls ein gleichseitiges Dreieck, welches um 30° gedreht ist. Hieraus lässt sich die Beziehung für symmetrische Belastung ableiten:

$$\boxed{I_1 = I_2 = I_3 = I_L = I_{Str} \cdot \sqrt{3}} \tag{8.15}$$

In jedem Knoten können wir nach den Kirchhoffschen Regeln die auch im unsymmetrischen Fall geltenden Beziehungen ablesen:

$$\underline{I}_1 = \underline{I}_{12} - \underline{I}_{31} \qquad \underline{I}_2 = \underline{I}_{23} - \underline{I}_{12} \qquad \underline{I}_3 = \underline{I}_{31} - \underline{I}_{23} \tag{8.16}$$

Um die Leiterströme zu berechnen, müssen also zunächst die Strangströme bestimmt werden um daraus dann die Leiterströme zu bestimmen.

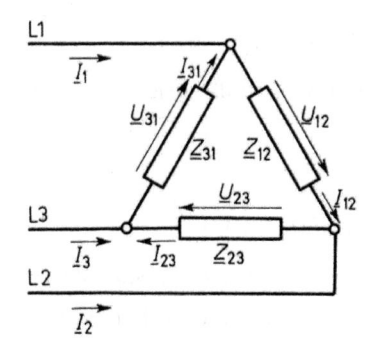

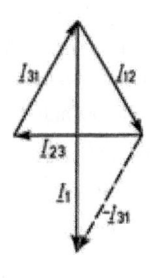

Bild 8.18 Dreieckschaltung des Verbrauchers

Bild 8.19 Drehzeigerbild der ströme bei symmetrischer Belastung

Beispiel 8.3 In einem Drehstromnetz mit den Außenleiterspannungen von 400V liegen in Dreieckschaltung die Verbraucher $\underline{Z}_{12} = 300\Omega$, eine Induktivität mit $\underline{Z}_{23} = R_2 + jX_L = (200 + j250)\Omega$ und eine Kapazität mit $\underline{Z}_{31} = R_3 - jX_C = (150 - j350)\Omega$. Welche Ströme fließen auf den Leitern? Die Spannung $\underline{U}_{12}$ soll als Bezugsgröße genommen werden.

Lösung:

$\underline{U}_{12} = 400\text{V} \cdot e^{j0}$, $\underline{U}_{23} = 400\text{V} \cdot e^{-j120°}$, $\underline{U}_{31} = 400\text{V} \cdot e^{j120°}$

$\underline{Z}_{12} = R_1 = 300\Omega = 300\Omega \cdot e^{j0}$

$\underline{Z}_{23} = R_2 + jX_L = (200 + j250)\Omega = 320\Omega \cdot e^{j51,3°}$

$\underline{Z}_{31} = R_3 - jX_C = (150 - j350)\Omega = 380,8\Omega \cdot e^{-j66,8°}$

$\underline{I}_{12} = \dfrac{\underline{U}_{12}}{\underline{Z}_{12}} = \dfrac{400\text{V} \cdot e^{j0}}{300\Omega \cdot e^{j0}} = 1,33\text{A} \cdot e^{j0}$

$\underline{I}_{23} = \dfrac{\underline{U}_{23}}{\underline{Z}_{23}} = \dfrac{400\text{V} \cdot e^{-j120°}}{320\Omega \cdot e^{j51,3°}} = 1,25\text{A} \cdot e^{-j171,3°} = (-1,236 - j0,189)\text{A}$

$\underline{I}_{31} = \dfrac{\underline{U}_{31}}{\underline{Z}_{31}} = \dfrac{400\text{V} \cdot e^{j120°}}{380,8\Omega \cdot e^{-j66,8°}} = 1,05\text{A} \cdot e^{-j173,2°} = (-1,043 - j0,124)\text{A}$

$\underline{I}_1 = \underline{I}_{12} - \underline{I}_{31} = (2,373 + j0,124)\text{A} = \mathbf{2,376A \cdot e^{j3°}}$

$\underline{I}_2 = \underline{I}_{23} - \underline{I}_{12} = (-2,569 - j0,189)\text{A} = \mathbf{2,576A \cdot e^{-j175,8°}}$

$\underline{I}_3 = \underline{I}_{31} - \underline{I}_{23} = (0,193 + j0,065)\text{A} = \mathbf{0,203A \cdot e^{j18,6°}}$

8.4 Leistung im Drehstromnetz

8.4.1 Komplexe Berechnung in Stern und Dreieck Schaltung

Die insgesamt vom Verbraucher aufgenommene Leistung kann man in jedem Fall, symmetrisch oder unsymmetrisch, immer durch Summe der einzeln aufgenommenen Leistungen bestimmen. Es gilt:

$$\underline{S} = \underline{U}_1 \cdot \underline{I}_1^* + \underline{U}_2 \cdot \underline{I}_2^* + \underline{U}_3 \cdot \underline{I}_3^* \quad \text{(Sternschaltung)} \tag{8.17}$$

$$\underline{S} = \underline{U}_{12} \cdot \underline{I}_{12}^* + \underline{U}_{23} \cdot \underline{I}_{23}^* + \underline{U}_{31} \cdot \underline{I}_{31}^* \quad \text{(Dreieckschaltung)} \tag{8.18}$$

Beispiel 8.4 In den beiden Schaltungen aus Beispiel 8.1 und 8.3, soll die Scheinleistung, Wirkleistung und Blindleistung bestimmt werden.

Lösung: 8.1 Sternschaltung

$$\underline{S} = \underline{U}_1 \cdot \underline{I}_1^* + \underline{U}_2 \cdot \underline{I}_2^* + \underline{U}_3 \cdot \underline{I}_3^*$$

$$\underline{S}_1 = 230 \text{V} e^{j0} \cdot 0{,}767 \text{A} \cdot e^{j0} = 176{,}41 \text{VA} e^{j0} = (176{,}41 + j0) \text{VA}$$

$$\underline{S}_2 = 230 \text{V} e^{-j120°} \cdot 0{,}719 \text{A} \cdot e^{j171{,}3°} = 165{,}37 \text{VA} e^{j51{,}3°} = (103{,}4 + j129{,}06) \text{VA}$$

$$\underline{S}_3 = 230 \text{V} e^{j120°} \cdot 0{,}604 \text{A} \cdot e^{j173{,}2°} = 138{,}92 \text{VA} e^{-j66{,}8°} = (54{,}726 - j127{,}69) \text{VA}$$

$$\underline{S} = \underline{S}_1 + \underline{S}_2 + \underline{S}_3 = (334{,}53 + j1{,}373) \text{VA} = 334{,}53 e^{j0{,}235°}$$

$$P = 334{,}53 \text{W}, \quad Q = 1{,}373 \text{var}, \quad S = 334{,}53 \text{VA}$$

8.3 Dreieckschaltung

$$\underline{S} = \underline{U}_{12} \cdot \underline{I}_{12}^* + \underline{U}_{23} \cdot \underline{I}_{23}^* + \underline{U}_{31} \cdot \underline{I}_{31}^*$$

$$\underline{S}_{12} = 400 \text{V} e^{j0} \cdot 1{,}33 \text{A} \cdot e^{j0} = 532 \text{VA} e^{j0} = (532 + j0) \text{VA}$$

$$\underline{S}_{23} = 400 \text{V} e^{-j120°} \cdot 1{,}25 \text{A} \cdot e^{j171{,}3°} = 500 \text{VA} e^{j51{,}3°} = (312{,}62 + j390{,}21) \text{VA}$$

$$\underline{S}_{31} = 400 \text{V} e^{j120°} \cdot 1{,}05 \text{A} \cdot e^{j173{,}2°} = 420 \text{VA} e^{-j66{,}8°} = (165{,}46 - j386{,}03) \text{VA}$$

$$\underline{S} = \underline{S}_{12} + \underline{S}_{23} + \underline{S}_{31} = (1010{,}08 + j4{,}18) \text{VA} = 1010{,}09 e^{j0{,}237°}$$

$$P = 1010{,}08 \text{W}, \quad Q = 4{,}18 \text{var}, \quad S = 1010{,}09 \text{VA}$$

8.4.2 Kompensation der Blindleistung

Für den Betrieb von vielen Verbrauchern ist nicht nur Wirkleistung erforderlich, sondern meist auch induktive Blindleistung. Wie wir schon beim Verbraucher am einphasigen Wechselstromnetz erörtert haben, ist der für die Übertragung beider Leistungsanteile zwischen Erzeuger und Verbraucher erforderliche Strom stets größer, als er für die Wirkleistung allein erforderlich wäre. Bei dem im Drehstromnetz auftretenden beträchtlichen Blindleistungsbedarf wären damit zusätzliche Wärmeverluste auf den Übertragungsleitungen verbunden. Um Energie zu sparen, soll die Blindenergie nicht über längere Leitungen zum Verbraucher übertragen werden. Die beim ständigen Wechsel von Abbau und Aufbau des magnetischen Feldes zwischen Verbraucher und Erzeuger pendelnde Blindenergie wird von Kondensatoren zwischengespeichert, die möglichst nah beim Verbraucher an das Netz angeschaltet werden.

Die Blindstromkompensation wird bei Verbrauchern am einphasigen Wechselstromnetz vorwiegend durch Parallelschaltung von Kondensatoren vorgenommen. Auch bei der unsymmetrischen Belastung des Drehstromnetzes mit einphasigen Verbrauchern kann der Blindleistungsbedarf durch Kompensation mit Einzelkondensatoren in dieser Weise gedeckt werden.

Bei Drehstromverbrauchern, die z.B. wie Motoren oder Verteilungstransformatoren im wesentlichen eine symmetrische Belastung bilden, sind dagegen als Blindleistungserzeuger dreiphasig angeschlossene Kondensatorgruppen erforderlich. Da wegen der untereinander gleichen Kapazitäten ein symmetrischer

Aufbau vorliegt und deshalb ein Mittelleiter nicht erforderlich ist, können die Kondensatoren im Dreieck oder Stern an das Drehstromnetz geschaltet werden. In der Dreieckschaltung ist jedoch die Spannung an den Kondensatoren um den Faktor $\sqrt{3}$ größer als bei der Sternschaltung. Damit ist die von einem Kondensator abgegebene Blindleistung bei Dreieckschaltung

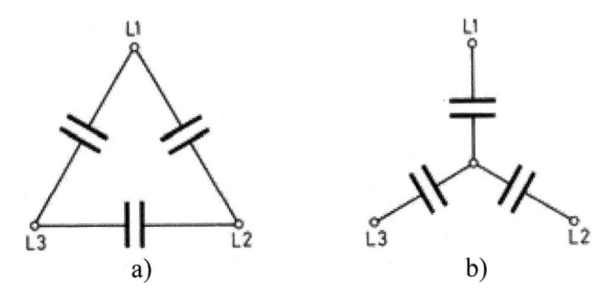

Bild 8.20 Kondensatorgruppe zur Blindleistungskompensation
a) Dreieck,   b) Stenschaltung

$$Q = \frac{U_L^2}{X_C} = \frac{\left(U_{St}\sqrt{3}\right)^2}{X_C} = 3\frac{U_{St}^2}{X_C} \tag{8.19}$$

dreimal so groß wie bei Sternschaltung. Anders ausgedrückt: Für die Kompensation einer bestimmten induktiven Blindleistung bei Dreieckschaltung der Kondensatoren ist nur ein Drittel der Kapazität erforderlich wie bei Sternschaltung. Da die bei Dreieckschaltung nötige höhere Spannungsfestigkeit der Kondensatoren mit geringerem Aufwand zu erreichen ist als die dreifache Kapazität bei Sternschaltung, werden die zur Blindstromkompensation gebrauchten Kondensatoren stets im Dreieck geschaltet. In jedem Fall muss ein Kondensator bzw. ein Kondensatorstrang den dritten Teil der insgesamt für den Drehstromverbraucher erforderlichen Blindleistung liefern:

$$Q_C = \frac{1}{3}Q_{DC}$$

Die gesamte von der Kondensatorgruppe zu liefernde Blindleistung ist demnach

$$\boxed{Q_{DC} = \frac{3U_L^2}{X_{CSt}} = 3U_L^2 \omega C_{St}} \tag{8.20}$$

Dabei sind X_{CSt} bzw. C_{St} der Blindwiderstand bzw. die Kapazität eines Strangs der Kondensatorgruppe. Somit lässt sich aus der zu kompensierenden Blindleistung die erforderliche Kapazität berechnen.

Entsprechend der Kompensation im Einphasen-Wechselstromnetz ist die zu kompensierende Blindleistung im Drehstromnetz

$$\boxed{Q_{DC} = P_D \cdot (\tan\varphi_1 - \tan\varphi_2)} \tag{8.21}$$

wenn φ_1 i der Phasenverschiebungswinkel vor der Kompensation und φ_2 nach der Kompensation ist.

Beispiel 8.5   Ein Drehstrommotor liegt am 400 V/50 Hz Netz und gibt seine Bemessungsleistung von 12 kW ab. Bei einem Wirkungsgrad von $\eta = 0{,}8$ hat er einen Leistungsfaktor $\cos\varphi_1 = 0{,}84$. Dieser soll durch Zuschalten einer Kondensatorgruppe in Dreieckschaltung auf $\cos\varphi_2 = 0,95$ verbessert werden. Blindwiderstand und Kapazität eines einzelnen Kondensators sind zu berechnen.

Lösung: Die Wirkleistung beträgt

$$P_D = \frac{12\text{kW}}{0,8} = 15\text{kW}$$

Aus den Leistungsfaktoren können bestimmt werden:
$\tan\varphi_1 = 0,646$, $\tan\varphi_2 = 0,329$

$$Q_{DC} = 15\text{kW} \cdot (0,646 - 0,329) = 4758,8 \text{ var}$$

$$Q_{DC} = 3 \cdot Q_C = 3\frac{U_L^2}{X_C} \Rightarrow X_C = \frac{3 \cdot 400^2}{4758,8}\Omega = 100,9\,\Omega$$

$$C = \frac{1}{2\pi f\, X_C} = 31,56\,\mu\text{F}$$

Aufgaben zu Kapitel 8

289. Ein Drehstromgenerator in Dreieckschaltung liefert bei der Leiterspannung 400 V bei Bemessungsbelastung drei gleiche Leiterströme mit 60 A.
   a) Wie groß sind Strangspannung, Strangstromstärke und Strangleistung?
   b) Welche Drehstromleistung gibt der Generator ab?

290. In den Strängen eines Drehstromgenerators fließt bei seiner Bemessungsspannung 290 V/50 Hz der Bemessungsstrom 30 A
   a) Wie groß ist die Bemessungsleistung des Generators?
   b) Welche Leiterspannungen und Leiterströme herrschen im angeschlossenen Drehstromnetz bei Bemessungsbelastung, wenn der Generator im Dreieck geschaltet ist?
   c) Welche Beträge ergeben sich für Leiterspannungen und Leiterströme bei Sternschaltung und Bemessungsbelastung des Generators?

291. Ein Drehstromgenerator mit der Bemessungsleistung 24 kVA und der Strangspannung 230 V wird a) in Stern- und b) in Dreieckschaltung an eine symmetrische Verbraucherschaltung gelegt. Welche Spannungen und Ströme herrschen im angeschlossenen Drei- bzw. Vierleiternetz?

292. An ein Dreileiternetz mit der Spannung 230/400 V wird ein Drehstrom-Heizofen mit einem Strangwiderstand von 10 Ω angeschlossen. Welche Spannungen, Stromstärken und Leistungen treten in jedem Strang auf, wenn die drei Widerstände a) in Sternschaltung, b) in Dreieckschaltung angeschlossen werden?

293. Ein Heißwassergerät mit drei Heizwiderständen in Sternschaltung hat am 230/400 V-Drehstromnetz eine Bemessungsleistung von 6 kW.
   a) Welche Leistung hat das Gerät bei angeschlossenem Neutralleiter, wenn ein Heizwiderstand ausfällt?
   b) Wie groß sind Leistung und Spannung bei den Heizwiderständen, wenn der Mittelleiter nicht angeschlossen ist?

294. An ein Dreileiternetz mit 230 V Leiterspannung sind drei Widerstände mit 14 Ω, 10 Ω und 6 Ω in Dreieckschaltung angeschlossen.
   a) Wie groß sind Strangspannungen, Strangstromstärken und Strangleistungen?
   b) Welche Beträge haben die Leiterströme?

295. Drei Heizwiderstände mit 14 Ω, 10 Ω und 6 Ω werden in Sternschaltung an ein Vierleiternetz mit 220 V Leiterspannung angeschlossen.
   a) Wie groß sind Spannungen, Stromstärken und Leistungen in den Heizwiderständen?
   b) Wie groß sind Drehstromleistung und Mittelleiterstrom?

296. Drei Heizwiderstände mit 14 Ω, 10 Ω und 6 Ω liegen in Sternschaltung an einem 127/220-V-Dreileiternetz.
   a) Welche Beträge haben die Stromstärken in den Außenleitern?
   b) Welche Spannungen treten an den drei Widerständen auf?
   c) Welche Spannung hat der Sternpunkt der Verbraucherschaltung gegenüber dem

Sternpunkt einer symmetrischen Widerstandslast?

297. Ein 4 kW-Drehstrommotor hat eine zulässige Strangspannung von 400 V Sein Leistungsfaktor bei Bemessungslast ist $\cos\varphi = 0,8$ und sein Wirkungsgrad $\eta = 85\%$.
   a) Der Motor wird mit seiner Bemessungsleistung am 230/400-V-Dreileiternetz betrieben. Wie groß sind Strang- und Leiterströme?
   b) Wie groß sind Strangspannungen, - Strangstromstärken und Strangleistungen, wenn der Motor in Stern geschaltet ist?
   c) Wie groß ist bei Sternschaltung die Motorleistung bei gleichem Wirkungsgrad?
   d) Welche Leiterspannung müsste das Drehstromnetz haben, wenn der Motor in Sternschaltung mit seiner Bemessungsleistung betrieben wird?

298. Die drei gleichen Heizwiderstände eines in Stern- und Dreieckschaltung anschließbaren Ofens sind für 400 V bemessen. Zwei dieser Öfen liegen am 230/400-V-Dreileiternetz.
   a) Wie groß sind Einzelleistungen der beiden Öfen und Stromaufnahme aus dem Netz, wenn beide Öfen in Stern geschaltet sind?
   b) Welche Beträge ergeben sich für Einzelleistungen und Stromaufnahme beider Öfen, wenn sie im Dreieck geschaltet sind?
   c) Welche Gesamtleistung und Stromaufnahme aus dem Netz ergeben sich, wenn beide Öfen verschieden geschaltet sind?

299. Ein Drehstrommotor für 230/400 V/50 Hz hat in Dreieckschaltung eine Bemessungsleistung von 6 kW, $\cos\varphi = 0,8$ und den Wirkungsgrad $\eta = 75\%$.
   a) Wie groß sind die dem Netz entnommene Schein-, Wirk- und Blindleistung?
   b) Welche Blindleistung und Kapazität muss jeder der in Dreieck geschalteten Kondensatoren haben, die den Leistungsfaktor auf 0,9 verbessern?
   c) Wie groß ist die Leiterstromstärke vor und nach der Kompensation?
   d) Welche Leistung kann der Motor in Sternschaltung abgeben, welche Leistungen nimmt er bei gleichem Wirkungsgrad ohne Kompensationskondensatoren aus dem Netz auf, und wie groß ist die Leiterstromstärke?
   e) Welche Beträge ergeben sich für Leistungen, Leistungsfaktor und Leiterstromstärke, wenn die Kompensationskondensatoren angeschlossen bleiben?

9 Lösungen

1. a) $Q = I \cdot t$; $Q = 9900\,\text{As}$
   b) $W = Q \cdot U = 0,33\,\text{kWh}$

2. a) $I = \dfrac{P}{U} = 0,426\,\text{A}$
   b) $W = P \cdot t = 0,8\,\text{kWh}$

3. a) $t = \dfrac{W}{P} = 7,5\,\text{h}$
   b) $K = t \cdot P \cdot E = 10,80\,€$
   (K: Gesamtkosten, E: Preis pro kWh)

4. a) $I = \dfrac{P}{U} = 8,696\,\text{A}$
   b) $R = \dfrac{U^2}{P} = 26,45\,\Omega$
   c) $I = \dfrac{U}{R} = \dfrac{240\,\text{V}}{26,45\,\Omega}$
      $= 9,074\,\text{A}$

5. a) $R = \dfrac{2 \cdot \rho \cdot l}{A} = 0,905\,\Omega$
   b) $U_V = I \cdot R = 0,452\,\text{V}$

6. $A = \dfrac{\rho \cdot l}{R} = 2,5\,\text{mm}^2$

7. $d = \sqrt{\dfrac{4 \cdot \rho \cdot l}{\pi \cdot R}} = 3,55\,\text{mm}$

8. Silber
   $\rho = \dfrac{\pi \cdot U \cdot d^2}{4 \cdot I \cdot l} = 0,016\,\dfrac{\Omega\,\text{mm}^2}{\text{m}}$

9. $N = \dfrac{U \cdot d_D^2}{4 \cdot \rho \cdot I \cdot d_w} = 400$

10. $R = \dfrac{\rho \cdot l}{A} = 2,86\,\text{m}\Omega$

11. a) $R = \dfrac{U}{I} = 55,81\,\Omega$
    $G = \dfrac{1}{R} = 0,018\,\text{S}$
    b) $l = \dfrac{\pi \cdot R \cdot d_D^2}{4 \cdot \rho} = 31,56\,\text{m}$
    c) $d_K = \dfrac{l}{\pi \cdot N} = 40,2\,\text{mm}$
    d) $P = U \cdot I = 10,32\,\text{W}$

12. a) $R = \dfrac{U^2}{P} = 52,9\,\text{V}$
    b) $l = \dfrac{\pi \cdot R \cdot d^2}{4 \cdot \rho} = 24,17\,\text{m}$

13. $d_1 = 3 \cdot d_2$; $l_2 = 9 \cdot l_1$
    $\dfrac{R_2}{R_1} = \dfrac{d_1^2 \cdot l_2}{d_2^2 \cdot l_1} = 81$

14. $\dfrac{A_{Al}}{A_{Cu}} = \dfrac{\rho_{Al}}{\rho_{Cu}} = 1,6$

15. $U = \sqrt{P \cdot R} = 84,85\,\text{V}$

16. $P = R \cdot I^2 = 1210\,\text{W}$

17. a) $U_2 = 1,1 \cdot U_1$
    $\dfrac{\Delta P}{P} = \dfrac{U_2^2 - U_1^2}{U_1^2} = 21\%$
    b) $U_2 = 0,9 \cdot U_1$
    $\dfrac{\Delta P}{P} = \dfrac{U_2^2 - U_1^2}{U_1^2} = -19\%$

18. $R_\vartheta = R_{20}\left(1 + \alpha_{20}\left(\vartheta - 20°\text{C}\right)\right)$
    $R_{62} = 675,74\,\Omega$

19. $\vartheta_w = \dfrac{1}{\alpha_{20}} \dfrac{\Delta R}{R_{20}} + 20°\text{C}$ $\vartheta_w = -5,22°\text{C}$

20. a) $R_{20} = \dfrac{4 \cdot \rho \cdot l}{\pi \cdot d^2} = 17{,}86\,\Omega$

b) $R_\vartheta = R_{20}\left(1 + \alpha_{20}(\vartheta - 20°C)\right)$

$R_{25} = 18{,}21\,\Omega$

$R_{-4} = 16{,}17\,\Omega$

21. $\vartheta_w = \dfrac{1}{\alpha_{20}} \dfrac{\Delta R}{R_{20}} + 20°C$

$\vartheta_w = 274{,}45°C$

22. $\alpha_{20} = \dfrac{\Delta R}{R_{20}} \cdot \dfrac{1}{\Delta \vartheta}$

$\alpha_{20} = 3{,}78 \cdot 10^{-3}\,\dfrac{1}{°C}$

23. $\vartheta_w = \dfrac{1}{\alpha_{20}} \dfrac{\Delta R}{R_{20}} + 20°C$

$\vartheta_w = -6{,}53°C$

24. a) $R_{20} = \dfrac{2 \cdot 4 \cdot \rho \cdot l}{\pi \cdot d^2} = 357\,\Omega$

$R_{28} = R_{20}\left(1 + \alpha_{20}(28-20)°C\right)$

$R_{28} = 368{,}24\,\Omega$

$R_{-20} = 300{,}9\,\Omega$

b) $\dfrac{R_{28} - R_{20}}{R_{20}} = 3{,}14\%$

$\dfrac{R_{-20} - R_{20}}{R_{20}} = -15{,}8\%$

25. $\dfrac{R_w}{R_k} = \dfrac{\vartheta_w + \tau_{20}}{\vartheta_k + \tau_{20}}$

$R_w = 1030\,\Omega$

26. $\dfrac{R_w}{R_k} = \dfrac{\vartheta_w + \tau_{20}}{\vartheta_k + \tau_{20}}$

$\vartheta_w = \dfrac{R_w \cdot (\vartheta_k + \tau_{20})}{R_k} - \tau_{20}$

$\vartheta_w = 89{,}6°C$

27. $\dfrac{R_w}{R_k} = \dfrac{\vartheta_w + \tau_{20}}{\vartheta_k + \tau_{20}}$

$\vartheta_w = \dfrac{R_w \cdot (\vartheta_k + \tau_{20})}{R_k} - \tau_{20}$

$\dfrac{R_w}{R_k} = 1{,}16$

$\vartheta_w = 70°C$

28. $\vartheta_k = \dfrac{R_k \cdot (\vartheta_w + \tau_{20})}{R_w} - \tau_{20}$

$\vartheta_k = 22{,}14°C$

29. $\rho_\vartheta = \rho_{20}\left(1 + \alpha_{20}(\vartheta - 20°C)\right)$

$\vartheta_w = \dfrac{1}{\alpha_{20}} \dfrac{\gamma_{20} - \gamma_\vartheta}{\gamma_\vartheta} + 20°C$

$\vartheta_w = 62{,}4°C$

30. $\dfrac{R_w}{R_k} = \dfrac{\vartheta_w + \tau_{20}}{\vartheta_k + \tau_{20}}$

$\tau_{20} = \dfrac{R_w \cdot \vartheta_k - R_k \cdot \vartheta_w}{R_k - R_w}$

$\tau_{20} = 234{,}5°C$

31. $\alpha_{20} = \dfrac{\Delta R}{R_{20}} \cdot \dfrac{1}{\Delta \vartheta}$

$\tau_{20} = \dfrac{1}{\alpha_{20}} - 20°C$

$\alpha_{20} = \dfrac{109{,}74 - 107{,}8}{107{,}8} \cdot \dfrac{1}{5}\,\dfrac{1}{°C}$

$\alpha_{20} = 3{,}6 \cdot 10^{-3}\,\dfrac{1}{°C}$

$\tau_{20} = 258°C$

32. $R_{20} = \dfrac{4 \cdot \rho_{20} \cdot l}{\pi \cdot d^2}$

$R_w = R_{20} \cdot \begin{pmatrix} 1 + \alpha(\vartheta - 20°C) \\ + \beta(\vartheta - 20°C)^2 \end{pmatrix}$

$R_w = 567\,\Omega$

Lösungen

33. $R_w \dfrac{U}{I} = 647\,\Omega$

$R_{20} = R_w / \begin{pmatrix} 1+\alpha(\vartheta-20°C) \\ +\beta(\vartheta-20°C)^2 \end{pmatrix}$

$R_{20} = 37,4\,\Omega$

34. $R_- = \dfrac{0,3\,V}{0,725\,A} = 0,414\,\Omega$

$R_- = \dfrac{0,35\,V}{0,3\,A} = 1,167\,\Omega$

35. 0,2V; 1V; 3,6V; 5V; 6V

36. a) $\dfrac{R_2}{R_{ges}} = \dfrac{U_2}{U_{AB}}$; $R_{ges} = 400\,\Omega$

$R_2 = 44,44\,\Omega$

$R_{ges} = 444,44\,\Omega$

$I = 112,5\,mA$

b) $P = R \cdot I^2$

$P_{AB} = 5,625\,W$; $P_1 = 2,784\,W$

$P_2 = 0,563\,W$ $P_3 = 2,278\,W$

37. a) $N = 230/14 = 16$

b) $U_L = 14,38\,V$; $R_L = 65,3\,W$

$P_L = 3,17\,W$

c) $\dfrac{R_x}{15R_L + R_x} = \dfrac{235V - 15 \cdot 14V}{235V}$

$R_x = 116,6\,\Omega$

d) $P = \dfrac{U^2}{R} = 50,4\,W$

e) $P_x = 5,4\,W$

38. $n = 1 + \dfrac{R_V}{R_M} = 50$

$U = (R_V + R_M) \cdot I_M = 2\,V$

39. a) 50: 100; 250

b) $R_V = R_M \cdot (n-1)$

$R_{V1} = 3,92\,k\Omega$; $R_{V2} = 4\,k\Omega$

$R_{V3} = 12\,k\Omega$

c) $I_M = \dfrac{U_M}{R_M} = 1,25\,mA$

d) $P = \dfrac{U^2}{R}$

$P_1 = 6,25\,mW$; $P_2 = 12,5\,mW$

$P_3 = 31,25\,mW$

40. $U_3 - U_2 = I_M \cdot R_{V3}$

$I_M = 1,5\,mA$

$R_M = \dfrac{U_1}{I_M} - R_{V1} = 40\,\Omega$

$R_{V2} = \dfrac{U_2}{I_M} - R_{V1} - R_M = 20\,k\Omega$

$U_M = 60\,mV$

41. $I = \dfrac{P}{U} = 214,3\,mV$; $R_V = 46,67\,\Omega$

42. $R_K = \dfrac{U^2}{P} = 1058\,\Omega$

$I_2^2 = \dfrac{P_1 \cdot P_2}{U_1^2}$; $I_2 = 137,5\,mA$

$R_V = \dfrac{U_1}{I_2} - R_K = 614,8\,\Omega$

$P_V = R_V \cdot I_2^2 = 11,62\,W$

43. $R_D = \dfrac{2 \cdot \rho \cdot l \cdot 4}{\pi \cdot d^2} = 1,011\,\Omega$

$R_V = \dfrac{U}{I} = 38,33\,\Omega$

$U_{ges} = 236,08\,V$

$U_D = 6,08\,V$

44. $I_L = 0,715\,A$, $U_L = 0,29\,V$

$R_{L\,stat} = 0,41\,\Omega$, $R_{L\,dif} = 1,1\,\Omega$

$\Delta U_{AB} = 0,2\,V$; $\Delta I = 0,1\,A$

$R_{dif} = 2\,\Omega$

$R_{R\,dif} = R_V + R_{dif} = 3,1\,\Omega$

45. $\dfrac{1}{R_2} = \dfrac{1}{R_{ges}} - \dfrac{1}{R_1}$; $R_2 = 41,36\,\Omega$

46. $\dfrac{1}{R_3} = \dfrac{1}{R_{ges}} - \dfrac{1}{R_1} - \dfrac{1}{R_2}$; $R_3 = 100\,\Omega$

47. $I = \dfrac{U}{R}; P = U \cdot I$

48. $R_{ges} = 59,64\,\Omega$

   $I_1 = 333\,\text{mA}; I_2 = 273\,\text{mA}$
   $I_3 = 400\,\text{mA}; I_{ges} = 1,006$
   $P_1 = 20\,\text{W}; P_2 = 16,36\,\text{W}$
   $P_3 = 24\,\text{W}; P_{ges} = 60,36\,\text{W}$

49. $U = \sqrt{P \cdot R}$
   a) $U_{max} = 12,85\,\text{V}$
   b) $P_1 : P_2 : P_3 = 0,839 : 1,424 : 1$
   c) $P_{ges} = 1,147\,\text{W}$

50. $R_{ges} = 12\,\Omega$
   $R_2 = 26,67\,\Omega; R_3 = 40\,\Omega$

51. $R_{P1} = \dfrac{R_M}{n-1} = 21,43\,\Omega$
   $R_{P2} = 5,56\,\Omega; R_{P3} = 1,55\,\Omega$

52. $n = \dfrac{R_M}{R_P} + 1; I_M = \dfrac{I}{n} = 5,56\,\text{mA}$

53. a) $\dfrac{R_1}{R_2} = \dfrac{P_2}{P_1} = 2 : 1$
   b) $R_1 = 96,8\,\Omega; R_2 = 48,4\,\Omega$
   $P_1 = 546,5\,\text{W}; P_2 = 1093\,\text{W}$
   $P_3 = 1639,5\,\text{W}$

54. $R_x = 324\,\Omega; P_x = 1\,\text{W}$
   $R_1 = 57,6\,\Omega; R_2 = 19,2\,\Omega$
   $P_2 = 30\,\text{W}$

55. a) $\dfrac{3}{2}R \,\|\, \dfrac{3}{2}R \,\|\, R = \dfrac{3}{7}R$
   b) $R_6 \,\|\, R_7 = 96,43\,\Omega$
   $R_2 \,\|\, R_3 = 96,43\,\Omega$
   $R_{ges} = 74,33\,\Omega$

56. a) $R_{ges} = \dfrac{13}{8}R$
   b) $R_{ges} = 410\,\Omega$
   c) $U_6 = 0,585\,\text{V}$

57. a) $R_{ges} = \dfrac{53}{20}R$
   b) $R_{ges} = 756,25\,\Omega$

58. $R_{P1} = 0,126\,\Omega; R_{P2} = 0,505\,\Omega$
   $R_{P3} = 2,526\,\Omega$

59. a) $R_V = R_M \cdot (n-1);$
   $R_{P1} = 0,526\,\Omega; R_{P2} = 2,105\,\Omega$
   b) $U_{AC} = 25\,\text{mV}; R_2 = 180\,\Omega$

60. $R_1 = 220\,\Omega; R_2 = 180\,\Omega$

61. a) $\dfrac{U_{teil}}{U_{ges}} = \dfrac{R_{teil}}{R_{ges}}$
   $U_{A0} = 40\,\text{V}; U_{B0} = 18\,\text{V}$
   b) A/0: $R_{ges} = 383,55\,\Omega$
   B/0: $R_{ges} = 621,48\,\Omega$
   A/B: $R_{ges} = 583,88\,\Omega$

c,d,e	I/mA	P/W	U/V	IL/mA	Iq/mA
ohne	67,7	3,2			
A/0	125,13	6,0	32,98	70,17	54,96
B/0	77,23	3,7	13,25	28,19	49,04
A/B	82,21	3,95	15,94	33,92	48,29

62. a) $R_x = R_4 \cdot \dfrac{R_1}{R_2}$ $R_x = 1272,7\,\Omega$
   b) $R_{ges} = R_1 \,\|\, R_2 + R_2 \,\|\, R_4$
   $R_{ges} = 694,4\,\Omega$

63. $R_1 = 456,3\,\Omega; R_2 = 543,7\,\Omega$

64. a) $\dfrac{R_3}{R_4} = \dfrac{2}{3}; R_3 = 100\,\Omega$
   $R_1 = 400\,\Omega; R_2 = 600\,\Omega$
   b) $I_{12} = 12\,\text{mA}; I_{34} = 48\,\text{mA}$

65. Die Dreiecke bei A und bei B jeweils in einen Stern umwandeln
   $R_1 = R_2 = R_3 = R/3$
   In der Ersatzschaltung noch einmal ein Δ in einen Stern umwandeln.
   $R_{ges} = 1,2R$

Lösungen

66. Sternschaltung aus drei Dreieckswiderständen

67. Δ aus R2, R4 und R6 in Stern umwandeln.
$R_{ges} = 317,2\,\Omega$

68. a) Inneren Stern in Δ umwandeln.
$R_{AB} = 160,1\,\Omega$; $R_{AC} = 171,1\,\Omega$
$R_{BC} = 205\,\Omega$
b) $R_{AD} = 205\,\Omega$; $R_{BD} = 171,1\,\Omega$
$R_{CD} = 227,9\,\Omega$

69. Die Dreiecke bei A und bei B jeweils in einen Stern umwandeln
$R_{ges} = 535,9\,\Omega$

70. Sternschaltung:
$R_A = 25\,\Omega$; $R_B = 15\,\Omega$; $R_C = 5\,\Omega$
Dreiecksschaltung:
$R_{AC} = 38,33\,\Omega$; $R_{AB} = 115\,\Omega$;
$R_{BC} = 23\,\Omega$

71. $I_1 - I_2 - I_3 = 0$
$I_3 - I_4 - I_5 = 0$
$R_1 I_1 + R_2 I_2 = U$
$R_1 I_1 + R_3 I_3 + R_4 I_4 = U$
$R_1 I_1 + R_3 I_3 + (R_5 + R_6) I_5 = U$
$I_1 = 133\,\text{mA}$;
$I_2 = 100\,\text{mA}$ $I_3 = 33,2\,\text{mA}$;
$I_4 = 25,4\,\text{mA}$
$I_5 = 7,8\,\text{mA}$
$U_1 = 36\,\text{V}$; $U_2 = 12\,\text{V}$; $U_3 = 8,96\,\text{V}$
$U_4 = 3,05\,\text{V}$; $U_5 = 2,11\,\text{V}$;
$U_6 = 0,94\,\text{V}$

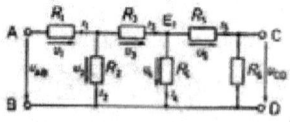

72. $I_1 - I_2 - I_3 = 0$
$R_1 I_1 + R_2 I_2 = U$
$R_1 I_1 + R_3 I_3 + (R_3 + R_4 + R_5) I_3 = U$
$I_1 = 52,6\,\text{mA}$; $I_2 = 44,4\,\text{mA}$
$I_3 = 8,2\,\text{mA}$; $U_1 = 17,35\,\text{V}$

$U_2 = 6,66\,\text{V}$; $U_3 = 2,71\,\text{V}$
$U_4 = 1,23\,\text{V}$; $U_5 = 2,71\,\text{V}$

73. $R_{ges} = 1,2R$, s. Aufg. 65
$I = 106,4\,\text{mA}$
Es gilt aus Symmetriegründen:
$I_1 = I_2$; $I_3 = I_4$; $I_5 = I_6$; $I_7 = I_8$
$I_9 = 0$
$I_1 = 63,8\,\text{mA}$; $I_3 = 42,57\,\text{mA}$;
$I_5 = 21,23\,\text{mA}$; $I_7 = 21,23\,\text{mA}$
$U_1 = 30\,\text{V}$; $U_2 = 30\,\text{V}$; $U_{21} = 10\,\text{V}$
$U_{13} = 10\,\text{V}$; $U_{23} = 20\,\text{V}$
$U_{A2} = 20\,\text{V}$; $U_{3B} = 20\,\text{V}$; $U_7 = 10\,\text{V}$;
$U_8 = 10\,\text{V}$

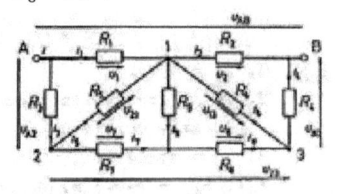

74. $R_{ges} = 317,2\,\Omega$, s. Aufg. 67
$I_1 = 37,83\,\text{mA}$
Es ergibt sich das Gleichungssystem:

I_2	I_3	I_4	I_5	I_6	=
1	0	1	0	0	I_1
1	−1	0	0	1	0
0	1	0	1	0	I_1
150	180	0	0	0	$U_{AB} - R_1 I_1$
−150	0	220	0	330	0

mit den Lösungen:
$I_1 = 37,83\,\text{mA}$; $I_2 = 22,56\,\text{mA}$
$I_3 = 22,64\,\text{mA}$; $I_4 = 15,27\,\text{mA}$;
$I_5 = 15,19\,\text{mA}$; $I_6 = 0,08\,\text{mA}$
$U_1 = 4,54\,\text{V}$; $U_2 = 3,38\,\text{V}$;
$U_3 = 4,08\,\text{V}$; $U_4 = 3,36\,\text{V}$

$U_5 = 4,1\,\text{V}$; $U_6 = 0,026\,\text{V}$

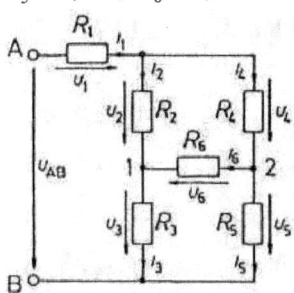

75. $R_{AB} = 160,1\,\Omega$ s. Aufg. 68

$I_3 = 44,44\,\text{mA}$; $I = 74,95\,\text{mA}$

Es ergibt sich das Gleichungssystem:

I_1	I_2	I_4	I_5	I_6	=
1	−1	−1	0	0	0
0	0	1	−1	1	0
270	560	0	0	0	U_{AB}
270	0	560	0	−560	0
0	1	0	1	0	$I - I_3$

mit den Lösungen:

$I_1 = 17,52\,\text{mA}$; $I_2 = 12,99\,\text{mA}$

$I_3 = 44,44\,\text{mA}$; $I_4 = 4,54\,\text{mA}$

$I_5 = 17,52\,\text{mA}$; $I_6 = 12,99\,\text{mA}$

$U_1 = 4,73\,\text{V}$; $U_2 = 7,27\,\text{V}$;

$U_3 = 12\,\text{V}$; $U_4 = 2,54\,\text{V}$;

$U_5 = 4,73\,\text{V}$; $U_6 = 7,27\,\text{V}$

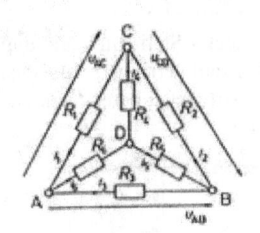

76. $R_{ges} = 535,9\,\Omega$, s. Aufg. 69.

$I = 112\,\text{mA}$

Es ergibt sich das Gleichungssystem:

I_1	I_2	I_3	I_4	I_5	I_6	I_7	I_8	=
1	1	0	0	0	0	0	0	I
0	0	0	0	0	0	1	1	I
0	1	−1	0	−1	0	0	0	0
0	0	0	1	0	1	−1	0	0
0	0	0	0	1	−1	0	−1	0
0	R_2	0	0	R_5	0	0	R_8	U_{AB}
R_1	0	0	R_4	0	0	R_7	0	U_{AB}
R_1	$-R_2$	$-R_3$	0	0	0	0	0	0

mit den Lösungen:

$I_1 = 66,23\,\text{mA}$; $I_2 = 45,74\,\text{mA}$

$I_3 = -13,39\,\text{mA}$; $I_4 = 52,84\,\text{mA}$

$I_5 = 59,13\,\text{mA}$; $I_6 = 12,99\,\text{mA}$

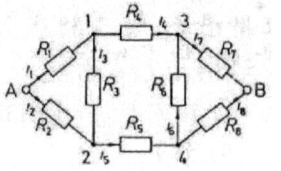

$I_7 = 64,02\,\text{mA}$; $I_8 = 47,95\,\text{mA}$

$U_1 = 17,88\,\text{V}$; $U_2 = 21,5\,\text{V}$;

$U_3 = 3,62\,\text{V}$; $U_4 = 24,83\,\text{V}$

$U_5 = 15,97\,\text{V}$; $U_6 = 5,25\,\text{V}$

$U_7 = 17,28\,\text{V}$; $U_8 = 22,54\,\text{V}$

77. Ströme im Uhrzeigersinn.

I_1	I_2	I_3	I_4	I_B	=
1	0	0	−1	0	I_A
1	0	−1	0	−1	0
0	1	−1	0	0	I_C
0	1	0	−1	0	I_D
R_1	R_2	R_3	R_4	0	$-U_1 - U_2$

$I_1 = 1,23\,\text{A}$; $I_2 = 0,73\,\text{A}$

$I_3 = -1,77\,\text{A}$; $I_4 = -0,77\,\text{A}$

$I_B = 3\,\text{A}$; $U_{AB} = 69,81\,\text{V}$

$U_{AC} = -29,31\,\text{V}$; $U_{BD} = -43,48\,\text{V}$

78. Ströme im Uhrzeigersinn.

I_1	I_2	I_3	I_4	I_D	=
1	0	0	-1	0	I_A
-1	1	0	0	0	I_B
0	1	-1	0	0	I_C
0	0	1	-1	1	0
R_1	R_2	R_3	R_4	0	0

$I_1 = -0,22\,\text{A}$; $I_2 = 2,28\,\text{A}$
$I_3 = -0,72\,\text{A}$; $I_4 = -1,72\,\text{A}$
$I_D = -1\,\text{A}$; $U_{AC} = 71,28\,\text{V}$;
$U_{BD} = 41,4\,\text{V}$

79. Ströme im Uhrzeigersinn.

I_1	I_2	I_3	I_C	=
-1	1	0	0	I_B
0	1	-1	1	0
1	0	-1	0	I_A
R_1	R_2+R_3	R_4	0	$U_3-U_2-U_1$

$I_1 = -0,01\,\text{A}$; $I_2 = 1,99\,\text{A}$
$I_3 = -3,01\,\text{A}$; $I_C = -5\,\text{A}$;
$U_{AB} = 11,78\,\text{V}$ $U_{AC} = 107,33\,\text{V}$;
$U_{BC} = 95,55\,\text{V}$

80.

I_1	I_2	I_3	=
1	1	1	0
$-R_1$	R_2	0	U_1+U_2
0	R_2	$-R_3$	U_2+U_3

$I_1 = -0,12\,\text{A}$; $I_2 = 0,45\,\text{A}$
$I_3 = -0,33\,\text{A}$

81.

I_1	I_2	I_3	I_4	I_5	I_6	=
1	0	-1	-1	0	0	0
0	1	1	0	0	1	0
1	1	0	0	1	0	0
$-R_1$	0	0	$-R_4$	R_5	0	U_1
0	0	$-R_3$	R_4	0	R_6	U_3
0	$-R_2$	0	0	R_5	R_6	U_2

$I_1 = -125,3\,\text{mA}$; $I_2 = 9,9\,\text{mA}$
$I_3 = -79,1\,\text{mA}$; $I_4 = -46,2\,\text{mA}$
$I_5 = 115,4\,\text{mA}$; $I_6 = 69,2\,\text{mA}$
$U_{AB} = 1,57\,\text{V}$; $U_{AC} = -11\,\text{V}$

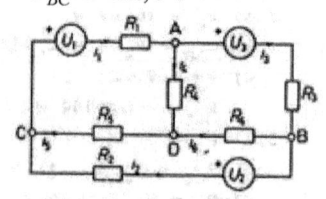

$U_{BC} = -12,6\,\text{V}$

Bei Stern – Dreieck Umwandlung wird die Maschenzahl größer, die Anzahl der zu berechnenden Ströme bleibt unverändert, sie bringt also keine Vorteile.

82.

Das Gleichungssystem ist wie in Aufg. 81, nur in der letzten Zeile muss $-U_2$ stehen.

$I_1 = -214,3\,\text{mA}$; $I_2 = 214,3\,\text{mA}$
$I_3 = -214,3\,\text{mA}$; $I_4 = 0\,\text{mA}$
$I_5 = 0\,\text{mA}$; $I_6 = 0\,\text{mA}$
$U_{AB} = 0\,\text{V}$; $U_{AC} = 0\,\text{V}$
$U_{BC} = 0\,\text{V}$

83.

I_1	I_2	I_3	I_4	I_5	=
1	0	-1	-1	0	0
0	-1	0	1	-1	0
$-R_1$	0	$-R_3$	0	0	U_1
0	R_2	0	0	$-R_5$	U_2
0	0	$-R_3$	R_4	R_5	0

$I_1 = -216,6\,\text{mA}$; $I_2 = 90,5\,\text{mA}$
$I_3 = -174,6\,\text{mA}$; $I_4 = -42,0\,\text{mA}$
$I_5 = -132,5\,\text{mA}$;

Bei Dreieck - Stern Umwandlung wird die Maschenzahl verringert, zunächst sind nur drei Zweigströme zu berechnen, sie bringt also Vorteile.

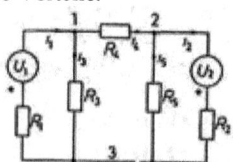

84.

a) $R_i = -\dfrac{\Delta U}{\Delta I} = 5\,\Omega$

$U_0 = R_i \cdot I_1 + U_1 = 6,8\,\text{V}$

$I_K = \dfrac{U_0}{R_i} = 1,36\,\text{A}$

b) $I = \dfrac{U_0}{R_i + R_E} = 0{,}68\,\text{A}$

$U_{AB} = I \cdot R_E = 3{,}4\,\text{V}$

85. $U_0 = U_{AB} + R_i \cdot I = 5{,}52\,\text{V}$

$I_K = \dfrac{U_0}{R_i} = 1{,}36\,\text{A}$

86. $R_i = \dfrac{U_0 - U_{AB}}{I} = 2{,}85\,\Omega$

$I_K = \dfrac{U_0}{R_i} = 4{,}14\,\text{A}$

87. a) $U_{AB0} = U \cdot \dfrac{R_2}{R_1 + R_2} = 3{,}82\,\text{V}$

$R_i = R_1 \| R_2 = 38{,}18\,\Omega$

b) $I = \dfrac{U_{AB0} - U_{AB}}{R_i} = 21{,}43\,\text{mA}$

$R_E = \dfrac{U_{AB}}{I} = 140\,\Omega$

88. a) $R_i = R_1 \| R_2 = 8{,}96\,\Omega$

$U_{AB0} = U \cdot \dfrac{R_2}{R_1 + R_2} = 0{,}625\,\text{V}$

b) $U_{AB} = U_{AB0} \cdot \dfrac{R_E}{R_i + R_E} = 0{,}39\,\text{V}$

$I_E = \dfrac{U_{AB}}{R_E} = 26{,}1\,\text{mA}$

89. a) $R_i = \dfrac{U_{AB0} - U_{AB}}{U_{AB}} \cdot R_E = 62{,}5\,\Omega$

b) $R_2 = R_i \cdot \dfrac{U}{U_{AB0}} = 250\,\Omega$

$R_1 = 83{,}3\,\Omega$

90. a) $R_E = \dfrac{U_{AB}}{I_E} = 35\,\Omega$

$R_i = R_1 \| R_2$

$U_{AB} = U \dfrac{R_2}{R_1 + R_2} \cdot \dfrac{R_E}{R_i + R_E}$

$R_1 = \dfrac{(U - U_{AB}) R_E R_2}{U_{AB}(R_E + R_2)} = 667{,}7\,\Omega$

b) $R_i = R_1 \| R_2 = 43{,}91\,\Omega$

$U_{AB0} = U \dfrac{R_2}{R_1 + R_2} = 0{,}789\,\text{V}$

91. a) $R_1 : R_2 = \left(\dfrac{220}{50} - 1\right) : 1 = 3{,}4 : 1$

b) $R_E = 75\,\Omega$; $R_i = \dfrac{3{,}4}{4{,}4} R_2$

$R_2 = \left(\dfrac{U_{AB0}}{U_{AB}} - 1\right) \cdot R_E \cdot \dfrac{4{,}4}{3{,}4}$

$R_1 = 220\,\Omega$; $R_{21} = 64{,}71\,\Omega$

c) $R_i = 50\,\Omega$;

$U_{AB} = U_{AB0} \dfrac{R_E}{R_i + R_E} = 25\,\text{V}$

$I_E = \dfrac{U_{AB}}{R_E} = 0{,}5\,\text{A}$

92. a) $\dfrac{R_i + R_E}{R_E} = \dfrac{U}{U_{AB}} \cdot \dfrac{R_2}{R_1 + R_2}$

$R_1 = \dfrac{(U - U_{AB}) \cdot R_2 \cdot R_E}{U_{AB}(R_2 + R_E)} = 15{,}01\,\text{k}\Omega$

b) $U_{AB0} = U \dfrac{R_2}{R_1 + R_2} = 9{,}1\,\text{V}$

c) nein,
$R_i = 11{,}37\,\text{k}\Omega$ und $I_K = 0{,}8\,\text{mA}$

d) $U_{AB} = U_{AB0} \dfrac{R_E}{R_i + R_E} = 4{,}67\,\text{V}$

93. a) $I_E = I_K - \dfrac{U_{AB}}{R_i} = 99{,}5\,\text{mA}$

$R_E = \dfrac{U_{AB}}{I_E} = 50{,}25\,\Omega$

b) $U_0 = I_R \cdot R_i + U_{AB} = 1000\,\text{V}$

Lösungen

94. $I_E = I_K - \dfrac{U_{AB}}{R_i} = 19,8\,\text{mA}$

$R_E = \dfrac{U_{AB}}{I_E} = 101\,\Omega$

95. a) $\dfrac{1}{R_i} = \dfrac{2I_K}{U_1} - \dfrac{I_K}{U_2}$; $R_i = 12,25\,\text{k}\Omega$

b) $\dfrac{1}{R_E} = \dfrac{I_K}{U_2} - \dfrac{I_K}{U_1}$; $R_{E1} = 510,4\,\Omega$

$R_{E2} = 255,2\,\Omega$

c) $U_0 = I_K \cdot R_i = 122,5\,\text{V}$

96. $R_E = \dfrac{U_{AB}}{I}$; $U_0 = I \cdot (R_i + R_E)$

$R_E = 250\,\Omega$; $U_0 = 2005\,\text{V}$

97. $P_{ab} = \eta \cdot P_{zu}$; $P_{ab} = 12,75\,\text{kW}$

98. $P_{zu} = \dfrac{P_{ab}}{\eta_1 \cdot \eta_2}$; $P_{zu} = 12,53\,\text{kW}$

99. a) $\eta = \eta_1 \cdot \eta_2$; $\eta = 63,6\,\%$

b) $P_{zu} = \dfrac{m \cdot g \cdot h}{t \cdot \eta}$; $P_{zu} = 24,47\,\text{kW}$

100. a) $\eta = \dfrac{F_g \cdot h}{t \cdot P_{zu}}$; $\eta = 68,8\,\%$

b) $\eta_2 = \dfrac{\eta}{\eta_1}$; $\eta_2 = 81,9\,\%$

c) $P_W = \eta_2 \cdot P_{zu}$; $P_W = 3,03\,\text{kW}$

101. a) $R_i = \dfrac{R_E \cdot (1-\eta)}{\eta}$; $R_i = 26,32\,\Omega$

b) $U_{AB} = \eta \cdot U_0$; $U_{AB} = 209\,\text{V}$

c) $P = \dfrac{U_0 \cdot U_{AB}}{R_E}$; $P = 91,96\,\text{W}$

102. a) $P_{Ltg} = \dfrac{P_{ab}}{\eta} - P_{ab}$; $P_{Ltg} = 1,67\,\text{kW}$

b) $R_{Ltg} = \dfrac{R_E \cdot (1-\eta)}{\eta}$; $R_{Ltg} = 0,36\,\Omega$

c) $U_{AB} = \sqrt{P \cdot R_V}$; $U_{AB} = 220,8\,\text{V}$

$U_0 = \dfrac{U_{AB}}{\eta}$; $U_0 = 245,3\,\text{V}$

103. $\dfrac{\Delta U}{U} = \sqrt{\dfrac{P_2}{P_1}} - 1 = 41,4\,\%$

104. $R_1 = 1322,5\,\Omega$; $R_2 = 701,8\,\Omega$

$P_2 = \dfrac{U^2}{R_2}$; $P_2 = 75,4\,\text{W}$

105. a) $R_v = \dfrac{(U_2 - U_1) \cdot U_1}{P_1}$; $R_v = 87,5\,\Omega$

b) $P_v = \dfrac{(U_2 - U_1) \cdot P_1}{U_1}$; $P_v = 126\,\text{W}$

c) $\eta = \dfrac{P_2}{P_2 + P_v}$; $\eta = 54,3\,\%$

106. a) $P_i = \dfrac{(U_0 - U_{AB})^2}{R_i}$; $P_i = 35\,\text{W}$

b) $\eta = \dfrac{U_{AB}}{U_0}$; $\eta = 91,8\,\%$

107. a) $\dfrac{\Delta P}{P_1} = \dfrac{U_2^2}{U_1^2} - 1$; $\dfrac{\Delta P}{P_1} = -8,5\,\%$

b) $\dfrac{\Delta U}{U} = \dfrac{U_2}{U_1} - 1$; $\dfrac{\Delta U}{U} = -4,3\,\%$

c) $\dfrac{\Delta P}{P} = \dfrac{1,1^2 \cdot U_1^2}{U_1^2} - 1$; $\dfrac{\Delta P}{P} = 21\,\%$

108. a) $P_{1B} = \dfrac{U^2}{R_1}$; $P_1 = 1,8\,\text{W}$

$R_2 = \dfrac{U}{I} - R_1$; $P_{2B} = 1,2\,\text{W}$

b) $P = R \cdot I^2$

$P_1 = 0,29\,\text{W}$; $P_2 = 0,43\,\text{W}$

109. $R_L = \dfrac{U^2}{P}$; $\Delta R = R_L \cdot \left(\dfrac{1}{n_1} - \dfrac{1}{n_2}\right)$

$N_2 = 16$

110. a) $R_E^2 + R_E \left(2R_i - \dfrac{U_0^2}{P}\right) + R_i^2 = 0$

$R_{E1} = 56,96\,\Omega$, $R_{E2} = 0,04\,\Omega$

b) $U = \sqrt{P \cdot R}$

$U_1 = 58,46\,\text{V}$; $U_2 = 1,54\,\text{V}$

$I_1 = 1,026\,\text{A}$; $I_2 = 38,96\,\text{A}$

c) $\eta = \dfrac{R_E}{R_E + R_i}$

$\eta_1 = 97,4\%$; $\eta_2 = 2,6\%$

111. a) $R_L = 390,6\,\Omega$; $I = 0,32\,\text{A}$;

$R_v = \dfrac{U}{I} - R_i$; $R_v = 328,1\,\Omega$;

$P_v = 33,6\,\text{W}$; $\eta = \dfrac{P_L}{P_L + P_v} = 54,3\%$;

b) $R_v^2 + R_v\left(2R_L - \dfrac{U^2}{P_v}\right) + R_L^2 = 0$

$R_{v1} = 1778\,\Omega$; $R_{v2} = 85,8\,\Omega$

$U_{v1} = 188,6\,\text{V}$; $U_{v2} = 41,42\,\text{V}$

$P_{L1} = 4,75\,\text{W}$; keine Zerstörung

$P_{L2} = 98,62\,\text{W}$; Zerstörung

$\eta_1 = 19,2\%$

112. a) $U_{AB} = \sqrt{P \cdot R_E}$; $U_0 = 2 \cdot U_{AB}$;

$U_0 = 219,1\,\text{V}$

b) $\eta_i = \dfrac{R_i}{R_i + R_E}$; $\eta_i = 60\%$;

$P_{AB} = \dfrac{U_0^2}{R_i}\left(\eta_i - \eta_i^2\right)$; $P_{AB} = 19,2\,\text{W}$

113. a) $P_K = \dfrac{U_0^2}{R_i + R_L}$; $P_K = 10,67\,\text{W}$; b)

$\eta_i = 0,5$; $P_{AB} = P_k\left(\eta_i - \eta_i^2\right)$;

$P_{AB} = 2,67\,\text{W}$;

c) $P_{Ltg} = \dfrac{1}{6}P_{AB}$; $P_{Ltg} = 0,444\,\text{W}$

$P_v = \dfrac{5}{6}P_{AB}$; $P_v = 2,22\,\text{W}$

114. a) $P_k = R_i \cdot I_k^2$; $P_k = 50\,\text{W}$

b) $P_{AB} = \dfrac{P_k}{4}$; $P_{AB} = 12,5\,\text{W}$

c) $P_0 = 2 \cdot P_{AB}$; $P_0 = 25\,\text{W}$

115. a) $P_0 = R_i \cdot I_k \cdot I$; $P_0 = 10\,\text{W}$

b) $U_0 = 20\,\text{V}$; $R_E = 30\,\Omega$

$\eta_i = \dfrac{R_i}{R_i + R_E}$; $\eta_i = 25\%$

$P_{AB} = R_i \cdot I_k^2 \left(\eta_i - \eta_i^2\right)$; $P_{AB} = 7,5\,\text{W}$

$P_i = P_0 - P_{AB}$; $P_i = 2,5\,\text{W}$

c) $R_E = R_i = 10\,\Omega$

$P_{AB} = \dfrac{U_0 \cdot I_k}{4} = 10\,\text{W}$

116. a) $P_{AB} = P_k\left(\eta_i - \eta_i^2\right)$; $P_{AB} = 3,2\,\text{W}$

b) $U_{AB} = \dfrac{P_{AB}}{I}$; $U_{AB} = 32\,\text{V}$

c) $R_E = \dfrac{U_{AB}}{I}$; $R_E = 320\,\Omega$

$U_0 = \dfrac{U_{AB}}{\eta_u}$; $U_0 = 40\,\text{V}$

$R_i = \dfrac{U_0 - U_{AB}}{I}$; $R_i = 80\,\Omega$

117. $U_{AC} = 36,44\,\text{V}$; $U_{BC} = -2,28\,\text{V}$;

$U_{AB0} = U_{AC} - U_{BC} = 38,72\,\text{V}$;

$R_i = R_2 \| (R_1 + R_3) + R_5 \| (R_6 + R_7)$

$R_i = 52,62\,\Omega$; $U_{AB} = U_{AB0}\dfrac{R_4}{R_i + R_4}$

$U_{AB} = 25,37\,\text{V}$; $I_4 = \dfrac{U_{AB}}{R_4}$;

$I_4 = 253,7\,\text{mA}$

118. $U_{AC} = 27,72\,\text{V}$; $U_{BC} = 14,7\,\text{V}$

$U_{AB0} = U_{AC} - U_{BC} = 13,02\,\text{V}$;

$R_i = R_3 \| (R_1 + R_2) + R_5 \| (R_7 \| (R_6 + R_8))$

$R_i = 56,35\,\Omega$; $U_{AB} = U_{AB0}\dfrac{R_4}{R_i + R_4}$

$U_{AB} = 8,327\,\text{V}$; $I_4 = -\dfrac{U_{AB}}{R_4}$;

$I_4 = -83,27\,\text{mA}$

119. $I_M = -0,328\,\text{mA}$; $U_{AB} = 7,68\,\text{V}$

$U_{CB} = 8\,\text{V}$; $I_1 = 16\,\text{mA}$;

$I_2 = 16,34\,\text{mA}$; $I_3 = 12,1\,\text{mA}$;
$I_4 = 11,77\,\text{mA}$; $I = 28,1\,\text{mA}$

120. a) $U_{01} = U_{02} - I_1 \cdot (R_{i1} + R_{i2})$;
$U_{01} = 412,2\,\text{V}$; $U_{AB0} = 12,2\,\text{V}$

b) $\begin{array}{|cc|c|} I_1 & I_2 & = \\ R_{i1} & -R_{i2} & U_{01} - U_{02} \\ 1 & 1 & 5 \end{array}$;

$I_2 = -15,0\,\text{A}$

c) $I_E = \dfrac{U_{01} - U_{02}}{R_{i1}}$; $I_E = 20,01\,\text{A}$

d) $\begin{array}{|cc|c|} I_1 & I_2 & = \\ R_{i1} & -R_{i2} & U_{01} - U_{02} \\ 1 & 1 & 50 \end{array}$

$I_1 = 20,025\,\text{A}$; $I_2 = 29,975\,\text{A}$
$U_{AB} = 11,7\,\text{V}$

121. $R_8 = R_4 + R_5 \| (R_6 + R_7) = 121,86\,\Omega$

a) $(U_{02} = 0)$;

$\begin{array}{|cc|c|} I_1 & I_2 & = \\ R_1 + R_2 + R_3 & -R_2 & U_{01} \\ -R_2 & R_2 + R_8 & 0 \end{array}$

$I_2 = 136\,\text{mA}$

b) $(U_{01} = 0)$

$\begin{array}{|cc|c|} I_1' & I_2' & = \\ R_1 + R_2 + R_3 & -R_2 & -U_{02} \\ -R_2 & R_2 + R_8 & U_{02} \end{array}$

$I_2' = 103\,\text{mA}$

122. $I_3 = 39,27\,\text{mA}$; $I_4 = 94,01\,\text{mA}$

123. a) $I_1 = 40\,\text{A}$; $I_2 = -40\,\text{A}$;
$U_{AB} = 59,4\,\text{V}$

b) $I_1 = 44\,\text{A}$; $I_2 = -34\,\text{A}$;
$U_{AB} = 59,34\,\text{V}$

124. $I_B = 0 \Rightarrow$;
$I_1 = -\dfrac{U_{01} + U_{02}}{R_1 + R_2}$;
$U_B = -U_{01} - I_1 \cdot R_1 = -428\,\text{mV}$

$I_B = 0,1\,\text{mA} \Rightarrow$;
$I_2 = I_1 - I_B$;
$I_1 = -\dfrac{U_{01} + U_{02} - I_B \cdot R_2}{R_1 + R_2}$
$I_1 = -1,214\,\text{mA}$; $U_B = -U_{01} - I_1 \cdot R_1$
$U_B = -571,4\,\text{mV}$

125. a) $J = \dfrac{I}{A} = 3,34\,\dfrac{\text{A}}{\text{mm}^2}$,

$v = \dfrac{J}{n_{el} \cdot e_0} = 0,247\,\dfrac{\text{mm}}{\text{s}}$

b) $E = \dfrac{J}{\gamma} = 60\,\dfrac{\text{mV}}{\text{m}}$

c) $F = e_0 \cdot E = 9,6 \cdot 10^{-21}\,\text{N}$

126. a) $E = \dfrac{U}{l} = \dfrac{U}{N \cdot \pi \cdot d} = 9,55\,\dfrac{\text{mV}}{\text{m}}$

b) $J = \gamma \cdot E = 0,535\,\dfrac{\text{A}}{\text{mm}^2}$

127. a) $J = \gamma \cdot E = 2,24\,\dfrac{\text{A}}{\text{mm}^2}$

b) $v = \dfrac{J}{\eta} = 0,165\,\dfrac{\text{mm}}{\text{s}}$

c) $F = e_0 \cdot E = 6,408 \cdot 10^{-21}\,\text{N}$

128. $A = \dfrac{I}{\gamma \cdot E} = 25\,\text{mm}^2$; $d = 5\,\text{mm}$

129. a) $I = J \cdot A = 0,7\,\text{A}$

b) $E = \dfrac{J}{\gamma} = 0,179\,\dfrac{\text{V}}{\text{m}}$

c) $U = E \cdot l = 8,93\,\text{mV}$

130. a) $C_0 = \varepsilon_0 \dfrac{A}{d} = 452\,\text{pF}$

b) $\varepsilon_r = \dfrac{C}{C_0} = 2,787$

131. $C = 2\varepsilon_0 \varepsilon_r \dfrac{A}{d} = 675,2\,\text{nF}$

132. $C = (n-1)\varepsilon_0 \varepsilon_r \dfrac{A}{d} = 6,13\,\text{nF}$

133. $d = \varepsilon_0 \varepsilon_r \dfrac{A}{C} = 0,1\,\text{mm}$

134. a) $\tau = RC = 72,6\,\text{ms}$

   b) $U_C = U_0 \cdot \left(1 - e^{-t/\tau}\right) = 22,47\,\text{V}$

   c) $I = I_0 \cdot e^{-t/\tau} = \dfrac{U_0}{R} \cdot e^{-t/\tau} = 92,13\,\mu\text{A}$

135. $U_C = U_0 \cdot e^{-t/\tau}$; $\tau = RC = 540\,\text{ms}$

   a)

t/s	0,3	0,6	0,9	1,2	1,62
U_C/V	34,43	19,7	11,33	6,5	2,99

   b) $t = 5\tau = 2,7\,\text{s}$

   c) $I = I_0 \cdot e^{-t/\tau} = \dfrac{U_0}{R} \cdot e^{-t/\tau}$

t/s	0,5	1,0	1,5	2,0
$i/\mu\text{A}$	880,4	348,8	138,2	57,74

   d) $\dfrac{U_C}{U_0} = \dfrac{i_C}{i_0} = e^{-2,5} = 8,21\%$

136. $U_C = U_0 \cdot e^{-t/\tau}$

   a) $\dfrac{1}{2} = e^{-t_1/\tau} \Rightarrow \tau = \dfrac{-t_1}{\ln 5} = 1731,2\,\text{s}$

   b) $R = \dfrac{\tau}{C} = 78,7\,\text{M}\Omega$

   c) $t = \tau = 1731,2\,\text{s}$

   d) $U_C = U_0 \cdot e^{-t/\tau} = 7,14\,\text{V}$

137. a) $\dfrac{1}{C_{ges}} = \sum \dfrac{1}{C_i}$; $C_{ges} = 103\,\text{pF}$

   b) $C_{ges} = \sum C_i = 1,02\,\text{nF}$

138. A/B: $C_1 \| (C_2 + C_3 + C_4) = 3,57\,\text{nF}$

   B/C: $C_2 \| (C_1 + C_3 + C_4) = 5,73\,\text{nF}$

   C/D: $C_3 \| (C_1 + C_2 + C_4) = 7,76\,\text{nF}$

   D/A: $C_4 \| (C_1 + C_2 + C_3) = 3,93\,\text{nF}$

   B/D: $(C_1 + C_4) \| (C_2 + C_3) = 3,99\,\text{nF}$

139. a) $C = \varepsilon_0 \varepsilon_r \dfrac{A}{d} = 22,14\,\text{pF}$

   b) $\dfrac{1}{C_{ges}} = \dfrac{1}{C_1} + \dfrac{1}{C_2}$, $C_{ges} = \dfrac{\varepsilon_0 \cdot A}{\dfrac{s_1}{\varepsilon_{r1}} + \dfrac{s_2}{\varepsilon_{r2}}}$;

   $C_{ges} = 25,34\,\text{pF}$

140. a) $W = \dfrac{1}{2} CU^2 = 17,28\,\text{mWs}$

   b) $W = UIt$; $t = 5\tau = 42\,\text{ms}$;

   $I = \dfrac{W}{5\tau U} = \dfrac{W}{5RCU} = 8,57\,\text{mA}$

141. $\dfrac{1}{2} CU_1^2 = U_2 Q$; $C = \dfrac{2 \cdot U_2 \cdot Q}{U_1^2} = 288\,\text{F}$

142. $F = \dfrac{1}{2} C \dfrac{U^2}{s} = \dfrac{1}{2} \varepsilon_0 A \dfrac{U^2}{s^2}$

   a) $F_1 = 27,7\,\text{mN}$

   b) $F_1 = F_2 = F_3$

   c) $F_2 = 4F_1$; $F_3 = \dfrac{F_1}{4}$

143. $H = \dfrac{NI}{l} = 2200\,\dfrac{\text{A}}{\text{m}}$

   $B = \mu_0 H = 2,76\,\text{mT}$

   $\Phi = BA = 1,95\,\mu\text{Vs}$

144. $N = 250$; $A = 30,2\,\text{mm}^2$

   a) $H = \dfrac{NI}{l} = 750\,\dfrac{\text{A}}{\text{m}}$;

   $B = \mu_0 H = 942,5\,\mu\text{T}$;

   $\Phi = BA = 28,45\,\text{nVs}$

   b) $I_2 = \dfrac{\Phi_2}{\Phi_1} I_1 = 184,5\,\text{mA}$

   c) $H_2 = \dfrac{\Phi_2}{\Phi_1} H_1 = 922,7\,\dfrac{\text{A}}{\text{m}}$

   $B_2 = \mu_0 H_2 = 1,16\,\text{mT}$

145. $I = \dfrac{\Phi l}{\mu_0 N A} = 360,3\,\text{mA}$

146. a) $H = \dfrac{NI}{l} = \dfrac{NI}{\pi d_m} = 313,4\,\dfrac{\text{A}}{\text{m}}$

   $B = \mu_0 H = 393,8\,\mu\text{T}$

$\Phi = BA = \dfrac{B\pi d_m^2}{4} = 136,4\,\text{nVs}$

b) $I_2 = \dfrac{B_2}{B_1} I_1 = 609,4\,\text{mA}$

$H_2 = \dfrac{B_2}{B_1} H_1 = 477,5\,\dfrac{A}{m}$

$\Phi_2 = \dfrac{B_2}{B_1} \Phi_1 = 207,8\,\text{nVs}$

147. a) $N = \dfrac{\pi \cdot (d_1 - 1\text{mm})}{1\text{mm}} = 216,8 \approx 216$

b) $H = \dfrac{NI}{l} = 668,5\,\dfrac{A}{m}$

$B = \mu_0 H = 840\,\mu\text{T}$

$\Phi = BA = 215\,\text{nVs}$

c) $B = 1,008\,\text{T}$; $\Phi = 258\,\mu\text{Vs}$

148. $B = \dfrac{\Phi}{A} = 1,2\,\text{T} \Rightarrow H_{Fe} = 500\,\dfrac{A}{m}$;

$I = \dfrac{H \cdot l}{N} = 280,5\,\text{mA}$

149. a) $H = \dfrac{NI}{l} = \dfrac{NI}{\pi d_m} = 696,3\,\dfrac{A}{m}$

$B = 1,3\,\text{T}$; $\Phi = BA = 520\,\mu\text{Vs}$

b) $R_m = \dfrac{NI}{\Phi} = 336,5\,\dfrac{A}{\text{Vs}}$;

$\mu_r = \dfrac{B}{\mu_0 H} = 1485$

c) $H_\delta = \dfrac{B}{\mu_0} = 795,8 \cdot 10^3\,\dfrac{A}{m}$;

$H_{Fe} \approx 300\,\dfrac{A}{m}$;

$I = \dfrac{H_{Fe} \cdot l_{Fe} + H_\delta \cdot \delta}{N} = 2,48\,\text{A}$

150. a) $B = \dfrac{\Phi}{A} = 0,925\,\text{T} \Rightarrow H \approx 215\,\dfrac{A}{m}$

$I = \dfrac{H \cdot l}{N} = 49,8\,\text{mA}$

$R_{mFe} = \dfrac{H \cdot l}{\Phi} = 108,6\,\dfrac{A}{\text{Vs}}$

$\mu_r = \dfrac{B}{\mu_0 H} \approx 3420$

b) $\delta = \dfrac{NI - H_{Fe} \cdot l_{Fe}}{H_\sigma} = 16,5\,\mu\text{m}$

151. $B_{Fe} = B_\delta \cdot (1 + \sigma) = 0,88\,\text{T}$

$\Rightarrow H_{Fe} \Rightarrow 200\,\dfrac{A}{m}$

$I = \dfrac{H_{Fe} \cdot l_{Fe} + B_\delta/\mu_0 \cdot \delta}{N} = 572\,\text{mA}$

152. a) $\sigma = \dfrac{B}{B_\sigma} - 1 = \dfrac{\Phi}{A \cdot B_\sigma} - 1 = 0,12$

b) $A_\sigma = A_{Fe}(1 + \sigma) = 201,6\,\text{mm}^2$

c) $R_{m\delta} = \dfrac{\delta}{\mu_0 \cdot A_\sigma} = 7,895 \cdot 10^6\,\dfrac{A}{\text{Vs}}$

$R_{mN} = \dfrac{\delta}{\mu_0 A} = 8,842 \cdot 10^6\,\dfrac{A}{\text{Vs}}$

$R_{m\delta\sigma} = \dfrac{\delta}{\mu_0 (A_\sigma - A)} = 73,68 \cdot 10^6\,\dfrac{A}{\text{Vs}}$

d) $R_{mFe} = \dfrac{l_{Fe} \cdot H_{Fe}}{B_{Fe} \cdot A_{Fe}} = 656 \cdot 10^3\,\dfrac{A}{\text{Vs}}$, mit

$H = 1200\,\text{A/m}$

e) $V_m = \Theta \cdot R_m$; $V_{Fe} = 165,4\,\text{A}$;

$V_b = 1989\,\text{A}$;

$\Theta = V_{Fe} + V_b = 2154,4\,\text{A}$

153. a) $H = 450\,\text{A/m} \Rightarrow$;

$\Theta_{Fe} = H_{Fe} \cdot l_{Fe} - NI = 111\,\text{A}$

b) $\Theta_\delta = \Theta - \Theta_{Fe} = 99\,\text{A}$;

$\delta = \dfrac{\Theta_\delta \cdot \mu_0}{B} = 0,104\,\text{mm}$

154. Annahme: $R_{mFe} = 0$

$\delta' = 0,5\,\text{mm}$; $\delta'' = 1\,\text{mm}$;

$l_{Fe} = 0,18\,\text{m}$

$H' = \dfrac{\Theta}{l_{Fe}} = 1500\,\dfrac{A}{m}$

$B'_{max} = \dfrac{\mu_0 \cdot \Theta}{\delta'} = 0,679\,\text{T}$

$B''_{max} = \dfrac{\mu_0 \cdot \Theta}{\delta''} = 0,339\,\text{T}$

Es ergeben sich die beiden gezeichneten Widerstandsgeraden. (sieh Abb. unten) Aus den Schnittpunkten lassen sich die Werte ablesen:

a) $B_1 = 0,615\,\text{T},\ (\delta' = 0,5\,\text{mm})$
$B_2 = 0,315\,\text{T},\ (\delta'' = 1\,\text{mm})$

b) $H_{Fe1} = 150\,\text{A/m} \Rightarrow \Theta_{Fe1} = 27\,\text{A}$
$H_{Fe2} = 100\,\text{A/m} \Rightarrow \Theta_{Fe1} = 18\,\text{A}$

155. a) $B_1 = B_2 = B_3 = 1,07\,\text{T}$
$\Phi_1 = \Phi_3 = 0,428\,\text{mVs}$
$\Phi_1 = 0,856\,\text{mVs}$

b) $\Theta_\sigma = 425,7\,\text{A} \Rightarrow \Theta = 524,7\,\text{A}$
$H' = \Theta_\delta / l_{Fe} = 1520,5\,\text{A/m}$
$B = 1,07\,\text{T} \Rightarrow$ Scherungsgerade S

c) $\Theta = 450\,\text{A}$;
$H' = \dfrac{\Theta}{l_{Fe}} = 1607\,\dfrac{\text{A}}{\text{m}} \Rightarrow B = 0,95\,\text{T}$
$H_{Fe} = 270\,\text{A/m}$
siehe Abb. unten

156. a) $B_{Fe2} = B_\delta(1+\sigma) = 0,8\,\text{T} \Rightarrow$
$B_\delta = 0,6957\,\text{T}$
$V_{AB} = V_\delta + V_{Fe2} = 291,5\,\text{A}$
$V_{AB} = V_{Fe3} = H_{Fe3} \cdot l_{m3} \Rightarrow$
$B_{Fe3} = 1,455\,\text{T}$
$\Phi_3 = 0,873\,\text{mVs}$; $\Phi_2 = 0,480\,\text{mVs}$
$\Phi_1 = \phi_2 + \phi_3 = 1,353\,\text{mVs} \Rightarrow$
$B_{Fe1} = 2,255\,\text{T}$

b) $B_{Fe2} = 0,4\,\text{T}$; $\delta = 0,2\,\text{mm}$
$\sigma = 0,1$; $V_{AB} = 63,48\,\text{A}$;
$B_{Fe3} = 0,9\,\text{T}$; $\Phi_3 = 0,570\,\text{mVs}$;
$\Phi_2 = 0,240\,\text{mVs}$; $B_{Fe1} = 1,35\,\text{T}$;
$V_{Fe1} = 192\,\text{A}$;
$\Theta = V_{Fe1} + V_{AB} = 255,5\,\text{A} \Rightarrow$
$I = 393\,\text{mA}$

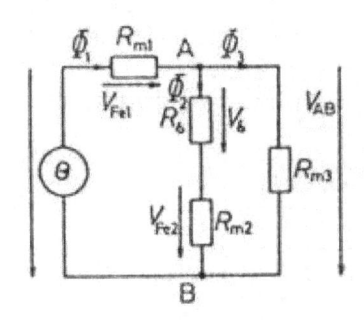

zu Aufgabe 156

157. $F = l \cdot I \cdot B = 10\,\text{mN}$

158. $B = \dfrac{m \cdot g}{l \cdot I} = 0,458\,\text{T}$

159. $I = \dfrac{F}{l \cdot B_w} = 2,353\,\text{A}$

160. $F = l\dfrac{\mu_0 I_1 I_2}{2\pi r} = 2,25\,\text{N}$

161. $F = l\dfrac{\mu_0 I_1 I_2}{2\pi r} = 3,6\,\text{kN}$

162. a) $F = 2N \cdot l_w \cdot I \cdot B = 207,4\,\text{N}$
b) $M = r \cdot F = 25,92\,\text{Nm}$
c) $I_2 = \dfrac{30}{25,92} \cdot I_1 = 2,083\,\text{A}$

163. a) $M = l_w B I N d = 810 \cdot 10^{-6}\,\text{Nm}$
b) $M = 2D\alpha \Rightarrow$
$D = \dfrac{M_2}{2\alpha} = \dfrac{30}{20}\dfrac{M_1}{2\alpha} = 337,5 \cdot 10^{-6}\,\dfrac{\text{Nm}}{\text{rad}}$

164. $M_2 = 750 \cdot 10^{-3}\,\text{Nm}$
$I_2 = M_2 \cdot \dfrac{I_1}{M_1} = 18,52\,\text{mA}$

165. $F = N I B \pi d_m = 271\,\text{mN}$

166. $B = \dfrac{F}{N I \pi d_m} = 0,8\,\text{T}$

167. a) $R_m = \dfrac{N^2}{L} = 2,88 \cdot 10^6\,\text{A/Vs}$

b) $\Phi = \dfrac{LI}{N} = 208{,}3 \cdot 10^{-6}$ Vs

c) $W = \dfrac{1}{2} L I^2 = 62{,}5$ mWs

168. a) $R_m = \dfrac{l_m}{\mu_0 A} = 721{,}8 \cdot 10^6 \, \dfrac{\text{A}}{\text{Vs}}$

b) $L = \dfrac{N^2}{R_m} = 79{,}8\,\mu\text{H}$

c) $W = \dfrac{1}{2} L I^2 = 997{,}5\,\mu\text{Ws}$

d) $\dfrac{W}{V} = \dfrac{W}{\pi d_m A} = 9{,}167 \, \dfrac{\text{Ws}}{\text{m}^3}$

169. a) $L = \mu_0 \mu_r N^2 \dfrac{A}{l} = 56$ mH

b) $W = \dfrac{1}{2} L I^2 = 20{,}23$ mWs

c) $\Phi = \dfrac{LI}{N} = 226{,}7 \cdot 10^{-6}$ Vs

$B = \dfrac{\Phi}{A} = 1{,}008$ T

d) $\dfrac{W}{V} = \dfrac{1}{2} B H = 336{,}8 \, \dfrac{\text{Ws}}{\text{m}^3}$

170.

171. a) $H' = \dfrac{\Theta}{l_{Fe}} = 16{,}67 \cdot 10^3 \, \dfrac{\text{A}}{\text{m}}$

$B'_{max} = 1{,}382$ T

Parallele zur Luftspaltgeraden:

$H'' = 2{,}2 \cdot 10^3 \, \dfrac{\text{A}}{\text{m}}$; $B''_{max} = 0{,}1825$ T

$B_{Fe} = B_\delta (1 + \sigma) = 1{,}32$ T $\Rightarrow$

$B_\delta = 1{,}2$ T

b) $F = \dfrac{B^2 A}{2\mu_0} = 343{,}8$ N

c) $W_\delta = 1{,}513$ Ws

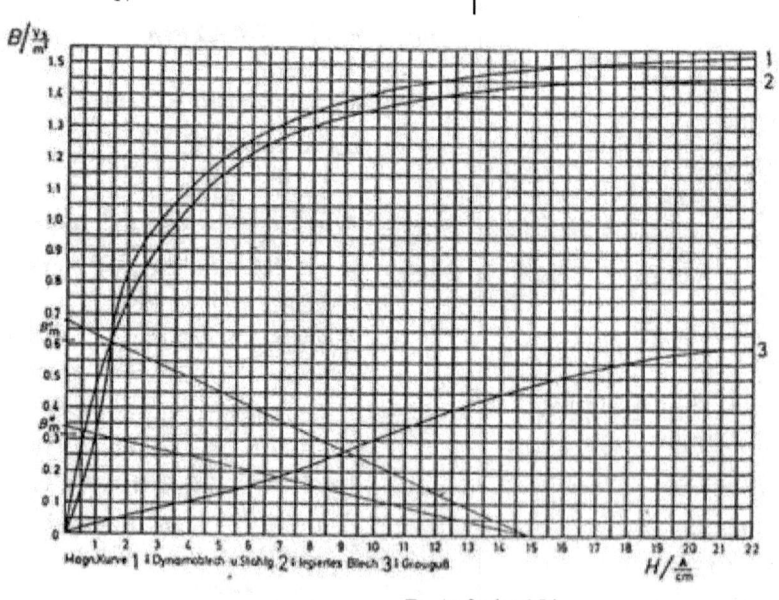

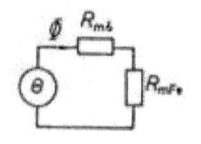

$W_{Fe} = 67{,}95$ mWs

Zu Aufgabe 154

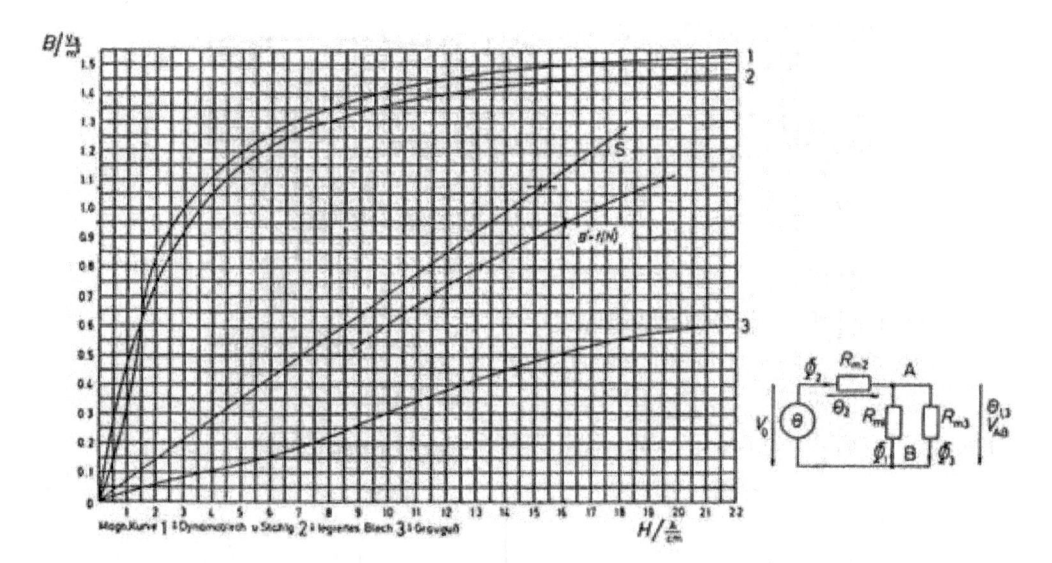

zu Aufgabe 155

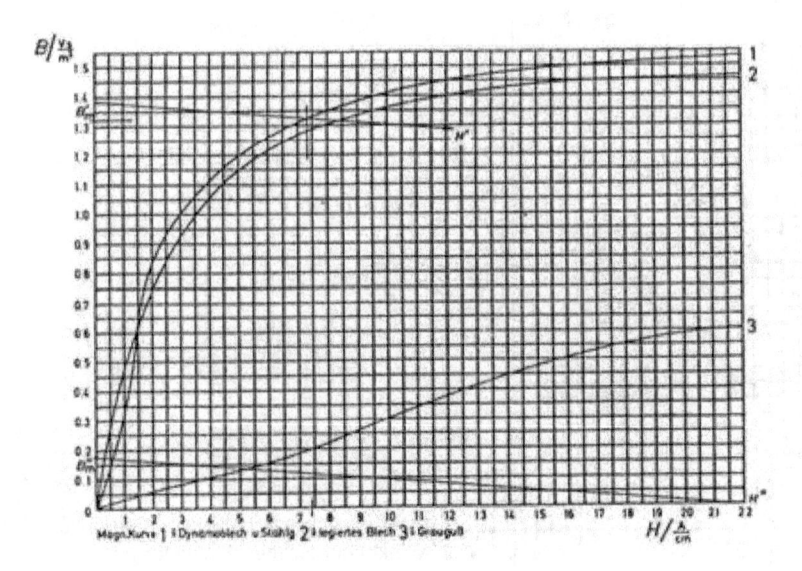

Zu Aufgabe 171

172. $u_q = l_w v B = 2\,\text{mV}$

173. a) $v = \dfrac{\pi n d}{60}$; $u_q = 2 N l_w v B = 694,3\,\text{V}$

b) $P = \dfrac{u_q^2}{R} = 9,641\,\text{kW}$

$I = \dfrac{u_q}{R} = 13,89\,\text{A}$

c) $M = r \cdot F = N I l_w B d = 108,3\,\text{Nm}$

$P_{zu} = \dfrac{P_{ab}}{\eta} = 12,05\,\text{kW}$

174. a) $600° = 10,472\,\text{rad}$

$$u_q = N l_w B d \omega = 6942{,}5 \,\text{mV}$$

b) $I_k = \dfrac{u_q}{R} = 94{,}25 \,\text{mA}$

c) $M = N I l_w B d = 8{,}48 \cdot 10^{-3} \,\text{Nm}$

175. a) $u_q = \dfrac{\Delta \Phi}{\Delta t} = nBA$; $B = \mu_0 \dfrac{NI}{l}$

$u_q = 0{,}386 \,\text{mV}$

b) Elektronen müssen zur Mitte gelangen, daher, mit Blickrichtung in Richtung von $\vec{B}$ ist die Drehrichtung im Uhrzeigersinn

176. a) $u_q = N \dfrac{\Delta \Phi}{\Delta t} = 0{,}6 \,\text{V}$

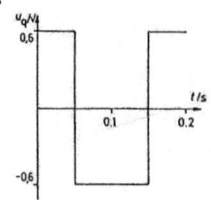

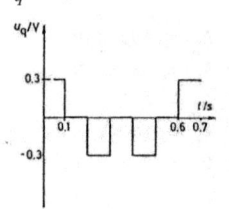

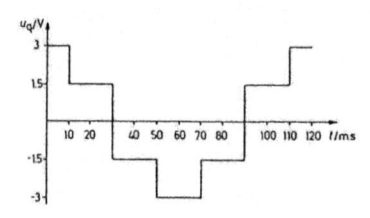

b) s

177. $u_q = 0{,}3 \,\text{V}$

178. $\pm u_{q1} = 3 \,\text{V}$; $\pm u_{q2} = 1{,}5 \,\text{V}$

179. $\pm \Delta \Phi_{max} = 6 \,\mu\text{Vs}$

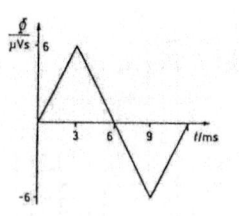

180. Die Funktion $B = f(t)$ entspricht dem Flächeninhalt unter der Kurve $u_q = f(t)$

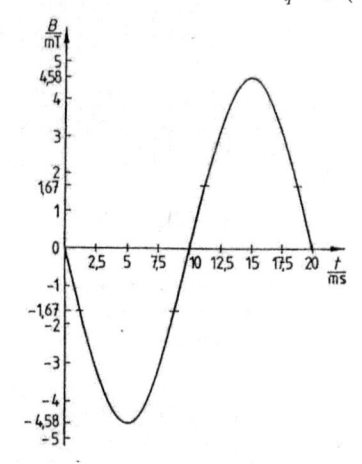

181. a) $\hat{u}_q = \omega N B A = \dfrac{2\pi n}{60} N B A = 37{,}7 \,\text{V}$

b) $\alpha = 0°; \Phi = 0$

c) $u_q = -\hat{u}_q \cdot \sin \alpha$

α	10°	50°	90°	130°	170°
$-u_q / \text{V}$	6,55	28,9	37,7	28,9	6,55

182. a) $\alpha = 90°$; $\sum \Phi_i = 0$

b) $\hat{\Phi} = 69{,}11 \,\text{mVs}$

unter Berücksichtigung der unterschiedlichen Winkel der einzelnen Wicklungen

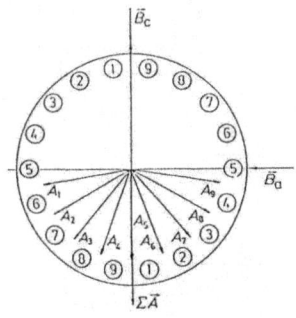

c) $\hat{u}_q = \omega N \hat{\Phi} = 217{,}1\,\text{V}$

183. $\Psi_m = \dfrac{u_q}{\omega} = \dfrac{60 \cdot u_q}{2\pi n} = 1{,}035\,\text{Vs}$

184. a) $u_i = U = 12\,\text{V}$

b) $i = I \cdot \left(1 - e^{-t/\tau}\right)$; $\tau = \dfrac{L}{R}$; $I = \dfrac{U}{R}$

$i = 725{,}7\,\text{mA}$

c) $t = 5\tau = 3{,}33\,\text{s}$

d) $W = \dfrac{1}{2} L I^2 = 3{,}2\,\text{Ws}$

e) $u_C = \sqrt{\dfrac{2W}{C}} = 8000\,\text{V}$

185. $\dfrac{1}{2} C U_C^2 = \dfrac{1}{2} L I^2 = \dfrac{L U^2}{2 R^2}$

$C = \dfrac{L U^2}{U_C^2 R^2} = 8{,}93\,\mu\text{F}$

186. a) $L_{12} = \dfrac{N_2}{N_1} L_1 = 333{,}3\,\text{mH}$

b) $u_2 = \dfrac{N_2}{N_1} u_1 = 8\,\text{V}$

c) $t = 5\tau = 5\dfrac{L}{R} = 1\,\text{s}$

187. $L = \dfrac{u}{\Delta i / \Delta t} = 1\,\text{H}$

188. a) $\dfrac{1}{2} C U_C^2 = \dfrac{1}{2} L I^2 = \dfrac{L U^2}{2 R^2}$

$C = \dfrac{L U^2}{U_C^2 R^2}$

$C_{250} = 384\,\text{nF}$; $C_{500} = 96\,\text{nF}$

b) $R = \dfrac{U}{I}$;

$R_{250} = 1250\,\Omega$; $R_{500} = 2500\,\Omega$

189. $u = \hat{u} \cdot \sin(\omega t + \varphi_u)$

a) $f = 83{,}33\,\text{Hz}$

$T = 12\,\text{ms}$

b) $f = 102{,}4\,\text{Hz}$

$T = 10\,\text{ms}$

190. $u = \hat{u} \cdot \sin(\omega t + \varphi_u)$

a) $u = 30{,}78\,\text{V}$

b) $t_1 = 8{,}89\,\text{ms}$; $t_2 = 18{,}89\,\text{ms}$;

$t_3 = 88{,}89\,\text{ms}$

c) $u_1 = 84{,}57\,\text{V}$; $u_2 = 38{,}04\,\text{V}$;

$u_3 = -84{,}57\,\text{V}$; $u_4 = 30{,}78\,\text{V}$

191. a) $\varphi_u = \arcsin\dfrac{u}{\hat{u}} - 2\pi f t$; $\varphi_u = 45°$

b) $u = 106{,}06\,\text{V}$

192. $u = \hat{u} \cdot \sin(\omega t + \varphi_u)$

a) $\varphi_u = 30°$

b) $u = 146{,}7\,\text{V}$

193. $t = \dfrac{\arcsin\dfrac{u}{\hat{u}}}{2\pi f}$

a) $t_1 = 7{,}405\,\text{ms}$

$t_2 = 22{,}595\,\text{ms}$

$t_3 = 37{,}405\,\text{ms}$

$t_4 = 52{,}595\,\text{ms}$

b) $t_1 = 2{,}468\,\text{ms}$

$t_2 = 7{,}532\,\text{ms}$

$t_3 = 12{,}47\,\text{ms}$

$t_4 = 17{,}53\,\text{ms}$

c) $t_1 = 1{,}234\,\text{ms}$

$t_2 = 3{,}766\,\text{ms}$

$t_3 = 6{,}234\,\text{ms}$

$t_4 = 8{,}766\,\text{ms}$

Lösungen

d) $t_1 = 0,8277\,\text{ms}$
$t_2 = 2,511\,\text{ms}$
$t_3 = 4,156\,\text{ms}$
$t_4 = 5,844\,\text{ms}$

194. $f = \dfrac{\arcsin 0,55 - \arcsin 0,5}{2\pi \cdot (t_1 - t_2)}$

$f = 93,53\,\text{Hz}$

195. $u_1 = \hat{u}_1 \cdot \sin(\omega t)$;

$u_2 = \hat{u}_2 \cdot \sin(\omega t + \varphi_u)$;

$t = \dfrac{1}{\omega} \cdot \arcsin \dfrac{u_1}{\hat{u}_1}$; $u_2 = 95,69\,\text{V}$

196. $u = \hat{u} \cdot \sin(\omega t + \varphi_u)$

$i = \hat{i} \cdot \sin(\omega t + \varphi_i)$

a) $\varphi_{i1} = 14,5°$; $\varphi_{i2} = 165,5°$
$\varphi_{u1} = 46,1°$; $\varphi_{u2} = 133,9°$

b) $|\varphi| = |\varphi_u - \varphi_i| = 31,6°$

197. $\underline{u} = \underline{u}_1 + \underline{u}_2$; komplexe Rechnung

a) $\hat{u} = 297,5\,\text{V}$; $\varphi = 5,99°$

b) $\hat{u} = 290,2\,\text{V}$; $\varphi = 11,93°$

c) $\hat{u} = 278,1\,\text{V}$; $\varphi = 17,76°$

d) $\hat{u} = 261,5\,\text{V}$; $\varphi = 23,41°$

e) $\hat{u} = 216,3\,\text{V}$; $\varphi = 33,69°$

f) $\hat{u} = 158,7\,\text{V}$; $\varphi = 40,89°$

198. $\underline{i}_2 = \underline{i} - \underline{i}_1$; $i_2 = 3,9\,\text{A}$; $\varphi_2 = 41,21°$

199. Kosinussatz

$\cos\gamma = \dfrac{a^2 + b^2 - c^2}{2ab}$

$\hat{u}/\text{V}$	320	290	250	210	180
$\gamma/°$	0	50	77,3	98	111,5

200. $\hat{u}_a = \hat{u}_1 + \hat{u}_2$; $\hat{u}_a = \hat{u}_1 - \hat{u}_2$

$\varphi/°$	30	60	90
$\hat{u}_a/\text{V}$	309,1	277,1	226,3
$\hat{u}_b/\text{V}$	82,82	160	226,3

201. $\hat{u}_2 = \sqrt{\hat{u}^2 - \hat{u}_1^2}$

$\hat{u}/\text{V}$	40	80	120	180	220
$\hat{u}_2/\text{V}$	246,8	236,9	219,3	173,5	118,7

202. $\underline{i} = \underline{i}_1 + \underline{i}_2 + \underline{i}_3$; $\underline{i}_1 = 2\,\text{A} \cdot e^{j30°}$;

$\underline{i}_2 = 3\,\text{A} \cdot e^{j0°}$; $\underline{i}_3 = 4\,\text{A} \cdot e^{-j70°}$

$\underline{i} = 6,7\,\text{A} \cdot e^{-j24,3°}$

203. $I = \dfrac{\hat{i}}{\sqrt{2}} = 1,06\,\text{A}$

204. $\hat{u} = U\sqrt{2} = 325,3\,\text{V}$

205. $U = \dfrac{\hat{u}_C}{\sqrt{2}} = 127,3\,\text{V}$

206. $\hat{p} = R \cdot \hat{i}^2$; $\hat{p} = \dfrac{\hat{u}^2}{R}$; $|\bar{i}| = \hat{i} \cdot \dfrac{2}{\pi}$

$\hat{i} = 3\,\text{A}$; $|\bar{i}| = 1,91\,\text{A}$

$\hat{u} = 30\,\text{V}$; $|\bar{u}| = 19,1\,\text{V}$

207. a) $I = \dfrac{U}{R} = 4,75\,\text{A}$

$\hat{i} = I \cdot \sqrt{2} = 6,72\,\text{A}$

b) $P = U \cdot I = 1,092\,\text{kW}$

c) $P_{\max} = 2P = 2,185\,\text{kW}$

d) $\hat{S} = 1,092\,\text{kW}$; $f_P = 100\,\text{Hz}$

208. a) $|\bar{i}| = \dfrac{\hat{i}}{2} = 0,25\,\text{A}$

b) $I = \dfrac{\hat{i}}{\sqrt{3}} = 0,289\,\text{A}$

c) $F = \dfrac{I}{|\bar{i}|} = \dfrac{2}{\sqrt{3}} = 1,155$

209. $\bar{i} = \dfrac{\hat{i}}{2}$, unabhängig von t_1 und t_2.

$\bar{i} = 1\,\text{A}$; $I = \dfrac{\hat{i}}{\sqrt{3}} = 1{,}155\,\text{A}$

210. $\hat{i} = \dfrac{\hat{P}}{U \cdot \sqrt{2}}$

$\hat{p}/\text{W}$	50	80	120	150	200
$\hat{i}/\text{mA}$	154	246	369	461	615

211. $L = \dfrac{X}{2\pi f} = 1{,}5\,\text{mH}$

212. a) $W = \dfrac{1}{2} L I^2 = 12{,}5\,\mu\text{Ws}$

b) $\hat{u}\sqrt{2} \cdot I \cdot X = 1{,}77\,\text{V}$

213. $X_L = 2\pi f L$; $\dfrac{f_1}{f_2} = \dfrac{X_1}{X_2}$

X/Ω	40	75	180
f/Hz	1592	2984	7162

214. $X = 2\pi f L = \dfrac{U \cdot \sqrt{2}}{\hat{i}}$; $L = 0{,}9\,\text{mH}$

215. $X_C = \dfrac{1}{2\pi f C}$

f/kHz	10	25	40
X/Ω	3183	1273	796

216. $X_C = \dfrac{1}{2\pi f C}$

f/Hz	50	400	1000
C/nF	1061	132,6	53,1

217. $X_C = \dfrac{1}{2\pi f C}$; $I = \dfrac{U}{X_C}$

f/Hz	50	400	1000	3000
X_C/Ω	1447	180,9	72,34	24,11
I/A	0,159	1,27	3,18	9,54

218. $U_C = I \cdot X_C$; $W = \dfrac{1}{2} C U^2$;

$Q_C = I^2 \cdot X_C$

a) $\hat{u} = 217{,}0\,\text{V}$; $U = 153{,}5\,\text{V}$

b) $W = 51{,}81\,\text{mWs}$

$W_{\max} = 64{,}77\,\text{mWs}$

$W_{\min} = 43{,}18\,\text{mWs}$

c) $Q = 16{,}28\,\text{var}$

$Q_{\max} = 20{,}35\,\text{var}$

$Q_{\min} = 13{,}56\,\text{var}$

219. $\widehat{W} = 2 \cdot \dfrac{1}{2} C U^2$

$U = 160\,\text{V}$

220. $X_L = 2\pi f L$; $Q = \dfrac{U^2}{X_L} = I^2 \cdot X_L$

Q/var	50	100	250
$\hat{i}/\text{mA}$	460,7	651,5	1030
$\hat{u}/\text{V}$	217,1	307	485,4

221. $Q = \dfrac{\hat{u}\hat{i}}{2}$; $C = \dfrac{Q}{2\pi f U^2}$

Q/var	50	250	1000
C/nF	196,5	982,5	3930
I/mA	157,1	785,7	3143

222. $X_L = 2\pi f L$; $Z = \sqrt{R^2 + X_L^2}$

$I = \dfrac{U}{Z}$; $\tan\varphi = \dfrac{X_L}{R}$

	X_L/Ω	Z/Ω	φ	I/mA
a)	5,03	5,85	59,17°	10250
b)	11,31	12,37	66,15°	4850
c)	125,7	809,8	8,93°	74,09
d)	1414	2061	43,3°	29,11
e)	100,5 k	100,5 k	89,52°	0,597

223. $R = \dfrac{U_R}{I}$; $Z = \dfrac{U}{I}$; $X_L = \sqrt{Z^2 - R^2}$

$Z = 600\,\Omega$; $X_L = 55\,\Omega$; $L = 1{,}75\,\text{H}$;

$U_L = 55\,V$; $\varphi = 66{,}4°$

224. $X_L = 2\pi f L$; $\tan\varphi = \dfrac{X_L}{R}$; $I = \dfrac{U}{Z}$;

$Z = \sqrt{R^2 + X_L^2}$

a) $R = 21,77\,\Omega$; $Z = 25,13\,\Omega$;
$X_L = 12,57\,\Omega$; $I = 1,91\,A$;
$U_R = 41,57\,V$; $U_L = 24\,V$
b) $S = 91,67\,VA$; $P = 79,39\,W$;
$Q = 45,84\,var$

225. $\tan\varphi = \dfrac{X_L}{R}$; $X_L = 2\pi f L$

a) $L = 45,13\,mH$
b) $R_x = 115,2\,\Omega$, in Reihe

226. $Z = \dfrac{U}{I}$; $\tan\varphi = \dfrac{X_L}{R}$; $Z = \sqrt{R^2 + X_L^2}$
$X_L = 2\pi f$

a) $R = 257,1\,\Omega$; $L = 975,4\,mH$
b) $R_x = 549,7\,\Omega$; parallel zu R

227. $I = \dfrac{P}{U}$; $R_{GL} = \dfrac{U^2}{P}$; $Z = \sqrt{R^2 + X_C^2}$;

$X_C = \dfrac{1}{2\pi f C}$

a) $C = 5,47\,\mu F$; $\varphi = -61,4°$
b) $S = P/\cos\varphi = 83,64\,VA$
$Q = S \cdot \sin\varphi = 73,43\,var$
$P = 40\,W$

228. $Z = \dfrac{U}{I}$; $Z = \sqrt{R^2 + X_C^2}$;

$X_C = \dfrac{1}{2\pi f C}$

$f = 133,7\,Hz$; $\varphi = -82,82°$

229. $\tan\varphi = -\dfrac{X_C}{R}$; $X_C = \dfrac{1}{2\pi f C}$

$\varphi = -63,44°$; $C = 3,18\,\mu F$

230. $\tan\varphi = -\dfrac{X_C}{R}$; $X_C = \dfrac{1}{2\pi f C}$

$Z = \sqrt{R^2 + X_C^2}$; $U = Z \cdot I$

a) $R = 23,68\,k\Omega$;
b) $Z = 33,49\,k\Omega$; $I = 0,717\,mA$

c) $Z = 52,96\,k\Omega$; $I = 0,453\,mA$
d) $Z = 26,48\,k\Omega$; $I = 0,906\,mA$

231. $Z = \sqrt{R^2 + X_C^2}$
$R = 516,4\,\Omega$; $C = 10,42\,\mu F$

232. $\underline{Y} = \underline{Y}_R + \underline{Y}_L$; $\underline{Z} = \dfrac{1}{\underline{Y}}$; $\underline{I} = \underline{U} \cdot \underline{Y}$

$\underline{I} = 323\,mA \cdot e^{-j26,99°}$

a) $I = 323\,mA$; $I_R = 288\,mA$
$I_L = 146\,mA$
b) $Y = 1,403\,mS$; $Z = 712,9\,\Omega$
c) $\varphi = -26,99°$

233. $X_L = 2\pi f L$; $U = I \cdot X_L$

$\tan\varphi = -\dfrac{Y_L}{Y_R}$

a) $U = 565,5\,V$
b) $\varphi = -36,87°$
c) $R = 2,827\,k\Omega$; $X_L = 23,770\,k\Omega$
$Z = 2,262\,k\Omega$; $Y = 0,442\,mS$
$G = 0,354\,mS$; $B_L = 0,265\,mS$
d) $S = 141,4\,VA$; $P = 113,1\,W$
$Q = 84,82\,var$

234. $Y_C = 2\pi f C$; $Y_R = \sqrt{Y^2 - Y_C^2}$

$\tan\varphi = \dfrac{Y_C}{Y_R}$

I/mA	300	200	100
R/Ω	205,1	318	802
$\varphi/°$	12,8	19,4	41,6

235. $X_C = \dfrac{1}{2\pi f C}$; $Y = \sqrt{Y_R^2 + Y_C^2}$

a) $I_R = 143\,mA$; $I_C = 205\,mA$
b) $f = 453\,Hz$
c) $Z = 192\,\Omega$; $R = 334,7\,\Omega$;
$X_C = 234,4\,\Omega$;
$Y = 5,208\,mS$; $G = 2,987\,mS$;
$B_C = 4,266\,mS$
d) $S = 12\,VA$; $P = 6,833\,W$

$Q = 9,830$ var

e) $R_2 = 781,8\,\Omega$

236. $Y_C = 2\pi fC = \sqrt{Y^2 + Y_R^2}$
$C = 20,41\,\mu F$

237. $R_p = \dfrac{R_r^2 + X_r^2}{R_r}$; $X_p = \dfrac{R_r^2 + X_r^2}{X_r}$
$R_p = 181,9\,k\Omega$; $X_{Lp} = 904,8\,k\Omega$
$L_p = 180\,\mu H$

238. $R_p = \dfrac{R_r^2 + X_r^2}{R_r}$; $X_p = \dfrac{R_r^2 + X_r^2}{X_r}$
$R_r = \dfrac{R_p \cdot X_p^2}{R_p^2 + X_p^2}$; $X_r = \dfrac{R_p^2 \cdot X_p}{R_p^2 + X_p^2}$
$Q_L = \dfrac{X_r}{R_r}$

a) $R_r = 4459\,\Omega$; $X_{Lr} = 4015\,\Omega$
$R_p = 8074\,\Omega$; $X_{Lp} = 8967\,\Omega$

b) $Q_L = 0,9$; $d = 1,111$

239. $Q_L = \dfrac{X_r}{R_r}$; $Z = \sqrt{R_r^2 + X_{Lr}^2}$
$R_r = 10,28\,\Omega$; $R_p = 12,61\,k\Omega$
$X_{Lr} = 359,9\,\Omega$; $X_{Lp} = 360,1\,\Omega$
$L_r = 4,773\,mH$; $L_p = 4,777\,mH$

240. $\dfrac{1}{Z} = \dfrac{1}{Z_R} + \dfrac{1}{Z_L}$; $X_L = 2\pi fL$

a) $Z = 3,162\,k\Omega$
b) $I = 1,916\,mA$; $\varphi = 43,81°$
c) $Z_E = 9,191\,k\Omega$; $I = 0,653\,mA$
$\varphi = 25,53°$

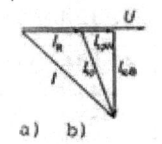

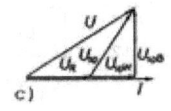

d)

241. $\dfrac{1}{Z} = \dfrac{1}{R_1} + \dfrac{1}{R_r + jX_r}$

a) $R_p = 118,6\,k\Omega$; $X_{Lp} = 3,774\,k\Omega$

b) $Z_E = 3752\,\Omega$; $\varphi = 83,88°$

242. $\dfrac{1}{Z} = \dfrac{1}{R_1} + \dfrac{1}{R_r + jX_r}$

a) $R_1 = Z_p = 17,72\,\Omega$; $\varphi_{Sp} = 32,14°$
$\varphi = 16,07°$
b) $I = 704,9\,mA$; $\varphi = 16,07°$
c)

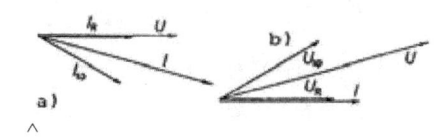

243. $\dfrac{1}{Z} = \dfrac{1}{Z_1} + \dfrac{1}{Z_2}$; $\tan\varphi = \dfrac{B}{G}$

a) $R_{1p} = 278,95\,\Omega$; $R_{2p} = 1,159\,k\Omega$
$X_{L1p} = 195,32\,\Omega$; $X_{L2p} = 310,58\,\Omega$
$R_{1r} = 91,772\,\Omega$; $R_{2r} = 77,646\,\Omega$
$X_{L1r} = 131,06\,\Omega$; $X_{L2r} = 289,78\,\Omega$

b) $Z_E = 105,81\,\Omega$
c) $I = 226,8\,mA$; $\varphi = 61,93°$
d) $I = 52,90\,mA$; $\varphi = 68,07°$

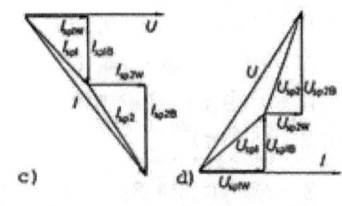

e)

244. a) $f = 411,6\,Hz$; $Z_{Sp2} = 43,65\,\Omega$
b) $I_p = 1,739\,A$; $\varphi = 61,56°$
c) $Z_E = 118,6\,\Omega$;
$I_r = 404,7\,mA$; $\varphi = 60,27°$
d) $U_{Sp1} = 30,35\,V$; $U_{Sp2} = 17,66\,V$
$\varphi_1 = 59,56°$; $\varphi_2 = 62,73°$

245. $Q = \dfrac{X_r}{R_r} = \dfrac{R_p}{X_p}$; $X_C = \dfrac{1}{2\pi fC}$
$R_r = 0,796\,\Omega$; $X_{Cr} = 19,89\,\Omega$
$R_p = 489,2\,k\Omega$; $X_{Cp} = 19,93\,\Omega$

246. $\underline{Z} = R - jX_C$

$R_p = \dfrac{R_r^2 + X_r^2}{R_r}$; $X_p = \dfrac{R_r^2 + X_r^2}{X_r}$

a) $I = 9{,}98\,\text{mA}$; $\varphi = 55{,}84°$

b) $C_p = 68{,}47\,\mu\text{F}$; $R_p = 8{,}564\,\text{k}\Omega$

247. $\tan\varphi = 2\pi f\,CR$;

$R_r = \dfrac{R_p \cdot X_p^2}{R_p^2 + X_p^2}$; $X_r = \dfrac{R_p^2 \cdot X_p}{R_p^2 + X_p^2}$

a) $f = 341{,}9\,\text{kHz}$

b) $R_r = 66{,}34\,\Omega$; $C_r = 1{,}137\,\text{nF}$

248. $\underline{Z} = R - jX_C$; $\underline{I} = \dfrac{\underline{U}}{\underline{Z}}$

a) $Z_{1r} = 635{,}2\,\Omega$

$I_1 = 37{,}79\,\text{mA}$; $\varphi_1 = 71{,}65°$

b) $Z_p = 298{,}7\,\Omega$

$I = 80{,}35\,\text{mA}$; $\varphi = 26{,}51°$

249. a) $R_{1p} = 244{,}96\,\Omega$; $X_{C1p} = 119{,}36\,\Omega$

$R_{2p} = 197{,}50\,\Omega$; $X_{C2p} = 62{,}54\,\Omega$

b) $R_p = 109{,}34\,\Omega$; $X_{Cp} = 41{,}04\,\Omega$

c) $I = 5{,}726\,\text{A}$; $\varphi = 69{,}43°$

$I_1 = 2{,}05\,\text{A}$; $\varphi_1 = 64{,}02°$

$I_2 = 3{,}69\,\text{A}$; $\varphi_2 = 72{,}43°$

d) $R = 65{,}70\,\Omega$

250. $\underline{Z} = R + j(X_L + X_C)$; $X_L = 2\pi f\,L$

$X_C = \dfrac{1}{2\pi f\,C}$

a) $X_L = 7{,}54\,\Omega$; $X_C = 198{,}94\,\Omega$

$X = 191{,}4\,\Omega$

b) $\underline{Z} = 197{,}8\,\Omega \cdot e^{-j75{,}36°}$

c) $\underline{U} = (2{,}5 - j \cdot 9{,}57)\,\text{V}$

$U_L = 0{,}377\,\text{V}$; $U_C = 9{,}947\,\text{V}$

$U_R = 2{,}5\,\text{V}$; $U_B = 9{,}57\,\text{V}$

251. a) $f_0 = \dfrac{1}{2\pi\sqrt{LC}}$; $f_0 = 183{,}8\,\text{kHz}$

$I_0 = 30\,\text{mA}$

b) $U_{L0} = U_{C0} = 17{,}32\,\text{V}$

c) $Q = \dfrac{1}{2\pi f_0 RC} = 1{,}443$

$d = \dfrac{1}{Q} = 0{,}693$

d) $P = 0{,}36\,\text{W}$; $Q = 0{,}52\,\text{var}$

252. $\tan\varphi = \dfrac{X}{R} = \dfrac{X_L - X_C}{R}$

$\varphi/°$	75	50	25	0
C/nF	97,2	84,15	81,04	79,16

253. $\underline{Z} = R + j(X_L + X_C)$

a) $C = 9{,}38\,\mu\text{F}$

b) $I = 19{,}97\,\text{mA}$; $U_R = 5{,}99\,\text{V}$

$U_L = 0{,}4517\,\text{V}$; $U_C = 0{,}1129\,\text{V}$

c) $I = 19{,}97\,\text{mA}$; $U_R = 5{,}99\,\text{V}$

$U_L = 0{,}1129\,\text{V}$; $U_C = 0{,}4517\,\text{V}$

254. $\tan\varphi = \dfrac{X}{R}$

a) $R = 3209\,\Omega$; $L = 7{,}017\,\text{mH}$

b) $I_1 = 2{,}558\,\text{mA}$; $I_2 = 7{,}223\,\text{mA}$

255. $f_0 = \dfrac{1}{2\pi\sqrt{LC}}$

$f_{go} = \dfrac{1}{2\pi}\left(\sqrt{\omega_0^2 + \left(\dfrac{R}{2L}\right)^2} + \dfrac{R}{2L}\right)$

$Z = \sqrt{R^2 + (X_L - X_C)^2}$

a) $L = 189\,\text{mH}$; $C = 23{,}27\,\text{nF}$

b) $f_{og} = 2400\,\text{Hz}$

f/Hz	2350	2400	2450
U_R/V	8,48	12	8,57
U_L/V	197,3	285	207,8
U_C/V	205,8	285	199,5

c) $Q = 23{,}75$; $d = 41{,}1 \cdot 10^{-3}$

256. $L = \dfrac{1}{\omega_0^2 C}$; $f_B = \dfrac{R}{2\pi L}$; $Q = f_0\dfrac{R}{L}$

a) $f_B = 81,43\,\text{Hz}$

$Q = 147,4$; $d = 6,79 \cdot 10^{-3}$

b) $f_{go} = 12,04\,\text{kHz}$; $f_{gu} = 11,96\,\text{kHz}$

257. s $Z = \sqrt{R^2 + (X_L - X_C)^2}$

a) $R = 47,5\,\Omega$; $L = 3,18\,H$

b) $f_{01} = 60,16\,\text{Hz}$

$Q_1 = 25,32$; $d = 39,5 \cdot 10^{-3}$

$f_{02} = 42,54\,\text{Hz}$

$Q_2 = 17,91$; $d = 55,8 \cdot 10^{-3}$

258. $f_{go,u} = f_0 \cdot \left(\sqrt{1 + \left(\dfrac{d}{2}\right)^2} \pm \dfrac{d}{2} \right)$

a) $f_{go} = 576,4\,\text{Hz}$; $f_{gu} = 351,4\,\text{Hz}$

b) $f_B = 225\,\text{Hz}$

259. $f_B = \dfrac{f_0}{Q}$; $f_{\max C} = f_0 \cdot \sqrt{1 - \dfrac{d^2}{2}}$

$f_{\max L} = \dfrac{f_0}{\sqrt{1 - \dfrac{d^2}{2}}}$

a) $f_{go} = 12,198\,\text{kHz}$; $f_{gu} = 8,198\,\text{kHz}$

$f_B = 4\,\text{kHz}$

b) $f_{L\max} = 10,426\,\text{kHz}$

$f_{C\max} = 9,592\,\text{kHz}$

c) $U_{L\max} = U_{C\max} = 7,655\,\text{V}$

260. $\dfrac{I}{I_0} = \dfrac{1}{\sqrt{1 + (vQ)^2}}$

a) $v = -0,2111$; $Q = 4,178$

b)

I/I_0	75%	50%
f_1/kHz	16,67	18,43
f_2/kHz	13,50	12,21

261. $\dfrac{I}{I_0} = \dfrac{1}{\sqrt{1 + (vQ)^2}}$

a) $I_1 = 10,45\,\text{mA}$; $I_2 = 13,75\,\text{mA}$

$I_3 = 17,79\,\text{mA}$

b) $f_1 = 11,422\,\text{kHz}$; $f_2 = 8,755\,\text{kHz}$

c) $f_B = 2\,\text{kHz}$

d) $f_B = 4\,\text{kHz}$

262. $f_0 = \dfrac{1}{2\pi\sqrt{LC}}$

a) $761,6\,\text{nF}$

b) $156,4\,\text{nF}$

c) $56,29\,\text{nF}$

d) $313,6\,\text{pF}$

e) $103,4\,\text{pF}$

263. a) $\underline{S} = \underline{U} \cdot \underline{I}^* = P + jQ$

$P = 72\,\text{mW}$

$Q_L = 137,9\,\text{mvar}$; $Q_C = -137,9\,\text{mvar}$

b) $I_0 = 12\,\text{mA}$; $I_L = -22,98\,\text{mA}$

$I_C = -22,98\,\text{mA}$

c) $Q = R\sqrt{\dfrac{C}{L}}$

$Q = 1,915$; $d = 0,522$

d) $f_{go} = 358,7\,\text{Hz}$; $f_{gu} = 214,0\,\text{Hz}$

$f_B = 144,7\,\text{Hz}$

264. a) $I_R = I \cdot \cos\varphi$; $I_B = I \cdot \sin\varphi$

$I_R = 154,3\,\text{mA}$; $I_B = 183,9\,\text{mA}$

$Z = 50\,\Omega$; $R = 77,79\,\Omega$

$X = 65,27\,\Omega$

b) $L = 0,9954\,\text{mH}$

c) $f_0 = 3401\,\text{Hz}$

d) $P = 1,851\,\text{W}$; $|Q_L| = |Q_C| = 6,77\,\text{var}$

e) $Q = 3,657$; $d = 0,2735$

265. a) $I_R = I \cdot \cos\varphi$; $\varphi = 60°$

b) $C = 173,5\,\text{nF}$

c) $f_0 = 697,6\,\text{Hz}$; $f_{go} = 963,7\,\text{Hz}$

$f_{gu} = 505,0\,\text{Hz}$

266. $Q = R\sqrt{\dfrac{C}{L}}$; $f_0 = \dfrac{1}{2\pi\sqrt{LC}}$

a) $L = 179,9\,\mu\text{H}$; $R = 18,09\,\text{k}\Omega$

b) $f_B = \dfrac{f_0}{Q} = f_0 \cdot d$; $f_B = 40\,\text{kHz}$

$f_{go} = 820,2\,\text{kHz}$; $f_{gu} = 780,2\,\text{kHz}$

c) $I_0 = 27,65\,\mu\text{A}$; $I_g = 39,1\,\mu\text{A}$

d) $I_B = 552,9\,\mu\text{A}$; $Q = 276,5\,\mu\text{var}$

$W_{max} = 55 \cdot 10^{-12}\,\text{Ws}$

267. $f_0 = \dfrac{1}{2\pi\sqrt{LC}}$; $f_B = \dfrac{f_0}{Q}$

a) $f_0 = 47,56\,\text{kHz}$ $f_B = 396,3\,\text{Hz}$

b) $R_{zus} = 1,004\,\text{M}\Omega$; $f_{B2} = 679,4\,\text{Hz}$

c) $f_{go} = 47,76\,\text{kHz}$; $f_{gu} = 47,36\,\text{kHz}$

mit R_{zus}

$f_{go} = 47,90\,\text{kHz}$; $f_{gu} = 47,22\,\text{kHz}$

268. a) $\dfrac{\Delta I}{I_0} = 4,697$ bzw. $5,606$

b) $\dfrac{\Delta I}{I_0} = 8,055$ bzw. $10,71$

c) $\dfrac{\Delta I}{I_0} = 15,70$ bzw. $29,02$

269. a) $Q = 5,305$

b) $v_{11} = 0,1909$; $v_{12} = -2,111$

$v_{21} = 0,6857$; $v_{21} = -1,067$

c) $\dfrac{Z}{Z_0} = \dfrac{1}{\sqrt{2}}$

270. a) $Q = 32,05$; $d = 0,0312$

b) $I = 3,555\,\text{mA}$

271. a) $Z = 51,33\,\Omega$

b) $\varphi = 46,94°$

c) $L = 4,973\,\text{mH}$

272. a) $\varphi = 72,56°$

b) $Z = 36,10\,\Omega$

c) $C = 11,60\,\mu\text{F}$

d) $U_2 = 2\,\text{V}$; $U_p = 3,6\,\text{V}$; $U = 4,61\,\text{V}$

e)

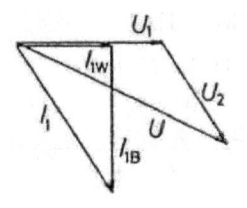

273. a) $Z = 259,3\,\Omega$; $\varphi = 21,78°$

b) $I = 887,0\,\text{mA}$

c) $U_2 = 44,35\,\text{V}$; $U_3 = 189,54\,\text{V}$

d) $C = 33,09\,\mu\text{F}$

e) $I = 955,13\,\text{mA}$

274. a) $R_{1p} = 9,646\,\text{k}\Omega$; $C_2 = 5,305\,\mu\text{F}$

b) $R_r = 16,51\,\Omega$; $X_{Cr} = 195,6\,\Omega$

$Z = 196,2\,\Omega$

c) $R_p = 2333\,\Omega$; $X_{Cp} = 196,9\,\Omega$

275. a) $R_r = 200,4\,\Omega$; $X_{Cr} = 32,96\,\text{k}\Omega$

$R_p = 5,421\,\text{M}\Omega$; $X_{Cp} = 32,96\,\text{k}\Omega$

b) $\varphi = 89,65°$

c) $L = 3,497\,\text{H}$

d) $I = 9,981\,\text{mA}$

276. a) $Z = 32,38\,\text{k}\Omega$

b) $\varphi = 64,67°$

c) $L = 4,657\,\text{H}$

d) $Q = 2,113$; $f_B = 473,3\,\text{Hz}$

277. a) $f = 39,79\,\text{Hz}$;

b) $Z = 309,8\,\Omega$

c) $C = 81,12\,\text{nF}$

278. a) $Z = 628,5\,\Omega$; $\varphi = -84,33°$

b) $L_{zus} = 9,954\,\text{mH}$

c) $Q = 11,6$; $f_B = 962,4\,\text{Hz}$

279. a) $L_{zus} = 4,275\,\text{mH}$

b) $Q = 35,15$; $f_{B1} = 568,9\,\text{Hz}$

c) $X_0 = 662,8\,\Omega$

d) $R_3 = 14,29\,\Omega$

280. a) $f_0 = 876,1\,\text{kHz}$

b) $R_{1p} = 68,18\,\text{k}\Omega$; $L_p = 150,0\,\mu\text{H}$

c) $Q_1 = 82,57$; $f_{B1} = 10,61\,\text{kHz}$

d) $R_{1p0} = 68,18\,\text{k}\Omega$; $I_0 = 352\,\mu\text{A}$
e) $R_2 = 38,91\,\text{k}\Omega$
f) $f_{B2} = 29,20\,\text{kHz}$

281. a) $Q_C = 449,4\,\text{var}$; $C = 27,04\,\mu\text{F}$
b) $I_1 = 5,8\,\text{A}$; $I_2 = 4,9\,\text{A}$
c)

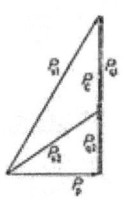

282. a) $\cos\varphi_1 = 0,670$; $\varphi_1 = 48°$
b) $\cos\varphi_2 = 0,922$
c) $Q_2 = 363\,\text{var}$; $I_{b2} = 1,58\,\text{A}$
d)

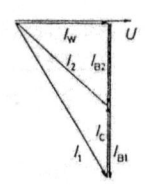

283. a) $L_H = 2,534\,\text{H}$; $X_{LH} = 794\,\Omega$
$R_{Fe} = 2,94\,\text{k}\Omega$
b) $I_\mu = 290\,\text{mA}$; $I_{Fe} = 78,3\,\text{mA}$

284. a) $A_{Fe} = 20,3\,\text{cm}^2$
b) $N_2 = 125$

285. a) $Z = 115\,\Omega$; $U_1 = 23\,\text{V}$
b) $R_{Cu} = 30\,\Omega$; $X_\sigma = 106\,\Omega$

286. a) $N_1 = 2353$
b) $N_2 = 123, 154, 246, 369, 491$

287. a) $I_1 = 5,86\,\text{A}$
b) $\eta = 0,89$
c) $Q_1 = 809\,\text{var}$

288. a) $I_{2N} = 10,87\,\text{A}$; $P_2 = 2125\,\text{W}$
b) $P_1 = 2361\,\text{W}$
c) $S_{1N} = 2778\,\text{VA}$; $I_{1N} = 3,47\,\text{A}$

289. a) $U_{St} = 400\,\text{V}$; $I_{St} = 34,64\,\text{A}$
$S_{St} = 13,86\,\text{kVA}$
b) $S_{ges} = 41,58\,\text{kVA}$

290. a) $S_D = 26,1\,\text{kVA}$
b) $U_L = 290\,\text{V}$; $I_L = 51,96\,\text{A}$
c) $U_L = 502,3\,\text{V}$; $I_L = 30\,\text{A}$

291. a) $U_L = 398,4\,\text{V}$; $I_L = 34,8\,\text{A}$
$I_N = 0\,\text{A}$
b) $U_L = 230\,\text{V}$; $I_L = 60,3\,\text{A}$

292. a) $U_{St} = 230\,\text{V}$; $I_{St} = 23\,\text{A}$
$P_{St} = 5,34\,\text{kW}$
b) $U_{St} = 400\,\text{V}$; $I_{St} = 40\,\text{A}$
$P_{St} = 16\,\text{kW}$

293. a) $P = 4\,\text{kW}$
b) $P_{St} = 1,5\,\text{kW}$; $U_{St} = 200\,\text{V}$

294. a) $U_{St} = 230\,\text{V}$; $I_{St1} = 16,43\,\text{A}$
$I_{St2} = 23\,\text{A}$; $I_{St3} = 38,33\,\text{A}$
$P_{St1} = 3,778\,\text{kW}$; $P_{St2} = 5,29\,\text{kW}$
$P_{St3} = 8,817\,\text{kW}$
b) $I_1 = 48,68\,\text{A}$; $I_2 = 34,30\,\text{A}$
$I_3 = 53,66\,\text{A}$

295. a) $U_{St} = 127\,\text{V}$
$I_1 = 9,073\,\text{A}$; $P_1 = 1,152\,\text{kW}$
$I_2 = 12,70\,\text{A}$; $P_2 = 1,613\,\text{kW}$
$I_3 = 21,17\,\text{A}$; $P_3 = 2,689\,\text{kW}$
b) $P_D = 5,454\,\text{kW}$; $I_N = 10,75\,\text{A}$

296. a) $I_1 = 10,85\,\text{A}$; $I_2 = 13,77\,\text{A}$
$I_3 = 16,18\,\text{A}$
b) $U_1' = 151,8\,\text{V}$; $U_2' = 137,7\,\text{V}$
$U_3' = 97,05\,\text{V}$
c) $U_N = 31,8\,\text{V}$

297. a) $I_{St} = 4,9\,\text{A}$; $I_L = 8,49\,\text{A}$
b) $U_{St} = 231\,\text{V}$; $I_{St} = 2,83\,\text{A}$
$S_{St} = 653,5\,\text{VA}$
c) $P_{ab} = 1,33\,\text{kW}$

d) $U_{LZ} = 693\,\text{V}$

298. a) $P_{Stern} = P_1 = 3\dfrac{U_{St}^2}{R} = \dfrac{U_L^2}{R}$

$I_{L1} = 2I_{St} = 2\cdot\dfrac{U_L}{\sqrt{3}\cdot R}$

b) $P_{Dreieck} = P_2 = 3\dfrac{U_L^2}{R} = 3P_1$

$I_{L2} = 3I_{L1} = 2\cdot\sqrt{3}\dfrac{U_L}{R}$

c) $P = P_1 + P_2 = 4\dfrac{U_L^2}{R} = \sqrt{3}\cdot U_L \cdot I_{L3}$

$\Rightarrow I_{L3} = \dfrac{4\cdot U_L^2}{\sqrt{3}\,R} = 2\cdot I_{L1}$

299. a) $S = 10\,\text{kVA}$; $P = 8\,\text{kW}$; $Q = 6\,\text{kvar}$

b) $Q_C = 708{,}5\,\text{var}$; $C = 14{,}09\,\mu\text{F}$

c) $I_{L1} = 14{,}43\,\text{A}$; $I_{L2} = 11{,}95\,\text{A}$

d) $P_{ab} = 2\,\text{kW}$; $P = 2{,}67\,\text{kW}$

$S = 3{,}33\,\text{kVA}$; $Q = 2\,\text{kvar}$

$I_L = 4{,}81\,\text{A}$

e) $P = 2{,}67\,\text{kW}$

$Q_2 = Q_1 - 3Q_C = -125{,}5\,\text{var}$

$S = 2{,}67\,\text{kVA}$; $I_L = 3{,}85\,\text{A}$

$\cos\varphi = 1$

Tabellenanhang

Tabelle 1 Griechisches Alphabet

A	α	Alpha	H	η	Eta	N	ν	Ny	T	τ	Tau
B	β	Beta	Θ	τ	Theta	Ξ	ξ	Xi	Y	υ	Ypsilon
Γ	γ	Gamma	I	ι	Iota	O	o	Omikron	Φ	φ	Phi
Δ	δ	Delta	K	κ	Kappa	Π	π	Pi	X	χ	Chi
E	ε	Epsilon	Λ	λ	Lumbda	P	ρ	Rho	Ψ	ψ	Psi
Z	ζ	Zeta	M	μ	My	Σ	σ	Sigma	Ω	ω	Omega

Tabelle 2 Mathematische Zeichen

$\|\|$	Betrag	$\sin \alpha$	⎫
$>$	größer als	$\cos \alpha$	⎬ Winkelfunktion des Winkels α
$<$	kleiner als	$\tan \alpha$	⎭
$=$	gleich		
$\approx$	ungefähr gleich	$\arcsin \alpha$	⎫ Arkusfunktion (Umkehrfunktionen
$\neq$	ungleich	$\arccos \alpha$	⎬ der Winkelfunktionen $\sin \alpha$ usw.)
		$\arctan \alpha$	⎭
$\sim$	proportional	$f(x)$	Funktion, von x
π	Pi	$\sum$	Summe
e	Basis der natürlichen Logarithmen	$\lim$	Grenzwert
Δ	Differenz		skalares Produkt der Vektoren
$\wedge$	Scheitelwert, Maximalwert	$(\vec{A} \cdot \vec{B})$	$\vec{A}$ und $\vec{B}$
$\triangleq$	entspricht		vektorielles Produkt der Vektoren
$\Rightarrow$	daraus folgt	$(\vec{A} \times \vec{B})$	$\vec{A}$ und $\vec{B}$
$\rightarrow$	Pfeil über dem Symbol)Vektor	Z^*	konjugiert komplexer Wert von Z
$-$	Überstreichung)arithmetisches Mittel	$\operatorname{Re} Z$	Realteil von Z
$\_$	Unterstreichung)Zeiger	$\operatorname{Im} Z$	Imaginärteil von Z
	oder komplexe Zahl oder Größe	j	imaginäre Einheit

Tabelle 3 Größen und Einheiten

Formelzeichen	Größe	SI- Einheiten	Name
$\vec{A}$	Flächenvektor	m^2	
$\vec{a}$	Beschleunigung	$m\,s^{-2}$	
$\vec{B}$	magnetische Flussdichte	$V\,s\,m^{-2} = T$	(Tesla)
B	Blindleitwert	$A V^{-1} = S$	(Siemens)
b	Bogenlänge	m	(Meter)
C	Kapazität	$As V^{-1} = F$	(Farad)
c_0	Vakuum-Lichtgeschwindigkeit	$m s^{-1}$	
$\vec{D}$	elektrische Flussdichte, Ladungsdichte	$A\,s\,m^{-2}$	
d	Kreisdurchmesser	m	(Meter)
d	Verlustfaktor		
$\vec{E}$	elektrische Feldstärke	$V m^{-1}$	
e_0	Elementarladung	$A s = C$	(Coulomb)
$\vec{F}$	Kraft	$kg\,m\,s^{-2} = N$	(Newton)

Tabellenanhang

Formelzeichen	Größe	Einheit	
F	Formfaktor		
f	Frequenz	s^{-1} =Hz	(Hertz)
$\vec{G}$	Gewichtskraft	$kgms^{-2}$ =N	(Newton)
G	Leitwert, Wirkleitwert	AV^{-1} =S	(Siemens)
$\vec{g}$	Erdbeschleunigung, Gravitationsfeldstärke	ms^{-2}	
$\vec{H}$	magnetische Feldstärke	Am^{-1}	
I, i	elektrische Stromstärke	A	(Ampere)
L_{mm}	Gegeninduktivität	VsA^{-1} =H	(Henry)
L	Selbstinduktivität	VsA^{-1} =H	(Henry)
$\vec{J}$	Stromdichte	Am^{-2}	
$\vec{l}$	Länge	m	(Meter)
$\vec{M}$	Drehmoment, Kräftepaar	Nm	
m	Masse	kg	(Kilogramm)
N, m	Anzahl		
n, f_L	Drehfrequenz	s^{-1}	
P, p	Leistung (allgemein)	VA =W	(Watt)
P	Wirkleistung	W	(Watt)
Q	Blindleistung	var	(Var)
S	Scheinleistung	VA	(Voltampere)
Q, q	elektrische Ladungsmenge	As =C	(Coulomb)
Q	Güte		
$R\ r$	elektrischer Widerstand	VA^{-1} =Ω	(Ohm)
R_m	magnetischer Widerstand	$A(Vs)^{-1}$ =H^{-1}	
r	Radius	m	(Meter)
$\vec{s}$	Strecke	m	(Meter)
T	thermodynamische Temperatur	K	(Kelvin)
T	Periodendauer	s	(Sekunde)
t	Zeit	s	(Sekunde)
U, u	elektrische Spannung	V	(Volt)
$ü$	Übersetzungsverhältnis		
V	Volumen	m^3	
V	magnetische Spannung	A	(Ampere)
$\vec{v}$	Geschwindigkeit	ms^{-1}	
W	Energie, Arbeit	Ws, Nm, J	(Joule)
X	Blindwiderstand	VA^{-1} =Ω	(Ohm)
$Y = |Y|$	Scheinleitwert	AV^{-1} =Ω^{-1} =S	(Siemens)
$\underline{Y}$	Admittanz	AV^{-1} =Ω^{-1} =S	(Siemens)
$Z = |Z|$	Scheinwiderstand	VA^{-1} =Ω	(Ohm)
$\underline{Z}$	Impedanz	VA^{-1} =Ω	(Ohm)

Griechisches Formelzeichen	Größe	Einheit	
α_{20} β_{20} τ_{20}	Temperaturbeiwerte mit Bezugstemperatur in °C	K^{-1}, °C^{-1} K^{-2}, °C^{-2} K, °C	
$\alpha, \beta, \delta, \varepsilon$	Winkel	rad, ∡°	(Zähleinheiten)
δ	Luftspaltlänge	m, mm	

ε	elektrische Permittivität	$As\,(Vm)^{-1}$	
ε_0	elektrische Feldkonstante	$As\,(Vm)^{-1}$	
ε_r	relative Permittivität		
γ	spezifische elektrische Leitfähigkeit	$Sm^{-1} = (\Omega m)^{-1}$, $m\,(\Omega mm^2)^{-1}$	
η	Wirkungsgrad		
η	Ladungsdichte	Asm^{-3}	
Θ	Durchflutung	A	
υ	Temperatur	$°C$	
Λ	magnetischer Leitwert	$VsA^{-1} = H$	(Henry)
μ	magnetische Permeabilität	$Vs(Am)^{-1}$	
μ_0	magnetische Feldkonstante	$Vs(Am)^{-1}$	
μ_r	relative Permeabilität		
υ	Verstimmung		
ρ	spezifischer elektrischer Widerstand	Ωm, $12\,mm^2\,m^{-1}$	
ρ	Dichte	kgm^{-3}	
σ	Streufaktor		
τ	Zeitkonstante	s	(Sekunde)
Φ	magnetischer Fluss	$Vs = Wb$	(Weber)
φ	elektrischer Winkel, Phasenverschiebung	rad, $\angle°$	
φ	Potential	$Ws(As)^{-1} = V$	(Volt)
φ_G	Gravitationspotential	$Nmkg^{-1}$	
Ψ	Elektrischer Fluss	Asm^{-2}	
ω	Kreisfrequenz oder	s^{-1}	
ω	Winkelgeschwindigkeit	$rad\,s^{-1}$	

Tabelle 4 Verwendung von Indizes (Beispiele)

U_{AB}	Spannung zwischen den Klemmen A und B
U_1	Leerlaufspannung
U_k	Kurzschlussspannung
U_q	Quellenspannung
U_0	eingeprägte Spannung, Leerlaufspannung
U_B	Blindspannung, Remessungsspannung
I_k	Kurzschlussstrom
I_o	eingeprägter Strom, Resonanzstrom, Leerlaufstrom
R_i	innerer Widerstand
R_E	Ersatzwiderstand
R_-	Gleichstromwiderstand
$R_\sim$	Wechselströmwiderstand
u_i	induzierte Spannung
u_L	induktive Spannung
X_L	induktiver Blindwiderstand
X_C	kapazitiver Blindwiderstand
X_0	Resonanzblindwiderstand
P_{qL}, P_L	induktive Blindleistung
P_{qC}, P_C	kapazitive Blindleistung

f_g	Grenzfrequenz
f_{go}	obere Grenzfrequenz
f_{gu}	untere Grenzfrequenz
f_B	Bandbreite
Z_0	Resonanzscheinwiderstand

Tabelle 5 Größen des elektrischen und magnetischen Feldes

	Elektrisches Strömungsfeld	Elektrostatisches Feld	Magnetisches Feld
Felderregung	$\vec{E} = \dfrac{\vec{F}}{Q}$ $\vec{E}$: elektrische Feldstärke	$\vec{E} = \dfrac{\vec{F}}{Q}$ $\vec{E}$: elektrische Feldstärke	$\vec{H} = \dfrac{IN}{l}$ $\vec{H}$ magnetische Feldstärke
Feldkonstanten		$\varepsilon_0 = 8{,}854 \cdot 10^{-12} \dfrac{\text{As}}{\text{Vm}}$	$\mu_0 = 4\pi \cdot 10^{-7} \dfrac{\text{As}}{\text{Vm}}$
Materialkenngrößen	γ :elektrische Leitfähigkeit	$\varepsilon = \varepsilon_0 \varepsilon_r$ Permittivität	$\mu = \mu_0 \mu_r$ Permeabilität
Flussdichte	$\vec{J} = \gamma \vec{E}$ $\vec{J}$ Stromdichte	$\vec{D} = \varepsilon \vec{E}$ elektrische Flussdichte	$\vec{B} = \mu \vec{H}$ $\vec{B}$: magnetische Flussdichte
Feldfluss	$I = (\vec{J} \cdot \vec{A})$ I :Stromstärke	$\Psi = (\vec{D} \cdot \vec{A})$ Ψ elektrischer Fluss	$\Phi = (\vec{B} \cdot \vec{A})$ Φ magnetischer Fluss

Tabelle 6 Wichtige Formeln und Regeln

Energie und Leistung bei Gleichstrom

$\Delta W = U \cdot I \cdot \Delta t$ In eine andere Energieform umgesetzte elektrische Energie
$P = U \cdot I$ elektrische Leistung.

Elektrische Spannung, Strom und Widerstand

Der Richtungspfeil der elektrischen Spannung U_{AB} weist von der positiven Klemme A (mit höherem Potential) zur negativen Klemme B (mit niedrigerem Potential)
Die positive (konventionelle) Stromrichtung ist die Bewegungsrichtung positiver Ladungsträger.

$R = \dfrac{U}{I}$ elektrischer Widerstand

$G = \dfrac{I}{U}$ elektrischer Leitwert

$R = \rho \cdot \dfrac{l}{A}$ ρ spezifischer elektrischer Widerstand

$G = \gamma \cdot \dfrac{A}{l}$ γ elektrische Leitfähigkeit

Temperaturabhängigkeit des Widerstands

$R_\vartheta = R_{20} \cdot [1 + \alpha \, (\vartheta - 20 \, °C)]$

Berechnung elektrischer Netze

Reihenschaltung

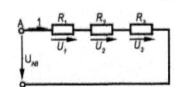

$U_{AB} = U_1 + U_2 + U_3$
$R_{AB} = R_1 + R_2 + R_3$

Parallelschaltung

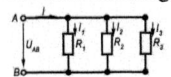

$I = I_1 + I_2 + I_3$
$G = G_1 + G_2 + G_3$

Kirchhoffsche Regeln

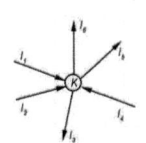

In einem Stromverzweigungspunkt ist die Summe ans zu- und abfließenden Strömen null:

$I_1 + I_2 - I_3 + I_4 - I_5 + I_6 = 0$

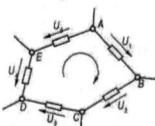

In einer Masche ist die Summe der Teilspannungen null. Teilspannungen werden positiv gezählt, wenn ihr Bezugspfeil mit der gewählten Umlaufrichtung übereinstimmt, sonst negativ:

$U_1 + U_2 + U_3 - U_4 - U_5 = 0$

Ersatzspannungsquelle, Ersatzstromquelle

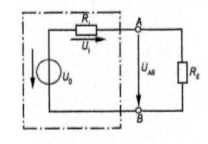

$U_{AB} = U_0 - I \cdot R_i$

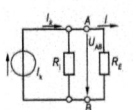

$I = I_k - \dfrac{U_{AB}}{R_i}$

Elektrische Feld

Die Richtung der elektrischen Feldstärke $\vec{E}$ ist gleich der Richtung der Krall auf eine positive Ladung Q.

Kapazität des Plattenkondensators

$C = \varepsilon_0 \cdot \varepsilon_r \cdot \dfrac{A}{s}$

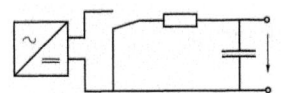

$\tau = RC$ Zeitkonstante beim Auf- und Entladen eines Kondensators

Parallelschallung von Kondensatoren

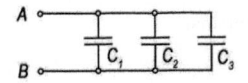

$C_{AB} = C_1 + C_2 + C_3$

Stationäres magnetisches Feld

Die Richtung der magnetischen Feldstärke des Zirkularfelds um einen geraden Leiter und die positive Stromrichtung in diesem Leiter bilden eine Rechtsschraube.

$H = I \dfrac{N}{l}$ — magnetische Feldstärke in einer langen geraden Spule oder in einer Ringspule

$\vec{B} = \mu_0 \cdot \mu_r \cdot \vec{H}$ — magnetische Flussdichte

$\mu_0 = 4 \cdot \pi \cdot 10^{-7} \dfrac{\text{Vs}}{\text{Am}}$ — magnetische Feldkonstante

$\Phi = (\vec{B} \cdot \vec{A})$ — magnetischer Fluss im homogenen Magnetfeld

Berechnung magnetischer Kreise

$\Theta = N \cdot I = H \cdot l$ — elektrische Durchflutung

$R_m = \dfrac{l_m}{\mu \cdot A}$ — magnetischer Widerstand

$\Phi = \dfrac{\Theta}{R_m}$ — Ohmsches Gesetz des magnetischen Kreises

Kräfte im magnetischen Feld

$\vec{F} = (\vec{l}_W \times \vec{B}_A) \cdot I$ — Kraft auf einen vom Strom I durchflossenen Leiter im magnetischen Feld mit der Flussdichte $\vec{B}_A$

Hält man die linke Hund so, dass der Flussdichtevektor $\vec{B}_A$ des äußeren Felds in die Handfläche eintritt und die ausgestreckten Finger in die Stromrichtung zeigen, weist der abgespreizte Daumen in die Richtung der Kraft.

Energie im magnetischen Feld

$L = \dfrac{N^2}{R_m}$ — Selbstinduktivität einer Spule

$W_m = \dfrac{1}{2} L \cdot I^2$ — Energie des magnetischen Felds

Induktionsgesetz

$u_L = N \dfrac{\Delta \Phi}{\Delta t} = L \dfrac{\Delta i}{\Delta t}$ — Die induktive Spannung u_L tritt an jedem Stromkreis auf, wenn sich der mit ihm verkettete magnetische Fluss ändert.

Sinus-Spannungen und -Ströme

$X_L = \omega \cdot L$ — An der idealen Spüle eilt die induktive Blindspannung dem Strom um 90° voraus.

$\underline{Z}_L = j \cdot \omega \cdot L$

X_L induktiver Blindwiderstand,
Z_L Impedanz der idealen Spule.

$X_C = \dfrac{1}{\omega \cdot C}$ — Am idealen Kondensator läuft die kapazitive Blindspannung dem Strom um 90° nach.

$\underline{Z}_C = \dfrac{-j}{\omega \cdot C}$	X_C kapazitiver Blindwiderstand, Z_C Impedanz des idealen Kondensators
$f_0 = \dfrac{1}{2\pi\sqrt{L \cdot C}}$	Resonanzfrequenz des Reihen- und des Parallel-Schwingkreises
$Q_0 = \dfrac{\omega_0 \cdot L}{R}$	Güte des Reihenschwingkreises
$Q_0 = \dfrac{R}{\omega_0 \cdot L}$	Güte des Parallelschwingkreises
$P = U \cdot I \cdot \cos\varphi$	Wirkleistung

Transformator

$U_1 = \sqrt{2} \cdot \pi \cdot f \cdot N_1 \cdot A_{Fe} \cdot B_{Fe}$	Transformatorhauptgleichung
$\dfrac{U_1}{U_2} = \dfrac{N_1}{N_2} = \ddot{u}$	Am leer laufenden Transformator verhalten sich die Spannungen wie die Windungszahlen.
$\dfrac{I_1}{I_2} = \dfrac{N_2}{N_1} = \dfrac{1}{\ddot{u}}$	Am kurzgeschlossenen Transformator verhalten sieh die Ströme umgekehrt wie die Windungszahlen.

Dreiphasensystem

Symmetrische Dreieckschaltung:

$I_L = \sqrt{3}\, I_{St}$	I_L	Leiterstrom
$P = 3\, U_{St}\, I_{St} \cos\varphi$	I_{St}	Strangstrom
Symmetrische Sternschaltung:	P	Wirkleistung
$U_L = \sqrt{3}\, U_{St}$	U_L	Leiterspannung
$P = 3\, U_{St}\, I_{St} \cos\varphi$	U_{St}	Strangspannung

Sachwortverzeichnis

A

Abszisse	56
Addition	
geometrisch	19
Admittanz	199
Akzeptoren	50
Amplitude	196
Anion	46
Anziehungskraft	
Kondensator	139
Äquipotentialfläche	33, 36, 122
Äquipotentialflächen	126
Äquipotentiallinien	121
Arbeit	32
Arbeitspunkt	74
Argument	26
Atome	41
Atomhülle	42
Atommodell	
Bohrsches	41
Augenblickswert	196
Augenblickswerte	195

B

Bandbreite	235, 238
Basis	
Einheiten	12
Größen	12
Belastung	
symmetrisch	269
Bemessungsleistung	62
Betriebsleistung	62
Bezugspfeil	55
Bezugssystem	18
Bindung	
Elektronenpaar	47
heteropolar	46
homöopolar	48
Metall	45
Blindleistung	207
induktiv	269
Blindwiderstand	199
induktiv	210
kapazitiv	210
Bogenmaß	15, 198
Brücke	
abgeglichen	84
Brückenschaltung	
belastet	113
Wheatstone	83

C

Coulomb	52
Coulombsches Gesetz	124
Curie-Temperatur	143, 149

D

Dauermagnetismus	142
Dielektrikum	128
Differentialgleichung	
Kondensator	135
Differenzenquotient	135
Dipol	
elektischer	128
Dipole	
elektrische	129
Donatoren	50
Drehfeld	258
Drehfeldvektor	258
Drehfrequenz	197
Drehstromsystem	262
Drehzahl	197
Drehzeiger	26, 197
Dreieckschaltung	263
Dreiecksspannung	
Effektivwert	204
Drei-Finger-Regel	165
Dreiphasensystem	262
Driftbewegung	118, 178, 195
Driftgeschwindigkeit	118, 119
Durchflutung	145
Durchflutungsgesetz	148
Durchflutungsgleichgewicht	252

E

Effektivwert	203
Eigenleitfähigkeit	49
Einheit	
Blindleistung	207
Leistung	207
Scheinleistung	207
Wirkleistung	207
Einheit	
Hertz	196
imaginäre	24
Ohm	57
Siemens	57
Volt	52
Einheitengleichung	13
Einheitengleichungen	12
Einheitenzeichen	
Vorsätze	14
Einschaltvorgang	
Spule	189
Eisenverluste	247
Elektronen	41
Elektronengas	45
Element	
chemisches	41
Elementarladung	42, 52
Elementarmagnet	143
Energie	
elektrische	38
kinetische	34
potentielle	31, 32, 36
Spulenfeld	172
Energiedichte	
elektr. Feld	139
Energieerhaltungssatz	32
Entmagnetisierung	151
Erdbeschleunigung	31
Ersatzspannungsquelle	103
Ersatzstromkreis	103
Ersatzstromquelle	105, 106
Erzeugerpfeilsystem	55
Eulersche Gleichung	25

F

Farbcode	62
Feld	
elektrisches	38
elektromagnetisch	144
elektrostatisch	124
homogen	31, 40, 126
inhomogen	126
Felder	
Quellen-	123
Wirbel	123
Feldfluss	122
Feldgleichung	120
Feldkonstante	
elektrische	127
magnetische	130, 148
Feldlinien	118
Feldlinienbilder	
elektrisch	118
magnetische	143
Feldstärke	
elektrische	40, 119
induzierte	178, 181
magnetische	146, 147
Feldvektoren	122
Flächennormale	24
Fluss	
elektrischer	126
magnetischer	148
Flussdichte	
elektrische	126
magnetische	147
Formfaktor	205
Frequenz	196
Frequenzgang	
normiert	236
Frequenzgang	233
Frequenzgang	238
Funkenlöschschaltung	191

G

Gegeninduktivität	192
Gleichfeld	258
Gleichgewicht	
indifferent	36
labil	36
stabil	36
Gleichrichtwert	205
Gleichstromanteil	195
Gravitationsfeld	30
Gravitationsfeldstärke	31
Gravitationskraft	30
Gravitationspotential	33
Grenzfrequenz	235, 238
Größen	10
Einheit	10
Gleichung	11
Symbole	11
Wert	11
Zahlenwert	10
Größenänderung	
absolut	68
relativ	68
Größenwerte	10
Güte	227
Güte Q.	238
Gütefaktor	234

H

Halbleiterdiode	74
Hauptfluss	156
Heißleiter	67
Henry	153
Hubarbeit	32
Hystereseschleife	150
Hystereseverluste	175

I

Imaginärteil	25
Impedanz	198, 256
Inch	14
Induktionsgesetz	179, 180, 182, 184
Induktionsstrom	180
Influenz	38
Ionenbindung	45
Ionenleitung	47
Isotope	42

K

Kaltleiter	66
Kapazität	127, 130
Kappsches Spannungsdreieck	251
Kation	46
Kelvin	13
Kennlinie	56
Kernladungszahl	42
Kirchhoffsche Regel	92
Knotenpunktregel	92
Koerzitivfeldstärke	150
Kompensation	
Blindstrom	230
komplexe zahl	
Imaginärteil	198
komplexe Zahl	
Betrag	198
Realteil	198
Kondensator	
Energie	138
Ladevorgang	138
Kondensatoren	
Block-	132
Elektrolyt-	132
Wickel-	131
konjugiert komplex	26
Koordinaten	
kartesische	18, 25
polare	18, 25
Kreisfrequenz	196
Kreisringspule	147
Kugelschalenmodell	43
Kurzschlussleistung	109
Kurzschlussstrom	102
Kurzschlussversuch	250

L

Ladung	
elektrische	37
negative	37
positive	37
Läufer	186, 258
Leerlaufspannung	102
Leerlaufstrom	248
Leerlaufstromverhältnis	248
Leerlaufversuch	248
Leistung	
elektrische	52
Verbraucher	71
Leistungsanpassung	109

Leistungsfaktor	207	
Leiter		
metallisch	63	
Leitungsverluste		
Spule	223	
Leitwert	57, 218, 220	
magnetischer	153	
Lenzsche Regel	180	
Lichtgeschwindigkeit	168	
Vakuum	130	
Liniendiagramm	197	
Linkssystem	19	
Lorentz-Kraft	165, 177	
Luftspalt	154	
Kraft	174	

M

Maschenregel	93
magnetisch	155
Maschenstrom	99
Masse	
Elektron	42
Neutron	42
Proton	42
Massenzahl	42
Mehrphasensystem	260
Metallgitter	45
Mischstrom	195
Missweisung	142
Mittelleiter	264, 266
Moleküle	41
Momentanwert	196
MVSA- System	52

N

Näherung	
quadratisch	65
Netzwerk	81
aktiv	94
passiv	92, 94
Neukurve	150
Neutronen	41
Newton	
Grundgesetz	31
Nordpol	
magnetischer	142
Normreihe	
Widerstände	62
Nukleonen	41
Nullphasenwinkel	197

O

Ohmsches Gesetz	57
Ordinate	56

P

Parallelschaltung	77
Kondensatoren	137
Paramagnetismus	149
Periodendauer	195, 196
Permanentmagnet	142
Permeabilität	
absolute	149
differentiell	173
relative	149
Permittivität	128, 130
relative	128, 130
Permittivitätszahl	128
Pfeilsysteme	55
Phasendifferenz	197
Phasenverschiebung	197
Plattenkondensator	126, 127, 130
pn-Übergang	74
Pol	
magnetischer	143
Polarisation	128
Polpaarzahl	196
Potential	
elektrisches	40
Potentialdifferenz	41, 54
Präzisionsmessbrücken	85
Probemasse	30
Produkt	
skalares	21
vektorielles	22
Protonen	41
Pt 100	65
PTC-Widerstand	67

Q

Querstromverhältnis	83

R

Radiant	15
Realteil	25
Rechtsschraube	145, 258
Rechtssystem	19, 22
Reihenschaltung	**72**
Kondensatoren	138
Rekombination	49
Remanenz	143, 150
Remanenzflussdichte	150
Resonanzfrequenz	231
Resonanzstrom	232
Resonanzwiderstand	231, 237
Richtungspfeil	54

S

Scheinleistung	206
Scheinwiderstand	199
Scheitelwert	196
Scherung	74, 157
Schleifdrahtmessbrücke	84
Schwerpunkt	31
Schwingung	35
Selbstinduktion	189
Selbstinduktivität	172
SI-Einheiten	14
Sinusfunktion	187
Sinusspannungen	195
Sinusstrom	195
Sinusvorgänge	195
SI-System	13
Skalare	16
Skalarfeld	29, 118
Spannung	
elektrische	41, 51
induzierte	178, 181
Spannungsanpassung	107
Spannungspfeil	55
Spannungsteiler	83, 103
Spule	
Abschalten	190
Einschalten	189

Stabmagnet		142
Ständer		186
Sternpunkt		263
Spannung		266
Verschiebung		266
Sternschaltung		263
Störstelle		50
Störstellenleitfähigkeit		50
Strang		259
Streufaktor	156,	251
Streufluss		156
Streuung	247,	251
Stromanpassung		107
Stromdichte		119
Stromdreieck		217
Stromquelle		
ideale		105
Stromrichtung		
technische		54
Stromstärke		51
Stromstärkeeinheit		
Definition		167
Strömungsfeld		118
homogen		120
inhomogen		121

T

Temperatur	
thermodynamisch	13
Temperaturbeiwert	64
Tesla	148
Tetraeder	48

Toroidspule	146
Transformator	
idealer	246
Transformatorhauptgleichung	248

U

Übergangselemente	44
Übersetzungsverhältnis	
Transformator	246
Ummagnetisierungsverluste	223

V

Valenzelektron		44
Vektor		
Komponenten		20
Vektoren		17
Vektorfeld	29,	118
Verbraucherpfeilsystem		55
Verlustfaktor	227,	234
Verschiebungsdichte		129
Verstimmung	236,	238

W

Weber	148
Wicklungsverluste	247
Widerstand	
differentiell	66
elektrischer	57
innerer	102
magnetischer	153
NTC	67
spezifischer	58
stationär	66
Winkelfunktionen	21
Winkelgeschwindigkeit	26
Wirbelfeld	147
elektrisches	182
Wirbelstromverluste	223
Wirkleistung	207
Wirkungsgrad	106
Wirkungslinie	17
Wirkwiderstand	198

Z

Zähleinheit	15
Zahlen	
imaginäre	25
komplexe	25
Zahlenebene	
Gauß	25
Zoll	14
Zwangskräfte	39
Zweipol	
aktiv	94
passiv	94
Zylinderspule	146

Printed by Books on Demand, Germany